사례로
이해를 돕는

임상
영양학

KB194432

사례로
이해를 돕는

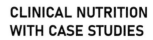

CLINICAL NUTRITION
WITH CASE STUDIES

임상
영양학

한성림 · 주달래 · 장유경
김혜경 · 김경민 · 권종숙 지음

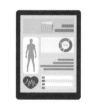

교문사

머리말

경제·사회·문화적 환경의 변화는 우리의 식생활 패턴에 많은 영향을 미치고 있으며, 식생활 변화에 따라 질병의 양상도 변하고 있습니다. 한편 질병의 치료 및 관리를 위한 의료기술의 발달과 약물의 개발에도 불구하고 적절한 영양관리는 환자의 질병을 치료하고 관리하는 데 있어서 중요한 요인입니다. 또한 건강한 식생활이 질병의 예방 및 관리에서 얼마나 중요한지는 질환별 사망률이나 장애보정생존연수에 크게 기여하는 식생활 요인에 대한 연구결과를 통해서도 알 수 있습니다.

임상영양학은 질환의 원인과 증상 등 발병과정과 이에 따른 생리적·생화학적 변화 및 영양소의 대사적 변화를 이해하고, 영양관리를 통해 질병의 예방, 치료, 관리에 도움을 주고자 하는 학문입니다. 임상영양치료를 통해 식생활 및 생활습관이 개선되어야 의료적 치료의 효과를 높일 수 있으며, 최근 평균수명이 증가함에 따라 단순한 수명 연장이 아닌 건강한 삶에 대한 중요성이 강조되고 있기에 체계적인 영양관리를 통한 만성질환의 예방 및 치료는 건강한 삶의 기본이 됩니다.

이 책은 각 질환에 대한 원인, 증상, 진단, 치료방법 및 영양관리를 다루고 있습니다. 임상영양관리의 원칙은 질환과 의료적 치료로 인한 신체적 및 영양상태의 변화에 대한 원리의 이해를 바탕으로 하고 최신 지침에 근거하여 기술하였습니다. 사례 연구를 통해 구체적으로 질환의 영양문제를 파악하고 치료 및 관리방법을 제시함으로써 질환의 임상영양관리에 대한 이해를 돕고 실제적인 적용에 도움을 주고자 하였습니다.

임상영양관리에 유용한 정보는 "알아두기"로 다루었고, "핵심포인트"에서는 질병의 영양관리에 대한 주요 내용을 요약하여 정리하였습니다. 질병의 용어는 제8차 한국 표준질병사인분류표에 근거하여 통일하였고, 국내외 관련 질환 학회에서의 최신 지침 및 실무에서 적용되고 있는 내용이 잘 반영되도록 하였습니다.

이 책이 독자들이 질환에 대한 적절한 임상영양관리를 이해를 하는 데 도움이 되기를 바라며, 출간되기까지 애써 주신 ㈜교문사의 관계자 여러분께 감사를 드립니다.

마지막으로 집필 과정 동안 변함없는 지지와 격려를 보내주었던 저자진의 가족들에게도 감사의 마음을 전합니다.

2021년 9월
저자 일동

차례

CLINICAL NUTRITION WITH CASE STUDIES

임상영양관리의 개요

임상영양학은 질환의 원인과 증상 등 발병과정과 이에 따른 생리적·생화학적 변화 및 영양소의 대사적 변화를 이해하고, 영양관리를 통해 질병의 예방 및 치료에 도움을 주고 자 하는 학문이다. 임상영양치료는 질병의 예방과 치료를 목적으로 임상영양사가 제공하는 일련의 영양관리를 말하며, 효과적인 임상영양치료를 위해서는 표준화된 영양관리과정 (nutrition care process)이 필요하다. 임상영양치료는 의학적으로 필요한 영양치료를 시행하는 새로운 건강관리 수행체계로서 치료의 중요한 일부분으로 인식되고 있다. 병원에서의 임상영양업무로는 영양초기평가, 영양불량위험환자관리, 치료식설명, 영양상담, 영양집중지원서비스 등이 있다.

- **영양스크리닝(nutrition screening)** 영양문제와 관련된 특성을 찾아내어 영양상태가 불량하거나 영양위험도가 높은 환자를 정확히 선별하는 행위

- **영양관리과정(nutrition care process, NCP)** 표준화된 용어와 틀을 이용하여 효과적이고 질적인 영양관리를 제공하기 위한 체계적인 문제해결 과정

- **영양판정(nutrition assessment)** 영양 관련 문제들과 원인 및 중요도를 규명하는 데 필요한 자료를 얻고 확인하며 해석하는 체계적인 과정

- **영양진단(nutrition diagnosis)** 임상영양사가 독립적으로 치료를 책임질 수 있는 영양문제를 규명하고 이를 명시하는 과정

- **영양중재(nutrition intervention)** 영양상담 및 교육, 영양지원 등 질병 치료에 필요한 영양관리 행위

- **영양모니터링과 평가(nutrition monitoring and evaluation)** 환자의 상태가 개선되었는지 또는 영양중재 목표를 달성했는지 평가하는 행위

1. 임상영양치료의 이해

1) 임상영양치료의 중요성

(1) 만성질환의 예방과 치료

암, 심장질환, 뇌혈관질환은 한국인의 주요 사망원인이며, 식생활의 서구화로 인해 비만, 고혈압, 이상지질혈증, 당뇨병, 동맥경화증 등의 만성질환과 암 발생률은 해마다 증가하고 있다. 이러한 질환은 약물치료뿐만 아니라 임상영양치료를 통하여 식생활 및 생활습관이 개선되어야 질병 치료 효과를 높일 수 있다. 최근 평균수명이 증가함에 따라 단순한 수명연장이 아닌 건강한 삶에 대한 중요성이 강조되고 있다. 건강한 식생활과 체계적인 영양관리를 통한 만성질환의 예방 및 치료는 임상영양관리의 중요한 부분이라 할 수 있다.

(2) 입원환자의 영양불량 관리

영양불량은 병원 입원환자에서 흔하게 발생하는 문제이다. 평가기준에 따라 다르나 대부분의 나라에서 입원환자의 약 20~50%가 영양불량으로 보고되고 있으며 그 중 약 75%가 입원 기간 중 영양불량이 악화된다고 한다. 환자의 경우 질병에 의한 식욕감소, 구토, 메스꺼움, 소화장애, 통증 등으로 식품 섭취가 감소하거나 소화기 염증이나 수술 등으로 소화 및 흡수 저하가 일어나거나 또는 질병 자체나 약물 사용에 따른 영양소 대사의 변화가 일어나는 등 다양한 원인에 의해 영양불량이 발생한다. 영양불량은 상처회복 지연, 감염률과 합병증 증가와 이로 인한 사망률을 증가시키며, 치료 지연 및 재원일수 증가로 의료비를 증가시키고 삶의 질을 감소시킨다. 이러한 이유로 최근 입원환자의 영양불량을 조기에 진단하고 적절한 영양치료를 시행하는 것이 질병의 임상적 회복을 위한 필수적인 요소로 인식되고 있다.

2) 임상영양사의 직무와 역할

(1) 임상영양사의 직무

임상영양사는 영양문제가 있거나 잠재적 위험요인을 지닌 개인 및 집단을 대상으로 질병 치료와 예방을 위하여 임상영양치료를 수행하는 전문인이다. 「국민영양관리법」에서는 임상영양사의 직무를 표 1-1과 같이 6가지로 제시하고 있다. 임상영양사가 소속된 기관의 특성에 따라 의료기관에서는 입원환자의 영양초기평가 및 영양불량관리, 입원 및 외래환자의 영양교육상담, 영양집중지원 등의 임상영양서비스, 건강검진센

표 **1-1** 영양사와 임상영양사의 업무

구분	영양사 (「국민영양관리법」 제17조)	임상영양사 (「국민영양관리법」 시행규칙 제22조)
업무 내용	• 건강증진 및 환자를 위한 영양·식생활 교육 및 상담 • 식품영양정보의 제공 • 식단 작성, 검식 및 배식관리 • 구매식품의 검수 및 관리 • 급식시설의 위생적 관리 • 집단급식식소의 운영일지 작성 • 종업원에 대한 영양지도 및 위생교육	• 영양문제 수집·분석 및 영양요구량 산정 등의 영양판정 • 영양상담 및 교육 • 영양관리상태 점검을 위한 영양모니터링 및 평가 • 영양불량상태 개선을 위한 영양관리 • 임상영양 자문 및 연구 • 그 밖에 임상영양과 관련된 업무

터에서는 영양평가 및 질병예방을 위한 영양교육상담 등의 임상영양서비스, 보건소에
서는 질병예방 영양교육 및 영양관리서비스 등의 임상영양서비스가 행해지고 있다.

(2) 임상영양사의 역할

① **임상영양전문가의 역할**　임상영양사는 질병의 원인과 증상, 이에 수반되는 생리적·
생화학적 변화와 영양소 대사에 대한 이해를 바탕으로 질병이나 건강상태에 영향을 미
치는 요인을 대상자의 식생활 및 섭취량 등에서 찾아낼 수 있어야 한다. 영양판정을 통
해 영양문제를 진단하고, 영양문제를 해결하기 위한 중재안을 제시할 수 있어야 한다. 임
상영양사는 질환에 맞는 적합한 식사와 영양보충제의 처방 및 영양지원을 통해 환자의
영양상태를 개선시키며 올바른 식품선택 및 식사방법을 효과적으로 교육함으로써 환자
스스로 쉽게 실천할 수 있도록 도움을 줄 수 있어야 한다.

② **다학제팀 일원으로서의 역할**　임상영양사는 여러 질환이나 다양한 문제를 동반한
환자들의 치료를 위해서 환자의 영양상태를 판정하고 적절한 영양치료 계획을 세워야
하는데, 이때 각 분야의 전문가들과 긴밀한 협조를 통해 최선의 문제해결방법을 찾는
것이 중요하다. 최근에는 의사, 간호사, 약사, 운동처방사 등과의 협조관계를 통한 다학
제적인 협진이 점점 중요해지고 있다. 임상영양사는 의료진에게 영양전문인으로서 자
문 역할을 수행하고 환자 진료 회진에도 참여하여 궁극적으로는 환자의 영양상태 개
선을 통한 질병 치료효과를 증대시키는 데 기여한다. 임상영양사는 특정 질환에 대한
보다 전문적인 영양지식을 필요로 하게 되므로 최신 학술정보와 전문적인 역량을 키
워나가야 한다.

2. 병원에서의 임상영양업무

1) 임상영양업무의 흐름

영양사는 병원의 영양검색시스템을 통해 모든 입원환자를 대상으로 영양초기평가를 실시하고, 영양불량위험이 있거나 영양문제가 있는 환자를 대상으로 영양불량위험 관리 업무를 수행한다. 또한 치료식이 처방된 환자에게는 치료식설명 업무를 수행한다. 의사의 의학적 평가에 따라 질병의 치료 및 회복을 위해 영양치료가 필요하면 의사가 영양교육 및 상담, 영양집중지원, 영양 관련 자문의뢰 등의 처방을 한다. 임상영양사는 환자의 영양적·의학적 상태에 대한 정보 수집과 환자 면담 등을 토대로 심도 있는 영양상태 평가를 하게 되며, 이를 근거로 가장 적절하고 비용 효과적인 영양치료 계획을 수립한다. 환자에게 영양상담 및 교육, 식사 조정, 영양집중지원 치료 등을 시행한 후에는 진행 경과를 추적하면서 영양관리 목적을 달성할 때까지 전문적인 영양관리를 지속적으로 시행한다. 이러한 영양관리과정(영양판정, 영양진단, 영양중재, 모니터링 및 평가)은 3절에서 자세히 설명할 것이다.

2) 임상영양관리의 종류

의료기관 인증제도는 의료기관으로 하여금 환자의 안전과 의료의 질 향상을 위한 자발적이고 계속적인 노력을 유도하여 국민에게 양질의 의료서비스를 제공하기 위해 마련된 제도이다. 공표된 인증조사기준의 일정수준 이상을 달성한 의료기관에 대하여 4년간 유효한 인증마크가 부여된다. 의료기관 인증제도 조사항목 중 임상영양서비스와 관련된 항목으로는 영양초기평가, 영양불량위험환자관리, 치료식설명, 영양교육 및 상담, 영양집중지원서비스 등이 있다.

(1) 영양초기평가

① 영양초기평가의 정의   영양초기평가는 입원환자를 대상으로 한 영양스크리닝 nutrition screening을 의미한다. 영양스크리닝이란 간단한 도구를 사용하여 영양불량이 있거나 영양불량위험이 있는 환자를 빠른 시간 내에 분류하는 과정이다. 실제로 영양스크리닝은 인력과 자원이 제한된 임상에서 영양관리가 필요한 환자들을 우선적으로 선별하여 개인에게 맞는 적절한 영양 치료를 적용함으로써 긍정적인 임상 결과를 유도한다. 이러한 이유로 미국의 JCAHOJoint Commission for Accreditation of Healthcare Organization에서는 입원 후 24시간 이내에 영양스크리닝을 실시할 것을 권고하고 있고, 우리나라에서도 의료기관 인증제도를 통해 모든 입원환자에 대해 영양초기평가를 실시하고, 그 결과를 근거로 영양불량 고위험군 환자에 대한 영양관리를 하도록 하고 있다.

② 영양스크리닝 도구   영양불량 고위험군 환자를 선별하기 위해 각 병원에서는 영양스크리닝 도구를 사용하여 영양초기평가를 실시하고 있다. 영양스크리닝 도구는 각 의료기관의 상황에 따라 적합한 것을 선택하되 비교적 간단하면서도 비용이 효과적이고 타당성과 신뢰성을 갖추어야 한다. 또한 재원일수, 합병증 발생 등과 같은 임상적 결과들과 어느 정도의 관련성을 보이는지 확인을 거쳐 사용하는 것이 바람직하다.
  현재 타당성을 인정받아 세계적으로 많이 사용되는 표준화된 영양스크리닝 도구는 표 1-2와 같다. 영양스크리닝 도구를 구성하는 객관적 지표로는 체질량지수, 체중 감소 등이 있으며, 주관적 지표로는 식사 섭취 감소, 식욕 정도 등이 있다(표 1-2).

 핵심 포인트

임상영양서비스 관련 의료기관 인증평가 항목

- 영양초기평가
- 치료식설명
- 영양집중지원서비스
- 영양불량위험환자관리
- 영양상담 및 교육

표 **1-2** 영양스크리닝 도구 및 지표

검색도구	평가 대상	평가지표
NRS-2002[1]	입원환자	• 의도하지 않은 체중 감소 • 체질량지수 • 질병의 중증도 • 전반적 컨디션 • 나이(70세 이상)
MST[2]	암환자 급성기 노인 입원환자	• 식욕 • 의도하지 않은 체중 감소
MUST[3]	지역사회 거주 환자	• 체질량지수 • 의도하지 않은 체중 감소 • 식품 섭취와 관련된 문제 • 질병의 중증도
MNA-SF[4]	보행 가능 아급성기 노인 입원환자	• 식욕 • 의도하지 않은 체중 감소 • 활동 가능 정도 • 스트레스/급성질환 • 치매/우울증 • 체질량지수
NUTRIC Score[5]	급성기 중환자	• 나이 • APACHE[6] II score • SOFA[7] score • 동반질환의 수 • 입원 후 중환자실 입실까지의 기간 • (인터루킨-6)

1) NRS-2002, nutritional risk screening 2002(표 1-3)
2) MST, malnutrition screening test(부록 1-1)
3) MUST, malnutrition universal screening tool(부록 1-2)
4) MNA-SF, mini nutritional assessment-short form(부록 1-3)
5) NUTRIC, nutrition risk in critically ill(부록 1-4)
6) APACHE, acute physiology and chronic health evaluation
7) SOFA, sequential organ failure assessment

(2) 영양불량위험환자 관리

① **영양불량위험환자 관리의 과정** 영양초기평가를 통하여 선별된 영양불량위험환자의 경우, 심화된 영양판정을 하는데, 이 과정은 신체계측, 생화학적 검사 결과, 식습관 조사, 임상 자료 등을 이용하여 종합적으로 평가하는 것이다. 이 심층영양평가 결과에 따라 향후 환자의 영양지원 및 영양관리 계획이 정해진다(그림 1-1).

표 1-3 영양스크리닝 도구의 예(NRS-2002)

● 초기 검색

	검색 항목	예	아니오
1	BMI < 20.5 kg/m^2		
2	지난 3개월 동안 체중 감소가 있다.		
3	지난 한 주간 식사 섭취량의 감소가 있다.		
4	심각한 질환을 가지고 있다(암, 신경계, 소화기계, 신장, 외상, 담도계).		

• Yes : 1~4번 중 'Yes'에 한 가지라도 해당할 경우 최종 검색 시행
• No : 1~4번 모두 해당 없을 경우 치료기간 동안 주 1회 초기 검색 재시행, 수술 전 환자의 경우 수술 후 영양불량 예방을 위한 영양관리계획 고려

● 최종 검색
　(해당 사항 중복 합산하지 않음, 항목당 중복 점수가 있을 경우 상위 점수 적용)

(A) 영양불량상태		(B) 질병의 심각성	
Absent (0점)	☐ 정상	Absent (0점)	☐ 정상
Mild (1점)	☐ 체중 감소 > 5%(지난 3개월) ☐ 영양요구량 대비 식사섭취량 : 50~75% 　(지난 1주간)	Mild (1점)	☐ 고관절 골절 ☐ 만성질환, 특히 급성합병증 동반 　(간경변증, 만성폐쇄성 폐질환, 　만성혈액투석, 당뇨병, 암)
Moderate (2점)	☐ 체중 감소 > 5%(지난 2개월) ☐ BMI 18.5~20.5 + impaired general condition ☐ 영양요구량 대비 식사섭취량 : 25~50% 　(지난 1주간)	Moderate (2점)	☐ 복부 수술 ☐ 뇌졸중 ☐ 심각한 폐렴 ☐ 혈액암
Severe (3점)	☐ 체중 감소 > 5%(지난 1개월) 　　　　　 > 15%(지난 3개월) ☐ BMI < 18.5 + impaired general condition ☐ 영양요구량 대비 식사섭취량 < 25%(지난 1주간)	Severe (3점)	☐ 심한 두부 외상 ☐ 골수이식 ☐ 중환자(APACHE[1] > 10)

(C) 나이	☐ ≥ 70세(1점)

$$\text{총 NRS-2002 점수} = (A) + (B) + (C) = (\qquad\qquad)$$

● 총 NRS-2002 점수에 따른 영양판정기준

• ≥ 3점 : 영양불량위험, 영양중재 필요
• < 3점 : 치료기간 동안 주 1회 초기 검색 재시행,
　　　　　수술 전 환자의 경우 수술 후 영양불량 예방을 위한 영양관리계획 고려

1) APACHE, awte physiology and chronic health evaluation
자료 : Clinical Nutntion 2003; 22(3): 321-336.

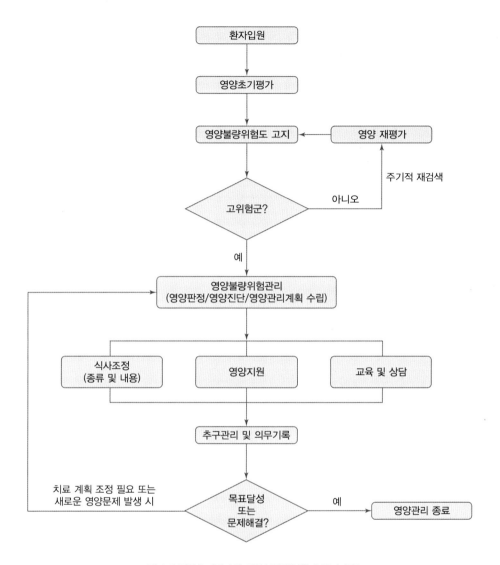

그림 **1-1** 영양초기평가와 영양불량위험환자 관리 흐름

② 영양불량 진단기준

- ASPEN/AND 기준 : 미국정맥경장영양학회American Society for Parenteral and Enteral Nutrition,
  ASPEN와 미국영양사협회Academy of Nutrition and Dietetics, AND에서는 다양한 임상 상황에
  서 발생하는 성인의 영양불량 상태를 정의하는 합의문을 2012년에 공동으로 발표
  하였다. 병원 내 영양불량 진단을 위해 원인 중심 접근법etiology-based approach에 따라
  영양불량을 급성질환 및 손상 관련 영양불량, 만성질환 관련 영양불량, 기아 등

사회환경 관련 영양불량으로 분류하였다. 급성과 만성질환의 기준은 3개월로 정하였다. 세 가지 영양불량의 카테고리는 중증도에 따라 심한 영양불량과 중등도 영양불량으로 다시 분류하였다. 영양불량을 평가하는 구체적 기준은 표 1-4와 같다. 염증이 없는 영양불량은 영양공급으로 쉽게 회복될 수 있지만, 염증이 심하면 영양공급만으로는 영양불량 상태가 효율적으로 교정되지 않는다. 과거 영

표 1-4 영양불량 진단기준(2012 ASPEN/AND 기준)

중증(severe) 영양불량					
임상적 특징	**급성질환 관련 영양불량**		**만성질환 관련 영양불량**		**사회환경적 영양불량**
에너지 섭취	5일 이상 < 50% of EER[1]		1개월 이상 < 75% of EER		1개월 이상 < 50% of EER
체중 감소	감소율(%)	기간	감소율(%)	기간	감소율(%) / 기간
	> 2 > 5 > 7.5	1주 1개월 3개월	> 5 > 7.5 > 10 > 20	1개월 3개월 6개월 1년	> 5 / 1개월 > 7.5 / 3개월 > 10 / 6개월 > 20 / 1년
피하지방 감소	중등도(moderate)		심한(severe)		심한(severe)
근육 감소	중등도(moderate)		심한(severe)		심한(severe)
수분 축적	중등도(moderate)~심한(severe)		심한(severe)		심한(severe)
악력 감소	중환자실에서는 권장하지 않음		나이/성별에 따른 감소		나이/성별에 따른 감소
중등도(nonsevere/moderate) 영양불량					
임상적 특징	**급성질환 관련 영양불량**		**만성질환 관련 영양불량**		**사회환경적 영양불량**
에너지 섭취	7일 초과 < 75% of EER		1개월 이상 < 75% of EER		3개월 이상 < 75% of EER
체중 감소	감소율(%)	기간	감소율(%)	기간	감소율(%) / 기간
	1~2 5 7.5	1주 1개월 3개월	5 7.5 10 20	1개월 3개월 6개월 1년	5 / 1개월 7.5 / 3개월 10 / 6개월 20 / 1년
피하지방 감소	경한(mild)		경한(mild)		경한(mild)
근육 감소	경한(mild)		경한(mild)		경한(mild)
수분 축적	경한(mild)		경한(mild)		경한(mild)
악력 감소	N/A[2]		N/A		N/A

1) EER, estimated energy requirement
2) N/A, not available

자료 : Journal of the Academy of Nutrition and Dietetics 2012; 112(5): 730-738.

양불량의 주요 지표로 쓰이던 알부민이나 프리알부민과 같은 혈청 단백질은 영양불량 이외에 염증요인으로도 쉽게 낮아지고, 영양공급을 해도 염증이 지속되는 한 쉽게 정상화되지 않으므로, 지표로서의 유용성이 떨어져 영양불량을 평가하는 지표로 더이상 권장되지 않는다.

- **GLIM 기준** : 영양 관련 세계 주요 4개 학회에서는 임상에서 성인을 대상으로 한 핵심 영양불량 진단기준을 제시하였다(표 1-4). GLIMglobal leadership initiative on malnutrition 기준에서는 병인론적 기준etiologic criteria 1개 이상과 표현형 기준phenotypic criteria 1개 이상이 동시에 존재할 때 영양불량으로 진단할 수 있으며, 영양불량의 중증도는 표현형 기준으로 판정한다. 병인론적 기준에 해당하는 지표는 식사량 감소, 소화·흡수 장애, 염증inflammation이며, 표현형 기준에는 체중 감소, 체질량지수, 근육량 감소가 지표로 사용된다.

표 1-5 영양불량 진단기준(2019 GLIM 기준)

			중등도의 영양상태 불량	중증의 영양상태 불량
A. 병인론적 기준	식사량 감소	☐ 에너지 요구량의 50% 미만/1주 ☐ 2주 이상 섭취량 감소		
	소화·흡수장애[1]	☐ 만성 소화·흡수장애 상태		
	염증	☐ 급성질환/상해[2] ☐ 만성질환 관련[3]		
B. 표현형 기준	체중 감소		☐ 5~10%/6개월 미만 ☐ 10~20%/6개월 이상	☐ > 10%/6개월 미만 ☐ > 20%/6개월 이상
	체질량지수[4] (kg/m²)		☐ 17~18.5(70세 미만) ☐ 17.8~20(70세 이상)	☐ < 17(70세 미만) ☐ < 17.8(70세 이상)
	근육량 감소[5]		☐ 약간~중등도 감소	☐ 심한 감소

- 영양불량 진단 – 적어도 병인론적 기준 1개 이상 + 표현형 기준 1개 이상일 때
- 영양불량 중증도 – 표현형 기준으로 판정

1) 소화·흡수장애의 예 : short bowl syndrome, pancreatic insufficiency, after bariatric surgery, esophageal strictures, gastroparesis, intestinal pseudo-obstruction, chronic diarrhea, steatorrhea, high output ostomy, GI symptom(dysphasia, nausea, vomiting, diarrhea, constipation) 등
2) Severe inflammation : major infection, burns, trauma, closed head injury
Mild-moderate inflammation : other acute disease-/injury related
3) Chronic or recurrent mild to moderate inflammation : malignant disease, chronic obstructive pulmonary disease, congestive heart failure, chronic renal disease, or any disease with chronic or recurrent inflammation
4) 아시아인 기준으로 수정 제시함
5) DEXA, BIA, CT, MRI 결과, Mid arm muscle circumference/calf circumference 측정 결과

자료 : Journal of Parenteral and Enteral Nutrition 2019; 43(1): 32-40.
Clinical Nutrition 2020; 39: 180-184.

(3) 치료식설명

입원환자 및 보호자를 대상으로 제공되고 있는 치료식의 특징과 주의사항을 알기 쉽게 설명함으로써 식사 조절의 필요성을 인식시키고, 환자의 상태 및 기호도를 고려하여 식사 형태 및 식사 내용을 조정하여 치료식에 대한 적응도를 향상시키고 적절한 영양섭취 도모로 치료 효과를 높인다(그림 1-2, 표 1-6).

(4) 영양교육 및 상담

질병 예방과 진행, 합병증을 지연시키기 위해서는 적절한 영양섭취뿐만 아니라 식습관 및 생활습관 개선이 매우 중요하다. 치료 효과를 높이기 위해서는 자가관리의 중요성에 대한 인식과 동기 부여가 중요하며 환자의 식습관, 생활방식 및 개인적인 다양한 요인 등을 충분히 고려하여 변화 목표를 설정하고 이를 잘 실천할 수 있도록 훈련시켜야 한다.

(5) 영양집중지원서비스

영양불량환자 또는 영양불량위험이 있는 환자에게 영양상태 회복과 질병 치료를 위해 경구, 경장 또는 정맥으로 영양소를 제공하는 것을 영양지원nutrition support이라고 한다.

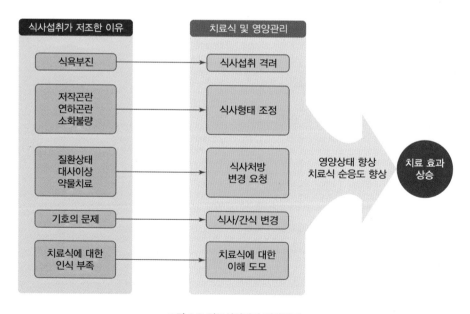

그림 **1-2** 치료식설명과 영양관리

표 **1-6** 치료식 영양관리 일지의 예

치료식 영양관리 일지		
병동/호실 :	환자명 :	등록번호 :
진단명		
식사명		
식사력 및 섭취량	병원식 □ 75~100%　□ 50~75%　□ 25~50%　□ 0~25% 사식 및 기타 :	
영양중재 내용	아래와 같은 내용으로 치료식 영양관리를 수행함 □ 식사처방 내역 적정성 확인 □ 치료식설명 　– 피상담자 : □ 환자　□ 보호자　□ 간병인 　– 치료식사명, 제공사유, 주의사항 등에 대해 설명하였음 　– 제공자료 : □ 치료식 설명문(　　　　　) 　　　　　　　□ 기타 : □ 식사섭취 격려 □ 식사와 간식 내용 조정 : _____ □ 식사처방 변경 요청 : _____ □ 치료식 Q&A □ 영양교육 의뢰 요청 □ 영양집중치료 의뢰 요청 □ 기타 : _____	
수행일 :	영양사 :	

이는 환자를 대상으로 신체계측, 생화학적 검사, 신체증후 등을 토대로 영양상태를 평가하고 영양 관련 문제점을 파악하여 안전하고 효과적인 영양지원을 하는 것이다. 영양집중지원팀nutrition support team, NST은 의사, 간호사, 약사, 임상영양사 등으로 구성된 다학제적 팀이다. 영양집중치료가 의뢰되면 영양집중지원팀에서는 영양상태평가, 영양지원 경로 결정 및 치료계획을 수립하여 회신하며, 자문내용에 따라 주치의가 경장영양 또는 정맥영양을 처방하면 영양팀에서는 경장영양제제를, 약제팀에서는 정맥영양제제를 제공하고 2~3일 후 모니터링을 시행한다. 영양집중지원팀에서는 환자의 영양상태와 문제점, 영양공급 진행의 문제점, 공급 후 나타나는 합병증 관찰, 영양지원계획 변경 등을 논의하게 되고 결정사항을 주치의에게 알려 반영하며 그 사항을 의무기록으로 남긴다. 영양집중지원팀에게 관리를 받는 것은 환자의 영양상태 호전, 임상지표 개선, 비용 절감, 사망률 감소 등의 효과가 있다.

3. 영양관리과정의 이해

영양관리과정nutrition care process, NCP이란 실무영양사와 영양전문가들이 양질의 개별화된 영양관리를 제공하기 위한 표준화된 모델로서, 임상경과의 예측이 가능하도록 설계되었다. 이는 모든 대상에 대한 영양관리의 '내용'을 표준화하는 것이 아니라 전문적인 영양서비스를 제공하는 '과정'을 표준화하는 것이다. 다시 말하자면 표준화된 영양관리과정은 체계적인 문제해결방법과 근거 중심의 업무 수행으로 영양관리의 시행결과 역시 질적으로 향상되는 결과를 얻고자 하는 것이다.

그림 1-3에서와 같이 영양관리과정은 영양스크리닝 또는 영양관리서비스 의뢰를 통해 시작된다. 영양관리과정은 영양판정, 영양진단, 영양중재, 그리고 영양모니터링 및 평가의 4단계 과정으로 이루어져 있다.

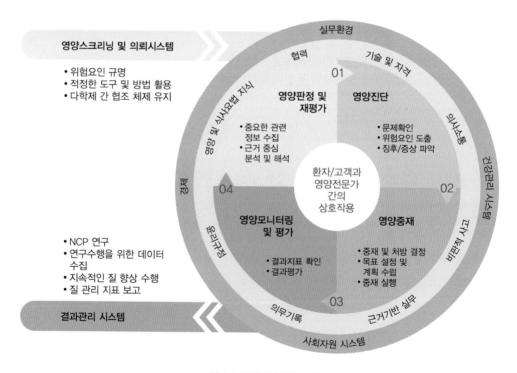

그림 **1-3** 영양관리과정 모델

1) 영양판정

(1) 정의

영양판정nutrition assessment은 영양관리과정의 첫 단계로, 영양 관련 문제와 원인, 징후와 증상을 알아내기 위해 자료를 수집하고, 확인하며, 해석하는 과정이다. 임상영양사는 환자와의 면담, 관찰, 측정을 통해 자료를 얻거나 의무기록 또는 의뢰한 부서로부터 전달받은 문서를 통해 영양판정에 필요한 자료를 수집하고, 이를 객관적이고 신뢰할 수 있는 정상치나 표준치와 비교하여 평가하고 분석한다.

(2) 영양판정 영역별 지표

환자의 영양상태 판정을 위하여 표 1-7과 같이 대상자 병력, 신체계측, 생화학적 자료 및 의학적 검사, 영양 관련 신체검사 자료, 식품/영양소와 관련된 식사력 영역으로 분류하여 판정한다. 영양판정에서 전반적인 건강 상태를 판정하게 되는데 이때 기능적·행동적 상태도 함께 고려해야 한다. 즉, 환자의 섭취에 영향을 미치는 요인을 우선 파악하고, 영양과 관련되어 발생한 건강상의 문제점도 파악한다. 또한 영양적 지식 정도와 식행동을 바꾸려는 의지, '영양관리를 받을 준비가 되어 있는가?' 등도 함께 고려해야 한다. 영양판정 영역별 자세한 방법은 표 1-8~표 1-13을 참고하도록 한다.

(3) 영양판정 자료의 해석

영양판정 단계에서 수집된 자료는 영양처방이나 개인별 영양목표량, 국가 및 공인기관의 표준치와 비교하여 환자의 상태를 평가한다. 참고 기준치는 진료환경이나 환자의 개인 상황에 근거하여 가장 적절한 목표나 참고 표준치를 선택하고, 지표의 정의나 기준의 제한점을 알아야 한다. 영양섭취 자료는 추정된 양이므로 반드시 생화학적, 임상적, 신체계측, 의학적 진단 자료와 함께 고려해야 한다.

표 1-7 영양판정 영역 및 지표

영양판정 영역	세부지표
대상지 병력	• 개인력 : 성별, 연령, 직업, 교육수준, 소득수준 • 병력 : 현재 및 과거 병력, 수술력, 소화기 질환 또는 상태, 유병기간, 복용약물 • 기타 : 가족관계, 생활 거주 상황, 최근의 스트레스 등
신체계측	• 키, 체중, 체중변화력 • 허리둘레, 체질량지수, 체지방률 • 성장률, 백분위수
생화학적 자료	• 혈당/내분비 관련 검사 자료 : 공복혈당, 식후 2시간 혈당, 당화혈색소 • 지질 관련 검사 자료 : 총콜레스테롤, 중성지방, LDL 콜레스테롤, HDL 콜레스테롤 • 신장 기능 관련 검사결과 : 알부민/크레아티닌 비(ACR), 사구체여과율, BUN/Cr, Ca/P, K • 기타 영양 관련 검사결과 : 총단백질, 알부민, 헤모글로빈, 헤마토크리트
영양 관련 신체검사 자료	• 저작 및 삼킴 능력 : 치아상태, 잇몸질환, 저작 및 삼킴 능력 • 위장관 증상 : 식욕저하, 오심, 구토, 설사, 변비, 포만감, 복부팽만, 공복감 • 활력징후 : 혈압, 체온, 맥박, 호흡수 • 영양불량 관련 신체 증상
식품/영양소와 관련된 식사력	• 식품과 영양소 섭취 • 약물과 약용식물 보충제 섭취 • 영양교육 경험 여부 • 지식, 신념, 태도, 행동 • 식품과 영양 관련 자원 이용에 영향을 주는 요인 • 신체활동 및 기능 • 영양적 측면에서의 삶의 질

표 1-8 신체계측 방법 및 해석

방법	설명
신장과 체중의 해석	• 성인의 신장과 체중은 영양상태를 판정함에 있어서 유용함. 그러나 환자의 기억에 의존하여 조사할 경우 신장은 크게, 체중은 낮게 보고하는 경향이 있음 • 어린이의 신장과 체중 측정은 다양한 기준에 의해 평가할 수 있으며, 주로 퍼센타일로 기록함. 퍼센타일은 성별에 따른 각 연령에서의 백분율을 말함. 모든 연령에서 어린이의 성장은 성장곡선(연령별 신장 및 체중)에 측정치를 기록함으로써 모니터링할 수 있음
신장	• 신장은 똑바로 서거나 평평한 곳에 기대어 신장계를 이용하여 직접적으로 측정 가능하며, 똑바로 서있을 수 없는 경우에는 팔 길이, 누운 키, 무릎 키 측정 등을 통해 간접적으로 측정 가능함
체중	• 쉽게 측정 가능하며 명확한 측정방법으로 전반적인 지방과 근육 저장량을 대략적으로 평가할 수 있음 　- 평소체중(usual body weight) : 환자의 표준체중(ideal body weight)보다 더욱 유용한 지표로 쓰임. 평소체중에 대해 현재체중을 비교함으로써 체중의 변화 상태를 평가함. 그러나 평소체중은 환자의 기억력에 의존하기 때문에 정확하지 않을 수 있다는 단점이 있음 　- 실제체중(actual body weight) : 실제로 측정한 체중을 말하며, 전해질 상태에 따라 영향을 받을 수 있음. 체중 감소(weight loss)는 탈수 상태를 반영할 수 있고 영양 위험을 나타낼 수 있음. 체중감소율(% weight loss)은 질환 정도와 심각성을 잘 나타냄

(계속)

방법	설명
체중	• 체중변화

$$체중변화율(\% \text{ weight change}) = \frac{평소체중 - 현재체중}{평소체중} \times 100$$

기간	약간의 체중 감소	심한 체중 감소
1주	1~2%	> 2%
1개월	5%	> 5%
3개월	7.5%	> 7.5%
6개월	10%	> 10%

방법	설명
체질량지수	• 가장 널리 사용되는 신장과 체중지표로, 영양상태를 판정하는 데 유용함 • 성인에서 신장과 최소의 상관성을 가지며 체지방과는 매우 높은 상관성을 가짐 • 체질량지수(body mass index, BMI) = 체중(kg) ÷ 키(m)^2

분류	체질량지수(kg/m^2)	허리둘레에 따른 동반위험도	
		90 cm 미만(남) 85 cm 미만(여)	90 cm 이상(남) 85 cm 이상(여)
저체중	BMI < 18.5	낮음	보통
정상	18.5 ≤ BMI < 23	보통	약간 높음
비만전단계(과체중)	23 ≤ BMI < 25	약간 높음	높음
1단계 비만	25 ≤ BMI < 30	높음	매우 높음
2단계 비만	30 ≤ BMI < 35	매우 높음	가장 높음
3단계 비만(고도비만)	BMI ≥ 35	가장 높음	가장 높음

• 체질량지수 해석 시 주의사항
  – 운동선수, 보디빌더 등 근육량이 많은 경우 체질량지수가 높아도 체지방은 정상인 경우가 많음
  – 성장기 어린이에서는 연령에 따른 기준치를 사용해야 함
  – 임신부, 수유부, 노인에서 체질량지수가 정확하지 않을 수 있음
  – 부종으로 체중이 과다평가된 경우, 척추질환 등으로 정확한 신장을 측정할 수 없는 경우는 체질량지수를 계산할 수 없음
• 허리둘레에 따른 동반위험도 : 복부비만이 있는 경우, 체질량지수와 독립적으로 대사증후군, 당뇨병, 관상동맥질환 등의 이환율과 사망률이 증가하므로 체질량지수로 구분된 동반질환의 위험도를 한 단계 높여 관리해야 함

방법	설명
피부두겹두께	• 총지방량의 50%는 피하지방에 존재한다는 가정하에 체지방량을 측정하는 지표임 • 측정 기술의 정확성에 따라 유효성이 달라지며, 비만이 심해질수록 정확도는 감소함 • 체지방을 가장 잘 반영하는 삼두근, 이두근, 견갑골 아래, 상장골 위, 그리고 허벅지 아랫부분을 캘리퍼로 측정하며, 삼두근과 하견갑골 부위 측정이 가장 유용하게 쓰임
둘레	• 허리둘레는 복부비만을 나타내는 지표임. 허리둘레의 측정은 근육량이 적은 노인이나 체중 감소를 유발하는 질환을 가진 환자 등에서 체질량지수의 오류를 보정하는 효과가 있음 • 삼두근 피부두겹 두께와 팔 둘레 측정은 장기간의 영양상태를 잘 반영함

(계속)

방법	설명		
둘레		측정 부위	평가
		허리 둘레 (waist circumference, WC)	성인 남자 90 cm 이상, 성인 여자 85 cm 이상이면 복부비만
		상완위 둘레 (midarm circumference, MAC)	견갑골의 튀어나온 견봉과 팔꿈치 사이의 중간 부위 둘레를 측정함. 상완위 둘레와 삼두근 피부두겁 두께를 함께 측정하면 팔의 근육(arm muscle area, AMA)과 지방 부위를 간접적으로 결정할 수 있음. AMA는 제지방량의 좋은 지표로 만성질환, 스트레스, 섭식장애, 부적당한 식사 섭취 등으로 인한 단백질-에너지 영양결핍을 평가할 때 유용함
		머리 둘레	머리 둘레는 3세 이전의 어린이에게 있어 유용한 지표이나 비영양적인 지표임
체지방률	생체전기저항분석법(bioelectrical impedance analysis, BIA) 등의 결과를 이용하여 체지방률을 확인하고 기준자료와 비교 평가할 수 있음		

체지방률(%)	남자	여자
저체중	< 15	< 20
정상	15~20	20~25
과체중	21~25	26~30
비만	> 25	> 30

표 1-9 생화학적 자료 및 의학적 검사(일반화학검사)

검사 명칭	참고치*	단위	설명
Total Protein	6.6~8.3	g/dL	알부민을 포함한 항체 등 모든 혈중 총단백 측정
Albumin	3.5~5.2	g/dL	간에서 생산되는 주 단백질 (−) 정상/생성 감소로 낮은 수치
AST(GOT)	~40	U/L	간, 심장, 근육에서 발견되는 효소 (+++) 급성간염 (++) 만성간염, 알코올성 간손상 (+) 담관폐쇄, 간경변증, 간암, 심장마비, 근육손상
ALT(GPT)	~40	U/L	담관연관 효소 (+++) 급성간염 (++) 만성간염 (+) 담관폐쇄, 간경변증, 간암
GGT	9~64	U/L	간에서 주로 발견되는 효소/증가된 ALP 원인 파악 (+) 담도 및 간질환, 음주, 울혈성 심부전

(계속)

검사 명칭	참고치*	단위	설명
TB	0.3~1.2	mg/dL	Total bilirubin : 혈중 모든 빌리루빈/Direct bilirubin : 간에 결합된 형태 두 가지를 함께 검사하며 황달이 있을 시 사용
DB	~0.2	mg/dL	(+) 너무 많이 생성되거나, 적게 제거되었을 때 담관폐쇄, 간경변증, 급성 간염, 용혈이 심한 경우
ALP	30~120	U/L	Alkaline phosphatase : 간에서 발견되는 효소/간염 발견 지표 (+) 담관폐쇄, 간암, 골질환
Amylase	22~80	U/L	췌장질환의 증상이 있을 때 시행 (+) 급성췌장염(참고최대치의 4~6배), 만성췌장염(증가하나, 손상이 계속됨에 따라 감소하기도 함)
Lipase	~67	U/L	췌장염 또는 그 외 췌장질환 진단 및 모니터링 지표 (+++) 급성췌장염(정상의 5~10배) (+) 췌장관 폐쇄, 췌장암 및 기타 췌장질환 (−) 췌장세포의 영구적 손상 : 낭성 섬유증
CRP	~0.5	mg/dL	C-reactive protein : 염증지표 (+) 염증 발생 시 증가, 심장발작, 패혈증, 외과적 처치 후, 피임약 복용, 임신 후기, 비만 (−) 염증 감소
BUN	8~20	mg/dL	Blood Urea Nitrogen : 신장 기능 확인 지표/신장질환 치료 모니터링 지표 (+) 급성신부전, 만성신부전, 울혈성 심부전, 쇼크, 스트레스, 신혈류 감소, 화상, 위장관 출혈, 탈수, 노화, 고단백식 (−) 간질환, 임신, 저단백식, 영아, 약물
Creatinine	0.72~1.18	mg/dL	신장기능 확인 지표/신장질환 치료 모니터링 지표 근육 노폐물로 근육양에 따라 생산량이 달라 남성에게서 조금 높음 (+) 사구체신염, 신우신염, 급성세뇨관괴사, 전립선질환, 신장결석, 요관 폐색, 신혈류 감소
Na	135~145	mmol/L	(+) 고나트륨혈증, 소금 섭취 증가, 쿠싱증후군, 낮은 ADH, 요붕증, 수분 소실 증가(대사율증가, 과다 환기, 감염) (−) 저나트륨혈증, 나트륨소실(에디슨병, 설사, 과다발한, 이뇨제투여, 신질환), 과다수분섭취, 체내수분축적, 높은 ADH(암, 약물), 울혈성 심부전
K	3.5~5.5	mmol/L	고혈압, 신장질환 진단평가, 투석환자, 정맥 내 요법 시 이뇨제, 혈압약, 심장질환약 복용 시 모니터링 지표 (+) 급성신부전, 만성신부전, 에디슨병, 저알도스테론증, 조직손상, 감염, 당뇨병, 탈수, 과도한 칼륨 섭취, 정맥 내 과도한 칼륨 투여, 비스테로이드성 항염증제, 베타차단제, 안지오텐신전환효소 억제제, 칼륨보존성 이뇨제 (−) 탈수, 구토, 설사, 고알도스테론증, 칼륨 섭취 부족, 아세트아미노펜 과다복용, 베타교감신경 항진제, 알파교감신경 차단제, 항진균제, 겐타마이신, 카베니실린
Cl	98~110	mmol/L	산증, 알칼리증이 의심될 때 (+) 탈수, 쿠싱증후군, 신장질환, 대사성 산증, 호흡성 알칼리증 (−) 구토, 위 흡인, 폐기종, 호흡성 산증(만성폐질환), 대사성 알칼리증

(계속)

검사 명칭	참고치*	단위	설명
Total CO$_2$	21~31	mmol/L	(+) 대사성 알칼리증, 호흡성 산증, 지속적 구토, 저칼륨혈증, 폐렴, 폐질환 (−) 대사성 산증, 호흡성 알칼리증, 신부전, 쇼크, 당뇨병성 케톤산증, 과호흡, 통증, 불안
Glucose			저혈당, 고혈당, 당뇨병 선별 및 진단, 모니터링 지표
	< 70	mg/dL	저혈당, 부신기능 저하, 약물(아세트아미노펜 등) 중증 간질환, 뇌하수체 저하증, 갑상선기능 저하, 인슐린 과다투여, 기아상태
	70~100	mg/dL	정상혈당 수치
	100~125	mg/dL	당뇨병전단계
	> 126	mg/dL	당뇨병, 말단비대증, 급성스트레스, 만성신부전, 쿠싱증후군, 약물, 과식, 갑상선기능항진, 췌장염, 췌장암
Ca	8.8~10.6	mg/dL	신장질환, 칼슘대사장애 검사지표 (+) 고칼슘혈증(부갑상선기능항진증, 암, 갑상선기능항진증, 사르코이드증, 결핵, 장기적 부동상태, 신장이식) (−) 저칼슘혈증(부갑상선기능저하증, 칼슘섭취 부족, 비타민 D 농도 저하, Mg 결핍, P 농도 증가, 췌장염, 신부전, 영양불량, 알코올중독)
P	2.5~4.5	mg/dL	(+) 고인산혈증(신부전, 부갑상선기능저하증, 당뇨병성 케톤산증, 인 성분 약제의 과다복용 (−) 고칼슘혈증, 이뇨제 과다복용, 영양불량, 알코올중독, 화상, 당뇨병성 케톤산증, 갑상선기능저하증, 저칼륨혈증, 제산제 만성복용, 구루병, 골연화증
Mg	1.8~2.6	mg/dL	(+) 신부전, 부갑상선항진증, 갑상선저하증, 탈수, 당뇨병성 신장질환, 에디슨병, 마그네슘함유 제산제나 설사제 사용 (−) 적은 섭취, 위장장애, 조절되지 않는 당뇨병, 부갑상선기능저하증, 이뇨제의 장기간 사용, 장기간 설사, 수술 후, 심한 화상, 임신중독증
Uric acid	3.5~7.2	mg/dL	통풍감별 지표, 화학치료 및 방사선 치료 모니터링 지표 (+) 고요산혈증, 퓨린대사 이상, 암, 다발성골수종, 백혈병, 만성신장질환, 산혈증, 임신중독증, 통풍
LDH	140~271	U/L	Lactate dehydrogenase : 세포 손상의 지표 (+) 간질환, 뇌혈관질환, 용혈빈혈, 악성빈혈, 전염단핵구증, 장·폐경색, 신장질환, 근 디스트로피, 췌장염, 고환암, 림프종 및 암
CK	~171	U/L	트로포닌과 함께 사용 (+) 심장이나 근육 손상, 콜레스테롤 강하제 (−) 임신 초기
CK−MB	0.6~6.3	ng/mL	심근경색/근육손상 유무 진단지표 (+) 심장 손상 (−) 골격근 손상
Ammonia	25~79	ug/dL	요소대사의 결과물로 많이 축적되면 간성뇌병증 초래 (+) 간질환, 간성혼수, 간혈류 감소, 라이증후군, 신부전, 유전성요소회로 결함, 신장손상 환자, 위·대장 출혈, 근육활동, 압박대 사용, 이뇨제, 마취제, 흡연

(계속)

검사 명칭	참고치*	단위	설명
Total cholesterol	130~200	mg/dL	심혈관질환 발생 위험도 추정 (+) 이상지질혈증
Triglyceride	50~150	mg/dL	너무 높아지면 췌장염 진행 위험이 높음 (+) 2형당뇨병, 신장질환, 이상지질혈증, 갑상선기능저하증, 유전인자, 코르티코스테로이드, 베타차단제, 에스트로겐
LDL cholesterol	~130	mg/dL	심장질환 발생위험도 예측 (+) 동맥경화, 심장질환 발생위험, 이상지질혈증
HDL cholesterol	35~65	mg/dL	건강이상의 지질수치에 대한 선별검사, 심장질환의 발생위험도 측정 (−) 심장질환 발생위험, 이상지질혈증
HbA1C	4.5~6.5	%	당화혈색소 : 당뇨병 및 당뇨병전단계 선별 및 진단지표, 최근 2~3개월 사이의 평균혈당 지표 • ≤ 5.6% : 정상 • 5.7~6.4% : 당뇨병전단계 • ≥ 6.5% : 당뇨병
Glycated-albumin	11~16	%	당화알부민 : 1~4주간의 혈당치를 반영, 과거의 혈당상태를 나타내는 지표 (+) 당뇨병, 고혈당, 갑상선 기능장애
eGFR			사구체여과율 : 신장기능 평가 지표
	≥ 90	mL/min	1단계 : 사구체여과율 정상, 증상에 따라 약간의 신장손상을 의심해볼 수 있음
	60~89	mL/min	2단계 : 사구체여과율이 경미하게 감소
	30~59	mL/min	3단계 : 사구체여과율이 감소
	15~29	mL/min	4단계 : 사구체여과율이 심각하게 감소
	< 15	mL/min	5단계 : 신부전

* 검사 방법(시약, 기기 등)에 따라 참고치는 달라질 수 있음. 해당기관의 검사 참고치와 비교하여야 함

표 1-10 생화학적 자료 및 의학적 검사(일반혈액검사)

검사명칭	참고치*	단위	설명
CBC 전체혈구검사			빈혈, 감염 및 질환 발병 여부 확인을 위한 검사
WBC	4.0~10.0	$10^3/\mu L$	White blood cell : 백혈구 (+) 세균감염, 염증, 백혈병, 외상, 심한 스트레스, 심한 운동 (−) 화학요법, 방사선치료, 면역체계에 영향을 끼치는 질환
RBC	4.2~6.3	$10^6/\mu L$	Red blood cell : 적혈구 (+) 탈수, 폐질환, 선천심장병, 진성적혈구증가증, 신장질환, 과다한 전혈수혈, 조직저산소증 (−) 외상, 화상, 임신, 용혈빈혈, 출혈감염, 철결핍빈혈, 비타민 B_{12} 또는 엽산결핍, 골수손상, 대사장애, 만성염증

(계속)

검사명칭	참고치*	단위	설명
Hb	13~17	g/dL	Hemoglobin : 혈색소 (+) 탈수증, 골수에서 적혈구 과다생산, 심각한 폐질환, 기타 여러 가지 질환 (−) 철, 비타민 B$_{12}$, 엽산 결핍, 유전성 혈색소 결핍(낫적혈구빈혈 또는 지중해빈혈), 효소 결핍 같은 다른 유전성 질환, 간경변증, 과다출혈, 과도한 적혈구 파괴, 신장질환, 기타 만성질환, 골수부전 또는 재생불량빈혈, 골수에 영향을 미치는 암
Hct	42~52	%	Hematocrit (+) 탈수증, 진성 적혈구 증가증 (−) 비타민, 무기질결핍, 출혈, 간경변증, 암
MCV	80~94	fL	Mean corpuscular volume : 평균 적혈구 용적 (+) 대구성 적혈구 (−) 소구성 적혈구
MCH	27~31	pg	Mean corpuscular hemoglobin : 적혈구 내 헤모글로빈의 평균 양 (+) 대구성 적혈구 (−) 소구성 적혈구
MCHC	33~37	g/dL	Mean corpuscular hemoglobin concentration : 적혈구 내 평균 헤모글로빈 농도 (+) 적혈구 내 Hb이 비정상적으로 응축 : 화상환자, 유전구상적혈구증 (−) 적혈구 내 Hb이 비정상적으로 희석 : 철결핍빈혈, 지중해빈혈
Platelet count	150~350	10^3/μL	혈소판 수 : 혈액부피당 혈소판의 수 (+), (−) 과도한 출혈 또는 혈전과 같은 비정상적인 상황
MPV	7.2~11.1	fL	Mean platelet volume : 평균 혈소판용적, 혈소판의 평균 크기 (+) 혈소판 생산이 증가한 경우
ESR	0~20	mm/hr	Erythrocyte sedimentation rate : 적혈구침강속도 체내 염증 정도 간접측정지표, 염증의 비특이적 표지자 (+++) 심각한 감염에 기인한 글로불린의 현저한 증가, 다발골수종, 발덴스트롬마크로 글로불린혈증, 류마티스성 다발근통, 측두동맥염 (+) 세균감염, 염증, 빈혈, 임신, 고령 (−) 적혈구 증가증, 심한 백혈구 증가증, 단백질 이상질환, 낫적혈구빈혈
Differential count LUC	0~4.5	%	백혈구 감별 계산 : 감염, 바이러스 질환 등 면역계 질환 진단지표, 알레르기 중증도, 약제반응 및 기생충, 감염 반응, 화학요법 반응 확인지표
Seg. neutrophil	40~74	%	호중성구 (+++) 골수질환 : 만성골수성 백혈병, 심한 감염, 화학요법 시행환자 (+) 세균감염, 염증
Lymphocyte	19~48	%	림프구 (+) 바이러스 감염, 백혈병, 골수암, 방사선치료 (−) 면역체계에 영향을 미치는 질환 : 루푸스, HIV 감염
Monocyte	4~9	%	단핵구 (+) 감염, 염증질환, 백혈병, 일부 암 (−) 골수부전, 일부 백혈병

(계속)

검사명칭	참고치*	단위	설명
Eosinophil	0~7	%	호산구 (+) 알레르기 질환, 피부염증, 기생충질환, 감염, 골수질환 (−) 일부 감염질환은 호산구를 감소시키기도 함
Basophil	0~1.5	%	호염기구 (+) 백혈병, 만성감염, 음식에의 과민 반응, 방사선치료
ANC	1,500~ 7,500	/μL	Absolute neutrophil count : 절대호중구 수 (+) 염증, 감염, 신체손상, 스트레스 (−) 약물 독성, 과민반응, 항암제, 면역억제제 사용

* 검사방법(시약, 기기 등)에 따라 참고치는 달라질 수 있음. 해당 기관의 검사 참고치와 비교하여야 함

표 **1-11** 생화학적 자료 및 의학적 검사(소변검사 지표)

검사명칭	참고치*	단위	설명
Urinalysis Occult Blood	−		(+) 혈뇨, 사구체질환, 신장질환, 비뇨기계 질환, 비스테로이드성 소염제 복용 외
Bilirubin	−		(+) 간질환, 담도폐쇄질환 및 용혈성 질환
Urobilinogen	±	mg/dL	(+) 간기능 저하
Keton	−		(+) 심한 운동, 단식, 임신, 스트레스, 구토, 탈수, 당 조절이 이루어지지 않은 경우
Albumin	≤ Trace	mg/dL	소변으로 빠져나가는 단백질 검출 여부 확인, 신장기능평가 및 모니터링 지표 (+++) 신장 손상, 아미로이드증, 방광암, 울혈성 심장질환, 당뇨병, 신장에 부담을 주는 약물치료, 사구체염, 굿파스처 증후군, 중금속 중독, 고혈압, 신장감염, 다발성 골수종, 다낭성 신질환, 전신홍반루푸스, 요로감염 (+) 감염, 약물 복용, 정서적·신체적 스트레스
Nitrite	−		(+) 요로감염에 의한 요 농축
Glucose	−	mg/dL	(+) 당뇨병, 쿠싱증후군, 뇌하수체 선종, 부신과증식, 부신종양, 이소성 부신피질자극호르몬 분비증, 간 및 췌장질환
pH	5.0~8.0		(+) 급·만성신장질환, 대사성 및 호흡성 알칼리혈증, 구토, 세균에 의한 요로감염, 알칼리성 식품 섭취 (−) 대사성 및 호흡성 산혈증(acidemia), 심한 설사, 고열, 탈수증, 산성식품 섭취
Specific gravity	1.010~ 1.025		요 비중검사 : 수분 섭취 정도 및 신장, 방광기능 확인지표 (+) 심한 탈수, 당뇨병, 항이뇨호르몬(ADH) 분비 이상 (−) 이뇨제 사용, 요붕증, 부신기능부전, 알도스테론증, 신장기능이상
Urine Micro RBC	0~4	HPF	(+) 신장/요로계 질환(염증, 감염, 결석, 종양 등)
WBC	0~4	HPF	(+) 신장/요로계 질환(신우신염, 방광염, 요도염, 신결핵)
Epithelial Cell	0~1	HPF	(+) 질·요도감염, 종양, 바이러스성 질환

* 검사방법(시약, 기기 등)에 따라 참고치는 달라질 수 있음. 해당 기관의 검사 참고치와 비교하여야 함

표 **1-12** 영양 관련 신체증상 평가

● 활력징후(vital signs)

구분	내용
혈압	• 정상 : 수축기 혈압 < 120 mmHg, 이완기 혈압 < 80 mmHg • 고혈압 : > 140 mmHg/90 mmHg • 기립성 저혈압 : 자세 변화(누운 자세에서 앉거나 설 때) 시 혈압이 25 mmHg 이상 떨어짐
맥박	• 정상 : 60~100회/분 • 서맥 : < 60회/분(운동, 기아와 관련) • 빈맥 : > 100회/분(저혈량증, 카페인과 관련)
호흡수	• 정상 : 14~20회/분(호흡부전, 만성폐쇄성 폐질환 시 에너지 소비량 증가)
체온	• 일변화 : 35.8~37.3℃ 　– 열이 날 경우 에너지 소비량 증가 　– 저체온 또는 고체온은 염증반응을 의미할 수 있음

● 신경학적 검사

구분	내용
치매	가능한 원인(니아신 결핍, 비타민 B_{12} 결핍, 칼슘 증가, 질병 또는 나이 관련, 약물 복용, 알루미늄 중독)
작화증, 지남력 상실	티아민 결핍(코사코프 신경병증)
족하수, 손목하수	티아민 결핍
말초신경병증	티아민 결핍, 피리독신 결핍, 비타민 B_{12} 결핍
강직	칼슘 결핍, 마그네슘 결핍, 비타민 D 결핍

● 신체 검진

신체 부위	영양이 좋은 상태	영양이 나쁜 상태
머리카락	• 윤기가 흐르고 단단하며 쉽게 빠지지 않음	• 윤기가 없고 건조해 보임 • 쉽게 빠지고 색깔이 변함
얼굴	• 피부색이 균일하고 건강해 보이며, 붓지 않음	• 안색이 변해 있으며 피부가 벗겨지기 쉬움
눈	• 밝고 맑음. 눈가가 붓지 않고 핏발이 없음	• 눈 점막이 창백하고, 눈가에 핏발이 섰으며, 건조하고 염증이 있음 • 비토 반점이 있고 점막이 건조되어 있음
입술	• 부드럽고 터지거나 붓지 않았으며 촉촉함	• 입안의 점막이 붓고 푸석푸석하며 피가 잘 남
혀	• 분홍색이며 붓거나 너무 반들거리지 않음	• 부어 있고 주황색을 띠는 붉은색이며 혀의 돌기가 충혈되어 있음
치아	• 충치가 없고 통증이 없으며, 아래턱이 반듯함	• 충치, 빠진 이가 있으며, 표면이 닳았고 치아가 고르지 않음 • 반점이 있음
잇몸	• 출혈이 없고 부어 있지 않음	• 피가 잘 나며, 염증이 있고 잇몸이 가라앉아 있음
피부	• 반점이나 부종이 없고 피부색이 좋음	• 거칠고 말랐으며 각질화되어 있음 • 창백하고 염증이 있음 • 멍과 염증이 있음
손톱	• 단단하고 분홍색임	• 손톱이 휘어짐 • 잘 부러지며 울퉁불퉁함

표 **1-13** 식사섭취량 조사 방법 및 해석

방법	설명
식사기록법	• 섭취한 식품의 종류와 양을 기록하는 방법 • 가장 정확하게 섭취량을 조사할 수 있음 • 보통 3~7일 정도의 기간 동안 기록하고, 영양소섭취량을 영양소 섭취기준 또는 가이드라인과 비교함
식품섭취빈도 조사법	• 조사지에 제시된 식품에 대해 일정 기간(하루, 일주일, 한 달 등) 동안의 섭취빈도를 조사함 • 질환이 있으면 식품의 소비패턴이 변화되거나 병의 정도에 따라 다름. 따라서 완벽하고 정확한 식사력을 얻기 위해 입원하기 이전이나 병이 있기 전 일정기간 동안의 식품섭취빈도를 조사하는 것이 좋음
24시간 회상법	• 지난 24시간 동안 섭취한 모든 식품과 양을 기억해 내어 자료를 수집함 • 간단하고 빨리 조사할 수 있음 • 자료를 수집함에 있어 관계되는 문제점은 ① 섭취한 식품의 종류와 양을 정확하게 기억해 내기 어려움, ② 평상시의 섭취량을 반영하는지에 대해 결정하기 어려움, ③ 적게 섭취한 것을 강조하거나 많이 섭취한 것을 적게 기록하려는 경향이 있음. 식품섭취빈도조사법과 24시간 회상법을 함께 사용하면 섭취량 계산의 정확성을 개선시킬 수 있음

2) 영양진단

영양진단nutrition diagnosis은 영양관리 과정의 핵심요소로, 영양판정 단계에서 얻은 다양한 자료를 토대로 영양문제를 파악하고 기술하는 과정으로 영양중재안 수립의 근거를 제시하게 된다. 즉, 영양판정 단계에서 수집된 자료의 평가와 해석을 근거로 영양문제가 규명되면, 각 환자에 대해 현실적이고 측정 가능한 중재 목표와 계획을 수립하고 수행할 수 있다.

확인된 영양문제는 영양중재를 통해 원인을 해결하거나 또는 적어도 징후/증상을

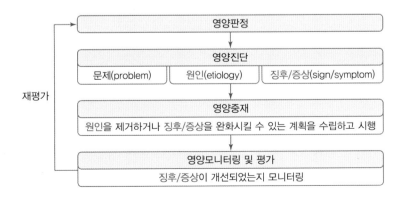

그림 **1-4** 영양관리과정에서 영양진단의 역할

개선시킬 수 있어야 한다. 영양진단의 특징과 목적은 임상증상이 아닌 영양전문가가 독립적으로 치료 또는 중재할 수 있는 영양문제를 규명하고 기술하는 것으로 영양사가 의학적 진단을 하는 것이 아니고, 영양 영역에서의 현상을 진단하는 것이다.

(1) 영양진단의 영역

영양진단은 섭취 영역, 임상 영역, 행동-환경 영역으로 구분된다(표 1-14).

표 **1-14** 영양진단 영역

영역	영역 설명	세부 내용
섭취 영역	경구 또는 영양집중지원을 통한 에너지, 영양소, 수분, 생리활성물질의 섭취와 관련된 문제 영역	• 에너지 평형 • 경구 또는 영양집중지원 섭취 • 수분 섭취 • 생리활성물질 • 영양소
임상 영역	의학적/신체적 상태와 관련된 영양적인 문제 영역	• 기능적 • 생화학적 • 체중
행동-환경 영역	지식, 신념/태도, 물리적 환경, 식품의 이용 또는 안전과 관련된 영양적 문제 영역	• 지식과 신념 • 신체활동과 기능 • 식품 안전과 이용

(2) 영양진단문

영양진단은 영양진단문이라는 구조적 문장으로 요약하여 기술해야 하는데 이 서술문을 'PES문'이라고도 한다. 영양진단문은 영양문제problem, P, 원인etiology, E, 징후/증상sign and symptom, S의 세 가지 요소로 분류하여 기록한다(표 1-15).

영양진단문은 명확하면서도 간결하게 기술되어야 한다. 또한 해당 환자에게 특이적이며, 한 가지 영양문제에 대해 한 가지 원인과 한 가지 징후/증상으로 구성되어야 한다. 영양진단은 정확하고 객관적인 영양판정 자료에 기초해야 하며, 원인은 영양진단과 정확하게 연관되어 있고, 가능하면 임상영양사의 영양중재를 통해 해결할 수 있어야 한다. 징후/증상은 임상영양사의 영양중재에 의해 영양문제가 해결되거나 향상되었을 때, 이로 인한 변화를 보여줄 수 있도록 가능하면 측정 가능한 지표들을 선택한다(그림 1-4). 영양진단문 작성 시 영양문제는 표준화된 영양진단 용어를 사용하도록 한다(표 1-16).

표 **1-15** 영양진단문의 구성

구분	Problem(문제)	Etiology(원인)	Sign/symptom(징후/증상)
설명	• 영양사가 독립적으로 치료할 책임이 있는 환자의 영양적인 문제	• 영양문제의 원인 • 병태생리학적, 심리상황에 따른 요인, 혹은 문화적·환경적 문제가 기여하는 요인 등 • 중재방법을 결정하는 근거가 됨	• 환자의 영양문제의 근거로 객관적(징후)/주관적(증상) 자료로 구성 • 모니터링의 근거가 됨
형식	• 변화된, 부적절한, 증가된, 감소된, 바람직하지 못한 등으로 표현	• "_____와 연관되어 있고"로 영양진단명과 연결됨 • "related to _____"	• "근거는 _____이다"로 원인과 연결됨 • "as evidenced by _____"
예	• P : 부적절한 경구섭취	• E : 항암치료와 관련된 메스꺼움	• S : 필요량의 25% 정도 섭취

• 영양문제는 부적절한 경구섭취로 항암치료와 관련된 메스꺼움과 연관되어 있고 그 근거는 필요량의 25% 정도 섭취하는 것으로 확인할 수 있다.

영양진단문을 잘 작성하였는지 점검하기 위해서는 아래의 질문에 답할 수 있어야 한다.

① 영양문제

• 영양사가 해결하거나 개선할 수 있는 문제인가?
• 영양진단 표준용어를 사용하였는가?

② 원인

• 근본적인 원인인가?
• 영양사의 영양중재를 통해 해결할 수 있는 원인인가?
• 원인을 제거할 수 없다면 적어도 징후나 증상을 개선할 수 있는가?

③ 징후/증상

• 문제가 해결되거나 향상된다면 징후나 증상을 측정할 수 있는가?
• 징후나 증상이 관찰(측정/변화를 평가) 가능하고 영양진단의 해결이나 개선 정도를 모니터하고 문서화할 수 있는가?

④ 영양진단문

• 문제가 명확하고 간결하게 작성되었는가?
• 영양판정 자료가 전형적인 원인, 징후/증상과 함께 특정 영양진단을 뒷받침하는가?

표 1-16 영양진단 표준용어 및 정의

● 섭취 영역

영양진단 표준용어	정의
에너지 평형	에너지 섭취량 관련 진단 영역
에너비 소비 증가	안정 시 대사율이 체구성, 약물, 전신체계, 환경적 또는 유전적 변화 때문에 예측된 요구량보다 증가된 상태
에너지 섭취 부족	에너지 소모량, 참고 표준치 또는 생리적 필요량에 근거한 권장량보다 에너지 섭취가 부족함
에너지 섭취 과다	에너지 소모량, 참고 표준치 또는 생리적 필요량에 근거한 권장량보다 에너지 섭취가 과다함
경구 또는 영양집중지원 섭취	경구 섭취 또는 영양집중지원을 통한 식품과 음료의 섭취와 관련된 진단 영역
경구 식품/음료 섭취 부족	참고 표준치 또는 생리적 필요량에 근거한 권장량보다 경구로 섭취한 식품/음료의 양이 부족함
경구 섭취 과다	추정된 에너지 필요량, 참고 표준치 또는 생리적 필요량에 근거한 권장량보다 경구로 섭취한 식품/음료의 양이 많음
장관/정맥영양 공급 부족	참고 표준치 또는 생리적 필요량에 근거한 권장량보다 장관/정맥영양으로 공급한 에너지나 영양소가 부족함
장관/정맥영양 공급 과다	참고 표준치 또는 생리적 필요량에 근거한 권장량보다 장관/정맥영양으로 공급한 에너지나 영양소 공급량이 많음
장관/정맥영양 주입 부적절	장관/정맥영양으로 공급한 에너지와 영양소가 적거나 많을 때, 영양소 조성이나 형태가 잘못되었을 때 또는 장으로 공급이 가능한 데도 정맥영양을 하거나 패혈증 또는 다른 합병증의 위험으로 인해 정맥영양이 안전하지 않을 때
수분 섭취 상태	수분섭취량과 관련된 진단 영역
수분 섭취 부족	참고 표준치 또는 생리적 필요량에 근거한 권장량보다 수분을 함유한 식품이나 물질의 섭취가 적음
수분 섭취 과다	참고 표준치 또는 생리적 필요량에 근거한 권장량보다 수분 섭취가 많음
생리활성물질	기능성 식품성분, 영양성분, 식이보충제, 알코올 등 생리활성물질의 섭취와 관련된 진단 영역
생리활성물질 섭취 부족	참고 표준치 또는 생리적 필요량에 근거한 권장량보다 생리활성물질 섭취가 적음
생리활성물질 섭취 과다	참고 표준치 또는 생리적 필요량에 근거한 권장량보다 생리활성물질 섭취가 많음
알코올 섭취 과다	알코올 섭취가 권고수준보다 많음
영양소	특정 영양소군 또는 단일 영양소의 섭취량과 관련된 진단 영역
영양소 필요량 증가 (구체적으로 명기)	참고 표준치 또는 생리적 필요량에 근거한 권장량보다 특정 영양소의 요구량이 증가함
영양불량	장기간 단백질 그리고/또는 에너지 섭취 부족으로 유발된 체지방 저장량 손실 그리고/또는 근육 소모
단백질–에너지 섭취 부족	참고 표준치 또는 치료의 생리적 필요량에 근거한 권장량에 비해 단기간의 단백질 그리고/또는 에너지 섭취가 적음
영양소 필요량 감소 (구체적으로 명기)	참고 표준치 또는 생리적 필요량에 근거한 권장량보다 특정 영양소 필요량이 감소함

(계속)

영양진단 표준용어	정의
영양소 불균형	한 영양소의 양이 다른 영양소의 흡수·이용을 변화시키거나 방해할 정도의 바람직하지 않은 영양소의 조합
지방 섭취 부족	참고 표준치 또는 생리적 필요량에 근거한 권장량보다 지방 섭취가 적음
지방 섭취 과다	참고 표준치 또는 생리적 필요량에 근거한 권장량보다 지방 섭취가 많음
부적절한 지방 섭취	참고 표준치 또는 생리적 필요량에 근거한 권장량에 비해 섭취하는 지방의 종류와 질이 부적절함
단백질 섭취 부족	참고 표준치 또는 생리적 필요량에 근거한 권장량보다 단백질 섭취가 적음
단백질 섭취 과다	참고 표준치 또는 생리적 필요량에 근거한 권장량보다 단백질 섭취가 많음
부적절한 아미노산 섭취	참고 표준치 또는 생리적 필요량에 근거한 권장량과 비교 시 아미노산 섭취량이나 섭취 종류가 부적절함
당질 섭취 부족	참고 표준치 또는 생리적 필요량에 근거한 권장량보다 당질 섭취가 부족
당질 섭취 과다	참고 표준치 또는 생리적 필요량에 근거한 권장량보다 당질 섭취가 많음
부적절한 당질 종류의 섭취	참고 표준치 또는 생리적 필요량에 근거한 권장량에 비해 섭취하는 당질의 양 또는 종류가 부적절
불규칙한 당질의 섭취	하루 동안 혹은 매일 당질 섭취시간이 일정하지 않거나, 당질 섭취 유형이 생리적 필요량 또는 투여하는 약물에 근거한 권장패턴과 일치하지 않음
식이섬유 섭취 부족	참고 표준치 또는 생리적 필요량에 근거한 권장량보다 식이섬유 섭취가 부족
식이섬유 섭취 과다	환자의 상태에 근거한 권장량보다 식이섬유 섭취가 많음
비타민 섭취 부족	참고 표준치 또는 생리적 필요량에 근거한 권장량에 비해 한 가지 혹은 그 이상의 비타민 섭취가 적음
비타민 섭취 과다	참고 표준치 또는 생리적 필요량에 근거한 권장량에 비해 한 가지 혹은 그 이상의 비타민 섭취가 많음
무기질 섭취 부족	참고 표준치 또는 생리적 필요량에 근거한 권장량에 비해 한 가지 혹은 그 이상의 무기질 섭취가 부족
무기질 섭취 과다	참고 표준치 또는 생리적 필요량에 근거한 권장량에 비해 한 가지 혹은 그 이상의 무기질 섭취가 많음

● 임상 영역

영양진단 표준용어	정의
기능적	바람직한 영양상태 결과를 저해하는 신체적 혹은 기능적 변화와 관련된 진단 영역
삼킴(연하)장애	구강에서 위까지 고형 및 액상 음식의 이동이 손상되거나 어려운 상태
씹기(저작) 곤란	음식물을 베어 물거나 씹는 능력의 손상
모유수유 곤란	모유수유로는 유아의 영양 유지가 불가능한 경우
위장관 기능 변화	영양소를 소화하고 흡수하는 능력의 변화
생화학적	약물이나 수술로 인한 혹은 혈액검사 결과에 나타나는 영양소 대사 변화와 관련된 진단 영역
영양소 이용률 저하	영양소 및 생리활성물질의 흡수나 대사능력의 변화
영양 관련 검사 결과 변화	체구성성분, 약물, 전신체계 또는 유전적 요인에 의한 변화 혹은 음식물의 소화와 대사과정에서 생기는 대사산물을 제거시키는 능력의 변화
음식-약물의 상호작용	일반의약품, 처방약물, 허브, 약용식물 그리고/또는 식이보충제와 식품 간의 바람직하지 않거나 해로운 상호작용

(계속)

영양진단 표준용어	정의
체중	체중 관련 진단 영역
저체중	참고 표준치 또는 권장수준에 비해 낮은 체중
비의도적 체중 감소	계획하지 않았거나 원하지 않은 체중 감소
과체중/비만	참고 표준치 또는 권장수준에 비해 높은 과체중 혹은 비만 정도로 체지방 증가
비의도적 체중 증가	계획했거나 원하는 것 이상의 체중 증가

● 행동-환경 영역

영양진단 표준용어	정의
지식과 신념	지식이나 신념과 관련된 진단 영역
식품 및 영양 관련 지식 부족	식품과 영양 혹은 영양 관련 지식 및 정보에 대한 불완전하거나 부정확한 지식
식품 및 영양 관련 사항에 대한 유해한 신념/태도	올바른 영양원칙, 영양관리, 질병/건강 상태와 상충되는 식품 및 영양 관련 주제에 대한 신념/태도 및 습관
식사/생활 양식 변화에 대한 준비 부족	변화를 위한 노력이나 수고에 비해 영양 관련 행동 변화의 가치가 충분하지 못하다고 생각
자기 모니터링 부족	개인의 진행상태를 관찰하는 데 필요한 기록 부족
잘못된 식사패턴	전형적인 섭식장애뿐 아니라 심각하지는 않지만 건강에 부정적인 영향을 주는 유사한 상황을 포함해서 식품, 식사 섭취, 체중관리와 관련된 신념, 태도, 생각, 행동
영양 관련 권장사항에 대한 순응도 부족	고객의 동의를 얻은 영양 관련 중재활동에 대한 변화 부족
바람직하지 못한 식품 선택	한국인 영양소 섭취기준, 식사지침, 식품구성자전거 및 영양처방에서 제시한 사항에 적합하지 않은 식품, 음료 선택
신체활동과 기능	실제 신체활동, 자기 관리, 삶의 질과 관련된 진단 영역
신체활동 부족	에너지 소비를 줄이고 건강에 영향을 주는 정도의 낮은 수준의 활동 혹은 앉거나 누워 있는 정도의 활동
신체활동 과다	에너지 필요량 및 성장을 방해하거나 최적의 건강상태 유지에 필요한 정도를 초과하는 비자발적이거나 자발적인 신체활동 또는 운동
자기관리의욕 부족 및 능력 부족	건강에 좋은 식품이나 영양과 관련된 행동을 유지하는 능력이 부족하거나 원하지 않음
식품/식사 준비능력 손상	식품/식사를 준비할 수 없을 정도의 인지적 혹은 신체적 장애
영양과 관련된 삶의 질 저하	영양 관련 문제 및 권장사항 준수와 관련된 삶의 질 저하
자가 섭취 곤란	식품과 음료를 입에 넣는 행동에 장애가 있음
식품안전과 이용	식품 이용과 식품안전과 관련된 문제 진단 영역
안전하지 않은 식품 섭취	독소, 유해한 물질, 감염원, 미생물, 첨가물, 알레르겐(알레르기 유발물질) 등에 의도적이거나 비의도적으로 감염된 식품과 음료의 섭취
식품 이용의 제한	건강에 좋은 충분한 양의 다양한 식품을 얻기 위한 능력 부족, 체중이나 노화에 대한 걱정으로 인한 식품 이용의 제한

표 **1-17** 영양진단 영역별 영양진단문의 예

영역	Problem(문제)	Etiology(원인)	Sign/symptom(징후/증상)
섭취 영역	부적절한 경구 섭취	항암치료와 관련된 메스꺼움	• 필요량의 25% 정도 섭취
	에너지 섭취 과다	골절 회복 중 식사섭취의 변화 없이 활동량 제한	• 추정 필요량보다 500 kcal/day 초과 섭취로 최근 3주간 체중 1.6 kg 증가
	당질 섭취 과다	식품영양지식 부족	• 탄수화물 섭취 330 g(73% of total energy)
	당질 섭취 부족	식품, 영양에 대한 해로운 신념	• 탄수화물이 혈당을 올린다고 생각하여 무조건 제한하려고 함 • 밥은 안 먹고 어육류나 채소 위주의 식사를 함
	섬유소 섭취 부족	식사 준비 어려움	• 1일 채소 섭취 3교환 이내
임상 영역	영양 관련 검사결과 변화 (고혈당)	최근 당뇨약 복용 안함	• 당화혈색소 7.5 → 8.7%
	삼킴장애	뇌졸중합병증	• 음식 섭취 시 사레 들림 • 연하검사 결과
	신체활동 부족	회사 일 바빠 운동 못 함	• 체중 증가 2 kg/1개월
행동-환경 영역	식사/생활양식 변화에 대한 준비 부족	절주 관련 의지 부족	• 식사 관리의 중요성에 대한 지식은 있으나 음주 빈도와 양에 대한 변화는 원치 않음 • 주 4~5회, 소주 1~2병/1회 섭취

표 **1-18** 의학적 진단을 고려한 영양진단문의 예

질환	Problem(문제)	Etiology(원인)	Sign/symptom(징후/증상)
비만	에너지 섭취 과다	에너지 섭취와 관련된 식품/영양 관련 지식 부족	• 에너지 섭취량 : 에너지요구량의 150% 정도 섭취
	비만	에너지 과다 섭취	• BMI 32 kg/m² • 고에너지 식품 섭취 과다
	신체활동 부족	TV 시청 및 게임 중독	• BMI 30 kg/m² • TV 시청 및 컴퓨터 사용 시간 : 1일 8~12시간
암	부적절한 경구 섭취	항암치료와 관련된 메스꺼움	• 필요량의 25% 정도 섭취
	비의도적 체중 감소	항암치료로 인한 메스꺼움과 식욕부진	• 평소 섭취량 대비 50% 미만 • 체중 감소 10%/최근 1달
새로 진단받은 2형당뇨병	식품 및 영양 관련 지식 부족	영양 관련 교육 경험 없음	• 2형당뇨병을 새로 진단받음 • 당화혈색소 7.5%
합병증 동반한 위장관 수술	위장관 기능 변화	충분한 에너지 섭취할 수 있는 능력 감소	• 위장관 수술 후 기관 내 삽관, 48시간 NPO
신경성식욕부진증(anorexia norvosa)	잘못된 식사패턴	환경 관련하여 강박적으로 날씬 해 지려고 함	• BMI 17 kg/m² • 입원 전 1주간 필요량의 30% 정도 섭취
심부전	수분 섭취 과다	심장기능 감소	• 음료수 포함하여 수분 1일 2 L 이상 섭취
	자가관리의욕 및 능력 부족	자가관리와 관련한 식품 및 영양 관련 지식 부족	• 지난 2달 동안 fluid overload로 3회 입원
연하곤란	삼킴장애	뇌졸중합병증	• 음식 섭취 시 사레 들림 • 연하검사 결과 연하곤란 1단계

3) 영양중재

영양중재nutrition intervention는 영양문제를 해결하기 위한 과정으로 영양과 관련된 행동이나 위험요인, 주위환경이나 건강과 관련하여 긍정적인 변화를 목표로 임상영양사에 의해 계획하고 시행하는 행위로 정의된다. 영양중재는 영양진단문에 명시된 원인을 제거하는 것을 목표로 하며, 원인 제거가 불가능하다면 징후/증상을 감소시키는 것을 목표로 한다.

(1) 영양중재의 구성

영양중재는 계획과 실행의 단계로 구성된다. 계획 단계는 영양진단의 우선순위 결정, 환자/간병인과의 협의, 영양지침 및 정책 등의 검토, 영양중재의 목표 설정과 적용할 영양중재 전략 결정 등을 포함한다. 실행은 계획한 영양중재를 실제로 수행하고, 지속적으로 자료를 수집하며, 필요하면 영양중재 전략을 수정하고 보완하는 과정을 포함한다.

① **영양중재의 계획**   계획 단계에서는 영양처방을 하고 영양 목표를 설정하며, 영양중재의 구체적인 방법과 중재 시간, 기간 및 빈도를 계획한다.

- **영양처방** : 영양중재에서 가장 필수적인 부분은 영양처방을 구체화하는 것이다. 영양처방은 최근 참고표준치나 식사 권장사항, 그리고 환자의 건강 상태와 영양진단에 따라 환자 개별적으로 권장되는 에너지, 특정 식품이나 영양소 섭취에 관한 사항을 고려하여 한다. 즉, 영양처방은 영양판정 자료와 영양진단문(PES문), 최신 근거자료, 권장지침과 환자의 가치 및 선호도를 근거로 결정한다.
- **목표설정** : 영양처방이 결정되면 그에 맞는 영양중재 전략을 결정하고 도달해야 할 환자 중심의 목표를 설정한다. 영양중재의 목표 설정은 측정이 가능하고, 성취가 가능해야 하며, 영양중재의 효과 판정을 위하여 정량화·정성화를 통한 평가가 가능해야 한다. 즉, 환자의 영양요구에 부합하는 적절한 행동 계획 및 실행을 포함하여 환자의 영양소 필요량을 산정한다. 이때 에너지뿐 아니라 단백질 및 다른 영양소의 필요량도 결정한다. 일반적으로 영양소 필요량을 산정하기 위해서는 건강한 사람을 위한 영양소섭취기준을 토대로 영양소 요구량, 질환의 종류, 체내

영양소 보유능력, 피부 및 소변 또는 장관을 통한 영양소 손실량, 약물과 영양소의 상호작용 등을 고려하여 산정한다.

- **영양중재 계획 수립** : 영양중재를 계획할 때는 문제의 심각성, 안전, 환자의 요구, 영양중재가 문제해결에 영향을 줄 가능성 및 환자가 영양중재의 중요성에 대해 인식하고 있는 정도에 따라 영양중재의 우선순위를 결정한다. 계획의 모든 과정에서 환자나 보호자와 협의하여 영양처방을 구체화하고 그에 맞는 영양중재 전략을 자세히 설명한다.

② **영양중재의 실행** 영양중재의 실제적인 실행 단계에서는 계획에 따라 영양중재를 수행하고 영양판정 시에 수집한 자료들을 지속적으로 수집하여 환자의 반응에 따라 영양중재 계획을 다시 수정·보완하는 절차를 거친다. 실행 단계에서 중재의 개별화, 다른 분야의 의료인과 정보 공유 및 공동작업, 영양중재가 이루어지고 있는지에 대한 추후관리 및 확인을 통하여 다양한 영양중재를 실시한다.

(2) 영양중재 영역

영양중재는 식품/영양소 제공, 영양교육, 영양상담, 영양관리를 위한 다분야 협의 영역으로 구분되며, 영역별 세부내용은 표 1-19와 같다.

표 **1-19** 영양중재 영역

영양중재 영역	영역 설명	세부 내용
식품/영양소 제공	식품, 영양소 제공을 통한 개별적 접근방법	• 식사와 간식의 제공 및 조정 • 장관과 정맥 영양 제공 및 조정 • 보충제 제공 및 조정 • 식사 지원 • 식사환경 조정 • 영양 관련 약물 관리
영양교육	스스로 식품을 선택하고 식습관을 관리하는 기술과 지식을 교육, 훈련시키는 방법	• 초기/기본 영양교육 • 포괄적 영양교육
영양상담	대상자와 상담자 간의 관계를 통해 영양중재 전반 과정에 대상자가 책임감을 갖고 스스로 관리할 수 있도록 지지하는 과정	• 이론적 근거/접근 • 전략
영양관리를 위한 다분야 협의	영양 관련 문제의 개선을 도울 수 있는 다른 분야의 전문가나 기관 등과 협의, 협조 의뢰를 하는 방법	• 영양관리과정 중 타 분야와 협조 • 퇴원 및 타 기관 의뢰

표 1-20 영양진단에 근거한 영양중재의 예

영양진단	Problem(문제)	Etiology(원인)	Sign/symptom(징후/증상)
	• 당질 섭취 과다	• 식품영양지식 부족	• 탄수화물 섭취 330 g(73% of total energy)
영양중재	영양진단	중재내용	목표/예상되는 결과
	• 당질 섭취 과다	• 식사요법의 중요성 교육 • 탄수화물 급원식품 교육	• 탄수화물 섭취비율 감소(총에너지의 73% → 65% 미만) • 고당질간식 섭취 1일 1회 이하로 제한

4) 영양모니터링 및 평가

영양모니터링 및 평가nutrition monitoring and evaluation의 목적은 환자의 상태가 개선되었는지 또는 영양중재 목표를 달성했는지 평가하는 것이다. 영양모니터링과 평가를 위해서는 영양중재 계획 시에 예상하는 영양중재 결과가 정의되어 있어야 하며, 영양모니터링 및 평가 지표들이 결정되어 있어야 한다. 모니터링 지표 선정은 영양진단, 원인, 징후/증상 그리고 영양중재에 의하여 결정된다. 영양판정 및 재판정을 통해 특정 영양관리 지표들의 변화를 측정하고, 환자의 이전 상태 및 영양중재 목표 혹은 참고 수치와 비교하여 해석한다.

영양모니터링과 평가는 환자 과거력 영역을 제외한 영양판정 단계의 표준용어와 중복된다. 즉, ① 신체계측 영역, ② 생화학적 자료, 의학적 검사와 처치 영역, ③ 영양 관련 신체검사 자료 영역, ④ 식품/영양소와 관련된 식사력 영역으로 구분된다.

5) 의무기록

영양관리 혹은 영양치료의 전 과정은 의무기록으로 남겨져야 한다. 의무기록을 하는 목적은 영양관리과정을 기록함으로써 의료진들 사이에서 의사소통의 도구로 이용하며 의료서비스 질 평가를 포함한 환자 중심의 의료행위 일련의 과정을 문서화하는 것이다. 일반적으로 전자의무기록electronic medical record, EMR 또는 전자건강기록electronic health record, EHR이라 하는데, 이는 환자의 진료를 중심으로 발생한 자료나 진료 및 수술 검사 기록을 전산에 입력·정리·보관하는 시스템을 말한다. 환자의 기초정보부터 병력

사항, 약물반응, 건강상태, 진찰 및 입·퇴원기록, 방사선 및 화상진찰 결과 등이 모두 포함되어 있다. 전자의무기록은 환자에 대한 모든 형태의 건강정보를 담고 있어 보안이 철저해야 하고, 의학지식에 기초한 의사결정을 지원할 수 있어야 한다.

영양관리기록 서식은 영양관리과정의 각 단계에 따라 임상영양관리 시행 및 기록이 용이하도록 구성되어 있으므로 영양사의 직무 역량 향상을 위해 영양관리 서식을 활용하여 영양판정, 영양진단, 영양중재, 영양모니터링 및 재평가를 연습하도록 한다(표 1-21).

표 **1-21** 영양관리일지 서식

● 1차 방문일 _____

ID :	이름 :	성별/나이 :	진료과 :
영양판정			
환자 과거력 및 의학적 경과	주호소 및 진단 : 병력 : 입원 후 경과 : 내외과적 처치 및 치료 : 약물 처방 내역 :		
신체계측	Ht _____ cm, Wt _____ kg, IBW _____ kg, PIBW _____ %, BMI _____ kg/m², Usual Wt _____ kg, Wt change _____ kg(%)/기간 : TSF _____ mm(%ile), MAC _____ mm, MAMC _____ cm(%ile) Body fat _____ kg(%), Waist circumference _____ cm		
생화학적 자료 의학적 검사와 처치	Labs : (/) 영상검사 및 기능검사 결과 :		
영양 관련 신체검사 자료	소화기 관련 증상 : 활력 증후(혈압, 체온 등) : 신체조사 : ☐ 정상 ☐ 비만 ☐ 근육소실 ☐ 지방 소실 ☐ 부종 ☐ 탈수 ☐ 복수 ☐ 기타( )		
식품/영양소와 관련된 식사력	식사처방 및 식사 섭취량 : 영양집중지원(EN/PN 처방 및 실제 공급량) :		

(계속)

영양판정	
식품/영양소와 관련된 식사력	식사 관련 경험 및 환경(이전 처방 식사, 이전 교육 경험, 식사 조절 시도 경험, 식사 제공자 및 식사 환경 등) : 평소 식품 및 수분/음료 섭취 : 에너지 및 영양소 섭취량(☐ 평소 / ☐ 입원 중) 에너지 _____ kcal, C : P : F ratio = _____ 탄수화물 _____ g, 단백질 _____ g, 지방 _____ g 기타 : 지식/신념/태도 : 자가약, 약용식물 보충제, 생리활성물질 : 음주 및 흡연 : 신체적 활동 및 기능 :
영양상태평가	☐ 급성 ☐ 만성 ☐ 양호 ☐ 경증의 영양불량 ☐ 중등도 영양불량 ☐ 심한 영양불량
영양필요량	목표 : 체중 ☐ 유지 ☐ 감소 ☐ 증가 에너지 _____ kcal (기준체중 : _____ kg, 산출근거 : _____) 단백질 _____ g (기준체중 : _____ kg, 산출근거 : _____) 기타 :

영양진단

문제	원인	징후/증상

영양중재

영양처방	

| 영양중재 | ☐ 식품/영양소 제공   ☐ 영양교육   ☐ 영양상담   ☐ 다분야 협의 |

영양진단	중재내용	목표/기대효과

제공 교육자료	
Follow up 일정	

● 2차 방문일 _____

영양판정
의학적 경과	

신체계측
Ht _____ cm, Wt _____ kg, IBW _____ kg, PIBW _____ %,
BMI _____ kg/m², Usual Wt _____ kg, Wt change _____ kg(%)/기간 :
TSF _____ mm(%ile), MAC _____ mm, MAMC _____ cm(%ile)
Body fat _____ kg(%), Waist circumference _____ cm

생화학적 자료
의학적 검사와
처치
Labs : (/)

영상검사 및 기능검사 결과 :

영양 관련
신체검사 자료
소화기 관련 증상 :

활력 증후(혈압, 체온 등) :

신체조사 : ☐ 정상 ☐ 비만 ☐ 근육소실 ☐ 지방 소실 ☐ 부종 ☐ 탈수 ☐ 복수
         ☐ 기타(   )

식품/영양소와
관련된 식사력
식사처방 및 식사 관련 경험 및 환경 :

식품 및 수분/음료 섭취 :

에너지 및 영양소 섭취량 :

에너지 _____ kcal, C : P : F ratio = _____ 탄수화물 _____ g, 단백질 _____ g, 지방 _____ g

지식/신념/태도 :

자가약, 약용식물 보충제, 생리활성물질 :

음주 및 흡연 :

신체적 활동 및 기능 :

영양필요량
에너지 _____ kcal (기준체중 : _____ kg, 산출근거 : _____)
단백질 _____ g (기준체중 : _____ kg, 산출근거 : _____)
기타 :

(계속)

영양 모니터링 및 평가		
모니터링 목표	결과(목표 달성의 장애 요인)	목표 달성 여부
		☐ 목표 달성 ☐ 목표 일부 달성 ☐ 상태 불변 ☐ 부정적 결과 도출
		☐ 목표 달성 ☐ 목표 일부 달성 ☐ 상태 불변 ☐ 부정적 결과 도출
		☐ 목표 달성 ☐ 목표 일부 달성 ☐ 상태 불변 ☐ 부정적 결과 도출

영양진단		
문제	원인	징후/증상

영양중재		
영양처방		
영양중재	☐ 식품/영양소 제공　　☐ 영양교육　　☐ 영양상담　　☐ 다분야 협의	

영양진단	중재내용	목표/기대효과

제공 교육자료	
Follow up 일정	

memo

CLINICAL NUTRITION WITH CASE STUDIES

02

병원식과 영양지원

병원식은 입원환자에게 제공하는 식사를 말하며, 크게 일반식과 치료식으로 분류한다. 영
양집중지원이란 일반적인 식사로는 적절한 영양소를 충분히 공급하기 어렵거나 경구섭취
가 불가능한 환자에게 관이나 카테터를 통해 영양소를 공급하는 것을 의미한다. 영양집중
지원은 위장관을 거쳐서 공급되는 경장영양과 정맥으로 직접 영양소를 공급하는 정맥영
양으로 분류한다. 영양집중지원 방법은 환자의 임상적 상태에 따라서 결정되는데, 1) 위장
관 기능이 가능한가, 2) 위장관에 급식관을 삽입할 수 있는가, 3) 얼마나 오랫동안 영양집
중지원을 해야 하는가 등을 고려하여 정한다. 장(gut)을 이용할 수 있다면 소화관을 이용
한 경장영양이 정맥영양보다 생리적이면서 안전하고 경제적이다.

- **간헐적 주입(intermittent feeding)** 매 4~6시간마다 1~3컵(240~720 mL)의 경관영양액을 20~60분에 걸쳐서 주입하는 방법
- **경장영양(enteral nutrition, EN)** 경구보충과 경관급식 두 가지를 의미하지만, 협의로는 경관급식만을 뜻함. 경관급식은 튜브를 통해서 위장관으로 영양소를 공급하는 것
- **공장조루술(jejunostomy)** 공장에 관을 삽입하는 것
- **금식(NPO)** 라틴어의 "nil per os"를 의미하며 입으로 아무것도 먹지 않음을 뜻함
- **말초정맥영양(peripheral parenteral nutrition, PPN)** 팔이나 손등에 있는 말초정맥을 통해 영양소를 공급하는 것
- **볼루스 주입(bolus feeding)** 주사기나 팔때기를 사용하여 1컵(240 mL)의 경관영양액을 4~10분 이내에 한꺼번에 투여하는 방법
- **비공장관(nasojejunal tube, NJT)** 코를 통해 공장으로 관을 삽입하는 것
- **비십이지장관(nasoduodenal tube, NDT)** 코를 통해 십이지장으로 관을 삽입하는 것
- **비위관(nasogastric tube, NGT)** 코를 통해 위로 관을 삽입하는 것
- **연하장애(dysphagia)** 삼킴 곤란
- **위조루술(gastrostomy)** 위에 관을 삽입하는 것
- **장누공(fistula)** 두 개의 내장 사이 또는 내장에서 신체 표면으로 통해 있는 비정상적인 누공
- **정맥영양(parenteral nutrition, PN)** 카테터를 통해서 직접 정맥에 영양소를 공급하는 것
- **정맥영양혼합제제(total nutrient admixture, TNA)** 지방유화액, 덱스트로즈, 아미노산, 기타 영양소가 한꺼번에 혼합된 정맥영양액
- **재급식증후군(refeeding syndrome)** 장기간 금식이었고 영양불량 상태였던 환자에게 영양 공급이 시작되었을 때 처음 며칠 동안 수분과 전해질의 불균형이 일어나는 증상. 저인산혈증, 저마그네슘혈증, 저칼륨혈증이 특징적임
- **중심정맥영양(central parenteral nutrition, CPN)** 상대정맥, 쇄골하정맥, 내경정맥 혹은 대퇴정맥, 경정맥 등 대정맥을 통해서 영양소를 공급하는 것
- **지속적 주입(continuous feeding)** 펌프나 중력에 의해서 24시간 동안 지속해서 영양액을 투여하는 방법
- **총정맥영양(total parenteral nutrition, TPN)** 에너지 및 영양소의 공급이 정맥영양을 통해서만 이루어지는 것
- **흡인(aspiration)** 폐로 이물이 들어가는 것

1. 병원식

병원식은 입원환자에게 제공하는 식사를 말하며, 질병의 치료와 빠른 회복, 양호한 영양상태 유지를 위해 제공된다. 병원식은 환자 개개인의 질환과 임상 상태에 맞게 의사가 처방하며, 크게 일반식과 치료식으로 나뉜다. 일반식은 특정 영양소의 제한

이나 점도를 변경하지 않은 식사이며, 치료식은 환자의 질병을 치료하거나 질병에 수반되는 증상을 완화하기 위해 특정 영양소를 가감하거나 음식의 점도, 식사량이나 섭취 빈도를 조절하는 식사를 말한다. 의료기관은 입원환자의 식사 처방을 위해 임상부서 또는 영양관리위원회의 인준을 받은 식사처방지침을 가지고 있어야 하며, 식사처방지침에는 의료기관에서 제공하는 식사 종류와 각 식사의 특징, 영양기준량, 식품 구성 등의 내용이 포함되어 있어야 한다.

1) 일반식

식사형태에 따라 상식regular diet, normal diet, 연식soft diet, 전유동식full liquid diet, 맑은 유동식clear liquid diet으로 구분할 수 있다.

(1) 상식
상식은 특별한 식사의 조절이나 제한이 필요하지 않은 환자에게 제공되는 식사이다. 상식은 적절한 영양공급으로 환자의 영양 상태를 유지하기 위해 한국인 영양소섭취기준에 근거하여 필요한 영양소를 충분히 포함한 균형식으로 구성된다. 식사는 보통 밥, 국, 그리고 4가지 이상의 반찬으로 구성되며, 입원환자들의 식사만족도 향상을 위해 일품요리를 제공하거나 2가지 이상의 메뉴 중 원하는 메뉴를 선택하도록 하기도 한다.

(2) 연식
연식은 부드럽게 조리하여 소화되기 쉬운 식사이다. 수술 후 회복기 환자에게 유동식에서 일반상식으로 전환되는 과도기 식사로 이용되거나 위장장애, 구강 및 식도장애 등으로 일반상식을 섭취할 수 없는 환자에게 적용되는 식사이다. 주식의 형태가 주로 죽이기 때문에 죽식이라고도 한다. 연식은 고추장, 고춧가루, 겨자 등 강한 향신료 사용 및 튀김 등의 조리법을 제한하고 식이섬유나 결체조직이 적은 식품을 선택하여 소화되기 쉽고 부드러운 식품으로 구성한다. 그러나 연식만으로는 충분한 영양소 공급이 어려울 수 있으므로 장기간 섭취 시에는 별도의 영양지원이 필요하다. 표 2-1에는 연식의 권장 식품과 주의 식품이 제시되어 있다.

표 2-1 연식의 권장 식품 및 주의 식품

종류	권장 식품	주의 식품
죽	흰죽, 고기죽, 새우죽, 야채죽	종피섬유가 많은 잡곡죽
육류	섭산적 등의 다진 고기, 연한 닭고기	탕수육 등의 튀긴 고기 요리
어류	기름기가 적은 생선	기름기 많은 생선, 생선튀김, 건어물
난류	수란, 달걀찜, 반숙	달걀부침
두류	두부, 연두부, 순두부, 두유	콩자반
채소류	모든 익힌 채소	모든 생채소, 브로콜리, 콜리플라워 등의 가스 발생 채소
유지류	식물성 기름	강한 향의 드레싱, 견과류
과일류	부드러운 과일	껍질이나 씨 포함 과일
유제품류	우유 및 모든 유제품	–
양념 및 향신료	소금, 간장, 된장, 약간의 후추	고추장, 고춧가루, 겨자, 카레가루

(3) 전유동식

　전유동식은 고형음식을 씹거나 삼키기 어렵거나 소화할 수 없는 환자, 혹은 수술 후 회복기의 환자에게 맑은 유동식에서 연식으로 전환되는 과도기 식사로 이용된다. 상온에서 액체 상태인 식품으로 구성되며, 맑은 유동식에서 사용 가능한 식품과 영양 보충음료, 두유, 우유 및 유제품, 수프 등을 사용할 수 있다.

(4) 맑은 유동식

　맑은 유동식은 수술 및 검사 전후의 환자, 정맥영양 후 경구섭취를 처음 시작하는 환자에게 위장관의 자극을 최소화하고 탈수 방지와 갈증 해소를 위해서 수분공급을 주목적으로 제공되는 식사이다. 맑은 유동식은 잔사를 남기지 않는 맑은 음료를 제공하여 수분과 약간의 전해질 및 탄수화물을 공급한다. 에너지와 필수영양소가 부족하므로 별도의 영양보충 없이 3일 이상 제공하는 것은 바람직하지 않다. 끓여서 식힌 물, 맑은 과일 주스, 보리차, 연한 홍차, 녹차, 기름기 없는 맑은 국, 묽은 미음 등을 제공할 수 있다.

2) 치료식

치료식은 질병의 치료와 관리를 목적으로 제공되며, 환자의 소화·흡수능력, 질병에 따른 증상 변화, 특정 영양소의 필요량 변화 등을 고려하여 식사의 양이나 질적인 면이 조정되어야 한다. 질환에 따른 자세한 식사지침은 교재의 각 장에서 다루어질 것이다.

(1) 당뇨식

당뇨식은 당뇨병 환자에게 제공되는 식사로, 탄수화물 및 지질대사를 정상화하고 바람직한 체중을 유지하여 합병증을 예방 또는 지연시키고 좋은 영양 상태를 유지하기 위한 식사이다. 혈당 조절과 체중 관리를 위해 처방된 열량에 맞게 식품교환표를 이용하여 식단을 작성하며, 탄수화물의 양을 일정하게 배분한다. 고혈압이 동반된 경우에는 혈압 조절을 위해 나트륨을 함께 제한하며, 신장 합병증이나 다른 질환이 동반된 경우 환자 상태에 맞는 개별화된 식사 처방이 필요하다.

(2) 신장질환식

① **신증후군식**　단백뇨 경감과 부종 완화를 목적으로 단백질과 나트륨 섭취를 조절하여 질환의 진행을 완화하기 위한 식사이다.

② **신부전식**　신장기능이 저하된 급성 또는 만성신부전 환자에게 적용되는 식사이다. 부종 예방과 혈압 조절을 위해 나트륨을 제한하며 요독증 완화를 위해 단백질을 제한한다. 근육의 이화작용을 막기 위해 충분한 에너지를 공급하고, 잔여 신장기능에 따라 전해질 조절에 어려움이 있는 경우 칼륨, 인 등을 제한한다.

③ **혈액투석식**　혈액투석을 하는 환자에게 적용되는 식사로 투석횟수, 잔여 신장기능, 환자의 체격에 따라 식사조절 내용이 달라질 수 있다. 요독증, 전해질, 수분 불균형을 막기 위하여 단백질, 나트륨, 칼륨, 인, 수분을 조절한 식사이다.

④ **복막투석식**　복막투석을 시행하는 환자에게 제공되는 식사로 정상 체중을 유지하기 위해 적절한 에너지를 제공하고, 복막투석으로 인해 손실되는 단백질을 보충하

기 위해 충분한 단백질(1.2~1.3 g/kg)을 제공하며 고인산혈증hyperphosphatemia을 조절하기 위해 인 섭취량을 제한하는 식사이다.

(3) 심장질환식

① **저염식**   저염식은 혈압 강하, 부종 완화 및 복수 조절을 목적으로 제공된다. 나트륨 조절 정도에 따라 무염식, 염분 5 g 저염식, 염분 10 g 저염식 등으로 구분된다.

② **이상지질혈증식**   혈중 콜레스테롤 및 중성지방을 낮추어 이상지질혈증과 관련된 관상동맥질환의 위험을 줄이기 위한 식사이다. 이를 위해 포화지방산, 트랜스지방산, 콜레스테롤 섭취를 제한하고 식이섬유가 풍부한 음식이 제공된다. 고혈압이 동반된 경우에는 혈압 조절을 위해 나트륨을 함께 제한한다.

(4) 간질환식

① **간염식**   손상된 간세포의 재생을 도모하여 간조직의 기능을 정상적으로 유지하고 환자의 영양상태를 개선하기 위해 충분한 에너지와 영양소를 공급하는 식사이다. 고단백식은 간염에 대한 저항력을 높이고 손상된 간세포를 빠르게 재생시키며 간의 혈류량을 증가시키는 데 도움이 된다. 또한, 간질환 환자는 각종 비타민의 저장과 활성이 잘 되지 않으므로 비타민과 무기질이 많은 신선한 채소와 과일을 충분히 섭취하는 것이 좋다.

② **간경변식**   간경변증 환자의 경우 합병증 발생을 지연시키고 생존 기간을 연장하기 위해 충분한 영양섭취가 필요하다. 적절한 단백질, 에너지 및 비타민 섭취를 원칙으로 하고, 간경변식은 3회 식사와 야식을 포함한 3회 간식으로 나누어 제공하는 것이 좋다. 복수나 간성혼수가 없는 초기 간경변증 환자의 경우 식사는 간염식과 거의 같다. 복수가 있는 경우에는 나트륨이 수분을 체내에 축적시킬 수 있으므로 나트륨 섭취를 조절하는 것이 필요하다. 간성뇌증이 동반된 경우라도 단백질 섭취를 제한하지 않도록 한다.

(5) 체중조절식

체중조절식은 열량조절식이라고도 하며, 체중 조절이나 체중 유지를 위한 치료식을 말한다. 1,200 kcal 이하의 열량이 제공될 때에는 비타민 및 무기질의 결핍을 예방하기 위해 보충제 섭취를 권장한다.

(6) 위절제후식

위절제후식은 위절제 수술로 인하여 위배출 조절이 어려운 환자에게 제공되는 식사로, 수술 후 발생할 수 있는 합병증을 최소화하면서 적절한 영양공급을 통해 빠른 회복을 돕기 위한 식사이다. 수술 직후 유동식부터 시작하여 연식으로 진행하며, 1회 섭취량이 제한되므로 1일 식사는 간식을 포함하여 6~9회로 나누어 제공할 수 있도록 구성한다. 식단은 소화가 잘되고 식이섬유가 적은 것으로 구성하며 맵거나 자극적인 음식은 제외하고 채소는 익혀서 제공한다. 덤핑증후군의 발생을 예방하기 위해 단순당을 제한한다.

(7) 연하장애식

연하장애식(또는 연하곤란식)은 구강, 인후, 후두 등의 장기에 손상을 입었거나, 뇌종양, 뇌졸중, 치매 등 신경 손상으로 음식을 씹고 삼키는 데 장애가 있는 환자를 위한 식사이다. 연하장애의 형태와 정도에 따라 식사의 점도를 조정하여 폐흡인을 방지하고 적절한 영양을 공급하는 것을 목적으로 한다. 환자에게 적합한 식사를 처방하기 위해서 비디오투시연하검사video fluoroscopic swallowing study, VFSS를 의뢰하여 검사 결과에 따라 식사 단계를 결정한다. 연하장애식은 환자의 연하장애 정도 및 저작능력(가능/불능)에 따라 음식의 종류와 조리방법이 달라진다. 물, 주스, 우유 등 점도가 낮은 음료는 흡인의 위험이 있으므로 점도증진제thickener를 첨가하여 섭취해야 한다. 음료 섭취 제한으로 인한 수분 부족과 섭취량 저하로 인한 체중 감소가 발생하지 않도록 유의해야 한다.

(8) 저균식

저균식은 비병원성 미생물의 감염을 최소화하기 위해 별도의 살균처리를 한 식사로, 면역이 저하된 상태이거나 장기이식 후 면역억제제를 사용 중인 환자, 골수이식 후 완전히 면역기능이 회복되지 않은 환자에게 적용되는 식사이다. 이 식사는 감염을 예방하고 치료 및 약물요법 과정에서 나타나는 부작용에 따른 영양결핍을 최소화하며 충분한 영양 공급을 목적으로 한다.

(9) 기타 영양소 조절식

① **저지방식**　저지방식은 지방의 소화·흡수불량, 운반 및 대사이상과 관련된 질병 치료에 처방되며 지방이 많이 함유된 음식과 조리법을 제한하는 식사이다. 장기간 저지방식을 하면 필수지방산과 지용성 비타민의 보충이 필요할 수 있다.

② **무지방식**　무지방식은 수술이나 사고로 인한 림프관의 손상으로 유미 누출chyle leak이 있을 때 지방 섭취를 엄격히 제한하는 식사이다. 지방이 많이 함유된 식품과 조리법을 엄격히 제한한다. 대신 에너지 증가를 위해 조리 시 MCTmedium chain triglycerides 오일을 사용할 수 있다. MCT 오일만을 지방급원으로 사용할 때는 필수지방산의 결핍이 생길 수 있으므로, 무지방식을 2주 이상 장기간 섭취할 때는 필수지방산과 지용성 비타민의 보충이 필요하다.

③ **고식이섬유식**　만성변비, 치질, 다발성 게실증, 과민성 장질환의 증상 완화에 도움을 주기 위해 식이섬유 함량을 늘린 식사이다. 신선한 채소와 과일, 전곡 등을 포함하여 식이섬유의 양을 1일 25 g 이상으로 증가시킨 식사를 말한다.

④ **저식이섬유식**　장수술 전후, 급성설사병, 장누공, 게실염, 단장증후군, 크론병, 궤양성 대장염, 부분적 장폐색이 있는 환자에게 처방되며, 적절한 식사량과 영양소를 공급하면서 장을 팽창시키지 않고 질병을 악화시키지 않을 정도로 대변량을 줄이는 것을 목표로 한다. 저식이섬유식은 1일 약 10 g 이하의 식이섬유를 포함한다. 저섬유소식은 과일과 채소 등이 제한되므로 장기간 섭취할 때에는 비타민과 무기질의 보충이 필요할 수 있다.

⑤ **저잔사식**　장수술 전후, 크론병, 궤양성 대장염과 같은 염증성 장질환, 게실염 등 환자에게 음식을 제공하면서 변의 잔사량을 최소화함으로써 장에 휴식을 주기 위한 식사이다. 이 식사는 영양소 함량이 부족하므로 장기간 섭취 시 종합비타민, 경구 보

충 또는 정맥영양이 필요하다.

⑥ **저요오드식**　방사성 요오드를 이용하여 갑상선질환의 진단 및 치료 시 병소 부위의 방사성 요오드 흡수를 증가시키기 위해 1일 요오드 섭취를 100 μg 미만으로 제한하는 식사이다. 요오드 함량이 높은 해조류, 어패류, 우유 및 유제품, 달걀노른자, 천일염과 장류(예 천일염으로 만든 간장, 된장, 고추장) 등을 제한한다.

⑦ **저구리식**　윌슨씨병Wilson's Disease 환자에게 구리 함량이 높은 음식을 제한하여 신체(예 간, 뇌, 신장, 각막 등)에 구리의 축적을 방지하기 위해 제공되는 식사이다. 일반식은 보통 1일 2~5 mg의 구리를 포함하는데, 구리제한식은 구리 함량이 높은 조개류, 두류, 견과류를 제한하여 1일 구리 1~2 mg 정도로 제한한다.

⑧ **유당제한식**　유당제한식은 우유 및 유제품에 함유되어 있는 당질인 유당lactose을 제한하는 식사를 말한다. 즉, 유당분해효소lactase의 결핍으로 인해 유당을 먹었을 때 나타나는 복부 경련이나 팽만, 설사 등의 장내 증상을 조절하기 위한 식사이다. 우유 및 유제품은 칼슘의 공급원이 되므로 증상이 심한 환자에게는 칼슘 보충제를 이용하기도 한다.

🔆 핵심 포인트

병원식의 종류

구분	고려사항	식사의 종류
일반식	식사의 형태	상식, 연식, 전유동식, 맑은 유동식
치료식	질환의 특성	당뇨식, 신부전식, 혈액투석식, 복막투석식, 이상지질혈증식, 간염식, 간경변식, 위절제후식 등
	열량의 조정	열량조절식 또는 체중조절식
	특정 영양소의 양 조정	저염식, 고단백식, 고식이섬유식, 저식이섬유식, 저잔사식, 저지방식, 저요오드식, 저구리식, 유당제한식 등
	특정 식품의 제한	알레르기식
	점도 조절	연하장애식(연하곤란식)
	저작 곤란 시	치아보조식(다진식)
	면역기능 저하 시	저균식
경관식*	경구 섭취가 어려운 경우	경관유동식

*2절. 영양집중지원–경장영양 참조

(10) 알레르기식

식품 알레르기가 있는 경우 해당 식품을 제외한 개별적인 상차림이 제공된다. 병원 주방에서는 다양한 식사가 같은 조리시설에서 준비되기 때문에 알레르기 유발 식품이 포함된 반찬을 제외하더라도 해당 알레르기 유발 식재료가 미량 혼입될 가능성을 완전히 배제할 수 없다. 미량에도 알레르기 반응을 보일 때에는 병원식이 적합하지 않을 수 있다.

2. 영양집중지원

일상적인 식사 섭취방법으로, 적절한 영양공급이 어려운 환자에게 경장 혹은 정맥으로 필요한 영양소의 전부 혹은 일부를 제공하는 의학적 치료행위를 영양지원 또는 영양집중지원이라고 한다. 의사, 임상영양사, 약사, 간호사 등으로 구성된 영양집중지원팀은 영양지원이 필요한 환자의 임상 상태 및 영양평가를 토대로 영양지원방법을 결정하고, 경장영양 또는 정맥영양을 통한 영양공급 상태를 모니터하면서 영양지원 시 발생할 수 있는 합병증을 예방하고 적절한 영양공급이 이루어질 수 있도록 한다.

1) 영양집중지원의 개요

(1) 영양집중지원 방법

① **영양집중지원의 분류**   영양집중지원 방법으로는 경장영양enteral nutrition, EN과 정맥영양parenteral nutrition, PN이 있다. 경장영양은 경구보충oral nutrition supplement, ONS과 경관급식tube feeding으로 나눌 수 있다. 경관급식은 관tube를 통해 영양을 공급하는 방법으로 위장관 기능은 양호하나 경구 섭취가 불가능하거나 불충분할 때 적용한다. 정맥영양은 위장관을 통해 영양소를 공급할 수 없는 환자들에게 정맥을 이용하여 영양을 공급하는

그림 **2-1** 영양집중지원의 분류

방법으로 공급 경로에 따라 말초정맥영양peripheral PN과 중심정맥영양central PN으로 나눌
수 있다(그림 2-1).

② **영양집중지원 방법의 결정**   영양상태가 불량하거나 영양불량이 예상되는 환자에
게는 영양지원이 고려되나 모든 환자에게 영양지원을 적용할 필요는 없으며, 영양지원
을 시도하기에 앞서 환자에게 임상적 이득이 있는지에 대한 평가가 우선되어야 한다.

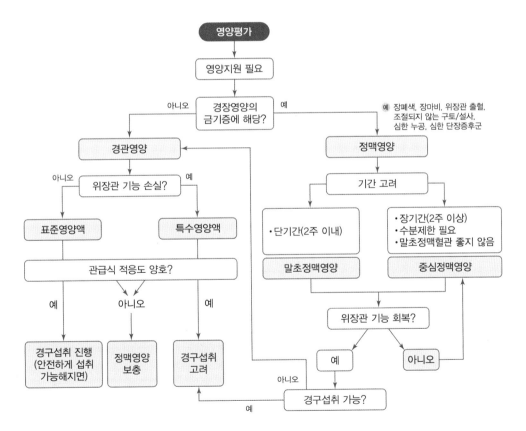

그림 **2-2** 영양집중지원 방법의 결정
자료 : Standard for Nutrition Support : Adult Hospitalized Patients. Nutr Clin Pract. 2018; 33: 906-920.

경장영양은 영양소 이용효율이 높고 소화관의 기능을 유지할 수 있으며, 정맥영양에 비해 감염합병증 위험이 낮고 비용 효과적이다. 따라서 장을 이용할 수 있는 환자에서는 우선적으로 경장영양을 권장한다. 하지만 기계적 위장관 폐색, 심한 단장증후군, 마비성 장폐색, 누공(배액량이 다량인 경우), 심한 위장관 출혈 등으로 장을 이용할 수 없는 경우는 정맥영양으로 영양을 공급해야 한다. 또한, 장기간(7~10일 이상) 경장영양을 시작하지 못하거나, 경장영양으로 필요한 에너지를 공급할 수 없는 경우에도 정맥영양을 고려할 수 있다(그림 2-2).

(2) 영양필요량 산정

영양지원 필요량은 신체 조성이나 기능, 생리적 상태와 질환으로 인한 상태 등을 고려하여 개별적으로 결정되어야 한다.

① 에너지

- **에너지 공급의 과부족의 문제** : 에너지 섭취가 부족할 경우 호흡근과 호흡에 필요한 힘의 감소, 인공호흡기 의존도 증가, 기관 기능의 장애, 면역 저하, 상처치유 지연, 병원 감염 위험의 증가, 감염이나 염증이 없는 상태에서 수송단백질의 감소 등의 문제가 발생한다. 에너지 섭취가 과한 경우에는 고혈당, 고질소혈증, 고중성지방혈증, 전해질 불균형, 면역 저하, 수분 균형의 변화, 지방증steatosis, 인공호흡기 의존도 증가 등의 문제가 발생할 수 있다. 치료 경과에 따라 에너지 공급의 적절성을 지속해서 모니터하는 것이 중요하다.

- **에너지 요구량 산정** : 에너지 요구량 산정은 간접열량계indirect calorimetry를 사용하는 것이 정확하나 국내에서는 사용 가능한 병원이 많지 않은 실정이다. 헤리스-베네딕트Harris-Benedict 공식을 이용하여 기초대사율을 구하고, 활동계수activity factor와 부상계수injury factor를 곱해서 많이 사용하고 있지만 거의 100년 전에 수집된 자료를 이용하여 만들어진 공식이기 때문에 현대인들의 에너지 소비량을 반영하기에는 제한점이 있다. 최근 급성기 질환이 아닌 과체중 또는 비만 환자의 경우에는 미핀-세인트 지어Mifflin-St. Jeor 공식, 인공호흡기 적용 중인 환자는 팬 스테이트Penn State 공식 등 다양한 추정 계산식을 통해 휴식 시 안전대사량을 산출하고 있다. 하지만 계산방법이 복잡하여 단위체중당 에너지를 이용하는 방법을 더 선호

하고 있다. 일반적으로 25~30 kcal/kg/day 정도의 목표 에너지를 결정한다. 중환자의 경우 급성기에는 20~25 kcal/kg/day, 회복기에는 20~30 kcal/kg/day를 권고한다.

② **단백질**   단백질 요구량은 체내 이화작용을 최소화하는 데 필요한 양을 공급하는 것이 목표이다. 대부분의 일반 환자의 단백질 요구량은 1.0~1.5 g/kg/day이나 질병의 중증도가 심할수록 그 요구량은 증가한다. 중환자는 기본적으로 1.2~1.5 g/kg/day, 중증외상, 패혈증, 장기부전환자는 1.5~2 g/kg/day, 중증 화상환자의 경우 ≥2 g/kg/day까지 필요할 수 있다. 또한, 신장 및 간 기능 상태가 단백질 공급을 제한할 수도 있다.

③ **비타민**   상업용 경장영양액은 일반적으로 1,000~1,500 mL 공급 시 한국인 영양소섭취기준을 충족하도록 제조되는데 중환자의 경우 비타민 요구량이 많이 증가할 수 있으므로 비타민을 추가로 보충할 필요가 있다.

④ **전해질**   건강한 성인의 전해질 요구량을 기준으로 하되, 혈액검사 결과를 바탕으로 환자의 임상 상태에 맞추어 제공한다.

⑤ **수분**   소변량, 위장관 배출, 누공, 탈수 및 기타 수분 손실에 따라 매우 다르다. 보통 제공 에너지 기준으로 1~1.5 mL/kcal가 권장된다.

2) 경구보충

식욕부진이나 소화불량 등으로 인하여 충분한 양의 식사를 하지 못하거나 질환 등으로 인해 대사적으로 필요량이 증가하여 영양요구량을 충족할 수 없을 때 경구용 영양조제식품을 추가로 섭취하여 에너지 및 영양소를 보충하도록 한다. 경구용 영양조제식품은 식사 섭취는 가능하지만, 식사를 대용으로 섭취하거나 식사량이 부족할 때 활용할 수 있는 식품이다. 질환 여부에 따라 영양보충을 위한 균형영양제품을 선택할지, 질환 치료에 알맞은 영양소 조성을 갖춘 제품을 선택할지를 고려해야 한다. 캔 또

균형영양식
1캔 = 200 kcal

영양성분 및 함량 (200 mL / 1캔당)					
성 분	1회 제공당 함량	%영양소 기준치*	성 분	1회 제공당 함량	%영양소 기준치*
열량	200 kcal		비타민K	15 μg	20 %
탄수화물	31 g		엽산	80 μg	20 %
식이섬유	4.3 g	14 %	나이아신	3.2 mgNF	20 %
당류	2 g		비오틴	6 μg	20 %
단백질	9 g	16 %	판토텐산	1 mg	20 %
지방	6 g		칼슘	140 mg	20 %
포화지방	2 g		인	140 mg	20 %
트랜스지방	0 g		마그네슘	58 mg	17 %
콜레스테롤	0 mg		아연	2 mg	20 %
나트륨	135 mg	9 %	철	2 mg	20 %
비타민A	150 μgRE	20 %	칼륨	220 mg	5 %
비타민B	0.24 mg	20 %	망간	0.7 mg	20 %
비타민B1	0.3 mg	20 %	요오드	30 μg	20 %
비타민B6	0.3 mg	20 %	구리	0.16 mg	20 %
비타민B12	0.48 μg	20 %	셀레늄	5.5 μg	10 %
비타민C	20 mg	20 %	크롬	5 μg	
비타민D	1 μg	20 %	몰리브덴	2.5 μg	
비타민E	2 mgα-TE	20 %			

* % 영양소 기준치 : 1일 영양소 기준치에 대한 비율

단백질 보충제
1포 = 단백질 8 g

 고기 40 g =   생선 50 g =   달걀 55 g =   두부 80 g

단백질 8 g이 함유된 식품의 예

그림 **2-3** 경구용 영양조제식품의 활용

표 **2-2** 경구용 영양조제식품의 종류

구분	선택 기준
균형영양식	• 균형된 식사가 필요한 경우 • 정상적인 식사가 불충분하고 질병으로 인해 추가적인 영양 공급이 필요한 경우 • 식사 외에 보충이 필요한 경우
균형영양식 (고단백)	• 식사 시 단백질 섭취가 부족한 경우 • 수술 후, 화상, 면역기능 저하 등 단백질 요구량이 증가한 경우
균형영양식 (농축)	• 에너지 요구량이 증가한 경우 • 식사섭취량이 적어 추가적인 영양 공급이 필요한 경우 • 수분제한이 필요한 환자
당뇨환자용 식품	• 영양소를 균형 있게 받고 싶은 당뇨환자 및 혈당이 높은 경우 • 식사대용 또는 간식으로 영양보충이 필요한 당뇨환자
신장질환자용 식품	• 신기능이 저하된 만성신부전환자, 투석환자에서 식사대용 또는 간식으로 영양보충이 필요한 경우 • 수분 제한, 전해질 제한이 요구되며 에너지를 농축하여 충분히 공급하여야 하는 신장질환자
장질환자용 가수분해식품	• 소화효소 부족 및 흡수가 어려워 영양소 이용 장애가 있는 경우 • 만성설사, 염증성 장질환 환자
에너지 및 영양공급원 의료용도식품	• 에너지, 단백질, 지방 등 특정 영양성분이 부족하여 보충이 필요한 경우

자료 : 식품의약품안전처. 환자용식품의 올바른 사용을 위한 자율 영양관리 정보집. 2018.

는 팩 제품이나 젤리형처럼 개봉하여 바로 먹을 수 있는 제품들이 많이 사용되지만, 음료보다 죽처럼 떠먹는 것을 원한다면 분말형 제품을 이용할 수 있고, 맛도 다양하므로 기호에 맞게 선택하도록 한다.

3) 경관영양

(1) 경관영양의 적용지침

기계적 위장관 폐색, 심한 단장증후군short bowel syndrome, 마비성 장폐색, 누공fistula(배액량이 다량인 경우), 심한 위장관 출혈 등 경관영양의 금기가 아니라면 경관영양을 우선으로 고려하는 것이 바람직하다(표 2-3). 그러나 장간막의 저관류가 동반된 환자나 혈역학적으로 불안정한 환자에서는 경관영양 시 장허혈 및 괴사와 같은 심각한 합병증이 발생할 수 있어, 경관영양을 시작할 때는 혈역학적인 안정이 선행되어야 한다. '혈역학적 안정'이란 승압제를 지속해서 감량하는 중이거나 저용량으로 유지하는 상

표 2-3 경관급식 적용 대상 및 금기 대상

경관급식 적용 대상	
정상적인 음식 섭취가 어려운 경우	의식불명, 뇌경색, 아래턱뼈의 골절, 구인두 종양, 두부와 경부의 종양, 연하곤란, 두경부의 방사선 치료, 다발성경화증 등으로 인해 음식을 씹거나 삼키는 데 어려움이 있을 경우
소화기관의 폐쇄	식도의 협착, 유문 협착, 위의 협착 등으로 인해 소화기관의 일부가 막혔을 경우(막힌 부분을 지난 위치에 튜브를 삽입하여 경관급식 실시)
소화·흡수장애	췌장 기능의 저하, 췌장염, 크론병, 장누공 등이 있는 경우(장누공이 있을 때는 누공 부위를 지난 위치에 튜브 삽입)
영양불량	화상, 외상, 감염성 질환 등으로 인해 대사항진이 되어 영양요구량을 식사로 충족시킬 수 없는 경우
정신적인 문제	우울증, 거식증 등 정신적인 문제로 인해 음식 섭취가 충분하지 못할 경우
경관급식 금기 대상	
• 위 또는 장이 완전히 폐색되어 튜브를 삽입할 수 없는 경우 • 장누공이 심하여 배출량이 500 mL/일 이상일 경우 • 혈역학적으로 불안전한 상태(예 평균동맥혈압<50 mmHg) • 약물로도 조절되지 않는 설사 또는 구토가 심한 경우 • 짧은 창자인 경우(소장의 흡수 길이와 장의 영양소 흡수 적응력 저하로 인해 정맥영양 필요) 　- 결장 없이 잔여 소장 길이가 100~150 cm 미만 　- 결장은 있으나 소장 길이가 50~70 cm 미만 • 위장출혈이 있는 경우(출혈의 원인, 위치, 정도를 고려하여 경관급식의 가능 여부 결정) • 말기 환자, 호스피스 환자와 같이 기대여명이 길지 않아 적극적인 영양지원을 원하지 않는 경우	

태를 말하며, 경관영양의 시작 여부는 주치의의 판단에 따른다.

(2) 경관영양의 공급 경로

경관영양을 위한 공급경로는 환자의 임상 상태나 과거력, 위장관의 해부학적 구조나 기능적 상태, 영양지원 기간, 흡인위험, 환자의 의지, 삶의 질 등을 고려하여 선택한다.

- **영양지원 기간 고려** : 영양지원이 단기간(4주 이내)으로 예상되는 경우 비수술적 방법으로 급식관을 비위관nasogastic tube 혹은 비장관naseoneteric tube으로 시행한다. 장기간(4~6주 이상)에 걸친 영양지원이 필요하면 비수술적 방법인 경피적내시경위루술percutaneous endoscopic gastrostomy, PEG과 수술적 방법인 위조루술gastrostomy과 공장조루술jejunostomy 등을 통한 공급 경로를 확보하는 것이 권장된다.
- **급식관의 위치 고려** : 주로 위를 통한 영양지원이 권장되나 위배출구 막힘, 십이지장 막힘, 위와 십이지장 누공, 심한 위·식도 역류, 고위험 흡인, 위로의 접근이 불가능한 경우 등의 원인에 의해 위를 통한 영양지원이 어려운 경우에는 관 위치를 위장의 유문을 지나 소장으로 공급할 수 있다(그림 2-4, 표 2-4).

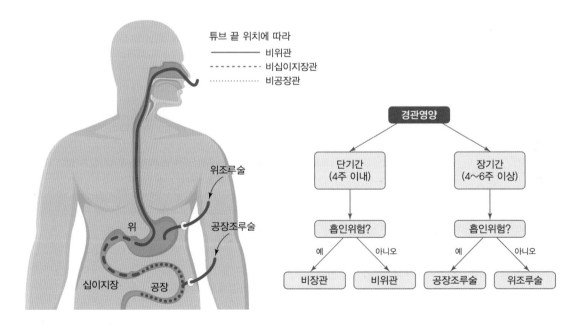

그림 **2-4** 경관급식의 공급 경로

표 **2-4** 경관영양 공급 경로의 종류 및 특징

공급경로	대상 환자	장점	단점
비위관	위장기능이 정상이면서 4주 이내 짧은 기간 동안 경관영양이 필요한 환자	• 관의 삽입 및 고정이 용이	• 흡인위험 증가 • 환자가 관을 의식하게 됨
비장관 (비십이지장관, 비공장관)	흡인위험, 위배출 지연, 식도역류 등의 문제가 있으면서 4주 이내 짧은 기간 동안 경관영양이 필요한 환자	• 흡인 위험 감소	• 관이 잘 빠지거나 이동됨 • 주입펌프 필요
위조루술/ 경피적내시경위루술	위장기능은 정상이나 4~6주 이상 장기적으로 경관영양이 필요한 환자	• 위장관 수술 시 또는 내시경으로 시술	• 흡인위험 증가 • 관 부위에 감염위험이 큼 • 관 제거 후 누공 가능성이 큼
공장조루술	흡인위험이 크면서 장기적으로 경관영양이 필요한 환자 또는 상부 위장관으로의 관 삽입이 어려운 환자	• 장관 수술 시 병행 가능 • 흡인위험 감소	• 주입속도를 빠르게 할 수 없음 • 주입펌프 필요 • 관 부위의 감염 가능성이 큼

(3) 경관영양액

① 경관영양액의 특성

• **삼투압**osmolality : 삼투압은 용액 내에 있는 전해질, 무기질, 탄수화물, 단백질 혹은 아미노산 등의 유리입자, 분자 혹은 이온 등의 농도에 의해 결정되며, 경관영양액의 삼투압은 물 1 kg 내에 있는 용질의 수를 말한다(mOsm/kg). 경관영양액의 삼투압은 영양소의 가수분해 정도가 클수록 크다. 즉, 아미노산이나 디펩티드가 원형단백질보다 삼투 효과가 크고 포도당이 전분보다 삼투 효과가 크며, 무기질과 전해질은 분자 크기가 작고 해리되는 특성이 있어 삼투압 효과가 크다. 경관영양액의 삼투압은 270~700 mOsm/kg 범위로, 농축된 영양액일수록 높다. 흔히 고삼투성 경관영양액(삼투압 320 mOsm/kg 이상)이 위장관 합병증의 원인으로 생각되어 왔으나, 실제로는 삼투압보다 질병의 중증도, 동반질환, 소화관 감염, 약물 등으로 인해 위장관 합병증이 주로 발생한다.

• **신용질부하**renal solute load : 신장용질부하란 경관영양액 중에서 신장에 의해 배설되어야 하는 성분의 양을 말하며 단백질, 나트륨, 칼륨, 염소 등이 주요 성분이다. 과다한 용질부하는 수분의 배설을 초래하여 탈수 상태가 되기 때문에 경관영양액의 신장용질 농도가 높아지면 환자는 보다 많은 수분을 필요로 한다.

• **점도**viscosity : 분자량이 큰 성분이 있거나 에너지밀도가 높으면 점도도 높아지게 된다. 점도가 높은 경관영양액을 사용할 때는 급식관의 직경이 더 커야 한다.

- **에너지밀도**caloric density : 경관영양액의 에너지밀도는 대체로 1.0 kcal/mL이나, 1.5 또는 2.0 kcal/mL로 에너지밀도가 높은 제품들도 있다. 에너지밀도가 높을수록 수분함량이 적고 위 배출이 지연될 수 있으나 수분을 제한해야 하거나, 일정량 이상의 부피volume에 적응할 수 없는 환자에게는 적절한 에너지 공급을 위해서 농축 용액을 사용한다.

② **경관영양액의 성분**

- **탄수화물** : 탄수화물은 주요 에너지원으로 경관영양액에 의해 공급되는 에너지의 40~70%를 공급하며 삼투압, 소화 정도, 감미 등에 기여한다. 대부분의 경관영양액은 올리고당이나 다당류의 형태로 포함되어 있으며, 콘시럽이나 말토덱스트린, 가수분해된 옥수수전분으로 구성된다. 유당불내성이 있는 환자들이 있을 수 있어 대부분의 경관영양액은 유당을 포함하고 있지 않다.

- **단백질** : 질소와 에너지 급원으로서 경관영양액에 포함되며 카제인나트륨과 분리대두단백이 주로 사용되고 있다. 흡수 기능이 손상되지 않은 환자에게 적용될 수 있다. 소화·흡수 기능이 저하된 환자를 위해서는 가수분해된 단백질과 디펩티드, 트리펩티드, 아미노산 형태로 단백질을 공급하는 경관영양액을 선택한다.

- **지방** : 지방은 에너지와 필수지방산을 공급하는 영양소로 장쇄지방산이나 중쇄지방산의 형태로 포함되어 있다. 장쇄지방산의 급원으로 옥수수기름이나 콩기름이 많이 사용되며 잇꽃유, 카놀라유와 어유가 사용되기도 한다. 중쇄지방산의 급원으로는 팜유와 코코넛유가 사용된다. 최근에는 항염증 효과가 있는 오메가-3 지방산을 보충한 경관영양액의 임상적인 효과가 보고되고 있다.

- **비타민과 무기질** : 대부분의 경관영양액은 1일 1,000~1,500 mL를 공급하면 비타민과 무기질의 영양섭취기준을 충족시킬 수 있다. 따라서 요구량이 증가하였거나 권장량을 충족시킬 만큼 충분한 경관영양액을 공급받지 못하는 환자에게는 추가 보충을 고려해야 한다. 또한, 일부 질환 특이적 경관영양액에는 특정 비타민이나 무기질 공급량이 추가 혹은 감량되어 있을 수 있다.

- **식이섬유** : 식이섬유는 식물성 식품에 포함된 다당류로 인체 내에서는 소화되지 않는다. 식이섬유 급원으로는 대두 식이섬유, 난소화성 말토덱스트린, 치커리 식이섬유 등이 이용되고 있다. 경관영양액에는 수용성 혹은 불용성 식이섬유가 포

함되어 있다. 수용성 식이섬유는 대장의 박테리아에 의해 발효되어 장세포의 에너지원인 단쇄지방산을 생성하며 장점막의 성장을 돕고, 나트륨과 수분 흡수를 증가시켜 설사 조절에 도움이 된다. 불용성 식이섬유는 변의 용적을 증가시킨다. 지속적인 설사가 있으면 식이섬유 함유 제품을 권고하며, 장 허혈의 위험성이 높고 심한 장운동 저하 시에는 수용성 및 불용성 식이섬유 모두 사용을 금지한다.

• **수분** : 대부분의 경관영양액은 70~85%의 수분을 포함하고 있다. 일반적으로 농축된 영양액일수록 수분함량이 낮다. 경관영양액만으로는 환자의 수분필요량을 충족시키지 못하므로 경관영양액을 통한 수분 섭취량을 총수분섭취량에 포함하고, 탈수되지 않도록 적정량의 수분을 보충하도록 한다.

③ **경관영양액의 종류**　경관영양액으로 사용되는 상업용 제품은 식품공전상 특수의료용도 식품에 속하며 일반 환자용 균형영양조제식품, 당뇨환자용 영양조제식품, 신장

표 **2-5** 경관영양액의 종류와 특성

종류	특징	적용 대상 환자
표준영양액	• 균형영양식 • 가수분해되지 않은 원형단백질을 주로 함유 • 지방은 주로 장쇄지방산 함유 • 유당 불포함 • 1 kcal/mL, 280~450 mOsm/kg	대부분의 환자
농축영양액	• 1.5~2.0 kcal/mL, 400~700 mOsm/kg • 상대적으로 높은 신용질 부하 • 소장급식의 경우 적용이 어려움	수분 제한이 필요한 신부전, 복수, 심부전 환자
고단백 영양액	• 단백질 함량 : 총에너지의 20% 이상	화상, 누공, 외상, 패혈증, 과대사증 등 단백질 요구량이 증가한 환자
당뇨환자용 영양액	• 저탄수화물, 고지방, 고식이섬유 함유	당뇨환자 또는 대사적 스트레스로 인한 고혈당 조절이 필요한 환자
신장질환자용 영양액	• 전해질, 무기질, 단백질 함량은 낮으나 필수아미노산의 비율이 높고, 충분한 에너지 공급을 위해 지방 함량이 높음 • 수분 제한, 2 kcal/mL	만성신부전, 투석환자, 수분의 과다 축적, 요독증, 혈청 내 전해질과 무기질 농도의 조절이 필요한 환자
성분영양액 (elemental formula)	• 펩티드나 저복합당질의 형태로 구성	소화·흡수능력이 손상된 환자
에너지 및 영양공급용 식품	• 액상 또는 분말 형태의 단일 특정 영양소(탄수화물, 단백질, 지방) • 상업용 영양액에 첨가하여 영양소의 밀도를 높임	질환으로 인한 과대사 또는 영양불량으로 인해 에너지 및 영양성분을 추가적으로 제공할 필요가 있는 환자

질환자용 영양조제식품, 장질환자용 단백가수분해 영양조제식품, 에너지 및 영양공급용 식품 등의 유형이 있다. 균형영양조제식품에 해당하는 경관영양액은 영양소 함량 및 농도에 따라 표준영양액(1 kcal/mL), 농축영양액(1.5~2 kcal/mL), 고단백영양액 등으로 구분할 수 있다. 제공되는 형태에 따라 물에 타서 제조해야 하는 분말 제품, 급식용기에 부어서 사용할 수 있는 액상 제품(캔 또는 팩), 용기 그대로 바로 사용할 수 있는 Ready-To-Hang[RTH] 제형으로 분류할 수 있다.

④ **경관영양액의 선택** 영양액의 영양소 조성, 삼투압, 신용질부하, 에너지밀도, 섬유소 함량 등은 경관영양에 대한 환자의 수용도나 질환 상태에 영향을 미칠 수 있다. 환자의 질병 상태 또는 장기 이상 유무, 소화·흡수능력, 관의 위치 및 종류, 비용 문제 등을 고려하여 환자의 상태에 맞는 적절한 영양액을 선택하도록 한다.

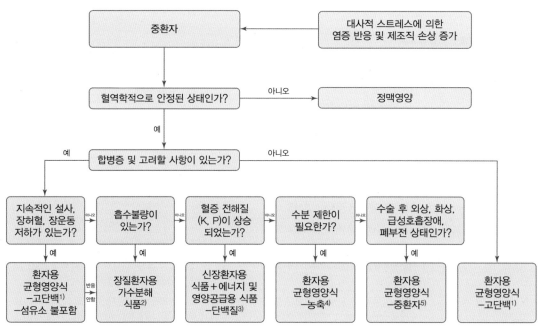

1) 환자용 균형영양식–고단백 : ≥ 20%
2) 장질환용 가수분해 식품: 단백질 급원이 단백질 가수분해물 혹은 유리 아미노산으로 구성된 환자용 식품
3) 단위 에너지당 K, P 함량이 낮은 신장질환자용 식품 이용, 필요시 단백질 요구량을 맞추기 위해 에너지 및 영양공급용 식품–단백질 추가
4) 에너지밀도 : ≥ 1.5 kcal/mL
5) 환자용 균형영양식–중환자 : 단백질 에너지비 ≥ 20%, 면역 증진 유용성 성분 함유. 항산화 비타민, 무기질이 강화된 환자용 식품

그림 2-5 중환자용 경관영양액 선택의 예
자료 : 식품의약품안전처. 보건의료전문가를 위한 환자용식품 선택 정보집. 2018.

표 2-6 국내 시판 경관영양액(캔제품)의 예

종류	표준			표준 (1.5배 농축)		표준 (설사조절용)		고단백	당뇨	당뇨 (1.5배 농축)	당뇨 (고지방)	신부전	혈액투석
Formula 상품명	그린비아 TF	뉴케어 300TF	그린비아 키즈(10세 미만)	뉴케어 칼로리1.5	그린비아 1.5	그린비아 장솔루션	메디푸드 LD	그린비아 고단백 솔루션	그린비아 DM	글루트롤	뉴케어 DM	메디웰 비투석	메디웰 투석
Density (kcal/mL)	1	1	1	1.5	1.5	1	1	1	1	1.5	1	2	2
C:P:F ratio(%)	65:15:20	57:16:27	43:12:45	53:17:30	55:17.5:27.5	52.5:17.5:30	58:15:27	53:26:21	45:20:35	40:17:43	39:18:43	52:8:40	45:15:40
Osmolality (mOsm/kg·H$_2$O)	300	300	340	480	380	270	300	380	320	500	310	580	600
1,000 kcal 기준 영양소 함량													
Carbohydrate(g)	170	142.5	105	138.3	136.7	140	150	130	125	113.3	110	132.5	115
Protein(g)	40	40	30	43.3	43.3	45	40	65	50	43.3	45	20	37.5
Fat(g)	22.5	30	50	33.3	30	35	30	22.5	40	46.7	48	45	45
Fiber(g)	15	0	0	13.3	0	15	15	0	25	23.3	25	7.5	7.5
Na(mg)	600	900	450	833	600	700	900	1,000	800	833	800	300	350
K(mg)	950	1,175	1,300	1,433	1,000	1,125	1,543	1,550	1,250	867	1,100	375	375
Ca(mg)	700	700	1,000	800	467	750	700	750	700	467	770	600	700
P(mg)	700	750	625	800	467	700	700	700	700	467	700	230	375
수분(mL)	838.5	780	840	445	505	825	775	820	841.5	450	787	155	151

주) 2020년 시판제품의 영양소 함량

표 2-7 국내 시판 경관영양액(RTH* 제형)의 예

종류	표준		표준(1.5배 농축)	표준(설사조절용)	고단백	당뇨	혈액투석
Formula 상품명	뉴케어 300TF	뉴케어 화이바	케어웰 1.5플러스	그린비아 장솔루션	뉴케어 인텐시브 300	뉴케어 DM	그린비아 RD플러스
	500 mL/pack	500 mL/pack	400 mL/pack	500 mL/pack	300 mL/pack	500 mL/pack	400 mL/pack
Density (kcal/mL)	1	1	1.5	1	1	1	1.5
C:P:F ratio(%)	57:16:27	53:16:31	53:17:30	52.5:17.5:30	49:24:27	39:18:43	47:18:35
Osmolality (mOsm/kg·H$_2$O)	300	300	480	270	300	310	400
1,000 kcal 기준 영양소 함량							
Carbohydrate(g)	142.5	140	133.3	140	122.5	110	120.8
Protein(g)	40	40	43.3	45	60	45	43.3
Fat(g)	30	35	33.3	35	30	48	38.3
Fiber(g)	0	15	3.3	15	0	25	6.7
Na(mg)	900	900	700	700	900	800	633
K(mg)	1,175	1,500	1,033	1,125	1,175	1,100	583
Ca(mg)	700	700	617	750	700	770	900
P(mg)	750	700	617	700	700	700	417
수분(mL)	780	775	453	825	760	787	500

* RTH, ready to hang
주) 2020년 시판제품의 영양소 함량

(4) 경관영양 처방

경관영양을 처방할 때에는 환자 정보와 경관영양액의 종류뿐만 아니라 공급 경로 및 경관영양 주입장치, 투여방법 및 속도 등에 대한 처방이 함께 지시되어야 한다(그림 2-6).

경관영양 처방지시

병동호실 : _____ **환자이름** : _____ **등록번호** : _____
성별/나이 : _____ **체중(kg)** : _____ **알레르기 정보** : _____

총에너지 : _____kcal/일
단백질 : _____g/일 **탄수화물** : _____g/일 **지방** : _____g/일 **수분** : _____mL/일

경관영양액

☐ 표준   ☐ 당질조절
☐ 표준-고단백   ☐ 가수분해
☐ 표준-고열량   ☐ 면역조절
☐ 식이섬유 함유   ☐ 신장/전해질조절

삽입 경로

☐ Nasogastric   ☐ Orogastric   ☐ Gastrostomy
☐ Nasoduodenal   ☐ Oroduodenal   ☐ Jejunostomy
☐ Nasojejunal   ☐ Orojejunal   ☐ Transgastric G/J tube

투여방법 및 속도

☐ 지속적   ☐ 시작 시 _____ mL/h
             ☐ 증량 시 매 _____ 시간마다 _____ mL/h씩 목표량(_____ mL/h)까지 증량

☐ 간헐적   ☐ 시작 시 _____ mL / _____ 분 동안 _____ 회/일
             ☐ 증량 시 _____ 분 동안 _____ 회/일
                  목표량인 _____ 까지 매일 _____ mL씩 증량

☐ 볼루스   ☐ 시작 시 _____ mL / _____ 분 동안 _____ 회/일
             ☐ 증량 시 _____ 분 동안 _____ 회/일
                  목표량인 _____ 까지 매일 _____ mL씩 증량

기타

☐ 관세척물 _____ mL _____ 시간마다(최소 30 mL/회)
☐ 침상각도 30°~45°

그림 **2-6** 경관영양 처방지시 양식의 예

(5) 경관영양액 주입

① **주입방법** 필요한 영양소를 안전하게 공급하고 환자의 수응도를 높이기 위해 투여 경로, 환자의 안정도, 위장관의 기능 정도, 에너지와 단백질 요구량, 환자의 활동성 등을 고려하여 적절한 경관급식 주입방법을 선택한다. 주입방법에 따른 적용대상과 장단점은 표 2-8과 같다.

② **주입 시 주의사항**

- 주입 전 손을 반드시 씻고, 기구는 청결한 상태로 준비한다.
- 흡인 예방을 위해 환자의 상체를 $30°{\sim}45°$ 이상 올린 후 영양액을 주입한다.
- 관막힘을 예방하기 위해 영양액 주입 전후 물 $30{\sim}50$ mL 정도를 주입하여 급식 관을 세척한다.
- 주입 영양액이 오염되지 않도록 하고, 분말을 물에 녹여 조제한 경우는 4시간 이내, 개봉한 캔형은 12시간 이내, 개봉한 RTH 제품은 $24{\sim}48$시간 이내에 사용해야 한다.

표 2-8 경관영양 공급방법

주입방법	내용	대상환자	장점	단점
볼루스 주입	• 주사기 또는 중력 이용 • 1일 3~6회, 1회 1컵(240 mL)을 4~10분 이내에 주입	• 위장관 기능이 양호하고 보행이 가능한 회복기 환자	• 별도의 기구가 필요 없이 간편함, 비용이 저렴함 • 활동이 자유로움	• 흡인과 오심, 구토 등 위장관 부적응 위험 증가
간헐적 주입	• 중력 또는 주입 펌프 이용 • 매 4~6시간마다 1~3컵(240~720 mL)을 20~60분간 주입	• 빠른 주입속도에 적응이 가능한 환자 • 일정 시간 동안 영양액 주입이 금지되어야 하는 환자	• 주입시간 이외의 거동이 자유로움	• 흡인과 오심, 구토 등 위장관 부적응 위험 증가
지속적 주입	• 중력 또는 주입펌프 이용 • 24시간 동안 지속적으로 주입	• 중환자 • 소장으로 영양을 공급해야 하는 환자 • 흡인 위험이 매우 큰 환자 • 위 운동력이 저하된 환자	• 흡인의 위험과 위 잔여량을 최소화 • 고혈당 같은 대사적 합병증의 위험을 최소화	• 행동의 제약 • 비용증가 • 주입 펌프 필요
주기적 주입	• 중력 또는 주입 펌프 이용 • 12시간 미만 또는 야간 동안 주입	–	• 쉬는 시간 동안 활동이 자유로움 • 정상식이로의 전환에 유리	–

- 급식관을 통해 점도가 높은 음식이나 식이섬유 보충제, 강한 산성 또는 알칼리성 약물 주입을 금한다.
- 급식관을 통해 약물을 주입해야 하는 경우에는 투약 전후 물 30~50 mL 정도를 주입하여 관을 씻어준다.
- 주입 후에는 구토 예방을 위해 최소 30분 경과 후 환자를 눕히도록 한다.

(6) 경관영양의 모니터링

실제 주입량 확인 및 체중 변화를 통해 영양공급의 적절성을 평가하고 경관영양에 대한 적응 상태를 주의 깊게 평가하여 합병증을 예방하며, 영양공급이 불필요하게 중단되지 않도록 한다.

① **에너지 및 단백질 공급량의 적절성** 실제 주입량을 확인하고 체중 변화를 관찰하여 에너지 필요량을 재평가한다. 경관영양을 통한 에너지 공급이 부족할 경우 정맥영양으로 보충한다. 질소평형검사nitrogen balance study를 시행하여 단백질 공급의 적절성을 평가하고 필요하면 단백질 공급량을 조정한다. 체내 단백질 평형은 에너지 평형 정도에 영향을 받는데 에너지를 충분히 공급하면 체내 단백질을 절약할 수 있다.

② **위장관 적응** 복부팽만, 오심, 구토, 배변 양상(예 빈도, 양, 밀도, 색깔 등), 장음, 복부 X-ray 상의 이상소견 등을 평가한다.

③ **흡인위험 평가** 구토, 위식도역류, 흡인 여부 등을 평가한다.

④ **체중 및 체액 상태** 체중을 오전, 식사 전, 소변을 본 후 등 일정한 조건으로 같은 체중계를 사용하여 측정하며, 최소 주 1~2회 체중을 확인한다. 수분 과다 증상(예 부종, 소변량 과다, 고혈압, 호흡곤란 등)과 탈수 증상(예 소변량 감소, 점막건조, 피부 긴장도 감소, 저혈압, 빈맥 등) 여부를 평가한다.

⑤ **대사적 모니터링** 영양상태나 영양지원의 적정성을 평가하기 위하여 내장 단백질(예 프리알부민, 트랜스페린 등) 및 전해질(예 칼륨, 인산, 마그네슘, 칼슘 등), 혈당 상태

표 **2-9** 영양지원 시 대사적 모니터링 항목 및 주기

항목	대사적/영양적으로 불안정 상태	대사적/영양적으로 안정 상태
영양섭취량의 적절성(섭취량/배설량)	매일	매주
전해질, 혈중요소질소, 크레아티닌	매일 → 주 3회	주 3회
마그네슘, 인, 칼슘	매일 → 주 3회	주 3회
간기능검사	매주	필요할 때
중성지방	매주	1~2주마다
체중	매일	매주
수분상태	매일	주 3회
혈압, 호흡수, 맥박	매일	주 3회
장기능	매일	필요시
혈당	안정될 때까지 1일 4회(매 6시간마다)	1~2주마다
질소평형	필요할 때	필요할 때

자료 : Nelms, Sucher. Nutrition therapy and pathophysiology. 4th Ed. 2020.

를 주기적으로 측정하여 평가하여야 한다(표 2-9).

(7) 경관영양 시의 합병증 관리

① **흡인** 경관영양액이나 위액이 폐로 들어가는 현상을 흡인aspiration이라 하며, 이는 폐렴을 일으킬 위험이 있다. 흡인의 위험요인으로는 비위관을 통한 경관급식, 위배출 운동의 지연, 잘못된 관 위치, 환자 자세, 뇌손상, 마비, 호흡기 의존 시, 구역 반사가 없는 경우 등이 있다. 흡인을 예방하기 위해서는 경관급식 전후 30분 동안 상체를 30~45°가량 높인 자세를 유지하며, 관을 새로 삽입한 후에는 경관급식 시작 전에 반

알아두기

위잔여량 확인

경관영양 환자에게서 가장 위험한 합병증인 흡인을 예방하기 위해 과거에는 위잔여량을 모니터링하고 일정 수준 이상의 위잔여량이 확인되는 경우 경관영양을 더 진행하지 않도록 권고하였다. 그러나, 최근에는 위잔여량 증가 자체만으로 역류, 구토, 흡인 및 폐렴의 발생과 관계가 없음이 보고되고 있으며, 흡인을 예방하기 위하여 경관영양을 중단하는 위잔여량의 기준치를 얼마로 할 것인가에 대해서도 아직 논란의 여지가 있다. 2018년 미국정맥경장영양학회에서는 500 mL를 기준으로 제시하고 있으나, 위장관 부적응증의 다른 징후가 없는 경우 위잔여량만으로 경관영양의 중단을 결정하지 않도록 권고하고 있다. 위잔여량이 증가할 경우 구토, 복부팽만, 복부 불편감 등과 같은 관련된 다른 임상 증상을 모니터링하고 필요한 경우에 따라 위장관운동 촉진제의 사용을 우선 고려한다.

드시 관 위치를 확인한다. 흡인의 위험이 큰 환자의 경우 경관급식 전 위잔여물gastric residual volumes, GRVs을 조사하여 위잔여물이 많은 경우 위장관촉진제를 사용하거나 경관영양액 주입방법을 지속적 주입으로 변경하도록 한다.

② **설사**   설사는 경관영양 공급 시 가장 흔히 발생하는 합병증이다. 설사에 대한 정의는 다양하지만, 일반적으로 1일 3회 이상의 묽은 변, 또는 1일 500 g 이상의 묽은 변이 2일 이상 지속하는 것을 말한다. 설사의 발생 원인으로는 항생제, 고삼투압성 약제, 위장관운동촉진제 등의 약물 사용과 *Clostridium. difficile* toxin에 의한 감염, 영양불량에 의한 장위축 등이 있고, 경관영양 공급과 관련된 원인으로는 경관영양

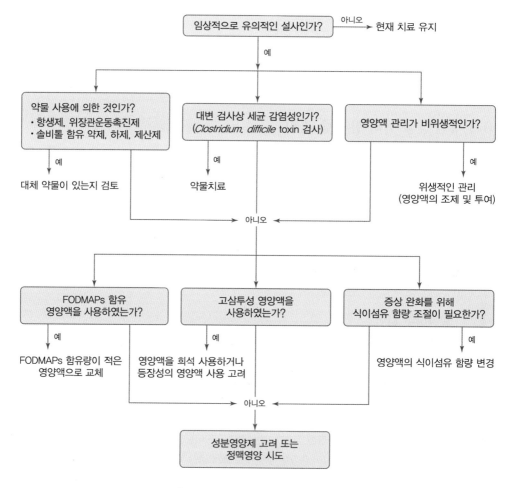

그림 **2-7** 경관영양 공급 환자의 설사 시 관리

4) 정맥영양

(1) 정맥영양의 적용지침

심한 위장관 출혈, 심한 설사와 구토, 장마비, 장간막 허혈, 장폐색, 위장관 누공, 단장증후군 등 위장관 기능이 제대로 작용하지 않아 경관영양을 통해 영양지원이 불가능한 경우 정맥영양을 통해 영양지원을 한다. 암 환자, 골수이식 환자, 상복부 위장관 암 환자의 수술 전후 영양지원, 갑자기 악화한 크론병 등도 정맥영양을 사용할 수 있다(표 2-11). 정맥영양 경로를 확보하기 어렵거나 의학적인 예후의 향상을 기대하기 어려운 말기 질환 환자에게는 적용 여부를 신중히 고려해야 한다.

(2) 정맥영양의 투여 경로

정맥영양을 시행할 때는 사용 예상기간과 영양소 공급 농도에 따라 중심 또는 말초정맥의 투여 경로를 선택한다.

① **말초정맥**　말초정맥영양은 손이나 팔 등의 말초혈관을 통하여 삼투압이 낮은 800~900 mOsm/kg 이내의 영양액을 공급하는 방법이다. 2주 이내 단기간 정맥영양

표 2-11 정맥영양 적응 대상 및 금기 대상

정맥영양 적용 대상	
위장관 사용이 어려운 경우	• 심한 염증성 장질환 • 급성췌장염이 심한 경우 : 위장을 통한 영양섭취로 췌장을 자극하는 것을 피해야 함 • 단장증후군 　– 결장 없이 잔여 소장 길이가 100~150 cm 미만 　– 결장은 있으나 소장 길이가 50~70 cm 미만 • 장폐쇄증 • 심한 간부전
경관영양을 시행하기 어려운 중환자	• 심한 외상이나 화상이 있는 경우 • 급성호흡부전으로 호흡기계에 의존하며 위장기능이 어려운 경우 • 투석하는 신부전 환자로서 영양불량이 심한 경우 • 7일 이내에 경구섭취가 불가능하리라 예상되는 중환자 등
정맥영양 금기 대상	
• 위장관 기능이 정상인 경우 • 중심정맥영양 사용 예상 기간이 5일 이내인 경우 • 응급수술 등 긴급한 치료가 정맥영양으로 인해 지연되어야 하는 경우 • 환자나 법정 대리인이 적극적인 영양치료를 거부하는 경우 • 정맥영양의 시행으로 인한 단점이 장점보다 많은 경우	

이 필요한 경우에 사용 권장되며, 삼투압의 제한이 있어 충분한 에너지 공급이 어렵다.

② **중심정맥** 고농도의 정맥영양액은 빠른 혈류속도로 인해 바로 희석될 수 있는 중심정맥을 통해 공급되어야 한다. 카테터의 팁은 주로 쇄골하정맥이나 내경정맥을 통해 삽입한다. 2주 이상의 장기간의 정맥영양이 필요하거나 수분 제한이 필요한 환자에게 추천되며 고농축 정맥영양제제가 투여 가능하므로 충분한 영양지원이 가능하다.

(3) 정맥영양액

① **정맥영양액의 구성 영양소** 정맥영양은 혈관으로 바로 주입되므로 이를 구성하는 영양소는 소화과정의 마지막 단계에 해당하는 영양소 형태이다.

- **덱스트로스** : 포도당 일수화물dextrose monohydrate이 가장 많이 사용되는데, 이는 포도당에 물 한 분자가 포함되어 있어 1 g당 3.4 kcal의 에너지를 제공한다. 당질 공급량은 환자의 에너지 필요량, 포도당의 산화속도, 당질·지방 비율을 고려하여 조정되어야 한다. 당질 최대 공급량은 포도당 산화속도를 고려하여 4~5 mg/kg/min을 넘지 않도록 한다. 당질 과다 공급 시 고혈당, 지방간, 담즙 분비 정체, 이산화탄소 과당 생성에 의한 호흡부전 등이 유발될 수 있다.
- **아미노산** : 정맥영양의 단백질 급원은 아미노산 결정체가 주성분이다. 아미노산은 새로운 단백질 합성의 재료가 되는 질소를 공급하며, 당신생 과정의 연료가 되고, 급성기 단백질 합성, 면역 물질의 생성, 상처 및 조직 회복에 사용된다.
- **지방유화액** : 지방 공급의 목적은 필수지방산 결핍을 예방하고 농축 에너지원으로써 충분한 에너지를 공급하는 것이다. 정맥으로 공급하는 지방은 지방유화액으로 대두유나 홍화씨유로 된 장쇄중성지방과 함께 글리세린, 인지질을 함유하고 있다. MCT 오일이나 오메가-3 지방산, 단일 불포화지방산이 함유된 유화액도 있다. 10% 유화액은 1.1 kcal/mL, 20% 유화액은 2 kcal/mL의 에너지를 제공한다. MCT 오일을 포함한 유화액은 에너지가 약간 낮다.

  지방 공급속도가 지나치게 빠른 경우 체내 면역기능의 저하를 초래하므로 천천히 주입해야 한다. 지방유화액의 유화제로 달걀의 인지질이 함유되어 있으므로 달걀 알레르기가 있는 환자는 지방유화액 사용이 금지된다.
- **비타민** : 비타민은 안정성이 가장 낮으므로 정맥영양 주입 직전 가장 마지막에 섞

어야 하고 비타민 활성은 24시간 동안만 유지되므로 비타민은 24시간 이내에 정맥영양 주입이 완료되어야 한다.

- **전해질** : 정맥영양제제에 주로 첨가되는 전해질로는 인, 염소, 칼륨, 나트륨, 마그네슘, 칼슘 등이 있다. 전해질 필요량은 환자의 체중, 영양상태, 과대사 정도, 전해질 결핍 정도에 따라 다양하며 신장기능, 산-염기 균형, 소화관 손실, 투약 내용 등에 따라 개인별 조정이 필요하다.

- **미량무기질** : 환자의 생리활성 유지를 위해 필수적인 미량원소로서 아연, 구리, 망간, 셀레늄, 코발트, 몰리브덴, 요오드, 불소, 니켈, 규소, 주석, 크롬 등도 환자 상태를 고려하여 첨가되어야 한다. 철은 정맥으로 주입할 때 과민 반응을 나타낼 수 있으므로 일반적으로 정맥용액에 첨가되지 않고 근육주사로 제공된다(표 2-14).

- **수분** : 하루에 공급되는 정맥용액은 대체로 1.5~3 L 정도이며 3 L를 초과하는 경우는 흔하지 않다. 중환자의 경우에는 처방된 중심정맥영양액 용량이 전반적인 치료계획과 조화를 이루어야 한다. 또한 심폐질환, 신장질환, 간부전 등이 있는 환자들은 수분공급에 대해 매우 예민하므로 정맥으로 주입되는 약물이나 혈액으로 공급하는 수액제 등 기타 수분 공급량을 주의 깊게 관찰하여야 한다.

- **약물** : 정맥용액에 첨가되는 약물들은 용액의 융화성이나 안정성에 영향을 미칠 수 있으므로 약물 첨가 시에는 이에 대한 전문가적 지식이 필수적이다. 일반적으로 고혈당 치료와 스트레스성 궤양의 예방을 위해서 인슐린과 제산제가 자주 첨가된다.

② **정맥영양액의 종류** 시판되는 정맥영양액은 제조 형태에 따라 3-in-1 또는 2-in-1 정맥영양액으로 나눌 수 있고, 2가지 모두 투여 경로에 따라 말초정맥영양액, 중심정맥영양액이 있다.

- **3-in-1 정맥영양액** : 하나의 용기 안에 3대 영양소, 즉 덱스트로스, 아미노산, 지방유화액 모두가 함유된 형태의 영양액을 말한다. 정맥영양혼합제제total nutrient admixture, TNA라고도 한다. 세 개의 소실chamber이 격벽으로 분리된 구조로 투약 직전에 소실을 압박함으로써 격벽을 터트려서 혼합 사용한다. 혼합 이후 첨가제 포트를 통하여 비타민과 무기질 등의 첨가는 가능하다.

표 2-12 정맥영양환자를 위한 비타민 권장량 및 종합비타민제제의 성분과 함량

구분	AMA[1]/FDA[2] 가이드라인	세느비트 주 (박스터)	타미풀 주 (셀트리온)	국내 비타민 (5 mL/vial)
총함유 비타민	12종류	12종류	12종류	9종류
Vitamin A(I.U.)	3,300	3,500	3,300	10,000
Vitamin D(I.U.)	200	220	200	1,000
Vitamin E(I.U.)	10	11.20	10	5
Vitamin K(μg)	−/150	−	−	−
Thiamin(mg)	3/6	3.51	3.4	50
Riboflavin(mg)	3.6	4.14	2.83	12.7
Pantothenic acid(mg)	15	17.25	15	25
Pyridoxine(mg)	4/6	4.53	4	15
Cyanocobalamin(μg)	5	6	5	없음
Nicotinamide(mg)	40	46	40	100
Biotin(μg)	60	69	60	없음
Folic acid(μg)	400/600	414	400	없음
Ascorbic acid(mg)	100/200	125	100	500

1) AMA, American Medical Association
2) FDA, U.S. Food and Drug Administration

표 2-13 정맥영양환자를 위한 전해질 1일 권장량(성인 기준)

전해질	권장량	전해질	권장량
Calcium	10~15 mEq	Potassium	1~2 mEq/kg
Magnesium	8~20 mEq	Acetate	산-염기 평형 유지를 위해 필요할 때
Phosphate	20~40 mmol	Chloride	산-염기 평형 유지를 위해 필요할 때
Sodium	1~2 mEq/kg + 보충		

자료 : Krause and Manhan's food & the nutrition care process, 15th ed. 2021.

표 2-14 정맥영양환자를 위한 미량영양소 1일 권장량(성인 기준)

미량영양소	권장량	미량영양소	권장량
Chromium	10~15 μg	Selenium	20~60 μg
Copper	0.3~0.5 mg	Zinc	2.5~5 mg
Manganese	60~100 μg		

자료 : Krause and Manhan's food & the nutrition care process, 15th ed. 2021.

- **2-in-1 정맥영양액** : 수용성 성분인 아미노산과 덱스트로스가 함유되어 있고 지용성인 지방유화액은 별도로 공급하는 형태이다. 미세 필터0.22μm filter 사용으로 미생물 유입 가능성이 적고 용액이 투명하므로 육안으로 침전물 형성 여부 확인이 가능하다는 장점이 있다. 하지만 3-in-1에 비해 지방유화액을 별도로 공급하기 위한 라인이 추가로 필요하므로 접촉에 의한 카테터 관련 감염 발생 위험이 크다.

③ **정맥영양액의 선택** 환자 상태, 투여 경로, 영양요구량에 맞는 시판제제를 사용할 수 있다. 특별한 질환을 동반하였거나 전해질 불균형이 발생한 경우, 영양요구량이 상품형 정맥영양액과 맞지 않으면 영양집중지원팀에 의뢰하여 환자 상태에 맞는 스페셜 제제를 제조하여 투여할 수 있다.

표 **2-15** 국내 시판 정맥영양제제의 예

구분	중심정맥용				말초정맥용			
	2-in-1	3-in-1			2-in-1	3-in-1		
	뉴트리플렉스 센트럴	뉴트리플렉스 리피드 센트럴	위너프 센트럴	오마프원 센트럴	뉴트리플렉스 페리	뉴트리플렉스 리피드 페리	위너프 페리	오마프원 페리
Volume(mL)	1,000	1,875	1,435	1,477	1,000	1,250	1,450	1,448
Total energy (kcal)	1,392	1,900	1,600	1,613	460	955	1,000	1,004
Dextrose(g)	300	225	200	187	80	80	113	103
Amino acid(g)	48.0	72.1	72.9	75.1	40.0	40.0	45.7	45.6
Lipid(g)	–	75.0	54.6	56.3	–	50.0	40.8	40.8
Soybean oil(g)	–	37.5	16.4	16.9	–	25.0	12.2	12.3
MCT[1] oil(g)	–	37.5	13.7	16.9	–	25.0	10.2	12.3
Olive oil(g)	–	–	13.7	14.1	–	–	10.2	10.1
Fish oil(g)	–	–	10.9	8.4	–	–	8.2	6.1
Na^+(mEq)	37.2	75.0	58.0	60.0	27.0	50.0	36.4	36.0
K^+(mEq)	25.0	52.5	44.3	45.0	15.0	30.0	27.7	28.0
Ca^{2+}(mEq)	7.2	12.0	7.2	7.6	5.0	6.0	4.5	4.6
Mg^{2+}(mEq)	11.4	12.0	14.5	15.0	8.0	6.0	9.1	9.2
P(mM)	20.0	22.5	18.3	19.0	5.7	7.5	12.0	11.9
Zn(mg)	0	2.9	3.8	3.8	0	2.0	2.4	2.3
NPC/N[2]	165	158	111	109	47	139	112	111
Osmolarity (mOsm/L)	2,300	1,215	1,440	1,500	910	840	850	850

1) MCT, medium chain triglycerides
2) NPC/N, non protein calorie/nitrogen

표 2-16 아미노산 수액제의 예

약품명	후리아민®	파크솔®	후라바솔®	푸로아민®	헤파솔®	헤파타민®	글루타솔®	유로패스®	트로파민®
부피(mL)	500	500	500	500	500	500	500	250	100
아미노산양(g)	50	50	50	49.9	51	40	67.2	14	6
아미노산비율(%)	10	10	10	10	10	8	13.7	5.6	6
필수 : 비필수 아미노산	1:1	1:1.4	1:1.4	1:0.8	1:0.9	1:0.9	1:1.8	–	1:0.9
BCAA*(%)	23	23	19	23	34	35	15	37	30

* BCAA, branched-chain amino acid

표 2-17 지방유제의 종류

구분	LCT[1]	LCT/MCT[2]	올리브유/LCT	어유/올리브유/MCT/LCT	어유
약품명	Intralipid®	Lipofundin®	ClinOleic®	Smoflipid®	Omegaven®
지방급원	대두	코코넛/대두	올리브/대두	생선/올리브/코코넛/대두	생선
w/w(%)	100	50/50	80/20	15/25/30/30	100
지방(g/L)	200*	200*	200*	200*	100
인지질(g/L)	12	12	12	12	12
글리세롤(g/L)	22	25	22.5	25	25
에너지(kcal/L)	2,000	1,908	2,000	2,000	1,120
오메가-6 : 오메가-3	7:1	7:1	9:1	2.5:1	0.08:1

1) LCT, long chain triglycerides
2) MCT, medium chain triglycerides
* 지방 20% 제품 기준
자료 : J Clin Nutr 2017; 9: 7-15.

(4) 정맥영양의 모니터링

정맥영양 실시 후 전해질, 간 기능, 혈당 변화 등의 합병증 발현 여부를 관찰하여 필요하면 처방내용이나 투여 경로를 변경하고, 경구섭취의 재개에 따른 투여량 감소를 요청하는 등의 사후관리가 필요하다.

(5) 정맥영양의 합병증

카테터는 혈전이나 카테터 끝부분의 상처로 인해 막힐 수 있고 카테터 삽입과정 또는 삽입된 부위에서 감염이 일어날 수 있다. 이 밖에도 탈수, 저혈당, 고혈당, 각종 전해질 및 산염기 불균형 등의 대사적 합병증이 발생한다. 또한 간기능 이상, 담즙울체 등 위장관 합병증이 발생할 수 있다.

표 2-18 정맥영양의 합병증

카테터 관련 합병증		대사성 합병증	
• 공기 색전증 • 카테터 끝부분의 혈액응고 • 카테터 막힘	• 감염, 패혈증 • 정맥염 • 조직 손상	• 간기능이상 • 전해질 불균형 • 담낭질환 • 고혈당증	• 고중성지방혈증 • 대사성 뼈질환 • 재급식증후군

특히 정맥영양을 통한 과다 에너지 공급은 감염증의 증가와 기계호흡 치료기간 증가, 고혈당, 면역력 감소, 간기능 저하, 신기능 저하 등 여러 대사성 문제를 일으킬 수 있어 주의를 요한다.

정맥영양으로 인해 간기능이 악화된 경우에는 주기적 정맥영양cyclic TPN을 시도해 볼 수 있다. 이는 낮 또는 밤에만 주입하는 정맥영양요법으로 하루 중 주입을 중단하는 시간을 두어 쉬는 동안 행동이 자유로워 삶의 질을 향상시키며, 정맥염의 위험과 정맥영양에 의한 간기능 악화의 예방 및 치료에 도움이 된다.

5) 과도기 급식

과도기 급식transitional feeding이란 정맥영양에서 경장영양으로 전환되는 시기에 환자에게 제공되는 정맥영양, 경관영양, 경구식사 등 여러 가지 급식형태가 혼합된 것을 말한다. 정맥영양공급 중에 소화기관 기능과 임상상태가 호전되면 경관영양으로의 이행을 계획한다. 환자의 의식이 있고, 삼키는 능력에 문제가 없다면 경구 식사 병행도 고려해볼 수 있다. 초기에는 경관영양은 적은 양으로 시작하고 복부팽만, 위잔여량, 메스꺼움, 구토, 설사 등의 소화기관 적응증을 관찰한다. 정맥영양을 갑자기 중단하면 환자의 영양상태가 악화되거나 저혈당 등의 대사적 이상이 생길 수 있으므로 정맥영양에서 경관영양이나 경구식사로 전환할 때는 체계적인 영양 관리가 필요하다.

경관영양으로 요구량의 33~50%에 도달하여 적응도가 양호하면, 정맥영양 곱급량은 경관영양공급으로의 에너지, 단백질 공급량만큼을 줄인다. 경관영양으로 요구량의 60~75% 이상 공급이 가능하고 적응도가 양호하면, 정맥영양 공급은 중단할 수 있다.

CLINICAL NUTRITION WITH CASE STUDIES

소화관 질환

소화기계는 음식물에 포함된 영양소를 소화작용에 의해 분해하여 흡수시키는 기관계로, 입 → 인두 → 식도 → 위 → 소장(십이지장, 공장, 회장) → 대장(상행결장, 횡행결장, 하행결장, S상 결장, 직장) → 항문으로 연결되는 소화관과 소화액을 만드는 침샘, 췌장, 간 등의 장기를 포함한다. 소화관은 섭취한 영양물질을 체내로 공급하는 직접적인 기관이므로 위장관의 어느 한 부분이라도 장애를 일으키면 영양소의 소화·흡수에 문제가 생겨 심각한 영향을 미치게 된다. 위장관질환은 성인의 30~40%에서 발생되는 가장 흔한 질환으로 다양한 원인에 의해 발생한다. 이때 식사를 적절히 조절하면 환자의 증상과 고통을 경감시키고 질병으로 인한 영양소 부족을 보완하여 치료에 도움을 줄 수 있다.

- **게실염(diverticulitis)** 게실에 박테리아가 들어가 염증이 유발된 상태
- **과민대장증후군(irritable bowel syndrome, IBS)** 대장운동의 비정상적 항진으로 복부불편감, 반복적인 설사나 변비가 만성적으로 나타나는 증상
- **단장증후군(short bowel syndrome, SBS)** 소장의 광범위한 절제수술 후 설사, 지방변, 영양불량이 유발되는 흡수불량증후군
- **덤핑증후군(dumping syndrome)** 위절제 수술 후 고삼투압성의 위 내용물이 급속히 소장으로 한꺼번에 내려감에 따라 현기증, 발한, 혈압 저하, 설사 등의 복합적인 생리적 반응이 나타나는 증상
- **무산성 위염(atrophic gastritis)** 만성적 위장 염증에 의해 점막세포막과 분비샘의 퇴화가 일어나 무위산증과 내인성 인자 손실이 나타남
- **바렛식도(Barrett's esophagus)** 만성위식도 역류질환의 합병증으로 식도 하부의 내벽세포가 비정상적인 전암성 상태가 된 것
- **변비(constipation)** 배변의 빈도와 대변의 양이 감소되는 증상
- **설사(diarrhea)** 비정상적으로 배변 빈도가 잦거나 묽은 대변을 보는 증상
- **소화성 궤양(peptic ulcer)** 위액작용과 헬리코박터 감염에 의해 식도, 위, 십이지장의 점막조직에 손상이 일어나는 질환
- **수소이온 펌프 저해제(proton pump inhibitor)** 위산 분비의 요소인 H^+, K^+-ATPase를 억제하는 약물
- **식도열공 헤르니아(hiatal hernia)** 위의 일부분이 횡격막 위 공간으로 올라간 상태
- **식도염(esophagitis)** 식도 점막에 염증이 생긴 상태

- **실리악 스프루(Celiac sprue)** 소장점막 내 융모가 소실되거나 평평하게 변형되어 영양소의 흡수장애가 생기는 질병으로 설사나 지방변증이 동반됨
- **연하곤란증(dysphagia)** 음식물을 구강에서 위로 이동시키는 삼킴 과정에 장애가 생긴 상태
- **염증성 장질환(inflammatory bowel disease, IBD)** 소장이나 대장에 만성적인 염증이 생겨 설사나 통증 등이 유발되는 질환
- **위식도 역류질환(gastroesophageal reflux disease, GERD)** 위산을 포함하는 위내용물이 식도하부로 역류하여 속쓰림 등의 증상을 보이는 질환
- **위염(gastritis)** 위 점막에 염증이 생긴 것
- **위절제(gastrectomy)** 위장의 전체 또는 부분적인 제거
- **크론병(Crohn's disease)** 회장과 결장의 점막 깊은 곳에 궤양이 생겨 협착, 폐색, 누관, 육아종(granuloma)이 발생되는 질환
- **파라크린(paracrine)** 분비된 물질이 주변 근접세포에 작용하는 것
- **프로바이오틱(probiotics)** 유익한 장내 균총 형성을 위한 미생물을 함유한 보충제나 식품 형태의 제품
- **프리바이오틱(prebiotics)** 대장의 유익한 균총 생산을 자극하는 식품 내 물질
- **하부식도괄약근(lower esophageal sphincter, LES)** 식도와 위의 접합부위에서 위 내용물이 식도로 역류하는 것을 막는 근육
- **헬리코박터 파일로리(Helicobacter pylori)** 나선형의 그램 음성 박테리아로 위장 점막 하부에 침입하여 위염, 소화성 궤양, 위암 발병에 주요 요인으로 작용함
- **히스타민(histamine)** 위산을 생산하는 벽세포 및 비만세포, 호염구에서 분비되어 염증과 면역반응에 관련된 물질

1. 소화관의 구조와 기능

구강으로 들어온 음식물은 저작에 의한 기계적 소화작용과 타액에 의한 화학적 소화작용이 시작되고 식도를 통해 위로 전달되어 계속적인 소화작용을 받게 된다. 신경계와 내분비계에 의해 근육층으로 이루어진 위의 수축작용과 운동 및 위액 분비가 조절된다. 이어서 소장에서 본격적인 영양소의 소화·흡수가 진행되고 대장에서 물과 전해질의 흡수가 이루어져 분변을 만들어 배설한다.

1) 구강 및 식도

소화기계의 첫 관문인 구강에서 음식물을 작게 자르고 타액과 섞어 삼키면 식도 esophagus에서 연동작용에 의해 위로 이동시키는 역할을 한다.

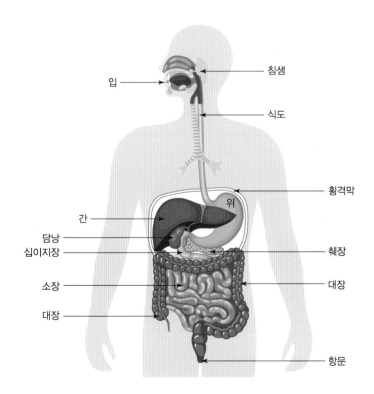

그림 **3-1** 소화기계의 일반 구조

(1) 구조

구강은 치아, 혀, 구개로 이루어지고 소화부속선으로 타액을 분비하는 침샘이 있다. 혀에 무수한 유두가 분포하고 그 속에 존재하는 미뢰세포에 의해 음식물의 맛을 감지한다.

식도는 길이 25 cm, 직경 2 cm 정도인 일직선상의 관 모양으로, 윗부분은 인두에 연결되고 기관지와 심장 뒤쪽으로 내려와 횡격막을 통과하여 위에 연결된다. 식도는 네 층의 조직으로 가장 안쪽에 상피세포로 이루어진 점막층, 점액을 분비하여 음식물의 이동을 돕는 점막하층, 환상근과 종주근으로 이루어져 수축에 의한 연동작용을 하는 근육층, 가장 바깥층의 결합조직으로 구성된다.

식도의 양쪽 끝에는 두 개의 괄약근sphincter이 있다(그림 3-2). 상부식도괄약근upper esophageal sphincter, UES은 음식물 덩어리가 입에서 인두로 이동할 때 연하반사에 의해 열린다. 식도와 위 사이에 존재하는 하부식도괄약근lower esophageal sphincter, LES은 평상시는 수축한 상태로 위내용물이 식도로 역류하는 것을 막지만, 음식물 덩어리가 식도 하부에 도달하면 이완되어 위로 들어가게 한다.

(2) 기능

음식물이 구강으로 들어오면 치아에 의해 작게 잘리고 타액과 섞이면서 걸쭉한 음

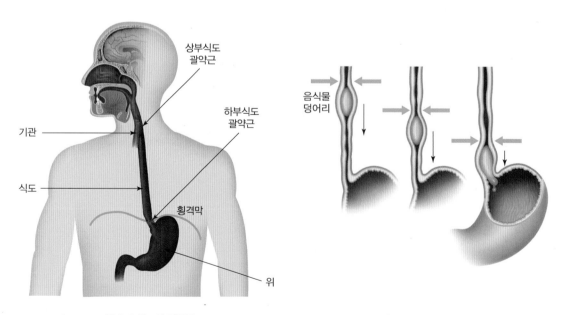

그림 **3-2** 식도의 괄약근

그림 **3-3** 식도의 연동운동

식물 덩어리bolus가 된다. 타액 중의 효소salivary amylase에 의한 탄수화물 소화가 시작되고 음식물 덩어리가 구강의 뒷부분으로 이동하면서 인두에 압력을 가하면 연하중추에 자극을 주어 삼키기 위한 근육운동이 시작된다.

식도는 근육층의 환상근과 종주근이 교대로 자동적인 수축을 하여 연동운동에 의해 인두에서 위로 음식물 덩어리를 이동시키는 작용을 할 뿐 소화·흡수작용은 일어나지 않는다.

2) 위

위stomach는 식도와 십이지장에 연결된 주머니 모양의 소화관으로 일정 시간 음식물 덩어리를 저장하면서 위액과 근육운동에 의한 소화작용을 하여 서서히 십이지장으로 배출한다.

(1) 구조

위는 상복부 횡격막 바로 아래쪽에 위치한 근육층의 주머니로 네 부분으로 구분된다. 식도와 연결된 분문부, 위 상단의 올라온 부분을 위저부, 그 아래의 중심부분인 위체부, 십이지장과 연결된 부위를 유문부라고 한다. 위의 양 끝에 하부식도괄약근, 유

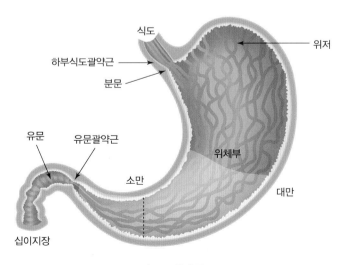

그림 3-4 위의 구조

문괄약근이 있어서 위내용물이 식도로 역류하는 것을 막고 십이지장으로의 이동을 조절한다.

위의 내벽은 주름벽으로 음식물이 들어오면 팽창할 수 있고, 위점막에는 위샘gastric gland이 존재하여 여러 물질을 분비한다.

(2) 기능

위는 식도를 거쳐 내려온 음식물 덩어리를 일정 시간 저장하면서 소화와 분비 기능을 수행하여 유미즙chyme을 만들고 십이지장으로 서서히 배출하는 기능을 한다.

위는 위운동, 위액 분비, 소화·흡수기능을 한다.

① **위운동과 배출**   위는 비어 있을 때 용적이 50 mL에 불과하지만 음식물이 들어오면 팽창하여 1,000 mL 이상 늘어날 수 있다. 강한 연동운동으로 위액과 혼합하며 내용물을 유문부 쪽으로 이동시키면 유문부 내압이 높아지면서 유문괄약근이 이완되어 위 내용물이 조금씩 십이지장으로 배출된다. 위 배출속도는 내용물의 조성에 따라 달라서 탄수화물, 단백질의 순서로 빨리 나가고 지질이 가장 오래 위에 머문다. 또한 특정 호르몬과 신경계에 의해서도 조절된다.

② **위액 분비**   위는 매일 1~3 L의 위액을 분비하는데 물, 점액, 위산, 효소와 전해질로 구성된다. 위점막의 위샘gastric gland에 존재하는 다양한 세포들이 여러 물질을 분비한다.

- **효소** : 주세포chief cells에 의해 단백질 분해효소 전구체zymogen인 불활성형의 펩시노겐pepsinogen과 위 라이페이스gastric lipase 분비
- **위산** : 벽세포parietal cells에서 분비되어 살균작용, 단백질의 변성, 펩시노겐 활성화로 소화에 주요 역할
- **점액** : 점막세포에서 분비되는 알칼리성 물질로 위산과 기계적 자극에 의한 위벽의 손상 방지
- **내인성 인자**intrinsic factor : 벽세포에서 분비되어 비타민 B_{12} 흡수에 관여

또한 유문부에서는 ECLenterochromaffin-like세포에서 히스타민histamine, G세포에서 가스트린gastrin, D세포에서 소마토스타틴somatostatin을 분비하여 위액 생산을 조절한다.

위액 분비 조절

위액 분비는 신경계와 내분비계의 작용에 의해 조절되는데 아세틸콜린, 히스타민, 가스트린은 위액 분비를 자극하고 소마토스타틴은 위액 분비를 억제한다. 아세틸콜린은 주세포, 벽세포, ECL 세포를 자극하는 신경전달물질이고, 히스타민은 벽세포에 작용하여 위산 분비를 증가시키며, 가스트린은 호르몬으로서 ECL세포의 히스타민 분비를 자극할 뿐 아니라 직접적으로 주세포와 벽세포를 자극한다. 이러한 자극경로에 대해 소마토스타틴은 되먹임 억제작용(negative feedback)을 하여 위액 분비를 서서히 감소시킨다.

위액은 미각, 시각, 식욕과 같은 대뇌작용에 의해서도 분비되며 위에 내용물이 들어와 팽창되면 위액 분비가 증가된다. 특히 음식물 중의 단백질, 카페인, 알코올 등은 위액 분비를 자극한다. 이에 반해 위산 축적, 유미즙 속의 지질과 단백질 소화물, 소화된 음식물에 의한 삼투압 증가는 소장의 콜레시스토키닌(cholecystokinin)과 세크레틴(secretin) 호르몬의 분비를 유발하여 위 운동과 위액 분비를 억제한다.

표 3-1 위액 분비와 위운동의 조절

구분	분비세포	생산물	분비 자극	주요 기능
위	외분비세포			
	점막세포	• 알칼리성 점액	• 위 내용물에 의한 기계적 자극	• 점막 보호 (펩신, 위산, 기계적 자극에 대한)
	주세포	• 펩시노겐	• 아세틸콜린, 가스트린	• 활성화되어 단백질 소화를 시작함
	벽세포	• 염산 • 내인성 인자	• 아세틸콜린, 가스트린, 히스타민	• 펩시노겐 활성화 • 비타민 B_{12} 흡수를 도움
	내분비/파라크린 세포			
	ECL세포	• 히스타민	• 아세틸콜린, 가스트린	• 벽세포 자극
	G세포	• 가스트린	• 단백질, 아세틸콜린	• 벽세포, 주세포, ECL 세포 자극
	D세포	• 소마토스타틴	• 산	• 벽세포, G세포, ECL 세포 억제
소장	십이지장점막의 S세포	• 세크레틴	• 십이지장 내강의 산	• 위산 분비 억제 • 위운동과 위배출 억제
	십이지장점막의 I세포	• 콜레시스토키닌	• 십이지장 내강의 지질과 단백질	• 위운동과 위배출 억제
	십이지장과 공장의 K세포	• 가스트린 억제 펩티드(GIP)	• 유미즙 속의 소화물(포도당, 아미노산, 지방산)	• 위운동과 위배출 억제

③ **소화와 흡수**　위에서는 물리·화학적 소화작용이 일어난다. 위의 수축운동으로 음식물 덩어리가 위액과 혼합되고 단백질의 소화가 주로 일어난다. 위산에 의해 단백질이 소화되기 쉽도록 변성되고 펩시노겐이 펩신으로 활성화되어 단백질을 짧은 아미

노산 사슬인 펩톤으로 분해한다. 위에서 탄수화물과 지질의 소화는 매우 제한적이다. 탄수화물은 구강에서 시작된 타액 아밀레이스amylase에 의한 소화가 위산에 의해 효소의 작용이 어렵게 되고, 지질은 위액 내에서 불용성일 뿐 아니라 위 라이페이스lipase가 거의 작용하지 못하기 때문이다. 한편, 위산은 철, 칼슘 등의 무기질을 가용성 상태로 만들어 흡수를 돕는 역할을 하고, 내인성 인자는 비타민 B_{12}의 흡수를 돕는다.

위에서는 소량의 물을 제외하고는 영양소의 흡수가 거의 이루어지지 않는다. 그러나 알코올과 아스피린은 위 점막세포를 통과하여 흡수된다.

3) 소장과 대장

(1) 구조

소장은 유문괄약근과 회맹판 사이에 존재하는 약 6~7 m에 이르는 긴 관으로 십이지장, 공장, 회장의 세 부분으로 이루어진다. 소장 벽은 점막층mucosa, 근육층muscularis, 장막층serosa의 세 층으로 이루어져 있는데 점막층의 내강 쪽 표면에 주름진 융모villi가 있고 각 융모는 미세융모microvilli로 덮여 있어 흡수표면적이 매우 크다. 융모 사이의 공간인 크립트crypt에서 특별한 상피세포인 장세포enterocyte가 만들어져 영양소의 흡수를

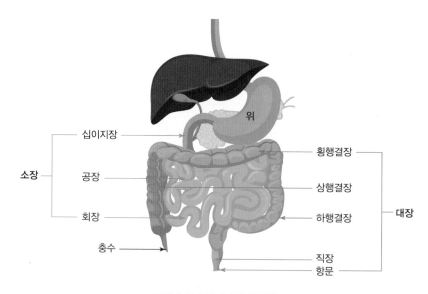

그림 **3-5** 소장과 대장의 위치

담당한다. 장세포는 전환율turnover-rate이 매우 높아 저영양 또는 질병이 있는 상태에서는 세포 재생이 원활하지 않으므로 영양소의 소화·흡수능력이 감소된다.

대장은 회장 끝 부분에서 항문에 이르는 약 1.5 m 길이의 관으로 상행, 횡행, 하행 결장과 직장 및 항문으로 구성된다. 소장과 달리 거의 곧은 관 모양이며 융모가 없다.

(2) 기능

① **소장** 소장은 위에서 들어온 유미즙을 소화액과 섞는 운동에 의해 이동시키면서 소화·흡수의 주요 장소로 작용한다. 이 과정에서 소장은 운동, 분비, 소화 및 흡수 기관으로의 역할을 한다.

- **소장 운동** : 소장에서는 연동운동과 분절운동이 일어난다. 연동운동은 근육 수축이 협조적으로 일어나 음식물 덩어리가 위장관을 따라 아래로 이동하는 것이다. 분절운동은 환상근육이 교대로 수축·이완하면서 유미즙과 소장액을 섞어 소화 작용을 받게 하고 소장벽과 접촉함으로써 흡수가 일어나도록 하는 과정이다. 소장의 운동은 가스트린에 의해 시작되며 신경계에 의해 조절된다.

- **소장액 분비** : 소장은 장액샘에서 하루 1.5 L의 소장액을 분비한다. 소장액은 주로 물과 점액으로 구성되어 소화 과정에 적당한 수용성 환경을 제공하고 점막을 보호한다. 장내로 위내용물이 들어가면 소장액이 분비되는데 기계적·화학적 자극, 신경계, 호르몬 등에 의한 영향을 받는다. 다른 소화샘들과 마찬가지로 소장액 분비는 부교감신경계에 의해 촉진되고 교감신경계에 의해 억제된다.

- **소장 내 소화** : 췌장과 담낭에서 분비된 소화효소, 중탄산염, 담즙과 소장 자체에서 분비한 효소로 탄수화물, 단백질, 지질의 소화에 중심적인 역할을 한다. 산성을 띤 위 내용물이 십이지장에 도달하면 십이지장에서 호르몬인 세크레틴secretin이 분비되어 중탄산염이 풍부한 알칼리성 췌액의 분비를 촉진시킨다. 한편 지질과 단백질의 소화물이 십이지장에 도달하면 소장 상부에서 콜레시스토키닌cholecystokinin이 분비되어 소화효소가 풍부한 췌액을 분비하게 하며, 담낭의 수축을 통해 담즙의 배출을 촉진시킨다. 담낭에서 분비되는 담즙은 지질을 유화시켜 지방의 소화작용을 쉽게 하고 지방의 흡수를 촉진시킨다. 소장 내에서 중성지방은 췌장의 라이페이스lipase의 작용을 받아 지방산과 모노아실글리세롤monoacylglycerol로 분해되고, 단백질은 췌장에서 분비된 트립신trypsin,

키모트립신chymotrypsin, 카르복실말단분해효소carboxypeptidase의 작용과 장액 중의 아미노말단분해효소aminopeptidase, 다이펩타이드분해효소dipeptidase 작용으로 아미노산까지 분해된다. 탄수화물은 췌장 아밀레이스의 작용을 거쳐 장액에서 분비된 이당류분해효소인 수크레이스sucrase, 말테이스maltase, 락테이스lactase에 의해 각각 단당류까지 분해된다.

- **영양소의 흡수** : 소화 과정으로 분해된 영양물질들이 소장의 점막세포막을 통과하는 과정으로 각 융모에는 모세혈관 및 림프관이 분포되어 흡수된 영양소를 운반한다. 대부분의 영양소는 십이지장과 공장에서 흡수되는데 영양소마다 흡수 부위가 다르다. 철, 칼슘 등의 무기질은 십이지장, 아미노산과 단당류는 소장의 전반부, 지방은 공장에서 흡수되나 예외적으로 비타민 B_{12}는 회장에서 흡수된다. 음식물과 음료로 섭취한 물의 절반 정도가 소장에서 흡수되고 나머지는 대장에서 흡수된다. 이 과정에서 흡수되지 않은 잔여물은 분변이 되어 직장을 통해 배설된다.

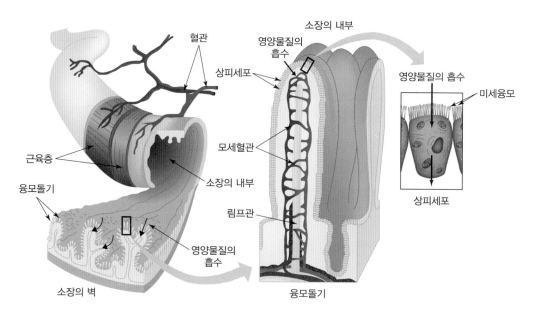

그림 **3-6** 소장의 구조와 소장점막의 구조

표 **3-2** 소화기계 주요 호르몬

호르몬	분비 기관	분비 자극	주요 기능
가스트린	위의 유문부	• 위 확장 • 위 내용물 중 단백질 • 커피, 알코올, 칼슘 • 미주신경자극	• 자극(위산 분비, 위와 장의 운동, 담낭 수축, 췌장의 인슐린 분비) • 억제(위배출)
가스트린 억제펩타이드(GIP)	십이지장	• 식사 사이의 포도당, 아미노산, 지방산	• 자극(췌장의 인슐린 분비) • 억제(위운동, 위배출)
세크레틴	십이지장	• 십이지장 내의 산, 펩타이드	• 자극(췌장의 중탄산염 분비, 담낭 수축, 췌장의 인슐린 분비) • 억제(위산 분비, 위배출, 위와 장의 운동)
콜레시스토키닌	십이지장	• 유미즙 성분 중의 지질과 단백질	• 자극(담낭 수축, 췌장 효소 분비) • 억제(위배출, 위운동)
모틸린	십이지장	• 식사 사이의 상태	• 식사 사이의 위운동 자극

② **대장**　대장에서는 소화작용이 일어나지 않고, 물과 전해질이 흡수되면서 액체상의 회장 내용물이 결장을 따라 이동되면서 고형으로 변화되고 음식물 중의 소화되지 않은 성분, 장벽에서 탈락한 점막세포, 점액, 담즙, 장내 세균으로 이루어진 분변을 형성한다. 또한 소장에서 충분히 소화되지 않은 영양소나 식이섬유 등이 장내 세균에 의한 발효작용으로 메탄, 탄산가스 및 짧은 사슬 지방산 등을 생성하거나 일부 비타민(비타민 K, 비오틴)을 합성하는 작용이 일어난다. 분해작용을 받지 않은 식이섬유는 장을 자극하여 연동운동을 촉진시켜 변의 이동을 돕는다.

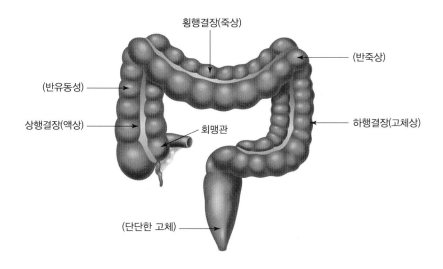

그림 **3-7** 대장의 구조와 장 내용물의 상태

2. 식도질환

식도에 생기는 다양한 질환은 음식의 섭취를 감소시켜 영양불량을 초래한다. 그중에서 위식도 역류질환, 식도염, 연하곤란은 영양관리가 치료에서 중요한 역할을 한다.

1) 위식도 역류질환

위식도 역류질환gastroesophageal reflux disease, GERD은 위 내용물이 식도로 역류하여 불편한 증상을 나타내고 위 내용물과 위산에 의해 식도점막이 손상되어 합병증을 유발할 수 있다.

(1) 원인과 증상

가장 일반적인 원인은 식도와 위를 연결하는 하부식도괄약근의 약화이다. 정상적인

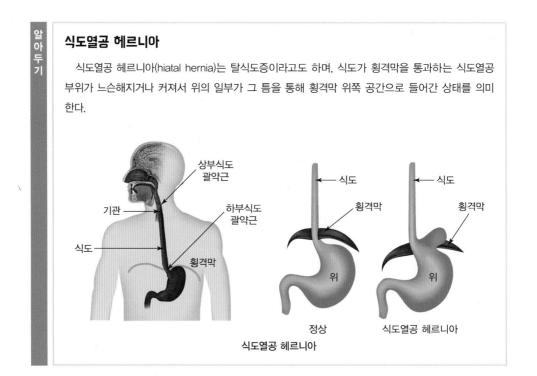

식도열공 헤르니아

식도열공 헤르니아(hiatal hernia)는 탈식도증이라고도 하며, 식도가 횡격막을 통과하는 식도열공 부위가 느슨해지거나 커져서 위의 일부가 그 틈을 통해 횡격막 위쪽 공간으로 들어간 상태를 의미한다.

알아두기

상부식도 괄약근

기관

식도

하부식도 괄약근

횡격막

식도

횡격막

위

식도

횡격막

위

정상　　　식도열공 헤르니아

식도열공 헤르니아

상태에서는 식도 내 압력이 위 내압보다 크기 때문에 위 내용물이 식도로 역류하지 않지만 하부식도괄약근의 수축력이 떨어지면 압력이 낮아져 역류하게 된다. 임신, 흡연, 비만, 과식, 과다한 위산 분비, 약물과 노화에 의한 근력 저하 등은 하부식도괄약근의 수축력을 저하시켜 역류가 일어난다. 또한 식도열공 헤르니아hiatal hernia 환자나 지속적인 구토 등에 의해 발생하기도 한다.

증상은 가슴 중앙 부위에서 목을 따라 타는 듯한 느낌의 가슴쓰림heartburn과 산 역류로 인한 신물, 메스꺼움, 인후통, 목 아래 이물감 등이 나타난다. 위식도 역류질환이 계속되면 위산이 식도점막에 염증을 일으켜 흔히 식도염을 유발하고 궤양과 출혈로 발전할 수 있다. 심해지면 식도점막의 상피세포가 전암상태로 변형(바렛식도Barrett's esophagus)되어 식도암의 원인이 되기도 한다.

(2) 치료 및 영양관리

위식도 역류질환의 치료는 하부식도괄약근의 기능을 개선하고 위산도를 저하시켜 증상을 완화하는 것을 목표로 한다.

① **영양치료** 위식도 역류질환 환자는 통증을 일으키는 음식의 섭취를 기피하기 때문에 체중 감소와 영양결핍이 일어나기 쉽다. 식사요법은 이러한 영양적인 문제를 해결하고 위산 분비와 하부식도괄약근 압력을 저하시키는 음식을 제외하여 환자의 증상을 감소시키는 데 중점을 둔다.

표 **3-3** 위식도 역류질환의 영양치료 원리와 요령

목적	식사지침
하부식도괄약근을 이완시키는 음식 제한	• 지방 섭취 제한 • 알코올, 커피(디카페인 포함), 초콜릿, 박하류 섭취 제한 • 금연
위산 분비 감소	• 커피(디카페인 포함), 알코올, 후추 섭취 제한 • 과식을 피함
위배출을 지연시키는 음식이나 행동을 피함	• 표준체중 유지 • 과식을 피하고 식사는 소량씩 여러 번 나눠 먹음 • 식후에 바로 눕지 않고 취침 3~4시간 전에 식사 마침 • 식후에 꽉 끼는 옷 입지 않기
식도 자극 감소	• 감귤류, 토마토, 탄산음료 섭취 제한 • 강한 향신료 제한 • 개별적으로 증상을 악화시키는 음식 제한(증상이 심하면 무자극 연식)

표준체중을 유지할 수 있는 적정 에너지에 충분한 단백질로 하부식도괄약근 강화에 도움을 주도록 한다. 위산 분비를 촉진하고 점막을 자극하는 식품(**예** 커피·후추·알코올 등)을 피하고, 하부식도괄약근 압력을 낮추는 초콜릿, 박하, 고지방식의 섭취를 제한한다. 과식은 위산 분비를 자극하고 위배출을 지연시켜 위식도 역류 위험이 커지므로 소량씩 자주 먹는 식사를 권장한다. 비만인 경우 체중조절이 영양치료에 중요한 부분이 된다. 또한 위식도 역류를 막기 위해 식후 최소 30분 정도는 앉아서 휴식하고 흡연을 줄이는 생활습관의 변화가 필요하다.

② **약물치료**　위식도 역류질환에 처방되는 약물은 위산 분비를 감소시키고 하부식도괄약근의 수축을 촉진시키며 점막을 보호하는 작용을 한다. 제산제antacids를 기본으로 기포제foaming agent, 위산 분비억제제, 위장관운동촉진제 등을 처방한다.

③ **수술치료**　3~6개월의 약물치료로 개선되지 않는 심한 경우는 수술적 요법(분문주름수술fundoplication)을 시행한다. 위의 상부인 분문 부위를 잘라 식도하부를 감싸는 수술로, 하부식도괄약근을 강화하고 역류를 막는 방법이다.

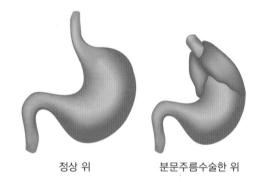

정상 위　　　　분문주름수술한 위

그림 3-8 분문주름수술

표 3-4 위식도역류 질환을 치료하는 약물과 작용

구분		작용	부작용
제산제		마그슘, 칼슘, 알루미늄의 수산염, 중탄산염이 위산을 중화함	설사(마그네슘염), 변비(알루미늄염, 칼슘염)
위산 분비 억제제	히스타민 수용체 길항제	위액 분비를 자극하는 히스타민의 수용체 결합을 억제	변비, 설사, 구강건조, 수면장애, 두통
	수소이온펌프 억제제	위산 분비하는 H^+, K^+-ATPase 효소 억제	두통, 설사, 메스꺼움, 구토
기포제		알루미늄, 마그네슘, 나트륨염의 거품이 위 내용물을 감싸 역류 억제	메스꺼움, 변비, 설사, 두통
위장관운동 촉진제		하부식도괄약근의 기능 개선, 위배출 촉진	복통, 설사, 두통, 피로, 메스꺼움

2) 식도염

식도염esophagitis은 식도 점막에 염증이 생긴 상태로 주로 식도 하단부에 발생한다. 식도점막의 손상이 악화되면 궤양, 식도협착, 연하곤란을 초래할 수 있다.

(1) 원인과 증상

식도점막은 자극에 대한 저항력이 약해서 손상되기 쉽다. 자극성이 강한 음식물의 만성적인 섭취나 과음, 하부식도괄약근의 기능장애, 잦은 구토에 의한 위산 역류가 주 원인으로 식도점막이 손상되어 염증이 발생한다. 뜨거운 음료나 음식을 즐기는 식습관도 식도질환과 밀접한 관련이 있다. 또한 약물, 경장영양용 튜브 사용에 의해 식도염이 발생하기도 한다.

식도염의 가장 대표적인 증상은 속쓰림으로 식후 30~60분 후에 일어난다. 그 외에 음식물이 식도를 통과할 때 식도 손상부위와 접촉하여 식사 시 심한 통증과 삼키기 힘든 연하곤란이 나타난다.

(2) 치료 및 영양관리

식도염의 일반적 치료원리는 위식도 역류질환과 같다. 식도 점막의 자극을 최소화하고 위산 역류를 억제하며 위산의 산도를 감소시켜 자극을 감소시키기 위한 영양관리를 실시한다. 식도를 자극하는 음식, 매우 뜨겁거나 거친 음식, 하부식도괄약근을 이완시키는 음식을 제한한다. 심한 식도염의 경우는 저지방 유동식이 하부식도괄약근 압력을 높이고 자극을 줄이므로 도움이 된다.

3) 연하곤란증

연하곤란증(삼킴장애dysphagia)은 음식물을 구강에서 인두, 식도, 위로 이동시키는 과정에 장애가 생겨 음식물을 씹어 삼키기가 어렵고 불편한 상태를 말한다. 연하곤란증에 의한 불충분한 식사로 영양결핍이 흔하게 발생하고 흡인성 폐렴 및 질식을 유발할수 있으므로 적절한 식사관리와 치료가 필요하다.

(1) 원인과 증상

연하과정은 여러 신경과 근육의 공조로 이루어지므로 다양한 원인에 의해 연하곤란증이 발생할 수 있다. 식도의 염증, 수술, 종양, 협착 등 식도자체의 문제로 연하곤란증이 생기기도 하지만 신경계 질환(뇌졸중, 파킨슨병), 뇌손상 및 근육질환(근무력증, 근소실증)에 의한 연하반사 및 식도운동 이상에 의해서도 발생한다. 노화가 진행되면 저작 및 삼키는 기능이 저하되므로 노인에서 연하곤란증이 나타나는 경우가 많고, 약물(항콜린제, 진통제, 항경련제)의 부작용, 알츠하이머질환이나 치매에 의해서도 연하곤란증이 발생한다.

연하곤란증의 증상은 침흘림, 사레로 인한 기침, 숨막힘 등이고 구강 내 음식물 정체, 식도 내 이물감 등이 나타나기도 한다. 연하곤란증이 있는 경우 물이나 음식의 섭취가 감소되어 체중 감소, 탈수, 영양결핍 등의 문제가 발생하고 흡인성 폐렴, 질식 등의 합병증을 유발할 수 있다.

(2) 치료 및 영양관리

연하곤란증의 영양관리는 흡인 위험을 줄인 음식으로 안전하게 섭취할 수 있도록 하고 적절한 수분공급과 영양상태를 유지하는 것을 목표로 한다. 일반적으로 식도에 부담을 주지 않는 식품과 조리법으로 맛과 질감이 부드럽고 매끄럽도록 조리하고, 필요한 영양소의 섭취가 가능하도록 다양한 식품을 제공하는 것을 원칙으로 한다.

환자에 따라 연하곤란 정도와 증상이 다르므로 연하능력을 진단한 후 적절히 개별화된 식단계획이 필요하다. 연하곤란증은 다양한 원인에 의해 발생하므로 의료팀을 이루어 진단과 치료가 이루어진다. 팀 내의 의사소통을 위해 음식과 음료의 질감과 점도를 표준화된 기준체계에 따라 정하고 환자의 상태에 맞게 적절히 조절한다(표 3-5). 연하곤란식의 종류는 유동식, 갈음식, 다짐식, 일반식으로 분류할 수 있는데, 묽은 음식보다는 된 음식이 삼키기 쉽기 때문에 다양한 점도증진제thickening agents를 사용하여 음료나 유동식의 점도를 조절하기도 한다(그림 3-9). 또한 음식을 섭취할 때 고개를 숙이지 않고 허리를 펴고 똑바로 앉은 자세를 유지하도록 하고 식사 후에도 30분 정도 앉아서 안정하여 기도의 흡인 위험을 줄이는 게 필요하다. 식도 폐쇄로 경구섭취가 어렵거나 흡인의 위험이 있는 환자는 경관급식을 고려한다.

표 **3-5** 표준화체계를 적용한 단계별 연하곤란식

단계	대표 농도	특징	음식의 예	식사 분류
7	일반식	• 일반 음식 섭취 가능 정도	• 부드럽고 소화가 쉬운 일반식	일반식
6	부드러운 수준	• 부드럽게 씹을 수 있는 정도 • 삼키기 전 저작이 필요한 정도	• 진밥, 두부, 찐감자나 고구마, 미트볼 • 작은 건더기를 포함한 카레나 스튜, 푹 익힌 생선찜이나 조림	
5	다지거나 갈은 수준	• 촉촉하게 다져놓은 정도 • 혓바닥으로 눌러 씹을 수 있는 정도	• 흰죽, 야채죽, 전복죽 • 덜 익은 바나나	다짐식
4	푸딩, 퓨레	• 매우 걸쭉한 농도 • 컵이나 빨대로 마실 수 없고 숟가락이나 포크 사용이 필요한 정도	• 달걀찜, 연두부, 푸딩 • 건더기 없는 호상요구르트 • 된 호박죽, 잘 익은 바나나	
3	꿀	• 중간 정도 걸쭉한 농도 • 컵으로 마실 수 있고 삼킬 수 있는 정도	• 꿀, 과일시럽, 된 미음 • 된 미음, 타락죽, 묽은 잣죽 • 진한 소스류, 스프류	갈음식
2	진한 과즙	• 약간 걸쭉한 농도 • 숟가락에서 흘러내리는 정도	• 진한 생과즙(과육 포함) • 미음, 곡물 음료(고운 곡물만 사용 가능) • 밀크셰이크, 묽은 수프류	
1	맑은 과즙	• 쉽게 흐를 정도의 걸쭉한 수준 • 물보다 약간 점도가 있는 정도	• 맑은 생과즙(착즙), 숭늉, 맑은 미음이나 육수	유동식
0	물	• 물같이 흐르는 정도	• 물, 차류, 인스턴트 맑은 주스류	

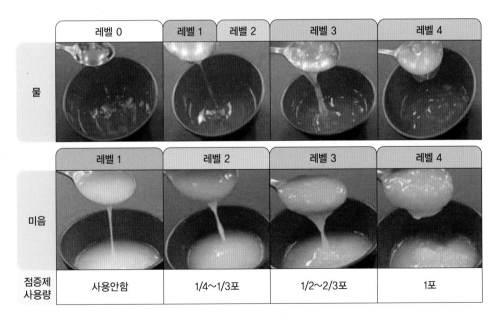

그림 **3-9** 점도증진제에 의한 단계별 점도 변화
자료 : 식품의약품안전처. 저작 및 연하곤란자를 위한 조리법 안내. 2019.

저작 및 연하곤란증의 예방과 관리를 위한 식생활수칙

식사 전

- 안정되고 올바른 자세를 유지한다.
  - 의자에 앉을 때는 의자 뒤쪽에 엉덩이를 바짝 붙이고 허리를 펴고 앉는다.
  - 침대에 누워 있을 때는 침대 윗부분을 올리고 베개를 등 뒤로 받쳐준다.
  - 몸이 한쪽으로 치우치지 않도록 등받이와 팔걸이가 있는 의자를 사용하거나 몸통 옆구리에 베개를 받쳐 몸이 중앙에 위치하도록 한다.
  - 머리는 정면을 보고, 고개는 약간 앞으로 숙인 후 턱은 집어넣는다.
- 주위가 산만하지 않도록 정리 정돈하여 식사에 집중할 수 있게 한다.
  - 식사 시 TV, 라디오는 잠시 꺼둔다.
- 식사 자체가 환자에게 힘이 많이 드는 일이므로 식전에 충분히 휴식을 취한다.

식사 중

- 치료 및 진단 상태에 맞는 식사를 섭취하되 고기·생선·콩·채소·유제품·과일 등 영양소가 골고루 포함된 구성이 필요하다.
- 소량씩 자주 천천히 먹되 식사시간이 30분을 넘기지 않도록 한다.
- 한 번에 조금씩 먹고 여러 번 나누어 삼키는 연습을 한다.
- 입에 있는 음식은 모두 삼킨 후 다음 음식을 섭취한다. 특히 음식이 남아 있는 상태에서 액체(예 물, 국물 등)를 마시지 않도록 한다.
- 젓가락보다는 작고 평평한 숟가락을 사용한다.
- 밥은 물이나 국에 말아서 섭취하지 않는 것이 좋다.
- 물을 마실 때 빨대를 이용하거나 점도증진제를 사용한다.
- 식사 도중 머리를 뒤로 젖히는 일이 없도록 주의한다.
- 기침이 나올 경우, 멈출 때까지 식사를 잠시 중단한다.

식사 후

- 입안에 음식이 남아 있지 않은지 확인한다. 콜록거리거나 쉰 목소리가 나는 경우 음식이 성대 위에 남아 있는 것일 수 있다.
- 식사 후에는 바로 눕지 말고 20~30분 정도 소화시간을 충분히 가진다.
- 구강 위생을 하루에 4~6회 시행하며 치아와 잇몸, 혀, 볼을 위생적으로 유지한다.

자료 : 식품의약품안전처. 저작 및 연하곤란자를 위한 조리법 안내. 2019.

3. 위장질환

위에 발생하는 기능적 이상과 질환들은 식사섭취와 영양상태에 심각한 영향을 줄 수 있다. 여기서는 적극적인 영양중재와 치료가 필요한 위염, 소화성 궤양, 위수술 및 수술 후 식사관리에 대해 다룬다.

1) 위염

위염gastritis은 위 점막에 염증이 생긴 것으로 급성위염과 만성위염으로 구분된다. 소화기 질환 중 가장 흔하게 발생하며, 위염이 진행되면 소화성 궤양 증세를 나타내고 궤양에 대한 치료가 적절히 이루어지지 않으면 위절제 수술을 해야 하는 경우도 있다.

(1) 원인과 증상

① **급성위염** 급성위염acute gastritis은 위점막을 자극하는 여러 요인에 의해 발생한다. 불규칙한 식사, 과음, 과식, 자극성이 강한 식품이나 소화가 잘 안 되는 식품에 의한 위벽 자극, 식중독 등의 식사성 요인과 헬리코박터 파일로리 감염, 비스테로이드 항염증제non-steroidal anti-inflammatory drugs, NSAIDs 등의 약물 복용이 주요 원인이 된다. 또한 영양상태가 불량하거나 위의 기능이 약화되어 위 점막의 방어력이 약해진 상태에서 유발되기 쉽고 과다한 흡연에 의해서도 발생한다.

급성위염은 위 점막이 붓고 충혈되어 상복부 통증, 식욕부진, 복부팽만감, 소화불량, 구토, 메스꺼움 등의 증상을 나타내며 심한 경우 설사를 동반한 혈변, 토혈 증상도 나타난다.

② **만성위염** 만성위염chronic gastritis은 급성위염으로 발생한 위 점막의 염증이 장기화되거나 독성물질, 자가면역 질환에 의해 나타나기도 하지만 가장 흔한 원인은 헬리코박터 파일로리 감염에 의한 것으로 알려져 있다. 그 외에 스트레스, 만성적인 위장질환 및 위산 분비 이상(위산과다증 또는 위산감소증)에 의해서도 발생하며 연령이 높

을수록 발생률이 높다. 내시경 검사에 의해 만성위염을 표재성 위염, 위축성 위염으로 나눌 수 있다. 표재성 위염은 염증이 위 점막에 국한되어 작은 미란(위표층에 국한된 조직결손)이 관찰되는 것이고, 위축성 위염은 위염증이 오래 지속되어 위점막이 얇아지고 위분비샘이 위축되는 것으로 노인에게 많이 발생한다.

만성위염의 증상은 환자에 따라 다양해서 급성위염에서 보이는 증상 중 일부가 나타나기도 하나 전혀 증상이 없는 경우도 많다. 표재성 위염은 위산 분비가 많은 반면, 위축성 위염은 진행되면 벽세포의 손실로 위산 분비가 감소되며(무위산증) 내인성 인자의 분비도 감소된다. 따라서 만성위염 환자는 위산 분비 부족으로 인해 단백질 소화능력과 철, 칼슘 등의 무기질 흡수능력이 저하되며, 비타민 B_{12} 흡수 저하로 인한 악성빈혈이 동반되거나 혈중 호모시스테인 수준이 증가할 수 있다.

알아두기

헬리코박터 파일로리

헬리코박터 파일로리(Helicobacter Pylori)는 편모가 있는 이동성의 그램-음성 박테리아로 점막층 아래에 군집을 이루고 요소를 암모니아로 분해해 위의 산성 환경에 저항하며 생존한다. 헬리코박터 파일로리에 감염되면 만성염증 상태를 유발하며 세포독소에 의한 손상을 일으킨다. 감염률은 선진국은 20% 내외이나 보건의료가 취약한 국가는 70% 이상에 이른다. 감염되면 위염이 가장 흔하게 발병하고, 10~15%는 궤양을 유발하며, 1% 정도는 위암으로 발전한다. 1983년 오스트레일리아의 워렌(Warren JR)과 마셜(Marshall BJ)이 헬리코박터 파일로리를 발견하고 위궤양과의 관련성을 제시한 공로로 2005년 노벨 생리의학상을 받으면서 헬리코박터 파일로리가 위염과 소화성 궤양의 주요 인자로 주목받게 되었다.

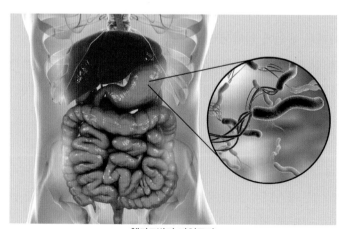

헬리코박터 파일로리

(2) 치료 및 영양관리

위염의 치료는 위점막의 보호와 재생, 통증 완화를 목표로 발병 원인을 찾아서 치료하는 것이 원칙이다. 또한 적절한 식사요법으로 신속한 회복을 돕는다.

① **급성위염**　급성위염 환자는 발병 초기에 구토, 복통, 메스꺼움이 심하여 음식 섭취가 힘들기 때문에 1~2일 정도 절식하면서 비경구적으로 수분과 전해질을 공급한다. 증상이 완화되면 맑은 유동식부터 시작하여 상태를 고려하여 이행식을 실시하도록 한다. 급성위염은 제산제, 항생제, 점막보호제 등의 약물치료로 쉽게 상태가 호전되며 식사요법을 잘하면 보통 일주일 이내에 회복된다.

② **만성위염**　만성위염은 특별한 영양치료 없이 양질의 단백질이 풍부하고 소화되기 쉬운 식사를 공급한다. 따라서 음식을 규칙적으로 골고루 섭취하고 천천히 잘 씹어 먹는 바람직한 식습관을 실천하도록 한다. 그러나 통증이나 불편감이 있으면 증상에 따라 적절한 식사요법을 실시해야 한다.

- 과산성 위염 : 표재성 위염에서 잘 나타나는데 위점막 염증으로 위산 분비가 항진되어 음식물의 자극에 매우 예민하다. 따라서 진한 육즙, 자극성이 강한 조미료·

 핵심 포인트

급성위염의 영양관리
- 발병 초기 1~2일간 금식하고 수분과 전해질을 비경구적으로 공급
- 호전되면 맑은 유동식 → 전유동식 → 무자극연식 → 일반식으로 이행함
- 소화가 쉽고 자극이 적은 음식을 규칙적으로 소량씩 여러 번 나누어 공급
- 위산 분비를 자극하는 음식 제한
- 구강섭취가 장기간 어려우면 별도의 영양지원 고려

만성위염의 영양관리
- 양질의 단백질이 풍부한 소화되기 쉬운 일반식 제공
- 천천히 잘 씹고 규칙적으로 식사하는 식습관 실천
- 통증이 있는 경우 무자극 연식을 시작으로 호전되면 일반식으로 이행
- 위산 분비 부족이 있는 경우 위액 분비를 자극하고 식욕을 촉진하는 식사를 제공하고, 철이 풍부한 식사 제공

커피·술·산미가 강한 음식·탄산음료는 제한하고, 염증 회복을 위해 단백질을 적절히 섭취하도록 한다. 단백질은 위산에 대한 완충작용을 하지만 위산 분비를 촉진시키는 작용도 하여 염증 부위를 자극할 수 있으므로 식사 처방 시 유의하여야 한다.

- **무산성 위염** : 위축성 위염에서 잘 나타나는 무산성 위염은 위액과 위산의 분비가 감소되고 식욕이 저하되기 쉽다. 따라서 어느 정도 자극성이 있는 양념(예 무즙·파·마늘·생강 등)을 사용하여 위액 분비와 식욕을 촉진하고 소화능력에 맞추어 단백질을 공급하며 부족하기 쉬운 영양소인 철을 충분히 공급하는 음식(예 간·연한 살코기·달걀·굴 등)을 제공한다.

2) 소화성 궤양

소화성 궤양peptic ulcer은 위액에 존재하는 위산이나 펩신에 의해 소화기관의 점막이 손상되고 유실되어 점막하층의 조직이 드러난 상태를 말하며, 위궤양과 십이지장궤양이 가장 흔하게 발생한다.

(1) 원인과 증상

정상적인 소화기관의 점막은 위액 내 위산, 펩신의 공격인자에 대해 방어인자가 균형을 이루어 손상을 막아준다. 점액 분비, 중탄산염 생산, 점막의 정상적인 혈류에 의한 과도한 산 제거, 손상된 상피세포의 빠른 재생과 복구가 주요 방어인자로 작용한다. 만약 이러한 균형이 깨지면 점막세포가 파괴되고 침식이 내벽으로 진행되어 출혈, 천공perforation 등이 발생한다.

소화성 궤양의 주요 발생원인은 헬리코박터 파일로리 감염으로 알려져 있고 위염, 아스피린을 포함한 비스테로이드 항염증제NSAID의 빈번한 복용, 스트레스 등도 점막을 약화시켜 발병의 원인이 된다. 그 외에도 점막의 혈류량을 감소시키는 흡연, 위점막을 손상시키는 과음, 위산 분비를 촉진하는 자극성이 강한 음식을 즐기는 식습관, 위액 내 가스트린 또는 히스타민의 분비 증가 등도 궤양을 유발하고 악화시킨다.

알아두기

소화성 궤양과 미란

궤양(ulcer)은 조직학적으로 위장관벽 조직의 결손이 점막층을 넘어서 점막하층 또는 그 이하까지 발생한 상태를 말하며, 결손이 점막층까지만 국한된 경우는 미란(erosion)으로 정의한다. 소화성 궤양은 위장관궤양 중에서 위산과 펩신에 의해 발생한 병변으로 내시경적으로 흔히 부종과 함께 백태를 동반한 활동기의 모습을 보인다. 그러나 치유기에 접어들어 병변이 국소화되면 미란과 구별하는 것이 어려울 수 있다.

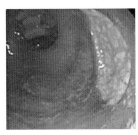 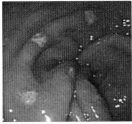

소화성 궤양   미란

소화성 궤양과 미란
자료 : 질병관리본부 국가건강정보포털.

궤양은 위와 십이지장에서 흔히 발생하는데 십이지장 궤양의 발생빈도가 더 높다. 위궤양은 주로 소만 부위와 유문 근처에서, 십이지장 궤양은 유문 바로 아래 부위에서 자주 발생한다.

소화성 궤양의 주요 증상은 상복부의 통증으로 위궤양은 식후 1~2시간에, 십이지장궤양은 공복 시에 통증이 나타나는 경우가 많다. 기타 증상으로 식욕부진, 체중 감소, 메스꺼움, 구토, 속쓰림이 나타나기도 한다. 적절하게 치료되지 않으면 내출혈, 천공에 의한 복막염, 유문 협착 등의 합병증이 발생할 수 있다. 궤양에 의한 많은 출혈로 검은 혈변이 나타나고 빈혈이 생길 수 있다.

(2) 치료 및 영양관리

소화성 궤양은 상부위장관내시경과 상부위장관조영술로 조직 손상을 확인하고 헬리코박터 파일로리 감염 여부를 확인하여 치료방법을 결정한다. 소화성 궤양의 치료는 궤양의 원인 제거, 증상 완화와 합병증 예방을 목표로 한다. 약물치료가 중심이 되고 안정을 취하면서 식사를 포함한 생활습관 교정으로 증상을 호전시키도록 한다.

표 **3-6** 소화성 궤양의 원인, 증상 및 치료원리

구분		내용
원인		헬리코박터 파일로리 감염 위염 스트레스 → 소화성 궤양 비스테로이드 항염증제 과다 복용 과다한 흡연, 알코올 점막 공격인자와 방어인자 간의 균형 깨짐 → 점막조직의 침식, 결손
증상		• 상복부 통증, 메스꺼움, 구토, 속쓰림, 식욕부진
치료	의학적 치료	• 항생제, 제산제, 점막보호제로 치료 및 증상 완화 • 합병증이 심한 경우 수술
	영양관리	• 충분한 영양으로 점막 손상 치유, 합병증 예방 • 증상 완화를 위해 점막을 자극하는 알코올, 카페인, 강한 양념 등 제한 • 소량의 빈번한 식사 및 취침 전 야식은 피함
	생활습관 수정	• 금연, 스트레스 관리

① **약물치료** 헬리코박터 파일로리 감염이 주요 발생 원인이므로 일단 감염이 확인되면 원인균 제거를 위해 항생제를 투여한다. 약물에 대한 반응성이 다르므로 보통 2~3종류의 항생제와 위산억제제를 함께 사용한다. 위산의 산도를 감소시키는 제산제, 위산 생성을 감소시키는 산분비억제제는 감염 여부와 상관없이 기본적으로 처방하며 궤양 부위를 보호해주는 점막보호제를 처방하기도 한다(표 3-7).

헬리코박터 파일로리의 동정과 약물치료기술이 발전함에 따라 과거에 비해 소화성 궤양의 외과적 치료는 감소되었으나 출혈, 천공, 폐색 등의 합병증이 있는 경우에는 궤양 부위를 제거하는 수술을 시행하기도 한다.

② **영양관리** 궤양으로 인한 복통, 메스꺼움 등의 증상은 식사섭취에 영향을 주어 체중 감소와 영양불균형을 초래하기 쉽다. 적절한 영양관리를 위해서 환자의 식사섭취 상태, 소화관 기능, 비자발적 체중 감소 정도, 식품 및 영양지식 등을 토대로 영양진단을 한 후 중재를 시행한다.

과거에는 자극이 없는 식품 섭취를 강조하였으나 현재는 특정 음식이 궤양의 유발이나 치료와 큰 관련성이 있다고 밝혀진 것이 없다. 따라서 환자의 증상을 악화시키지

표 **3-7** 소화성 궤양 치료에 이용하는 약물

구분		작용	약물의 종류
항생제		• 헬리코박터 파일로리 제균, 궤양의 치유 및 재발방지에 중요 역할 • 부작용 : 메스꺼움, 구토, 복통	Metronidazole, tetracyclin, clarithromycin
제산제		• 위산의 중화 • 부작용 : 설사, 변비, 장기능 장애	Mylanta, Tums, Gaviscon
위산 분비 억제제	히스타민 수용체 길항제	• 벽세포의 위산 분비를 자극하는 히스타민의 수용체 차단	Cimetidine, ranitidine, famotidine, nizatidine
	수소이온펌프 억제제	• 위산 분비의 마지막 단계 차단	Omeprazole, lansoprazole, rabeprazole
점막보호제		• 병소 부위의 점막을 보호하고 위산 및 펩신으로부터 점막의 저항능력을 증가시킴	Sucralfate, Misoprostol(prostaglandin), bismuth subsalicylate

않는다면 음식에 제한을 두지 않는다. 오히려 과도한 식품 제한에 의한 영양불량이 궤양 치료에 장애가 되므로 불필요하게 많은 식품을 제한할 필요가 없다. 소화성 궤양의 영양관리는 궤양 치료와 회복을 위해 충분한 영양을 공급하면서 증상을 최소화하는 것을 목표로 한다.

식품에 대한 반응은 개인마다 다를 수 있으므로 환자 개인별로 불편을 느끼거나 경험적으로 먹어서 증상이 악화되는 음식은 피하는 것이 타당하다.

 핵심 포인트

소화성 궤양 환자의 영양관리
- 충분한 영양을 공급하여 적극적으로 궤양의 치유와 회복을 도움 : 정상체중을 유지할 수 있는 적정 에너지와 양질의 단백질, 비타민 C로 궤양의 치유를 돕고 철을 충분히 섭취해 궤양으로 인한 빈혈 예방
- 점막에 손상을 주거나 위산 분비를 촉진하는 음식(예 과량의 알코올, 카페인, 자극성 있는 고추, 후추 등의 양념)은 제한
- 위운동이 저하된 경우를 제외하고 과일, 채소 등을 충분히 섭취 : 식이섬유는 위산을 중화시키는 완충제로 작용
- 우유와 크림은 하루 1컵 정도로 제한 : 과량은 위산과 펩신 분비량을 증가시킬 수 있음
- 정해진 시간에 규칙적으로 식사함 : 취침 전 식사, 소량의 빈번한 식사는 위산 분비를 증가시킬 수 있음

③ 생활습관 수정

- 흡연은 궤양 치료를 지연시키고 위벽을 자극하여 궤양의 재발위험을 높이므로 금연한다.
- 스트레스와 과로는 궤양의 원인이 되므로 스트레스를 피하고 안정한다.

3) 위절제 수술 및 그에 따른 합병증

위절제 수술gastric surgery은 일반적으로 소화성 궤양이 약물치료에 반응하지 않고 출혈, 천공, 폐색 등으로 악화되었거나 위암이 있는 경우에 시행하고, 최근에는 고도비만의 치료법으로도 활용되고 있다.

(1) 위절제 수술의 종류

위수술은 치료 목적에 따라 위산 분비 억제를 목적으로 하는 미주신경절제술vagotomy과 병소 제거를 목적으로 위의 일부나 전부를 절제하는 위절제 수술gastrectomy이 시행된다.

미주신경절제술은 벽세포에 대한 미주신경의 자극을 차단하는 수술로 위산 분비와 가스트린에 대한 반응성이 감소된다. 과거에는 위궤양의 중요한 치료방법으로 사용되었으나 최근 위산 분비를 조절하는 효과적인 약물들이 개발되면서 수술적 치료의 필요성이 크게 감소되었다.

위절제 수술은 병소의 위치와 진행 정도에 따라 위의 일부를 제거하거나 전체를 절제한다. 위의 하단부를 절제한 후에 남아 있는 위와 십이지장을 연결해주는 수술을 위십이지장문합술gastroduodenostomy, Billroth I이라 하고, 위의 반 이상을 절제한 후에 위와 공장을 연결해주는 수술을 위공장문합술gastrojejunostomy, Billroth II이라 한다. 이 경우는 십이지장 쪽으로 막힌 고리가 생긴다. 위전체절제술은 일반적으로 식도와 공장을 연결하는데 연결부에 작은 위주머니를 만드는 방법을 위우회술gastric bypass, Roux-en-Y이라고 한다.

(2) 위절제 수술 후의 합병증

위절제 수술 후에는 섭취량 감소, 소화에 필요한 저장과 분비기능의 결손 등으로 여

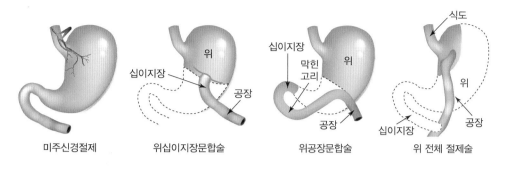

그림 **3-10** 위 수술의 종류

러 합병증이 발생할 수 있다. 체중 감소, 흡수불량으로 인한 빈혈과 골다공증, 지방변 등이 흔히 나타난다. 또한 위절제로 인한 위의 저장기능 상실로 인해 덤핑증후군이 주요 합병증으로 발생할 수 있다.

① 위절제 수술 후의 부작용

- **체중 감소** : 음식 섭취량 감소 및 소화흡수 불량으로 인함
- **빈혈** : 철 섭취량 부족 및 수술로 인한 혈액 손실, 위산 부족에 의한 철 흡수 감소, 내인성 인자 부족으로 인한 비타민 B_{12} 결핍에 의함
- **골다공증** : 칼슘 섭취량 부족 및 위산 부족에 의한 칼슘 흡수불량으로 인함
- **지방변** : 위공장문합수술을 한 환자에서 췌장액 감소, 지방 소화불량에 의함

② 덤핑증후군

덤핑증후군dumping syndrome은 위절제수술로 인해 위내용물의 배출이 유문괄약근에 의해 조절되지 않고 급히 소장으로 이동하기 때문에 발생한다. 정상적인 경우 위에서 1~3시간 동안 위내용물을 저장하며 부분적인 소화가 진행된다. 그러나 유문괄약근의 기능이 손상되면 위배출 속도가 지나치게 빨라져 소장에 들어온 고삼투성 내용물에 의해 생리적 이상상태를 초래하고 정상적인 혈당조절이 어려워져 어지러움, 식은땀, 빈맥, 정신혼미 등의 여러 증상이 나타난다. 덤핑증후군은 식후 발현되는 시간에 따라 조기덤핑증후군과 후기덤핑증후군으로 구분할 수 있다.

- **조기덤핑증후군** : 식사 중이나 식후 10분~1시간 사이에 나타난다. 위에서 소장으로 빠르게 이동한 다량의 고삼투성 물질로 인해 체내 수분이 소장 부위로 이동함에 따라 발생한다. 소장의 팽창에 따른 장의 연동운동 증가와 부적절한 호르

몬 분비, 순환혈액량 및 심박출량 감소에 의해 복부팽만감, 설사, 복통, 메스꺼움, 구토, 어지러움, 식은땀, 빈맥, 저혈압 등의 증상이 나타난다.

- **후기덤핑증후군** : 식후 1시간 반~3시간에 나타나는 후기덤핑증후군은 저혈당에 의해 발생한다. 소장으로 이동한 다량의 탄수화물이 지나치게 빠르게 흡수되면서 갑자기 혈당이 상승하고 인슐린 분비를 과다하게 유발하여 생긴다. 이후 과다한 인슐린에 의해 저혈당을 초래하여 탈력감, 메스꺼움, 식은땀, 떨림, 정신혼미 등의 증상이 나타난다.

- **덤핑증후군의 영양치료** : 덤핑증후군은 식사 조절이 가장 중요한 치료방법이다. 덤핑증후군의 영양관리는 위배출 속도를 지연시키고 혈당의 급상승을 억제하는 것을 목표로 한다. 혈당을 급격히 상승시키는 단순당의 섭취를 제한하고 고단백질과 적정 지방을 포함한 식사를 자주 섭취하도록 하여 지속적인 영양공급을 실시한다. 단백질은 혈당의 과다한 상승을 억제하고 적정량의 지방은 위배출을 지연시킬 수 있다. 그러나 저혈당 쇼크가 덤핑증후군의 가장 무서운 합병증이므로 경과를 관찰하여 필요시에는 단순당을 공급해 혈당을 올려야 한다.

(3) 위절제 수술 후의 영양관리

위절제 수술 후의 영양관리는 적절한 영양공급으로 수술 부위의 치유를 돕고 덤핑증후군을 예방하는 것을 목표로 한다. 위절제 수술 후 첫 1~2일간은 음식의 구강 섭취는 금하고 정맥영양을 통해 수분과 전해질, 포도당, 아미노산 등을 공급한다. 연동운동이 시작되면 얼음조각, 소량의 물부터 시작해서 맑은 유동식, 전유동식, 연식, 일반식으로 이행하는데 환자 개인의 증세와 적응도에 따라 적절하게 조절되어야 한다. 식사섭취가 장기간 정상화되지 않으면 경관급식 등의 영양지원을 고려해야 한다.

위절제 수술로 저장기능, 위액분비 및 소화·흡수능력이 크게 손상되었으므로 식사량과 내용 면에서 적절한 관리가 필요하다. 소화되기 쉬운 음식을 소량씩 자주(하루 5~6회) 천천히 섭취하고 부족되기 쉬운 철, 비타민 B_{12}, 칼슘, 비타민 D를 충분히 공급해야 한다. 또한 덤핑증후군 예방을 위해 단순당의 제한과 함께 고단백질, 적정 지방을 함유한 식사를 제공하고 수분은 식간을 이용하여 공급하며 식후 30분 정도는 기대어 누운 상태로 휴식을 취한다. 점차 식사섭취량을 늘려 체력과 체중 회복을 돕고 필요에 따라 비타민·무기질 보충제를 제공한다.

💡 **핵심 포인트**

위절제수술 후의 영양관리
- 수술 직후 1~2일간은 정맥영양으로 수분과 전해질, 포도당, 아미노산 공급
- 연동운동이 시작되면 맑은 유동식 → 전유동식 → 연식 → 일반식으로 이행함
- 소화가 쉽고 자극이 적은 음식을 소량씩 제공하고 환자의 적응도를 보아 증량하며 하루 5~6회로 늘림
- 수술 후 초기에는 우유와 유제품, 단순당을 제한하고 한두 가지 식품으로 구성된 복합탄수화물, 고단백질, 적정 지방의 식사 제공
- 구강섭취가 장기간 충분하지 않으면 경관급식 등의 영양지원 고려
- 식사 중에는 수분 섭취량을 줄이고 식간을 이용하여 섭취
- 퇴원 후에는 에너지, 양질의 단백질 및 비타민을 충분히 섭취하여 환자의 회복을 도모하고 부족하기 쉬운 철, 비타민 B_{12}, 칼슘, 비타민 D를 필요에 따라 보충

4. 장질환

소장과 대장은 음식물의 소화, 영양소 흡수 및 배설을 담당하는 기관이다. 정상적인 장운동에 이상이 생기면 변비와 설사를 유발하고 소장과 대장에 질환이 있을 경우 심각한 영양불량을 초래할 수 있다. 여기서는 흔히 발생하는 변비 및 설사, 최근 증가하고 있는 염증성 장질환과 과민대장증후군, 소화·흡수장애에 대해 다룬다.

1) 변비

변비constipation는 대장의 연동운동 저하로 수분이 과다하게 흡수되어 배변이 원활하지 못한 질환으로, 대변이 지나치게 굳어 배출되기 힘든 상태이거나 배변 횟수가 줄어들고 배변 후에도 잔변감이 있는 상태를 말한다.

(1) 원인과 증상

일반적으로 식사 후 1~3일 내에 배변을 하게 되는데 여러 이유로 대장에 장 내용물이 장시간 머물게 되면 수분의 과다한 흡수로 굳은 대변이 되어 배변이 어려워진다. 변비는 장이나 항문의 폐색, 유착, 종양 등의 직접적 원인뿐 아니라 신경 및 근육질환, 대사질환에 의해 발생할 수 있지만 주로 부적절한 식습관과 배변습관, 운동부족, 약물부작용, 하제의 남용 등에 의해 발생한다.

흔히 배변 시 과도한 힘이 들어가고 항문부위 통증을 느끼며 복부팽만감, 복통, 배변 후 잔변감이 주요 증상이다. 변비가 만성화되면 게실증 및 치질이 발생할 수 있고 식욕부진, 소화불량으로 인해 변비가 더 악화될 수 있다.

(2) 치료 및 영양관리

변비 치료는 정상적인 대변량과 장의 연동작용을 회복시켜 배변을 원활히 하는 것을 목표로 한다. 식사관리를 통한 영양치료와 운동, 생활습관 수정을 기본으로 하고 필요시 약물요법을 시행한다.

① **영양치료**　변비의 유형에 따라 식사관리 방법이 다르다. 대장운동 저하로 장내 체류시간이 길어져 발생한 이완성 변비는 장의 연동운동을 자극하기 위해 식이섬유와 물을 충분히 섭취하도록 한다. 식이섬유는 장 내용물의 양, 배변횟수 및 배변속도를 증가시킨다. 1일 25~35 g의 식이섬유 섭취를 권장하나 식이섬유 섭취량이 갑자기 증가하면 헛배부름, 복통 및 설사 등이 나타날 수 있으므로 식이섬유의 양을 서서히 늘려야 한다. 식이섬유는 장을 통과할 때 물을 흡수해 보유하는 성질이 있으므로 충분한 양의 물을 함께 섭취해야 한다. 하루에 적어도 8~10컵의 물을 섭취하는 것이 권장된다. 반면 스트레스나 식품알레르기 등으로 대장 내 움직임이 과도하여 장의 경

알아두기

변비의 원인

- 소화기계 이상 : 장유착 및 폐색, 대장종양, 항문질환(치질), 게실증, 과민대장증후군
- 전신성 질환 : 신경 및 근육계 질환(파킨슨병, 다발성경화증), 갑상선기능저하증, 당뇨병
- 약물부작용 : 항우울제, 항히스타민제, 진통제, 비타민·무기질 보충제(칼슘, 철)
- 식사 및 생활습관 : 식이섬유 및 수분 섭취 부족, 다이어트로 인한 식사량 감소, 불규칙한 배변습관 (변의 억제), 운동부족, 변비약 남용, 임신, 고령, 스트레스, 환경 변화

련성 수축으로 생긴 과민성 변비는 정서적 안정을 하도록 배려해야 하며, 증상이 심한 경우 과도한 장의 자극을 피하기 위해 연질무자극식을 하고 어느 정도 증상이 호전되면 섬유소의 양을 점차 증가시킨다. 한편 직접 배변이 이루어지는 대장, 항문의 문제(예 탈장, 항문협착 등)로 인한 기질적 변비는 분변의 양을 최소화해야 하므로 부드러운 저잔사식을 시행한다.

② **생활습관 수정** 적당한 운동은 장운동을 증가시켜 변비 예방에 도움이 된다. 규칙적인 식사와 함께 변의를 느낄 때 바로 화장실에 가고 규칙적인 배변습관을 갖도록 한다.

③ **약물요법** 변비 치료를 위해 하제, 위장관운동항진제 등을 복용하기도 한다. 팽창성 하제는 식물성 식이섬유로 구성되어 충분한 양의 물과 복용하면 장 내용물을 증가시키고, 자극성 하제는 대장 내 수분과 전해질을 축적하고 장점막 신경을 자극하여 장운동을 유발하여 변비를 치료한다. 위장관운동항진제는 장운동을 촉진하는 효과가 있다. 그러나 무분별한 변비약 남용은 설사, 체중 감소, 대장기능 약화 등의 부작용이 있을 수 있고 장신경을 손상시켜 변비가 더욱 악화될 수 있다.

표 **3-8** 식이섬유 및 잔사량 조절식

종류	식이섬유 공급량	작용	적용 대상	허용식품
고식이섬유식	25~50 g/일	• 대변량 증가, 장 내압 감소, 장 통과시간 감소 • 발암 성분 희석, 장 통과시간 단축, 발암 성분의 형성 낮춤 • 식후 혈당 상승 지연, 인슐린 민감성 향상 • 담즙산과 결합하여 변으로의 콜레스테롤 분비 증가	• 만성변비 • 대장암 • 당뇨병 • 이상지질혈증	• 전곡류, 채소와 과일 • 콩류 • 견과류
저식이섬유식	10~15 g/일	• 장 팽창 억제, 대변량 감소	• 게실염 • 급성설사 • 장폐색 • 장누공 • 장 수술 전	• 정제된 곡류 • 과일 및 채소는 껍질 제거
저잔사식	8~10 g/일	• 장 휴식을 위해 대변량 최소화 • 영양소 함량이 부족할 수 있으므로 장기간이 되면 비타민, 무기질 보충제 필요	• 장수술 전후 • 염증성 장질환 • 장폐색 • 기질적 변비	• 식이섬유가 매우 적고 잔사가 적은 식품 • 과일·채소는 주스 형태 • 잔사량이 많은 우유·육류·견과류·종실류 제한

2) 설사

설사diarrhea는 대변 중의 수분량이 많고 잦은 횟수로 배설하는 것으로 배변 횟수가 하루 3회 이상이거나 대변량이 200 g 이상인 경우로 정의한다. 설사가 2일~2주 정도 지속되는 경우를 급성설사라고 하고, 4주 이상 지속되는 경우는 만성설사라고 한다.

(1) 원인과 증상

장운동의 항진으로 장 내용물의 통과속도가 빨라 수분 흡수가 불충분하거나 장점막의 염증 또는 고삼투성 물질로 인해 장관으로의 수분 분비 항진이 있을 때 설사가 나타난다. 이러한 현상은 병원성 미생물에 의한 감염, 약물(예 제산제, 항생제, 항염증제, 혈중지질 강하제, 하제 등), 대장의 염증이나 질환(예 장염, 대장암 등), 장점막 흡수 면적의 감소나 손상, 흡수장애, 수술 등 다양한 원인에 의해 나타난다.

설사는 복통, 발열을 수반하는 경우가 흔하고 설사가 2~3일 이상 지속되면 탈수, 칼륨과 나트륨 손실로 인한 전해질 불균형, 체중 감소가 일어난다. 혈액이나 점액이 섞인 대변을 보기도 하는데 이 경우 정확한 진단과 치료가 필요하다. 만성설사는 탈수와 전해질 불균형 외에도 영양결핍과 그로 인한 장점막 손실을 초래하여 흡수불량을 더욱 악화시킨다.

(2) 치료 및 영양관리

설사의 치료는 수분과 전해질의 손실을 보충하고 설사증상을 완화하는 것을 목표로 한다. 다른 증상을 동반하지 않는 급성설사는 대부분 수일 내에 저절로 치유되므로

표 **3-9** 설사의 종류와 원인

유형	발생기전	원인
삼투성 설사	장관 내 흡수되지 않는 물질 증가로 인한 수분저류, 금식이나 원인물질이 제거되면 해소됨	흡수부전, 유당불내증, 당알코올 과다 섭취
분비성 설사	장관 내로 수분과 전해질의 과도한 분비 유발, 금식하여도 해소되지 않음	세균성 독소, 담즙산 과다 분비, 흡수되지 않은 지방산
삼출성 설사	염증이나 궤양으로 손상된 장점막으로부터 혈액, 혈액성분, 점액 등의 삼출	염증성 장질환, 병원균 감염
운동성 설사	장운동성 변화로 인한 수분 및 전해질 흡수 이상	위장관 수술, 약물

💡 **핵심 포인트**

설사의 영양관리

- 수분과 전해질 보충 : 설사가 심하지 않은 경우는 경구로 너무 차거나 뜨겁지 않게 공급하고, 심한 경우는 금식하고 정맥으로 수분과 전해질 공급
- 가능하면 빨리 구강급식 시작 : 손상된 장내 세포 회복에 도움. 맑은 유동식부터 시작하되 당알코올, 유당, 과당 및 설탕은 삼투성 설사를 악화시킬 수 있으므로 제한
- 심한 설사는 저잔사식 공급, 호전되면 점차 수용성 식이섬유 증량 : 저잔사식은 장관운동을 줄여 급성 설사 치료에 효과적. 수용성 식이섬유는 장 내용물의 수분 흡수로 대변 고형화에 도움이 되므로 섭취 권장
- 회복에 따라 고에너지, 고단백식 공급 : 특히 만성설사의 체조직 감소 방지를 위해 필요
- 유익균으로 장내 균총 개선 : 유익균인 프로바이오틱스를 함유한 식품(예 요구르트를 비롯한 발효식품), 유익균의 증식을 돕는 프리바이오틱스 함유 식품(예 펙틴, 올리고당, 이눌린, 귀리나 바나나가루 등) 이용

약물치료 없이 적절한 식사요법으로 충분하다. 그러나 설사가 심하거나 수분 및 전해질 불균형의 우려가 크면 지사제antidiarrheal medication를 투여하고 감염에 의한 설사는 항생제를 병행한다. 만성설사는 설사를 유발한 원인을 해결하고 기저질환을 치료해야 한다.

① **영양치료** 가장 기본적인 영양지침은 설사로 인해 손실된 수분과 전해질 보충이다. 환자의 상태에 따라 경구 또는 수액으로 수분과 전해질을 공급한다. 급성설사 치료 후 가급적 빨리 구강급식을 실시하여 장기능 회복을 도모해야 한다. 초기에는 장운동을 감소시켜 대변상태를 정상화할 수 있는 식품을 선택하고 차츰 영양공급을 통해 장세포가 빨리 회복되도록 한다.

② **기타 생활습관** 장운동을 진정시키기 위해 심한 운동과 스트레스를 피하고 안정을 취하는 것이 좋다.

경구 재수화용액

경구 재수화용액(oral rehydration solution, ORS)은 수분과 전해질 균형을 회복하고 장관 내 흡수를 높이도록 설계된 용액으로 여러 상업용 부충제(Pedialyte®, Rehydralyte® 등)가 시판되고 있다. 세계보건기구(WHO)에서는 경구 재수화용액의 표준 레시피를 제시하였는데 기본조성은 나트륨 75 mmol/L, 염소 65 mmol/L, 당질 75 mmol/L, 칼륨 20 mmol/L, 구연산 10 mmol/L로 구성된 저삼투액(245 mmol/L)이다. 간단하게 물 1 L에 소금 1/2작은술, 중조 1/2작은술, 염화칼륨 1/3작은술, 설탕 1큰술을 녹이면 비슷한 조성이 되고, 시중에서 구할 수 있는 이온음료를 이용할 수도 있다.

시판되는 경구 재수화용액

프로바이오틱스와 프리바이오틱스

- 프로바이오틱스(probiotics) : 병원성 균들의 과성장은 막고 장내환경을 정상적 균총으로 전환하는 유산균 등을 비롯한 유익한 생균
- 프리바이오틱스(prebiotics) : 유익균의 먹이가 되는 영양분으로 주로 난소화성 다당류인 식이섬유, 올리고당 등이 포함됨

3) 과민대장증후군

과민대장증후군irritable bowel syndrome, IBS은 매우 흔한 소화기 질환으로 대장의 운동이 비정상적으로 항진되어 복부 불편감, 복통, 반복적인 설사와 변비 등이 나타난다.

(1) 원인과 증상

과민대장증후군의 정확한 원인은 아직 밝혀지지 않았으나 유전적 요인, 장관 감염 및 염증, 내장 과민성, 식품과 장내 미생물환경 변화에 의한 면역반응 활성화 등의 여러 인자가 복합적으로 작용한다. 이러한 인자들에 의해 장의 운동성이 항진되고 예민해져 장기능의 이상이 발생하는 것으로 조직 손상 등의 기질적 변화에 의한 것이 아니다. 또한 과로, 정신적 스트레스, 과도한 음주 등이 원인으로 작용하는 경우가 많고 상당수 환자의 증상이 음식과 관련되어 있다.

과민대장증후군은 복통과 배변양상의 변화, 가스생산, 복부팽만감, 상복부 가슴쓰림과 흉통 등이 나타난다. 증상에 따라 변비형, 설사형, 변비와 설사가 교대로 나타나는 혼합형 등의 유형으로 나누기도 한다.

(2) 치료 및 영양관리

과민대장증후군 치료는 증상을 완화시키고, 증상을 초래하는 최소한의 식품만 제한하여 적절한 영양을 유지하는 것을 목표로 한다. 환자의 증상 유형과 심각도에 따라 치료방법이 결정되는데, 약물치료와 영양치료가 기본이 되고 긴장 이완과 스트레스 관리를 위해 규칙적인 운동과 생활습관 조절을 병행한다.

① **영양치료**　과민대장증후군 환자는 증상 악화를 염려하여 불필요하게 음식을 제한함으로써 영양상태가 불량한 경우가 많다. 따라서 과민대장증후군의 영양치료는 증상을 유발하는 음식을 피하되 균형잡힌 영양식으로 적절한 영양상태를 유지하고, 개

 핵심 포인트

과민대장증후군의 영양관리
- 적절한 영양상태 유지를 위한 고영양식 제공
- 섭취 시 증상을 초래하는 식품 제한 : 개인에 따라 과민대장증후군의 증상을 유발하는 식품이 다르나 대개 우유 및 유제품, 고지방식품, 알코올, 카페인, 가스형성 식품, 과량의 당류 등 포드맵(FODMAP)이 이에 속함
- 수용성 식이섬유 증량 : 급성설사가 있는 경우는 식이섬유를 제한하나 완화되면 배변 정상화를 위해 수용성 식이섬유를 늘림
- 과식을 피하고 소량씩 자주 규칙적으로 식사

인별 증상에 따라 변비 또는 설사에 맞는 식사요법을 한다.

② **약물치료**   과민대장증후군의 증상에 따라 약물 치료방법이 다르다. 복통이나 설사에는 장을 안정화시키는 약제를 사용하고 프로바이오틱스도 도움이 된다. 설사형인 경우 지사제가 사용되고 변비형은 대변량을 증가시키는 차전자psyllium 등의 식이섬유보충제, 삼투성 완하제 등이 사용된다. 일반적인 변비 환자에 사용하는 자극성 완하제는 과민대장증후군 증상을 악화시킬 수 있으므로 처방하지 않는다.

> **알아두기**
>
> ### 저포드맵 식사
>
> 포드맵(fermentable oligosaccharides, disaccharides, monosaccharides, and polyols, FODMAP)은 소장에서 소화·흡수되지 않고 대장으로 이동하여 발효되는 올리고당(프럭탄, 갈락탄), 이당류(유당), 단당류(과당), 폴리올(당알코올)을 의미한다. 포드맵 성분은 대장에서 삼투작용에 의해 물을 장관 내로 이동시키고 발효에 의해 가스를 생산하면서 과민대장증후군의 증상인 설사, 복통, 복부팽만감을 유발한다. 따라서 과민대장증후군 환자는 포드맵이 많은 식품은 피하고 포드맵이 적은 식품들을 섭취하도록 개발된 저포드맵식사(low FODMAP diet)를 하면 증상을 개선하는 데 도움이 된다.
>
>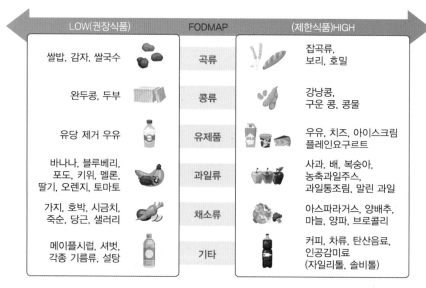
>
> **포드맵 권장식품과 제한식품**
> 자료 : 삼성서울병원.

4) 염증성 장질환

염증성 장질환inflammatory bowel disease, IBD이란 소장이나 대장에 만성적으로 염증이 생겨 설사나 통증 등이 유발되는 질환들을 말한다. 염증 부위와 장관 내 상태에 따라 궤양성 대장염chronic ulcerative colitis과 크론병Crohn's disease으로 분류한다. 두 질병의 증상과 치료방법은 비슷하다.

(1) 원인과 증상

염증성 장질환의 정확한 원인은 아직 밝혀지지 않았다. 유전적인 소인을 지닌 사람에게 여러 가지 환경적 요인(예 스트레스, 세균감염, 장관 내 미생물균총, 식이성 요인)이 작용하여 비정상적 면역반응에 의한 염증반응으로 장점막이 파괴되어 생기는 것으로 여겨진다. 전염성은 없으나 영양불량의 위험이 크고 대장암의 발생위험이 높기 때문에 주의하여야 한다.

염증성 장질환은 공통적으로 설사, 복통, 발열, 식욕감소, 혈변, 체중 감소 등이 나타나고 이러한 증상이 6개월 이상 지속되는 것이 특징이다. 궤양성 대장염과 크론병

표 **3-10** 궤양성 대장염과 크론병의 비교

구분	궤양성 대장염	크론병
발생 부위	• 직장을 포함한 대장에서 주로 발생(직장에서 직장상부로 연속적 진행) • 염증과 궤양이 점막 표면에 주로 발생	• 소화관 어디서나 발생 가능, 회장말단과 결장에 주로 발생(비연속적인 상해 발생) • 궤양이 점막 깊숙이 발생하여 장벽의 전층을 침범함
발병률	• 20~40세에 가장 많이 발병 • 크론병보다 발생빈도는 높으나 사망률은 낮음	• 어려서 나타나고 주로 15~25세에 가장 많이 발병
임상 증상	• 혈변성 설사, 점액질변, 복부 통증, 구토, 고열, 체중 감소, 빈혈	• 궤양성 대장염과 임상증상 비슷(복부 통증, 구토, 메스꺼움, 고열, 빈혈) • 만성 설사(심한 체중 감소 및 영양불량 초래) • 성장기 환자의 성장 지연
합병증	• 심한 출혈, 대장염, 협착, 대장천공	• 장관의 협착, 폐색, 농양, 누관 형성 • 소장이나 대장암 발생빈도 높음
진행 및 예후	• 점차 진행하여 전 대장을 침범함 • 장벽이 얇아짐 • 악화와 소강상태가 만성적으로 반복됨 • 국지적 염증은 수술 불필요, 넓게 진행된 경우의 약 30%가 수술을 요함	• 점막하조직의 비후와 섬유화로 장벽이 두꺼워지고 특징적인 조약돌 모양의 조직을 보임 • 궤양성 대장염보다 염증이 심함 • 약 70%가 수술을 요하며 재발이 흔함

은 증상이 유사하지만 염증이 생기는 부위와 염증의 종류, 질병의 진행 및 합병증에 차이가 있다. 궤양성 대장염은 대장 점막층에 국한된 궤양성 염증질환으로 직장에서 시작되어 직장상부로 연속적으로 진행된다. 반면에 크론병은 소화기관 어디에서나 발생할 수 있고 염증이 점막층에서 장막층까지 장벽의 전층을 침범하여 농양, 누관, 협착 및 폐색이 발생한다는 점에서 주로 점막층에 국한된 궤양성 대장염과 구별된다.

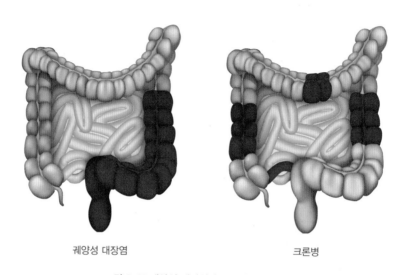

궤양성 대장염   크론병

그림 **3-11** 궤양성 대장염과 크론병의 발병 위치

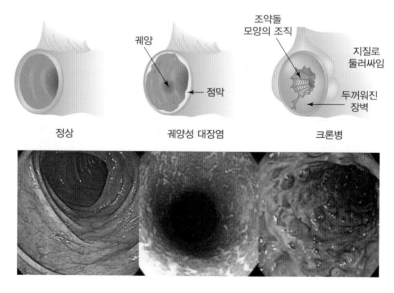

정상   궤양성 대장염   크론병

그림 **3-12** 궤양성 대장염과 크론병의 장관
자료 : 삼성서울병원 홈페이지.

염증성 장질환이 적절히 치료되지 않으면 영양불량이 나타나고 소아의 경우 성장장애를 초래한다. 영양불량의 원인으로는 식욕 부진과 복부통증에 의한 식사 섭취량 감소, 출혈 및 설사로 인한 영양소 손실 증가, 염증 및 발열로 인한 영양소 요구량의 증가 등이 있다. 따라서 철, 엽산, 비타민 B_{12} 결핍으로 인한 빈혈, 단백질 손실로 인한 저알부민혈증, 탈수 및 전해질 불균형, 면역기능의 저하 등이 초래되기 쉽다.

(2) 치료 및 영양관리

염증성 장질환의 치료는 질병을 소강상태로 유지시키고 영양상태를 개선하는 것을 목표로 영양치료, 약물치료, 수술치료 등이 시행된다.

① **영양치료**　염증성 장질환 환자는 영양불량이 흔히 나타나 체중 감소, 영양소 부족으로 인한 문제가 초래된다. 영양불량의 주요 원인은 복통·설사·식욕부진에 의한 식사 섭취량의 감소, 흡수불량, 전신성 염증반응에 의한 대사율 증가, 약물과 영양소의 상호작용에 의한다. 따라서 염증성 장질환의 영양관리는 적절한 영양공급으로 영양상태를 유지하고 장점막의 상처를 치유하며 염증과 협소해진 장 부위에 대한 자극을 최소화함을 목표로 한다.

염증성 장질환의 급성기에는 약물치료와 함께 장의 휴식을 위해 경관급식이나 정맥영양을 실시한다. 환자의 증상이 완화되면 유동식으로 시작하여 연식, 일반식으로 이행한다. 염증성 장질환의 급성기와 장관이 좁아지거나 협착이 있는 경우에는 장 부위

표 **3-11** 크론병의 주요 영양결핍

결핍영양소	원인	결핍영양소	원인
에너지	• 불충분한 섭취 • 식욕부진 • 에너지요구량 증가 • 식후 복통이나 설사에 대한 두려움	단백질	• 단백질 필요량 증가(염증에 의한 손실) • 이화상태(감염, 농양) • 수술 후 회복
철	• 출혈, 흡수 불량	마그네슘, 아연	• 다량의 설사, 단장증후군
칼슘, 비타민 D	• 스테로이드 장기 사용 • 유당 제한을 위한 유제품 섭취 감소	비타민 B_{12}	• 위전절제술(내인성 인자 부족) • 회장말단(흡수 부위) 절제
엽산	• 치료약물과의 상호작용	수분과 전해질	• 단장증후군
수용성 비타민	• 회장말단부 절제 수술	지용성 비타민	• 지방변

자료 : Nelms M et al. Nutrition Therapy and Pathophysiology.

💡 **핵심 포인트**

염증성 장질환의 영양관리

급성기(설사, 혈변, 복통이 심할 때)
- 금식이 필요하거나 식사량이 부족한 경우 경정맥영양 제공
- 식사가 가능해지면 저잔사식, 저식이섬유식의 죽이나 미음을 제공하고 증상이 호전되면 식이섬유 섭취량을 증가시킴
- 장을 자극하는 식품(예 유당, 과당, 당알코올, 가스형성식품, 자극적인 양념, 카페인)과 고지방식품 제한
- 충분한 에너지와 단백질 섭취를 위해 영양보충음료 이용

안정기(소화기 증상이 없을 때)
- 고에너지, 고단백질 식사로 염증 치료와 영양상태 개선
- 부드러운 채소와 과일류를 충분히 섭취
- 탈수와 변비 예방을 위해 충분한 수분 섭취
- 유당불내증이 있으면 우유 및 유제품 섭취 제한
- 식사량이 적거나 영양불량이 우려되는 경우 비타민과 무기질 보충

에 대한 자극을 최소화하기 위하여 저잔사식, 저식이섬유식으로 소량씩 자주 공급한다. 유당, 과당, 당알코올, 가스형성식품, 자극성 식품, 카페인음료 등은 장을 자극하여 증상을 악화시킬 수 있고 지방의 다량 섭취는 지방변을 일으킬 수 있으므로 식사에서 제한할 필요가 있다. 증상이 호전되면 식이섬유를 소량씩 늘리고 개인의 식사적응도에 따라 개별화하여 식사를 조정한다. 단백질을 비롯하여 비타민(엽산, 비타민 B_{12}), 무기질(철, 칼슘, 마그네슘, 아연)이 부족하기 쉬우므로 환자의 상태에 따라 보충제 사용을 고려한다. 또한 프로바이오틱스와 프리바이오틱스가 풍부한 식품 및 보충제 섭취가 염증성 장질환의 증상을 완화시키고 항염증 지표 개선에 도움이 된다.

② **약물치료**   염증성 장질환의 치료에 흔히 사용되는 약물은 설파살라진, 부신피질호르몬제(스테로이드) 등의 항염증제와 면역억제제로, 염증을 조절하고 염증성 세포의 증식을 억제한다. 또한 궤양성 대장염에서 급성감염이 있는 경우 항생제를 사용한다. 이 약물들은 일부 영양소의 흡수불량을 초래할 수 있다. 설파살라진은 엽산의 흡수를 저해하고, 스테로이드는 소장의 칼슘 흡수를 감소시켜 골다공증을 초래할 수 있다.

③ **수술치료**　약물로 치료되지 않거나 천공, 폐색, 농양 등의 합병증이 있는 경우 손상 부위에 대한 절제 수술을 한다. 일반적으로 궤양성 대장염의 수술은 직장 전부와 항문을 절제하는 결장조루술colostomy 방법을 사용하고, 크론병에서는 결장과 직장 전체를 제거하는 회장조루술ileostomy 방법을 시행한다. 장의 절제로 인해 수분과 전해질의 손실이 크고 탈수, 흡수불량, 지방변, 체중 감소 등의 영양적 문제를 초래하는 단장증후군short bowel syndrome, SBS의 발생위험이 크다.

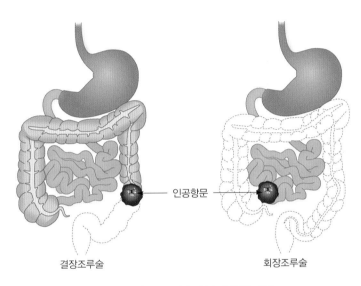

인공항문

결장조루술　　　　　　　　　회장조루술

그림 **3-13** 결장조루술과 회장조루술

알아두기

단장증후군

　암, 크론병, 장염, 게실염 등을 치료하기 위해 소장이나 대장의 일부를 절제한 후 소화·흡수기능 저하로 인해 나타나는 여러 대사적 이상을 말한다. 절제된 장의 위치와 남아 있는 장의 길이에 따라 증상이 달라지나 공통적으로 흡수불량, 설사, 탈수, 지방변, 전해질 불균형, 체중 감소 등의 영양적 문제가 발생한다. 흡수되지 않은 지방이 장내 칼슘과 결합하면 수산의 장내 흡수가 촉진되어 소변을 통한 수산 배설이 증가되는데, 이로 인해 칼슘-수산 신결석의 위험이 높아진다. 또한 담즙염의 흡수 감소로 콜레스테롤 담석의 발생 위험도 증가된다.

　장 절제 수술 후에는 정맥영양과 경관급식을 공급하고, 회복되어 경구섭취가 가능해지면 영양과 수분 공급 유지에 목표를 두고 소량씩 여러 번에 나누어 공급한다. 저지방, 저잔사식을 기본으로 유당, 수산, 당알코올을 제한하고 필요에 따라 지용성 비타민을 보충한다. 환자의 적응도에 따라 식이섬유와 지방량을 조정한다.

5) 게실염

장 점막 표면에 생긴 비정상적인 작은 주머니 모양의 돌기를 게실diverticula이라고 한다. 게실이 많아져서 집합체가 되면 게실증diverticulosis이라 하고, 게실에 박테리아가 들어가서 염증을 유발하면 게실염diverticulitis이라고 한다.

(1) 원인과 증상

게실증은 주로 대장 하부에 많이 발생하고 저섬유소 식사, 만성적인 변비와 관련이 있고 노화에 따라 게실증 빈도가 증가된다. 게실은 여러 원인에 의해 장벽의 압력이 증가되어 장벽의 약한 부분을 밀어내어 생긴다고 알려져 있다.

게실증은 대부분 임상증세가 나타나지 않으나 게실에 대장 내용물 중의 박테리아가 들어가 염증을 일으키면 게실염으로 발전하여 다양한 증상이 나타난다. 즉 복부팽만감, 아랫배의 통증, 발열, 장관 내 출혈 등의 증상이 나타나며, 합병증으로 장폐색, 천공으로 인한 복강 내 농양, 복막염이 발생할 수 있다.

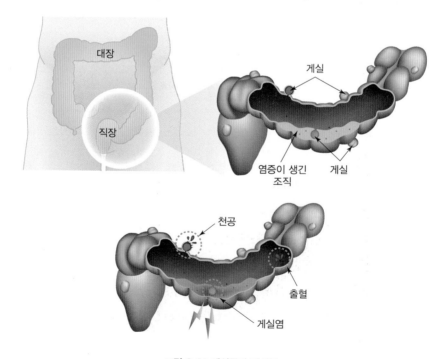

그림 **3-14** 게실증과 게실염

(2) 치료 및 영양관리

게실염은 항생제 투여, 식사요법, 대장의 휴식으로 치료하지만 치료보다 예방이 중요하다. 게실염의 예방을 위해 고식이섬유 식사와 충분한 수분 섭취가 권장된다. 식이섬유는 장내에서 수분과 결합하여 대장을 쉽게 통과할 수 있는 양이 많고 부드러운 대변을 만들어 게실 형성 가능성을 낮춘다. 또한 적당한 운동은 변비 예방에 도움이 되며 게실증 예방에도 도움이 된다.

그러나 급성게실염이 발생한 환자는 식이섬유의 섭취가 게실염을 악화시킨다. 따라서 급성게실염의 경우 장의 휴식을 위해 경구식이를 중단하고 증상이 호전되면 맑은 유동식부터 시작하여 저잔사식으로 이행하고 식이섬유를 점진적으로 공급하여야 한다.

6) 셀리악병

셀리악병Celiac disease은 글루텐 단백질에 대한 알레르기 반응으로 소장점막 내 융모가 소실되거나 평평하게 변형되어 영양소의 흡수장애가 생기는 질병이다. 이 질환은 글루텐 성분에 대한 염증성 반응으로 일어나기 때문에 글루텐 과민성 장질환gluten sensitive enteropathy, 비열대성 스프루non-tropical sprue라고도 한다.

(1) 원인과 증상

셀리악병 발병의 기전은 정확하지 않으나 밀, 귀리, 오트밀, 보리 등에 함유된 글루텐의 성분이 위장관 내에서 면역반응을 일으켜 점막세포에 염증이 생겨 융모가 손상된다. 대부분 유전적 요인을 가진 사람에게 나타나는데 수술, 임신 및 출산, 바이러스 감염, 정신적 스트레스 등의 유발요인에 의해 발병한다. 또한 다른 자가면역질환(1형당뇨병, 갑상선 질환, 루푸스, 류마티스관절염)에 동반되어 나타나기도 한다.

증상은 복통, 복부팽만감, 피로, 가스 생산과 함께 영양소 흡수불량으로 인해 설사, 지방변이 나타난다. 단백질, 지질, 탄수화물, 칼슘, 철, 지용성 비타민 등의 흡수불량이 일어나고, 이로 인해 체중 감소, 골다공증, 빈혈 등이 나타난다.

(2) 치료 및 영양관리

셀리악병의 치료는 임상적 증상을 완화하고 소장 점막의 융모를 재생하여 흡수기능을 정상화하는 것을 목표로 한다. 대부분의 경우 글루텐이 함유된 음식을 식사에서 제거하면 증세가 호전되고 수개월 이내에 장의 염증도 회복된다. 따라서 셀리악병이 있는 경우 글루텐 제한식을 평생 지속해야 한다. 고열량식, 고단백식으로 회복을 돕고 환자의 상태에 따라 빈혈이 있는 경우는 철, 엽산 등을 보충하고 골다공증이 있는 경우는 칼슘, 비타민 D를 보충한다.

글루텐 제거 식이만으로 증상이 호전되지 않거나 장의 염증이 심한 경우는 스테로이드제 등의 약물을 사용한다.

CHAPTER 3 사례 연구 **소화성 궤양(Peptic ulcer)**

송 씨는 38세 여성으로, 1년 전 남편과 사별하기 전까지 두 아들(현재 10세와 8세)을 키우며 가정주부로 살아왔다. 6개월 전부터 보험설계사로 취직하여 생계를 책임지고 있는데, 직장생활에 적응하느라 시간이 없어 식사를 거르는 경우가 많아졌고 고객 접대를 위해 커피를 많이 마시게 되었으며, 직장 동료들과 회식도 자주 하게 되었다. 가정에서는 식사 준비에 소요되는 시간을 절약할 수 있고 아이들도 좋아해서 반조리 제품인 냉동 돈가스, 닭튀김, 냉동 만두 등을 자주 이용하게 되었다. 밤 늦도록 잠을 이루지 못할 때는 소주를 마시고 잠자리에 들기도 하였다.

최근 큰 아들이 학습장애로 학교에 적응하지 못하여 걱정으로 두통이 심해져 아스피린을 자주 복용하게 되었다. 위에 통증을 느끼면 제산제를 복용하며 지내왔다. 위의 통증이 더욱 심해지고 제산제를 복용해도 잠깐 동안만 통증이 없어졌다가 다시 나타나기가 며칠 계속되던 중, 과음한 다음 날 토혈을 하고 오른쪽 하복부와 왼쪽 상복부에 예리한 통증을 느껴 응급실에 갔다. 진찰 결과, 소화성 궤양으로 진단되어 입원하였다. 혈변이 있었으며, 위내시경 검사 결과, 유문괄약근 위쪽의 위장에 염증이 있고 유문괄약근 바로 아래 부분의 십이지장에 궤양이 있는 것으로 나타났다. 위액검사(gastric analysis) 결과 위산과다 분비로 판정받았다. 입원 후 5% 포도당 수액을 공급받았다. 조직검사 결과, 위암의 소견은 없으나 헬리코박터 파일로리가 동정되었다.

의무기록에 나타난 환자의 특성과 임상검사 결과는 다음과 같다.

- □ **신장** : 158 cm
- □ **체중** : 44 kg
- □ **최근 체중 변화** : 지난 6개월간 5 kg 감소
- □ **진단명** : 위산과다 분비로 인한 소화성 궤양. 헬리코박터 파일로리 양성 반응

- □ **약물처방**
  - sucralfate(Carafate) 6시간마다 1정
  - aluminum hydroxide(Amphojel) 10 mL 식후 1시간 후와 취침 전에 복용
  - famotidine(Pepcid AC) 40 mg 취침 전 복용
  - clarithromycin(Biaxin) 1정

- □ **입원 시의 식사처방**
  - 2일 금식 후 맑은 유동식 → 전유동식 → 연식으로 전환

(계속)

□ **임상검사 결과**
- 입원 시

검사항목	결과(참고치)	검사항목	결과(참고치)	검사항목	결과(참고치)
Hb	20.9 g/dL (13~17)	AST	32 U/L (< 40)	Na	145 mEq/L (135~145)
Hct	53% (42~52)	ALT	34 U/L (< 40)	K	5.6 mEq/L (3.5~5.5)
Albumin	4.5 g/dL (3.5~5.2)	BUN	35 mg/dL (8~20)	Cl	103 mEq/L (98~110)
FBS	155 mg/dL (74~100)	Cr	1.9 mg/dL (0.72~1.18)		

- 입원 이틀 후

검사항목	결과(참고치)	검사항목	결과(참고치)	검사항목	결과(참고치)
Hb	9.0 g/dL (13~17)	AST	17 U/L (< 40)	Na	141 mEq/L (135~145)
Hct	30% (42~52)	ALT	15 U/L (< 40)	K	4.0 mEq/L (3.5–5.5)
Albumin	2.8 g/dL (3.5~5.2)	BUN	18 mg/dL (8~20)	Cl	101 mEq/L (98–110)
FBS	90 mg/dL (70~100)	Cr	1.1 mg/dL (0.72~1.18)		

1. 송 씨의 현재 상태에 영향을 준 식생활의 문제점을 지적하고 식생활 이외에 다른 요인들이 영향을 주었다면 어떤 것들이 있는지 설명하시오.

① **식생활의 문제점**
- 불규칙한 식사
- 커피를 많이 마심 : 커피는 위를 자극하여 산의 분비를 증가시킴
- 소주 : 술은 위 점막을 상하게 함

② **식생활 이외의 다른 요인**
- 스트레스 : 남편과의 사별, 자녀 부양에 대한 부담감 및 학습장애 자녀에 대한 걱정, 새로운 직업에 적응하느라 느끼는 스트레스
- 아스피린 복용 : 아스피린은 위 점막의 산에 대한 보호 기능을 저하시킴

2. 송 씨의 임상 검사 수치에 대한 설명을 하시오.

2.1 입원 시의 임상 수치와 입원 이틀 후의 수치를 비교해 보면, 입원 후 헤모글로빈(Hb), 헤마토크릿(Hct), 혈중요소질소(BUN), 크레아티닌(Cr), 알부민(Albumin), 공복혈당(FBS), 칼륨(K) 수치가 상당히 많이 감소하였다. 왜 그런지 설명하시오.

입원 시 헤모글로빈, 헤마토크릿, 혈중요소질소, 크레아틴, 알부민, 혈당, 칼륨 수치가 높게 나타난 것은 입원 시 송 씨가 탈수 상태였기 때문에 혈액 내 수치가 높게 나타난 것으로 보인다. 입원 후 포도당 수액을 공급받으면서 탈수 상태에서 정상으로 회복되면서 혈액 내 수치가 떨어지게 되었다.

2.2 입원 이틀 후 정상 수준이 아닌 임상 지표들에 대해 설명하시오.

입원 이틀 후의 임상검사 수치에서 정상수준이 아닌 것으로 나타난 것들은 헤모글로빈, 헤마토크릿, 그리고 알부민 수치이다. 헤모글로빈과 헤마토크릿의 경우 입원 시에는 탈수 상태라서 헤모글로빈과 헤마토크릿이 비정상적으로 높은 수치를 보였으며, 포도당 수액 공급 후 감소되었는데 정상범위 아래의 수치를 보여주고 있다. 이는 송 씨가 토혈을 하였고 혈변이 있기 때문으로 판단된다. 궤양으로 인한 내출혈로 인해 빈혈이 생겼다고 볼 수 있다. 알부민 수치 또한 정상 수준 아래인데, 이는 장기적인 영양섭취 부족(체중 감소 및 통증으로 인한 섭취 어려움으로 확인 가능)으로 인한 것일 수 있으며, 염증으로 인해 알부민 합성이 저하되면서 수치가 감소될 수 있다.

3. 조직검사결과 헬리코박터 파일로리 양성 반응이 나타났다. 헬리코박터 파일로리가 십이지장 궤양과 어떻게 연관되어 있는지 설명하시오.

헬리코박터 파일로리는 위 점막의 상피세포의 표면에 붙어서 기생하며 각종 독소를 만들어내 위점막을 손상시킨다. 헬리코박터 파일로리는 주로 위장에 감염되는 세균이므로 십이지장 궤양과 직접적인 연관성이 있는지에 대해서는 아직 정확히 밝혀지지 않았지만, 헬리코박터 파일로리를 치료하면 십이지장 궤양의 재발률이 현저히 줄어드는 것이 증명되었다. 헬리코박터 파일로리의 십이지장 궤양 발병과 관련된 설득력 있는 설명은 십이지장 점막에 위장 상피세포층이 발달할 수 있으며, 이 부분에 헬리코박터 파일로리가 감염되어 궤양을 일으킨다는 것이다. 또 하나의 설명은 위장 점막에 헬리코박터 파일로리가 감염되면 유문부에서 위산의 분비가 많아지고, 여러 생체신호를 통해 십이지장 점막에서의 염기성 분비가 줄어들어서 궁극적으로 공격과 방어의 균형이 깨어진다는 것이다.

4. 송 씨에게 처방된 약물들의 효과를 간단히 설명하고 식품 또는 영양소와의 상호작용에 대해 설명하시오.

- sucralfate(Carafate) : 위 점막을 보호하고 위 배출을 지연시킬 수 있다. 칼슘이나 마그네슘 보충제, 제산제 등 다른 약물들은 Carafate 복용 후 30분 이상 경과한 후에 복용하도록 한다.
- aluminum hydroxide(Amphojel) : 제산제로 위산을 중화시키는 역할을 한다. 인, 철, 엽산의 흡수를 저하시키고, 마그네슘과 알루미늄의 증가를 초래할 수 있다. 복용 3시간 이내에는 감귤주스나 과일 또는 구연산칼슘(Ca citrate)의 섭취를 자제한다. 주스는 알루미늄의 흡수를 증가시킨다.

- famotidine(Pepcid AC) : 히스타민 수용체 길항제로서 위산 분비를 억제하는 역할을 한다. 카페인의 섭취 자제가 필요하다. 철과 비타민 B_{12}의 흡수를 저하시킨다.
- clarithromycin(Biaxin) : 항생제로서 헬리코박터 파일로리를 없애기 위해 사용된다.

5. 송 씨의 영양상태를 평가하고 적절한 식사계획을 제시하시오.

송 씨는 최근 6개월 동안 10.2%의 체중 감소가 있었으며, 현재 BMI는 17.6 kg/m²로 저체중에 해당한다. 송 씨의 영양관리 목표는 ① 위산을 중화하고, ② 위산 분비를 억제하고, ③ 위점막 조직의 기능을 유지하며, ④ 환자의 불편함을 최소화하여 영양상태를 호전시키는 것이다. 이를 위한 식사계획은 다음과 같다.

- 술, 커피, 아스피린, 담배를 삼간다 : 술은 위점막의 손상을 초래하기 때문에 위궤양을 악화시키고 치료를 방해한다. 맥주와 와인은 위산 분비를 증가시킨다. 커피는 위산 분비를 촉진하다. 아스피린은 위점막의 기능을 유지시키는 물질의 생성을 억제한다.
- 향신료 및 자극적인 음식의 섭취를 삼간다 : 고추나 후추와 같은 자극적인 향신료들을 많이 섭취할 경우 위산 분비가 증가되기도 하고 위점막벽이 손상되거나 염증이 생기기도 한다.
- 제산제의 복용시간을 고려하여 규칙적으로 식사하도록 한다.
- 취침 전에 과식하지 않도록 한다.
- 적절한 영양섭취를 통해 위점막의 궤양이 빨리 아물고 적절한 체중을 유지할 수 있도록 한다.

memo

CLINICAL NUTRITION WITH CASE STUDIES

04

간, 담낭 및 췌장질환

간, 담낭, 췌장은 인체의 상복부에 위치한 소화기계 부속기관으로 영양소의 소화·흡수
및 대사에 관련된 역할을 한다. 간은 소장에서 흡수한 영양소의 대사·저장·분배의 역할
을 담당하며 담낭은 간에서 생성된 담즙을 저장하였다가 십이지장으로 배출함으로써 지
질의 소화·흡수를 촉진한다. 췌장은 소화효소와 혈당조절 호르몬을 분비하여 영양소의
소화 및 대사에 중요한 역할을 한다. 질병으로 인한 이 기관들의 기능적 손상은 영양상태
및 건강에 심각한 영향을 미친다.

- **간경변증(liver cirrhosis)** 간세포가 파괴되고 섬유성 결체조직으로 대치됨으로써 간 조직이 위축되고 굳어져 정상적 기능을 못하게 된 상태
- **간성뇌증(hepatic encephalopathy)** 간 손상으로 인해 중추신경계의 기능장애가 나타나는 임상적 증상
- **간염(hepatitis)** 간세포가 파괴되어 간에 염증을 일으키는 질병
- **담낭염(cholecystitis)** 담낭에 생긴 염증
- **담석증(cholelithiasis)** 간, 담낭, 담도에 결석이 형성된 증상
- **담즙(bile)** 간에서 생성되어 십이지장으로 분비되는 액체로 시실블 유화시켜 소화·흡수를 도움
- **문맥고혈압(portal hypertension)** 간경변증의 진행으로 간으로 혈액을 전달하는 문맥혈관계가 폐쇄되어 문맥압이 높아진 상태
- **방향족 아미노산(aromatic amino acids, AAA)** 아미노산 중 페닐알라닌, 트립토판, 티로신
- **복수(ascites)** 복강 내에 염분과 수분이 축적되는 현상
- **곁가지 아미노산(branched chain amino acids, BCAA)** 곁사슬기로 곁가지를 가진 아미노산(발린, 이소류신, 류신)으로 분지형 아미노산이라고도 함
- **식도정맥류(varices)** 문맥고혈압으로 혈류가 하부식도와 위장 상부로 우회하여 몰려 식도정맥이 확장된 것으로 파열되면 대량의 토혈, 하혈이 생김
- **지방간(fatty liver)** 지방이 간 중량의 5% 이상 축적되는 증상으로 흔히 알코올 남용에 의함
- **췌장염(pancreatitis)** 췌장의 소화효소가 췌장조직 자체를 자가소화하여 발생되는 염증성 질환
- **황달(jaundice)** 혈액 내 빌리루빈 농도가 증가하여 피부 및 점막 등이 노랗게 보이는 현상

1. 간질환

우리 몸의 단일 장기 중 가장 큰 기관인 간은 영양소와 화학물질의 대사 및 면역작용에 핵심적인 역할을 한다. 간 기능이 손상되면 영양소의 대사장애로 영양불량을 초래할 뿐 아니라 약물과 알코올의 해독작용이 원활하지 않아 체내에 치명적인 영향을 줄 수 있다. 따라서 간질환은 간세포의 손상을 방지하고 재생을 촉진하여 간 기능을 회복할 수 있도록 적절한 영양관리를 하여야 한다.

1) 간의 구조 및 기능

(1) 구조

간은 1~1.5 kg에 달하는 우리 몸에서 가장 큰 장기로 횡격막 밑의 오른쪽 상복부에 자리잡고 있다. 간은 우엽과 좌엽으로 구분되고 우엽이 전체의 3/4을 차지한다(그림 4-1). 간은 다른 장기와는 달리 간동맥hepatic artery과 문맥portal vein의 두 혈관으로부터 혈액을 공급받는다. 간동맥은 산소 농도가 높은 동맥혈을 공급하고, 문맥은 소화기관으로부터 흡수된 영양소를 간으로 운반하는 역할과 비장에서 파괴된 적혈구로부터 생성된 혈색소를 간으로 운반하는 역할을 한다.

간은 기능적 단위인 간소엽hepatic lobule이 모여 구성된다. 간소엽은 지름 1 mm, 길이 1.5~2 mm의 육각형으로 중앙에 위치한 중심정맥 주변으로 간세포들이 방사상으로 모여 있고 주변부에 위치한 문맥, 간동맥, 담관 등과 연결된다(그림 4-2). 간세포는 모세혈관망인 시누소이드sinusoid를 따라 일렬로 정렬되어 있는데, 간동맥과 문맥을 통해 들어온 혈액이 시누소이드를 거치는 동안 대사 및 해독이 이루어진다. 간에서 다른 조직으로 운반될 영양소와 대사작용에 의한 노폐물은 시누소이드를 따라 중심정맥에 모이고 간정맥으로 합류되어 대정맥으로 나간다. 시누소이드 모세혈관벽에는 쿠퍼세포Kupffer cell가 있어서 생체방어작용을 한다.

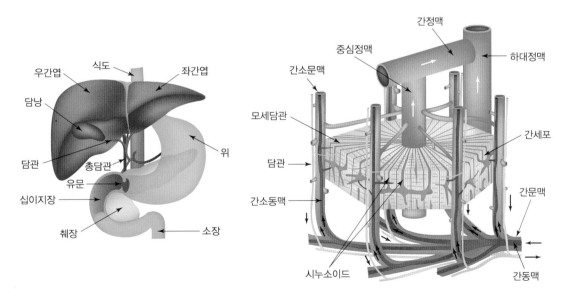

그림 **4-1** 간, 담낭, 췌장의 구조   그림 **4-2** 간소엽의 구조

(2) 기능

간세포는 재생능력이 매우 큰 특성을 가지며 500종이 넘는 다양한 기능을 수행하는 대사의 중심기관이다. 주요 기능은 영양소 대사, 담즙 생성, 해독 및 면역작용으로 분류할 수 있다. 또한 간은 200~400 mL의 혈액을 저장할 수 있어 출혈이 있는 경우 간에서 혈액을 동원하여 손실된 순환혈액량을 보충한다.

① 영양소 대사　소화·흡수된 영양소는 대부분 문맥을 통해 간으로 운반되어 체내 여러 조직에서 필요한 물질을 합성하거나 저장하는 대사작용을 거친다.

- **탄수화물 대사** : 간은 글리코겐의 합성 및 분해, 포도당신생작용, 당질 대사 중간 물질 합성 등을 통해 탄수화물 대사 및 혈당조절에 중요한 역할을 한다. 소화·흡수되어 문맥을 통해 간으로 유입된 단당류는 대사과정에 의해 포도당으로 전환된다. 포도당의 일부는 혈류를 통해 다른 조직으로 운반되나 상당량이 글리코겐을 합성하여glycogenesis 간에 저장된다. 공복 시와 같이 혈당이 저하될 때는 글리코겐이 포도당으로 분해되어glycogenolysis 혈당 농도를 조절한다. 글리코겐 분해작용을 통해서도 정상적인 혈당 유지가 어려울 경우에는 젖산, 당생성 아미노산, 글리세롤 등 당질 이외의 성분을 포도당으로 전환하는 포도당신생작용gluconeogenesis에 의해 혈당 농도를 일정하게 유지시킨다. 간질환이 심해지면 이러한 혈당조절 기능이 정상적으로 이루어지지 않게 되므로 당뇨병 환자와 유사하게 공복혈당과 식후 2시간 혈당이 상승한다.
- **단백질 대사** : 간문맥을 통해 간으로 들어온 아미노산의 일부는 간정맥을 통해 다른 조직으로 운반되나 상당량의 아미노산은 간에서 대사된다. 간에서는 아미노산의 대사반응을 통해 아미노산을 상호전환하거나 효소, 비필수아미노산을 합성할 수 있고 분해하여 에너지를 내거나 포도당신생의 기질로 전환시킨다. 또한 혈청 단백질 성분인 알부민과 글로불린, 혈액응고인자인 피브리노겐, 프로트롬빈 등을 합성한다. 그러므로 간질환 환자의 경우 알부민 및 혈액응고인자의 합성 저하로 인해 부종이 나타나고 복수가 차며 출혈이 잘 일어난다. 간은 급성스트레스 상태에서 분비되는 급성기반응 단백질acute phase protein과 트랜스페린, 레티놀결합단백질, 지단백질 등의 영양소 운반단백질도 합성한다. 단백질 대사과정에서 생성된 암모니아는 간에서 요소회로를 통해 무독성의 요소로 전환되어 소변으로

배설된다. 그러므로 간 기능이 저하된 경우 단백질 섭취를 조절하지 않으면 암모니아가 혈중에 축적되어 간성뇌증을 나타내게 된다.

• **지질 대사** : 간에서 중성지방, 인지질, 콜레스테롤, 지단백질의 합성 및 대사가 이루어진다. 필요 이상으로 탄수화물, 단백질, 지질을 과잉 섭취하면 간에서 중성지방을 합성한다. 정상적인 경우 간에서 합성된 중성지방은 지단백질VLDL에 포함되어 근육과 지방조직으로 이동된다. 지단백질은 아포단백질, 중성지방, 인지질과 콜레스테롤 등으로 구성된 혈중 지질의 운반형태로 대부분 간에서 합성된다. 간은 콜레스테롤도 합성하는데 대부분 담즙산염으로 전환되고, 나머지는 지단백질LDL의 형태로 간 이외의 조직으로 이동된다. 그러나 간 기능에 장애가 생기면 중성지방의 합성은 증가하나 지단백질 및 인지질의 합성이 감소되어 간에 지방이 축적되는 지방간이 유발되고, 콜레스테롤 합성 저하로 혈청 콜레스테롤 수치가 낮아지며 담즙 생성이 감소될 수 있다. 식사 또는 지방조직에 저장된 중성지방은 지방산으로 분해되고 β-산화β-oxidation에 의해 아세틸-CoA로 분해되어 에너지를 생성한다. 그러나 당뇨병이나 단식 등으로 인해 체지방의 분해가 급속히 이루어질 경우 간에서 지방산 분해에 의해 생성된 아세틸-CoA로부터 케톤체를 생성한다. 케톤체는 혈액을 통해 다른 조직으로 들어갈 수 있는데 주로 심장, 근육, 신장 등의 에너지원으로 사용된다.

• **비타민 및 무기질 대사** : 간은 비타민과 무기질의 저장, 활성화, 운반 등에 중요한 역할을 한다. 대부분의 지용성 비타민과 비타민 B_{12}, 비타민 C 등의 수용성 비타민 일부, 철, 구리, 아연, 셀레늄, 망간 등도 간에 저장된다. 또한 일부 비타민은 간에서 대사되어 활성화된다. 카로틴 일부의 비타민 A 전환, 비타민 D의 25(OH) 비타민 D 전환, 엽산의 메틸기 활성형5-methyl THFA 형성, 피리독신의 인산화 등이 간에서 일어난다. 간에서 혈액응고인자인 프로트롬빈을 합성할 때 비타민 K가 이용된다. 간은 비타민과 무기질의 운반에도 관련되어 비타민 A, 비타민 D, 철, 아연의 수송에 관련된 단백질이 간에서 합성된다. 따라서 간 기능 저하 시 비타민 및 무기질 결핍 증상이 나타날 수 있다.

알아두기

함지방간성 인자

간의 중성지방 침착을 막는 데 도움을 주는 물질로 콜린, 메티오닌, 레시틴 등이 포함됨

② **담즙 생성과 분비**   간은 1일 500~1,000 mL가량의 담즙을 생산하여 담낭으로 배출한다. 담낭에 저장·농축된 담즙은 필요할 때 담관을 통해 십이지장 내로 분비되어 지질이 쉽게 소화·흡수될 수 있도록 지질을 유화시키는 작용을 한다. 담즙은 담즙산염, 콜레스테롤, 담즙색소(빌리루빈), 지방산 및 인지질로 이루어진다. 간은 콜레스테롤로부터 콜산cholic acid 등을 합성하고 글리신, 타우린과 축합하여 담즙의 주요 성분인 담즙산염을 만든다. 또한 수명을 다한 적혈구는 간과 비장에서 분해되는데 헴의 분해산물인 빌리루빈이 간에서 글루쿠론산과 접합하여 수용성이 된 후 담즙으로 들어간다. 담즙은 지질뿐만 아니라 지용성 영양소의 소화·흡수에도 매우 중요한 역할을 한다. 따라서 간질환이 심해지면 담즙의 합성이나 배설에 장애가 생겨 지방변증을 초래하고 지용성 비타민의 결핍 증상이 나타날 수 있다.

③ **해독작용**   간은 외부에서 들어온 약물, 식품첨가물, 알코올과 체내 대사과정에서 생성된 유해물질들을 대사하여 독성을 제거하는 기능을 한다. 다양한 반응을 통해 독성물질을 독성이 적은 물질로 바꾸거나 배설되기 쉬운 수용성 물질로 전환한다. 간에서 각종 약물과 알코올이 대사되어 분해되고 유독한 암모니아는 요소로 전환되며 스테로이드계 호르몬은 글루쿠론산과 결합시켜 불활성화한 후 배설되도록 한다.

④ **면역작용**   간의 모세혈관에 존재하는 쿠퍼 세포Kupffer cell가 식작용에 의해 혈액 속의 이물질을 제거하고 면역글로불린이나 면역체 형성 등에 관여한다.

2) 간질환의 진단

간질환의 진단을 위해 간 기능검사, 간 조직검사, 간염 바이러스 표지자에 대한 면역검사, 간의 비대 및 간세포의 지방 침착 유무를 알아보는 간 초음파 검사, 방사성 동위원소를 이용하여 간 혈류의 변화를 알아보는 간 조영검사 등의 다양한 방법이 이용된다.

간질환의 초기에는 피로나 무력감 이외에는 별 증상을 나타내지 않는 경우가 대부분이므로 정기적인 검진을 통해 간 기능의 이상 유무를 검사함으로써 질환을 조기에 발견하여 치료하는 것이 중요하다. 간 기능검사는 해독 및 배설, 대사 및 생합성, 혈액응고 인자 합성 등의 간 기능과 관련된 성분을 측정하는 생화학적 방법이 이용된다. 간 기능검사에서 주로 실시되는 검사 항목은 다음과 같다(표 4-1).

(1) 혈청 효소 활성 검사

아미노산 대사에 중요한 효소인 AST$_{aspartate\ aminotransferase,\ GOT}$, ALT$_{alanine\ aminotransferase,\ GPT}$의 혈청 내 활성도가 간 손상 표지자로써 간 검사에 이용된다. 이 효소들은 간 조직에 존재하는데 간 조직이 손상되면 유출되어 혈청 농도가 상승한다. 또한 혈청의 알칼리성 포스파테이스$_{alkaline\ phosphatase,\ ALP}$도 간 검사에 많이 이용된다. ALP는 간에서 담즙을 분비하는 모세담관을 싸고 있는 세포 속 효소로 담도폐쇄, 간질환이 있을 때 수치가 증가된다.

(2) 빌리루빈 농도

적혈구의 평균 수명은 약 120일 정도로, 노화된 적혈구의 혈색소$_{hemoglobin}$는 방출되어 간과 비장으로 운반된다. 혈색소는 파괴되어 빌리루빈이 되는데, 이렇게 형성된 빌리루빈은 간에서 담즙을 형성하여 십이지장으로 배출된 후 대변으로 배설된다. 그러나 적혈구의 파괴가 증가하여 빌리루빈의 생성이 많아지거나 간에서 담즙으로의 전환 및 분비에 장애가 생겨 생성된 빌리루빈이 잘 배출되지 않을 때에는 혈청 빌리루빈 수치가 증가하며 황달이 생긴다. 또한 소변 중의 빌리루빈은 혈청 총빌리루빈보다 더 특이적으로 간 손상에 의한 황달을 나타낸다.

(3) 혈청 단백질 농도

혈청 단백질인 알부민과 글로불린은 간에서 합성되는데, 간질환 시 알부민의 합성은 감소하고 면역항체인 글로불린의 합성은 증가하므로 혈청 알부민 농도와 알부민/글로불린 비율(A/G)이 감소한다. 또한 혈액응고에 관여하는 프로트롬빈은 간 조직에서 비타민 K를 이용하여 합성되므로 간 기능에 장애가 생기거나 비타민 K가 결핍되면 프로트롬빈의 합성이 저하되어 혈액응고시간(프로트롬빈 시간)이 길어진다.

표 **4-1** 주요 간 기능검사

검사 항목	정상 범위	간질환 시 변화	임상적 의의
AST(GOT)(U/L)	40 이하	↑	• 간세포 손상에 의해 증가됨 • 심장과 근육 손상 시에도 증가되므로 비특이적
ALT(GPT)(U/L)	40 이하	↑↑	• 간세포 손상 시 혈청에 300 이상으로 증가됨 • 간 손상에 대해 민감성이 높은 지표로 AST보다 특이적
ALP(U/L)	30~120	↑	• 간질환, 담도폐쇄로 활성이 증가됨 • 뼈질환, 성장에 의해 증가될 수 있어 특이성은 떨어짐
알부민(g/dL)	3.5~5.2	↓	• 간질환에서 단백질 합성 감소에 의해 감소됨
총빌리루빈(mg)	0.3~1.2	↑	• 빌리루빈의 과잉생산, 간의 담즙 생성·배설장애에 의해 증가됨
암모니아(ug/dL)	25~79	↑	• 간경변증, 간질환에서 암모니아의 요소 전환 감소로 증가됨
프로트롬빈 시간(초)	12.5~14.7	↑	• 간질환에서 혈액응고인자의 합성 감소로 증가됨

3) 간염

간염hepatitis은 바이러스, 알코올 및 약물남용 등에 의해 간 세포에 염증이 생긴 상태로 바이러스에 의한 간염 발생이 가장 흔하다. 간염은 치유기간과 지속성에 따라 급성간염과 만성간염으로 분류한다.

(1) 급성간염

급성간염acute hepatitis은 대부분 3개월 이내에 완전히 회복되나 환자의 10~20% 정도는 만성간염으로 진행되므로 적절한 치료가 중요하다.

① **원인과 증상**   급성간염은 대개 바이러스 감염에 의해 일어난다. 간염은 원인이 되는 바이러스에 따라 A, B, C, D, E형의 5종류가 있는데, A형과 E형은 오염된 물, 음식을 통해 감염되는 경구간염을 일으키고 B형, C형, D형은 혈액, 성접촉 등을 통해 감염되는 비경구간염을 유발한다. A형과 E형 간염은 일과성으로 급성간염만을 일으키는 반면, B형, C형, D형은 만성간염, 간경변증, 간암으로 진전되기도 한다. 우리나라에서는 B형간염이 가장 많이 발생하는 것으로 알려져 있다.

급성간염은 심한 피로감과 식욕부진, 발열, 복부통증이 나타나고 이어서 황달증세가 안구와 피부에 나타난다. 또한 식욕부진, 메스꺼움, 구토 등으로 인해 식사 섭취가 불량해져서 체중 감소와 영양불량상태를 초래할 수 있다.

② **치료 및 영양관리**　급성간염은 안정과 고영양식으로 영양상태를 개선하고 손상
된 간세포를 재생하여 간 기능을 정상화하는 것을 목표로 한다. 충분한 에너지, 고단

표 4-2 간염 바이러스의 종류와 특징

종류	감염경로	특징
A형	경구 (오염된 물, 음식)	• 대부분 3개월 이내에 치유되고 만성화되지 않음
B형	비경구 (혈액, 성접촉 등)	• 회복률은 높으나 약 10%는 만성화되어 간경변증, 간성뇌증으로 진행 　(질병의 진행과 간 손상 정도를 정기적으로 모니터링해야 함)
C형	비경구 (B형과 유사)	• 만성간염, 간경변증 등으로 만성화되는 비율이 높음
D형	비경구 (증식에 B형 바이러스 의존)	• B형 바이러스에 감염된 사람에서 나타남 • 발병은 드물지만 거의 만성화됨
E형	경구 (A형과 유사)	• 만성화되는 일이 드묾

  핵심 포인트

급성간염의 영양관리
- 충분한 휴식을 취하고 식사는 소량씩 자주 섭취
- 알코올 제한 : 간 손상을 막기 위해 알코올은 절대 금지
- 충분한 에너지 공급 : 단백질 소모를 막기 위해 표준체중 kg당 35~40 kcal의 충분한 에너지 공급
- 충분한 양질의 단백질 : 손상된 간세포의 빠른 재생을 위해 양질의 단백질을 체중 kg당 1.5~2.0 g 공급
- 충분한 탄수화물 공급 : 간 글리코겐을 증가시켜 간세포의 단백질 소모를 막으므로 하루 350~400 g 정도의 탄수화물 공급 권장
- 적당량의 지방
  - 급성간염 초기는 구토, 메스꺼움, 위장장애로 지방 섭취가 어려운 경우가 있으나 이런 증상이 사라지면 필요 에너지 공급을 위해 적당량의 지방(보통 50~60 g) 공급
  - 버터, 치즈, 달걀노른자 등의 지방은 유화지방 형태로 소화가 잘 되므로 충분히 공급
- 충분한 비타민과 무기질
  - 간 손상으로 비타민의 저장 및 활성화 저해, 에너지 대사를 위한 비타민 B군(B_1, B_2, 니아신) 및 간조직 재생을 위한 콜라겐 합성에 관여하는 비타민 C의 필요량이 증가
  - 식사로 불충분한 경우 비타민 보충제 고려. 아연, 칼륨 등의 무기질 섭취에 대한 적절한 관리 필요

백질, 고비타민식을 규칙적인 식사계획에 따라 공급하기를 권장하나, 급성간염의 초기에 식욕부진, 구토, 메스꺼움 등으로 식사 섭취가 불충분한 경우 경장영양이나 정맥영양을 고려한다. 환자의 상태를 고려하여 미음이나 수프 등의 유동식으로 시작하여 점차 연식, 일반식으로 이행하도록 하는데 하루 5~6회로 나누어 급식하는 것이 좋다. 간세포에 손상을 주는 알코올은 제한하되 특별한 영양소의 조절이나 제한은 없다.

(2) 만성간염

만성간염chronic hepatitis은 급성간염이 6개월 이상 치유되지 않거나 간 기능장애가 비정상적으로 지속되어 완전히 회복되지 않는 상태를 말한다.

① **원인과 증상** B형 간염, C형 간염, 자가면역성 간염이 만성간염의 주요 원인이나 알코올, 약물, 대사질환에 의해 발생하기도 한다. 만성간염은 피로, 전신권태감, 식욕부진, 메스꺼움, 황달, 복부팽만감, 복통 등의 증상이 흔하고 복수, 부종이 나타나기도 한다.

② **치료 및 영양관리** B형 간염 바이러스에 의한 경우 항바이러스제를 처방하나 식사요법과 안정이 주요 치료방법이다. 만성간염의 경우 간경변증으로 진행될 수 있으므

알아두기

황달

황달(jaundice)은 세포외액에 빌리루빈 농도가 증가하여 피부, 눈의 결막 및 점막 등이 노랗게 보이는 현상이다. 혈청 빌리루빈 농도가 2.4~3.0 mg/dL(정상은 1.1 mg/dL 미만)이 되면 피부에 황달징후가 나타나기 시작한다. 일반적으로 황달은 다음 요인에 의해 발생한다.

눈의 황달

- 적혈구의 과도한 파괴 : 파괴되는 적혈구의 수가 정상보다 많아지면 다량의 빌리루빈이 생성되고 간의 대사능력을 초과하여 생김
- 간세포의 손상 : 간세포 손상으로 빌리루빈 대사능력이 떨어져 생김. 감염, 과도한 음주, 약물 등에 의한 간 손상이 원인
- 담도폐쇄 : 간에서 담즙이 배출되는 담도의 폐쇄로 담즙이 간에 축적되고 빌리루빈이 혈액으로 넘치게 됨. 췌장암, 담석증 등이 담도폐쇄를 일으킴

로 주기적인 검사와 진료가 매우 중요하다. 적극적인 영양지원이 필요하나 지나친 에너지 섭취는 비만과 지방간의 우려가 있으므로 표준체중을 유지하는 범위 내에서 고에너지, 고단백질, 고비타민식을 공급한다. 간성뇌증이 있는 경우에는 저단백식이를 하고, 복수가 나타날 때에는 1일 소금 섭취량을 5 g 이하로 줄이는 저염식을 병행한다.

4) 지방간

지방간fatty liver은 간의 정상적인 지방 함량인 5% 이상을 초과하여 간에 지방이 축적된 형태로 대부분 중성지방이 세포 내에 축적된다(그림 4-3). 간경변증 등으로 진행될 수 있으므로 원인에 따른 적절한 치료와 관리가 필요하다.

(1) 원인과 증상
간에 중성지방이 축적되는 기전은 필요량 이상의 에너지 섭취(주로 탄수화물 과잉섭취)에 의한 중성지방 합성 증가, 지방산 산화 감소 및 간세포에서 조직으로 방출되

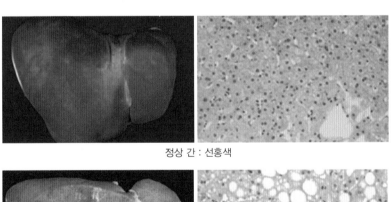

정상 간 : 선홍색

지방간 : 노란색

그림 **4-3** 정상 간과 지방간
자료 : 질병관리본부 국가건강정보포털.

는 중성지방 감소로 인한 간 내 축적량 증가에 의한다. 지방간은 주로 과도한 음주, 비만, 당뇨병, 지질 대사이상, 단백질-에너지 영양결핍, 장기적인 정맥영양, 약물, 폐결핵 등의 감염성 질환에 의해 발생된다. 과도한 음주에 의한 알코올성 지방간을 제외한 나머지 경우를 비알코올성 지방간염non alcoholic steatohepatitis, NASH으로 통칭한다.

지방간은 간 비대 이외에 특별한 증상은 나타나지 않는 경우가 흔하나 피로감, 메스꺼움, 허약감 등이 동반되기도 한다. 지방간의 원인이 제거되면 정상으로 회복될 수 있으나 지방간의 정도가 심해지면 간 기능이 저하되어 간경변증으로 진행될 수 있다.

(2) 치료 및 영양관리

간에 축적된 중성지방을 감소시키기 위하여 환자의 식생활과 생활습관의 문제점을 파악하여 장기적인 영양관리를 하는 것이 필요하다. 잦은 음주로 인한 알코올성 지방간은 안정을 취하고 음주를 절제하며 양질의 식사를 섭취하여 간 기능을 정상화하도록 한다. 비알코올성 지방간도 10% 정도 간경변증으로 진행되는 것으로 알려져 있으므로 원인을 찾아 적절한 치료와 영양관리를 해야 한다.

🔆 핵심 포인트

지방간의 영양관리

- 적절한 에너지 공급 : 정상 체중 유지에 필요한 양을 개별적으로 처방
  - 과체중 또는 비만인 경우 점차적인 체중감량이 되도록 적절한 식사계획 필요
  - 급격한 체중감량은 오히려 간의 염증성 괴사와 섬유화를 악화시키므로 주의
- 적절한 양의 단백질과 지방 : 영양소 섭취기준을 충족하는 정도로 구성
  - 고콜레스테롤혈증, 고중성지방혈증 등의 이상지질혈증은 지방, 포화지방산, 콜레스테롤 제한
- 단순당 제한 : 단순당은 중성지방의 합성을 촉진하므로 섭취 제한
- 충분한 비타민과 무기질 : 간 대사를 촉진하기 위하여 비타민과 무기질을 충분히 공급
- 알코올 제한 : 간 내 중성지방의 생성과 함께 간세포 파괴를 초래하므로 금함
- 식습관 교정 : 폭식, 불규칙한 식습관에 의해 지방간이 발생할 수 있으므로 좋은 식습관 형성

5) 간경변증

간경변증liver cirrhosis은 정상적인 간세포가 파괴되고 그 부분이 섬유성 결체조직으로 대치됨으로써 간의 정상구조가 소실되고 간 조직이 섬유화되어 간이 굳어지는 현상이다. 일단 간경변증이 되면 혈액 흐름이 차단되어 간세포는 정상기능을 잃고 재생이 어려워진다.

(1) 원인과 증상

간경변증의 원인은 B형과 C형 바이러스 감염, 알코올성 간질환이 가장 일반적이고 담도 폐쇄, 약물, 선천성 대사이상, 만성 영양불량 등에 의해 발생하기도 한다. 우리나라는 주로 B형 간염 바이러스에 의한 만성간염이 진행된 경우가 가장 흔하다.

간경변증의 초기 증상은 전신피로, 무기력, 식욕부진, 소화불량, 황달, 체중 감소 등 간염의 증상과 비슷하나 간 손상이 심해지면 다양한 합병증 형태의 증상이 나타난다. 부종, 복수ascites, 문맥고혈압portal hypertension, 위·식도정맥류, 간신증후군hepatorenal syndrome, 간성뇌증 등이 발생할 수 있다. 이러한 증상들은 대부분의 간 기능을 상실하

표 4-3 간기능장애에 따른 증상과 기작

간기능장애	증상	기작
알부민 합성 저하	복수, 말초부종	• 저알부민혈증 → 혈장 삼투압 저하 → 혈중 수분의 복강 내 축적 → 복수 → 조직 내 나트륨 저류 → 말초부종
혈액응고인자 합성 저하	출혈	• 혈액 내 프로트롬빈 감소 → 출혈
간혈류장애	문맥고혈압, 복수, 소화관출혈	• 문맥 울혈 → 문맥압 상승 → 위식도정맥류 → 파열로 인한 출혈 → 복강 내 수분, 나트륨 축적 → 복수
담즙 생성·분비장애	황달, 지방변증	• 혈중 빌리루빈 증가 → 황달 • 담즙 생성 및 분비감소 → 지방 소화·흡수장애 → 지방변증
요소 생성 장애	간성뇌증	• 요소 생성 감소로 고암모니아혈증 → 간성뇌증
혈당조절 이상	고혈당	• 공복혈당, 식후 2시간 혈당 상승 → 고혈당
에너지 대사이상	혈중 유리지방산 증가, 근육 소모	• 체지방 분해 증가 → 혈중 유리지방산 증가, 지방간 • 체단백질 분해 증가 → 근육 소모
아미노산 대사이상	간성뇌증	• 근육단백질 분해 → 혈중 아미노산 조성 변화(곁가지아미노산 ↓, 방향족 아미노산 ↑) → 신경전달물질이상 → 뇌신경장애
비타민, 무기질 대사이상	골다공증, 빈혈	• 비타민 D 활성화 저하 → 골다공증 • 비타민 A, 철, 구리, 아연 저장량 및 운반 감소 → 빈혈

알아두기

문맥고혈압과 복수, 소화관 출혈

간경변증이 진행되면 딱딱해진 간으로 혈액이 이동하기 힘들어진다. 이에 따라 장관과 비장에서 간으로 혈액을 운반하는 혈관인 문맥 내의 압력이 상승하는 문맥고혈압이 유발되고 많은 혈액이 위와 식도 주변의 혈관으로 우회하게 된다. 이는 복수, 정맥류 및 출혈의 중요한 원인이 된다.

- 정맥류 : 많은 혈액이 위와 식도 주변의 작은 혈관으로 우회하면서 혈관들이 늘어나 약해지는 현상으로 주로 식도 아래쪽 말단에 발생한다(식도정맥류).
- 출혈 : 정맥류가 심해지면 부풀어진 부분 중 가장 약한 곳이 파열되면서 대량의 출혈이 일어나 피를 토하거나 혈액이 위를 통해 소화관으로 들어간다. 혈액은 대변에 섞여 흑색변, 혈변이 나오기도 하고 장내 박테리아에 의해 암모니아 생성의 기질이 되어 혈중 암모니아 수준을 상승시키기도 한다.
- 복수 : 복수는 복강 내에 염분과 수분이 축적되는 현상이다. 높은 문맥압에 의해 문맥혈관 내부의 혈액에서 복강으로 수분이 빠져나오면서 복수가 생긴다. 또한 간 기능부전에 의한 혈장 알부민의 합성 감소, 간신증후군에 의해서도 복수가 유발된다. 만성간질환은 신장기능을 악화시켜 간신증후군을 유발하는데 신혈류량과 여과율 감소로 체내에 나트륨 저류가 증가되어 부종과 복수의 원인이 된다.

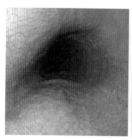 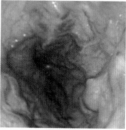 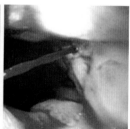

정상 식도   식도 정맥류   식도 정맥류 출혈

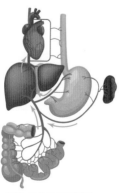 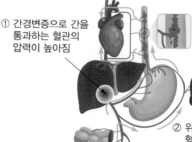

정상 상태의 문맥혈류

① 간경변증으로 간을 통과하는 혈관의 압력이 높아짐

④ 정맥류가 터지면서 출혈 발생

③ 위와 식도 주변의 혈관이 늘어나면서 정맥류 형성

② 위와 식도 주변의 혈관을 따라 혈액이 우회함

높아진 문맥압으로 문맥혈관 내부의 혈액에서 수분이 빠져나오면서 복수 발생

자료 : 질병관리본부 국가건강정보포털.

는 간경변증에서 대사적 기능장애에 따른 결과로 나타난다. 또한 간경변증 환자는 지방변과 함께 식욕부진, 구토, 소화 및 흡수불량, 영양소 대사 변화 등 복합적 원인에 의해 영양불량이 흔히 동반된다. 이로 인해 빈혈, 출혈, 골다공증, 타박상 등의 복합적인 증상이 나타날 수 있다.

(2) 치료 및 영양관리

간경변증 환자의 영양관리는 금주, 충분한 에너지와 적절한 영양소 섭취로 영양불량을 예방하거나 개선하는 것을 목표로 한다. 또한 환자에게 발생한 합병증에 대한 적절한 영양치료를 수행하고 필요한 경우 약물치료를 병행한다. 복수와 부종이 있는 경우 나트륨 제한과 적절한 단백질 섭취가 필수적이다. 나트륨 제한은 이뇨를 촉진하고 수분의 재축적을 막을 수 있고 적절한 단백질은 교질삼투압을 개선시켜 부종과 복

 핵심 포인트

간경변증의 영양관리
- 충분한 에너지 공급
  - 간경변증 환자는 식욕저하, 복수로 인한 빠른 포만감을 느끼므로 표준체중 kg당 35~40 kcal의 에너지를 하루 4~6회로 공급
  - 식사로 섭취가 부족한 경우 경구보충제, 경장영양 고려
- 적정량의 탄수화물을 여러 번 공급 : 혈당조절을 위해 배분
  - 단백질 절약작용을 위해 충분한 양의 탄수화물 섭취 권장
- 충분한 단백질
  - 체단백질의 분해를 최소화하고 간조직 재생을 돕기 위해 양질의 단백질로 체중 kg당 1.2~1.5 g 권장
  - 간성뇌증이 있을 때는 1일 35~50 g 정도로 단백질 섭취 제한
- 적당량의 지방
  - 지방변, 황달이 있을 때는 1일 20 g 이하로 제한하고 MCT나 유화지방 권장
- 충분한 비타민과 무기질
  - 흡수불량과 간 내 저장량 감소, 에너지 섭취 증가로 보충 필요
  - 특히 지용성 비타민과 비타민 B 복합체의 필요량이 증가됨
- 복수와 부종이 있을 때 : 소금 섭취량을 하루 5 g 이하로 제한
  - 증세가 심할 경우는 하루 1~2 g 이하로 제한
  - 이뇨제 사용 시에는 혈중 칼륨 농도를 모니터링할 것

알아두기

곁가지아미노산의 대사

곁가지아미노산(branched chain amino acids, BCAA)인 발린, 류신, 이소류신은 간에서는 거의 대사되지 않고 골격근에서 주로 대사된다. 따라서 곁가지아미노산은 근육으로 이동하기 위해 간에서 혈중으로 방출되므로 건강한 사람의 혈중 곁가지아미노산 농도는 간에서 주로 대사되는 방향족아미노산(aromatic amino acids, AAA)에 비해 상대적으로 높다. 간 손상으로 포도당신생과 케톤체 생성이 줄어들면 근육, 심장, 뇌는 필요한 에너지의 상당량을 곁가지아미노산의 분해로 조달하므로 혈액 내 곁가지아미노산은 감소하고, 방향족 아미노산은 간기능 저하로 인해 대사되지 못하므로 혈액 내 방향족 아미노산이 증가된다. 그 결과 간질환에서는 혈액 내의 곁가지아미노산/방향족 아미노산 비율이 감소된다. 또한 혈중 농도가 높은 방향족아미노산은 혈액뇌장벽을 통과하여 뇌로 다량 유입되고 신경전달물질 생성에 장애를 일으켜 간성뇌증의 뇌신경장애를 초래하는 요인이 될 수 있다.

수를 개선하기 때문이다. 이뇨제는 환자의 수분과 염분 배설 능력에 따라 적절한 약물을 선택하여 사용해야 한다. 식도정맥류가 있는 경우에는 약한 자극에도 출혈이 있으므로 식이섬유가 많은 음식을 제한한다.

6) 간성뇌증

간성뇌증hepatic encephalopathy은 간경변증이나 간 기능이 심하게 저하되었을 때 발생되는 합병증으로 중추신경계의 기능장애가 나타나는 경우를 말하며 간성혼수hepatic coma 라고도 한다.

(1) 원인과 증상

간성뇌증의 정확한 원인은 알려져 있지 않지만 혈중 암모니아의 증가가 가장 밀접하게 관련된다. 간 기능 저하로 인한 요소 생성 저하, 간경변증에 의한 문맥 순환의 감소로 혈중 암모니아 농도가 상승하게 된다. 그 결과 혈중 암모니아의 수준이 혈액뇌장벽blood-brain barrier, BBB의 역치를 넘어서게 되고 혈액뇌장벽을 통과하여 뇌조직에 손상을 일으켜 간성뇌증을 유발한다. 그 외에 소화기 출혈이나 장내 박테리아에 의한 암모니아 생성 증가, 고단백식, 변비, 신장질환에 의해 혈액 암모니아 농도가 상승될 수 있다.

간성뇌증의 초기 증상은 집중력 저하, 불안, 수면 리듬 변화에 의한 과수면 등을 나

💡 **핵심 포인트**

간성뇌증의 영양관리

- 적절한 단백질 제한과 충분한 에너지 공급
  - 증상이 심할 때는 저단백식이(1일 30~40 g)를 공급
  - 상태가 호전됨에 따라 단백질의 섭취량을 늘림
- 동물성 단백질보다 우유 및 유제품, 식물성 단백질을 권장 : 곁가지아미노산을 상대적으로 많이 함유한 단백질 급원 선택
- 비타민, 무기질 보충 : 채소와 과일을 충분히 공급하고 필요시 보충제 공급
- 복수와 부종이 동반된 경우 나트륨 제한
- 식도 위정맥류가 동반된 경우 식이섬유 제한
  - 변비는 장내세균에 의한 암모니아 발생을 증가시키므로 식이섬유 공급 권장
  - 식도 위정맥류가 동반되면 자극을 피하기 위해 제한
- 영양지원 시에는 곁가지아미노산이 많은 용액 선택 : 혼수상태인 경우 경장영양, 정맥영양 실시

표 4-4 말기 간질환 환자의 임상적 상태에 따른 영양치료

임상적 상태	원인	영양치료
간성뇌증	• 감염 • 수분 및 전해질 불균형 • 약물 • 소화관 출혈 • 질소 과부하 • 아미노산 불균형	• 적절한 에너지 공급 • 단백질 섭취 제한 후 적응도에 따라서 증가시킴 • 곁가지 아미노산(BCAA)이 강화되고 방향족 아미노산(AAA)과 메티오닌이 제한된 용액 공급 • 락툴로스(lactulose), 네오마이신(neomycin)
복수/부종	• 문맥고혈압 • 저알부민혈증에 의한 삼투압의 감소 • 나트륨과 수분의 비정상적 보유	• 나트륨 제한 • 적절한 단백질 섭취 • 이뇨제 사용으로 전해질이상 수정
지방변	• 췌장기능 저하 • 담즙 부족	• MCT의 사용
고혈당	• 인슐린 수용체에 대한 결합능력 감소 • 혈중 글루카곤 농도 증가 • 인슐린 농도 감소	• 당뇨식 제공
저혈당	• 고인슐린혈증 • 글리코겐 저장 감소 • 포도당신생능력 저하	• 탄수화물이 많은 식사를 소량씩 자주 섭취
출혈, 식도정맥류	• 간경변증에 의한 혈류장애	• 비타민 K 주사
빈혈	• 혈액 손실 • 적혈구의 용혈 증가 • 엽산, 비타민 B_{12} 혹은 철 결핍	• 결핍증 유무 검토 후 결핍된 영양소 보충
골다공증	• 비타민 D를 활성화시키는 능력 부족 • 지방변으로 칼슘 및 비타민 D 손실	• 비타민 D 보충 • 칼슘 보충

> **알아두기**
>
> ### 간성뇌증 치료에 사용되는 약물
>
> 간성뇌증 치료에 가장 많이 사용되는 약물은 락툴로스(lactulose, β-galactosyl-fructose), 락티톨(lactitol, β-galactosyl-glucitol) 등의 비흡수성 이당류이다. 이들은 소장에서 소화·흡수되지 않고 장내세균에 의해 아세트산, 젖산 등의 유기산으로 분해되어 대장 내 pH를 낮춘다. 그 결과 요소 분해 세균의 생존에 불리한 장내 환경을 만들어 암모니아 생성이 감소되고 암모니아(NH_3)를 비흡수성 암모늄(NH_4^+)으로 전환시켜 혈류의 암모니아 농도가 감소한다. 또한 대장에서 삼투성 설사를 유발하여 장에서 암모니아를 배설하는 역할을 한다. 비흡수성 항생제인 리팍시민(Rifaximin), 네오마이신(neomycin) 등도 장관 내에서 고농도로 유지되며 요소 생성세균에 작용하여 장내 암모니아 생성을 감소시켜 간성뇌증을 호전시킬 수 있다.

타내다가 증세가 심해질수록 점차 의식 및 행동장애, 신경 상태의 변화가 심하게 나타나고 수면 상태가 점점 길어지다가 혼수나 사망에 이르게 된다. 간성뇌증 환자는 혈중 메티오닌과 방향족 아미노산AAA의 농도는 증가하는 반면 곁가지아미노산BCAA 농도는 감소한다.

(2) 치료 및 영양관리

간성뇌증의 치료는 유발인자를 찾아 제거, 교정하는 것이 필요하다. 대장의 암모니아 생성을 줄이기 위한 항생제와 비흡수성 이당류 투여, 영양관리가 주요 치료방법으로 사용된다.

영양관리는 적절한 영양 상태를 유지하여 체조직의 이화를 막고 부종과 복수의 개선, 간성뇌증 증상의 완화를 목표로 한다. 충분한 에너지를 공급하고 암모니아의 생성을 최소화하기 위해 간 기능에 맞게 단백질의 섭취량과 종류를 조절해야 한다.

7) 알코올성 간질환

알코올성 간질환alcoholic liver diseases은 음주에 의해 발병하는 지방간, 간염, 간경변증, 간세포암을 포함하는 질환군이다. 초기 알코올성 지방간은 증세가 거의 없고 회복이 쉬운 편이지만 지속적이고 과도한 알코올 섭취로 알코올성 간염, 간경변증으로 진행될 수 있다.

알
아
두
기 **알코올 대사와 간 손상**

섭취한 알코올은 주로 간에서 산화과정에 의해 분해된다. 알코올은 알코올 탈수소효소(alcohol dehydrogenase, ADH)에 의해 아세트알데하이드로 전환되고, 다시 알데하이드 탈수소효소(aldehyde dehydrogenase, ALDH)에 의해 아세테이트로 대사된 후 아세틸-CoA를 거쳐 물과 이산화탄소로 분해된다. 아세틸-CoA의 일부는 지방산으로 전환된 후 중성지방의 형태로 간에 축적된다. 이 대사과정에서 다양한 경로에 의해 간이 손상된다.

- 아세트알데하이드의 독성 : 대사중간물질인 아세트알데하이드는 대표적인 독성물질로 반응성이 강해서 세포막을 손상시키고 세포 손상물질을 만들도록 유도하여 간 세포에 손상을 준다. 또한 두통 등의 숙취를 유발한다.
- 활성산소종 생성과 간세포 내 저산소증 유발 : 알코올 산화과정에서 불안정한 유리라디칼이 형성될 수 있고, 만성적인 음주를 하는 경우 간 세포 내 산소 소비 증가로 저산소증이 발생하여 간 세포에 손상을 줄 수 있다.
- 간의 지방 축적 : 알코올의 산화과정에서 NAD가 NADH로 전환된다. NADH 증가에 따라 지방산 산화는 감소하는 반면 지방산 합성과 중성지방 축적이 증가하여 지방간이 발생하고 간 손상이 심해진다.
- 사이토카인 효과 : 만성적인 음주는 대장 혈관의 투과성을 증가시켜 장내 박테리아가 만든 내독소(endotoxin)가 문맥을 통해 간으로 유입된다. 유입된 내독소는 간에 있는 쿠퍼세포에 의해 탐식되면서 세포 내 염증물질이 만들어져 간의 염증이 유발된다.

(1) 원인

섭취한 알코올은 쉽게 흡수되고 주로 간에서 대사된다. 알코올의 대사과정으로 간의 중성지방 합성이 증가되고 생성된 아세트알데하이드에 의해 직접적인 간세포 손상이 유발된다. 또한 알코올은 에너지 이외에는 다른 영양소가 없고 과음은 식사량을 감소시킬 뿐 아니라 위, 췌장, 소장에 염증을 일으켜서 티아민, 엽산, 비타민 A, 비타민 E, 아연, 마그네슘 결핍으로 인한 영양불량을 초래할 수 있다. 만성적인 알코올 섭취는 지방간을 유발하고 지속적이고 과도한 음주습관, 유전인자, 간염 바이러스, 비만, 영양장애 등 복합적 요인에 의해 알코올성 간염으로 촉진되고 간경변증으로 진행될 수 있다.

(2) 증상

알코올성 간질환은 일반적으로 알코올성 지방간, 알코올성 간염, 알코올성 간경변증의 세 단계로 진행된다. 알코올성 지방간alcoholic fatty liver, steatosis은 과다한 알코올 섭취로 인해 간세포 내에 지방이 과다하게 침착된 상태로, 초기에는 증상이 거의 나타나지

표 4-5 알코올성 간질환의 특징

진행 단계	특징
알코올성 지방간	• 만성알코올 중독환자의 80% 이상에서 나타남 • 간세포의 지방 침착과 간비대 • 초기에는 증상이 거의 없음. 음주를 중단하면 정상 회복 가능
알코올성 간염	• 식욕부진, 복통, 체중 감소, 발열 증상이 나타나고 심해지면 황달, 문맥고혈압에 의한 합병증 발생 • 간섬유화 진행이 흔히 나타남 • 음주를 중단하면 회복되기도 하나 상당수가 알코올성 간염이 지속되거나 간경변증으로 진행됨
알코올성 간경변증	• 상습 과음자의 15~30%에서 간경변증 발생 • 복수, 정맥류출혈, 간성뇌증 등의 증상과 심한 영양결핍이 동반됨

않으나 증상이 심해지면 구토, 식욕부진, 무력감, 간 비대 등의 증세를 보인다.

알코올성 간염alcoholic hepatitis은 흔히 알코올성 지방간에서 진행되는데 간비대, 식욕부진, 복통, 발열 등의 증상이 있고 심해지면 황달과 문맥고혈압에 의한 합병증이 발생한다.

알코올성 간질환의 마지막 단계인 알코올성 간경변증alcoholic cirrhosis은 바이러스 등에 의한 간경변증과 마찬가지로 부종, 복수, 문맥고혈압에 의한 정맥류출혈, 간성뇌증 등의 증상을 나타내고 간세포암 발생의 위험성이 있다.

(3) 영양치료

알코올성 간질환의 경우에는 술을 끊는 금주가 필수적이고, 간세포 재생을 위해 표준체중 kg당 1.5 g 정도의 충분한 단백질 섭취가 필요하나 간성뇌증이 있는 경우 단백질 섭취를 제한한다. 에너지 섭취는 정상체중을 유지하도록 조절한다. 동물성 지방의 섭취는 가능한 한 피하도록 하고, 비타민과 무기질을 충분히 보충하기 위해 신선한 채소를 많이 섭취한다. 메스꺼움과 고열 증상이 있는 환자에게는 정맥영양을 통한 수분 및 전해질 보충이 요구된다.

 핵심 포인트

알코올성 간질환의 영양관리

• 금주가 가장 중요한 치료 : 금주를 위한 약물치료, 정신사회치료 고려
• 적절한 에너지 제공 : 정상체중 유지
• 충분한 단백질 공급 : 간성뇌증이 있는 경우 제한
• 충분한 비타민과 무기질 섭취

2. 담도계 질환

담도계는 담낭과 담관으로 이루어진다. 담낭에 저장된 담즙은 담관을 통해 십이지장으로 배출되어 지방 소화에 중요한 역할을 한다. 따라서 담도계 질환의 영양치료는 저지방식사를 기본으로 한다.

1) 담도계의 구조와 기능

담낭은 간 아래쪽에 위치하여 간에서 생성된 담즙을 농축, 저장하는 곳이다. 담관은 담즙이 십이지장으로 배출되는 통로로 담낭과 십이지장의 연결부에는 오디괄약근이 있어 십이지장으로 배출되는 담즙의 양을 조절한다. 고지방식을 섭취하거나 십이지장 부위로 지질이 도달하면 소장 점막에서 호르몬인 콜레시스토키닌cholecystokinine이 분비되어 담낭을 수축시키고 오디괄약근을 이완시켜 담즙의 분비가 촉진된다.

담즙은 약알칼리성의 녹갈색 액체로 콜레스테롤, 빌리루빈, 담즙산염을 주성분으로 하고 무기염, 지방산, 인지질 등을 함유하고 있다. 빌리루빈은 담즙색소로 헤모글로빈의 분해산물이고 담즙산염은 간에서 콜레스테롤로부터 합성된다. 담즙산염은 십이지장에서 지질의 유화 및 지방분해효소의 작용을 촉진시킴으로써 지방 및 지용성 비타

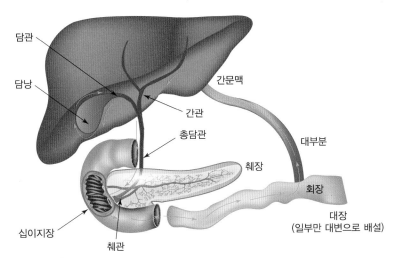

그림 **4-4** 담도계의 구조와 담즙의 장-간 순환

민의 소화·흡수를 돕는 역할을 한다. 담즙의 대부분(97~98%)은 회장에서 재흡수되어 문맥을 통해 다시 간으로 돌아가 새로 만들어진 담즙과 함께 십이지장으로 재분비되는 장-간 순환enterohepatic circulation을 한다.

2) 담낭염

담낭염cholecystitis은 담낭에 염증이 생긴 것으로 담즙이 분비되지 못하고 담낭에 정체될 때 발생한다. 담낭염은 급성담낭염과 만성담낭염이 있고 주로 담석으로 인해 발생하는 경우가 많다.

(1) 급성담낭염

급성담낭염의 90% 이상은 담석에 의해 발생한다. 담석이 담낭 내 담즙 유출경로를 막게 되면 담낭의 압력이 높아져 담낭벽이 붓고 염증이 생길 수 있으며, 정체된 담즙에 이차적인 세균 감염이 발생하여 세균성 염증이 발생하기도 한다. 급성담낭염은 심한 복통, 메스꺼움, 구토, 미열 등의 증상을 나타낸다. 심해지면 담낭 농양, 담낭 괴사 및 천공, 그리고 천공으로 인해 복강 내에 담즙이 퍼져 발생하는 담즙성 복막염 등의 합병증이 생길 수 있다.

(2) 만성담낭염

만성담낭염은 담석에 의한 지속적인 담낭자극으로 유발되거나 급성담낭염이 반복되면서 만성적인 염증으로 담낭벽이 두꺼워지고 섬유화되는 변화가 나타난다. 만성담낭염은 특별한 증상이 없는 경우가 많고 복부팽만감, 간헐적 복통이 나타나거나 갑자기 합병증이 발현되기도 한다.

3) 담석증

담석증cholelithiasis은 간, 담낭 혹은 담도에 결석이 형성된 것으로 담도계 염증, 담즙

정체, 담즙의 성분 변동 등에 의해 생긴다, 콜레스테롤 담석과 색소성(빌리루빈) 담석으로 나눌 수 있다.

(1) 원인

담즙은 콜레스테롤, 담즙산염, 인지질이 적절한 구성비로 섞여 있고, 담즙산염과 인지질이 유화제로 작용하는 미셀 내에 콜레스테롤이 용해되어 있다. 담낭 기능이상, 간의 대사이상, 감염, 고지방식 섭취 등 여러 원인에 의해 콜레스테롤이 과포화상태가 되면 침전되어 결정이 생기고 결정이 모여 콜레스테롤 결석을 형성하게 된다. 색소성 결석은 담즙색소 생성 증가 또는 침전에 의한 결정화로 생기는데 담즙의 정체, 감염, 간경변증, 용혈성 빈혈 등이 주요 원인이다. 우리나라는 색소성 결석이 상대적으로 많지만 식생활의 서구화로 지방의 섭취량이 증가하면서 콜레스테롤 결석의 발생이 증가하고 있다. 콜레스테롤 결석은 여성, 다출산, 비만인 사람에게 더 잘 생긴다. 그 이유는 여성호르몬이 담즙 내 콜레스테롤을 높이고 임신 중에 담낭의 기능이 저하되는 것과 관련이 있으며, 비만인 사람은 혈중 콜레스테롤 수치가 높기 때문에 결석의 위험이 커진다.

(2) 증상

담석증은 자각 증상이 전혀 없는 경우가 대부분이나 갑자기 심한 복통과 메스꺼움, 구토 등이 나타나기도 한다. 담석이 담관을 막으면 담즙이 십이지장으로 배출되지 못

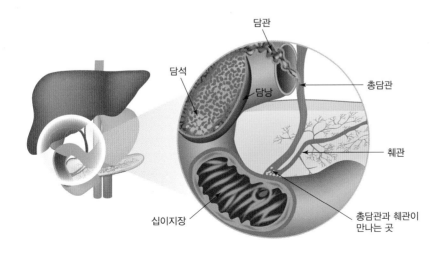

그림 **4-5** 담석의 위치

하여 담낭염, 담관염의 합병증이 생기고 지방의 소화불량이 나타난다. 담관염이 발생하면 심한 통증, 황달, 고열이 특징적으로 나타난다. 또한 담석이 십이지장의 담췌관 합류부위에 걸리면 담즙이 췌관으로 역류하거나 췌관압력을 상승시켜 급성췌장염이 발생할 수 있다.

증상이 있는 담석은 통증이 재발할 확률과 합병증이 발생할 가능성이 높기 때문에 치료해야 한다. X선 검사법, 담도조영법, 초음파 진단법 등으로 담석의 존재를 확인하고 초음파나 레이저를 이용하여 담석을 파괴하는 방법 또는 담낭을 외과적으로 제거하는 수술이 일반적으로 흔히 사용된다. 증세에 따라 담즙 배출 촉진제를 이용하거나 담석을 용해시키는 화학적 방법을 쓰기도 한다.

4) 담낭염과 담석증의 영양관리

담도계 질환의 영양관리는 담즙분비와 담낭 자극을 줄이고 담석의 위험인자를 조절하는 것을 목표로 한다. 급성기에는 금식을 하고 회복되기 시작하면 유동식, 연식, 일반식으로 이행한다. 영양관리는 저지방식을 기본으로 하고 탄수화물과 양질의 단백질 비중을 높이는데, 저지방식에 의해 지용성 비타민이 결핍되지 않도록 주의한다. 자극적이거나 가스를 형성하는 식품은 피하고 소화되기 쉬운 음식으로 규칙적인 식사를 제공한다. 담석을 예방하는 특별한 식사방법은 없으나 비만은 담석의 중요한 원인이므로 정상체중을 유지하도록 한다.

💡 핵심 포인트

담도계 질환의 영양관리
- 저지방식사
  - 특히 포화지방산은 담낭수축 촉진, 통증 유발 가능성이 높으므로 제한
  - 지용성 비타민이 결핍되지 않도록 주의
- 회복에 따라 양질의 단백질을 서서히 증가시킴. 담즙 분비를 촉진하므로 급성기에는 단백질 제한
- 자극성 식품, 식이섬유가 많은 음식, 가스 형성 음식 제한
- 비만인 경우 에너지 섭취를 제한하여 정상체중 유지
- 규칙적으로 식사하고 폭식, 과식을 금함

3. 췌장질환

췌장은 소화효소와 혈당조절에 중요한 호르몬들을 분비하므로 췌장질환에 의해 영양불량, 당뇨병, 소화효소에 의한 조직파괴 등이 유발될 수 있다.

1) 췌장의 구조와 기능

췌장은 왼쪽 상복부의 위 뒤쪽으로 위치하고 있는 기관으로 외분비 조직과 내분비 조직으로 이루어진다. 외분비 조직에서는 탄수화물, 단백질 및 지질의 소화에 관여하는 각종 소화효소와 중탄산염을 분비한다. 랑게르한스섬으로 불리는 내분비 조직에서는 베타세포에서 인슐린insulin, 알파세포에서 글루카곤glucagon, 델타세포에서 소마토스타틴somatostatin이 분비된다. 췌장의 외분비샘에서 십이지장으로 분비되는 췌액은 중탄산염이 함유된 알칼리성 액체로 일일 분비량이 1~2 L에 달하며 소화관 점막에서 분비되는 호르몬인 세크레틴과 콜레시스토키닌에 의해 조절된다. 췌장의 내분비샘에서 분비되는 인슐린은 혈당 저하작용, 글루카곤은 혈당 상승작용, 소마토스타틴은 인슐린과 글루카곤의 상반된 혈당 조절작용을 견제하는 역할을 통해 탄수화물 대사의 조절에 관여한다.

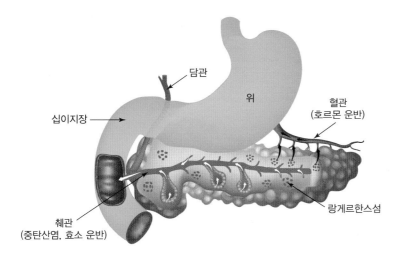

담관

위

혈관
(호르몬 운반)

십이지장

랑게르한스섬

췌관
(중탄산염, 효소 운반)

그림 **4-6** 췌장의 구조

2) 급성췌장염

급성췌장염acute pancreatitis은 췌액의 배출이 원활하지 않게 되어 췌장 효소(주로 트립신)가 췌장조직 자체를 자가 소화하여 발생하는 급성염증성 질환으로, 췌장 분비샘 파괴와 조직의 염증이 생긴다.

(1) 원인 및 증상

급성췌장염의 주원인은 담석증과 알코올 남용이며, 특정 약물 복용이나 고지방식사 선호 습관, 중성지방혈증 등이 원인이 될 수 있다.

주요 증상으로는 심한 상복부 통증, 구토, 장운동 마비, 지방변이 나타나고 혈중 췌액효소 농도가 증가한다. 급성췌장염 환자의 약 80%는 일주일 정도면 회복되나 심한 췌장염의 경우 췌장괴사, 위장관 출혈, 쇼크, 다발성 장기부전 등의 합병증이 나타날 수 있다.

(2) 영양관리

급성췌장염의 영양관리는 염증이 생긴 췌장의 자극을 최소화하고 조직의 재생을 돕는 것을 목표로 한다. 급성췌장염의 급성기에는 췌장의 자극을 최소화하기 위해 금식하고 수액으로 수분과 영양을 공급한다. 증상이 가라앉으면 수분 섭취를 시작하고 탄수화물을 위주로 한 맑은 유동식부터 신중히 시작해야 한다.

 핵심 포인트

급성췌장염의 영양관리
- 증상이 있는 경우 금식하고 정맥영양 실시
- 탄수화물을 위주로 한 식사를 소량씩 여러 번으로 나누어 제공
- 소화·흡수가 잘되는 저지방식 공급(유화지방, MCT 사용)
- 초기에는 단백질을 제한하고 호전되면 조직재생을 위해 점차 증량
- 알코올, 향신료, 커피 등 자극성 있는 음식 제한
- 철저하게 금주

3) 만성췌장염

만성췌장염chronic pancreatitis은 지속적인 염증으로 췌장조직에 섬유질이 증가하고 석회화 등이 일어나 췌장 기능이 상실된 질환이다.

(1) 원인 및 증상

반복적인 급성췌장염에 의해 생기거나 심한 췌장염을 앓고 나서 바로 만성췌장염으로 진행되기도 한다. 만성췌장염의 주원인은 알코올의 남용이며 담낭염, 담석증, 간염에 의해 발생하기도 한다.

주요 증상은 급성췌장염과 유사하여 복통, 구토, 식욕부진이 나타나고 심해지면 체중 감소, 영양불량, 설사, 췌장성 복수, 당뇨병, 췌장암이 발생할 수 있다. 급성췌장염과는 달리 만성췌장염은 췌장 기능 상실에 따라 혈중 췌장효소가 정상치보다 낮게 나타난다.

(2) 영양관리

오래 지속된 만성췌장염은 췌장효소대체물을 구강투여하여 소화불량과 흡수불량을 치료한다. 만성췌장염의 영양관리는 급성췌장염의 일반적 식사원리를 적용하고 증상에 따른 영양관리를 실시한다.

🔦 **핵심 포인트**

만성췌장염의 영양관리
- 소화·흡수가 잘되는 저지방식 공급(유화지방, MCT 사용)
- 단백질은 권장섭취량 수준으로 제공
- 고혈당인 경우는 당뇨식 제공
- 비타민과 무기질 보충
- 철저하게 금주

CHAPTER 4 사례 연구 ## 알코올성 간경변증(Alcoholic cirrhosis)

만성알코올중독자인 53세의 남성 김 씨는 1년 전 급성췌장염으로 치료를 받았으며, 의사로부터 지방간이 있으니 술을 마시지 말라는 권유를 받았다. 김 씨는 2~3주간 술을 마시지 않다가 조금씩 다시 마시기 시작하였다. 가정불화 때문에 최근에 다시 술을 많이 마시기 시작하였는데, 왼쪽 상복부에 통증이 나타나 병원을 찾았다. 의사는 췌장염과 간경변증으로 진단하였으며 입원을 권유하였고 췌장염에 대한 치료를 시작하였다. 복수가 차고 발에 부종이 있으며 소변량이 감소하는 등 증세가 악화되었다. 병원식사가 맛이 없다며 잘 먹지 않고, 알코올 금단증상을 보이며 성격이 난폭해지고 폭력적인 언어를 사용하였다. 자세를 고정하지 못하고 가끔 환각증상을 보이기 시작하였다. 최근 1주간 식사량이 거의 없어 비타민, 무기질, 전해질이 포함된 5% 포도당 용액을 정맥주사하였는데 갑자기 많은 양의 선혈을 토하였다. 출혈이 심해 수혈을 받았다. 비위관(nasogastric tube)이 삽입되었다.

의무기록에 나타난 환자의 특성과 임상검사 결과는 다음과 같다.

□ **신장** : 173 cm

□ **체중**
  • 1년 전 체중 : 71 kg
  • 입원 전 체중 : 65 kg
  • 입원 후 체중 : 68 kg(복수 있음)

□ **진단명**
  • 간성뇌증(hepatic encephalopathy)
  • 문맥고혈압(portal hypertension)
  • 식도정맥류(esophageal varices)
  • 췌장염(pancreatitis)

□ **약물처방**
  • spironolactone(Aldactone), intravenous
  • furosemide(Lasix), intravenous
  • neomycin
  • lactulose enema

□ **입원 시의 식사처방**
  • 정맥주사로 5% 포도당 용액 75 mL/hr
  • 경관급식

□ **임상검사 결과**

검사항목	결과(참고치)	검사항목	결과(참고치)
PT	17 sec(12.5~14.7)	AST	120 U/L(<40)
NH$_3$	92 μmol/L(25~79)	ALT	60 U/L(<40)
Albumin	2.2 g/dL(3.5~5.2)	GGT	800 U/L(9~64)
FBS	145 mg/dL(70~100)	Amylase	450 U/L(22~80)

1. 알코올 중독자에게서 간경변증이 되기 전에 나타나는 지방간의 발생기전을 설명하시오.

- 과량으로 섭취한 알코올은 먼저 알코올 탈수소효소(alcohol dehydrogenase)에 의해 아세트알데하이드가 되고, 아세트알데하이드는 아세트알데하이드 탈수소효소의 작용에 의해 아세테이트가 된다. 이 과정에서 NADH의 농도가 높아지기 때문에 지방산의 산화는 억제되고 지방산의 생합성이 증가하게 된다.
- 알코올의 과잉섭취 시 간에서 중성지방의 합성은 증가하고, 지단백질의 합성은 감소하는 현상이 생기므로 간에 지방 축적이 상승되어 지방간 증세를 나타내며, 이를 적절히 치료하지 않을 시에는 알코올성 간염 및 간경변증으로 진행된다.

2. 김 씨에게 나타난 식도정맥류와 문맥고혈압에 대해 설명하시오.

김 씨의 경우는 알코올에 의해 간이 손상된 간경변증으로 인해 간의 섬유화가 진행되었기 때문에 간을 통과하는 혈류를 방해하게 된다. 간으로 유입되지 못한 혈액이 식도정맥으로 우회하여 순환하게 되어 식도정맥류를 형성한 상태이다. 식도정맥으로 계속 우회하는 혈류는 식도의 파열 지점을 더 크게 만들어 식도정맥의 파열로 인해 토혈을 하거나 혈액이 식도를 통해 위장으로 들어가게 된다. 한편 간경변증의 진행으로 말미암아 혈류가 간으로 가지 못하고 문맥의 압력이 상승하여 문맥고혈압이 발생한다.

3. 김 씨의 임상 검사 수치와 관련하여 아래 질문에 대해 설명하시오.

3.1 프로트롬빈 시간과 간 질환의 관계는?

프로트롬빈 시간(prothrombin time, PT)은 외인응고계(extrinsic coagulation pathway)를 측정하는 것으로 조직인자(tissue factor)를 더해준 후에 혈장이 응고하는 데 얼마나 시간이 소요되는지를 측정하는 것이다. 프로트롬빈이 트롬빈으로 전환되고, 트롬빈의 작용에 의해 피브리노겐(fibrinogen)이 피브린(fibrin)이 되고 복합체를 형성하여 응고한다. 혈액응고작용에 필요한 프로트롬빈은 간에서 합성된다. 간의 기능이 저하되면 프로트롬빈 생성 능력이 떨어져 프로트롬빈 시간, 즉 혈액응고에 소요되는 시간이 길어진다.

3.2 김 씨의 혈청 AST는 ALT의 2배였고 GGT(gamma glutamyl transferase)가 상승하였다. 이것을 통해 의사가 김 씨의 간에 대해 알 수 있는 것은 무엇인가?

알코올성 간경변증, 간 울혈 및 대사성 간 종양 시 혈청 AST가 ALT의 2배 정도로 나타난다. AST는 만성 알코올 중독의 경우에 대부분의 환자에서 수치가 증가하나 아주 심하게 증가하지는 않는다. ALT에 비해 AST가 많이 증가하는 것은 간 손상 정도가 심하다는 것을 의미한다. AST는 심근경색 등 심장질환 시에도 많이 증가한다. 또한 GGT는 글루타티온으로부터 글루타밀기를 아미노산에 전달하는 데 작용하는 효소로서 알코올성 간질환에서 혈청 수치가 올라가는 것을 볼 수 있다.

3.3 김 씨의 혈청 암모니아 수준이 높은 것은 무엇을 의미하는지 설명하시오.

간경변증으로 인해 간의 요소 합성 능력이 떨어지게 되어 암모니아가 요소로 전환되지 못하고 체내에 축적된다. 또한 식도 출혈 발생 시에는 위장으로 들어간 혈액이 장내 세균에 의해 암모니아를 만드는 좋은 기질이 되어 소장벽과 결장에서 암모니아가 발생되기 때문에 혈청 암모니아 수준이 상승된다. 혈청 암모니아의 상승은 혼수상태까지 초래하는 간성뇌증을 유발할 수 있다.

3.4 김 씨의 검사치 중 췌장염을 나타내는 검사수치는 무엇인가?

혈청 아밀레이스(serum amylase)의 정상수치는 22~80 U/L인데 췌장염으로 인해 탄수화물 분해효소인 아밀레이스가 혈액 중으로 유출되어 혈중 아밀레이스의 농도가 높아졌다.

4. 김 씨에게 처방된 약물들의 작용 기전에 관해 설명하라.

- Spironolactone(Aldactone) : 신세뇨관에서 알도스테론과 반대작용으로 칼륨을 재흡수하고 나트륨과 수분의 배설을 증가시킨다.
- Furosemide(Lasix) : 헨레고리에서 나트륨과 수분의 재흡수를 방해함으로써 이뇨제 역할을 한다. 칼륨, 염소, 마그네슘, 칼슘의 배설을 증가시킨다.
- Neomycin : 간성뇌증에 사용되는 약제로서, 위장관에서 암모니아를 생산하는 세균을 감소시킨다.
- lactulose : 인공 이당류제제로 인체 내 분해효소가 부족하여 소장에서 소화가 안 되고 대장에서 분해된다. 그 결과 장내 세균이 유기산을 만들어서 장의 pH가 낮아지기 때문에 암모니아가 ammonium ion의 형태로 있게 한다. 락툴로스는 소장점막으로부터 장으로 수분을 끌어내어, 변을 부드럽게 하고 배변을 촉진하기 때문에 변비를 예방한다. 따라서 암모니아가 위장관 밖으로 배설되도록 하여 간성뇌증을 예방한다.

5. 김 씨의 영양평가에 있어서 객관적 지표를 해석할 때 주의할 점은 무엇인가?

김 씨의 경우 복수, 부종, 이뇨제 사용 등으로 수분 상태의 변화가 심하기 때문에 한 번의 체중 측정으로 체중을 평가해서는 안 되며, 건체중(dry weight) 기준으로 체중 변화 추이를 지속적으로 관찰하는 것이 필요하다. 또한 김 씨의 경우 질소가 암모니아 형태로 체내에 축적되고, 간신증후군으로 질소 배출이 잘 안 되기 때문에 질소평형연구(nitrogen balance studies)를 실시하는 것은 바람직하지 않다. 간기능이 많이 저하된 환자의 영양상태를 평가할 때는 SGA(subjective global assessment)와 같은 타당성 있는 주관적 평가도구를 이용하고 영양-집중 신체검사(nutrition-focused physical exam)를 실시하는 것이 필요하다.

6. 김 씨에게 적합한 에너지 및 영양소 필요량을 설명하시오.

- 에너지
  - 간질환 회복을 위해 충분한 에너지를 제공한다.
  - 1,974~2,303 kcal(표준체중 65.8 kg 기준, kg당 30~35 kcal)
- 단백질 : 단백질 섭취가 많아지면 암모니아 수치가 올라갈 수 있으므로 간성뇌증 증상이 심한 상태에서는 단백질 섭취를 일시적으로 제한한다. 하지만 지나친 단백질 제한은 체단백질 분해를 초래하며 암

모니아 생성이나 간성뇌증의 치료에 유익한 효과를 주지도 않기 때문에 간성뇌증 증상이 나아지면 간
조직 재생을 위해 적절한 단백질 섭취를 권장한다(표준체중 kg당 1.2~1.5 g).

- 간질환에 동반되는 부종과 복수를 막기 위해 나트륨은 제한한다(1일 1~2 g).
- 단백질 제한 식사로 인해 칼슘, 철, 인 등의 무기질과 비타민 B_1, B_2, 니아신 등 비타민 B 군이 부족할
  수 있으므로 무기질과 비타민이 부족하지 않도록 한다.
- 수분 : 부종 정도와 수응도를 고려하여 1일 1~1.5 L를 섭취한다.

CLINICAL NUTRITION WITH CASE STUDIES

심혈관계 질환

우리 몸의 모든 신체 조직은 심장의 수축과 혈류에 의해 혈액을 공급받아 생명현상이 유
지되고 있다. 심혈관계의 이상으로 유발되는 주요 심혈관계 질환으로는 고혈압, 동맥경
화, 이상지질혈증, 허혈성 심장질환, 말초혈관질환, 심부전, 뇌졸중 등이 있으며 이들 질환
은 서로 연관되어 발생하기도 한다. 최근 생활양식과 식습관의 변화 등으로 인해 심혈관
계 질환에 의한 사망률이 계속 증가하고 있는 실정으로 질환의 예방 및 치료를 위한 적절
한 영양관리의 중요성이 강조되고 있다.

- **고콜레스테롤혈증(hypercholestrolemia)** 유전이나 고지방 식사, 당뇨병, 갑상선기능저하 등으로 인해 혈액에 콜레스테롤과 LDL이 증가된 상태
- **관상심장병(coronary heart disease)** 심장에 산소와 영양소를 공급하는 동맥 내 지방, 콜레스테롤이 축적되어 좁아지거나 막혀 유발되는 심장질환
- **뇌졸중(stroke)** 뇌의 혈액순환장애에 의하여 뇌혈관이 막히거나 파열되어 뇌조직에 손상이 일어나는 질환. 급격한 의식장애와 운동마비를 수반함
- **동맥경화증(atherosclerosis)** 혈관의 내막에 콜레스테롤에스터나 중성지방 등의 지질이 축적되어 동맥이 좁아지고 탄력성을 잃게 되는 현상
- **부정맥(arrhythmia)** 맥박의 리듬이 빨라졌다가 늦어졌다가 하는 불규칙적인 상태
- **부종(edema)** 신체조직의 틈 사이에 조직액이 비정상적으로 축적된 상태
- **심근경색(myocardial infarction)** 관상동맥의 폐색으로 혈행순환장애를 일으켜 심근에 산소 공급이 일정 시간 중단된 결과 심근세포가 손상된 상태
- **심부전(heart failure)** 심박출량의 장애 또는 정맥압의 상승으로 발생하는 임상적 증후군
- **심장마비(cardiac arrest)** 원인불명의 급성심장기능 정지현상
- **아포단백질(apoprotein)** 지단백질에 포함된 단백질로 지단백질의 구조를 안정화하며 수용체에 대한 결합 부위로 작용함
- **지단백질(liprotein)** 지질이 수용성인 혈액을 통해 이동하기 위한 수송체계로 지질과 단백질로 이루어져 있음. 외벽은 주로 인지질과 단백질로, 중심에는 중성지방과 콜레스테롤 에스터로 구성되어 있으며 밀도와 크기에 따라 분류됨
- **플라크(plaque)** 동맥경화증의 초기 병변으로 콜레스테롤, 칼슘, 피브린 등으로 구성됨
- **혈전(thrombus)** 혈액의 일부가 혈관 속에서 굳어져서 생긴 혈액 덩어리로 혈관벽에 상처가 생기면 혈액응고가 시작되고 혈구가 응집하여 혈관내강을 막게 됨
- **협심증(angina pectoris)** 관상동맥이 경화되거나 혈전으로 인해 혈관 내강이 좁아져 심장부 또는 흉골 뒤쪽에 발작적으로 조이는 것 같은 통증을 나타내는 증후군
- **호모시스테인(homocysteine)** 메티오닌의 아미노산 대사물로 심혈관계 질환의 잠재적인 위험성을 높이는 것으로 알려짐

1. 심장의 구조와 혈액 순환

심혈관계의 기능은 심장으로부터 나온 혈액을 혈관을 통해 온몸에 공급함으로써 산소, 수분, 영양소를 세포에 전달하고 대사에 의해 생성된 이산화탄소 및 노폐물을 배설하도록 이동시키며 혈액을 통해 호르몬과 여러 대사물질을 운반하는 것이다.

　심혈관계는 심장의 좌심실에서 대동맥을 통해 출발하여 체순환systemic circulation을 거쳐 우심방으로 돌아온 후, 우심실에서 폐동맥으로 출발하여 폐순환pulmonary circulation을 거쳐 좌심방으로 연결되어 있는 순환 회로이다. 혈액은 체순환을 하는 동안 인체의 여러 기관들을 순환하며 산소와 영양성분을 전달하고 이산화탄소와 노폐물을 운반한다. 체순환을 통해 이산화탄소가 많아진 정맥 혈액은 폐순환을 거치는 동안 기체교환을 통해 산소가 풍부한 혈액이 된다. 심장은 혈액 순환의 원동력인 펌프작용으로 혈압을 발생시킴으로써 혈액을 순환시킨다. 혈액이 순환하는 동안 체내 모세혈관에서는 혈액과 세포 사이에서, 폐 모세혈관에서는 혈액과 폐포 사이에서 기체교환이 이루어진다.

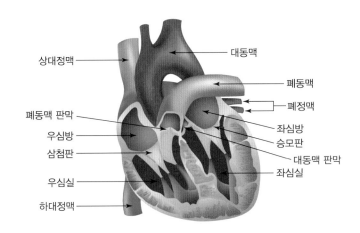

그림 **5-1** 심장의 내부 구조

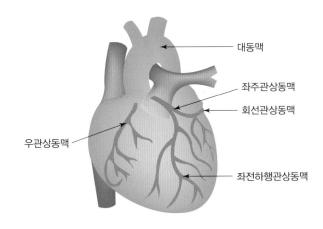

그림 **5-2** 관상동맥

1) 심혈관계의 생리

심장은 좌우 폐 사이 흉곽의 약간 왼쪽에 위치하고 있으며 펌프작용을 통해 혈압을 발생시켜 혈액을 심혈관계로 순환시키는 작용을 한다. 심장은 2심방과 2심실로 구성되어 있는데 혈류의 흐름면에서는 서로 독립된 2개의 기관 같은 기능을 한다. 폐순환을 거쳐 심장으로 도착한 산소가 풍부한 혈액을 좌심방이 받아들여 좌심실로 보내면 좌심실은 혈액을 온몸으로 보내 체순환을 하도록 한다. 한편 우심방은 체순환을 거친 정맥혈액을 받아들여 우심실로 보내고, 우심실은 혈액을 폐로 보내는 기능을 한다.

혈류가 한 방향으로만 진행되도록 심장 내 심실의 입구와 출구에 심장판막이 있는데, 이들은 혈류의 역류를 막기 위해 한쪽 방향으로만 열리고 닫히게 되어 있다. 심방과 심실 사이에는 방실판이, 심실과 동맥 사이에는 반월판이 있어 심실이 이완할 때에는 혈액이 심방으로부터만 심실로 들어오게 하고, 심실이 수축할 때는 혈액이 심실로부터 동맥으로만 나가게 한다. 심실의 근육은 심방에 비해 두껍고 혈액의 체순환을 위해 더욱 높은 압력을 필요로 하는 좌심실의 근육은 우심실보다 두껍다.

혈관계vascular system의 주된 기능은 전신에 혈류를 공급하고, 혈액과 조직액 사이에서 물질교환이 이루어지게 하는 것이다. 심장에서 나온 혈액은 대동맥, 소동맥, 모세혈관, 소정맥, 대정맥을 거쳐 다시 심장으로 되돌아온다.

동맥은 심장으로부터 각 신체조직으로 혈류를 전달하는 혈관으로 내막, 중막, 외막의 세층의 혈관벽으로 되어 있는 탄력성이 큰 혈관이다. 모세혈관은 단층의 내피세포로 구성되어 확산에 의한 물질교환이 적합하게 되어 있는 혈관이다. 정맥은 동맥과 같

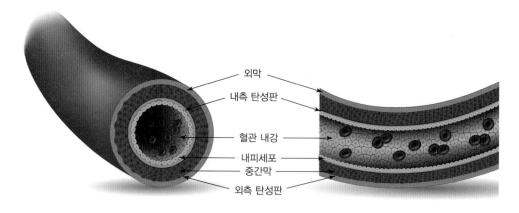

그림 5-3 동맥혈관의 구조

이 세 층으로 되어 있으나 얇고 탄성이 적으며, 곳곳에 판막이 있어 혈액이 역류하지 않고 심장으로 돌아오게 된다.

2) 심혈관계의 조절

인체는 심장혈관계 기능을 일정하게 유지하기 위해 신경성 조절기전과 체액성 조절기전을 통해 동맥혈압을 정상적 범위로 유지한다. 출혈이 일어나거나 수혈을 하였을 경우 일시적으로는 혈압이 변화하지만 혈압조절 중추와 호르몬에 의한 혈압조절작용이 일어나 곧 정상혈압으로 되돌아간다.

(1) 신경성 요인
연수에 위치하고 있는 혈압조절중추는 심장박출량과 혈관저항을 변화시킴으로써 혈압을 조절한다. 혈압조절중추에 직접적으로 작용하는 인자는 혈액의 탄산가스와 산소 함유량이다. 혈액 내에 탄산가스의 농도가 높아지게 되면 연수의 혈관운동 중추가 흥분되어 전신의 혈관을 축소시킴으로써 혈액이 흐르는 속도를 빠르게 한다.

대동맥과 경동맥에 있는 압력수용기는 혈압이 높아지면 심장과 혈관에 작용하여 수축을 억제함으로써 혈압을 낮추고, 혈압이 낮아지면 반대로 작용을 하여 혈압을 조절하는 역할을 한다. 누워 있다가 일어나면 상반신으로 흐르는 혈액량이 감소하여 일시적으로 혈압이 낮아지지만, 압력수용기의 조절기능이 심장과 혈관에 작용하여 혈압을 조절함으로써 정상으로 유지시킨다. 또한, 스트레스를 받거나 긴장이나 불안 등으로 인해 교감신경이 자극되면 에피네프린이 분비되어 심장박동수와 박출량을 증가시키고 혈관을 수축시켜 혈압이 상승하게 된다.

(2) 체액성 요인
혈압을 조절하는 체액성 요인은 신장과 부신피질에서 분비되는 호르몬의 작용으로 이루어진다. 혈류량의 절대적인 감소나 대동맥이나 신장 동맥의 동맥경화로 인한 신장 혈류량의 감소는 신장 세뇨관에서 레닌renin이라는 호르몬 분비를 촉진시킨다. 레닌은 혈장 내에 있는 안지오텐시노겐angiotensinogen에 작용하여 이것을 안지오텐신 Iangiotensin I

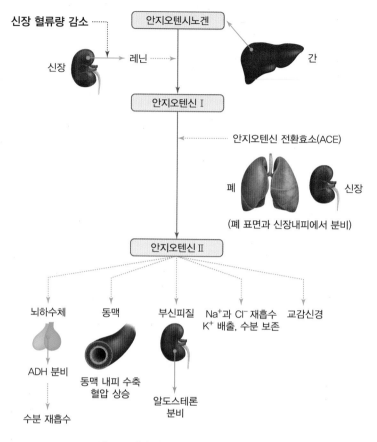

그림 **5-4** 레닌 안지오텐신계에 의한 체액 조절

으로 전환시키는 작용을 한다. 이후 안지오텐신 I은 폐에 존재하는 안지오텐신 전환효소에 의하여 활성형인 안지오텐신 II가 되는데, 이 물질이 혈관을 수축시켜 혈압을 상승시키고 부신피질 호르몬인 알도스테론aldosterone의 분비를 촉진시키는 작용을 한다 (그림 5-4).

알도스테론은 신장의 세뇨관에서 나트륨Na의 재흡수를 증가시키는 역할을 하는데, 나트륨은 혈액 삼투압 농도를 높여 수분의 배설을 억제하고 혈액량을 증가시킴으로써 혈압을 높이게 된다. 출혈, 탈수 등으로 인해 저혈압이 발생하게 되면 알도스테론이 작용하여 체액량과 혈압을 유지시키는 데에 중요한 역할을 하지만 신장 혈관에 동맥경화가 생기면 정상 혈압 시에도 알도스테론이 분비되어 고혈압을 유발하게 된다.

2. 고혈압

고혈압hypertension은 유전적 요인과 환경적 요인으로 인해 발생된다. 고혈압이란 동맥혈압이 지속적으로 높은 상태로, 세계보건기구WHO의 분류에 의하면 안정 시 수축기 혈압이 140 mmHg 또는 이완기 혈압이 90 mmHg 이상인 경우를 말한다(표 5-1). 고혈압은 심순환계 자체의 이상으로 인해 발생되는 것으로 생각되나 구체적 원인을 알지 못하는 일차성 또는 본태성 고혈압이 많은 부분을 차지하고, 나머지는 신장 질환, 내분비계 이상, 대동맥협착 등으로 인한 이차성 고혈압이다.

표 **5-1** 혈압의 분류

혈압 분류		수축기 혈압(mmHg)		이완기 혈압(mmHg)
정상혈압*		< 120	그리고	< 80
주의혈압		120~129	그리고	< 80
고혈압전단계		130~139	또는	80~89
고혈압	1기	140~159	또는	90~99
	2기	≥ 160	또는	≥ 100
수축기단독고혈압		≥ 140	그리고	< 90

* 심뇌혈관질환의 발생 위험이 가장 낮은 최적혈압
자료 : 대한고혈압학회. 고혈압진료지침. 2018.

1) 발생요인

혈압은 심장으로부터 나오는 혈액이 혈관 벽에 수직으로 가하는 힘으로서, 수축기 혈압이란 심실이 수축하여 혈액이 박출되는 시기의 혈압을 말하며, 이완기 혈압이란 심실이 확장될 때의 혈압을 말한다. 혈압은 혈관 저항 및 혈류량(심박출량)에 비례한다(그림 5-5).

> 혈압 = 혈관 저항 × 혈류량(또는 심박출량)

혈관 저항은 혈액의 점성에 비례하고 혈관반경과는 반비례 관계에 있으므로, 혈액

지질량의 증가로 인해 혈액 점성이 커지거나 혈관수축이나 동맥경화로 인하여 혈관반경이 감소하면 혈관 저항이 커져 혈압이 상승하게 된다. 고혈압 발생에 관련되는 생리적 요인을 정리하면 다음과 같다.

① **신경성 요인**　지속적인 긴장감이나 스트레스는 교감신경을 자극하게 되고 아드레날린의 분비를 촉진시킴으로써 심장 박동을 항진시키고 심장 수축력을 증가시켜 심박출량을 증가시킴으로써 혈압을 상승시킨다.

② **체액성 요인**　대동맥이나 신장 동맥의 동맥경화로 인해 신장으로 오는 혈류량이 감소되면 신장에서 레닌의 분비가 증가되어 안지오텐신 I을 안지오텐신 II로 전환하여 혈관을 수축하고 혈압을 상승시키는 작용을 하며, 부신피질 호르몬인 알도스테론은 신장의 세뇨관에서 나트륨의 재흡수를 증가시켜 체액을 보유시킴으로써 혈압을 상승시키게 된다.

③ **노화에 의한 영향**　노화로 인해 대동맥의 탄력성이 저하되면 최대혈압인 수축기혈압이 먼저 상승하고, 연령이 증가됨에 따라 점차 이완기 혈압도 함께 상승하게 된다.

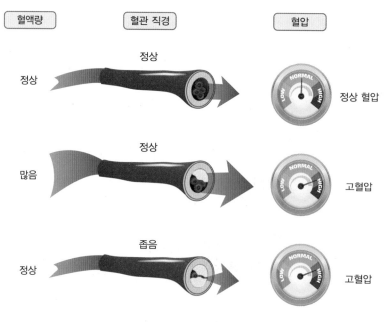

그림 **5-5** 고혈압의 병리

> 🔆 **핵심 포인트**
>
> **고혈압의 주요 위험인자**
>
> - 유전적 요인(심혈관질환의 가족력)   • 흡연   • 이상지질혈증
> - 당뇨병   • 비만   • 60세 이후 노년층
> - 성별 : 남성과 폐경 이후 여성
> - 식사성 요인
>   - 나트륨, 지방 및 알코올의 과잉섭취
>   - 칼륨, 칼슘, 마그네슘의 섭취 부족
> - 약물요인 : 경구 피임약, 제산제, 항염제, 식욕억제제

또한 부모 한쪽이 고혈압이면 자녀의 약 50%가 고혈압에 걸릴 위험이 있고, 부모 모두 고혈압이면 자녀의 70%에서 고혈압이 발생한다는 보고를 볼 때 유전은 고혈압 발생의 중요한 요인이다. 그 밖에 흡연, 비만, 이상지질혈증, 당뇨병 등의 질병, 식사성 요인, 약물도 위험인자가 될 수 있다.

2) 증상 및 합병증

고혈압의 경우 합병증이 생기기 전까지는 별 증상 없이 머리가 무겁고 두통, 이명, 현기증 및 숨이 차는 등의 증세만을 보이나, 고혈압이 지속되면 인체 기관들이 손상되거나 합병증을 일으키게 된다.

합병증은 심부전, 협심증, 심근경색 등의 심장질환과 신경화증, 신부전증, 요독증 등의 신장질환, 시력저하, 뇌출혈, 뇌졸중, 혼수 등의 뇌신경 증상으로 나타나게 된다. 고혈압이 지속되면 심장근육이 비대해지고 기능이 저하되는 심부전증을 보여 주로 운동시 호흡 곤란이나 부정맥을 유발하고 발이나 폐에 부종이 생기기도 한다.

고혈압으로 인해 미세한 뇌동맥이 파열됨으로써 뇌조직이 손상되어 일어나는 현상인 뇌출혈은 심한 두통과 함께 의식이 혼미해지는 증상을 나타내는데, 뇌출혈은 반신불수, 언어장애, 기억력 상실, 치매 등의 뇌졸중을 유발하게 된다. 뇌졸중 환자의 약 80%는 고혈압이 원인으로 고혈압을 치료하는 것은 뇌졸중 예방에 매우 중요하다.

3) 진단

본태성 고혈압은 합병증이 생기기 전에는 별 증상이 없으므로 정기적인 혈압 측정에 의해 진단하여야 하며, 고혈압 환자로 의심되면 소변 및 혈액검사, 그리고 임상검사를 통해 원인 및 합병증 발생 여부를 알아본다.

맨 살이나 얇은 옷만 입은 상태에서 측정한다.

허리를 편다.

커프의 중심은 심장과 같은 높이

테이블과 의자의 높이 차는 25~30 cm가 이상적이다.

그림 **5-6** 혈압의 측정

알아두기

혈압의 측정

고혈압의 진단을 위해 혈압을 1회 측정하는 것은 바람직하지 않으며, 처음 측정한 혈압이 높은 경우에는 최소한 두 번 더 측정하여 수축기 혈압이 140 mmHg 이상 또는 이완기 혈압이 90 mmHg 이상이면 고혈압으로 진단한다.

혈압 측정은 5분 이상 안정 후 앉은 자세에서 왼쪽 팔을 걷고 측정 부위를 심장 높이에 두고 해야 하며, 측정 전 30분 이내에 담배나 카페인 섭취는 피해야 한다. 혈압은 2분 간격으로 2번 이상 측정하여 평균치를 구한다.

4) 치료 및 관리

최근의 고혈압 관리에는 비약물적 요법과 약물적 요법이 함께 병행된다. 약물요법은 부수적인 위험요인이 존재하고 경제적으로도 부담이 되므로 치료의 초기 단계에서는 체중조절과 영양관리, 행동수정 및 규칙적인 운동 등의 비약물적 요법을 선행하는 것이 좋다(표 5-2).

(1) 영양관리

고혈압의 비약물치료로 건강한 식사습관, 운동, 금연, 알코올 섭취 제한 등의 생활요법은 고혈압 치료에 매우 중요한 부분으로 특히 건강한 식사습관을 통한 영양관리는 고혈압의 예방과 치료에 적극적으로 권장된다.

① 에너지　비만으로 인해 인슐린 저항성이 증가되면 고인슐린혈증으로 인해 신장에서 나트륨이 보유되고 혈압이 증가될 수 있다. 또한 체중이 증가되면 혈액량이 증가하여 심박출량이 증가하므로 체중조절은 고혈압의 가장 중요한 치료 요소이다. 과체중이나 비만환자의 경우에는 저열량식으로 체중을 감량하여 심혈관계 위험인자를 줄이고 약물요법의 효과를 증가시키는 것이 필요하다.

표 **5-2** 고혈압 단계에 따른 심뇌혈관 위험도와 치료방침

위험도 ＼ 혈압(mmHg)	고혈압전단계 (130~139/80~89)	1기 고혈압 (140~159/90~99)	2기 고혈압 (≥ 160/100)
위험인자 0개	생활요법	생활요법* 또는 약물치료	생활요법과 약물치료
위험인자 1~2개	생활요법	생활요법과 약물치료	생활요법과 약물치료
위험인자 3개 이상, 당뇨병, 무증상장기손상	생활요법 또는 약물치료[2]	생활요법과 약물치료	생활요법과 약물치료
당뇨병[1], 임상적 심뇌혈관질환, 만성신장병	생활요법 또는 약물치료[2]	생활요법과 약물치료	생활요법과 약물치료

* 생활요법의 기간은 수주에서 3개월 이내로 실시한다.
1) 무증상장기손상 또는 임상적 심뇌혈관질환을 동반한 당뇨병
2) 설정된 목표혈압에 따라 추가적인 약물치료를 시행할 수 있다.

10년간 심뇌혈관질환 발생률
연청색 ▨ : 5% 미만, 노란색 ▨ : 저위험(5~10% 미만), 주황색 ▨ : 중위험(10~15% 미만), 빨간색 ▨ : 고위험(15% 이상)
자료 : 대한고혈압학회. 고혈압진료지침. 2022.

② **단백질, 지질** 신장기능이 정상으로 유지되는 한 단백질은 체중 kg당 1~1.5 g으로 양질의 단백질을 충분히 공급하도록 한다. 총지방의 섭취를 줄이고 포화지방 대신 불포화지방을 섭취하는 것이 혈압조절에 유용하다. 특히 오메가-3 지방산이 풍부한 생선기름의 섭취가 혈압을 낮추는 데 도움이 될 수 있다는 보고도 있다.

③ **칼륨** 여러 연구들에서 칼륨 섭취와 혈압은 역의 상관관계를 보인다. 칼륨은 소변으로 나트륨의 배설을 촉진하고 레닌, 안지오텐신 분비를 억제하며, 에피네프린성 긴장을 감소시키고, Na^+-K^+ 펌프의 활성을 자극하여 혈압강하에 도움을 주는 것으로 알려져 있다. 따라서 신선한 과일이나 채소 등을 통해 칼륨을 섭취하도록 한다. 이뇨제 복용 중 저칼륨혈증이 생기면 칼륨의 추가 공급이 필요하다. 그러나 신부전증과 같이 고칼륨혈증에 민감한 경우에는 칼륨섭취가 과다해지지 않도록 주의해야 한다.

④ **나트륨** 모든 사람들에게 있어 나트륨 섭취가 혈압을 상승시키는 것은 아니나 나트륨 민감성 환자(고혈압 환자의 30~50%)의 경우 나트륨 섭취에 영향을 쉽게 받을 수 있다. 대부분의 고혈압 환자는 5주 이상 나트륨을 제한하면 혈압이 떨어지는데 혈압약을 복용하거나 나트륨 민감성 환자에게서 더욱 현저하게 나타난다. 혈압의 정도에 따른 저나트륨식의 단계는 다음과 같다.

- 1기 고혈압(140~159/90~99 mmHg) : 나트륨 90 mEq/일(소금으로 5g/일)

  가공식품과 나트륨 함량이 높은 음료를 제한하고, 식탁에서의 소금 사용을 제한한다. 조리 시에는 정해진 양의 소금만 사용하도록 한다. 가능한 한 저나트륨 제품을 이용한다.

- 2기 고혈압(≥160 mmHg/≥100 mmHg) : 나트륨 60~90 mEq/일(소금으로 3.5~5g 이하/일)

  1단계 고혈압에서 제시한 내용에 다음의 사항이 추가된다. 통조림 식품, 치즈, 마가린, 샐러드 드레싱 등을 사용할 때 저염제품low-salt & salt-free임을 확인한다. 대부분의 냉동식품과 즉석식품 등은 사용하지 않도록 하고 빵 종류는 하루에 2회 섭취량 이하로 제한한다. 나트륨을 22 mEq 이하로 극심하게 제한하는 경우에는 자연식품 중에서도 나트륨을 많이 함유하는 채소류는 피하고 음료나 조리 시 증류수를 이용해야 한다.

표 **5-3** 생활요법에 따른 혈압 감소 효과

생활요법	혈압 감소(수축기/이완기 혈압, mmHg)	권고사항
소금 섭취 제한	−5.1/−2.7	하루 소금 6 g 이하
체중 감량	−1.1/−0.9	매 체중 1 kg 감소
절주	−3.9/−2.4	하루 2잔 이하
운동	−4.9/−3.7	하루 30~50분, 1주일에 5일 이상
식사 조절	−11.4/−5.5	채식 위주의 건강한 식습관

* 건강한 식습관 : 에너지와 동물성 지방의 섭취를 줄이고 채소, 과일, 생선류, 견과류, 유제품의 섭취를 증가시키는 식사요법
자료 : 대한고혈압학회. 고혈압진료지침. 2018.

표 **5-4** 가공식품에 사용되는 나트륨 화합물

화합물	사용목적
Sodium bicarbonate(Baking soda)	빵제품의 팽창 증진, 거품을 일게 하는 효과
Sodium bicarbonate와 Sodium pyrophosphate(Baking power)	밀가루 반죽을 부풀림
Sodium propionate	빵, 케이크, 치즈의 보존제
Sodium nitrate	유해한 미생물의 성장 억제, 가공육의 색 증진
Monosodium glutamate	맛의 증진, 조미료
Sodium benzoate	풍미료, 소스, 샐러드 드레싱의 보존제

자료 : 대한영양사협회. 임상영양관리지침서. 2008.

나트륨은 적게, 음식은 맛있게 조리하기

구분	예
매콤한 맛	고춧가루, 파, 마늘, 생강, 고추냉이, 겨자, 후추
새콤한 맛	식초, 레몬
고소한 맛	참기름, 들기름, 올리브유, 콩기름, 참깨, 들깻가루
달콤한 맛	설탕, 꿀, 매실액, 유자청

- 나트륨이 적은 다른 여러 가지 맛(향신료)을 활용한다.
- 조리할 때 미리 간을 하기보다, 식사 직전에 첨가하거나 식사
  할 때 곁들일 수 있는 소금 또는 양념장을 활용한다.
- 조림보다는 구이, 찜 등 소금을 적게 사용할 수 있는 조리법을 이용한다.

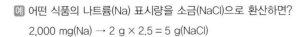

예 어떤 식품의 나트륨(Na) 표시량을 소금(NaCl)으로 환산하면?

2,000 mg(Na) → 2 g × 2.5 = 5 g(NaCl)

자료 : 식품의약품안전처. 건강관리자용 신중년(50~64세) 맞춤형 식사관리안내서. 2021.

알아두기

혈압조절을 위한 DASH(dietary approaches to stop hypertension) 다이어트

- 고혈압 예방 및 치료를 위해 미국국립보건원(national institutes of health, NIH)에서 개발한 식사 요법
- 특정 영양소의 제한이나 첨가가 아닌 식사형태 변화를 통해 혈압을 감소시키기 위함
- 포화지방과 지방을 섭취량을 줄이고 칼륨, 칼슘, 마그네슘, 식이섬유, 그리고 단백질 섭취를 증가 시킴
- 과일, 채소와 생선을 더 많이 섭취하고 지방을 적게 섭취함
- 균형 잡힌 건강한 식단은 혈압을 떨어뜨릴 뿐만 아니라 심뇌혈관질환 예방에 도움이 됨

구분	DASH diet 구성
곡류	• 통곡물, 잡곡, 호밀빵 등 전분과 식이섬유를 포함한 복합탄수화물을 충분히 섭취
육류 및 생선	• 붉은색 살코기는 가급적 적게 먹고, 껍질을 제거한 닭고기와 생선류 섭취
채소와 과일	• 신선한 채소와 과일을 넉넉하게 섭취
유제품	• 저지방 또는 무지방제품 중 설탕이 첨가되지 않은 우유와 요구르트, 치즈 등
견과류	• 소금이 첨가되지 않은 견과류로 선택
지방군과 당류	• 마요네즈, 버터 등 지방은 적게 섭취 • 설탕, 사탕, 꿀, 젤리 등 단순당이 함유된 과자나 음료수 제한

권장	주의
• 채소와 과일(하루 4~5회) • 식이섬유(하루 7~8회) • 저지방유제품(하루 2~3회), 칼슘, 마그네슘 • 단백질이 많고 지방이 적은 생선, 가금류(하루 2회)	• 포화지방 • 콜레스테롤 • 소금

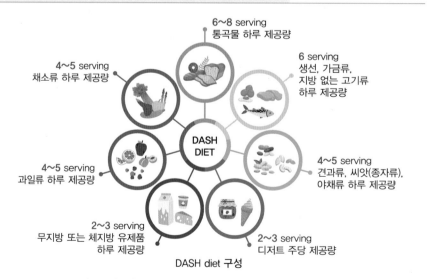

DASH diet 구성

자료 : 식품의약품안전처. 건강관리자용 신중년(50~64세) 맞춤형 식사관리안내서. 2021.

핵심 포인트

고혈압의 영양관리

- 에너지 : 저열량식으로 체중 조절
- 단백질, 지질 : 양질의 단백질을 충분히, 총지방, 포화지방 섭취 줄임, 오메가-3 지방산 섭취 권장
- 칼륨 : 신선한 과일과 채소를 통한 칼륨 섭취 권장
- 나트륨 : 혈압의 정도에 따라 나트륨 제한
- 알코올 : 알코올 섭취 제한
- 기타 : 식이섬유의 섭취 증가

⑤ **알코올** 알코올 섭취는 여러 호르몬의 변화와 혈관 긴장상태에 변화를 주어 혈압에 영향을 미칠 수 있으므로 과도한 알코올 섭취는 피하도록 한다.

⑥ **기타** 식이섬유의 섭취를 증가시키고 카페인은 적절히 제한하는 것이 도움이 된다.

(2) 약물요법

고혈압약은 이뇨제, 알도스테론 길항제, 베타차단제, ACE억제제, 칼슘경로 차단제, 알파차단제 등이 있다. 고혈압 치료 약물의 종류 및 작용기전은 표 5-5에 나타내었다.

표 5-5 고혈압 치료제의 종류 및 영양적 관리

종류		일반약명(상품명)	작용기전	영양 관련 부작용
이뇨제	루프 이뇨제	Furosemide(Lasix) Bumetanide(Bumex) Torsemide(Demadex)	소변배출량의 증가로 혈액량 감소 : 신장에서 나트륨과 물의 재흡수 억제	• 저칼륨혈증, 복부 거북함과 소화불량, 소변 칼슘분비 증가, 메스꺼움, 구토, 설사 • 고칼륨식, 칼륨보충제가 필요할 수도 있음
	티아지드 이뇨제	Hydrochlorothiazide (HydroDIURIL) Chlorothalidone (Thalitone)		
알도스테론 길항제		Eplerenone(Inspra) Spironolactone (Aldactone)	수뇨관에서 알도스테론 작용을 억제하고 나트륨-칼륨 교환을 억제함	• 고칼륨혈증 설사, 구토, 위 거북함, 위의 통증 • 고칼륨 섭취 제한, 소금대용품을 피함
베타차단제		Metoprolol(Lopressor) Atenolol(Tenormn) Acebutol(sectral)	β-수용체 반응을 억제하여 심박수와 심박출량을 감소시킴	• 구토, 설사, 상복부 거북함, 위의 통증 • 알코올 섭취 시 주의를 요함

(계속)

종류	일반약명(상품명)	작용기전	영양 관련 부작용
안지오텐신 전환효소(ACE)억제제	Captopril(Capoten) Benazepril(Lotensin) Enalapril(Vasotec)	안지오텐신 II 생성을 억제함으로써 말초혈관 저항을 감소시켜 혈압을 낮춤	• 저혈압, 고칼륨혈증 • 마른기침, 불면증 • 소금대용품을 피함
칼슘경로 차단제	Verapamil(Calan, Isoptin) Diltiazem(Cardizem)	혈관 확장으로 강력한 혈압 강하효과	• 변비, 부종, 홍조
알파차단제	Prazosin (Minipress) Doxazosin(Cardura) Terazosin(Hytrin)	교감신경의 자극에 대한 혈관근육의 반응을 차단함. α-수용체 반응을 억제하여 말초 저항을 감소시킴. 심박출량을 감소시킴	• 기립성 저혈압, 발목부종, 무기력증, 두통

자료 : 곽호경 외. 임상영양학. 한국방송통신대학교 출판부. 2010.
　　　Nelms, M, Sucher, KP. Nutrition Therapy and Pathophysiology 4th ed. Cengage.

(3) 운동요법

속보, 자전거타기, 수영 등의 유산소운동은 체중조절을 돕고 신체기능을 향상시키며, 심폐기능을 개선하여 고혈압의 예방 및 치료에 도움을 준다. 운동요법의 처방은 고혈압의 단계 및 동반되는 치료방법에 따라 달라진다. 운동요법은 경증의 고혈압 환자에게 적용하는 것이 일반적이며, 특히 비만인 고혈압 환자의 경우에는 운동을 통해 체중을 감량하는 것이 무엇보다 중요하다.

걷기와 같은 유산소운동은 혈압조절에 가장 적절한 운동으로 알려져 있으며 고혈압 환자의 운동 목표는 일주일에 적어도 3일 이상, 하루 30분 이상 강도가 심하지 않은 유산소운동을 실시하는 것이다. 또한 중량운동 중 가벼운 무게로 횟수를 여러 번 하는 아령 정도의 근력운동은 안전하고 혈압조절에도 도움을 줄 수 있으나, 무거운 중량을 사용하는 역도나 강도가 강한 무산소운동은 혈압을 급격히 상승시킬 우려가 있으므로 삼가는 것이 좋다. 또한 환자가 베타차단제나 혈관 확장제, 이뇨제와 같은 약물요법을 사용하거나, 안정 시에도 혈압이 높은 경우에는 주의하여야 한다. 또한 고혈압의 합병증으로 부종이 있는 경우에는 수영과 같이 하지에 부담을 주지 않는 운동을 실시하는 것이 좋다.

고혈압에 대한 운동의 효과의 기전은 표 5-6과 같다.

표 **5-6** 고혈압에 대한 운동 효과

구분	내용
운동 효과	• 심폐기능 향상 • 이상지질혈증의 개선 • 체중 감소 • 스트레스 감소
운동 목표	• 유산소 운동 및 가벼운 근력운동 • 최대 심박수의 60~80% 정도 또는 그 이하(1분당 최대 심박수는 '220−연령'으로 계산) • 1주일에 5~7회의 규칙적인 운동 • 1회 30~60분 지속, 주 단위 90~150분 이상
주의사항	• 심장병 과거력, 가슴통증, 어지러움, 또는 위험인자가 있는 환자는 전문의를 통한 검사 후 프로그램에 따라 시행 • 강도가 강한 무산소 운동 형태는 피함

자료 : 대한고혈압학회. 고혈압진료지침. 2018.

3. 이상지질혈증

이상지질혈증dyslipidemia은 지질대사의 이상으로 혈액 속의 콜레스테롤이나 중성지방의 농도가 비정상적으로 높거나 HDL 콜레스테롤 농도가 낮은 상태를 말한다. 콜레스테롤은 세포막과 스테로이드계 호르몬의 구성 성분으로 정상적인 신체기능의 유지를 위해 필수적인 물질이지만 혈액 중에 지나치게 증가하면 동맥벽에 죽상경화성 플라크plaque를 형성하여 혈액의 흐름을 방해하게 된다. 체내 콜레스테롤의 대부분은 탄수화물, 지방, 그리고 단백질 대사의 중간 산물로부터 주로 간에서 합성된 것이며 나머지는 식사를 통해 섭취된 것이다. 중성지방은 여분의 에너지가 체내에 축적된 형태인데, 단순당과 알코올의 섭취는 혈액 중성지방 수치를 높인다. 지단백질은 혈액에서 콜레스테롤, 중성지방 및 인지질의 운반을 담당하며, 일부는 동맥벽에 콜레스테롤이 침착하는 것을 조절하는 인자로서 작용한다.

1) 지단백질의 종류와 대사

혈중 지질에는 콜레스테롤, 중성지방, 인지질, 유리지방산 등이 있는데, 이들은 물에 용해되지 않으므로 혈청 단백질과 결합하여 지단백질 형태로 존재한다. 지단백질은 콜레스테롤, 중성지방, 인지질, 단백질의 함유 비율에 따라 비중에 차이를 보이는데, 단백질을 많이 함유하고 중성지방을 적게 함유할수록 비중이 커진다.

이러한 비중의 차이를 이용하여 전기영동이나 초고속 원심분리에 의해 카일로마이크론chylomicron, 극저밀도지단백질very low density lipoprotein, VLDL, 저밀도지단백질low density lipoprotein, LDL, 고밀도지단백질high density lipoprotein, HDL로 분류된다.

카일로마이크론은 장점막에서 형성되어 음식으로부터 흡수한 중성지방을 운반하는 역할을 한다. VLDL은 간이나 장점막에서 합성된 내인성 중성지방을 지방조직으로 운반하여 저장시키는 역할을 하고, LDL은 간으로부터 말초조직으로 콜레스테롤을 운반하는 역할을 한다. HDL은 주로 말초조직의 여분의 콜레스테롤을 간으로 운반하는 역할을 한다. 따라서 혈중에 VLDL, LDL이 많고 HDL이 적으면 지방조직에 중성지방 축적량이 늘어나고 간 외의 조직과 혈관에 콜레스테롤 양이 늘어나 동맥경화증이나 비만, 허혈성 심장병의 발병률이 높아진다.

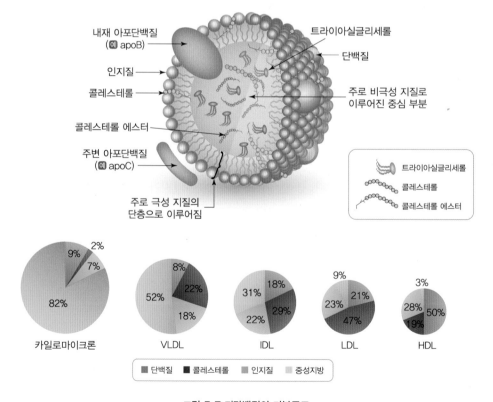

그림 **5-7** 지단백질의 기본구조

① **카일로마이크론의 대사** 카일로마이크론은 식사를 통해 흡수된 지방산으로부터 장점막세포에서 형성된 중성지방이 콜레스테롤, 인지질, 지용성 비타민 등과 함께 아포단백질 B_{48}과 결합하여 형성된 지단백질이다. 이 지단백질은 일단 림프관으로 흡수된 후 흉관을 거쳐 심장으로 가서 혈액을 통해 순환된다.

순환과정에서 조직의 모세혈관 벽에 있는 지단백질 분해효소lipoprotein lipase, LPL에 의해 카일로마이크론이 함유하고 있는 중성지방의 90% 정도가 조직으로 유리되면, 크기가 작아진 카일로마이크론chylomicron remnant으로 되어 간으로 돌아가 분해되어 대사된다. 한편 조직에서 카일로마이크론으로부터 유리된 중성지방은 근육에서 산화되거나 지방조직으로 유입되어 저장된다.

② **VLDL의 대사** 간에서 탄수화물 등으로부터 합성된 중성지방과 콜레스테롤은 아포단백질 B_{100}과 결합하여 VLDL을 형성한다. VLDL은 간으로부터 혈액으로 방출된 후 지방조직이나 근육에서 지단백질 분해효소에 의해 VLDL이 함유하고 있던 중성지방을 가수분해시켜 조직으로 이동시킨 후 크기가 작아진 IDLintermediate density lipoprotein을 거쳐 LDL이 된다(그림 5-8).

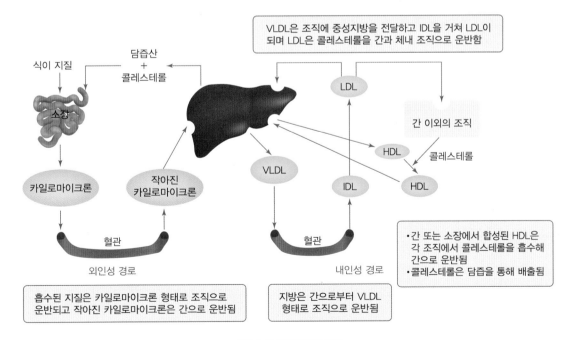

그림 **5-8** 지단백질의 대사

③ **LDL의 대사** LDL은 혈액에서 콜레스테롤을 운반하는 것이 주작용인 지단백질로 VLDL의 중성지방이 지방조직으로 유리된 후 형성된다. LDL은 간과 그 이외의 조직으로 이동되어 LDL 수용체와 결합하여 콜레스테롤을 조직들로 운반시키는 역할을 한다. LDL의 약 50%는 간에서 처리되고 나머지는 말초조직에서 처리되는데, LDL 수용체에 이상이 있어 혈액 콜레스테롤 수치가 이상 증가하는 경우를 선천성 고콜레스테롤혈증이라 한다. 간에서는 콜레스테롤로부터 담즙을 생성하고, 간 외의 조직에서는 콜레스테롤을 이용하여 세포막을 구성하며, 부신과 난소에서는 스테로이드 호르몬을 합성한다.

④ **HDL의 대사** VLDL이나 LDL 등 다른 지단백질에 함유된 콜레스테롤이나 간 외의 조직에서 사용되고 남은 콜레스테롤을 간으로 운반하는 역할을 하는 지단백질이다. 간에서 합성된 원판형의 원시 HDL(콜레스테롤 함량이 적은 지단백질)은 콜레스테롤을 받아들여 구형의 성숙된 HDL을 형성한 후 간으로 되돌아온다. 이 과정 중에 HDL을 기질로 사용하는 레시틴 콜레스테롤 아실 전이효소lecithin cholesterol acyl transferase, LCAT라는 효소가 인지질인 레시틴의 지방산을 이용하여 콜레스테롤을 에스테르화시켜 콜레스테롤 에스터를 형성함으로써 HDL이 지속적으로 콜레스테롤을 받아들일 수 있게 한다. HDL은 조직 내의 콜레스테롤을 제거하고 LDL의 조직 내 유입을 막음으로써 항동맥경화성 작용을 한다.

2) 진단

이상지질혈증은 증상이 없는 경우가 많아 선별 검사를 통해 진단하게 된다. 공복 후 지질 검사로 총콜레스테롤, 중성지방, HDL 콜레스테롤, LDL 콜레스테롤, non-HDL 콜레스테롤 농도를 측정하여 진단한다. 한국인의 이상지질혈증 진단 기준은 표 5-7과 같다.

표 **5-7** 한국인의 이상지질혈증 진단 기준

구분	내용	구분	내용
LDL 콜레스테롤*(mg/dL)		HDL 콜레스테롤(mg/dL)	
매우 높음	≥ 190	낮음	< 40
높음	160~189	높음	≥ 60
경계	130~159	중성지방(mg/dL)	
정상	100~129	매우 높음	≥ 500
적정	< 100	높음	200~499
총콜레스테롤(mg/dL)		경계	150~199
높음	≥ 240	적정	< 150
경계	200~239		
적정	< 200		

* 이상지질혈증 진단의 LDL 콜레스테롤 '높음' 기준의 경우 치료지침의 저위험군(주요 심혈관계 위험요인 1개 이하) 환자에서 약물치료 시작 권장 기준으로 사용할 수 있음. 중등도 위험군의 경우 LDL 콜레스테롤 '경계' 기준을 약물치료 시작 권장기준으로 사용할 수 있음. 고위험군 환자의 경우 LDL 콜레스테롤 '정상' 기준을 약물치료 시작 권장기준으로 사용할 수 있음. 초고위험군의 경우 LDL 콜레스테롤 값에 관계없이 약물치료 시작을 권장함

자료: 한국지질·동맥경화학회. 이상지질혈증 치료지침(제4판). 2018.

표 **5-8** 위험도 분류에 다른 LDL 콜레스테롤 농도에 따른 치료의 기준

위험도	LDL 콜레스테롤 농도(mg/dL)					
	< 70	70~99	100~129	130~159	160~189	≥ 190
초고위험군[1] 관상동맥질환 죽상겨와성 허혈뇌종중 및 일과성 뇌허혈발작 말초동맥질환	생활습관 교정 및 투약 고려	생활습관 교정 및 투약 시작	생활습관 교정 및 투약 시작	생활습관 교정 및 투약 시작	생활습관 교정 및 투약 시작	생활습관 교정 및 투약 시작
고위험군 정동맥질환[2] 복부동맥류 당뇨병[3]	생활습관 교정	생활습관 교정 및 투약 고려	생활습관 교정 및 투약 시작	생활습관 교정 및 투약 시작	생활습관 교정 및 투약 시작	생활습관 교정 및 투약 시작
중등도 위험군[4] 주요 위험인자 2개 이상	생활습관 교정	생활습관 교정	생활습관 교정 및 투약 고려	생활습관 교정 및 투약 시작	생활습관 교정 및 투약 시작	생활습관 교정 및 투약 시작
저위험군[4] 주요 위험인자 1개 이상	생활습관 교정	생활습관 교정	생활습관 교정	생활습관 교정 및 투약 고려	생활습관 교정 및 투약 시작	생활습관 교정 및 투약 시작

1) 급성심근경색증은 기저치의 LDL 콜레스테롤 농도와 상관없이 바로 스타민을 투약한다. 급성심근경색증 이외의 초고위험군의 경우 LDL 콜레스테롤 70 mg/dL 미만에서도 스타민 투약을 고려할 수 있다.
2) 위의한 경동맥 협착이 확인된 경우
3) 표적장기손상 혹은 심혈관질환의 주요 위험인자를 가지고 있는 경우 환자에 따라서 위험도를 상향조정할 수 있다.
4) 중등도 위험군과 저위험군의 경우는 수주 혹은 수개월간 생활습관 교정을 시행한 뒤에도 LDL 콜레스테롤 농도가 높을 때 스타민 투약을 고려한다.

자료 : 한국지질·동맥경화학회. 이상지질혈증 치료지침(제4판). 2018.

표 **5-9** 위험도 분류에 다른 LDL 콜레스테롤 및 non-HDL 콜레스테롤의 목표치

위험도	LDL 콜레스테롤(mg/DL)	non-HDL 콜레스테롤(mg/DL)
초고위험군[1] 관상동맥질환 죽상경화성 허혈뇌졸중 및 일과성 뇌허혈발작 말초동맥질환	< 70	< 100
고위험군 경동맥질환[2] 복부동맥류 당뇨병[3]	< 100	< 130
중등도 위험군[4] 주요 위험인자 2개 이상	< 130	< 160
저위험군[4] 주요 위험인자 1개 이상	< 160	< 190

1) 유의한 경동맥 협착이 확인된 경우
2) 표적장기손상 혹은 심혈관질환의 주요 위험인자를 가지고 있는 경우 환자에 따라서 목표치를 하향조정할 수 있다.
3) 연령(남≥45세, 여≥55세), 관상동맥질환 조기발병 가족력, 고혈압, 흡연, 저HDL 콜레스테롤
자료 : 한국지질·동맥경화학회. 이상지질혈증 치료지침(제4판). 2018.

3) 치료 및 관리

이상지질혈증은 대개 자각증상이 없지만 오랜 기간 진행될 경우 동맥경화, 심근경색, 신경화증, 간질환, 담석증 및 비만의 발생요인이 된다. 이상지질혈증 관리의 목표는 혈액 지질 농도를 정상화시킴으로써 동맥경화의 유발을 막고, 질병의 진행속도를 조절하는 데 두고 있는데, 특히 당뇨병, 고혈압, 심장질환의 가족력 등 위험요인이 있을 때에는 좀 더 세심한 주의가 필요하다. 이상지질혈증의 치료는 식사요법, 운동요법 또는 약물치료를 함께 실시하며 국내 치료지침은 심혈관계 위험수준에 따라 목표 LDL 콜레스테롤 농도를 설정하고 있다. 흡연은 심장질환의 예방을 위해 우선적으로 제한해야 하며, 비만은 고혈압, 고인슐린혈증, 당내성의 손상, HDL 콜레스테롤의 감소, 고요산혈증 등을 초래하여 동맥경화 유발을 촉진시키므로 정상체중을 유지하도록 한다.

(1) 약물요법

이상지질혈증은 고콜레스테롤혈증, 고중성지방혈증, 저HDL 콜레스테롤혈증 및 복합형 이상지질혈증으로 분류하여 개별 환자의 위험도와 LDL 콜레스테롤 수치에 따라

표 **5-10** 이상지질혈증에 처방되는 약물

종류	일반약명	작용기전	영양 관련 부작용
HMG CoA 환원효소저해제 (스타틴)	Lavastatin Pravastatin Simvastatin Fluvastatin Atorvastatin	HMG CoA 환원효소의 작용을 억제하여 내인성 콜레스테롤 합성 저해	메스꺼움, 소화불량, 복통, 변비, 설사
담즙산 제거제	Cholestyramine Colestipol	담즙산과 콜레스테롤의 재흡수 억제	지용성 비타민, 무기질의 흡수 저하
니코틴산 유도체	Niacor Sio-Niacin Niaspan	중성지방 합성 저하, B 분해속도 증가, VLDL, LDL 분비 감소	입마름, 메스꺼움/구토, 위궤양, 위경련, 설사
피브린산 유도체	Gemfibrozil Fenofibrate	지방산, 중성지방, VLDL 합성 저하	메스꺼움/구토, 변비

자료 : Nelms, M., Sucher, KP. Nutrition Therapy and Pathophysiology 4th ed. Cengage.

지질목표치를 기준으로 치료를 계획한다. 약물치료는 심혈관질환 위험도와 LDL 콜레스테롤 수치를 종합하여 판단하여 계획한다. 이상지질혈증 환자에게 처방되는 약물은 간에서 콜레스테롤의 합성을 억제하거나 지방조직에서 지단백질 분해효소의 작용을 자극함으로써 중성지방을 감소시키는 작용을 한다. 부작용으로 복통이나 근육통을 일으키거나 간기능 검사 시 이상을 나타내기도 하므로, 환자의 연령과 성별, 관상동맥질환의 위험인자 유무 등에 따라 적절히 처방하여야 한다(표 5-10).

(2) 운동요법

이상지질혈증에서 운동이 콜레스테롤에 미치는 영향에 대해서는 논란이 있지만 규칙적인 유산소 운동은 일반적으로 중성지방과 총콜레스테롤, LDL 콜레스테롤을 낮추고 HDL 콜레스테롤을 높여 심혈관질환의 합병증 예방에 도움을 줄 수 있는 것으로 알려져 있다. 유산소 운동은 산소 소비량을 증가시키는 운동으로 30분 이상 지속적으로 운동이 가능한 속보, 조깅, 수영, 자전거 타기 등의 운동이며 심폐지구력 향상에 도움이 된다. 저항성 운동은 근력을 이용하여 저항하는 힘에 대항하는 운동으로 체중을 저항으로 이용할 수도 있고 도구나 무게를 선택할 수 있는 운동기구를 이용하여 근력을 키울 수 있다. 저항성 운동을 근육량을 늘려 활동량과 인슐린 저항성을 개선시킬 수 있다. 유연성 운동은 스트레칭을 통해 자세 안정성과 균형 능력을 증가시킨다.

표 **5-11** 이상지질혈증 환자의 운동요법 요약

운동 유형 및 순서	운동 강도	운동 시간	운동 빈도
• 준비운동 : 스트레칭 이후 가볍게 걷기 • 본운동 : 속보, 파워워킹, 고정식 자전거, 스탭퍼, 사이클론, 가벼운 등산 • 정리운동 : 가볍게 걷기 이후 스트레칭	• 최대 심박수의 55~75	• 준비운동 : 5~10분 • 본운동 : 30~60분 • 정리운동 : 5~10분	• 4~6일/주

자료 : 한국지질·동맥경화학회. 이상지질혈증 치료지침(제4판). 2018.

이상지질혈증의 예방 및 치료를 위해서는 일반적으로 중등도 강도로 주 5회 30분 이상 또는 고강도로 주 3회 20분 이상 유산소 운동을 권장한다. 운동 빈도는 최대한 에너지 소모를 위해 주 4~6일 정도 실시하며, 운동 강도는 중등도 강도인 나이에 따른 최대 심박수(220-나이)의 55~75% 범위로 하는 것이 좋다. 심박수를 낮추는 베타 차단제나 칼슘채널차단제를 복용하는 심혈관질환자는 주의가 필요하며 운동부하검사를 통해 강도를 설정하도록 한다(표 5-11).

(3) 영양관리

이상지질혈증 영양관리의 목표는 식사조절을 통해 동맥경화의 유발가능성을 낮추고 질병의 진행속도를 조절하는 것이다. 포화지방산 및 콜레스테롤이 많이 함유된 식사는 혈액 LDL 농도를 증가시키는 경향이 있으며 에너지, 단순당 또는 알코올 함량이 많은 식사는 VLDL의 혈중 농도를 증가시킬 수 있으므로 에너지, 지질의 양과 종류, 단순당 및 알코올의 섭취를 조절하는 식사를 계획한다.

① 고콜레스테롤혈증

• **에너지** : 에너지의 과다섭취는 간 세포 내 콜레스테롤 합성을 촉진시켜 혈청 콜레스테롤 수치를 상승시키므로 에너지 섭취의 조절이 필요하다. 비만한 사람들의 경우 정상수준으로 체중감량을 하지 못하더라고 현재 체중의 3~5% 이상 감량할 경우 혈액 내 콜래스테롤과 중성지방 수치의 개선 효과를 기대할 수 있다.

• **지질** : 포화지방산은 혈청 LDL 콜레스테롤 수치에 가장 큰 영향을 미치는 식사성 요인으로 고콜레스테롤혈증의 예방과 치료를 위해 포화지방산 섭취량이 총에너지 섭취량의 7%를 초과하지 않도록 권고하고 있다. 동물성 지방뿐 아니라 식물성 급원이라도 포화지방산의 함량이 높은 팜유나 코코넛유, 경화 마가린 등의

섭취도 제한하도록 한다. 부분경화유를 만드는 과정에서 생성되는 트랜스지방산은 포화지방산과 같은 수준으로 LDL 콜레스테롤 수치를 상승시키므로 마가린, 쇼트닝 등의 경화유의 섭취를 피하도록 한다.

콜레스테롤 섭취를 줄이면 LDL 콜레스테롤 수치를 낮출 수 있는지에 관해서는 아직 근거가 불충분하나 고콜레스테롤혈증에서는 난황이나 내장류와 같은 고콜레스테롤 함유 동물성 식품의 과다섭취를 제한하도록 권고하고 있다.

- **단백질, 탄수화물 및 기타** : 단백질 섭취는 권장량이 유지되도록 충분히 섭취하도록 한다. 특히 콩단백질은 LDL 콜레스테롤 저하 효과가 있는 것으로 보고된 바 있다. 한편 식이섬유 중에서 콩류, 과일, 채소, 전곡류에 포함된 펙틴, 검과 같은 수용성 식이섬유는 콜레스테롤을 낮추는 역할을 하므로 섭취를 권장하고 항산화 작용이 있는 비타민 C, 비타민 E, β-카로틴 등도 섭취를 충분히 하도록 권장한

표 5-12 권장식품과 주의식품

식품군	이런 것을 선택하세요 그러나 섭취량은 과다하지 않게!	주의하세요 섭취 횟수와 섭취량이 많아지지 않도록!
어육류/콩류/알류	• 생선 • 콩, 두부 • 기름기 적은 살코기 • 껍질을 벗긴 가금류 • 달걀	• 갈은 고기, 갈비, 육류의 내장(예 간, 허파, 신장, 곱창, 모래주머니 등) • 가금류 껍질, 튀긴 닭 • 고지방 육가공품(예 햄, 소시지, 베이컨 등)
유제품	• 탈지유, 탈지분유, 저(무)지방 우유 및 사용 제품 • 저지방 치즈	• 연유 및 연유 사용 제품 • 치즈, 크림치즈 • 아이스크림 • 커피크림
유지류	• 불포화지방산 : 옥수수유, 올리브유, 들기름, 대두유, 해바라기유 • 저지방/무지방 샐러드 드레싱	• 버터, 돼지기름, 쇼트닝, 베이컨기름, 소기름 • 치즈, 전유로 만든 샐러드 드레싱 • 단단한 마가린
곡류	• 잡곡, 통밀	• 버터, 마가린이 주성분인 빵, 케이크 • 고지방 크래커, 비스킷, 칩, 버터팝콘 등 • 파이, 케이크, 도넛, 고지방 과자
국	• 조리 후 지방을 제거한 국	• 기름이 많은 국, 크림수프
채소/과일류	• 신선한 채소, 해조류, 과일	• 튀기거나 버터, 치즈, 크림, 소스가 첨가된 채소/과일 • 가당 가공제품(예 과일 통조림 등)
기타	• 견과류 : 땅콩, 호두 등	• 초콜릿/단 음식 • 코코넛기름, 야자유를 사용한 제품 • 튀긴 간식류

자료 : 한국지질·동맥경화학회. 이상지질혈증 치료지침(제4판). 2018.

다. 적당한 알코올 섭취는 HDL 콜레스테롤을 증가시킴으로써 관상동맥성 심장
질환을 예방하는 데 도움이 되므로 하루 1~2잔의 알코올 섭취는 허용한다. 이
상지질혈증 환자의 치료를 위해 권장하는 식사지침은 표 5-12, 표 5-13과 같다.

② 고중성지방혈증

- **에너지** : 고중성지방혈증은 비만 및 고혈당과 관련이 있으므로 체중감량을 위해
  과다한 에너지 섭취를 제한한다. 에너지 제한식 섭취는 체중 감소와 함께 혈청
  중성지방을 감소시키며 혈청 중성지방 농도에 따라 체중 감량 정도를 제안하고
  있다.
- **지질** : 총지질은 한국인 영양소섭취기준인 15~30% 정도를 유지하되 포화지방산
  의 함량이 높은 동물성 식품과 트랜스지방산 급원인 가공식품의 섭취는 제한하
  도록 한다. 오메가-3 지방산은 VLDL의 합성을 감소시키고 지단백질분해효소의
  활성을 증가시켜 VLDL의 분해를 촉진하는 것으로 알려져 있다.
- **탄수화물** : 수용성 식이섬유의 섭취는 혈청 중성지방을 낮춘다. 단순당 섭취는 혈
  청 중성지방을 높이는 것으로 알려져 있으며 2020 한국인 영양소섭취기준에서
  는 총당류 섭취를 에너지의 10~20% 이하로 권고하고 있다. 과당의 섭취는 식후
  혈청 중성지방을 높이는 것으로 보고되어 미국심장협회American Heart Association에서
  는 혈청 중성지방에 따라 과당 섭취량을 제한하고 있다.
- **기타** : 알코올은 지단백질분해효소의 활성을 감소시켜 카일로마이크론 분해를 억
  제함으로써 고중성지방혈증과 관련된 것으로 알려져 있다.

우리나라 식사의 특징은 밥이 주식으로 서구식 식사에 비해 지방 섭취비율은 높지
않으나 탄수화물 섭취비율이 높은 식사 형태로, 심혈관계 질환의 예방 및 관리를 위
해서는 지질뿐 아니라 탄수화물의 양과 질을 고려한 영양관리가 필요하다. 이상지질
혈증의 영양관리를 요약하면 그림 5-9와 같이 적정 수준의 탄수화물과 지방량을 유
지하며 단순당과 포화지방, 트랜스지방을 제한하고 통곡물과 채소, 과일을 통한 식이
섬유의 섭취를 늘리는 식사를 권장한다.

표 **5-13** 하루 식사권고 예시

구분	권고사항	대표 식품의 1회 분량
곡류	• 통곡물 위주로 • 매끼 2/3~1회 분량	• 밥(잡곡밥, 현미밥 등) : 210 g(1공기) • 빵(통밀빵, 보리빵 등) : 105 g(3쪽)
채소류	• 다양한 채소를 이용 • 매끼 2.5~3회 분량	• 채소류 : 70 g(익힌 것 1/3컵) • 해조류 : 30 g(익힌 것 1/5컵)
어육류	• 생선, 살코기, 달걀, 두부 • 매끼 1~2회 분량 • 등푸른 생선은 주 2~3회 이용	• 생선 : 60 g(중간 크기 1토막) • 살코기 : 60 g(탁구공 크기 1.5개) • 달걀 : 60 g(중간 크기 1개) • 두부 : 80g(1/5모)
과일류	• 생과일로 • 하루 1~2회 분량	• 과일 1회 분량 : 100 g(중간 크기 사과 1/2개 정도)

자료 : 한국지질·동맥경화학회. 이상지질혈증 치료지침(제5판). 2022.

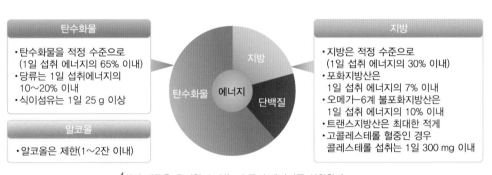

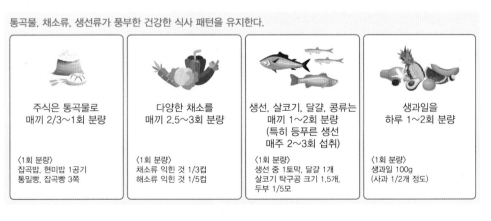

그림 **5-9** 이상지질혈증 식사가이드
자료 : 한국지질·동맥경화학회. 이상지질혈증 치료지침(제5판). 2022.

💡 핵심 포인트

이상지질혈증의 영양관리

- 고콜레스테롤혈증
  - 에너지 : 저열량식으로 체중 조절
  - 지질 : 포화지방산은 총에너지 섭취량의 7%를 초과하지 않도록 주의, 고콜레스테롤 함유 동물성 식품의 과다 섭취 제한
  - 단백질 : 권장량이 유지되도록 충분히 섭취, 콩단백질 권장
  - 식이섬유 : 수용성 식이섬유는 혈액 내 콜레스테롤을 낮추므로 1일 25 g 이상 권장
  - 비타민 : 비타민 C, 비타민 E, β-카로틴의 충분한 섭취 권장
- 고중성지방혈증
  - 에너지 : 저열량식으로 체중 조절
  - 지질 : 포화지방산이 함량이 높은 동물성 식품과 트랜스지방산 주의
  - 탄수화물 : 1일 섭취 에너지의 65% 이내, 총당류 섭취는 에너지의 10~20% 이하 권고, 수용성 식이섬유는 혈청중성지방 감소 효과
  - 기타 : 알코올 제한

---

4. 동맥경화증

동맥경화증arteriosclerosis이란 동맥이 두꺼워지고 단단해져 탄력성을 잃는 현상으로, 매끄러운 정상적인 혈관 내벽에 반해 동맥경화가 진행된 동맥의 내벽에는 콜레스테롤, 인지질 등의 지방질이나 플라크가 축적되어 동맥의 내면이 거칠어지고 직경이 좁아지게 된다. 동맥경화가 심해지면 혈액 이동이 방해를 받아 주요 장기로의 혈액 공급이 저하되거나 동맥이 파열되는 현상이 일어나기도 한다. 이러한 현상은 연령이 높아짐에 따라 점차 진전되어 보통 20~30대에 시작되고 50~60대에는 증상을 나타내게 된다.

1) 발생원인과 진행

동맥경화는 혈류학적 자극, 면역복합체, 방사선, 화학물질, 고혈압, 흡연, 이상지질혈증과 같은 요인에 의해 동맥혈관에 손상이 생기면서 시작되는데, 손상된 혈관의 내피세포에 단핵세포, 혈소판 및 지질 등이 장기간 접촉하며 동맥경화가 진행된다. 동맥경화는 비교적 굵은 혈관 분기부의 내막에 죽종atheroma 생성이 진행되어 생기는 죽상동맥경화가 대부분인데, 특히 동맥의 중막에 생기는 것을 중막경화라 하고, 작은 동맥에 생기는 것을 세동맥경화arteriosclerosis라 한다.

여러 요인들에 의해 혈관 내피세포에 손상이 오면 LDL 콜레스테롤이 혈관 내막에 침착하게 되고, 백혈구의 일종인 단핵구가 손상부위의 치료를 위해 혈관 내막으로 이동하게 한다. 단핵구는 혈관내피세포의 내막 안으로 들어가 활성화되어 대식세포macrophage로 변하고, 이것이 LDL 콜레스테롤을 탐식하여 거대한 포말세포를 형성하게 된다. 활성화된 대식세포에 생긴 라디칼은 지단백질을 변성시키고, 변성된 지단백질은 포말세포로 들어가거나 내피세포를 더욱 손상시키게 되어 동맥경화를 발생하게 되는 것이다.

죽상동맥경화는 동맥벽의 안쪽인 내막에 발생하여 지방선조fatty streak, 섬유성 플라크fibrous plaque, 합병증의 순서로 진행된다. 지방선조란 동맥경화의 초기에 콜레스테롤을 포함한 대식세포 및 평활근세포가 포말세포로 변한 후 동맥 내벽에 모여 있는 것으로 대부분 10~20세 사이에 나타난다. 섬유성 플라크는 혈관에서 혈액 쪽으로 튀어나와 있는 단단한 물질인데, 주로 콜레스테롤과 대식세포, 평활근세포로 이루어져 있다. 이 섬유성 플라크 속에 새로운 혈관이 형성되면서 중심부가 커지고 출혈이 일어나

 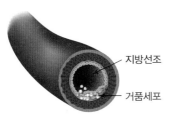 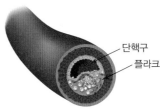

혈관 내를 순환하던 단핵구가 혈관벽이 손상되면 모이게 됨

단핵구는 혈관세포 밑에 들어가 LDL 콜레스테롤을 삼켜 거품세포가 됨. 동맥벽에 형성된 거품세포의 얇은 막을 지방선조라 함

지방선조에 추가로 지질, 평활근세포, 결합조직, 세포파편이 축적되면서 두꺼워져 플라크가 형성됨

그림 **5-10** 동맥경화의 진행
자료 : Nelms, M., Sucher, KP. Nutrition Therapy and Pathophysiology 4th ed. Cengage.

표 5-14 동맥경화의 위험요인

• 남성	• HDL 콜레스테롤의 감소
• 허혈성 심장질환의 가족력	• 당뇨병
• 이상지질혈증	• 뇌혈관질환 또는 폐쇄성 말초혈관질환의 병력
• 흡연	• 비만
• 고혈압	

게 되며, 더욱 진행하여 석회화가 되고 궤양 및 혈전이 생기면서 혈관이 갑자기 막히는 경우를 동맥경화라 한다(그림 5-10).

동맥경화에는 유전적 요인이 관여하고 있으며 발생요인 중 가장 중요한 인자는 혈관의 노화이다. 동맥경화의 3대 위험 요소로는 고혈압, 이상지질혈증, 흡연을 들 수 있으며 그 외에도 과식, 과도한 지방질 및 염분 섭취, 운동부족, 스트레스, 당뇨병 등이 위험인자로 작용한다. 고혈압, 고콜레스테롤혈증, 당뇨병 및 비만은 동맥경화를 악화시키는데 특히 혈액 콜레스테롤 농도가 250 mg/dL 이상인 고콜레스테롤혈증의 경우 혈관 손상 부위에 콜레스테롤의 침착이 많아져서 동맥경화가 촉진된다. 당뇨병은 지질대사의 이상으로 혈중 지질을 높이고 비만은 혈중 콜레스테롤을 상승시켜 동맥경화를 촉진시킨다(표 5-14).

2) 증상

동맥경화증은 주로 심장, 신장, 뇌 등에서의 혈류를 방해하는데 질환이 발생되는 부위에 따라 증상이 다르게 나타난다.

심장에 산소와 영양분을 공급하는 관상동맥에 경화가 발생하면 혈관이 막혀 심근으로 가는 혈액의 공급이 감소되거나 중지되어 허혈성 심장병을 일으키거나 심근이 괴사되어 심근경색이 발생하게 된다. 동맥경화가 뇌동맥에 발생하면 건망증, 정신불안, 기억력 감퇴, 지능저하가 오기도 하며, 동맥경화로 약해진 뇌동맥이 파열되어 뇌출혈을 일으켜 뇌졸중의 원인이 된다. 신장동맥에 동맥경화가 발생하면 신경화증이 오고, 심하면 신장으로 가는 동맥의 협착으로 혈액 순환이 부족해져서 고혈압을 일으키는 신성고혈압 및 신부전증을 유발하게 된다. 사지의 말초혈관에 동맥경화가 오면 팔이나

알아두기

동맥경화증과 죽상경화증

- 동맥경화증 : 혈관의 퇴행성 변화 및 섬유화로 혈관의 탄성이 감소됨
- 죽상경화증 : 혈관내벽에 콜레스테롤이 침착되고 내피세포의 증식으로 '죽종(atheroma)'이 형성되어 혈관 내부가 좁아짐. 최근 죽상경화증과 동맥경화증을 합하여 죽상동맥경화로 부르기도 함

중막 외막 내막

죽상경화증 동맥경화증

내막 손상

고콜레스테롤 혈증 고혈압/노화현상
↓ ↓
동맥의 내막 손상 동맥의 퇴행성 변화/섬유화
↓ ↓
혈관벽에 콜레스테롤 축적 혈관의 탄성 감소

자료 : 보건복지부·대한의학회.

다리로 내려가는 혈액의 양이 부족해져 손발 끝이 저리는 증상을 보인다. 특히 다리 동맥 등의 말초 부위에 동맥경화가 발생하면 폐쇄된 부분의 아랫 부분에 심한 근육통을 느끼게 되며, 피부가 건조해지거나 피부 표면에 궤양이 생기고 발톱이 약해지기도 한다.

3) 진단

동맥경화증은 병력을 바탕으로 혈액검사를 비롯한 다양한 검사를 통해 진단된다. 혈액검사로는 총콜레스테롤, LDL 콜레스테롤, HDL 콜레스테롤 및 중성지방치를 측정한다.

동맥경화를 진단하는 방법 중에는 관상조영술을 통해 혈관 내로 돌출하고 있는 죽상종을 발견하는 방법, 도플러로 혈류량과 혈류의 속도를 측정하는 방법, 초음파 기술을 이용하여 스캔을 실시하는 방법 등이 있다. 혈관이 좁아진 경우 심전도electrocardiogram, ECG를 점검하고, 뇌혈관의 경우에는 전산단층촬영Computer Tomography, CT과 자기공명영상촬영Magnetic Resonance Image, MRI을 하여 동맥경화 정도를 세밀하게 밝혀내고 있다.

4) 예방, 치료 및 영양관리

동맥경화의 예방 및 치료의 목표는 질환의 위험인자를 고려하여 식사요법, 운동 및 약물요법을 통해 지질대사를 개선하는 것인데 금주, 에너지 제한, 콜레스테롤, 포화지방의 섭취제한을 통한 영양관리가 우선적으로 실시되어야 한다.

(1) 영양관리

동맥경화의 영양관리는 이상지질혈증의 영양관리에 준한다. 총에너지 섭취를 조절함으로써 비만을 예방하고 활동량을 늘려 표준체중을 유지하도록 한다. 총지방 섭취량은 총에너지의 20% 이하로 하고, 그중 포화지방산은 전체 섭취 에너지의 10% 이하로 한다. 콜레스테롤 섭취량은 하루 200 mg 이하로 한다. 권장되는 포화지방산:단일불포화지방산:다가불포화지방산의 섭취 비율은 1:1:1이다. 또한 조개류 및 등푸른 생선류에 많이 함유되어 있는 오메가-3계 필수지방산인 EPA와 DHA는 중성지방을 감소시키는 효과와 함께 프로스타사이클린prostacyclin의 생성을 증가시킴으로써 혈소판 응집작용을 억제하는 역할도 한다.

나트륨 섭취량은 WHO/FAO에서 식이관련 만성질환의 예방을 위해 설정한 나트륨 목표량인 총 2 g(소금으로 5 g 이하)을 초과하지 않도록 한다. 과도한 음주는 혈압을 상승시키고 심근허혈 시 심장기능을 약화시킬 수 있으므로 알코올은 제한하도록 한다.

항산화작용이 있는 비타민 C, E, β-카로틴이 풍부하게 함유된 푸른잎 채소와 과일을 충분히 섭취하는 것이 필요하다.

체내 호모시스테인이 메티오닌으로 전환되는 호모시스테인 대사에는 비타민 B_{12}와 B_6, 엽산이 필요한데, 이들이 부족하면 호모시스테인이 축적되어 동맥을 손상시켜 동맥경화의 발생을 유발할 수 있으므로 적절한 섭취가 권장된다. 또한 니아신은 혈청 콜레스테롤 저하효과가 있으므로 충분히 섭취하는데, 약리작용을 위해서는 제재로 섭취하기도 한다. 또한 하루 25~35 g의 충분한 식이섬유 섭취를 권장한다.

(2) 운동요법

적당한 운동은 에너지 소모에 의해 지질 대사를 개선시키고 체중을 조절함으로써 동맥경화를 예방하는 것으로 알려져 있다. 그러나 동맥경화증이 심한 경우에는 운동 실시에 주의를 요하는데, 일반적으로 동맥경화의 경우에는 고혈압 및 이상지질혈증의 증상이 함께 나타나므로 고혈압과 이상지질혈증의 운동요법을 참고한다.

(3) 약물요법 및 수술치료

식사관리 및 운동에 의해서도 지질대사의 개선이 이루어지지 않으면 약물요법을 실시한다. 혈청 LDL 콜레스테롤의 농도가 190 mg/dL 이상이면 담즙산 결합 레진 약물인 콜레스티라민이나 니코틴산의 투여를 고려하고, 중성지방이 300 mg/dL이면 페노피브레이트fibric acid 유도체인 클로피브레이트clofibrate의 사용을 시작한다. 그러나 아직 약제에 대한 장기 효과 및 부작용은 알려지지 않은 부분이 많으므로 주의를 요한다.

관상동맥이나 하지동맥이 막힌 경우에는 관상동맥 확장술을 실시하기도 하나, 재발률이 높기 때문에 최근에는 유전자를 이용하여 새로운 모세혈관을 만들어주는 연구들이 활발히 진행되고 있는데, 유전인자DNA가 새겨진 내피세포인자를 근육으로 주사시켜 내피세포를 증식시키고 새로운 혈관을 만드는 치료법 등이 연구되고 있다.

(4) 생활수정

흡연에 의해 흡입되는 일산화탄소는 체내에서 저산소증을 유발시키고 혈청 지질 농도를 증가시켜 동맥경화의 진행을 촉진하는 한편 말초혈관을 수축시켜 혈액의 원활한 흐름을 저해하고 혈액의 응고를 항진시킴으로써 협착된 동맥 부위에 혈전을 유발하기도 한다. 이러한 흡연의 작용은 심근경색, 뇌경색 등을 유발하며, 치명적인 부정맥을 유발할 수 있으므로 동맥경화증의 치료에 금연은 필수적이다. 과도한 스트레스는 심장에 부담을 주어 동맥경화의 원인이 되므로 스트레스를 최소화하도록 노력하는 것도 동맥경화 예방에 중요하다.

5. 심장질환

1) 허혈성 심장질환

심장은 신체의 주요 기관에 혈액을 전달하는 펌프기능을 담당하고 있는데 심장 자체에 혈액과 산소를 공급하는 동맥을 관상동맥이라고 한다. 관상동맥의 안쪽 벽에 지방이 침착되어 직경이 좁아지게 되면 심근으로 들어가는 혈액의 양이 줄어들게 되어 앞가슴에 발작적 통증을 일으키는 현상인 협심증angina pectoris과 심근경색myocardial infarction, 부정맥arrhythmia, 심장마비cardiac arrest 등의 허혈성 심장질환ischemic heart disease을 유발하게 된다(그림 5-11).

심한 운동 등으로 인해 심근의 산소 수요량이 증대되거나 관상동맥의 경화 또는 협착 등으로 인해 심근에 일시적으로 산소부족이 유발되어 갑작스럽게 가슴에 통증을 느끼게 되는 증상을 협심증이라 한다. 협심증이 더욱 진행되어 관상동맥의 일부가 막히면 그 부위 이하에 있는 세포로의 영양 및 산소 공급이 차단되어 심근이 괴사를 일으키는 심근경색이 되어 심장마비로 인한 돌연사가 초래될 가능성이 높다.

(1) 원인
협심증의 원인으로는 관상동맥경화증으로 인한 동맥의 협착이 대부분이나 그 외에도 관상동맥의 경련성 수축이나 동맥염, 대동맥 판막증 등도 원인질환이 될 수 있다.

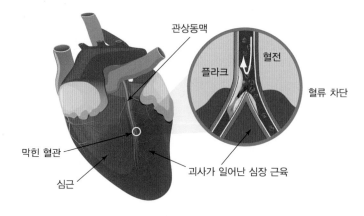

그림 **5-11** 심근경색증

(2) 증상

협심증은 안정형 협심증과 불안정형 협심증으로 나눌 수 있다. 안정형 협심증의 경우에는 휴식상태에서는 아무 증상이 없으나 과도한 신체활동, 정신적 흥분, 혈압 상승 등에 의해 왼쪽 가슴에 통증이나 호흡곤란이 나타나는 경우를 말하는데, 안정을 취하면 3~5분 정도 후에 통증이 사라진다. 불안정형 협심증은 안정 시에도 증세가 발생하고, 증상이 오래 지속되거나 통증 횟수가 잦아지는 경우를 말한다.

심근경색증의 증상은 협심증 증세와 비슷하나 강하게 조이는 것 같은 통증을 느낀다. 이런 증상은 활발한 신체활동, 정신적 흥분, 추위, 흡연 등으로 인해 심장 맥박수가 증가하거나 혈압상승 등이 생기는 경우에 주로 나타나 통증이 30분 이상 계속된다(표 5-15).

(3) 진단

허혈성 심장질환의 진단에는 주로 심전도 검사를 실시하며 정확한 진단을 위하여 방사선 동위원소를 이용한 운동부하 심근촬영을 실시하거나 관상동맥의 좁아진 부위와 정도를 확진하기 위하여 관상동맥조영술 등을 실시한다. 기타 혈액심근 효소, 심장초음파, 핵의학적 검사 등으로 진단을 실시하기도 한다.

① **관상동맥조영술** 관상동맥조영술cadiac cath이란 허벅지의 동맥이나 팔의 동맥에 작은 구멍을 뚫은 후 그곳을 통해 가는 튜브를 심장의 관상동맥에 삽입시킨 다음 조영제를 투입하여 관상동맥의 어느 부위가 어느 정도 막혔는지를 촬영하는 검사방법이

표 **5-15** 협심증과 심근경색증의 비교

부위	협심증	심근경색증
관상동맥 상태	혈관에 이물질이 쌓여 좁아짐	혈관이 좁아져 있으며, 혈전으로 인해 완전히 막히기도 함
가슴 통증의 정도	조이고 뻐근한 통증	가슴이 심하게 조이고 터질 것 같은 심각한 통증
흉통 지속 시간	2~10분	30분 이상(치료를 하지 않으면 10시간 이상)
안정 시	통증이 가라앉음	통증이 가라앉지 않음
안면 창백	나타나지 않음	나타남
식은땀	가볍게 나타남	심하게 나타남
일시적 의식 상실	나타나지 않음	나타남
구토	나타나지 않음	나타남

다. 관상동맥 확장술 등의 수술이 필요하다고 판정될 때 시행하는데 동맥 안으로 튜브를 삽입하는 검사이기 때문에 대퇴동맥의 출혈, 일시적인 부정맥, 색전증, 심근경색증, 뇌졸중 등의 부작용이 나타날 수 있다.

② **심전도 검사** 심전도 검사electrocardiogram, ECG란 심장이 수축·이완 활동을 할 때 일어나는 전기적 변동을 그래프로 기록한 것을 말한다. 부정맥, 협심증이나 심근경색, 심장 비대 등의 경우에는 심전도의 파형에 특이적인 변화가 나타나므로 이를 심장질환의 진단에 사용한다(그림 5-12).

③ **운동부하검사** 운동부하검사treadmill stress test란 운동량을 증가시키면서 측정한 심전도를 컴퓨터로 분석하며 혈압을 측정하는 방법이다.

협심증은 평상시에는 이상이 없어도 언덕이나 계단을 오를 때 증세가 나타나므로 휴식 시에는 심전도에 이상이 없어도 운동부하 검사를 실시하면 협심증 증상이나 심전도상의 이상을 알아낼 수 있다.

④ **핵의학적 검사** 토륨Th 또는 테크네튬Tc 등의 방사성 동위원소 물질을 정맥에 주사하여 혈액 순환시킨 후, 그 경과를 컴퓨터로 재생시켜 사진으로 나타냄으로써 심장의 혈류를 검사하는 방법이다.

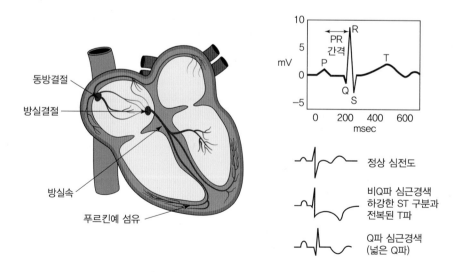

그림 **5-12** 심장의 자극전도계와 심전도 검사

이들 방사성 동위원소들은 혈액 순환이 정상인 곳에는 양성으로 나타나지만 혈액 순환이 되지 않은 부위, 즉 허혈 현상이 있는 부위에서는 음성으로 나타난다.

⑤ **심장 초음파 검사** 초음파를 이용해 심장 내부를 들여다보며 심장의 크기, 심근의 두께, 심장 근육의 기능, 그리고 심장판막의 질환 여부를 진단하는 검사이다. 심장 근육의 일부가 경색된 심근경색증은 심장 초음파에 의해 잘 감지할 수 있다.

(4) 치료

허혈성 심장질환의 치료방법에는 생활수정을 통한 위험인자의 교정 및 식사요법, 약물요법, 그리고 수술요법 등이 있는데, 평소 표준체중을 유지하도록 하고, 금연을 하며, 고혈압, 당뇨병 및 이상지질혈증은 치료하도록 하는 것이 가장 중요하다. 또한 정신적 안정을 취하며 지속적인 운동을 실시하고 콜레스테롤이 많은 음식의 섭취는 제한하고 불포화지방산의 섭취를 늘리는 것이 바람직하다.

① **약물요법** 협심증 환자의 경우 약물요법으로 증상을 호전시키고 사망률을 감소시킬 수 있는데 혈관확장제, 항혈소판제, 항응고제, 항혈전제가 사용된다. 가장 많이 사용하고 있는 혈관확장제인 니트로글리세린nitroglycerin이나 이소소르비드 디니트레이트isosorbide dinitrate는 혈관을 확장함으로써 심근의 산소요구량을 감소시키고 심근 내 혈류가 효과적으로 순환하도록 한다. 따라서 심장의 허혈 현상을 일시적으로 해소시키는 작용을 하므로 걷기나 운동 등으로 협심증 증상이 발생할 우려가 있을 때는 운동을 시작하기 전에 미리 예방용으로 사용하는 것이 좋다. 베타 차단제는 혈압을 저하시키고 심장 박동 수를 줄임으로써 심장의 산소 소비량을 감소시키는 작용을 하므로 혈압이 높은 허혈성 심장질환 환자에게 효과가 있다.

혈소판 응집을 저하시키는 아스피린은 심근경색증의 예방을 위해 사용하며 칼슘경로차단제는 혈관 확장제로서 관상동맥을 확장시켜 심장근육에 산소 공급을 증가시키는 효과가 있다.

혈중 콜레스테롤을 감소시키는 약물의 사용도 심근경색증 치료에 효과적이며, 안지오텐신 전환효소 억제제는 심근경색 후 심장기능의 저하가 있을 때 투여하면 심근경색증뿐만 아니라 모든 심부전증 환자 특히 심근증, 판막질환 환자, 그리고 고혈압 환자에서 증상을 호전시킨다.

② **수술요법** 수술요법으로는 관상동맥의 좁아진 부분을 넓게 하는 관상동맥 확장술이나 좁아지거나 막힌 혈관 옆에 정상혈관을 이식하는 관상동맥우회로술 등을 실시한다.

- **관상동맥 확장술** angioplasty : 관상동맥 확장술은 풍선이나 금속망을 사용하여 동맥을 확장시키는 방법으로 풍선이 달린 가느다란 관을 좁아진 동맥 부위로 밀어넣은 다음, 풍선을 부풀려 좁아진 동맥을 넓혀주는 방법이다. 그러나 재발하는 경우가 많으므로 최근에는 풍선 확장술로 좁아진 혈관을 부풀린 다음 그 자리에 스텐트stent라는 금속망을 삽입해서 고정시키는 방법을 적용하기도 한다(그림 5-13).

- **관상동맥 우회로 수술** coronary artery bypass graft, CABG : 관상동맥 우회로 수술은 다리의 정맥을 대동맥과 좁아진 관상동맥에 연결, 이식하여 새로운 동맥을 만들어주는 것이다. 심한 협심증에서 관상동맥 확장술이 불가능할 때 시술한다.

③ **운동요법** 협심증이나 심근경색증 환자들은 자신의 상태에 맞는 적절한 유산소 운동인 걷기, 등산, 조깅, 수영, 줄넘기, 자전거 타기 등을 지속적으로 실시하는 것이 좋다. 이런 운동은 심장과 호흡기능은 향상시키고 혈압은 비교적 적게 증가시킨다. 무

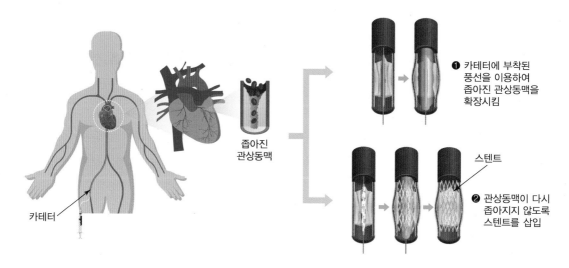

❶ 카테터에 부착된 풍선을 이용하여 좁아진 관상동맥을 확장시킴

스텐트

❷ 관상동맥이 다시 좁아지지 않도록 스텐트를 삽입

좁아진 관상동맥

카테터

그림 **5-13** 스텐트(금속망)를 사용한 관상동맥 확장술

거운 불건 들기나 팔굽혀펴기 등의 무산소 운동은 근육의 발달에는 필요하지만, 심장이나 폐에는 별 도움이 되지 않으며 심장에 위험을 가져올 수도 있는 운동이다. 환자들은 운동을 시작하기 전 반드시 준비운동으로 몸을 풀어주어야 하고, 운동을 마친 후에도 역시 마감운동을 해주는 것이 좋다. 운동은 1주일에 3회 이상, 1회에 30~60분 정도 하는 것이 좋으며 처음부터 무리하게 많은 양의 운동을 하기보다는 조금씩 운동량을 늘려 가는 것이 바람직하다.

④ **영양관리**   관상동맥 집중치료 병동coronary care unit, CCU에 입원한 환자는 처음에는 미음이나 연식의 형태로 나트륨과 콜레스테롤이 적은 식사를 소량씩 자주 제공하며 퇴원 후 외래 치료 단계에서도 지속적으로 나트륨, 콜레스테롤, 포화지방산, 카페인을 제한한다. 심근경색 환자의 식사는 치료보다는 예방의 의미로 조절되어야 한다.

콜레스테롤을 많이 섭취하면 혈청 콜레스테롤 농도가 상승하여 동맥경화를 더 악화시켜 허혈성 심장질환에 좋지 않은 영향을 미치므로 콜레스테롤의 하루 섭취량은 200 mg 미만으로 줄이도록 한다. 달걀, 어란, 생선이나 육류의 내장, 오징어, 새우, 장어 등은 콜레스테롤 함량이 많은 식품이므로 1주일에 2~3회 이하로 섭취하도록 제한한다. 등푸른 생선에는 EPA와 DHA 등 오메가-3계 지방산이 포함되어 있으므로 육류보다 생선을 섭취하는 것이 바람직하다.

식이섬유는 포만감을 줌으로써 과식을 방지하고, 콜레스테롤 배설기능이 있으므로 신선한 채소나 과일, 잡곡, 현미, 콩류, 해조류 등 식이섬유가 풍부한 식사를 권장한다. 과다한 나트륨 섭취는 고혈압의 원인이 될 수 있고 또 심부전증을 악화시킬 수 있으므로 저장식품·가공식품·인스턴트식품 등은 가급적으로 피한다. 사탕, 꿀, 케이크, 아이스크림, 콜라 등의 단당류는 농축된 에너지원으로서 체중 증가의 원인이 될 뿐 아니라, 혈중 중성 지방을 상승시키는 효과가 있으므로 섭취를 제한하도록 한다. 술은 농축 에너지원으로, 과음은 알코올성 심근증, 중성 지방의 증가, 그리고 뇌졸중의 원인이 될 수 있으므로 소량으로 제한한다.

2) 울혈성 심부전

심장의 펌프작용에 장애가 발생하여 심장에 들어온 혈액을 충분히 박출하지 못하면 심박출량이 저하되고 혈액이 정맥 쪽으로 정체되는 울혈성 심부전congestive heart failure이 유발된다. 심장의 수축력이 갑자기 저하되어 발생하는 경우를 급성심부전이라 하고 만성적인 심장기능의 쇠퇴로 인해 혈액 순환량이 감소되어 신체의 다른 기관인 간, 신장, 뇌 등에 불리한 영향을 미치게 되는 경우를 만성심부전이라 한다.

(1) 원인

심박출량이 저하되는 원인으로는 선천성 심장질환이나 심근경색, 심근염, 고혈압 등으로 인해 심근이 약화되어 심근 수축력이 저하되는 경우나 심장의 판막이 폐쇄 또는 협착되는 심장판막증에 의해 유발되는 경우가 있다. 그 외에도 허혈성 심장질환, 심낭염, 만성신염, 폐기종 등의 질병으로 인해 장기간 심장에 부담이 있을 때에도 울혈성 심부전이 발병하기 쉽다.

(2) 증상

울혈성 심부전의 경우 울혈은 주로 폐와 순환계에 생기는데, 좌심부전은 폐순환계의 울혈을 유발하고 우심부전은 정맥울혈을 유발한다. 좌심부전으로 심박출량이 감소하면 혈압이 저하되고 그 결과 신장으로 가는 혈류량도 감소하게 된다. 따라서 레닌-안지오텐신계가 활성화되고 부신피질 호르몬인 알도스테론이 증가되어 체내에 나트륨과 수분이 보유되어 말초부종을 일으킨다(그림 5-14, 그림 5-15). 그 외 호흡곤란, 기침, 천식, 간비대 또는 복수 등의 증세를 나타내기도 한다.

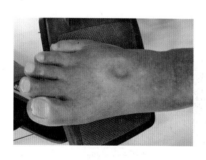

그림 **5-14** 울혈성 심부전으로 인한 발 부종

(3) 치료

심장의 부담을 줄이기 위하여 안정을 취하며 심근의 수축력을 증강시키고 체액의 축적을 방지하기 위한 치료를 실시하도록 하는데, 증세가 심할 때는 절대안정이 필요

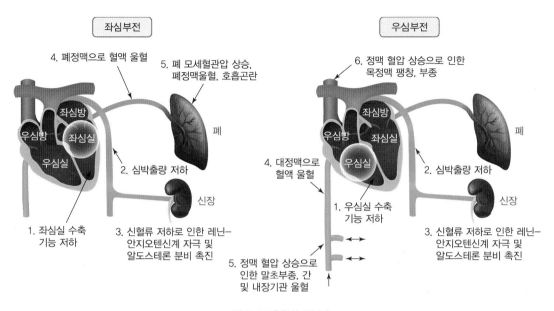

그림 **5-15** 울혈성 심부전

하나 가벼운 심부전의 경우에는 적절한 운동을 실시하는 것도 고려하도록 한다.

① **영양관리**   울혈성 심부전의 영양관리 목적은 식욕부진과 섭취부족으로 인해 만성적인 영양불량상태인 심장 악액질cardiac cachexia을 관리하고 심장의 부담을 최소로 하며 과잉의 체액보유로 인한 부종을 제거하는 것이다.

- **에너지** : 체중 감소는 심장의 부담을 감소시키므로 비만의 경우 체중을 감소시켜 정상체중 이하를 유지하도록 필요한 경우 저열량식을 실시한다. 그러나 영양상태가 좋지 않은 심한 울혈성 심부전 환자의 경우 기초에너지 요구량의 30~50% 정도까지 증가시킬 수 있다(35 kcal/kg).
- **나트륨** : 부종을 예방하기 위해 나트륨 섭취량을 제한하도록 한다. 소금 섭취는 경증에서는 하루에 5~7 g, 중등 증세에서는 3~5 g, 중증에서는 3 g 미만으로 제한한다.
- **단백질** : 심부전은 위, 장, 간 등에도 울혈을 일으켜 단백질의 흡수장애와 간에서의 알부민 합성 저하를 초래하므로 이를 보충하고 심장근육을 치료하기 위해 단백질을 충분히 공급하도록 한다.

- **지질** : 지질은 다량 섭취 시 총에너지를 높여 비만을 유발하게 되므로 적절히 섭취하도록 유의하여야 한다. 또한 혈청 콜레스테롤과 중성지방의 농도를 낮춤으로써 혈관계 질환을 예방하기 위해 다가불포화지방산:단일불포화지방산:포화지방산의 비(P/M/S)를 1:1.0~1.5:1로 하고 오메가-6계/오메가-3계 지방산의 섭취 비율은 4~10:1로 유지하도록 한다.

  따라서 포화지방산과 콜레스테롤 함량이 많은 동물성 기름보다는 콩기름과 들기름 같은 식물성유를 섭취하며 등푸른 생선의 섭취를 늘리도록 권장한다.
- **비타민과 무기질** : 나트륨을 제외한 무기질과 비타민은 충분히 섭취한다.
- **수분** : 하루 1~1.5 L 이하의 수분제한은 이뇨제 치료의 필요성을 감소시키지만 증상이 심하지 않을 때에는 나트륨 섭취만 제한하고 수분섭취는 2 L 정도로 자유로이 한다.
- **식이섬유** : 식이섬유는 장내에서 가스를 형성하여 심장에 부담을 주므로 제한한다.
- **무자극성식** : 카페인이 많은 음료의 섭취를 제한하고, 탄산음료는 위와 장에 가스를 형성하여 심장에 자극을 주므로 제한한다. 또한 다량의 양념을 사용한 음식의 섭취는 제한한다.

② **약물요법** 디기탈리스digitalis와 같은 강심제는 심근 수축력을 증강시키며 혈관 확장제는 말초혈관 저항을 줄여 심장부담을 감소시킨다. 이뇨제는 체내에 저류된 수분과 나트륨 배설을 촉진시켜 부종을 없애지만 저칼륨혈증을 초래할 수 있으므로 주의하도록 한다.

핵심 포인트

울혈성 심부전의 영양관리
- 에너지 : 저열량식으로 체중 조절 시 심장의 부담 감소
- 단백질 : 충분한 단백질 공급
- 지방 : 오메가-3 지방산의 섭취 권장
- 나트륨 : 나트륨 제한
- 무자극성식 : 카페인이 많은 음료, 탄산음료, 자극성 있는 양념 제한
- 기타 : 과량의 식이섬유는 장내 가스 생성으로 심장에 부담을 주므로 제한

6. 뇌졸중

뇌졸중cerebrovascular accident, stroke, CVA이란 뇌혈관의 순환장애로 인해 뇌 조직에 산소와 영양분을 공급하는 뇌혈관이 막히거나 파열되면서 언어장애, 의식장애, 반신마비 등을 일으키는 뇌혈관질환을 총칭하는데 중풍이라고도 한다. 뇌혈관질환은 여성에 비해 남성에 더 많으며 고령이 되면서 사망률을 증가시키고 신체장애의 가장 중요한 원인이 되고 있다.

1) 종류

뇌졸중은 크게 뇌출혈과 뇌경색으로 나눌 수 있다. 뇌출혈은 고혈압 등의 원인으로 인해 뇌혈관이 터져 피가 뇌 속으로 모여서 뇌조직을 압박하고 손상을 입히게 되어 심할 경우 의식을 잃고 사망까지 초래할 수 있는 것을 말한다. 뇌경색이란 동맥경화증으로 인해 뇌의 동맥이 좁아지고 혈전이 뇌혈관을 막아 혈액 공급이 중단됨으로써 뇌 기능이 상실되는 것을 말한다. 최근 고혈압의 치료율이 증가함에 따라 뇌출혈은 감소하는 반면 뇌경색은 점차 증가하고 있는 추세이다.

뇌출혈은 출혈된 부위에 따라 뇌실 안에서 동맥의 파열로 인해 출혈이 생기는 뇌출혈과 뇌동맥에 생긴 꽈리의 파열로 인해 뇌막 아래에 출혈이 생기는 지주막하 출혈로 나눌 수 있다. 한편, 뇌가 경색되면 그 부위가 물렁해지기 때문에 뇌연화라고 불리기도 하는 뇌경색은, 혈관이 막히는 원인에 따라 뇌혈전증과 뇌전색증으로 나눌 수 있다. 뇌에서 동맥경화가 진행되어 형성된 혈전이 뇌혈관을 막는 뇌경색의 상태를 뇌혈전증이라 하고 심장에서 생긴 혈전이 혈류를 따라 흐르다가 뇌혈관을 막는 상태의 뇌경색을 뇌전색증이라 한다. 뇌전색증은 혈전이 떨어져 나가서 생기는 현상이므로 비활동 시보다는 운동이나 활동시에 잘 나타난다.

그 외 일과성 뇌허혈 발작Transient cerebral ischemic attack, 윌리스동맥폐색증, 고혈압 뇌증 등이 있다(표 5-16, 그림 5-16).

표 **5-16** 뇌졸중의 종류

종류	내용	
뇌출혈	• 뇌출혈	• 지주막하 출혈(거미막하 출혈)
뇌경색	• 뇌혈전증	• 뇌색전증
기타	• 일과성 뇌허혈 발작 • 고혈압 뇌증	• 뇌동맥류 출혈

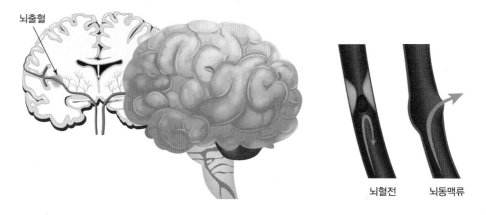

그림 **5-16** 뇌졸중의 종류

2) 증상

 뇌졸중의 증상은 대부분의 경우 뇌의 압력 증가로 인한 두통 증세와 함께 구토, 언어장애, 연하 곤란, 고열, 대소변 실금, 안면 신경 마비, 반신 마비, 의식장애, 혼수 상태 등을 나타낸다. 특히 뇌출혈의 경우에는 작업 중이나 운동 중에 쓰러지며 증세가 빠르게 진행되는 반면, 뇌혈전의 경우에는 주로 수면 중이나 아침기상 시 반신에 마비가 오는 경우가 많다. 뇌지주막하 출혈일 경우에는 심한 두통이 나타나는 것이 특징이다. 일과성 뇌허혈 발작 시에는 경한 마비 증상이 느껴지다가 별다른 치료 없이 24시간 내 또는 2~3개월이 지난 후 완전히 회복된다(표 5-17).

표 **5-17** 뇌졸중의 증상

구분	뇌혈전	뇌전색	뇌출혈	지주막하 출혈
발생하기 쉬운 시간	야간, 휴식 시	활동 시	활동 시	일정하지 않음
발생형태	급격히 또는 서서히	급격히	급격히 발생하고 단시간에 약화	급격히
두통	대부분 없음	대부분 없음	있음	심한 두통이 있음
메스꺼움·구토	종종 있음	종종 있음	자주 있음	대부분 있음
의식장애	대부분 없음	일시적으로 있음	점점 심해지는 경우가 많음	일과성으로 있음
실어마비	처음부터 있고 점점 심해짐	처음부터 있음	처음부터 있음	처음에는 거의 없음

알아두기

지주막하 출혈

　지주막하 출혈은 뇌동맥이 선천적으로 약해 여기에 꽈리 모양의 동맥류가 발생했다가 이것이 파열함으로써 일어난다. 중요한 위험인자는 고혈압이지만, 고혈압이 없는 젊은 사람에게도 발생할 수 있고, 주로 30~50대에서 발생한다. 뒷머리에 격심한 두통과 함께 메스꺼움 및 구토가 나는 예가 많다. 한두 시간 내에 의식을 회복하는 일시적인 의식불명이 있을 수 있고, 목이 경직되어 목을 굽힐 수 없는 것이 특징이다.

3) 위험인자 및 진단

(1) 위험인자

　뇌졸중은 증세가 약한 경우에는 수일 내에 완전히 회복될 수도 있으나, 반신불수나 언어장애가 발생하면 완전 회복이 불가능한 경우가 많으므로 무엇보다도 위험인자를 줄여 예방하는 것이 중요하다.

　뇌졸중의 위험인자로는 노화, 남성, 고혈압, 동맥경화, 이상지질혈증, 당대사이상이나 심전도이상, 비만, 흡연, 알코올, 고요산혈증, 고피브리노겐혈증 등이 있다. 뇌졸중은 기후 변화가 심한 환절기에 더 많이 발생한다는 보고가 있으므로 위험요인이 있는 경우에는 일상생활에서 기온의 차이가 갑자기 생기는 것을 피하고 과로를 삼가며 적당한 운동을 실시하도록 한다. 뇌경색환자의 20%는 심장병이 원인이 되며, 특히 젊은 층에서 발생한 뇌졸중은 심장병으로 인한 뇌색전증일 가능성이 높다.

표 5-18 뇌졸중의 위험요인

• 고혈압 : 80%의 뇌졸중이 고혈압환자에게서 발생	• 목동맥 협착증
• 심장질환	• 일과성 뇌허혈 발작증
– 부정맥	• 당뇨병
– 승모판 협착증	• 흡연
– 심근경색증	• 좌심실 비대
– 심부전증	• 과음
– 심내막염	• 이상지질혈증
	• 호모시스테인 과다증

뇌졸중은 나이가 들수록 그 발생률이 높아지는데, 뇌졸중의 중요 위험인자들은 표 5-18과 같다.

(2) 진단

뇌졸중은 갑자기 쓰러진 후 의식장애, 언어장애, 반신마비, 시력장애, 연하곤란, 두통, 구토, 경련 등을 나타내는 임상적 소견으로 진단이 가능하며, 확실한 진단을 위하여 뇌척수액 검사, 뇌동맥 촬영, 컴퓨터단층촬영, 자기공명영상촬영을 이용하여 병이 발생한 부위와 정도를 진단하는 것이 필요하다. 또한 혈압측정, 혈액검사, 간기능 검사, 심전도 검사를 통해 합병증 관련 정도를 진단하는 것도 도움이 된다.

알아두기

뇌졸중의 예방

뇌졸중의 예방을 위해서는 고혈압의 치료가 가장 중요한데, 혈압이 정상화되면 뇌졸중의 발생률이 감소된다. 흡연은 뇌졸중의 발생률을 증가시키고, 규칙적인 운동을 하는 사람은 운동을 하지 않는 사람에 비해 뇌졸중 발생률이 낮으므로 유산소운동을 규칙적으로 꾸준히 실시하도록 한다. 뇌졸종의 과거력이 있거나 일과성 뇌허혈증이 있었던 환자에게 항혈소판 응집제인 아스피린을 투여했을 때 뇌졸중 재발률이 감소하였다는 보고가 있으며, 콜레스테롤 강하제의 복용도 뇌졸중 발생률을 감소시켰다.

뇌에 공급되는 혈액의 약 80%가 통과하는 목동맥에 동맥경화증으로 인한 목동맥 협착증이 생기면 일과성 뇌허혈 발작 또는 뇌졸중을 유발할 수 있다고 한다. 또한 혈중 호모시스테인이 증가하면 허혈정 심장병과 뇌졸중의 발생률이 증가하는 예가 많으므로 채소와 과일, 또는 엽산, 비타민 B_6와 B_{12}을 충분히 섭취함으로써 호모시스테인 수치를 감소시켜 심장병 및 뇌졸중을 예방하도록 한다.

4) 뇌졸중의 치료

뇌졸중은 병의 종류, 출혈 및 경색 부위와 정도, 경과기간에 따라 치료방법이 다르나, 증세가 발생하면 완전회복이 불가능한 경우가 많으므로 재발 방지를 위한 예방적 치료를 실시하는 것이 중요하다. 환자가 고혈압인 경우에는 고혈압이 뇌졸중의 원인이 되므로 식사요법 및 약물요법을 사용하여 혈압을 정상화시키는 치료가 필요하나 과도한 혈압 저하는 뇌혈류를 저해하여 뇌경색 등을 악화시킬 우려가 있으므로 점진적인 혈압 조절이 필요하다.

당뇨병은 동맥경화 및 각종 합병증을 유발하여 뇌졸중을 악화시키므로 적극적인 혈당 조절이 요구된다. 심장질환 시에는 심장에 부담을 주지 않는 활동과 저염식 등의 식사요법 및 약물요법이 필요하다.

(1) 약물요법과 수술요법

일과성 뇌허혈 발작의 경우에는 먼저 혈소판 항응집제인 아스피린 등을 복용하고, 경동맥의 협착이 심할 경우에는 동맥내막 절제술로 좁아진 부위를 넓혀 뇌졸중 발생률을 감소시킨다. 지주막하 출혈이 발생한 경우에는 약물치료를 시행하고 환자의 상태가 안정되면 파열된 동맥류를 수술로 교정하여야 한다.

(2) 운동요법

고혈압은 뇌출혈에 치명적이므로 혈압을 많이 상승시키는 활동인 무거운 것 들기, 무거운 것 밀기 등의 활동이나 팔굽혀펴기 등은 삼가야 한다. 또한 변비가 생기지 않도록 관리하기 위하여 적절한 복근운동과 걷기 등을 꾸준히 실시하는 것이 좋다.

5) 영양관리

뇌졸중 환자의 체중상태, 활동 정도에 따라 25~45 kcal/kg의 에너지 섭취가 권장된다. 단백질은 1.2~1.5 g/kg의 섭취가 권장되며, 움직임 없이 침대에 누워 있는 환자에게는 양의 질소 평형을 유지하기 위해 추가의 단백질이 필요할 수 있다. 혈전 용해제로 와파린warfarin(쿠마딘coumadin)을 사용하고 있는 경우 와파린의 효과는 비타민 K와 반비례하므로 비타민 K의 섭취를 조절할 필요가 있다. 뇌졸중 환자의 40~50%에서 연하곤란 증세가 나타나므로 식사를 처방하기 전에 반드시 삼키는 기능이 완전한지 평가해야 한다. 환자의 근육이 마비 상태여서 저작과 연하를 충분히 하지 못하는 경우에는 유동식을 공급하고 점차 연식으로 이행하도록 한다. 한편 혼수상태에 있는 환자의 경우에는 관급식을 통한 영양공급이 필요한데, 환자의 표준 체중에 적합하도록 에너지를 조절하되 체중이 증가하지 않도록 유의한다.

뇌졸중 예방 및 재발의 방지를 위한 영양관리는 고혈압, 동맥경화증, 이상지질혈증 등의 심장순환기계 질환과 당뇨병 및 비만 등 성인병 질환에 적용되는 식사 처방과 유사하다. 에너지의 섭취는 정상체중을 유지하며, 단순당의 섭취는 피하고 복합 탄수화물을 섭취하도록 한다. 지방은 섭취 에너지의 20% 정도로 하되, 조리 시에는 불포화지방산의 함량이 풍부한 식물성 유지를 사용하도록 하고 콜레스테롤이 다량 함유된 식품이나 포화지방산의 과량 섭취는 삼가도록 한다. 콜레스테롤이 너무 높으면 동맥경화가 진행되어 뇌경색이 일어나기 쉬워지며 너무 낮아지면 영양 상태가 나빠져서 뇌출혈이 일어나기 쉬우므로 환자의 혈중 콜레스테롤은 150~220 mg/dL 범위를 유지하는 것이 바람직하다. 변비를 막기 위해 가능한 한 신선한 채소류 및 김, 미역 등의 해조류를 충분히 섭취하고 염분 함량이 많은 가공식품은 피하도록 하며 혈압이 상승하지 않도록 한다.

CHAPTER 5 사례 연구 　　　　　　**동맥경화(Atherosclerosis)**

도 씨는 중학교 교사로 재직 중인 55세의 남성으로 30대 중반 이후 체중이 매년 증가하여 현재 신장은 168 cm
이고 몸무게는 85 kg이다. 심장질환이나 당뇨병에 대한 가족력은 없고 과다한 체중 증가 외에는 비교적 건
강한 편이었다. 그는 가족들과 맛집을 찾아다니는 것을 즐기고, 특별히 운동은 하지 않았다. 3주 전 도 씨는
운전 도중 왼쪽 가슴에 통증을 느낌과 동시에 현기증 및 가벼운 호흡곤란을 경험한 적이 있었는데 잠시 후
정상 상태로 회복되었다. 그런데 일주일 후에 도 씨는 수업을 위해 급히 교실로 가던 중, 또다시 왼쪽 가슴에
예리한 통증과 함께 숨을 쉬기가 곤란함을 느껴 병원에서 검사를 받기로 하였다.

　도 씨는 심전도 검사(electrocardiogram, EKG), 혈액검사 및 흉부 X선 촬영을 하였는데, 혈청 지질 수치
가 높은 것을 제외하고는 정상으로 판명되었다. 그러나 주치의는 도 씨에게 심장 전문의에게 정밀진단을 받
는 것이 좋겠다고 권유하였다. 우선 운동부하검사(treadmill stress test)를 받았는데, 테스트의 중간까지만
수행하고 끝내지는 못하였다.

　그는 병원에 입원하여 정밀검사를 받는데, 관상조영술(cardiac catheterization) 결과 도 씨의 동맥 중
두 개는 50%가, 그리고 한 개는 80%가 막힌 것으로 나타났다. 심장 전문의는 도 씨에게 관상동맥확장술
(angioplasty)을 시술하여 80%가 막힌 혈관을 성공적으로 뚫었다. 의사는 lipitor®(artovastatin) 10 mg을 처
방하였으며 임상영양사에게 상담을 받도록 하였다.
　도 씨의 임상검사 결과는 다음과 같다.

□ 임상검사 결과

검사항목	결과(참고치)	검사항목	결과(참고치)
FBS	128 mg/dL(70~100)	Na	143 mEq/L(135~145)
Total cholesterol	295 mg/dL(130~200)	K	4.5 mEq/L(3.5~5.5)
Triglyceride	275 mg/dL(50~150)	BUN	14 mg/dL(8~20)
HDL cholesterol	40 mg/dL(35~65)	CRP	4 mg/dL(~0.5)
Albumin	4.5g/dL(3.5~5.2)		

　퇴원하여 집으로 돌아온 도 씨에게 한 친구가 비타민 E, 비타민 B_{12}, B_6, 엽산과 같은 비타민제제를 섭취
할 것을 권하고, 매일 어린이 아스피린을 복용할 것을 권하였다.

1. 도 씨의 표준체중을 브로카법 및 BMI를 이용한 방법으로 구하고 비만도를 평가하시오.

- **표준체중**
  - 브로카법에 의한 계산 : (168 − 100) × 0.9 = 61.2 kg
  - BMI를 이용한 방법 : 1.68 × 1.68 × 22 = 62.1 kg
- **비만도**
  - BMI = 85 kg ÷ 1.68 m ÷ 1.68 m = 30.1 kg/m^2(2단계 비만에 해당)

2. 도 씨의 임상결과를 보고 LDL 콜레스테롤 수치를 계산하시오.

LDL 콜레스테롤 = 총콜레스테롤 − HDL 콜레스테롤 − (중성지방 ÷ 5)
= 295 − 40 − (275 ÷ 5) = 200 mg/dL

3. 도 씨가 처방받은 lipitor®의 기능은 무엇이며, 약제 사용 시 영양 관련 부작용은 어떤 것들이 있는지 설명하시오.

lipitor®(artovastatin)는 스타틴 계열의 약제로, 콜레스테롤의 전단계 물질인 메발론산(mevalonic acid)이 생성되는 과정에서 필요한 효소(HMG−CoA reductase)를 차단하여 콜레스테롤 합성을 저해한다. 또한, 이 효소가 억제되면 간에서 담즙산 합성 시 필요한 콜레스테롤도 감소하기 때문에 혈액 속의 콜레스테롤이 담즙산 합성을 위해 간으로 유입되어 혈중 콜레스테롤이 감소하게 되는 효과도 나타나게 된다.

HMG−CoA 환원효소저해제(스타틴) 계열의 약제는 일반적으로 메스꺼움, 소화불량, 복통, 변비, 설사를 유발할 수 있다. 자몽주스는 혈중 스타틴의 농도를 높여 부작용을 초래할 수 있으므로 주의해야 한다.

4. 도 씨의 친구가 권고한 것들이 동맥경화에 미치는 영향에 대하여 설명하고, 그대로 따를 때의 부작용은 없는지 설명하시오.

- 비타민 E와 같은 항산화제 : 지질의 산화반응을 억제하는 작용을 통해 동맥경화의 발생을 예방하거나 진행을 억제하는 작용을 한다.
- 비타민 B_{12}, B_6, 엽산 : 최근 호모시스테인(homocystein) 수치의 과도한 상승에 의한 과호모시스테인증과 동맥경화의 발생 간에 서로 상관관계가 있다는 연구 보고가 있다. 체내 호모시스테인이 메티오닌으로 전환되는 등의 호모시스테인 대사에는 비타민 B_{12}, B_6, 그리고 엽산이 필요한데, 식사를 통한 이들 세 가지 비타민의 공급이 적절치 않으면 호모시스테인이 제대로 대사되지 못하고 축적되어 동맥을 손상시켜 동맥경화의 발생을 유발할 수 있다.
- 어린이 아스피린 : 아스피린은 프로스타글란딘과 트롬복산 A_2의 형성에 관여하는 효소인 산소고리화효소(cyclooxygenase, COX)의 활성을 억제하는 작용을 한다. 그러므로 아스피린의 복용은 혈소판 응집에 관여하는 트롬복산 A_2의 형성을 억제함으로써 혈액응고를 지연시키므로 혈전 생성을 예방할 수 있다.
- 도 씨의 친구가 권유한 성분들은 동맥경화의 예방 및 발생지연 효과가 있는 것으로 보이나, 이들을 의사나 임상영양사와 같은 전문인의 관리를 통하지 않고 섭취하였을 경우 부작용의 발생으로 인한 문제를 일으킬 위험을 지니고 있으므로 의사의 처방이나 영양 전문가의 조언을 따르는 것이 필요하다.

5. 도 씨의 임상검사 결과와 건강 상태에 근거하여 도 씨의 식사계획을 설명하시오.

- 체중 감소를 통해 표준체중에 도달할 수 있도록 한다. 가족력이 없는 도 씨에게서 혈중 지질의 증가와 동맥경화증의 발생은 과도한 체중과 밀접한 관계가 있는 것으로 볼 수 있다. 도 씨의 혈당 또한 정상범위 이상임을 고려하였을 때, 식사 조절과 운동을 통한 체중 조절은 혈중 지질과 혈당 저하를 위해서 매우 중요하다.
- 혈중 콜레스테롤 정상 범위가 200 mg/dL 이하인데, 도 씨의 경우 295 mg/dL이다. 포화지방산의 섭취는 혈중 콜레스테롤을 상승시키므로 포화지방산이 많이 들어 있는 식품의 섭취를 제한하도록 한다. 콜레스테롤이 많이 들어 있는 식품의 섭취를 제한하여 콜레스테롤 섭취를 1일 200 mg 미만으로 줄이도록 한다.
- 식이섬유를 충분히 섭취하면 소장에서의 콜레스테롤의 흡수가 저하되는 효과를 얻을 수 있다.
- 혈중 중성지방의 수치가 높아지지 않도록 설탕과 같은 단순당이 많이 들어 있는 식품의 섭취를 줄이고, 술을 많이 마시지 않도록 한다. 술은 하루에 남성은 2잔, 여성은 1잔 이하로 마실 것을 권장한다.

CLINICAL NUTRITION WITH CASE STUDIES

06

체중 조절

음식으로 섭취한 에너지가 소비한 에너지보다 많은 상태가 장기간 지속되면 체지방이 정상 이상으로 증가하는 비만이 되어 건강을 위협하게 된다. 비만은 오랜 기간 에너지 균형을 이루지 못했을 때 발생하는 만성생활습관성 질환으로 2형당뇨병, 고혈압, 동맥경화, 각종 암 발생의 위험을 증가시키므로 평소 규칙적이고 절제된 생활습관을 통해 예방하는 것이 최선이다.

- **고정점설(set point theory)** 체중은 자가기능 조절에 의하여 결정되고 개인의 체중은 일정한 고정점을 가지며, 비만인의 경우에는 고정점이 높게 정해져 있다는 이론
- **과체중(overweight)** 골격이 크거나 근육이 발달되어 체조직이 증가하여 체중이 늘어난 상태
- **다운증후군(Down syndrome)** 염색체 이상 질환으로 신체발달 지연, 안면 기형 및 지적 장애를 동반하는 선천성 증후군. 내당능력이 저하되어 비만과 당뇨병 발생빈도가 높음
- **다낭성 난소증후군(polycystic ovary syndrome)** 호르몬 불균형으로 인해 난소 낭종 생성. 인슐린 저항성으로 대사증후군의 위험성이 높아지는 증후군
- **렙틴(leptin)** 체지방조직이 증가되면 분비가 증가하여 음식 섭취를 억제하고 에너지 소비는 높이는 작용을 하는 물질. 유전자 변이로 인해 렙틴 분비 또는 렙틴 수용체 변이에 의해 비만이 나타남
- **말초형 비만(peripheral obesity)** 가슴과 허벅지에 지방이 주로 축적된 경우로 여성형 비만 또는 둔부비만
- **비만(obesity)** 에너지 섭취와 소비의 불균형으로 인해 체내에 지방조직이 과다하게 축적된 상태
- **사이토카인(cytokine)** 면역계를 구성하는 세포에서 분비되어 다른 면역세포의 활성과 작용을 조절하는 단백질 물질. 림포카인과 인터루킨을 포함하여 100종 이상이 있음
- **생체전기저항 측정법(bio impedance assessment, BIA)** 전류는 수분과 전해질을 통해 흐르므로 체내에 지방이 많으면 전기가 흐르기 어려워 전기저항이 높아진다는 원리를 이용하여 체지방량을 측정하는 방법
- **신경성 대식증(bulimia nervosa)** 충동적으로 남몰래 마구 먹기를 한 후에 체중 증가를 방지하기 위하여 약제를 사용하여 강제배설을 하거나 절식이나 과다한 운동 등의 극단적인 행위를 반복하는 정신적 질환
- **신경성 식욕부진증(anorexia nervosa)** 식사를 기피하여 반기아 상태를 유지하거나, 약제를 이용하여 강제배설을 함으로써 극심한 체중 감소를 초래하는 정신적 질환으로 주로 사춘기의 소녀에서 나타남
- **운동치료(exercise therapy)** 운동 및 육체적 활동을 통해 에너지 소비를 증진하여 지방 분해를 촉진함과 동시에 근육을 보존하여 요요현상을 방지하는 것을 목적으로 실시하는 체중 조절법
- **위소매절제술(sleeve gastrectomy)** 고도비만 치료를 위하여 위를 잘라내어 크기를 줄이는 수술로, 위가 줄어들어 음식을 조금만 먹어도 쉽게 포만감을 느껴 덜 먹게 하여 체중을 감량하기 위한 수술법

- **이중에너지 방사선 흡수법(dual energy X-ray absorptiometry, DEXA)** 체조직의 방사선 투과율의 차이를 측정하여 체조직 밀도를 산출하는 검사법. 골밀도 측정과 체지방량 측정에 사용함
- **인슐린유사성장호르몬(insulin-like growth factor, IGF)** 인슐린과 비슷한 분자구조를 가진 호르몬으로 소아의 성장과 성인의 신체유지에 역할을 함. 노화를 촉진하고 암세포의 성장을 촉진하는 역할을 함
- **자기공명영상(magnetic resonance imaging, MRI)** 자기장을 발생하는 커다란 자석통에서 고주파를 발생시켜 신체부위에 있는 수소원자핵의 반응으로 발생되는 신호를 분석하여 인체의 조직과 혈관을 영상화하는 검사방법
- **저열량식(low calorie diet)** 일주일 동안 0.5 kg의 지방을 연소하는 것을 원칙으로 하루 500 kcal씩 줄이는 것을 목표로 균형식을 실시하는 식사법
- **저체중(underweight)** 영양불량증의 하나로 정상체중보다 10~20% 적은 경우
- **중심형 비만(central obesity)** 상반신과 복부에 지방이 주로 축적된 경우로 남성형 비만 또는 복부비만
- **체질량지수(body mass index, BMI)** 체중(kg)/신장(m²)으로 계산하는 체격지수
- **초저열량식(very low calorie diet)** 하루 800 kcal 이하의 에너지를 섭취하여 빠른 체중 감소를 유도하는 식사 처방으로 제약회사나 비만 전문 업체에서 주로 사용하는 방법
- **캘리퍼(caliper)** 삼두근, 견갑골 하부, 장골 상부의 피부두겹 두께로 체지방 정도를 측정하는 기구
- **컴퓨터 단층촬영(computerized tomography, CT)** 인체의 여러 각도에서 X선을 투과하여 연속적으로 단층 촬영을 한 자료를 분석하여 신체 부분이나 장기의 영상을 3차원적으로 나타내는 검사법
- **케톤산증(ketoacidosis)** 인슐린 결핍으로 인해 체지방 분해가 촉발되어 케톤체의 생성이 증가하여 혈액이 산성화되고, 증가한 케톤체가 소변을 통해 배설되는 증상
- **프래더-윌리(Prader-Willi) 증후군** 염색체 이상 질환으로 환자의 75%가 비만임. 신생아기에는 근육 긴장도 저하와 발달 지연을 보이고 아동기에 비만, 저신장, 성선기능저하증, 정신지체를 보임
- **행동수정법(behavior therapy)** 비만을 치료하고 감소한 체중을 유지하기 위해 장기간에 걸쳐 에너지 섭취를 감소하고 신체활동량을 증가시키는 방향으로 행동을 수정하는 방법

1. 비만

1) 정의

비만obesity은 에너지 섭취와 소비의 불균형으로 인해 체내에 지방조직이 과다하게 축적된 상태로 체지방량이 남자에서 25% 이상, 여자에서 30% 이상일 때를 말한다. 골격이 크거나 근육이 발달하여 체중이 많이 나가는 상태인 과체중overweight과는 구별된다. 정상의 경우 체지방량은 남자에서 15~18%, 여자에서 20~25%이다.

2) 분류

비만은 원인, 지방조직의 형태 및 지방조직의 체내 분포에 따라 구분된다(표 6-1).

(1) 원인에 따른 분류
전체 비만자의 90% 정도는 에너지 섭취량이 에너지 소비량보다 많아서 발생하는 일차성 비만인데, 다양한 위험요인이 복합적으로 관여하여 발생한다. 이차성 비만은 유전 및 선천성 장애, 약물, 신경 및 내분비계 질환 등으로 인해 발생할 수 있다.

(2) 지방조직의 형태에 따른 분류
① **지방세포 증식형**hyperplasia **비만** 성장기와 임신 후기의 태아에게 에너지를 과잉 공급하였을 때 발생하는 비만의 형태이다. 이 기간에는 세포의 증식이 일어나므로 지방

표 **6-1** 비만의 분류

분류		내용	
원인에 따른 분류		• 일차성 비만	• 이차성 비만
지방조직 형태에 따른 분류		• 지방세포증식형 비만 • 혼합형 비만	• 지방세포비대형 비만
지방 분포에 따른 분류	체형에 의한 분류	• 복부비만	• 둔부비만
	지방조직 위치에 따른 분류	• 내장지방형 비만	• 피하지방형 비만

세포의 수가 증가하게 된다. 지방세포의 수가 늘어나면 다시 정상화되기가 어렵고 치료도 어려워지므로 성장기에 과식이나 운동 부족으로 인해 소아비만이 되지 않도록 주의하여야 한다. 소아비만은 성인이 된 후에도 비만이 유지되는 경우가 많다.

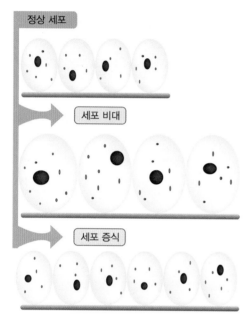

그림 6-1 세포의 증식과 비대

② **지방세포 비대형**hypertrophy **비만** 주로 성인기에 나타나는 비만의 형태로 지방세포의 크기가 증가한 비만이다. 성인의 체질량지수body mass index, BMI가 35 kg/m² 미만인 경우인데 치료가 비교적 쉽다. 성인병을 유발하는 대사장애와 관련이 있으며, 당뇨병이나 고혈압인 비만 환자가 비만을 치료하면 혈당이나 혈압이 정상화되는 경우가 많다.

③ **혼합형 비만** 지방세포의 크기와 세포 수 증가가 동시에 일어나는 형태이다. 성인이 된 후 체중이 증가하여 체질량지수가 40 kg/m² 이상이 되는 고도비만에서 흔히 나타난다. 체지방이 증가하는 초기에는 지방세포의 크기만 늘어나지만, 어느 한도를 넘어서면 지방세포의 수가 증가하기 때문이다. 지방세포의 크기는 줄어들 수 있으나, 증가한 세포 수는 감소하지 않으므로 치료가 어렵다.

(3) 지방의 분포에 따른 분류

지방이 주로 상반신과 복부에 축적된 경우를 복부비만이나 남성형 비만 또는 중심형 비만이라고 하고, 주로 허벅지에 축적된 경우는 둔부비만, 여성형 비만 또는 말초형 비만이라 한다(그림 6-2).

지방세포가 피하에 주로 축적된 경우를 피하지방형 비만이라 하고 내장 주위에 주로 쌓여 있는 경우를 내장지방형 비만이라고 한다(그림 6-3). 중년기 이후의 비만은 내장지방형 비만이 많다. 비만에 의한 합병증인 2형당뇨병이나 이상지질혈증 등은 복부비만에서 주로 나타나며, 내장지방과 관계가 있다.

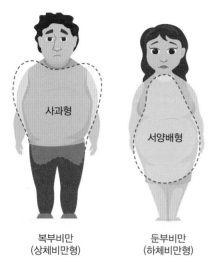

그림 **6-2** 복부비만과 둔부비만

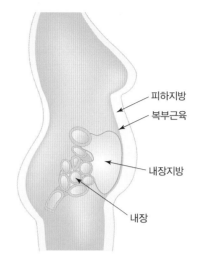

그림 **6-3** 피하지방과 내장지방

3) 진단

한국인 성인 비만의 기준은 체질량지수 25 kg/m² 이상으로 한다. 또한 체질량지수 25.0~29.9 kg/m²를 1단계 비만, 30.0~34.9 kg/m²를 2단계 비만, 그리고 35.0 kg/m² 이상을 3단계 비만(고도비만)으로 구분한다. 복부비만은 허리둘레를 측정하여 성인 남자에서는 90 cm 이상, 여자에서는 85 cm 이상을 기준으로 한다(표 6-2).

표 **6-2** 한국인에서 체질량지수와 허리둘레에 따른 동반질환 위험도

분류*	체질량지수(kg/m²)	허리둘레에 따른 동반질환 위험도	
		< 90 cm(남자), < 85 cm(여자)	≥ 90 cm(남자), ≥ 85 cm(여자)
저체중	< 18.5	낮음	보통
정상	18.5~22.9	보통	약간 높음
비만 전단계	23~24.9	약간 높음	높음
1단계 비만	25~29.9	높음	매우 높음
2단계 비만	30~34.9	매우 높음	가장 높음
3단계 비만	≥ 35	가장 높음	가장 높음

* 비만 전단계는 과체중 또는 위험 체중으로, 3단계 비만은 고도비만으로 부를 수 있다.
자료 : 대한비만학회. 비만진료지침. 2022.

4) 평가

비만이란 단순히 체중이 많이 나가는 것이 아니라 몸에 지방이 많이 쌓인 것이므로, 비만을 평가할 때 체격지수, 체지방의 양과 체지방의 분포를 측정하여 개인의 문제점을 구체적으로 알고 관리하는 것이 이상적이다.

(1) 체지방 비율 측정
① **피부두겹두께**　캘리퍼caliper를 사용하여 삼두근, 견갑골 하부, 장골 상부의 피부두겹두께를 측정하여 체지방 정도를 측정하는 방법이다(그림 6-4). 피부두겹두께 측정은 피하지방이 전체 지방의 50% 정도 차지하고 있다는 가정하에 실시하는데, 비만의 정도가 심할수록 내장지방이 차지하는 비율이 높으므로 비만한 사람일수록 체지방량이 적게 추정될 수 있다.

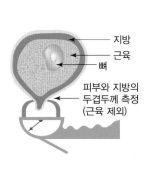
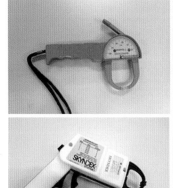
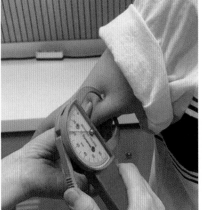

그림 **6-4** 피부두겹두께 측정법

② **생체전기저항 측정법**　인체에 약한 전류를 통하면 전류가 수분과 전해질을 통해 흐르므로, 체내에 지방이 많으면 전기가 흐르기 어려워 전기저항이 높아진다는 원리를 이용하여 체지방량을 측정하는 방법이다(그림 6-5). 병원이나 보건소에서 일반 건강진단 시 많이 사용한다. 체지방, 체단백질, 체수분 함량 등을 분석하여 피검자의 건강상태를 종합적으로 평가할 수 있다는 장점이 있지만, 체지방의 분포를 구체적으로

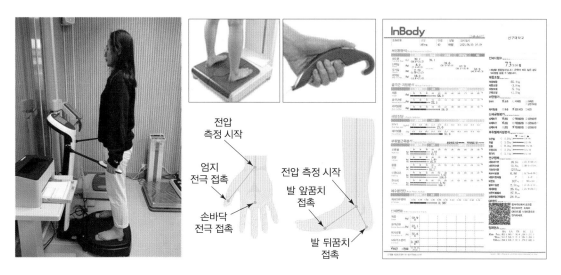

그림 **6-5** 생체전기저항 측정법을 이용한 체지방측정법 및 결과표
자료 : InBody 홈페이지.

측정하지 못하는 것이 제한점이다.

(2) 체지방 분포 평가

① **허리둘레 측정** 허리둘레는 복부지방을 평가하는 방법이다. 복부비만은 2형당뇨병, 대사증후군 및 심혈관계 질환의 발생과 관련이 있다. 우리나라의 복부비만 판정기준은 남자 90 cm 이상, 여자 85 cm 이상이다.

② **이중에너지방사선흡수법을 이용한 체지방 측정법** 이중에너지방사선흡수법 dual energy X-ray absorptiometry, DEXA을 이용하여 체지방량과 분포 부위를 측정할 수 있다(그림 6-6). 지방조직은 인체의 다른 조직과 에너지 흡수율이 다르게 나타나는 사실을 이용하여 신체 각 부위의 지방량을 정확하게 측정할 수 있다.

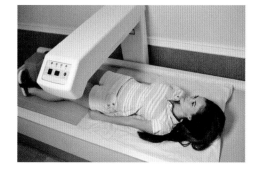

그림 **6-6** 이중에너지방사선흡수법을 이용한 체지방 측정

③ **컴퓨터 단층촬영**　컴퓨터 단층촬영CT이나 자기공명영상MRI 등을 통해 배와 허리 둘레의 내장지방과 피하지방을 측정한다. 내장지방/피하지방의 비율이 0.4 이상인 경우를 내장지방형 비만, 0.4 미만을 피하지방형 비만으로 분류한다. 내장지방 면적이 100 cm^{2}를 초과하면 내장지방형 비만으로 진단한다(그림 6-7).

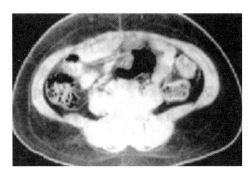
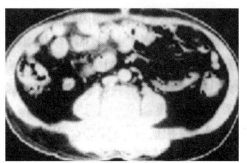

복부지방은 적고 피하지방이 두꺼운 피하지방형　　복부에 지방이 많은 내장비만형

그림 **6-7** 컴퓨터 단층촬영에 의한 비만 판정

(3) 체격지수

개인의 신장과 체중을 이용하여 간편하게 비만도를 평가하는 방법이다.

① **체질량지수**　체질량지수body mass index, BMI는 체격지수 중 체지방량과 상관관계가 높아 가장 널리 사용되고 있는 방법으로 체중(kg)/신장(m)^{2}으로 계산한다. 한국인은 체질량지수가 25 kg/m^2 이상, WHO의 기준은 30 kg/m^2 이상을 비만으로 진단한다(표 6-2). BMI 25 kg/m^2 이상인 경우 여러 대사성 질환에 의한 사망률이 높아지고, 20 kg/m^2 미만의 경우에도 소화기계나 호흡기계 질환으로 인한 사망률이 증가하므로 정상체중을 유지하는 것이 중요하다(그림 6-8).

② **상대체중비**　체질량지수와 브로카Broca법을 사용하여 표준체중을 계산한 후, 개인의 체중을 표준체중과 비교하여 10% 이상을 과체중, 20% 이상을 비만이라고 평가한다. 그러나 10~19% 군에서도 2형당뇨병, 고혈압, 심장혈관질환의 발생이 증가하는 것으로 알려져 있다.

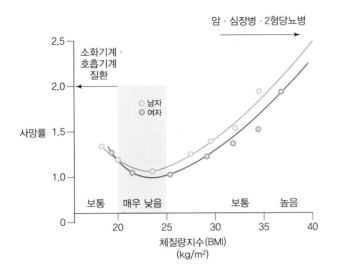

그림 **6-8** 체질량지수와 사망률의 관계

표준체중 계산법

1. BMI에 의한 표준체중
   - 남자 : 신장(m) × 신장(m) × 22
   - 여자 : 신장(m) × 신장(m) × 21

2. 브로카법에 의한 표준체중
   - 〔신장(cm) − 100〕 × 0.9 (신장이 160 cm 이상인 경우)
   - 〔신장(cm) − 100〕 (신장이 150 cm 미만인 경우)
   - 〔신장(cm) − 150〕 × 0.5 + 50 (신장이 150 cm 이상, 160 cm 미만인 경우)

3. 비만도(%) = (현재체중 ÷ 표준체중)×100
   - 90 이상~110 미만 : 정상체중
   - 110~120 미만 : 과체중
   - 120 이상 : 비만
   - 80 미만 : 체중 부족

5) 원인

비만은 만성적으로 에너지 섭취량이 에너지 소비량을 초과하여 발생하는데, 유전 및 내분비 대사장애가 원인이 되는 경우도 있다(표 6-3).

표 **6-3** 비만의 원인

분류	원인	
식사량 및 식습관	• 과식 • 고시방과 고단순당 섭취 경향 • 패스트푸드	• 식사 횟수 감소 • 야식 증후군 • 빨리 먹는 식사습관
생활습관	• 좌식 생활습관 • 운동 부족	• 수면 부족 • 금연
유전 및 선천성 장애	• 유전자나 염색체 이상 • 비만 관련 유전자 돌연변이와 렙틴 분비장애 • 프래더-윌리 증후군 등 비만 관련 선천성 장애	
신경 및 내분비 대사장애	• 시상하부성 비만(시상하부 종양이나 외상, 감염, 수술 등) • 쿠싱증후군 • 성인 성장호르몬 결핍증 • 갑상선기능저하증 • 다낭성 난소증후군 • 인슐린종	
사회적 요소 및 심리적 요인	• 낮은 사회·경제적 지위 • 과도한 스트레스	
약물	• 항정신성 약물 • 일부 우울증 치료제 • 당뇨병 치료제 : 인슐린, 설폰요소제 • 스테로이드 제제 : 경구 피임약, 글루코르티코이드 제제 • 베타 차단제, 알파 차단제 • 항히스타민제 • 세로토닌 길항제	
정신질환	• 폭식장애	

자료 : 대한비만학회. 비만치료지침. 2009.
　　　대한비만학회. 비만진료지침. 2018.
　　　대한비만학회. 비만진료지침. 2020.

알아두기 | 비만 발생의 생애주기별 요인

비만의 발생은 연령과 성별에 따라 다소 다른 양상을 보인다. 임신성 당뇨병은 태어나는 2세에게 향후 비만의 위험을 증가시키며, 영아기에 모유 수유를 한 경우에 아동비만 유병률이 낮은 것으로 보고되고 있다. 가족력을 가지고 있으며 청소년기에 비만이 된 경우에는 성인기에도 비만이 될 확률이 높다. 여성의 경우에는 임신과 폐경 후에 체중 증가 및 체지방 분포 변화를 나타낸다. 폐경기 여성호르몬 감소는 체지방 분포의 변화를 초래하여 복부비만을 유발한다. 남성의 경우에는 성장기 이후 신체활동량이 줄어들며 50대까지 체중 증가가 지속된다.

(1) 식사량 및 식습관

지질과 단순당을 섭취하는 경향이 높고, 알코올 섭취량이 많으며 충동적으로 폭식을 하는 경우 비만이 되기 쉽다. 패스트푸드와 같은 고지방, 단순당 위주의 음식을 섭취하거나 아침 결식 등으로 인해 한 끼 식사량이 많은 경우에는 인슐린 분비가 증가하여 지방 합성이 많아진다. 같은 양의 음식이라도 밤에 먹는 식사는 인슐린 분비를 더욱 증가시키기 때문에 지방으로 더 잘 전환된다. 저녁식사 이후부터 다음 날 아침까지 섭취하는 에너지가 하루 섭취량의 25% 이상인 야식증후군은 고도비만 환자에게서 나타나는 섭식장애의 하나이다. 빨리 먹는 것은 식사 후 포만감이 나타나기 전에 과식할 가능성을 높인다.

(2) 생활습관

신체활동 시 소비되는 에너지는 전체 에너지의 20~30%를 차지하는데, 활동이나 운동의 종류, 강도, 소요시간과 관련이 있다. TV 시청 시간 및 컴퓨터 게임 시간은 비만도와 관련이 있다. 비활동적인 생활습관은 에너지 소비를 줄여 비만을 초래하고, 비만의 정도가 심해질수록 비활동적이 되어 비만이 더욱 심각해지는 악순환이 거듭된다. 중등도의 운동과 식전 운동은 식욕을 낮추면서 식품 이용에 의한 열 효과를 높이므로 비만 치료에 유익하다. 충분한 수면을 하지 않으면 렙틴leptin의 수치가 감소하여 식욕과 배고픔이 증가하여 체중 증가가 일어날 수 있다는 보고가 있다. 금연 후에는 에너지 섭취량이 많아지고 기초대사율이 감소하여 체중 증가가 흔히 나타난다. 담배의 니코틴은 일일 에너지 소비량을 약 10% 증가시키므로 금연한 후에는 체중 증가를 예방하기 위해 에너지 섭취량에 특히 유의해야 한다.

알아두기

고정점 설(set point theory)

체중은 자가조절에 의해 결정되고 각 개인의 체중은 일정한 고정점을 갖고 있다는 이론으로, 비만인의 경우에는 고정점이 높게 정해져 있다는 이론이다. 성인이 장기간 일정한 체중을 유지하는 현상, 저열량식이나 운동을 하여도 기대보다 체중이 덜 감소하고 일정 기간이 지나면 원래의 체중으로 되돌아가는 현상, 고열량식을 하였을 때 예상보다 체중 증가가 적은 현상들이 이 이론을 뒷받침한다. 고정점은 유전적인 영향을 많이 받지만, 지속적인 식사 및 운동 조절로 변화할 수 있다.

(3) 유전 및 선천성 장애

유전은 식욕, 식성, 기초대사율, 식사에 의한 열 효과, 에너지 저장에 관련된 인체효율에 관여하여 개인의 체중과 체조직의 조성에 영향을 미친다. 양쪽 부모가 비만일 경우에 자녀가 비만이 될 확률은 약 80%, 한쪽 부모만 비만일 때는 약 40%이며, 일란성 쌍둥이의 체질량지수가 거의 일치한다는 것이 보고되었다. 그러나 양부모와 입양한 자식 간의 체질량지수에도 상관성이 나타나므로 비만 발생에는 유전적 요인과 환경인자가 함께 관여하는 것으로 여겨진다. 갈색지방조직이 열 생성을 주도하여 에너지 소비가 증가하는데, 갈색지방조직이 적으면 열 발생이 제대로 이루어지지 않아 체지방의 증가가 생기기도 한다. 유전자 돌연변이와 렙틴 분비의 장애에서도 식욕 증가와 에너지대사율 저하로 비만이 된다. 프래더-윌리Prader-Willi 증후군이나 다운증후군 같은 선천성 질환에서도 비만이 나타난다.

알아두기

갈색지방조직

조직 내에 혈관 분포가 많고 미토콘드리아가 많아서 갈색으로 보이는 지방조직(brown adipose tissue)으로 짝풀림 단백질(uncoupling protein)이 있어서 영양소의 산화에서 나온 에너지를 ATP 형태로 전환하지 않고 열로 발산한다. 등 부분, 견갑골 사이, 겨드랑이 밑에 주로 분포하며 과식을 했을 때 열을 발산하거나 추위에 노출되었을 때 체온을 유지한다. 갈색지방조직은 어린이에게 많고 나이가 들어갈수록 감소한다.

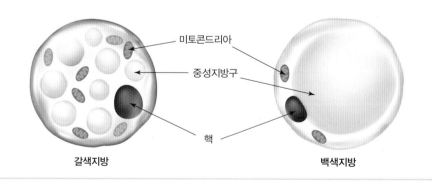

갈색지방   백색지방

아디포넥틴과 렙틴

에너지 균형 및 체지방 저장과 관련된 호르몬인 아디포넥틴(adiponectin)과 렙틴은 지방조직에서 분비된다. 아디포넥틴은 지방세포의 분화과정에서 발현되어 혈액을 순환하며 근육과 간에서 지방산의 산화를 촉진하고 인슐린 민감성을 높이는 작용을 한다. 비만 환자와 2형당뇨병 환자에서 아디포넥틴의 혈액 농도가 낮은 경향을 보인다. 체지방이 증가하면 렙틴의 분비가 증가하여 시상하부에서 포만감을 증가시켜 식욕은 억제하고, 에너지 소비는 높이는 작용을 한다. 유전자 돌연변이로 인해 렙틴 분비가 부족한 경우에는 비만이 나타난다고 알려져 있다. 비만의 경우 오히려 렙틴이 증가하는 현상도 보이는데, 이는 렙틴에 대한 저항이 증가하여 렙틴의 작용이 효율적이지 못하는 것에 대한 보상으로 나타나는 것이다. 정상의 경우에는 이 호르몬들의 조절작용으로 체지방조직이 비교적 일정하게 유지된다.

(4) 내분비 및 대사장애

호르몬 대사 이상이나 신경계 질환도 비만 발생과 밀접한 관련이 있다.

- 동물 실험에서 시상하부의 공복 중추가 손상되면 식욕이 증가하여 비만이 발생하는 것이 보고되었는데, 인체에서도 시상하부에 종양이나 외상, 감염 등이 있으면 식욕이 증가하여 비만이 유발되는 것으로 알려져 있다.
- 뇌하수체의 부신피질자극호르몬 증가, 부신피질 종양, 또는 스테로이드호르몬을 장기간 복용하는 경우에 쿠싱증후군으로 인한 복부비만이 나타난다. 성장호르몬 결핍증에서도 비만이 나타나는 것으로 알려져 비만 치료에 성장호르몬을 투여하기도 한다.
- 갑상선기능항진증이나 저하증에서는 기초대사율이 50% 정도 증가하거나 감소하게 된다. 갑상선기능저하증에서는 열 발생이나 기초대사율이 저하되어 에너지 소비가 감소하여 비만이 나타난다. 저열량식 시 갑상선호르몬의 기능이 저하되어 기초대사율이 떨어진다.
- 여성의 폐경 이후나 난소 절제 시에는 내장 지방조직의 증가가 나타난다. 이는 난소호르몬의 저하를 보상하기 위한 것으로 지방조직은 폐경 여성에서 에스트로겐의 주요 공급원이 된다. 다낭성 난소증후군에서도 비만이 나타날 수 있다.

식욕 조절에 관여하는 호르몬

음식 섭취를 촉진하는 호르몬으로는 그렐린(ghrelin, 위와 십이지장 분비)과 신경펩티드-Y(시상하부 분비)가 있다. 그렐린은 공복 시 분비되어 시상하부로 신호를 전달하여 배고픔을 느끼게 한다. 신경펩티드-Y는 그렐린에 의해 생성이 촉진되어 식욕을 높인다. 음식 섭취를 감소시키는 호르몬으로는 콜레시스토키닌(십이지장 분비), 글루카곤 유사 펩티드-1(소장과 대장 분비)이 있다. 콜레시스토키닌은 섭취한 지질과 단백질에 의해 분비가 자극되어 장운동과 췌장 소화액 분비를 촉진하고 시상하부에 신호를 전달하여 공복감을 감소시킨다. 글루카곤 유사 펩티드-1은 탄수화물과 지질의 섭취 시 분비가 자극되어 인슐린 분비를 촉진하고 글루카곤 분비는 억제하며, 장운동과 소화액 분비를 억제하고 식사 섭취를 감소시키는 역할을 한다.

- 인슐린종insulinoma은 췌장에 생기는 작은 종양으로 과다한 인슐린 생산으로 저혈당, 허약, 두통, 혼돈 등을 나타내는 질환이다. 인슐린 농도가 증가하여 지방조직으로의 에너지 저장이 증가한다.

(5) 사회적 요소 및 심리적 요인

사회·경제적 환경이 열악한 경우에 비만 유병률이 높은 편으로 알려져 있다. 과도한 스트레스는 폭식을 유도하여 비만을 유발하기도 하는데, 폭식증 환자는 정상체중이라도 정상인에 비해 체지방량이 높은 편이다.

(6) 약물

향정신성 약물, 일부 우울증 치료제, 당뇨병 치료제 등의 복용은 체중 증가를 유발하기도 한다.

6) 동반질환

비만이 되면 대사 이상이 초래되고 비만 자체에 의한 합병증도 생기게 된다. 비만한 사람은 정상인보다 2형당뇨병, 심혈관계 질환, 암 등의 발생 위험이 높으며, 총사망률, 암 사망률, 심혈관계 질환 사망률을 높인다(그림 6-9). 복부비만이나 내장형 비만이 피하지방형 비만보다 합병증을 쉽게 유발한다.

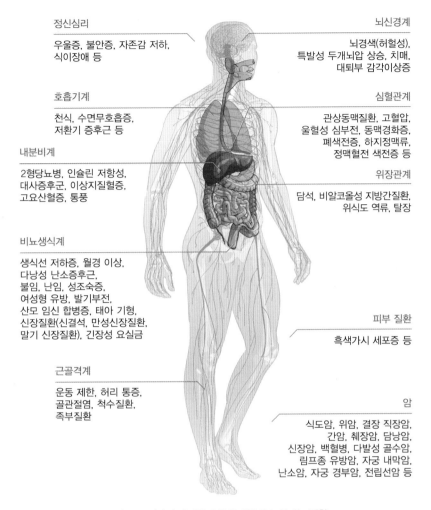

정신심리
우울증, 불안증, 자존감 저하,
식이장애 등

뇌신경계
뇌경색(허혈성),
특발성 두개뇌압 상승, 치매,
대퇴부 감각이상증

호흡기계
천식, 수면무호흡증,
저환기 증후근 등

심혈관계
관상동맥질환, 고혈압,
울혈성 심부전, 동맥경화증,
폐색전증, 하지정맥류,
정맥혈전 색전증 등

내분비계
2형당뇨병, 인슐린 저항성,
대사증후군, 이상지질혈증,
고요산혈증, 통풍

위장관계
담석, 비알코올성 지방간질환,
위식도 역류, 탈장

비뇨생식계
생식선 저하증, 월경 이상,
다낭성 난소증후근,
불임, 난임, 성조숙증,
여성형 유방, 발기부전,
산모 임신 합병증, 태아 기형,
신장질환(신결석, 만성신장질환,
말기 신장질환), 긴장성 요실금

피부 질환
흑색가시 세포증 등

근골격계
운동 제한, 허리 통증,
골관절염, 척수질환,
족부질환

암
식도암, 위암, 결장 직장암,
간암, 췌장암, 담낭암,
신장암, 백혈병, 다발성 골수암,
림프종 유방암, 자궁 내막암,
난소암, 자궁 경부암, 전립선암 등

그림 **6-9** 비만과 관련하여 발생 위험이 높아지는 질환
자료 : 대한비만학회. 비만진료지침. 2020.

(1) 심혈관계 질환

비만의 경우에는 인슐린 저항성 증가로 인해 혈액의 인슐린 수치가 높아져 간에서 VLDL 생성이 증가되고, 그 결과 혈액의 중성지방 수치가 높아진다. 또 체중 증가에 따른 전신 순환 혈액량의 증가로 인해 심박출량이 많아지며 혈류를 인체의 구석까지 도달하게 하도록 말초 순환 저항이 커지기 때문에 혈압이 높아지고 관상동맥질환의 발생 위험이 증가한다. 그 결과 협심증, 심근경색증 및 심부전증 같은 심혈관계 질환의 발생 위험이 높아진다.

(2) 2형당뇨병

체중이 증가하면 인슐린 저항성이 생겨 2형당뇨병 발생이 증가한다. 당뇨병은 복부 비만의 경우 발생빈도가 높은 것으로 알려져 있으며, 체중 감량만으로 혈당이 정상화되어 당뇨병의 증상이 완화되기도 한다. 비만은 일종의 염증 상태이며 내장지방세포에서 분비되는 유리지방산 및 염증 물질인 사이토카인cytokine이 인슐린 저항성을 증가시키는 것으로 여겨진다.

(3) 호흡기 질환

고도비만의 경우 나타나는 호흡기 장애는 짧고 빠르게 호흡하는 경향을 보이고 호흡 부전 및 수면 무호흡증을 나타내기도 한다. 비만의 경우 마취의 위험도가 커져 수술 후유증으로 인한 사망이 증가한다.

(4) 담낭 및 간질환

비만의 경우에는 간에서 지방의 합성이 증가하여 중성지방이 간에 과도하게 축적되어 지방간을 나타내고, 간에서 콜레스테롤의 합성이 증가하여 담즙에 콜레스테롤의 성분이 과포화되어 담석증의 발생이 증가한다.

(5) 정신적 문제

비만은 외모 및 건강의 손상, 각종 합병증을 유발함으로써 대인관계의 감소가 나타나며, 낮은 자존감을 가지게 되고 우울증을 보이기도 한다.

(6) 암

비만한 남자에서는 대장암 및 전립선암이 많고 비만한 여자에서는 유방암, 담도암 및 자궁내막암 등에 의한 사망률이 높다. 비만으로 인해 인슐린 저항성이 생기면 인슐린유사성장호르몬insulin-like growth factor, IGF이 증가하여 암세포의 증식을 촉진하고, 지방조직에서 분비되는 사이토카인cytokine이 암 발생과 연관된 인자들을 자극함으로써 암 발생을 증가시키게 된다. 지질의 섭취가 증가하면 프로락틴과 황체호르몬의 분비가 증가하여 전립선 세포의 과잉 성장을 촉진함으로써 전립선암의 발생률이 높아진다. 고지방 식사는 담즙의 분비를 증가시켜 대장 박테리아가 담즙산을 발암물질로 전환하는 작용을 하여 대장암의 유발 가능성을 높일 수 있다. 유방암 및 자궁내막암의 발생이 증가하는 것은 체지방 증가로 인한 에스트로겐의 과다 생성에 의한 것으로 여겨지고 있다.

(7) 기타

과다한 체중이 관절에 무리를 주어 허리통증이나 무릎 관절염이 발생할 수 있으므로 정상체중을 유지하여 관절에 체중 부하를 줄여주는 것이 필요하다. 비만은 통풍의 발생 위험을 높이고, 마취 위험도를 증가시킨다.

7) 치료 및 영양관리

비만 치료는 체중 감량과 함께 비만에 의해 발생하는 질환의 위험과 정신적인 불편함을 줄이는 데 중점을 둔다(표 6-4). 비만의 치료는 영양치료, 행동수정, 운동치료의 시행을 통하여 실시한다. 비약물치료법을 통한 체중 감량이 적절히 이루어지지 않으면 의사의 처방에 따른 약물치료가 추가 시행되고, 고도비만 환자가 체중 감량에 실패한 경우에는 최종적으로 수술을 고려하게 된다(그림 6-10).

표 **6-4** 비만 치료 시 기대할 수 있는 이득

비만 및 건강문제	기대할 수 있는 이득
당뇨병	혈당 개선, 당화혈색소 개선, 혈당강하제 및 인슐린 사용 감소
고혈압	혈압 개선, 항고혈압제 사용 감소
이상지질혈증	LDL 콜레스테롤 및 중성지방 감소, HDL 콜레스테롤 증가
코골이 및 수면 무호흡증	코골이 및 수면 무호흡 개선, 폐 기능 향상
관절통	통증 감소, 운동능력 향상, 관절치료제 사용 감소
월경이상	규칙적인 월경 유도
심리적 장애	불안 및 우울 감소, 삶의 질 향상
피로, 발한	관련 증상 감소
운동능력 장애	운동능력 향상

자료 : 대한비만학회. 비만진료지침. 2018.

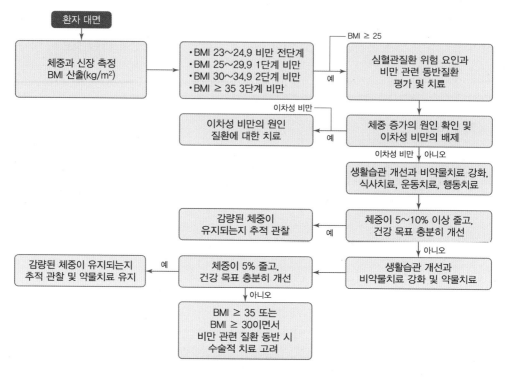

그림 6-10 비만 치료의 단계
자료 : 대한비만학회. 비만진료지침. 2020.

(1) 영양치료

에너지 섭취를 소비보다 적게 하여 인체에 필요한 에너지를 체내에 축적된 지방으로부터 공급함으로써 체지방을 줄이는 것이 기본이다. 다량 영양소와 함께 미량 영양소의 조성도 고려하여 영양적으로 적절한 식사를 공급하도록 한다. 무리한 식사 제한이나 유행식을 하는 경우 건강을 잃을 수 있을 뿐 아니라 살이 찌는 체질로 만들어 요요현상에 의해 비만을 악화시킬 수 있다.

① **단식**　단식은 일주일에 약 2 kg 정도의 급격한 체중 감소를 유도하는 방법이다. 급속한 체지방 분해에 따른 케톤체 생성의 증가로 산독증이 유발되고 식욕이 저하되어 단식을 지속하게 된다. 단식으로 줄어든 체중은 지방보다는 수분 감소, 근육 손실의 결과이기 때문에 요요현상이 쉽게 온다. 폭식, 빈혈, 무월경, 탈모, 면역기능 약화 등의 부작용과 영양결핍 및 전해질 불균형 등에 의한 부정맥이 나타날 수 있다. 전문

가와 상의하여 시행하여야 하며, 단식 기간은 일주일 이상을 넘기지 말아야 한다.

② **초저열량식** 하루 400~800 kcal 정도의 에너지를 섭취하는 식사 처방을 12~16주간 실시하는 방법이다. 양질의 단백질과 필수지방산을 포함한 최소한의 지질을 제공하고 비타민과 무기질을 일일 권장섭취량만큼 공급하는 다이어트 제제를 사용한다. 빠른 체중 감소 효과를 보이지만 탈모, 두통, 피로, 변비, 현기증, 탈수, 근육경련, 부정맥 등의 문제가 나타날 수 있으므로 엄격한 의학적 감시하에 실시하여야 한다.

제지방량 감소로 인한 기초대사율 저하가 나타나 목표 체중에 도달하지 못하고 중도에 탈락하는 비율이 높으며, 장기적으로는 체중 조절 효과가 저열량식과 별 차이가 없는 것으로 나타났다. 영양전문가의 감독하에 고도비만 환자에게 적절한 처방이 이루어졌을 때 체중 감소와 함께 비만의 합병증 증상이 완화된 경우도 보고된 바 있으나, 소아나 노인, 뇌혈관질환 환자, 임신부, 1형당뇨병, 신장질환 환자의 경우에는 실시를 제한하여야 한다.

③ **저열량 균형식** 저열량식은 일주일 동안 0.5 kg의 지방을 연소하는 것을 원칙으로 하루 500 kcal씩 줄이는 것을 목표로 하여 실시한다. 조금씩 자주 먹는 것이 좋으므로 하루 3끼 식사를 유지하며 필요한 경우 간식을 통해 다양한 영양소를 골고루 섭취하여야 한다. 저열량식의 기본은 단순당 및 지질, 알코올 등의 섭취를 제한하고, 질소평형을 유지하기 위해 생물가가 높은 단백질을 충분히 공급하는 동시에 식이섬유 섭취량을 늘려서 포만감을 유지하도록 하는 것이다.

- **에너지** : 에너지는 개인에 따라 적정 체중을 만들고 유지할 수 있도록 정한다. 지방조직은 1 kg당 약 7,700 kcal를 포함하고 있으므로 일주일에 약 0.5 kg의 체중을 감소시키기 위해서는 1일 500 kcal의 에너지를 줄여야 한다. 일일 필요에너지는 연령, 성별, 활동량, 체중 감소량, 평소 섭취량에 따라 달라진다. 비만의 경우에는 표준체중 1 kg당 가벼운 활동을 하는 사람이면 20~25 kcal, 보통 활동이면 25~30 kcal, 심한 활동이면 30~35 kcal로 산출한다. 비만도 30~40% 이상의 경우에는 표준체중 대신 조정체중을 계산하여 활동 강도에 따른 에너지필요량을 산출할 수 있다. 일반적으로 남자의 경우 1일 1,500 kcal, 여자의 경우 1,200 kcal 정도의 에너지를 공급하도록 한다. 저열량식에서의 체중 감소는 에너지 영

양소의 섭취 비율에 따라 감소의 패턴이 다르게 나타난다(표 6-5).

$$조정체중 = 표준체중 + (현재 체중 - 표준체중) / 4$$

- **탄수화물** : 탄수화물 섭취를 제한하였을 때 체중 감량 효과가 크므로, 탄수화물을 총에너지의 50~60%의 수준으로 섭취하는 것을 권장한다. 그러나 탄수화물은 단백질 절약작용을 하고 케톤산증을 예방하는 작용을 하므로 1일 최소 100

표 6-5 영양소 섭취비율 및 식사조절법 차이에 따른 저열량 식사 비교

구분	특성
저열량식	• 에너지 섭취를 500~1,000 kcal 정도 감량하며, 영양적으로 적절한 일상적 식사 가능 • 일주일에 0.5~1.0 kg 정도의 체중 감량효과를 기대할 수 있고, 에너지 섭취 제한효과는 6개월에 최대에 이르며, 이후에는 이보다 감량효과가 낮아짐
초서탄수화물식	• 총에너시의 30%, 1일 130 g 미만으로 탄수화물 섭취 제한(초기에는 50 g 미만 혹은 총에너지의 10% 미만으로 제한하다 점차 증량) • 대조식에 비해 초기 체중 감량효과는 크나, 장기적으로 효과가 없거나 미미함 • 혈청 중성지방 수치 개선효과가 있으나, LDL 콜레스테롤 수치 상승 등 심혈관계 질환 위험을 높일 수 있음
저탄수화물식	• 일반적으로 총에너지의 40~45% 수준으로 탄수화물 섭취를 제한 • 대조식에 비해 초기 체중 감량효과는 크나, 장기적으로 효과가 없거나 미미함 • 혈청 중성지방 수치 개선에 효과적이지만, 탄수화물 제한 정도가 크면 LDL 콜레스테롤 수치에 좋지 않은 영향을 미칠 수 있음
고단백식	• 일반적으로 총에너지의 25~30% 수준으로 단백질 섭취 • 탄수화물 과다 섭취 방지, 에너지 제한에 따른 체단백 손실 방지, 적절한 단백질 영양상태 유지에 도움이 됨 • 대조식에 비해 체중 감량이나 유지에 효과적이기는 하지만 그 정도가 크지 않음 • 지나치게 많은 단백질 섭취 시 건강상 위해가 발생할 수 있음
저당지수식	• 당지수가 낮은 식품을 선택 • 대조식에 비해 체중 감량효과에 차이가 없거나 미미함 • 체중 감량을 위해 단독으로 사용하기에는 제한이 많음
간헐적 단식/ 시간제한 다이어트	• 지속적으로 에너지 섭취를 제한하는 대신, 식사 제한을 하는 시기를 정하여 식사 조절 　– 간헐적 단식 : 에너지 섭취를 제한하는 날과 그렇지 않은 날을 설정 　– 시간제한 다이어트 : 하루 중 음식물을 섭취하는 시간대를 설정 • 지속적인 에너지 제한방법에 비해 체중 감량 정도에 유의적 차이가 없거나, 있어도 정도가 크지 않음 • 장기간 비만 식사치료의 한 방법으로 포함시키기에는 근거가 제한적임
초저열량식	• 1일 800 kcal 이하로 에너지를 극심하게 제한 • 단기간 빠른 속도로 체중 감량이 가능하나 장기적으로는 저열량식과 유의적인 차이가 없음 • 심각한 의학적 문제가 발생할 수 있으므로 의학적 감시가 필요하며, 장기적인 생활습관 개선을 위한 중재가 동반되어야 함

자료 : 대한비만학회. 비만진료지침. 2022.

알아두기

혈당지수(당지수)

혈당지수(glycemic index, GI)란 섭취한 식품의 혈당 상승을 유도하는 정도를 나타내며, 순수 포도당을 100이라고 했을 때 비교하여 수치로 표시한 지수이다. 높은 혈당지수의 식품은 낮은 혈당지수의 식품보다 혈당을 더 빨리 상승시킨다.

높은 당지수의 식품(70 이상)		중간 당지수의 식품(56~69)		낮은 당지수의 식품(55 이하)	
떡	91	환타	68	현미밥	55
흰밥	86	고구마	61	호밀빵	50
구운 감자	85	아이스크림	61	쥐눈이콩	42
시리얼(콘플레이크)	81	파인애플	59	우유	27
수박	72	페이스트리	59	대두콩	18

자료 : 대한당뇨병학회. 당뇨병 식품교환표 활용지침. 2010.

g 이상을 섭취하는 것이 필요하다. 탄수화물의 섭취량이 100 g 이하가 되면 인슐린 분비량이 감소하고 케톤산증ketoacidosis이 발생하며, 뇌 조직에 필요한 에너지를 공급하기 위해 체단백질이 분해되어 포도당으로 전환되므로 근육 손실을 초래한다. 혈당지수가 높은 음식을 피하고 혈당지수가 낮은 식품을 선택하는 것이 체중 조절에 효과적이다. 혈당지수가 높은 음식들은 체내 흡수가 빨라 인슐린의 활성을 증가시켜 탄수화물을 지방으로 쉽게 전환하므로 섭취를 제한하는 것이 좋다. 단순당이 많아 혈당지수가 높은 식품으로는 초콜릿, 사탕, 꿀, 엿, 젤리, 탄산음료 등이 있다. 채소와 과일에 풍부한 식이섬유는 혈당의 빠른 상승을 방지하여 혈당지수를 낮춘다. 또한, 식이섬유는 음식의 부피를 늘려 포만감을 주며 위 배출을 지연시킴으로써 공복감을 줄여 식사 섭취를 조절하는 데 도움을 주고 변비를 방지하는 역할을 한다. 식품 중에는 전곡류, 고구마, 채소와 과일류 및 해조류에 식이섬유가 많이 함유되어 있는데, 식이섬유를 1일 20~30 g으로 충분히 섭취하도록 권장한다.

- 단백질 : 에너지 섭취를 제한하는 경우 체지방의 감소와 함께 근육도 손실되므로, 이를 예방하고 질소평형을 유지하기 위해서는 충분한 양의 단백질을 섭취하는 것이 필요하다. 한국인의 영양소섭취기준에서는 성인의 단백질 권장섭취량을 체중 kg당 0.91 g으로 설정하였는데, 저열량식에서는 특히 충분한 단백질을 섭취

하도록 권장한다. 양질의 단백질이며 포화지방산이 적게 포함된 식품인 순살코기, 껍질 벗긴 닭고기, 달걀, 콩류, 두부, 저지방 우유 등을 충분히 섭취한다.

- **지질** : 지질은 농축된 에너지원이므로 튀김이나 부침, 볶음보다는 찌거나 삶는 요리법을 사용하면 에너지 섭취를 줄일 수 있다. 포화지방이나 콜레스테롤 함량이 높지 않고 필수지방산과 불포화지방산이 많은 것을 선택하는 것이 좋은데, 오메가-3 지방산이 풍부한 꽁치, 고등어, 참치, 청어 등의 등푸른생선을 섭취하는 것이 좋다. 에너지 섭취를 줄이지 않고 지질만을 제한하는 것은 체중 감량에 효과적이지 않다고 알려져 있다. 지질 섭취비율은 총에너지 섭취량의 20~30%로 권장한다(대한비만학회, 2018).

- **비타민과 무기질** : 저열량식을 하는 경우 식사만으로는 비타민과 무기질의 필요량을 충족시키기 어려운 경우가 생길 수 있다. 어·육류, 저지방 유제품, 채소 및 과일류를 매일 다양하게 섭취하여야 하여 비타민과 무기질, 특히 칼슘과 철의 섭취에 유의한다. 비만인의 경우 인체 내에서 산화적 스트레스가 증가하므로 항산화 영양소인 비타민 A, C, E 등이 부족하지 않도록 유의한다. 1일 1,200 kcal 이하의 저열량식을 하는 경우에는 비타민과 무기질 보충제의 사용을 권장한다.

- **수분** : 수분은 충분히 섭취하는 것이 좋다. 저열량식을 하는 경우에는 체단백의 분해로 질소 대사물이 증가하므로 이를 배설하기 위해서는 충분한 수분 섭취가 필요하다. 저탄수화물식의 경우에 생성이 증가하는 케톤체의 배설을 위해서도 수분 요구량이 증가한다. 체중 감량 초기에 일어날 수 있는 탈수를 예방하기 위해서 1일 1 L 이상, 혹은 1 kcal당 1 mL 이상의 수분 섭취를 권장한다.

- **알코올** : 알코올은 1 g당 7 kcal의 높은 에너지를 내지만, 다른 영양소는 거의 없고 다른 영양소의 대사를 억제하므로 1회 1~2잔 정도로 제한한다. 알코올은 자체가 에너지가 많다는 점 이외에도 기름진 안주의 섭취를 높일 수 있으며, 주로 활동량이 적은 저녁시간대에 많이 마시게 되므로 주의하여야 한다. 알코올 섭취는 복부지방 축적의 위험인자인 것으로 알려져 있으며 지방간, 고중성지방혈증, 고요산혈증 등을 유발할 수 있으므로 금주를 하는 것이 바람직하다.

💡 **핵심 포인트**

비만의 영양관리 : '저열량 균형식'
- 에너지 : 일주일에 0.5 kg의 체중 감소 위해 1일 500 kcal의 에너지 섭취 감량
- 탄수화물 : 총에너지의 50~60% 섭취 권장, 1일 최소 100 g 이상 섭취 필요
- 혈당지수가 낮은 식품을 선택하고 식이섬유를 1일 20~30 g으로 충분히 섭취 권장
- 단백질 : 양질의 단백질이며 포화지방산이 적게 포함된 양질의 단백질 식품을 충분히 섭취
- 지질 : 총에너지의 20~30% 섭취 권장
- 필수지방산과 불포화지방산, 오메가-3 지방산이 풍부한 식품 섭취
- 비타민과 무기질, 칼슘과 철, 항산화 영양소 섭취에 유의
- 1일 1,200 kcal 이하의 저열량식의 경우 보충제 사용 권장
- 수분 : 1일 1 L 이상, 1 kcal당 1 mL 이상의 수분 섭취 권장
- 알코올 : 1회 1~2잔 정도로 제한

---

(2) 운동치료

운동 부족은 에너지의 소비를 줄여 남은 에너지를 체내에 저장할 뿐 아니라 기초대사량을 감소시켜 결과적으로 체중을 증가시킨다. 비만 환자가 운동은 하지 않고 음식 섭취만을 줄이면서 체중을 감소하는 경우 체근육량의 감소가 일어나 기초대사율이 감소하기 때문에 시간이 경과할수록 체중감소율은 떨어진다. 운동은 에너지 소비 증가뿐만 아니라 근육은 늘리고 체지방은 줄임으로써 기초대사량의 저하를 막는다. 심장 기능을 강화하고 심리적 스트레스를 해소하는 작용을 하는 것 이외에 인슐린 수용체의 민감도를 높여 당뇨병에 유리한 작용을 하고, HDL 콜레스테롤 수준을 증가시킴으로써 동맥경화의 예방 및 치료에 도움을 준다. 저열량식으로 지방 합성을 억제하고 운동으로 근육을 보존하면서 지방 분해를 촉진하는 것이 필요하다.

운동 강도에 따라 인체에서 사용하는 에너지원은 차이가 있다. 운동 강도가 높을수록 인체는 탄수화물을 에너지원으로 사용하고, 운동 강도가 낮을수록 지방을 에너지원으로 사용하는 비율이 높아진다(그림 6-11). 효과적으로 체지방을 감량하기 위해서는 운동형태, 강도, 시간, 빈도, 기간이 적절히 구성되어야 하며, 유산소운동, 근력운동 및 유연성 운동 등의 복합적인 운동유형을 사용하는 방법을 권장한다(표 6-6). 높은 강도의 운동보다는 중간 이하 강도의 운동을 하면서 운동시간을 늘림으로써 에너지 소비를 증가시키는 것이 바람직하다. 적절한 운동강도는 최대심박수의 50~70%인

💡 **핵심 포인트**

비만 운동치료의 필요성

- 에너지 소비를 증가시킨다.
- 체지방을 감소시킨다.
- 근육 손실을 막는다.
- 심장과 폐의 기능을 튼튼히 한다.
- 인슐린 민감도를 높인다.
- HDL 콜레스테롤 수준을 증가시킨다.
- 심리적 스트레스를 해소한다.
- 기초대사율을 유지한다.

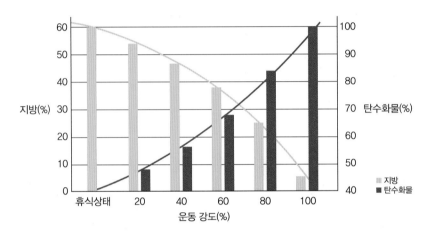

그림 6-11 운동 강도에 따른 탄수화물과 지질의 에너지원 비율
자료 : 현태선 외. 플러스 고급영양학. 파워북. 2019.

데, 최대심박수는 '220-나이'로 계산한다. 체지방이 분해되기 시작하는 데는 시간이 필요하므로 30분 이상 지속하는 운동이 체지방 분해에 효과적이다. 유산소운동을 저강도로 시작하여 점차 중간 강도로 증가시켜 하루에 30~60분 동안 주당 5회 이상 실시하는 것이 좋다. 비만에 효과적인 유산소운동으로는 체중 부하가 덜 되는 운동인 걷기나 자전거 타기, 수영 등이 있다. 반면에 줄넘기, 제자리 뛰기, 달리기 등은 체중 부하를 많이 주어 무릎이나 발목, 그리고 허리에 상해를 줄 수 있으므로 피하도록 한다. 근력운동은 근육량을 증가시키고 기초대사량을 늘려 살찌지 않는 체질로 만들어 주기 때문에 비만 치료에 효과가 있다. 근력운동은 1회 20~30분간 주당 2~3회 정도 실시하는 것이 좋다. 스트레칭 같은 유연성 운동은 운동 전 근육을 유연하게 하며 부상을 예방하고 피로회복에 도움이 된다. 운동에 의한 체중 감소 효과가 나타나기 위해서는 운동을 8주 이상 실시하는 것이 도움이 된다.

표 **6-6** 유산소운동과 근력운동의 비교

구분	유산소운동	근력운동(무산소운동)
특징	• 산소필요량과 공급량이 거의 일치하는 상태에서 오랜 시간 서서히 충분한 산소를 이용하여 에너지를 소비하는 운동	• 산소필요량이 공급량보다 많아 산소 공급이 부족한 상태에서 짧은 시간 동안 많은 에너지를 소비하는 운동
장점	• 일정 강도로 15분 이상 계속 실시 시 체지방이 연소되므로 체지방 감소에 효과적	• 근육 단련에 효과가 있으며, 기초대사량을 늘리기 때문에 장기적으로 체중을 감소시킴
운동 강도	• 운동능력의 50~80% 정도로 운동하는 경우 • 운동 중 다소 숨이 차고 땀이 날 정도이면서 지치지 않고 계속하여 20분 이상 하는 경우 • 유산소운동의 강도를 급격히 높이면 무산소운동이 됨	• 운동능력의 80% 이상으로 강하게 하는 경우 • 운동 강도가 높아 1회 20분 이상 하기가 힘든 경우
에너지원	• 운동 시작 후 초기에는 근육 글리코겐을 에너지원으로 사용하다가 점차 체지방을 분해하여 에너지원으로 사용	• 운동 시작 후 몇 초간은 체내 ATP, 젖산, 크레아틴-인산을 에너지원으로 사용하고, 그 후에는 근육 글리코겐을 에너지원으로 사용
운동종목	• 걷기, 조깅, 마라톤, 수영, 에어로빅, 자전거 타기 등	• 역기운동, 필라테스, 요가, 복근운동, 팔굽혀 펴기, 아령을 이용한 운동 등
건강효과	• 심혈관 기능 향상, 폐 기능 향상	• 근육 크기 및 근력 증가, 골밀도 증가

※ 운동은 최대 산소 소모량의 50~80%의 강도로 한다(1분당 최대심박수는 '220-나이'로 계산).
　 적절한 심장박동수 = (220-나이)×0.6

(3) 행동수정

효과적인 체중관리를 위해서는 영양치료, 운동과 함께 잘못된 식습관 및 생활습관을 교정하여야 한다. 체중 조절에 도움을 줄 수 있는 가족이나 동료집단을 구성하여 체중 조절을 위한 현실적인 식행동이나 운동 방법을 함께 수립하는 행동수정을 함으로써 효율적으로 비만을 치료하고 감소한 체중을 유지할 수 있도록 한다. 행동수정법의 목표는 장기간 섭취 에너지를 감소시키고 신체활동량을 증가시키는 데 있다.

행동수정법의 제1단계는 '자기 감시' 단계로 비만과 관련된 잘못된 식습관 및 행동을 알기 위해 식사 및 운동 전후의 느낌을 관찰하고 식사일기와 운동일기에 기록하는 과정이다. 식사일기는 섭취하는 음식의 종류, 양, 장소, 시간, 자세, 감정 상태 등에 대한 기록을 통해 과식을 초래하는 장소, 시간, 감정 상태 등을 찾아내도록 한다. 운동일기는 운동의 종류, 장소, 시간 등에 대한 기록을 통해 본인의 운동 및 활동 정도를 확인하고 점차 늘리도록 스스로 격려하는 목적으로 기록한다.

제2단계는 과식을 피하기 위한 '자극 조절' 단계로 과식이 흔하게 일어나는 상황이나 시간과 장소를 찾아내고 이에 대처하는 방법을 고안하여 일상생활에서 저열량식을 실천에 옮기면서 활동량을 늘리는 실천을 한다.

제3단계는 바람직한 행동을 한 경우 보상을 함으로써 체중 조절에 도움이 되도록 하는 '체중 유지' 단계로, 과식의 유혹을 물리쳤을 때 스스로 칭찬하고 자신을 격려하며 보상을 한다. 행동요법을 사용한 체중 감소 프로그램은 감소한 체중을 유지하는 데 더욱 좋은 결과를 나타낸다.

표 6-7 비만의 행동수정법

단계	방법	내용
자기 감시	식사일기 및 운동일기 기록하기	• 음식의 종류, 양, 장소, 시간, 자세, 감정상태를 기록한다. • 운동의 종류, 장소, 시간을 기록한다.
자극 조절	음식물에 의한 자극 조절	• 음식이나 간식은 보이지 않는 곳에 보관한다. • 식사 장소와 시간은 일정하게 한다. • 아침 식사를 반드시 한다. • 야식을 금한다. • 음식은 천천히 먹는다. • 음식은 먹을 만큼 덜어 먹는다. • 식사 후 곧바로 이를 닦는다. • 장보기는 식사 후, 미리 작성한 목록에 따라 구입한다. • 장을 볼 때는 과일과 채소를 먼저 고르고, 인스턴트식품이나 조리식품은 사지 않는다. • 한 번에 많은 식품을 장보기 하지 않도록 한다. • 술을 적게 마신다. • 외식 시 일품요리, 세트음식, 코스요리보다 백반을 택하고 필요한 음식만 주문한다. • 음료수 대신 물이나 차를 마신다.
	활동량 증가	• TV는 30분 이상 보지 말고, 누워서 보지 않도록 한다. • 간식 섭취 대신 운동을 한다. • 가까운 거리는 걸어서 간다. • 버스와 전철에서는 가능한 한 서서 간다. • 에스컬레이터나 엘리베이터 대신 계단을 이용한다.
	적절한 긴장감 유지	• 체중을 자주 측정한다. • 자신이 체중 조절 중임을 가족과 주변 사람에게 알린다. • 헐렁한 옷 대신 몸에 맞는 옷을 입는다. • 충분한 수면을 취한다. • 스트레스는 먹는 것 대신 운동으로 해소한다. • 모임이나 회식 횟수를 줄인다. • 패스트푸드 레스토랑을 약속장소로 정하지 않는다.
체중 유지	보상	• 충동조절을 잘 했을 때 자신에게 보상을 한다. • 가족이나 친구가 자신에게 상을 주도록 협조를 구한다.

알아두기

식사일기의 예

구분	시간	장소	음식명	섭취량 (목측량)	배고픈 정도*	식사 상황**	기분
아침	7시	집 식탁	시리얼 우유	2/3그릇 1컵	2		특별한 느낌 없음
간식	9시	회사 사무실	믹스커피 쿠키	1잔 5개	1	먹기 전 피곤하였음	기분이 좋아짐
점심	12시 30분	회사 앞 식당	밥 순두부찌개 김치 콩나물 시금치나물 뱅어포구이	1공기 1대접 5조각 약간 약간 3조각	2		동료들과 즐겁게 식사함
간식	저녁 7시	회사	믹스커피 도넛	1잔 1개	2	동료와 함께 간식을 먹음	먹고 싶지 않았으나 공복이 느껴져서 같이 먹음
저녁	저녁 10시	거실 소파	냉동피자 콜라 맥주	3조각 1컵 1캔	3	TV를 시청하며 먹음	저녁식사 시간이 늦어 배가 고파져서 많이 먹었으나, 나중에 후회함

* 배고픈 정도 = 1. 배고프지 않았음 / 2. 약간 배고팠음 / 3. 많이 배고팠음
** 누구와 함께 식사하였는지, 식사할 때 특별한 행동을 하였는지를 기록

 핵심 포인트

비만의 행동수정

장기간 섭취 에너지를 감소시키고 신체활동량을 증가시키기 위함

- 제1단계 : '자기 감시' 단계로 식사일기와 운동일기 기록
- 제2단계 : '자극 조절' 단계로 저열량식 실행과 활동량을 늘리는 실천
- 제3단계 : '체중 유지' 단계로 바람직한 행동을 한 경우 보상함

(4) 약물치료

비만은 영양치료와 운동, 그리고 생활수정을 통해 치료하는 것이 가장 바람직하지만, 체중 감소를 위해 의사의 처방하에 보조적인 치료법으로 약물을 복용하기도 한다. 체질량지수가 25 kg/m² 이상이면서 비약물치료로 체중 감량에 실패한 경우에 고려할 수 있다. 약물은 독성이 없고 부작용 없이 체중을 감소시켜야 하는데, 비만 치료 약물로는 지질흡수억제제orlistat와 식욕억제제 등이 있다. 약물의 효과 및 안전성, 체중 재증가 및 약물 의존도에 대해 고려하여 선택하도록 한다. 소아, 임신부, 수유부, 뇌졸중이나 심근경색증, 간 및 신장장애, 정신적 질환이 있는 경우에는 비만 치료제를 권하지 않는다.

지질흡수억제제는 췌장 라이페이스의 작용을 억제함으로써 지질이 장관 내로 흡수되는 것을 차단한다. 섭취한 중성지방의 30% 정도가 소화되지 못한 채 대변으로 배설되면서 지질 흡수를 차단하기 때문에 지방변이 나타난다. 비타민 A, D, E, K와 β-카로틴도 흡수하지 못하므로 지용성 비타민을 보충하는 것이 필요하다. 식욕억제제는 식욕을 억제하거나 시상하부의 다양한 부위에 작용하여 포만감을 증가시켜 체중 감량을 유도하는 약제이다(표 6-8).

(5) 수술치료

고도비만 환자에서 체중을 감량하고 감소된 체중을 유지하면서 비만 관련 동반질

표 6-8 비만 치료 약물

약물명(상호명)	작용 기전	주요 부작용	주요 금기증
Orlistat (제니칼)	췌장 라이페이스 작용 억제 /지질흡수제	지방변, 배변 증가	흡수불량증후군 환자
Naltrexone-bupropion (콘트라브)	아편류 진통제 길항제 /항우울제/식욕억제	메스꺼움, 변비, 두통, 구토, 설사, 안면홍조, 고혈압, 미각이상, 빈맥	고혈압, 발작, 중추신경계종양, 대식증 또는 신경성 식욕부진
Liraglutide (삭센다)	GLP-1 유사제 /식욕억제	메스꺼움, 설사, 소화장애, 저혈당, 피로, 수면장애	갑상선 수질암, 다발성 내분비선 종양 2형
Phentermine/topiramate ER (큐시미아)	식욕억제	변비, 미각변화, 구강건조, 어지럼증, 불면, 감각이상,	임산부, 녹내장, 갑상선기능항진증, 약물남용병력자. 교감흥분성 아민에 대한 과민자
Semaglutide (오젬픽, 위고비)	GLP-1유사체 /식욕억제	메스꺼움, 구토, 설사, 복통, 변비, 소화장애	갑상선 수질암, 제2형 다발성 내분비 종양

자료 : 대한비만학회. 비만진료지침. 2022.

환을 개선하기 위하여 수술을 고려한다. 비만의 수술치료법으로는 위소매절제술, 루와이위우회술, 조절형위밴드술, 담췌우회술/십이지장전환술 등이 있다(표 6-9). 주로 체질량 지수가 35 kg/m² 이상이거나 30 kg/m² 이상이면서 비만 관련 동반질환을 가지고 있는 비만 환자들을 대상으로 하여 시행되고 있다. 수술 후 지속적인 관리를 통하여 바람직한 식습관을 유지하도록 교육하는 것이 중요하다.

표 **6-9** 비만 치료에 적용되는 수술

구분	조절형 위밴드술	위소매절제술	루와이위우회술	담췌우회술/십이지장전환술
모식도				
수술방법	• 조절형 밴드를 거치하여 15~20 mL 용적의 작은 위주머니 형성	• 위를 수직 방향으로 약 80% 절제하여 위 용적을 감소시킴	• 약 30 mL 용적의 작은 위주머니를 형성하고 잔여 위와 상부 소장 일부를 우회함	• 위소매절제술 후 유문을 보존한 상태에서 십이지장, 회장을 문합하여 공장 전체와 상부 회장을 우회함
체중 감량 기전	• 식사 제한	• 식사 제한	• 식사 제한 + 일부 흡수 제한 유도	• 식사 제한 + 흡수 제한
체중 감량효과 (중장기 초과체중감소율, %EWL*)	• 2년 : 50% • 10년 : 40%	• 2년 : 60% • 10년 : 50~55%	• 2년 : 70% • 10년 : 60%	• 2년 : 70~80% • 10년 : 70%
장단점 및 합병증	• 체내에 삽입한 이물질로 인한 장기 합병증 발생이 상대적으로 빈번하여, 최근 시행 빈도가 급감하는 추세(10년 내 30~40%가 밴드 제거 혹은 교정 수술 필요)	• 수술 후 위식도 역류질환 발생 혹은 악화 가능 • 장기 추적 시 체중 재증가 발생 빈도가 상대적으로 높음	• 우회된 위에 대한 정기적 내시경 검진 어려움 • 덤핑증후군 발생 위험 있음 • 미량 원소 결핍이 발생할 수 있어 주기적 검사 및 적절한 보충 필요	• 단백질 및 미량영양소 결핍 발생이 빈번하여 평생 결핍 가능한 영양소 보충 섭취가 필요함

* Percentage of excess weight loss = 체질량지수 25 kg/m² 기준으로 초과된 체중의 감소율
자료 : 대한비만학회. 비만진료지침. 2022.

알아두기

대사증후군

대사증후군은 생활습관병으로 복부비만, 고혈압, 고혈당, 고중성지방혈증, 저HDL 콜레스테롤혈증의 대사 이상을 동시다발적으로 가지고 있는 경우이다. 인슐린 저항성이 근본 원인으로 생각되어 이들 질환을 하나로 묶어 관리하고자 하는 목적으로 명명되었다. 인슐린 저항성이란 혈당을 낮추는 인슐린에 대한 체내반응이 감소하여 근육 및 지방세포가 포도당과 혈중 지질을 이용하지 못하게 되고, 이를 극복하고자 더욱 많은 인슐린이 분비되어 여러 문제를 발생시키는 것을 말한다. 대사증후군은 심혈관질환의 발생과 2형당뇨병의 발생을 증가시키고, 고요산혈증이나 통풍, 비알코올성 지방간, 단백뇨, 다낭성 난소증후군 등의 질환이 흔히 함께 발견된다.

복부비만으로 인한 발생 질환

진단기준은 다음 5가지 항목 중 3가지 이상에 해당하는 경우이다.*

① 허리둘레 남자 90 cm, 여자 85 cm 이상

② 수축기 혈압 130 mmHg 이상, 이완기 혈압 85 mmHg 이상 혹은 약물치료 중

③ 공복혈당 100 mg/dL 이상 혹은 약물치료 중

④ 혈중 중성지방 150 mg/dL 이상 혹은 약물치료 중

⑤ HDL 콜레스테롤이 남자 40 mg/dL, 여자 50 mg/dL 미만 혹은 약물치료 중

대사증후군의 치료 목표는 심혈관질환과 당뇨병을 예방하기 위하여 복부비만, 혈압, 혈당, 혈중 중성지방 수준은 낮추고, HDL 콜레스테롤은 높이는 것이다. 적정 체중을 유지하기 위해서는 식사나 운동 등의 생활습관 개선이 가장 중요하다.

비만일 경우 에너지 섭취량을 감소시키기 위해 평소보다 500 kcal 정도 적게 섭취하고, 식이섬유가 풍부한 채소와 과일의 섭취량을 늘리는 것이 좋다. 포화지방산, 트랜스지방산, 콜레스테롤 섭취는 제한하고 등푸른생선 등에 함유된 불포화지방산과 복합탄수화물, 식이섬유 섭취는 충분히 한다. 싱겁게 먹기와 절주 등을 실천하며 균형 잡힌 식사를 하도록 권장한다.

자료 : 대한비만학회. 비만진료지침. 2022.

* 미국 콜레스테롤 교육 프로그램의 성인치료패널(NCEP, 2005) 기준 적용(단, 우리나라 여성의 복부비만은 2006년 대한비만학회에서 복부비만 진단기준을 허리둘레 85 cm 이상으로 정한 것을 따름)

8) 소아 · 청소년 비만

소아기와 청소년기의 비만은 성인이 된 후에도 지속되기 쉬우며 비만 합병증을 동반하는 경우가 많으므로 예방과 치료가 중요하다. 소아·청소년기 비만에는 동반질환을 조기에 발견하고 치료하면서도 정상적인 성장과 발달이 이루어져야 하므로, 성장과 성숙단계에 맞는 에너지와 영양소가 충분히 공급되는 것이 필요하다.

(1) 평가

소아·청소년 비만은 체질량지수BMI 표준곡선, 표준체중표, 체격지수를 이용하여 평가한다. 만 2세 이상의 소아·청소년 비만을 진단할 때는 소아·청소년 성장도표를 기준으로 연령별·성별 체질량지수 백분위수를 사용한다. 체질량지수BMI 표준곡선을 이용하여 성별 및 연령의 기준치와 비교하였을 때 백분위수가 85 이상 95 미만이면 과체중으로, 95 백분위수 이상이면 비만으로 판정한다. 성인 비만 진단기준인 체질량지수 25 kg/m² 이상도 비만으로 판정한다. 또한 비만에 해당하는 체질량지수 95백분위수의 120~139%를 2단계 비만으로, 140% 이상을 3단계 비만으로 판정할 수 있다.

알아두기

소아 대사증후군

소아·청소년 비만 판정에서 과체중이나 비만으로 진단된 소아·청소년에 대하여 대사증후군 선별검사를 시행한다. 소아·청소년 대사증후군 진단기준은 아직 없으나, 미국 콜레스테롤 교육 프로그램의 성인치료패널(NCEP ATC III)을 변형하여 적용한다. 진단기준은 5가지 진단기준 중에서 3가지 이상 해당하는 경우이다.

- 복부비만 : 연령 및 성별 허리둘레 > 90 백분위 수
- 고중성지방혈증 > 110 mg/dL
- HDL 콜레스테롤 < 40 mg/dL
- 고혈압 : 연령, 성별, 신장에 따른 혈압 > 90 백분위 수
- 높은 공복혈당 > 110 mg/dL

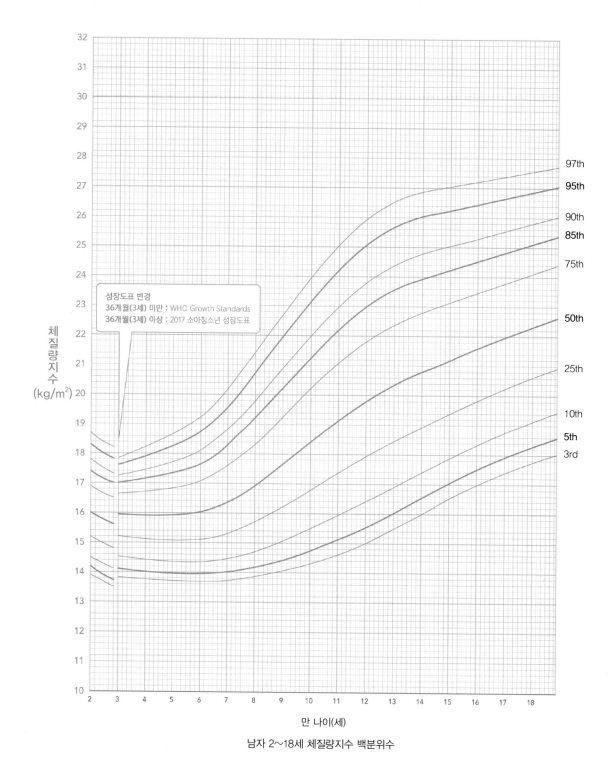

남자 2~18세 체질량지수 백분위수

그림 6-12-1 소아·청소년 연령별 체질량지수 도표(2~18세)
자료 : 질병관리본부. 소아청소년 성장도표. 2017.

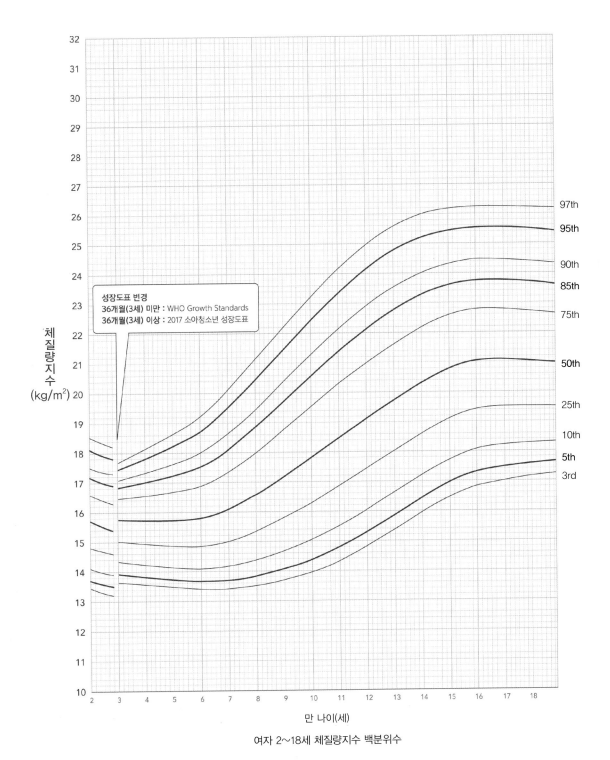

성장도표 변경
36개월(3세) 미만 : WHO Growth Standards
36개월(3세) 이상 : 2017 소아청소년 성장도표

만 나이(세)

여자 2∼18세 체질량지수 백분위수

그림 **6-12-2** 소아·청소년 연령별 체질량지수 도표(2∼18세)
자료 : 질병관리본부. 소아청소년 성장도표. 2017.

(2) 치료 및 영양관리

소아·청소년 비만은 체질량지수 기준으로 비만도에 따라 체중과 동반질환을 관리하도록 한다. 만 2~5세의 비만아와 만 6~9세의 과체중아 및 비만아에서는 매년 1회 동반질환의 위험성을 평가하고, 만 10세 이상의 과체중아 및 비만아에서는 위험요인이 있을 경우에 매년 1회 동반질환에 대한 검사를 실시한다. 소아·청소년 비만 치료의 목표는 적절한 생활습관을 가지고 정상적인 성장에 필요한 에너지와 영양소를 공급하여 적정 체중을 유지하는 것이다. 그러므로 영양치료, 운동치료, 행동수정을 포함한 포괄적 생활습관 교정을 권고한다. 이 경우에도 체중이 증가하고 동반질환이 조절되지 않으면 전문가에 의한 약물치료를 고려한다.

① **영양치료**　영양관리 목표는 개인별로 정상적인 성장단계에 맞는 체중을 유지하는 데 필요한 에너지를 공급하고, 성장과 발달에 필요한 영양소를 충분히 제공하는 것이다. 특히 소아는 스스로 식품을 선택하기 어려우므로 식사관리에서 부모의 협조가 필요하다.

- **영양관리** : 에너지는 평상시의 섭취량을 고려하여 신장과 연령에 맞는 에너지 양을 결정한 후, 평소 섭취량보다 20~30% 정도 적은 에너지를 공급한다. 경도 비만의 경우에는 에너지 섭취를 제한할 필요가 없으나, 중등도 비만 이상의 경우에는 체중 감량을 위한 영양치료를 실시한다. 1개월에 1~2 kg의 체중을 감소시키기 위해서 1일 200~500 kcal의 에너지를 줄여서 섭취하여 6~12개월에 걸쳐 체중의 10%를 감소하도록 한다. 체지방은 감소시키면서 근육의 성장발달은 지속하기 위해서 단백질은 충분히 제공한다. 소아·청소년을 위한 한국인 영양소섭취기준에서 제시하는 에너지 적정 비율은 표 6-10과 같다.

표 **6-10** 소아·청소년을 위한 한국인 영양소섭취기준-에너지 적정 비율

영양소	1~2세	3~19세
탄수화물	55~65%	55~65%
단백질	7~20%	7~20%
지질	20~35%	15~30%
오메가-6계 불포화지방산	4~10%	4~10%
오메가-3계 불포화지방산	1% 내외	1% 내외

- **영양교육** : 영양교육은 부모교육과 함께 비만아의 인지 수준에 맞는 식생활 지도를 실시하여 영양불량 및 섭식장애를 예방하도록 한다. 영유아기 비만은 부모가 비만 치료의 필요성을 자각하고 편식 교정과 고열량 간식 제공 제한을 하도록 지도한다. 학령기 아동비만의 지도는 기초적인 영양 지식을 이해시켜 성장발육에 필요한 영양 섭취를 하고 활동량을 증가하여 올바른 생활습관을 형성하도록 한다. 청소년기 비만은 폭식, 불규칙한 식사 시간과 식사량, 아침 결식, 야식이 원인으로 알려져 있다. 또한 합병증을 동반할 수 있으므로 무리한 다이어트보다 균형 잡힌 식단을 통한 체중 조절을 유도하기 위한 임상적 평가와 영양상담이 필요하다.

② **운동치료**   에너지 소비를 증가시키기 위해서 생활습관을 개선하여 일상에서 신체활동량을 늘린다. 운동 프로그램은 비만아가 스스로 속도를 조절할 수 있고 흥미와 성취감을 느낄 수 있는 운동을 선택하여 꾸준히 실시하도록 한다.

③ **행동수정**   행동수정을 통하여 형성된 건강한 식습관과 운동습관을 일생에 걸쳐 실시하도록 하는 것이 목표이다. 소아의 경우에는 가족의 참여와 사회적 지지가 함께할 때 효과가 증가하므로, 비만아 스스로가 행동목표를 설정하게 한 후, 부모나 치료자와 함께 환경을 조절하며 비만아가 목표를 달성할 수 있도록 도와준다.

④ **약물 치료 및 수술치료**   12세 이상의 청소년 비만에서 지질흡수억제제orlistat를 사용할 수 있다. 다낭성 난소증후군과 2형당뇨병 비만아가 인슐린 저항성이 심할 때는 메트포르민metformin이 제한적으로 허용된다. 수술은 성장이 완료된 경우에 고려할 수 있으므로 소아·청소년 비만아에게는 시행하지 않는다.

🔆 **핵심 포인트**

소아·청소년 비만의 영양관리
- 중등도 이상 비만의 경우 영양치료 실시
- 에너지는 신장과 연령에 맞는 에너지 양보다 20~30% 정도 적은 양을 공급
- 1일 200~500 kcal의 에너지를 감소하여 섭취
- 단백질은 충분히 제공
- 영양교육은 부모교육과 함께 실시하여 영양불량 및 섭식장애를 예방

2. 저체중

저체중underweight은 영양불량증의 하나로 정상체중보다 10~20% 적은 경우를 말한다. 저체중의 경우에는 일반적으로 병에 대한 저항력이 감소하고 성장이 지연되며, 추위에 민감하고 감정이 약해진다.

1) 원인

저체중은 인체의 활동에 필요한 식품의 섭취가 불충분한 경우나 섭취한 식품의 흡수와 이용이 빈약한 경우에 나타난다. 그 외에도 대사를 증가시키는 결핵이나 암, 갑상선기능항진증과 같은 소모성 질환, 정신적 긴장, 심리적 불안감으로 인한 신경성 식욕부진 등이 원인이 되어 체중이 감소한다.

2) 치료 및 영양관리

(1) 에너지
체지방의 축적을 위하여 에너지 필요추정량에 500~1,000 kcal를 첨가해서 공급하여 에너지 섭취량을 증가시키는 것이 필요하다. 식사로 많은 에너지를 공급하려면 농축된 형태로 공급한다.

(2) 단백질
생물가가 높은 양질의 단백질을 체중 kg당 1.5 g 정도로 충분히 섭취하도록 식사를 계획한다.

(3) 탄수화물과 지질
체중을 증가시키기 위해서는 농축된 탄수화물이나 지질과 같은 고열량 식품의 섭취

> **알아두기**
>
> ## 식사의 에너지 증가를 위한 예
>
> - 과일에 설탕과 진한 크림을 첨가하여 섭취한다.
> - 밥을 기름이나 버터에 섞어 볶아 먹는다.
> - 빵에 버터, 잼 등을 발라 먹는다.
> - 우유에 크림이나 아이스크림을 섞어 셰이크를 만들어 먹는다.
> - 음식 조리 시 기름에 무치거나 볶거나 튀긴다.
> - 맑은 고깃국보다 크림수프를 먹는다.
> - 각종 요리에 견과류를 첨가한다.
> - 샐러드를 먹을 때는 샐러드드레싱을 충분히 뿌린다.
> - 푸딩, 젤라틴, 커스터드, 케이크, 아이스크림, 거품 낸 크림 같은 후식을 준다.
> - 정확한 식사계획을 세운다.

가 필요하다. 적당량의 지질은 음식의 맛과 영양가를 증진시킨다. 탄수화물은 쉽게 소화되며 체지방으로 전환되므로 충분히 공급한다. 그러나 다량의 단순당을 한꺼번에 섭취하여 흡수되면 혈당이 상승하여 식욕이 감퇴되므로 주의한다. 밤참으로 죽 등을 공급하여 200~300 kcal를 섭취한다.

(4) 무기질과 비타민

비타민과 무기질 섭취는 권장섭취량 수준을 유지하도록 한다. 특히 비타민 B군은 식욕을 증가시키고 에너지 증가에 따라 필요량도 증가하므로 보충이 필요하다.

3. 식사장애

식사장애eating disorder란 질병이나 건강문제를 초래하는 식행동을 말한다. 체중 증가에 대한 공포감이나 살을 빼고자 하는 시도로 생기는 신경성 식욕부진이나 신경성 폭식증, 그리고 폭식장애가 있다.

1) 신경성 식욕부진증

신경성 식욕부진증anorexia nervosa은 자신의 체형에 대한 불만족이나 비만에 대한 우려로 식사를 기피하며 무리하게 운동하거나 설사약이나 이뇨제 등의 약제를 이용한 강제 배설로 극심한 체중 감소를 초래하는 정신적 질환이다. 사춘기 소녀를 비롯한 여성에서 주로 나타나며 극심하게 체중이 저하된 경우에는 체질량지수 15 kg/m² 미만을 보이기도 한다. 기아로 인해 발생하는 영양불량과 유사한 증상, 즉 심한 체중 감소, 근육 쇠약, 피로, 글리코겐 고갈 등이 나타나며, 체중 감소가 심할수록 동반 증상 정도가 심해진다.

신경성 식욕부진증이 장기간 지속되면 무월경, 맥박수 감소, 저체온, 솜털 머리카락, 갑상선기능 저하, 골다공증, 변비, 빈혈 등의 생리적 변화가 나타나며, 면역기능도 저하되어 질병에 대한 저항력이 떨어질 수 있다.

신경성 식욕부진증으로 진단 후, 환자를 식사 제한형과 폭식 및 제거형으로 구분할 수 있는데 식사 제한형은 음식 섭취를 거부하는 경우이다. 폭식 및 제거형은 반기아 상태와 폭식을 번갈아 반복하는데, 폭식 후에는 완하제 및 이뇨제의 사용, 구토를 통해 강제 배설 행위를 하는 경우가 나타난다.

알아두기

신경성 식욕부진증의 진단기준

- 연령과 성별, 성장도, 건강상태를 기준으로 하였을 때 최소한의 정상 수준을 유지하지 못하고 저체중 상태를 초래하도록 제한된 에너지 섭취를 한다.
- 저체중임에도 체중 및 체지방이 증가하는 것에 대하여 극심한 두려움을 가지고 있거나, 살을 빼려는 행동을 지속적으로 한다.
- 체중이나 체형에 대해 잘못된 인식을 지니고 있으며, 체중과 체형이 자기 평가에 지나친 영향을 미치고 자신의 낮은 체중에 대한 심각성을 인지하지 못한다.
- 신경성 식욕부진으로 진단한 후 다음과 같이 제한형과 폭식 및 제거형으로 유형을 세분화한다.
  - 식사 제한형 : 지난 3개월 동안 규칙적으로 폭식하거나 자기유발 구토, 완하제와 이뇨제, 관장제의 남용이 없었음. 단지 음식물 섭취 거부나 과다한 운동만을 시행
  - 폭식 및 제거형 : 지난 3개월 동안 규칙적으로 폭식하거나 자기유발 구토, 완하제와 이뇨제, 관장제를 남용

자료 : American Psychiatric Association: DSM-5 Diagnostic Criteria, 2013.

신경성 식욕부진증을 치료하기 위해서는 환자의 의학적, 정신과적, 심리학적, 영양적 문제를 다루기 위하여 각종 분야의 전문인으로 구성된 팀 접근법이 바람직하다. 환자의 체중 감소를 방지하고 환자의 목표체중을 유지하기 위해서는 점진적으로 에너지 섭취를 증가시키며 규칙적이고 균형 잡힌 식사습관을 갖도록 한다. 급격한 체중 증가를 예방하기 위해 저탄수화물을 실시하는 것이 바람직하며 끼니를 거르지 않고 소량씩 자주 먹도록 한다. 구강으로 섭취하는 것이 우선이지만, 경구 섭취가 불충분한 경우 정맥으로 수분과 전해질을 보충할 필요가 있다.

2) 신경성 폭식증

신경성 폭식증bulimia nervosa은 체형과 체중 때문에 자기 자신을 부정적으로 평가하여 충동적으로 남몰래 마구 먹기를 한 후에 체중 증가를 방지하기 위하여 극단적인 행위를 반복하는 정신적 질환을 말한다. 마구 먹기 후에 구토를 하거나, 이뇨제나 설사약을 사용한 강제배설 또는 절식이나 과다한 운동 등의 행동을 한다. 환자의 체중은 대체로 정상체중의 15% 이내의 범위에 있으나 체중의 변화가 자주 나타난다.

신경성 폭식증 환자는 반복되는 구토로 인해 위산이 구강 및 식도를 자극하여 치아의 에나멜층이 침식되고 식도에 염증이 초래된다. 구토 및 완하제, 이뇨제의 남용은 탈

알아두기

신경성 폭식증의 진단기준

- 다음과 같은 반복되는 폭식의 특징을 보인다.
  - 일정 시간 동안(예 2시간 이내) 대부분의 사람이 유사한 상황에서 동일한 시간 동안 먹는 것보다 분명하게 많은 양의 음식을 먹는다.
  - 폭식을 하는 동안에 먹는 것에 대한 조절 능력의 상실을 느낀다(예 먹는 것을 멈출 수 없거나 무엇을 얼마나 먹어야 할 것인지를 조절할 수 없는 느낌).
- 체중 증가를 막기 위해 부적절한 보상행동(예 자기 유발 구토, 이뇨제와 완화제의 오용, 금식, 과다한 운동)을 반복한다.
- 폭식과 부적절한 보상행동 모두 3개월 동안 최소한 일주일에 한 번 이상 발생한다.
- 체형이나 체중이 지나치게 자기 평가에 영향을 끼친다.
- 이 장애가 신경성 식욕부진증의 경우에만 나타나는 것은 아니다.

자료 : American Psychiatric Association: DSM-5 Diagnostic Criteria. 2013.

표 **6-11** 신경성 식욕부진증 및 신경성 폭식증 시 나타나는 영양 관련 임상 증후

임상 증후	신경성 식욕부진증	신경성 폭식증
전해질 이상	저칼륨혈증, 저마그네슘혈증, 저인산증	저칼륨혈증, 저마그네슘혈증
심혈관계	저혈압, 불규칙하고 느린 맥박	부정맥, 빈맥, 허약
소화기계	복통, 변비, 위배출 지연, 포만감, 구토	변비, 위배출 지연, 조기 포만감, 식도염, 위장운동 장애, 식도역류증, 위장관 출혈
내분비계	추위에 민감, 이뇨, 피로, 저혈당, 고콜레스테롤혈증, 불규칙한 월경	불규칙한 월경, 부종
영양결핍	단백질-에너지 영양불량, 미량영양소 결핍	다양함
골격 및 치아	운동 시 뼈의 통증, 골감소증, 골다공증	충치, 치아의 에나멜층 침식
근육계	근육 소모, 허약	허약
체중 상태	저체중	다양함
인지 상태	집중력 저하	집중력 저하
성장 상태	성장 및 성숙 저해	영향받지 않음

자료 : 대한영양사회. 임상영양관리 지침서. 2008.

수뿐 아니라 전해질 이상으로 인한 피로, 발작, 부정맥, 저혈압 및 사망 등의 문제를 나타낼 수 있고 위염, 장운동 소실, 비뇨기계 이상, 대사성 알칼리증 등을 초래할 수 있다.

개인 또는 집단 심리치료, 정신과 약물치료 등의 치료법이 제시되고 있으나 적절한 치료를 위해서는 각 분야의 전문인으로 구성된 팀 접근법이 바람직하다. 신경성 폭식증 환자의 경우에는 폭식 행위를 중단하고 규칙적인 식사습관을 확립하는 것이 가장 중요한데 환자의 체중은 현재 체중을 그대로 수용하고 유지하도록 권유한다. 수분과 전해질 균형을 유지하면서 합병증 관리를 위해 영양소를 적절히 섭취하도록 하며 음식과 관련된 감정적 요인을 찾기 위해 식사력을 조사하고 식사일기를 기록하도록 한다.

3) 폭식장애

폭식장애binge eating disorder는 하루 종일 음식을 제한하거나 거른 후 폭식 행위를 불규칙하게 보이는 것이다. 폭식을 하면 체지방이 더 많이 축적되는데, 과체중이나 비만인 폭식 환자의 경우에는 2형당뇨병, 고혈압, 호흡계 이상, 담낭질환 등 비만 관련 합병증이 나타날 수 있다. 폭식증 환자를 위한 영양관리는 잘못된 식생활을 정상화하고 체

중을 감량 또는 유지하는 것을 목표로 한다. 일주일에 0.5~1.0 kg 정도의 체중 감량을 권장하며 식이섬유를 포함한 다양한 식품을 섭취하도록 하고, 에너지를 1,200 kcal 이하로 제한하지는 않는다. 상담을 통하여 체중 감량 목표를 개별적이고 현실적으로 결정하고 지속적인 영양교육을 통해 치료 효과를 지속시키고 재발을 예방하도록 한다.

알아두기

폭식장애의 진단기준

특징
- 일정 시간(예 2시간 이내) 대부분의 사람이 유사한 상황에서 동일한 시간 동안 먹는 것보다 분명하게 많은 양의 음식을 먹는다.
- 폭식을 하는 동안에 먹는 것에 대한 조절 능력의 상실을 느낀다(예 먹는 것을 멈출 수 없거나 무엇을 얼마나 먹어야 할 것인지를 조절할 수 없는 느낌).

진단기준
- 폭식 시 다음 중 세 가지 이상과 연관된다.
  - 평소보다 많은 양을 급하게 먹는다.
  - 불편하게 배가 부를 때까지 먹는다.
  - 신체적으로 배가 고프지 않은 데도 많은 양의 음식을 먹는다.
  - 얼마나 많이 먹었는지에 대한 부끄러운 느낌 때문에 혼자서 먹는다.
  - 폭식을 한 후 스스로에 대해 역겨운 느낌, 우울감 혹은 큰 죄책감을 느낀다.
- 폭식으로 인해 상당한 고통이 있다고 여긴다.
- 폭식은 평균적으로 최소 3개월 동안 1주에 1회 이상 발생한다.
- 폭식 후 부적절한 보상행동(하제 사용, 단식, 과다한 운동)을 하지 않는다.

자료 : American Psychiatric Association: DSM-5 Diagnostic Criteria, 2013.

CHAPTER 6 사례 연구   # 비만(Obesity)

세무사인 박 씨는 38세로 고도비만이다. 어렸을 때부터 뚱뚱한 편이었으며 나이가 들면서 비만 정도가 더욱 심각해졌다. 몇 차례 다이어트를 시도한 경험이 있으나 모두 실패하였으며 운동 프로그램에 참여해 본 적은 없다. 아버지와 큰형은 동맥경화 증세가 있고, 남동생과 여동생은 고콜레스테롤혈증으로 식사요법 중이다. 최근에 박 씨는 건강에 신경이 쓰여 체중을 줄이기로 마음을 먹고 병원에서 건강진단을 받아보기로 하였다.

의사는 진단 후 그가 아직은 비만 이외에는 건강상 큰 문제는 없으나 혈당과 혈중 지질이 상승하여 있으므로 체중을 감량하지 않으면 당뇨병과 심혈관계 질환의 위험이 매우 크다고 하였다. 운동과 식사요법을 통한 체중감량을 권유하며 외래상담 영양사에게 주선해 주었다.

임상영양사는 면담을 통해 박 씨의 평상시 식사량을 조사하였다.

아침은 주로 김치볶음밥이나 새우볶음밥에 달걀프라이 1개, 김치, 나물 2가지, 국으로 먹는 편이다. 그는 출근 후 회사에서 온종일 커피(크림 2작은술과 설탕 2작은술)나 냉홍차(1컵에 설탕 2큰술)를 홀짝거리는데, 하루 평균 5~6잔의 커피와 2~3잔의 홍차를 마신다. 아침 간식으로 설탕 입힌 도넛이나 크래커를 커피와 함께 먹기를 좋아한다. 점심시간에 동료와 함께 주로 회사 주변의 음식점에서 백반류를 먹고 후식으로 아이스크림을 자주 먹는다. 주 1~2일은 짜장면이나 탕수육, 치킨 등을 배달시켜 먹고 저녁 늦게까지 사무실에서 일하고, 그 외에는 퇴근 후 8~9시경에 아내가 준비한 음식을 먹은 후 TV를 보면서 맥주와 함께 스낵류를 먹는다.

의무기록에 나타난 박 씨의 임상검사 결과는 다음과 같다.

□ **신장** : 173 cm
□ **체중** : 105 kg
□ **진단명** : 비만
□ **약물처방** : 없음

□ **임상검사 결과**

검사항목	결과(참고치)	검사항목	결과(참고치)
Hb	17.0 g/dL(13~17)	Total cholesterol	230 mg/dL(130~200)
Hct	46%(42~52)	TG	280 mg/dL(50~150)
Albumin	4.3 g/dL(3.5~5.2)	HDL cholesterol	42 mg/dL(35~65)
FBS	123 mg/dL(70~100)		

1. 박 씨의 표준체중과 조정체중을 계산하고, BMI를 구하시오.

- 표준체중 = 1.73 × 1.73 × 22 = 65.8 kg
- 조정체중 = 표준체중 + [(현재 체중 − 표준체중) × 0.25]
  = 65.8 + [(105 − 65.8) × 0.25] = 75.6 kg
- BMI = 105 kg ÷ 1.73 m ÷ 1.73 m = 35.1 kg/m²(고도비만에 해당)

2. 체중 감소를 위한 에너지 권장량을 계산해 보시오.

① 안정 시 에너지 소모량(resting energy expenditure, REE)을 산출하는 공식과 활동도를 고려하는 방법

Mifflin-St Jeor 공식이 비만한 성인의 안정 시 에너지 소모량을 비교적 잘 예측하는 것으로 보고되고 있다.

- Mifflin-St. Jeor 공식
  (남자) REE = 10 × 체중(kg) + 6.25 × 키(cm) − 5 × 연령(세) + 5
  = 10 × 104 + 6.25 × 173 − 5 × 38 + 5 = 1,946 kcal
- 에너지 요구량 = REE × 1.2(활동계수) = 2,335 kcal
- 주당 0.5~1 kg의 체중 감소를 위해 에너지 요구량에서 500~1,000 kcal를 적게 섭취하도록 권장함
- 권장 에너지 : 2,324 − 500~1,000 = 1,335~1,835 kcal

② 단위체중당 에너지를 이용하는 방법

조정체중 × 20~25 kcal = 75.6 × 20~25 = 1,512~1,890 kcal

3. 박 씨의 영양문제를 PES 진단문 형식으로 기술하시오.

Problem(문제)	Etiology(원인)	Sign/symptom(징후/증상)
• 비만	• 경구 섭취 과다	• BMI 35.1 kg/m²(고도비만) • 고당질 고지방 식품 많이 섭취
• 부적절한 당질 종류의 섭취	• 단순당 함유 간식 선호	• 설탕프림커피, 설탕 넣은 홍차, 도넛, 아이스크림, 스낵류 등 자주 많이 섭취 • 중성지방 280 mg/dL

4. 박 씨의 식사에서 지방이나 단순당 함량이 높은 음식을 열거하고 적합한 대체음식을 제시하시오.

① 지방 함량이 높은 음식

- 볶음밥, 커피에 넣어서 마시는 프림, 아이스크림, 짜장면, 탕수육, 치킨, 스낵류

② 단순당 함량이 높은 음식

- 설탕을 첨가한 커피나 홍차, 설탕 입힌 도넛, 크래커, 아이스크림

③ 대체음식

문제점	현재의 식사	대체식품
고지방식품	볶음밥	• 현미밥이나 잡곡밥
	프림 넣은 커피	• 블랙커피나 녹차류, 라테(시럽 안 넣음)로 대체
	아이스크림	• 저지방 우유나 저지방 요구르트
	짜장면, 탕수육, 치킨 등의 배달음식	• 비빔밥, 김밥, 백반류, 샐러드 도시락, 샌드위치 등 배달
	스낵류	• 간식에서 제외함(맥주를 마시지 않도록 함)
단순당 함량이 높은 식품	설탕을 첨가한 커피나 홍차 7~8잔	• 마시는 양을 줄이고 생수, 보리차나 녹차로 대신함 • 설탕과 크림을 넣지 않고 블랙커피로 대체
	설탕 입힌 도넛, 크래커	• 간식에서 제외함
	아이스크림	• 당 함량이 적은 과일이나 저지방/무설탕 요구르트

CLINICAL NUTRITION WITH CASE STUDIES

당뇨병

당뇨병은 췌장에서 분비되는 혈당 조절 호르몬인 인슐린이 부족하거나 인슐린의 작용이
정상적으로 이루어지지 않아 발생되는 내분비 장애의 대표적인 질병이다. 당뇨병 환자는
지속적인 고혈당 상태로 인해 체내 탄수화물, 단백질, 지방 대사에 영향을 받게 되며 고혈
당 상태가 지속될 경우 눈, 신장, 심장, 혈관 등 체내 기관에 각종 급성, 만성합병증이 발
생하게 된다. 우리나라의 당뇨병 유병률은 서구에 비해서는 아직 낮은 편이나 최근 점차
증가하고 있는 추세이다. 당뇨병은 완치는 어렵지만 식사, 운동, 약물 등으로 혈당 조절이
가능하므로 당뇨병 환자도 정상적인 생활을 할 수 있으며, 여러 합병증이 유발되지 않도
록 정확한 조기진단과 적절한 치료 및 식사조절이 매우 중요한 질병이다.

- **고혈당증(hyperglycemia)** 혈액 속의 포도당 농도(혈당치)가 비정상적으로 상승한 상태
- **다식(polyphagia)** 식욕중추의 흥분에 의해 식욕이 비정상적으로 항진되어 대량의 음식물을 섭취하는 병적 상태
- **다음(polydipsia)** 갈증이 심해 다량의 물이 마시고 싶은 증세로 번갈증, 다갈증, 구갈(口渴)이라고도 함
- **당뇨병성 케톤산증(diabetic ketoacidosis)** 인슐린의 작용 부족으로 포도당 대신 지방이나 단백질이 에너지원으로 이용되는 과정에서 중간 대사산물인 케톤체가 증가하는 현상
- **당화 헤모글로빈(glycosylated hemoglobin, HbAlc)** 헤모글로빈이 높은 혈중 포도당 상태에 노출되면서 포도당과 결합되어 당화된 것. 공복 여부와 상관없이 검사 가능하며, 장기적인 혈당 상태를 반영하고 당뇨병 합병증의 위험도와 상관관계를 보여 당뇨병의 진단 기준에 사용됨
- **대사 증후군(metabolic syndrome)** 복부비만, 높은 혈압, 높은 혈당, 높은 중성지방 농도, 낮은 HDL 콜레스테롤혈증의 5가지 위험요인 중 3가지 이상을 보유한 상태로 심혈관계 질환과 2형당뇨병의 위험성이 높아진 상태. 인슐린 저항성의 증가가 가장 큰 요인으로 알려짐
- **인슐린 저항성(insulin resistance)** 우리 몸이 인슐린이 주는 자극에 매우 둔감해져 근육에서 포도당 이용이 촉진되지 못하고, 혈당의 조절능력이 떨어지게 되는 현상
- **인슐린(insulin)** 췌장의 랑게르한스섬 베타세포에서 분비되는 호르몬으로 혈당을 세포 내로 이동하도록 하여 혈액 내 포도당 농도를 일정하게 유지시키는 역할을 함
- **저혈당증(hypoglycemia)** 과량의 인슐린이 투여되거나 음식 섭취량이 적을 때, 과도한 운동 등으로 인해 혈당이 저하된 상태
- **혈당지수(glycemic index, GI)** 혈당지수란 기준 포도당을 섭취하였을 때 나타나는 혈당 상승 수치를 '100'으로 하여 상대적인 혈당 상승 정도를 니디냄. 식품에 함유된 탄수화물이 얼마나 빠르게 소화·흡수되어 혈당을 높이는지 알 수 있음
- **혈당부하지수(glycemic load, GL)** 혈당부하지수는 혈당지수에 식품의 1회 섭취량을 반영한 것으로 혈당지수에 식품의 1회 섭취량에 포함된 탄수화물의 양을 곱한 다음 100으로 나누어 계산하며 식품 섭취 후의 혈당 부하 정도를 의미함

1. 정의와 분류

1) 정의

당뇨병diabetes Mellitus이란 탄수화물의 대사장애로 혈액 속의 포도당 농도가 신장의 재흡수 역치를 초과하여 소변에서 당이 나온다고 하여 붙여진 이름이다. 당뇨병은 췌장

의 베타세포에서 만들어지는 인슐린의 부족, 또는 인슐린의 작용이 장애를 받는 인슐린 저항성으로 인해 발병될 수 있다.

2) 췌장의 구조 및 기능

췌장pancreas은 위와 십이지장 사이에 존재하며 소화액을 분비하는 외분비선과 혈당 조절 호르몬을 분비하는 내분비선으로 이루어져 있다. 외분비선은 십이지장으로 연결 되어 탄수화물, 단백질, 지질을 분해하는 소화액을 분비한다. 내분비선은 혈당 조절에 관계하는 호르몬인 인슐린과 글루카곤을 생성하고 분비한다. 인슐린은 췌장의 베타세 포에서 만들어지며 혈액의 포도당을 세포 안으로 이동시키고 세포 내에서 포도당의 이용을 증진시키는 작용을 한다. 글루카곤은 췌장의 알파세포에서 분비되어 인슐린의 길항작용을 함으로써 혈액의 포도당 농도를 조절하는 역할을 담당한다(그림 7-1).

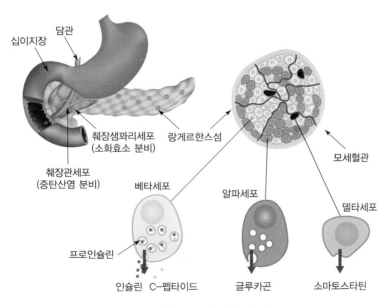

그림 **7-1** 췌장의 구조와 랑게르한스섬

3) 분류 및 진단기준

당뇨병은 1형당뇨병, 2형당뇨병, 임신당뇨병, 기타 당뇨병 등으로 분류되나 당뇨병 환자 중에는 어느 한 유형으로 분류되기 어려운 경우도 많다. 정상과 임상적 당뇨병의 중간 형태로 공복혈당장애impaired fasting glucose, 내당능장애impaired glucose tolerance를 보이는 '당뇨병전단계'가 있다(표 7-1). 당뇨병은 공복혈당 측정, 경구당부하검사, 당화혈색소 측정의 세 가지 방법을 사용하여 진단하며 뚜렷한 고혈당 증세가 보이지 않는 경우 검사를 반복하여 확인하도록 하고 있다(표 7-2).

(1) 당뇨병전단계

당뇨병전단계prediabetes란 혈당 유지의 항상성glucose homeostasis이 손상된 단계를 말한다. 공복 혈당이 100~125 mg/dL인 경우 공복혈당장애impaired fasting glucose라 하며 당부하 후 2시간 후 혈당이 140~199 mg/dL인 경우 내당능장애impaired glucose tolerance라고 한

표 7-1 당뇨병의 분류

구분	내용
당뇨병전단계	• 공복혈당장애(impaired fasting glucose, IFG) • 내당능장애(impaired glucose tolerance, IGT)
당뇨병	• 1형당뇨병(type 1 diabetes) • 2형당뇨병(type 2 diabetes)
임신당뇨병	–
기타 당뇨병	–

표 7-2 당뇨병의 진단기준

구분		공복 시 혈당[1]	당부하 후 2시간 혈당[2]	당화 혈색소
정상 혈당		< 100 mg/dL	< 140 mg/dL	–
당뇨병전단계 (당뇨병 고위험군)	공복혈당장애	100~125 mg/dL	–	5.7~6.4%
	내당능장애	–	140~199 mg/dL	
당뇨병[3]		≥ 126 mg/dL 또는	≥ 200 mg/dL 또는	≥ 6.5%

1) 공복혈당 : 8시간 이상 금식 후 측정한 혈당
2) 75 g 경구 포도당부하 2시간 후 측정한 혈당
3) 공복혈당과 당부하 후 2시간 혈당 조건 외에 당뇨병의 전형적인 증상(다뇨, 다음, 설명되지 않는 체중 감소)이 있으면서 무작위 혈장포도당(식사시간과 무관하게 낮에 측정한 혈당) 200 mg/dL 이상인 경우도 당뇨병으로 진담함
자료 : 대한당뇨병학회. 당뇨병 진료지침. 2023.

다. 공복혈당장애나 내당능장애를 갖고 있거나 이 두 증상을 모두 갖고 있으면 당뇨병으로 발전될 위험성이 높아 당뇨병의 고위험군으로 볼 수 있다. 공복혈당장애나 내당능장애와 같은 전단계를 미리 진단하면 당뇨병으로 진행되는 것을 예방할 수 있으며, 이런 중간 단계에서도 심혈관계 질환 등의 당뇨합병증의 위험이 증가할 수 있으므로 적극적인 관리가 필요하다.

(2) 1형당뇨병

1형당뇨병type 1 diabetes은 췌장 베타세포의 손상으로 인해 인슐린을 합성하여 분비시키는 능력이 손상되어 나타나는 당뇨병으로 주로 어린이들이나 젊은이들에서 나타난다. 1형당뇨병은 면역매개성immune-mediated diabetes과 특발성 당뇨병idiopathic diabetes으로 나눌 수 있다.

면역매개성 당뇨병은 췌장 베타세포의 자가 세포 면역성 파괴로 인하여 발생된다. 유전적 소인을 가진 사람이 환경적 요인이 있을 때 자가 면역이 활성화되어 췌장 베타세포의 파괴가 일어나는 것으로 알려져 있다. 환경적 요인으로는 바이러스 및 독성 물질, 정신적 스트레스, 수술 및 외상으로 인한 스트레스, 스트렙토조토신이나 알록산 등 여러 화학물질을 들 수 있으며 이들은 당뇨병 발생 기전에서 자가면역반응이 일어나게 되는 방아쇠 역할을 하게 된다.

1형당뇨병의 초기에는 어느 정도 베타세포가 남아 있어서 인슐린이 합성되어 분비되나 시간이 경과할수록 베타세포의 파괴가 진행되고 결국에는 인슐린의 합성 및 분비가 전혀 안 되므로 인슐린으로 치료하여야 한다. 1형당뇨병 환자 중 인슐린 부족으로 인해 케톤산증이 나타나지만 자기면역의 증거를 찾을 수 없고 원인이 뚜렷하지 않은 경우 특발성 당뇨병으로 분류한다.

(3) 2형당뇨병

2형당뇨병type 2 diabetes은 이전엔 인슐린 비의존성 당뇨병non insulin dependant diabetes mellitus, NIDDM이라 불렸으며 당뇨병 환자의 대다수를 차지한다. 2형당뇨병은 췌장에서 인슐린 분비는 이루어지고 있으나 세포가 인슐린의 작용에 정상적으로 반응하지 못하는 인슐린 저항성의 증가로 인해 발생한다. 서양에서는 비만형의 2형당뇨병 환자가 많으나 한국인의 경우는 서양에 비해 비만하지 않은 당뇨병 환자의 비율이 높고 발병 당시 급

표 7-3 1형당뇨병과 2형당뇨병의 특징

특징	1형당뇨병	2형당뇨병
발생연령	일반적으로 40세 이전(주로 유년기, 청소년기에 발생)	일반적으로 40세 이후에 발생
체중	정상체중 또는 마른체격	일반적으로 과체중
증상	갑자기 나타남	증상이 없거나 서서히 나타남
인슐린분비	분비되지 않음	소량 또는 정상 분비
인슐린 치료	반드시 필요	경우에 따라 필요
케톤산증	흔하게 발생함	드물게 발생함
발생 비율	전체 당뇨병의 약 5~10%	전체 당뇨병의 90~95%

격한 체중 감소를 경험하는 환자도 많은 것으로 보고되고 있다. 2형당뇨병의 발병 위험도는 나이, 비만도, 운동부족에 비례하여 증가된다. 환경인자 중 비만은 조직의 인슐린 수용체 수와 인슐린 민감도를 감소시킴으로써 세포 내로의 포도당 이동이 저하되고 고인슐린혈증과 고혈당을 유발하여 당뇨병의 발병을 촉진시키는 것으로 알려져 있다. 또한 지속적인 스트레스는 부신수질 호르몬이 분비되어 혈당을 높이는 작용을 통해 당뇨병의 위험요인이 될 수 있다.

2형당뇨병에서는 혈당에 대한 췌장 베타세포의 반응이 낮고, 이에 따라 혈당 상승이 인슐린 분비를 지속적으로 촉진하게 되어 결과적으로 정상인보다 높거나 비슷한 혈장 인슐린 농도를 나타내게 된다. 2형당뇨병에서 글루카곤이 상승되어 있어도 케톤산증이 잘 유발되지 않는 이유는 혈장 인슐린이 지방 분해를 억제하기에 충분한 농도로 존재하기 때문이다.

2형당뇨병의 유전 양식은 확실히 밝혀져 있지 않으나 자손이나 형제에서의 당뇨병 발생 일치율이 30~40%로 높고 일란성 쌍둥이에서의 발생 일치율이 1형당뇨병 발생에 비해 두 배 이상 높다고 보고되어 2형당뇨병의 발생에 유전적인 요소도 작용한다고 볼 수 있다.

(4) 임신당뇨병

임신당뇨병gestational diabetes mellitus, GDM은 임신 중 발생할 수 있는 합병증의 하나로 임신 기간 중 분비되는 여러 호르몬들은 인슐린의 작용을 억제하는 효과가 있다. 이로 인해 고혈당이 심화되어 당뇨병으로 진단받는 경우 임신당뇨병이라 한다. 임신 초기에 혈당이 상승하게 되면 기형아 발생률이 증가하고, 임신 말기에 혈당이 상승하는 경

표 **7-4** 임신당뇨병의 선별검사와 진단기준

● **임신 후 첫 병원 방문 시**
모든 임신부는 임신 후 첫 병원 방문 시 공복혈장포도당, 무작위혈장포도당, 또는 당화혈색소를 검사한다.

● **임신 24~28주**
당뇨병이나 임신당뇨병을 진단받은 적이 없었던 임신부는 임신 24~28주에 다음 방법 중 하나로 검사한다.

1단계 접근법	2단계 접근법
75 g 경구포도당내성검사 : 아래 기준을 하나 이상 충족하면 임신당뇨병으로 진단	50 g 경구포도당내성검사 후 양성[포도당부하 후 1시간 혈장포도당 140 mg/dL 이상(고위험 임신부의 경우 130 mg/dL 이상)]이면 100 g 경구포도당내성검사를 시행 : 아래 기준을 두개 이상 충족하면 임신당뇨병으로 진단
• 공복혈장포도당 92 mg/dL 이상 • 포도당부하 후 1시간 혈장포도당 180 mg/dL 이상 • 포도당부하 후 2시간 혈장포도당 153 mg/dL 이상	• 공복혈장포도당 95 mg/dL 이상 • 포도당부하 후 1시간 혈장포도당 180 mg/dL 이상 • 포도당부하 후 2시간 혈장포도당 155 mg/dL 이상 • 포도당부하 후 3시간 혈장포도당 140 mg/dL 이상

자료 : 대한당뇨병학회. 당뇨병 진료지침. 2023.

우에는 거대아 출산율이 증가하게 된다. 또한 태아에게서 저혈당 증세 및 호흡곤란 증세들이 나타나 임산부와 태아의 사망률을 증가시키며 태어난 아기가 25세 이전에 당뇨병이 발생할 위험도가 증가된다.

대부분의 임신당뇨병 환자는 출산 후 정상으로 회복되지만, 약 40%는 15년 이내에 다시 당뇨병이 발병하는 것으로 알려져 있다. 임신당뇨병은 인슐린 길항 호르몬이 증가하는 기간인 임신 24~28주 사이에 임산부의 약 7%에서 나타나므로, 그 기간에는 모든 임산부에게 당뇨검사를 실시하는 것이 바람직하다. 임신당뇨병 진단기준은 표 7-4와 같다.

(5) 기타 특이형 당뇨병

기타 특이형 당뇨병other specific types of diabetes은 췌장 베타세포의 유전적 결함, 인슐린 작용의 유전적 결함, 각종 내분비 질환 등에 의해 초래될 수 있으며 췌장질환, 쿠싱 증후군, 스테로이드 호르몬의 투여, 인슐린 길항 호르몬들의 과다 분비, 그리고 인슐린 수용체이상 등으로 인해 이차적으로 발생하기도 한다.

이들 외에도 알록산, 스트렙토조토신, 니코틴산, 갑상선호르몬, 에피네프린성 촉진제, 디아조시드diazoxide, 티아지드thiazide 등의 약물이나 화학물질도 당뇨를 일으키는 것으로 알려져 있으며 기타 수술, 영양불량, 감염 등에 의해서도 당뇨병이 수반될 수 있다.

4) 당뇨병의 증상

(1) 당뇨

신장의 사구체가 혈액 중의 노폐물 제거를 위해 여과장치로 작용하는데 신체에 필요한 성분은 세뇨관에서 재흡수된다. 혈당이 180 mg/dL 이하인 경우에는 사구체에서 여과된 포도당이 세뇨관에서 거의 모두 재흡수되나 혈당이 180 mg/dL 이상인 경우에는 모든 포도당이 재흡수되지 못하고 소변으로 배설되는 당뇨glucosuria가 나타난다.

(2) 다뇨

소변으로 포도당이나 케톤체가 배설되는 경우에는 많은 수분을 동반하게 된다. 따라서 많은 양의 소변을 보게 되는 다뇨polyuria 현상이 나타나며 잠을 자는 도중에도 여러 번 소변을 보고 소변의 색이 묽게 된다.

(3) 다음

신장을 통하여 당과 함께 많은 양의 수분이 배설되면 신체 내에 수분이 부족하게 된다. 수분이 부족하면 혈액 삼투압이 증가하고 고농도 혈액은 뇌 속에 존재하는 혈액 농도 측정 부위에 의해 감지되어 갈증을 느끼게 되고 많은 양의 물을 섭취하게 되는 다음polydipsia 증상이 나타날 수 있다.

(4) 다식

인슐린 부족으로 혈당은 증가하나 세포 내 포도당은 부족하게 된다. 그 결과 세포 내 에너지 부족으로 심한 공복감을 느끼게 되며 이에 따라 많이 먹게 되는 다식polyphagia 증상이 나타날 수 있다.

(5) 기타

근육의 단백질로부터 포도당을 합성하는 포도당신생작용gluconeogenesis이 활발하게 일어나 체근육 손실이 나타난다. 또한 조직의 영양소 저장의 부족 및 세포의 에너지원 결핍으로 지방 조직이 분해되며, 탈수 증상도 나타나 체중 감소가 초래된다.

또한, 세포의 활동 부족으로 인해 심한 피로감을 느끼게 되고, 지방이 과다하게 산화되어 그 결과 케톤체ketone body를 과잉 형성하게 되어 케톤산증ketoacidosis이 나타난다.

2. 영양소 대사

인슐린 농도가 감소하면 길항 호르몬들의 상대적인 증가로 인해 이화작용에 해당되는 여러 대사작용이 일어나 부적절한 포도당 신생작용, 지방 분해, 케톤체 형성, 체단백 분해 등의 여러 당뇨병 증상이 나타나게 된다. 당뇨병 환자의 인슐린 분비 부족이나 인슐린의 기능 저하는 탄수화물 대사뿐 아니라 지방, 단백질, 수분 및 전해질 대사에도 영향을 주어 체내 대사이상을 유발한다.

1) 탄수화물 대사

당뇨병 환자에서 인슐린 작용의 저하는 포도당 이용, 포도당 신생작용 및 글리코겐 대사에 영향을 미치게 된다. 인슐린은 근육, 지방세포 및 적혈구에서 혈당이 세포 내로 들어가는 과정을 촉진시킴으로써 이들 세포에서 포도당의 이용을 촉진시킨다. 간, 장, 신장, 혈관, 안구 및 신경세포에서는 혈당이 세포 속으로 들어가는 과정에 인슐린이 관여하지 않는다.

당뇨병 환자의 간에서는 글리코겐의 합성이 저하되고 분해가 증가되며, 포도당 신생작용이 활성화됨으로써 혈액으로의 포도당 방출이 증가한다. 인슐린 부족으로 인해 말초조직으로의 포도당 이동과 세포 내 해당과정 및 TCA 회로에 관여하는 효소의 활성이 장애를 받으면 포도당의 이용률이 저하되어 고혈당이 초래되며 그 결과 소변 중으로 포도당이 배설된다.

인슐린과 길항 호르몬들의 혈당 조절작용

포도당은 세포의 가장 기본적인 에너지원으로 체내에는 혈당을 일정하게 유지하려는 여러 대사 상의 기전이 존재한다. 이러한 과정에서 중요한 역할을 하는 호르몬이 인슐린과 글루카곤이다. 혈당 농도가 110 mg/dL 이상이 되면 췌장의 베타세포에서 인슐린이 분비되어 조직세포막에 존재하는 인슐린 수용체와 결합하고 혈당을 세포 내로 운반하여 대사되도록 한다. 이와 같이 혈중 포도당이 세포 내로 운반되면 혈당 농도가 감소하게 된다. 인슐린 수용체와의 결합과정이나 수용체와 결합 후 세포 내에서 일어나는 반응과정 중 어느 한 부분에라도 결함이 생기면 당뇨병이 유발된다.

인슐린은 간과 지방 조직에서 해당작용을 촉진하여 아세틸 CoA 형성을 증가시키고 지방 합성을 촉진한다. 인슐린은 동화작용에 관여하는 호르몬이므로 글리코겐, 체지방, 체단백의 분해를 억제한다. 글루카곤은 췌장의 알파세포에서 분비되어 인슐린과 길항작용을 하여 혈당을 높이다. 한편 에피네프린, 노르에피네프린, 글루코코르티코이드, 성장호르몬, 갑상선 호르몬도 간의 글리코겐 분해와 포도당신생과정을 촉진시켜 혈당을 높이게 된다.

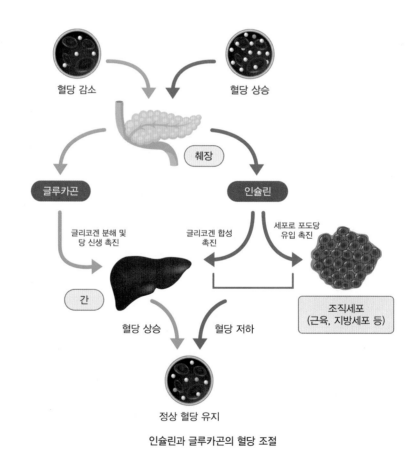

인슐린과 글루카곤의 혈당 조절

(계속)

혈당에 영향을 주는 호르몬

호르몬	혈당	분비기관	작용
인슐린	감소	췌장	• 세포 내로의 혈당 유입 증가 • 글리코겐, 지방합성 증가
글루카곤	상승	췌장	• 간 글리코겐 분해 증가 • 포도당 신생 증가
에피네프린, 노르에피네프린	상승	부신수질, 교감신경말단	• 근육 글리코겐 분해 • 포도당 신생 증가 • 체지방 사용 촉진, 글루카곤 분비 촉진
글루코코르티코이드	상승	부신피질	• 간의 포도당 신생 증가
성장호르몬	상승	뇌하수체전엽	• 간에서의 당 배출 증가 • 지방 이용 증가
갑상선호르몬	상승	갑상선	• 간 글리코겐 분해, 포도당 신생 증가

2형당뇨병에서는 말초조직의 인슐린 저항성에 의해 당 대사이상이 나타나게 된다. 특히 비만인 경우에는 골격근을 비롯한 여러 조직에서 인슐린 수용체 수와 인슐린 민감도가 감소하게 되어 세포 내로의 포도당 수송이 저하됨에 따라 이를 극복하기 위해서는 높은 인슐린 농도를 필요로 하게 된다. 인슐린 농도 증가에도 불구하고 혈당 상승이 지속되는 경우는 수용체 결합 이후의 장애에 의한 것으로서, 인슐린이 수용체와 결합한 후 포도당의 세포 내로의 이동되거나 세포 내 탄수화물 대사 관련 효소 활성화를 촉진시키는 기능에 이상이 생기게 되면 세포 내에서의 포도당의 이용률이 감소되고 그 결과 혈당이 상승하게 된다.

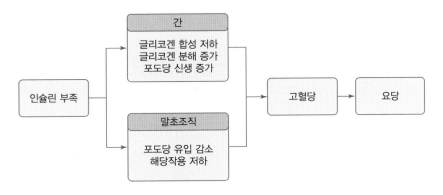

그림 **7-2** 당뇨병에서의 탄수화물 대사

2) 지질 대사

당뇨병에서는 인슐린 작용의 저하로 인해 지방의 합성은 저하되고 지방의 분해와 지방산의 산화는 촉진되기 때문에 유리 지방산이 중요한 에너지원이 된다.

이와 같이 지방산의 산화가 촉진되면 다량의 아세틸 CoA가 생성되지만 탄수화물 대사의 저하로 인한 옥살로아세트산의 생산 부족으로 인해 생성된 아세틸 CoA가 순조롭게 TCA 회로로 들어가지 못하게 된다. 그 결과 축적된 아세틸 CoA로부터 아세토아세트산, β-히드록시부티르산, 아세톤 등의 케톤체가 생산된다.

케톤체 중 일부는 뇌의 에너지원이 되거나 근육에서 대사되어 에너지원으로 이용되지만 대부분은 이용되지 못하고 혈액 중으로 방출된다. 강산성인 케톤체는 알칼리와 결합하여 신장을 통해 배설되는데, 이런 현상이 지속되면 결과적으로 체내 알칼리의 보유량을 감소시켜 혈액이 산성으로 기울어 산독증인 케톤산증ketoacidosis을 나타내게 된다. 또한 당뇨병에서는 당 대사 이상으로 인해 중성지방 합성에 필요한 글리세롤 인산α-glycerol phosphate이 부족하게 되어 중성지방의 합성이 감소하게 되면서 체지방이 감소된다. 또한 체지방 분해로 인해 아세틸 CoA가 증가하여 간에서 콜레스테롤의 합성이 증가되고 혈액 콜레스테롤 수치가 상승되므로 당뇨병 환자에게서는 정상인에 비해 동맥경화가 발생할 위험이 크다.

3) 단백질 대사

인슐린은 근육과 지방조직, 간에서 단백질의 합성을 촉진하고 분해를 억제하는 작

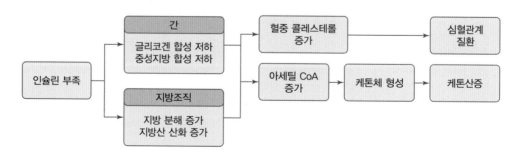

그림 **7-3** 당뇨병에서의 지질 대사

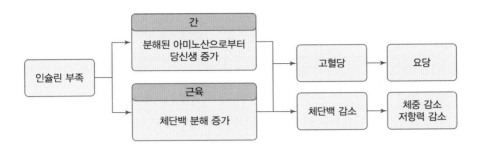

그림 **7-4** 당뇨병에서의 단백질 대사

용을 한다. 당뇨병에서 인슐린 작용 저하로 체단백의 분해가 증가되면서 생성된 아미
노산은 포도당 신생작용에 의해 포도당으로 전환되어 혈당치가 상승하게 된다.

아미노산 중 알라닌과 같은 일부 아미노산은 포도당으로 전환되나 분지 아미노산인
발린, 류신, 이소류신 등은 혈액으로 방출되어 이들의 혈중 농도가 상승하게 된다. 또
한 간에서는 단백질 이화작용의 증가로 인해 요소 합성작용이 촉진되어 소변 중 질소
배설량도 증가하게 된다. 이러한 단백질 대사로 인한 체단백의 감소는 몸을 쇠약하게
하여 성장을 저하시키고 병에 대한 저항력을 약하게 한다.

4) 수분 및 전해질 대사

당뇨병 환자의 혈당이 상승되면 혈액의 삼투압이 높아져 세포 내의 수분이 혈액으
로 이동되며 혈액 포도당과 케톤체가 소변으로 배설될 때 수분이 함께 배설되므로 탈
수가 일어난다. 또한 체단백의 분해에 따라 세포 내 칼륨이 유출되며 전해질이 케톤체
와 함께 소변으로 배설됨에 따라 전해질 대사에 이상이 생기게 된다.

그림 **7-5** 당뇨병에서의 수분 및 전해질 대사

3. 진단

당뇨병은 전형적인 당뇨병 증상인 갈증, 다뇨, 식욕항진, 체중 감소, 쇠약감 등의 임상증상만으로도 쉽게 진단할 수 있으나 대부분의 경우에는 별다른 증세를 보이지 않으므로 당뇨병의 확진을 위해서는 여러 검사들을 통해서 진단을 실시한다.

1) 공복 시 혈장 포도당 농도의 측정

혈장 포도당 농도를 측정하여 당뇨병을 진단하는데 보통 8시간 이상 공복 후의 혈당fasting blood glucose을 측정한다. 공복 시 정상인의 혈당은 100 mg/dL 미만이고, 100~125 mg/dL를 공복혈당장애로 보며, 126 mg/dL 이상은 당뇨병으로 진단한다. 최근에는 간편한 자가혈당측정기가 여러 종류 개발되어 시판되고 있다(그림 7-6).

그림 **7-6** 자가혈당측정기의 사용

2) 경구 당부하 검사

공복혈당치가 100~125 mg/dL이거나, 식후 혈당치가 140 mg/dL 이상이면 12시간 금식 후 경구 당부하 검사oral glucose tolerance test, OGTT를 실시한다. 경구 당부하 검사는 일정량의 포도당(성인의 경우 75 g, 어린이의 경우 체중당 1.75 g)을 경구 투여한 후 시간경과에 따른 혈당 수준의 변화를 관찰함으로써, 포도당 투여에 따른 신체의 적응능력을 측정하는 검사이다.

포도당 투여 전인 공복 시와 포도당 용액 투여 후 30, 60, 90, 120분 후 5회에 걸쳐 혈당치를 측정하였을 때 정상인은 포도당 투여 후 30~60분에서 최고 혈당치를 나타내고 그 후 점차 감소하여 2시간 경과 후에는 처음 수준으로 되돌아오나 당뇨병 환자는 2시간 후에도 정상으로 떨어지지 않고 혈당치가 계속 높게 유지된다. 최근에는 공복 시와 포도당 용액 투여 후 2시간의 혈당수준을 측정하여 비교하는 방법을 주로 사용하고 있다. 당부하 검사 2시간 후 측정한 혈당이 140~199 mg/dL일 때 내당능 장애라고 하며, 200 mg/dL 이상이면 당뇨병으로 진단한다. 그러나 이 검사는 당뇨병 이외의 인자들에 의해서도 영향을 받으므로 다른 질환의 유무를 고려하여 실시하여야 한다.

3) 당화 헤모글로빈

당화 헤모글로빈glycosylated Hemoglobin AlC, HbAlc은 산소를 운반하는 헤모글로빈 분자가 혈액 속의 포도당과 결합한 비율을 나타내는 것으로 혈당이 높아지면 헤모글로빈 중 AlC의 분자구조 끝에 포도당이 비효소적으로 결합하여 당화 헤모글로빈이 증가하게 된다. 당화 헤모글로빈 검사 결과는 대략 2~3개월 동안의 장기적 혈당치를 나타내게 되므로 당뇨병의 혈당관리를 점검하는 데 사용되어 왔으나 검사방법이 표준화되지 않아 진단검사로는 사용되지 않다가 2010년 미국당뇨병학회에서 당뇨병 진단기준에 당화 헤모글로빈검사를 권고하는 지침을 발표하였다. 당화 헤모글로빈 농도가 5.7~6.4%이면 당뇨병 발병의 고위험군으로, 6.5% 이상일 경우 당뇨병으로 진단된다. 혈당이 적절히 조절된 후에도 당화 헤모글로빈의 농도가 정상화되기까지는 약 5~6주의 시간이 필요하다.

알아두기

당화색소와 평균 혈당의 관계

HbA1c (%)	eAG (mg/dL)	eAG (mmol/L)	HbA1c (%)	eAG (mg/dL)	eAG (mmol/L)
5	97	5.4	9	212	11.8
6	126	7.0	10	240	13.4
7	154	8.6	11	269	14.9
8	183	10.2	12	298	16.5

자료 : 대한당뇨병학회. 당뇨병 진료지침. 2023.

4) 요당

요당glucouria검사는 재흡수 역치보다 농도가 증가된 포도당이 소변으로 배설되는 양을 포도당 산화효소를 부착한 검사지를 사용하여 색의 변화로 반정량하는 방법이다. 그러나 신장질환 시에는 요당 반응이 적절치 않을 수 있다. 신부전증의 경우 사구체 여과율이 감소하여 신장의 포도당 재흡수 역치가 증가되므로 혈당치가 높아도 요당이 검출되지 않는 경우가 있고, 신성 당뇨병의 경우에는 정상보다 신세뇨관의 포도당 재흡수 역치가 낮아지게 되어 정상 혈당 범위에서도 소변 중으로 당이 배설되어 요당이 검출되기도 한다.

당뇨병이 아닌 정상적인 경우라도 다량의 당질을 섭취했을 때 일시적으로 요당이 검출될 경우 식사성 당뇨라 하고, 정신적 스트레스로 교감신경이 자극되어 에피네프린의 분비가 촉진되어 글리코겐이 분해됨으로써 일시적으로 고혈당과 당뇨를 나타내는 경우를 신경성 당뇨라 한다.

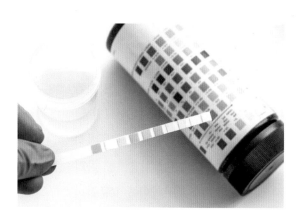

그림 **7-7** 요당검사지

5) 인슐린과 C-펩타이드 농도 측정

인슐린 의존형 당뇨병의 진단을 위하여 혈청 인슐린과 C-펩타이드 농도를 공복 시에 측정한다. 인슐린은 췌장에서 인슐린과 C-펩타이드 상태인 비활성형의 프로인슐린 형태로 분비되며, 분비 후 C-펩타이드가 분해되어 활성화된다. C-펩타이드는 간에서 대사과정을 거치지 않고 반감기가 길며 인슐린 항체의 간섭을 받지 않으므로 연속적으로 측정함으로써 당 섭취 후의 인슐린 분비시각과 양을 예측할 수 있다. 이 방법은 인슐린 투여를 받고 있는 환자의 관리 시 인슐린 투여가 적정한지의 여부를 아는 데 유용하다. C-펩타이드의 정상치는 공복 시 1~2 ng/mL, 당 부하 시 4~6 ng/mL이다.

4. 합병증

당뇨병의 합병증은 급성과 만성으로 나눌 수 있는데, 인슐린이 치료에 사용되면서 당뇨병으로 인한 사망과 장애는 주로 만성 합병증에 의한다.

1) 급성합병증

1형당뇨병에 나타나는 급성합병증으로는 당뇨병성 케톤산증이 있으며 2형당뇨병에서 나타나는 급성합병증으로는 탈수를 특징으로 하는 고혈당고삼투질상태와 치료 약제에 의해 유발되는 저혈당증이 있다.

(1) 당뇨병성 케톤산증

당뇨병성 케톤산증diabetic ketoacidosis, DKA은 1형당뇨병에서 인슐린 주사를 중단했을 때나 처방된 식사량 및 내용을 지키지 않을 때 인슐린 부족이 심해지면서 나타나는 증세이다. 체내의 포도당이 에너지원으로 이용되지 못하는 대신 체내에 저장된 지방이나 단백질이 에너지원으로 이용되는 과정에서 중간 대사산물인 케톤체의 생성이 증가하여 혈중 케톤체 농도가 상승하여 초래되는 일종의 산독증acidosis이다.

증상은 무기력함, 구토, 탈수, 식욕부진, 다뇨, 호흡곤란 등이 나타나고 호흡에서 아세톤 냄새가 나며 얼굴이 붉어진다. 심하게 되면 혼수상태에 빠지고 사망에 이를 수 있다.

혼수상태일 때는 신속한 인슐린 투여가 필요하며, 환자가 의식이 있을 때는 탈수상태를 회복하기 위해 수분과 전해질을 정맥주사로 공급한다. 진단은 250 mg/dL 이상의 고혈당, 케톤뇨증이나 혈액 내 케톤의 존재, 혈액의 산성화(정맥 pH<7.35) 여부로 하게 된다.

(2) 고혈당고삼투질상태

고혈당고삼투질상태hyperglycemic hyperosmolar state, HHS는 2형당뇨병 환자에서 흔히 나타나는 급성합병증이다. 과다하게 분비된 인슐린 길항 호르몬에 의해 당생성이 증가되어 혈당이 증가하면 중추신경계에 장애가 나타난다. 특히 수분 섭취가 결여되어 있는 경우에는 혈당이 더욱 급격히 상승하게 되어 고혈당과 고삼투압 현상이 초래된다. 이 경우에는 고혈당 및 고삼투압에 의해 탈수 증세를 보이고 기립성 저혈압 등으로 인한 의식혼탁 및 혼수 등 중추신경계 증상을 보이며 치사율도 높다. 혈장 삼투압이 현저하게 증가하고 혈당이 600~1,200 mg/dL까지 상승하며, 혈청 요산질소BUN와 크레아틴이 상승되는 특징이 나타난다.

400 mg/dL 이상의 고혈당 및 혈액 내 삼투압의 상승(>315 mOsm/kg) 여부로 진단한다. 증상의 치료를 위하여 수분을 공급하고 적정량의 인슐린을 투여한다.

(3) 저혈당

약물요법을 사용하는 당뇨병 환자의 경우 관리를 잘못하면 혈당이 저하되어 저혈당hypoglycemia 상태로 위험하게 될 수 있다. 인슐린이나 혈당강하제의 과다 사용, 극심한 운동, 결식, 불규칙한 식사, 식사량의 감소, 구토, 설사 등의 경우에 나타날 수 있으며 혈당이 70 mg/dL 미만으로 낮아지는 상태를 저혈당이라 한다. 중추신경계에 포도당

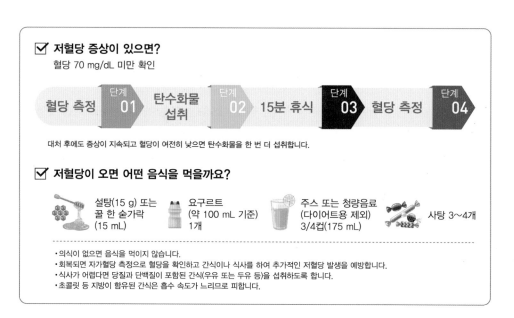

그림 **7-8** 저혈당 대처법
자료 : 대한당뇨병학회. 당뇨병 진료지침. 2023.

공급이 정지되면 기능장애와 신경세포 파괴를 일으켜 구토, 전신 무력, 발한 등이 나타나고 이것이 오래 지속되면 의식 장애와 경련, 혼수, 사망까지도 초래할 수 있다. 환자가 의식이 있을 때는 응급처치로 과즙이나 꿀물 등 흡수가 빠른 단순당을 15~20 g 섭취시키고, 환자가 정신을 잃었거나 경구 투여가 불가능한 경우에는 포도당 정맥주사를 받도록 한다. 심각한 저혈당은 주로 밤에 나타나고 악몽, 식은땀, 두통 등을 일으키는데 이러한 현상이 자주 나타나면 저녁 시간의 인슐린 투여량을 줄이거나 저녁 간식량을 증가시켜 저혈당을 예방하도록 한다.

2) 만성합병증

만성 합병증으로는 당뇨병성 신경병증, 당뇨병성 신장 질환, 당뇨병성 망막병증, 심혈관계 합병증 등으로 다양한 증상이 나타난다.

(1) 당뇨병성 신경병증

당뇨병성 신경병증diabetic peripheral neuropathy은 주로 발, 다리, 손 등의 말초신경이 손상되면서 일어난다. 고혈당이 오래되면 신경세포 내에 솔비톨이 쌓여 신경세포가 정상으로 기능을 하지 못하게 되고, 고혈당으로 인해 혈류의 흐름이 나빠지면서 신경세포에 산소나 영양공급이 충분히 이루어지지 않게 되어 신경조직이 손상되는 경우가 생긴다. 이로 인해 손발 저림이나 통증 등이 나타나는 다발성 말초신경장애와 현기증, 설사, 배뇨장애 등이 나타나는 자율신경장애가 생긴다. 신경장애를 방치하면 발에 괴저를 일으키거나 통증을 느끼지 않는 심근경색으로 인한 돌연사의 원인이 된다. 고혈압, 비만, 흡연은 신경장애를 악화시킨다.

① **말초신경병증**　발가락, 발, 다리에 진행되며 저린 느낌, 짜릿짜릿한 느낌, 화끈거리는 느낌, 둔통, 따끔따끔한 통증을 보인다.

② **자율신경병증**　혈관, 땀샘, 위장, 소장, 대장, 방광, 심장을 관장하는 자율신경계에 손상이 일어난다.

당뇨병성 발질환의 증세

당뇨병을 오래 앓은 환자는 합병증으로 발이 헐거나 썩어 들어가서 발가락이나 다리를 절단해야 하는 상황까지 가는 경우가 있다. 당뇨병이 생기면 신경합병증으로 발의 감각이 둔해져 상처를 입기 쉬워지고 땀이 나지 않으며 피부가 거칠어지고 심하면 갈라지기도 한다. 또한 당뇨병의 혈관 합병증으로 인해 상처나 궤양이 생겼을 경우에 충분한 혈액순환이 되지 않고 세균에 대한 저항력이 약하기 때문에 상처에 쉽게 세균이 침범하여 발의 합병증이 오래 간다.

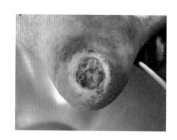

신경장애를 초기에
치료하지 않아 괴저가 생긴 발

발에 질환이 발생하면 발이 헐고 염증이 생겨 고름이 나와 악취가 나지만 통증은 별로 없는 것이 당뇨병성 발질환의 특징이다. 발에 생기는 병변으로는 굳은살, 티눈, 무좀, 발톱 변형, 발톱 주변의 염증 등이 있다. 그 외, 발이 저리고 따가운 통증이 느껴지고, 잠을 자고 있는 동안에 다리에 쥐가 나거나 아프기도 한다. 걸을 때 종아리가 아프다가 쉬면 나아지기도 한다.

이러한 당뇨병성 발질환을 관리하기 위해서는 티눈이나 가벼운 상처가 있는지 매일 발의 상태를 점검하고 발 위생과 보호에 특히 유의하여야 한다.

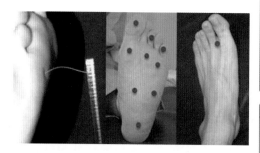

검사 시 유의사항

- 10 g Monofilament(5.07 Semmes–Weinstein)
- 환자가 검사하는 것을 보지 않도록 한다.
- 피부에 직각으로 접촉시켜 모노필라멘트가 구부러지도록 힘을 가한다(3초 이내).
- 환자에게 감각을 느끼면 "예"로 대답하도록 한다.
- 궤양이나 굳은 살이 있는 곳은 피한다.

판정

- 감각을 느끼는 곳이 9곳 이상이면 정상
- 3곳 이상 느끼지 못하는 경우 감각기능 저하, 족부 궤양의 위험성 증가

그림 **7-9** 당뇨병성 말초신경병증 진단을 위한 모노필라멘트 검사
자료 : 대한당뇨병학회. 당뇨병 진료지침. 2023.

(2) 당뇨병성 신장질환

당뇨병에 의한 고혈당 상태가 계속되면 신장의 혈관이 손상을 받아 신장 기능이 점차 저하되는데 이것을 방치하면 신장이 거의 기능을 하지 못하게 되는 신부전증이 되고 더욱 악화되면 투석을 해야 하는 당뇨병성 신장질환diabetic nephropathy으로 진행된다. 신장의 기능 중 하나는 혈액을 여과하여 몸에 필요하지 않은 노폐물을 소변으로 배출해서 체액의 항상성을 유지하는 것인데, 신장의 기능이 저하되면 소변을 통하여 단백질이 배설되고 고혈압, 부종 등의 증상이 나타난다. 식사요법, 운동요법, 약물요법을 통한 혈당조절과 함께 혈압조절이 치료의 기본이 된다.

(3) 당뇨병성 망막증

당뇨병에 의해 일어나는 망막장애로 시력을 잃는 최대 원인이 당뇨병성 망막증diabetic retinopathy이다. 당뇨병 환자의 혈당이 높아지면 망막으로 포도당이 들어가 솔비톨을 형성하여 망막에 축적되는데, 이것이 망막 부위의 혈관을 손상시켜 통증과 함께 시력 저하를 일으키고 실명의 원인이 된다. 또한 조직에 산소 공급이 부족하여 조직 괴사가 일어나고 이를 보상하기 위하여 새로운 혈

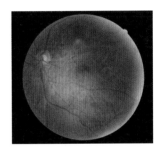

그림 **7-10** 망막증

관이 생긴다. 이와 같이 대체된 혈관은 초자체 안으로 자라나는 경향이 있고, 따라서 초자체 출혈과 망막 박리를 초래하여 악화되면 시력을 상실하게 된다.

(4) 심혈관계 합병증

당뇨병에서는 고콜레스테롤혈증과 고중성지방혈증이 나타나 동맥경화증의 위험이 커지고 협심증이나 심근 경색을 일으킬 위험성이 높다. 당뇨병 환자는 특히 운동이나 육체노동과 같이 심장의 활동이 심해질 때 발작을 일으키는 경우가 많다. 당뇨병은 뇌졸중(중풍)의 원인이 될 수도 있다. 뇌졸중은 고혈압 등이 원인이 되는 출혈성 뇌졸중인 뇌출혈과 동맥경화로 인한 허혈성 뇌졸중인 뇌경색이 있는데, 당뇨병이 원인이 되는 것은 뇌경색이다. 심혈관계 합병증이 가벼운 경우에는 약물요법과 일상생활의 개선으로 완화가 가능하지만, 증상이 심해지면 수술을 받아 질환의 악화를 막아야 한다.

5. 관리

당뇨병의 관리는 당뇨에 의한 대사이상을 최대한 정상화시키고 합병증을 예방 또는 지연시키는 것을 목표로 한다. 관리는 약물요법, 운동요법 및 식사요법으로 이루어지며, 환자의 연령, 동반질환, 생활양식, 경제력, 자기관리 능력의 정도, 동기유발 정도에 따라 개별화되어야 한다. 또한 당뇨병의 종류에 따라 중점을 두어야 할 사항에 차이가 있으므로 1형당뇨병과 2형당뇨병의 관리방법에는 차이가 있다. 1형당뇨병 환자의 경우 인슐린 치료가 필수적이며 2형당뇨병 환자는 췌장 베타세포의 기능에 따라 외부 인슐린을 필요로 하는 군, 식사요법과 경구 혈당 강하제를 필요로 하는 군, 식사요법만을 필요로 하는 군으로 나눌 수 있다. 특히 비만인 2형당뇨병 환자는 체중을 정상화시킴으로써 췌장 베타세포기능과 인슐린 감수성을 향상시키는 것이 우선되어야 한다.

1) 약물요법

(1) 경구혈당 강하제

현재 임상에서 흔히 사용되는 경구용 혈당강하제로는 설폰요소제sulfonylurea, 비구아나이드제biguanide와 알파글루코시다아제α-glucosidase 억제제 등이 있는데, 이들 약제들은 그 작용기전이 서로 다르기 때문에 단독으로 뿐 아니라 병합요법으로도 널리 사용하고 있다.

설폰요소제는 췌장의 베타세포를 자극하여 인슐린의 분비를 증가시키고, 간에서의 포도당 신생을 억제하며, 말초조직에서의 인슐린 저항을 감소시키는 효과가 있다. 비구아나이드제는 인슐린 분비를 자극하지는 않으나 간에서의 당신생을 감소시키고 소화관에서의 당흡수를 억제시키며, 말초에서의 인슐린 감수성을 증가시킴으로써 혈당을 저하시킨다.

알파글루코시다아제 억제제는 알파글루코시다아제 활성을 가역적으로 저해하여 장내에서의 탄수화물 소화와 포도당 흡수를 지연시킨다. 그 외 말초조직의 인슐린 감수

표 **7-5** 혈당강하제의 종류와 특징

구분	작용기전 및 복용법	체중변화	저혈당 (단독)	당화혈색소 감소(단독)	부작용
설폰요소제 (sulfonylureas)	• 췌장 베타세포에서 인슐린 분비 증가 • 식전 복용	증가	있음	1.0~2.0%	• 관절통, 요통, 기관지염
메트포르민 (metformin)	• 간에서 당생성 감소 • 말초 인슐린 감수성 개선 • 저용량으로 투여를 시작하여 증량 • 식사와 함께 투약	없음 또는 감소	없음	1.0~2.0%	• 젖산산증, 소화장애(설사, 메스꺼움, 구토, 복부팽만, 식욕부진, 소화불량, 변비, 복통), 비타민 B_{12} 결핍
알파글루코시다제 억제제 (α-glucosidase inhibitors)	• 상부 위장관에서 다당류 흡수 억제 • 식후 혈당 개선 • 하루 3회 식전 복용	없음	없음	0.5~1.0%	• 소화장애(복부팽만감, 방귀 증가, 묽은 변, 배변 횟수 증가 등)
메글리티나이드제 (meglitinides)	• 췌장베타세포에서 인슐린 분비 증가 • 식후 혈당 개선 • 하루 2~4회 식사 전 복용 또는 식사 직전 복용	증가	있음	0.5~1.5%	• 상기도 감염, 변비
티아졸리디네디온제 (thiazolidinediones)	• 근육, 지방 인슐린 감수성 개선 • 간에서 당 생성 감소 • 식사에 관계없이 1일 1회 복용	증가	없음	0.5~1.4%	• 부종, 체중 증가, 골절, 심부전
DPPIV-억제제 (DPPIV-inhibitor)	• Incretin(GLP-1, GIP) 증가 • 포도당 의존 인슐린 분비 증가 • 식후 글루카곤 분비 감소 • 식후 혈단 개선 • 식사에 관계없이 복용	없음	없음	0.5~1.0%	• 비인두염, 상기도감염, 혈관 부종 • 아나필락시스, 스티븐스-존스증후군을 포함한 박리성 피부질환, 수포성 유사천포창, 중증의 관절통(sitagliptin) • 유사천포장(linagliptin, vidagliptin)
SGLT2-억제제 (SGLT2-inhibitor)	• 신장에서 포도당 재흡수 억제 • 소변으로 당 배설 증가 • 식사에 관계없이 복용	감소	없음	0.5~1.0%	• 요로감염, 생식기감염, 배뇨 증가, 사구체여과율 감소, 헤마토크리트 증가, 케톤산증
GLP-1 수용체 작용제 (GLP-1 receptor agonist)	• 포도당 의존 인슐린 분비 증가 • 식후 글루카곤 분비 감소 • 위배출 억제 • 식후 혈당 개선 • 식사와 관계없이 피하주사 (일 1~2회 또는 주 1회)	감소	없음	0.8~1.5%	• 위장관장애

자료 : 대한당뇨병학회. 당뇨병 진료지침. 2023.

성을 증가시키는 티아졸리디네디온제thiazolidinediones와 인슐린 분비를 자극하는 메글리티나이드제meglitinides도 사용된다.

(2) 인슐린 치료

인슐린 치료는 1형당뇨병 환자와 식사요법과 운동 및 경구 혈당 강하제로 조절되지 않는 2형당뇨병 환자, 임신당뇨병 환자에게도 적용된다. 또한 케톤산증이나 고삼투압성 비케톤성 혼수 등의 응급환자에 중요한 치료수단이며, 2형당뇨병 환자가 대수술이나 감염 등의 스트레스로 인슐린 요구량이 급증하는 때에도 일시적으로 적용된다.

인슐린은 단백질계 호르몬으로 소화에 의해 가수분해되기 때문에 구강으로는 섭취할 수 없고 정맥이나 피하 내로 주사하여야 한다. 인슐린은 종류에 따라 효과 발현시간, 최대 효과시간, 효과 지속시간이 다르므로 환자의 병세와 혈당치, 식사시간 및 운동시간을 고려하여 각 환자에게 적합한 인슐린의 종류와 투여량을 결정하도록 한다.

인슐린은 작용시간에 따라 속효성, 중간형, 장시간용(지속형), 혼합형으로 구분된다. 인슐린 치료 시 인슐린의 특성, 효과 발현시간과 지속시간에 따라 혈당 변화의 정도가 달라지므로 이에 따라 식사관리를 조정하여야 한다. 인슐린은 췌장의 정상적인 인슐린 분비작용과 유사하게 투여하게 되는데 식사와 크게 상관 없는 기본적인 인슐린(기저 인슐린)과 식사할 때 많은 양이 일시적으로 필요한 인슐린(식사 인슐린)으로 나눌 수 있다. 기저 인슐린은 24시간 피크 없이 작용하는 지속형 인슐린으로 공복 혈당이 80~110이 나올 정도로 인슐린 양을 결정하며, 식사 인슐린은 3~4시간 작용하는 속효성 인슐린으로 식후 2시간 혈당이 100~160이 나올 정도로 인슐린 양을 결정한다.

지속적 피하 인슐린 주입법은 인슐린 펌프를 이용하는 방법으로 환자가 혈당 조절을 철저하게 하고자 할 때 사용된다. 정상인에서의 인슐린 분비와 같이 지속적으로 피하에 인슐린이 주입되고 매번의 식사량에 맞추어 속효성 인슐린이 사용된다. 식사 전 인슐린 투여는 섭취하는 음식의 열량보다는 탄수화물의 양을 예측하여 주입해야 하므로 환자가 자가혈당 측정을 계속하면서 인슐린 투여량 등을 조절할 수 있도록 교육받아야 한다.

표 **7-6** 인슐린의 종류와 인슐린별 특성

분류		인슐린 종류(상품명)	효과발현	최대효과	작용시간
초속효성 인슐린(맑은 용액)		• 휴마로그®(Lispro)	15분 이내	30~90분	3~4시간
		• 노보래피드®(Aspart)	15분 이내	30~90분	3~4시간
		• 애피드라®(Glulisine)	15분 이내	30~90분	3~4시간
속효성 인슐린(맑은 용액)		• 휴뮬린 알®(Regular)	30~60분	2~3시간	4~6시간
지속형 인슐린		• 휴물린 엔®(NPH)	1~4시간	6~10시간	10~16시간
		• 란투스®(Glargine)	1~4시간	피크가 없음	24시간
		• 레버미어®(Detemir)	1~4시간	피크가 없음	24시간
혼합형 인슐린	지속성 + 속효성	• 휴물린 70/30®	30~60분	2~3시간* 6~10시간	10~16시간
	지속성 + 초속효성	• 휴마로그믹스 70/30®	15분	90분	10~16시간
		• 노보믹스 70/30®	15분	90분	10~16시간
		• 노보믹스 50/50®	15분	90분	10~16시간

* 속효성 인슐린의 최대효과와 지속형 인슐린의 최대효과가 각각 나타난다.
자료 : 대한당뇨병학회 교육위원회. 당뇨병 교육자를 위한 basic module. 2015.

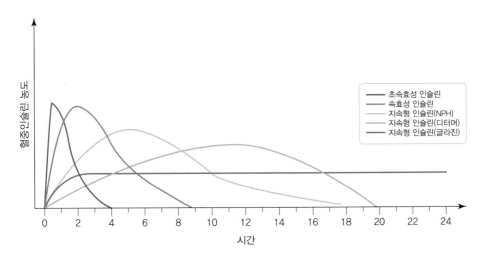

그림 **7-11** 인슐린 종류에 따른 작용시간
자료 : 대한당뇨병학회 교육위원회. 당뇨병 교육자를 위한 basic module. 2015.

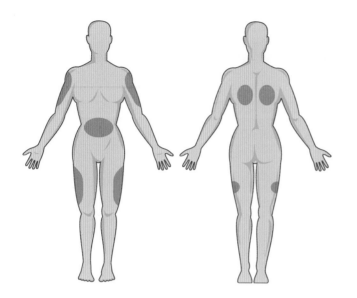

그림 **7-12** 인슐린 주사 부위

그림 **7-13** 인슐린 펌프와 착용한 모습

2) 당뇨병의 영양관리

당뇨병 영양관리의 전반적인 목표는 적절한 탄수화물을 포함한 각 영양소의 균형 있는 분배와 공급, 그리고 식사시간과 간격의 적절한 분배를 통해 대사이상을 최대한 정상화시키고 합병증을 예방 또는 지연시키는 것이다.

(1) 에너지

에너지 섭취량은 혈당, 혈압, 지질의 조절 정도, 체중, 연령, 성별, 합병증 유무 등을 충분히 고려하여 조절할 필요가 있다. 1형당뇨병 환자는 대부분 저체중인 경우가 많으므로 이상 체중을 유지하기 위하여 충분한 에너지를 공급하여야 하나 과체중인 경우에는 체중조절을 하는 것이 바람직하다. 특히 강화 인슐린 요법으로 치료받는 환자의 경우 체중 증가가 문제될 수 있는데, 이러한 체중 증가는 혈당 조절이 불량한 경우에 더 많이 나타난다.

2형당뇨병 환자는 과체중인 경우가 많은데, 체중을 조절함으로써 인슐린 저항성이 개선되고 혈당 조절이 용이해진다. 인슐린 저항성은 지방세포 형태 및 체지방 분포와

<table>
<tr><td rowspan="1">알
아
두
기</td><td>하루 총필요에너지 계산
• 가벼운 활동 및 고령자 : 표준체중(kg)×25~30(kcal/kg)
• 보통의 활동 : 표준체중(kg)×30~35(kcal/kg)
• 힘든 작업 및 감염증 환자 : 표준체중(kg)×35~40(kcal/kg)
 자료 : 대한영양사협회. 임상영양관리지침서 제4판. 2022. </td></tr>
</table>

도 관련이 있다. 지방세포비대형 비만과 복부비만의 경우 인슐린 저항성이 커져 혈당 조절이 어려워진다. 또한 체중조절은 혈중 지질 수준과 혈압을 개선함으로써 당뇨병의 합병증인 심혈관계 질환의 위험을 감소시키는 데 도움이 된다. 따라서 에너지 섭취 수준은 정상 체중과 건강을 유지할 수 있는 선에서 결정되어야 한다. 성장기의 어린이나 임산부, 수유부의 경우에는 충분한 에너지를 공급해야 하며, 성인은 정상적인 체중을 유지할 수 있는 수준으로 공급한다. 우선 표준체중 유지를 위한 필요에너지를 산출하고 개인의 체중 감량 필요에 따라 섭취 에너지를 결정한다.

(2) 탄수화물

당뇨병의 관리에서 탄수화물 섭취량을 줄이는 것이 혈당개선에 도움을 주는 것으로 나타나고 있으나 지나친 저탄수화물식사는 다른 영양소와의 불균형을 초래할 수 있다. 성인 당뇨병 환자에서 탄수화물 섭취량은 총 에너지의 55~65%로 조절하며 환자의 상태와 대사 목표에 따라 섭취량을 개별화하도록 한다.

동일한 양의 탄수화물을 섭취하더라도 식품의 종류, 형태 및 조리방법에 따라 혈당에 미치는 효과가 다르게 나타나며 이를 수치화한 것이 혈당지수glycemic index이다(표 7-7). 혈당지수가 낮은 식품을 섭취하면 혈당조절에 도움이 되었다는 연구결과가 있으나 장기간 사용 효과를 입증하기는 어려운 실정이다. 곡류로부터 섭취하는 복합다당류는 설탕과 같은 단순탄수화물에 비해 소화·흡수되는 시간이 길다. 단순탄수화물은 흡수가 빨라 혈당을 빠르게 상승시키며 과자, 청량음료, 과일 등에 많이 함유된 과당은 과다하게 섭취하면 혈당 및 혈액 내 중성지방이 상승될 수 있으므로 주의가 필요하다. 혈당을 효과적으로 조절하기 위해서는 탄수화물 식품의 종류나 형태보다는 분량이 더 중요하다.

혈당지수와 혈당부하지수

혈당지수(glycemic index, GI)란 포도당을 섭취하였을 때 나타나는 혈당 상승 수치를 '100'으로 하여 각각의 식품 섭취 후 나타나는 혈당치를 비교하여 수치로 표시한 것이다. 일반적으로 혈당지수가 55 이하인 경우 혈당지수가 낮은 식품, 70 이상인 경우 혈당지수가 높은 식품으로 분류한다. 혈당부하지수(glycemic load, GL)는 혈당지수에 식품의 1회 섭취량을 반영한 것으로 혈당지수에 식품의 1회 섭취량에 포함된 탄수화물의 양을 곱한 다음 100으로 나누어 계산한다. 혈당부하지수 10 이하일 때 혈당부하지수가 낮은 식품으로, 20 이상일 때 혈당부하지수가 높은 식품으로 분류한다. 당뇨병 환자에게 탄수화물의 양뿐 아니라 혈당지수, 혈당부하지수를 고려하면 혈당조절에 도움을 받을 수 있다. 그러나 혈당지수는 개인차뿐 아니라 조리방법, 식이섬유 함량, 소화·흡수속도, 총지방량 등의 여러 요인과, 어떤 음식과 같이 섭취하느냐에 따라서도 달라질 수 있으므로 음식 선택의 유일한 기준이 되어서는 안 된다.

$$\text{혈당부하지수} = \frac{\text{(해당 식품의 GI)×해당 식품의 1회 분량에 포함된 탄수화물 양(g)}}{100}$$

예 사과의 경우 GI는 38, 1회 분량(120 g)에 15 g의 탄수화물을 포함하므로
GL = 38×15/100 = 6

표 7-7 식품별 혈당지수와 혈당부하지수

식품정보	혈당지수(포도당=100)	1회 섭취분량(g)	1회 섭취분량당 탄수화물량(g)	1회 섭취분량당 혈당부하지수
대두콩	18	150	6	1
우유	27	250	12	3
사과	38	120	15	6
배	38	120	11	4
밀크초콜릿	43	50	28	12
포도	46	120	18	8
쥐눈이콩	42	150	30	13
호밀빵	50	30	12	6
현미밥	55	150	33	18
파인애플	59	120	13	7
패스트리	59	57	26	15
고구마	61	150	28	17
아이스크림	61	50	13	8
환타	68	250	34	23
수박	72	120	6	4
늙은호박	75	80	4	3

(계속)

식품정보	혈당지수(포도당=100)	1회 섭취분량(g)	1회 섭취분량당 탄수화물량(g)	1회 섭취분량당 혈당부하지수
이온음료	78	250	15	12
콘플레이크	81	30	26	21
구운 감자	85	150	30	26
흰밥	86	150	43	37
떡	91	30	25	23
찹쌀밥	92	150	48	44

자료 : 대한당뇨병학회. 당뇨병 식품교환표 활용지침. 2010.

(3) 단백질

당뇨병 환자의 단백질 필요량은 일반인과 같다. 양질의 단백질을 기준으로 총에너지의 15~20%를 섭취하도록 한다. 당뇨병 환자의 경우에는 체단백의 이화작용으로 인해 근육량의 감소와 면역력 저하가 나타나므로 질적으로 우수한 양질의 단백질을 충분히 섭취하는 것이 권장되며 개인의 식습관, 혈당조절 목표에 따라 개별화하여 섭취량을 조절한다. 당뇨병성 신장질환 환자의 경우 질병 초기부터 엄격하게 단백질를 제한하지 않으나 총에너지의 20% 이상의 단백질 섭취를 권장하지 않는다. 당뇨병성 신장질환(알부민뇨 또는 만성신장병 4단계 이상의 감소된 사구체여과율)을 동반할 경우에는 0.8 g/kg 정도의 단백질 섭취를 유지하는 것을 권고하고 있으나 단백질 영양불량을 방지하기 위하여 영양상태를 주의깊게 관찰한다.

(4) 지질

당뇨병 환자의 포화지방산, 콜레스테롤, 트랜스지방산의 섭취량은 일반인에 대한 기준을 따르나 비정상적인 지질 대사로 인한 심혈관계 합병증이 유발될 수 있으므로 포화지방산과 콜레스테롤 함량이 낮은 식사를 하도록 한다. 포화지방은 총에너지의 7% 이내로, 콜레스테롤은 1일 300 mg 미만으로 섭취하도록 하며 트랜스지방 섭취를 주의한다. 또한 오메가-3계 지방산을 포함한 불포화지방의 섭취를 증가시키는 것이 바람직하다.

인공 감미료

많은 당뇨병 환자들이 음식의 맛을 증진시키기 위해 인공감미료를 사용하고 있다. 인공감미료의 사용이 권장되지는 않으나 실제로는 사용이 불가피하므로 각 감미료의 특성, 저전 사용량, 혈당조절 정도를 고려하여 적절히 선택해야 한다.

감미료는 에너지를 내는 감미료와 에너지를 내지 않는 감미료로 구분된다. 에너지를 내는 감미료에는 설탕, 꿀, 옥수수 시럽, 덱스트로오스, 당밀, 맥아당, 과일주스, 농축액 등이 있다. 솔비톨, 만니톨, 자일리톨 등의 당알코올도 에너지를 내는데 설탕이나 다른 탄수화물에 비해서 혈당 상승이 적은 편이다.

대표적인 감미료의 특성

감미료 종류		에너지[1](kcal/g)	김미도[2]	당지수
당류	설탕(자당)	4	1.0	68
	포도당	4	0.7	100
	과당	4	1.2~1.4	19
	유당	4	0.2~0.4	43
당알코올	솔비톨	2.4	0.5~0.6	9
	말티톨	2.4	0.8~0.9	26~36
	자일리톨	2.4	0.7~0.8	7~13
	에리스리톨	0	0.4~0.6	2
올리고당	프로락토올리고당	3	0.6~0.7	25~40
	이소말토올리고당	2.4	0.4~0.5	25~40
기능성당	자일로스	4	0.4~0.6	17
	타가토스	1.5	0.8~0.9	3
	알룰로스	0	0.5~0.7	3
	필라티노스	4	0.4~0.5	32~44
	트레할로스	4	0.4~0.6	70
고감미료	스테비아 추출물	0	200~400	0
	나한과 추출물	0	200~300	0
	감초 추출물	0	200	0
	스크릴로스	0	600	0
	아세설팜 K	0	100~200	0
	사카린	0	200~300	0
	아스파탐	4	150~200	0

1) 에너지 : 무수물 기준 표시값, 국내기준
2) 감미도 : 설탕 기준 상대 감미도(설탕=1)

자료 : 식품의약품안전처. 건강관리자용 신중년(50~64세) 맞춤형 식사관리안내서. 2021.

(5) 식이섬유

충분한 식이섬유 섭취는 음식의 이동 및 흡수속도를 지연시킴으로써 포만감을 갖게 하며 식후 혈당의 급격한 상승을 방지하여 내당 능력을 증진시킨다. 또한 혈중 콜레스테롤을 저하시켜 혈청 지질을 정상적으로 유지하는 데 도움이 되므로 잡곡과 채소류, 해조류 등을 섭취하도록 한다. 수용성 식이섬유는 위 통과시간과 배출시간을 지연시켜 혈당과 혈청 콜레스테롤, 중성지방을 불용성 식이섬유에 비해 효과적으로 저하시키는 것으로 알려져 있다. 수용성 식이섬유는 오트밀, 콩류 채소 및 과일류에 많이 함유되어 있다. 2020 한국인 영양소섭취기준에서 식이섬유의 충분섭취량은 성인 기준 남자 30 g/일, 여자 20 g/일로 제시하고 있다.

(6) 나트륨

당뇨병 환자는 나트륨에 예민하게 반응하여 고혈압이 되기 쉬우므로 고혈압 유무에 관계없이 나트륨 섭취량을 1일 2,300 mg 이하로 유지하도록 한다. 심부전이 동반된 경우 나트륨 섭취량을 2,000 mg 이하로 제한하는 것이 증상 완화에 도움이 될 수 있다.

(7) 알코올

알코올은 7 kcal/g의 에너지를 함유하고 있고, 케톤체 합성 증가, 저혈당증, 혈중 중성지방 상승 등을 유발할 수 있으므로 제한하는 것이 바람직하다. 특히 과체중인 사람은 술에 의한 에너지 섭취를 줄이도록 하여야 한다.

🔅 **핵심 포인트**

당뇨병의 영양관리
- 에너지 : 과체중의 2형당뇨병 환자는 에너지 섭취를 조절함으로써 인슐린 저항성 개선
- 탄수화물 : 에너지의 65% 이내, 총당류 섭취는 최소화함
- 단백질 : 권장량이 유지되도록 충분히 섭취(총에너지의 15~20%)
- 지질 : 포화지방산은 총에너지 섭취량의 7%를 초과하지 않도록 주의. 고콜레스테롤 함유 동물성 식품의 과다 섭취 제한
- 식이섬유 : 충분한 식이섬유 섭취는 혈당의 급격한 상승 방지
- 나트륨 : 1일 2,300 mg 이하
- 기타 : 알코올 제한

알코올은 간에서 포도당 신생작용을 억제하여 저혈당의 위험을 증가시킬 수 있다. 따라서 금주하는 것이 바람직하다. 인슐린이나 경구 혈당 강하제를 사용하는 환자들은 음주 시 저혈당의 위험이 있으므로 술을 마실 때 반드시 음식을 함께 먹도록 하여야 한다. 남자의 경우 2알코올 당량(알코올 15 g 기준인 1알코올 당량 : 맥주 200 mL, 소주 50 mL, 포도주 150 mL), 여자 또는 체격이 작은 남자의 경우 1알코올 당량 정도로 섭취량을 조절하여야 한다.

3) 식사관리

식사관리는 개인의 영양상태, 혈당조절목표, 환자의 자기관리능력의 정도에 따라 개별화되어야 한다.

(1) 식품교환표의 이용

식품교환표는 우리가 일상생활에서 섭취하고 있는 식품들을 영양소의 구성과 에너지 조성이 비슷한 식품끼리 6가지 식품군으로 나누어 묶은 표이다. 6가지 식품군은 곡류군, 어·육류군, 채소군, 지방군, 우유군, 과일군으로 이것을 균형 있게 섭취하도록 해야 한다.

같은 식품군 안에 있는 식품들은 에너지와 영양소의 구성이 비슷하므로 같은 교환단위끼리는 서로 바꾸어 먹을 수 있다.

표 7-8 식품군별 식품 및 1교환단위량

식품군		에너지(kcal)	탄수화물(g)	단백질(g)	지방(g)	식품별 1교환단위량
곡류군		100	23	2	–	밥 1/3공기(70 g), 식빵 1쪽(35 g), 삶은 국수 1/2공기(90 g), 감자 1개(140 g), 고구마 1/2개(70 g), 인절미 3개(50 g), 시리얼 2/3컵(25 g)
어·육류군	저지방	50	–	8	2	쇠고기(사태 40 g), 동태 1토막(50 g), 잔멸치 1/4컵(15 g)
	중지방	75	–	8	5	쇠고기(등심 40 g), 갈치 1토막(50 g), 달걀 1개(55 g), 검정콩 2큰술(20 g), 두부 1/4모 (80 g)

(계속)

식품군		에너지(kcal)	탄수화물(g)	단백질(g)	지방(g)	식품별 1교환단위량
어·육류군	고지방	100	–	8	8	소갈비 1토막(40 g), 비엔나소시지 5개(40 g), 참치통조림(50 g)
채소군		20	3	2	–	익힌 시금치 1/3컵(70 g), 상추 12장(70 g), 오이 1/3개(70 g), 김 1장(2 g), 생표고버섯 3개(50 g), 배추김치 6~7개(50 g)
지방군		45	–	–	5	참깨 1큰술(8 g), 땅콩 8개(8 g), 콩기름 1작은술(5 g)
우유군	일반	125	10	6	7	일반우유 1컵(200 g), 무가당두유 1컵(200 g)
	저지방	80	10	6	2	저지방우유 1컵(200 g)
과일군		50	12	–	–	사과 1/2개(100 g), 포도(80 g), 바나나 2/3개(80 g), 딸기 7개(150 g)

표 **7-9** 당뇨병(성인)의 에너지별 각 식품군의 교환단위수 배분의 예(탄수화물 50~55%)

에너지 (kcal)	식품군								영양소 구성						
	곡류군	어·육류군		채소군	지방군	우유군		과일군	에너지 (kcal)	탄수화물 (g)	단백질 (g)	지방 (g)	탄수화물 (g)	단백질 (g)	지방 (g)
		저지방	중지방			저지방	일반								
1,200	5	1	3	6	3	0	1	1	1,211	155	60	39	51.2	19.8	29.0
1,300	6	1	3	6	3	0	1	1	1,311	178	62	39	54.3	18.9	26.8
1,400	6	2	3	6	3	0	1	1	1,361	178	70	41	52.3	20.6	27.1
1,500	7	2	3	7	4	0	1	1	1,526	204	74	46	53.5	19.4	27.1
1,600	7	3	3	7	4	0	1	1	1,576	204	82	48	51.8	20.8	27.4
1,700	8	3	3	7	4	0	1	1	1,676	227	84	48	54.2	20.0	25.8
1,800	8	3	3	8	5	1	1	1	1,823	240	92	55	52.7	20.2	27.2
1,900	9	3	3	8	5	1	1	1	1,923	263	94	55	54.7	19.6	25.7
2,000	9	3	3	8	5	1	1	2	1,971	275	94	55	55.8	19.1	25.1
2,100	9	3	4	8	6	1	1	2	2,093	275	102	65	52.6	19.5	28.0
2,200	10	3	4	8	6	1	1	2	2,193	298	104	65	54.4	19.0	26.7
2,300	10	3	5	8	6	1	1	2	2,270	298	112	70	52.5	19.7	27.8
2,400	11	3	5	9	6	1	1	2	2,390	324	116	70	54.2	19.4	26.4
2,500	12	3	5	9	6	1	1	2	2,490	347	118	70	55.7	19.0	25.3
2,600	12	3	6	9	7	1	1	2	2,612	347	126	80	53.1	19.3	27.6
2,700	12	3	6	10	8	1	1	3	2,725	362	128	85	53.1	18.8	28.1
2,800	13	3	6	10	8	1	1	3	2,825	385	130	85	54.5	18.4	27.1

자료 : 대한당뇨병학회. 당뇨병 식사계획을 위한 식품교환표 활용 지침 제4판. 2023.

(2) 식사계획의 예

① 1단계　에너지 처방

남자, 57세, 키(166 cm), 체중(65.3 kg), 육체활동 정도(보통)

⇩

1. 표준체중 : $1.66 \text{ m} \times 1.66 \text{ m} \times 22 \text{ kg/m}^2 = 60.6 \text{ kg}$

2. 하루 총필요 에너지 계산 : $60.6 \text{ kg} \times 30 \text{ kcal/kg} = $ 약 1,800 kcal

3. 1,800 kcal의 식품군 교환단위수 확인

4. 총교환단위수를 3끼 식사와 간식으로 배분

② 2단계　처방에너지에 따른 식사계획 및 식단

표 **7-10** 1,800kcal 식단의 예

분류	곡류군	어·육류군			채소군	지방군	우유군		과일군
		저지방	중지방	고지방			저지방	일반	
1일 교환단위	8	3	3	–	8	5	1	1	1
1끼 교환단위	2~3	2			2.5~3	1~2			

식품군	아침	점심	저녁
곡류군	2교환단위	3교환단위	3교환단위
	현미밥 140 g 2/3공기	흑미밥 210 g 1공기	보리밥 210 g 1공기
어·육류군	2교환단위	2교환단위	2교환단위
	두부 80 g 조기 50 g	새우 40 g 소고기 40 g	달걀 55 g 오징어 50 g
채소군	2.5교환단위	2.5교환단위	3교환단위
	근대 35 g 깻잎순 70 g 백김치 50 g	오이/가지 35 g 양파/당근 35 g 깍두기 50 g	무 35 g 콩나물 75 g 부추김치 50 g
지방군	2교환단위	2교환단위	1교환단위
	식용유 5 g 참기름 5 g	식용유 10 g	참기름 5 g
우유군	우유 200 mL 액상요구르트 100 g		
과일군	바나나 80 g		

자료 : 대한당뇨병학회. 당뇨병 식사계획을 위한 식품교환표 활용 지침 제4판. 2023.

핵심 포인트

당뇨병 환자의 식사지침 요약

1. 정해진 양만큼 ▷ 2. 규칙적으로 ▷ 3. 골고루

- 매일 일정한 시간에 알맞은 양의 음식을 규칙적으로 먹는다.
- 설탕이나 꿀 등 단순당의 섭취를 피한다.
- 식이섬유를 적절히 섭취한다.
- 지방을 적정량 섭취하며 콜레스테롤의 섭취를 제한한다.
- 소금 섭취를 줄인다.
- 술을 피한다.

4) 운동요법

(1) 1형당뇨병에서의 운동요법

1형당뇨병의 치료에서 운동은 유익할 수도, 해로울 수도 있으므로 운동방법과 종류, 시간, 횟수, 강도 등을 고려하여 실시하여야 한다. 규칙적인 운동은 심혈관계의 기능을 향상시키고 혈당을 낮추는 데 도움이 되나, 인슐린 치료 중인 환자는 운동 시 저혈당을 일으킬 수도 있으므로 자가혈당 측정을 통하여 운동에 대한 혈당 변화를 파악하여 저혈당을 예방하여야 한다. 한편 혈당조절이 잘 이루어지지 않는 당뇨병에서는 운동 시 혈당이 오히려 증가할 수 있는데, 이것은 간으로부터의 당 생산이 증가된 상황에서 근육이 포도당을 제대로 이용하지 못하기 때문이다.

1형당뇨병에서는 경우에 따라 운동으로 인해 혈당이 상승될 수도 있고, 운동에 의해 혈당이 급격히 저하되어 케톤산증을 유발할 수도 있으므로 운동의 방법과 종류, 시간, 횟수, 강도 등을 고려하여야 한다.

(2) 2형당뇨병에서의 운동요법

2형당뇨병 환자의 치료에서 운동요법은 식사요법, 약물요법과 함께 치료의 기본이 된다. 규칙적인 운동은 근육과 지방세포의 인슐린 감수성을 증가시켜 혈당조절에 도움을 줄 뿐 아니라 적정한 체중을 유지시키며 심장기능을 향상시킴으로써 심혈관계 질

환의 위험요인들을 줄여주므로 합병증을 예방할 수 있다. 그러나 당뇨 증세가 10년 이상 지속된 경우나 심장병 위험인자를 가지고 있는 경우, 또는 망막증과 같은 미세혈관 질환이나 말초혈관 질환이 있는 경우의 환자들은 강도가 높은 운동을 실시했을 때 오히려 질환을 악화시킬 우려가 있으므로 운동 정도를 조절하는 것이 바람직하다.

인슐린 투여 시에는 투여한 지 1시간 이후에 운동을 시작해야 하고, 공복 시나 식사 전에 실시하는 운동은 저혈당을 유발하므로 식후 1~2시간 후에 실시하도록 한다. 운동 시에는 탈수 방지를 위하여 적당한 수분 섭취가 필요하며, 저혈당에 대비하기 위하여 약간의 당분을 준비하는 것이 바람직하다.

 핵심 포인트

2형당뇨병 환자의 운동요법

- 2형당뇨병 환자에게 적어도 일주일에 150분 이상 중강도의 유산소 운동을 하도록 권고한다. 운동은 일주일에 적어도 3일 이상 해야 하며 연속해서 이틀 이상 쉬지 않는다.
- 금기사항이 없는 한 일주일에 2회 이상 저항성 운동을 하도록 권고한다.
- 가급적 앉아서 생활하는 시간을 줄인다.
- 필요시 운동전문가에게 운동처방을 의뢰할 수 있다.
- 운동 전후의 혈당 변화를 알 수 있도록 혈당을 측정하고, 저혈당 예방을 위해 약제를 감량하거나 운동 전 간식을 먹을 수 있다.
- 심한 당뇨병성 망막병증이 있는 경우 망막출혈이나 망막박리의 위험이 높으므로 고강도 운동은 피하는 것이 좋다.

자료 : 대한당뇨병학회. 당뇨병 진료지침. 2023.

알아두기

당뇨병 환자가 운동을 통해 근육을 키워야 하는 이유

당뇨병은 세포 안으로 들어가지 못하고 세포의 문밖을 배회하게 된 포도당이 혈액을 통해 우리 몸의 여기저기를 돌아다니면서 말썽을 일으키지 않도록 평생 주의하며 살아가야 하는 질병이다. 우리 몸의 근육은 간과 더불어 포도당의 저장 형태인 글리코겐의 중요한 저장소이다. 또한 근육은 근육섬유를 수축시켜 '일'을 함으로써 포도당을 에너지로 소비하는 장소이기도 하다. 따라서 근육 양이 많으면 글리코겐 저장능력이 커지고 혈당이 쉽게 올라가는 것을 막을 수 있다. 근육을 키우기 위해서는 단시간의 무리한 웨이트 트레이닝보다 꾸준한 걷기, 자전거 타기 등의 유산소 운동으로 하체 근육을 증가시킴으로써 포도당을 근육 세포 안으로 유인하여 글리코겐 저장능력도 키우고 운동으로 에너지를 빨리 소비하도록 도와주어야 한다. 규칙적인 운동으로 혈당을 조절하고 내장지방이 쌓이지 않도록 평생 주의한다면 당뇨병을 관리하면서 다른 건강의 위협을 예방할 수 있을 것이다.

6. 특수한 상황에서의 당뇨병 관리

1) 소아 · 청소년기 당뇨병

소아·청소년기는 성적 성숙에 따른 인슐린 감수성의 변화, 신체 성장, 미숙한 자기 관리 능력, 저혈당으로 인한 신경학적 후유증의 위험 증가 등 성인과 다른 특징을 갖는다. 소아 및 청소년 당뇨병 환자의 영양관리는 이들이 정상적으로 성장, 발달할 수 있도록 필수영양소가 충분히 공급되면서도 비만을 예방할 수 있도록 하여야 한다.

소아·청소년기에 발생되는 당뇨병은 대부분 1형당뇨병이지만 최근 비만유병률이 증가하면서 2형당뇨병의 발생도 증가하고 있다.

(1) 소아 · 청소년기 1형당뇨병

소아·청소년기는 저혈당을 인지하고 반응하는 능력이 부족하므로 저혈당의 위험에 더욱 취약하다. 취학 전 아동에게 저혈당이 반복되면 인지장애의 위험성이 증가한다. 표 7-11에 미국 당뇨병학회에서 제안한 소아 1형당뇨병 환자를 위한 혈당 및 당화혈색소 조절목표를 제시하였다.

소아·청소년기 당뇨병 환자는 자가혈당 측정을 통해 혈당관리를 철저히 할 필요가 있으며, 관리가 잘 되지 않을 경우 20대에서도 당뇨병의 만성합병증이 발생할 수 있

표 **7-11** 소아·청소년기 1형당뇨병 환자의 연령대별 혈당 및 당화 헤모글로빈 조절목표

연령대	혈당(mg/dL)		당화 헤모글로빈 (%)	근거
	식사 전	취침 전		
유아기(0~6세)	100~180	110~200	< 8.5% (단, 7.5% 이상)	• 저혈당으로 인한 위험이 매우 높음
학동기(6~12세)	90~180	100~180	< 8%	• 저혈당으로 인한 위험이 높음 • 사춘기 이전에는 합병증 발생 위험이 낮음
사춘기 및 청소년기 (13~19세)	90~130	90~150	< 7.5%	• 심한 저혈당 시 위험 • 발달 및 심리적 문제 • 과도한 저혈당 위험이 없다면 낮게 (< 7.0%) 목표를 정하는 것이 타당함

자료 : 대한당뇨병학회. 당뇨병 진료지침. 2023

다고 보고되고 있다. 소아 및 청소년 당뇨병 환자의 영양요구량은 일반 아동과 같으나 식사나 간식의 섭취시간, 섭취량이 일정하게 이루어지도록 하며 속효성 인슐린이나 중간형 인슐린을 주사하는 경우에는 인슐린의 최대 작용시간에 맞추어 식사나 간식을 계획하도록 한다. 식사를 1일 5~6회로 나누어 계획하고 혈당의 변동폭을 줄일 수 있도록 인슐린 최대작용시간에 영양소가 공급되도록 한다.

(2) 소아 · 청소년기의 2형당뇨병

최근 2형당뇨병의 유병률이 세계적으로 증가한 것은 비만 발병률 증가와 관련된 것으로 보인다. 소아청소년기에서 2형당뇨병 발생의 위험인자는 가족력, 과체중, 다낭성난소증후군, 태아기에 고혈당에 노출된 경우, 고혈압 및 이상지질혈증 등이다. 청소년기 2형당뇨병 환자 중 일부는 자가항체나 케톤산증이 나타날 수 있어 1형과 구분이 안 되나 1형과 2형당뇨병은 치료방법, 식사요법에 차이가 있으므로 구별하여 관리하여야 한다. 특히 비만한 소아·청소년 당뇨병 환자에서는 적극적인 생활습관 개선을 통한 체중관리가 중요하다. 소아·청소년기 2형당뇨병에서는 진단 시점에 이미 비알코올성 지방간염, 이상지질혈증, 고혈압과 같은 동반질환을 가지고 있는 경우가 많으므로 혈압, 지질 농도, 미세단백뇨 측정 및 안과 검사 등을 진단과 동시에 실시한다.

(3) 영양관리

소아당뇨병 환자의 영양관리 목표는 정상적인 성장과 발달에 필요한 균형 잡힌 영양소를 공급하고 정상적인 혈당을 유지하는 것이다. 에너지는 소아의 성장에 따라 정상아동의 필요량에 준하여 결정한다. 단백질은 정상적인 성장, 발달에 필수적이므로 합병증으로 인해 단백질 제한이 필요한 경우를 제외하고 일반 소아의 연령별·체중별 권장량에 맞추어 총에너지의 15~20%가 되도록 계획한다. 소아·청소년기 당뇨병 환자는 일반 아동보다 동맥경화증 위험이 높으므로 지방은 총에너지의 30% 이하로, 콜레스테롤은 1,000 kcal당 100 mg 이하(1일 300 mg 이하)로 제한한다. 식사는 1일 3회의 식사와 2~3회의 간식으로 구성하고 아동의 평소 섭취량, 활동량, 인슐린 치료의 유무 등을 고려한다. 탄수화물은 매끼 식사로 25~30%, 간식으로 8~10% 정도 배분하되 당분이 많이 함유된 음료를 피한다. 특히 인슐린 치료를 받는 아동은 1일 2~3회의 간식을 제공하여야 한다.

2) 임신기 당뇨병

임신전당뇨병pregestational diabetes과 임신당뇨병gestational diabetes mellitus을 포함하는 임신기 당뇨병은 전체 임신의 3~10% 정도로 그중 90% 정도가 임신당뇨병으로 알려져 있다.

(1) 당뇨병을 지닌 여성의 임신

임신 중 높은 혈당은 선천기형의 위험을 높이므로 임신을 위해서는 정상수준에 가깝도록 혈당을 조절하는 것이 필요하다. 또한 임신으로 인해 당뇨병성 망막병증의 발생 및 악화 위험도가 높아지므로 임신 전, 임신 기간 및 출산 후 1년까지 안과 검진이 필요하다.

(2) 임신기 당뇨병 관리

임신 기간 동안의 혈당 조절 목표는 임신전당뇨병, 임신당뇨병 모두 공복혈당 95 mg/dL, 식후 1시간 혈당 140 mg/dL, 식후 2시간 혈당 120 mg/dL 미만으로 한다. 당화혈색소는 임신 1분기에는 6.0~6.5% 미만, 임신 2~3분기에는 6.0% 미만을 목표로 하며 저혈당이 나타나지 않도록 주의한다.

① **영양관리** 임신한 당뇨병 환자를 위한 영양관리 목표는 산모와 태아에게 충분한 영양소를 공급하며 적절한 체중 증가와 정상혈당을 유지하도록 하는 것이다. 케톤산증이 발생하지 않도록 탄수화물 양을 조절하며 개인별 임신 전 체중, 육체활동 정도, 임신 중 체중증가량을 고려하여 식사를 계획한다. 케톤산증 예방을 위해 하루 1,700~1,800 kcal 이하로 제한하지 않는다.

② **운동요법** 임산부에게서도 운동은 혈당 개선을 위해 중요하다. 임신성 고혈압, 조기진통, 자궁경관무력증, 자궁출혈 등이 없다면 20~30분 정도의 가벼운 운동은 혈당조절과 태아 성장이 과도하게 되는 것을 예방할 수 있다.

③ **약물요법** 영양관리와 운동요법으로 혈당 조절이 어려운 경우, 또한 혈당치가 목표 수준이라도 태아의 성장속도가 지나치게 빠르다면 개인별 인슐린 치료를 할 수

있으며, 인슐린을 사용할 수 없는 경우 임신 중 안정성이 증명된 약물치료를 고려할 수 있다.

(3) 출산 후 관리

수유는 산모와 신생아에게 면역학적·영양학적으로 도움이 된다. 임신성 당뇨병을 진단받은 경우 50~70% 정도의 여성은 15~25년 후 2형당뇨병이 발생할 수 있으므로 주기적인 검사가 필요하다.

 핵심 포인트

임신기 당뇨병의 영양관리

- 임신 중 필요한 에너지와 영양소를 충족해야 한다.
- 에너지는 체중을 고려하고 체중 증가에 따라 조정한다.
- 탄수화물 제한식사(탄수화물 50%, 단백질 20%, 지방 30%)는 식후 혈당을 개선시켜 태아의 과도한 성장을 예방하는 데에 도움이 되므로 고려할 수 있다.
- 자가혈당측정은 임신 중 당뇨병 관리에 매우 중요하며, 공복 또는 식전 혈당보다 식후혈당 조절에 더 비중을 둔다.

자료 : 대한당뇨병학회. 당뇨병 진료지침. 2023.

CHAPTER 7 사례 연구   # 1형당뇨병(Type 1 diabetes)

올해 중학교에 입학한 13살 진우는 나이에 맞게 잘 성장하고 있었는데 최근 쉽게 피곤함을 느끼는 등 몸의 상태가 안 좋았고, 항상 배고픔을 느껴 평소보다 많이 먹었음에도 오히려 체중이 조금씩 감소하는 등 이상 증상을 보여 왔다. 며칠 전 방과 후 야구를 하던 중 기운이 없어지며 메스껍고 구토할 것 같은 증상을 느끼다가 갑자기 쓰러진 후 의식을 잃고 말았다. 응급실로 옮겨진 진우는 그 당시 혈당이 420 mg/dL였다. 수액을 보충하면서 진우의 의식은 회복되었고, 이후 5% 포도당용액에 속효성 인슐린, 칼륨을 섞어 정맥주입하였고, 입원 후 검사 결과 1형당뇨병에 의한 당뇨병성 케톤산증(diabetic ketoacidosis, DKA)을 진단받았다.

진우 가족들의 당뇨병력을 살펴보면 진우의 외할아버지께서도 당뇨병이 있으셨고 외삼촌도 현재 당뇨병 환자라고 한다. 현재 진우의 체중은 64 kg이고 신장은 170 cm이다. 진우의 공복혈당은 입원한 지 이틀째 되는 날에 180 mg/dL로 감소하였다. 입원 후부터 진우는 매일 아침 속효성 인슐린 5단위와 중간형 인슐린 20단위를 주사 맞고 있으며 하루 세끼의 식사와 오전과 밤에 간식을 섭취한다.

1. 진우에게 다음과 같은 증상이 나타나게 된 이유를 생리적으로 설명하시오.

"기운이 없고 메스껍고 구토할 것 같은 증상을 느끼다가 갑자기 쓰러진 후 의식을 잃고 말았다."

1형당뇨병의 경우에는 인슐린이 부족해서 포도당이 세포 내로 들어가지 못하기 때문에 혈당이 높아져 메스꺼움 및 구토를 느끼게 되며, 근육에서 포도당을 이용할 수 없어(근육 내로 들어가지 못해) 에너지 공급이 제대로 되지 못해 기운이 없게 된다. 또한, 뇌세포에 에너지원인 포도당 공급이 적절히 이루어지지 못하게 되어 혼란 및 식별력 상실 등을 초래하게 된다.

한편, 혈당은 상승하나 인슐린 작용이 부족하여 세포가 포도당을 에너지원으로 사용할 수 없게 되자, 지방의 분해가 가속화되어 케톤체 형성이 급속히 증가하면서 케톤체에 의한 산독증인 케톤산증이 일어나 체내 pH를 조절하지 못하게 되어 의식을 잃게 되는 혼수상태에 빠지게 된다.

2. 정맥주입 요법으로 5% 포도당용액과 속효성 인슐린, 칼륨을 사용하는 이유를 설명하시오.

속효성 인슐린은 포도당이 세포 안으로 빠르게 들어가도록 하는데 인슐린 주입 시 혈액 내 당 공급을 조절하기 위하여 포도당이 첨가된다. 당뇨병성 케톤산증 환자에서는 인슐린 및 산증 조절에 의한 세포 내 칼륨 이동의 증가, 소변으로의 칼륨 배설로 인해 저칼륨혈증이 발생할 수 있어서 칼륨 수치를 모니터하면서 칼륨을 적절하게 공급해 주어야 한다.

3. 속효성 인슐린과 중간형 인슐린의 차이에 대하여 설명하시오.

속효성 인슐린은 주입 후 30분 정도의 단시간 내에 작용하는 인슐린으로 최대 효과는 2~4시간 후에 나타난다. 중간형 인슐린은 주사 후 1~4시간 후에 효과가 나타나기 시작하여 최대 효과는 6~12시간에 나타난다.

4. 인슐린 주사를 맞는 경우 간식을 처방해야 하는 시간과 이유에 관해 설명하시오.

아침에 인슐린 주사를 맞는 경우, 속효성 인슐린은 오전 중에 효과가 최고조에 이르고, 중간형은 오후부터 잠자리에 들 때쯤까지 최대 효과가 나타난다. 인슐린의 최대 효과 시간에 저혈당을 예방하기 위하여 간식을 섭취함으로써 포도당의 공급이 이루어지도록 하는 것이 필요하다. 설탕은 소화·흡수 속도가 빨라 혈당을 급격히 상승시킬 수 있으므로 될 수 있으면 단순당질의 섭취를 줄이고 복합당질과 적절한 양의 지방과 단백질이 들어 있는 간식으로 제공한다.

5. 진우는 앞으로 평생 인슐린 주사를 맞아야 하는가?

1형당뇨병은 췌장 베타세포가 파괴되어 인슐린 분비 능력이 거의 없어서 생기기 때문에 평생 인슐린을 맞아야 한다. 1형당뇨병은 심한 인슐린 결핍에 의한 고혈당으로 인해 여러 가지 임상 증상과 당뇨병성 케톤산증을 보이므로, 인슐린을 주사하여 대사이상 및 합병증을 예방해야 한다. 인슐린은 단백질이므로 소화로 가수분해되기 때문에 구강으로는 섭취할 수 없고 정맥이나 피하 내로 주사하여야 한다.

6. 앞으로 진우는 특별한 식사를 계속하여야 하며, 햄버거나 생일 케이크 등은 먹을 수가 없는가?

1형당뇨병의 경우 인슐린 투여와 함께 당과 지방의 섭취량에 주의하여야 하지만, 특별한 음식을 먹거나 피해야만 하는 것은 아니다. 주로 지방이 적고 식이섬유가 많은 간식을 권장하고 다이어트 음료를 선택해야 하지만 패스트푸드점에 갈 수 있고 생일잔치에도 갈 수 있다. 단, 케이크 및 단 음식을 먹을 때는 당분의 섭취량 및 인슐린의 작용시간을 고려하여 식사 전이나 후에 인슐린을 적절히 투여하는 것이 필요하다.

7. 진우는 앞으로도 정상적으로 운동을 계속하고, 건강을 유지할 수 있을까?

규칙적인 운동은 당뇨병에 도움이 되므로 진우는 운동을 계속할 수 있으며, 지속해서 치료한다면 앞으로 더욱 건강해질 수 있을 것이다. 그러나 과격한 운동은 수분 손실과 근육의 에너지 부족 및 저혈당을 유발할 수 있으므로 항상 혈당을 점검하는 것이 필요하다.

2형당뇨병(Type 2 diabetes)

50세의 가정주부인 이 씨는 어머니와 외삼촌이 당뇨병을 앓았던 가족력을 가지고 있다. 가끔 폭식하는 버릇을 가지고 있으며, 살림하는 것 외에는 그다지 활동적이지 않은 편이다. 지난 달부터 이 씨는 쉽게 피로해지고, 소변을 자주 본다는 것을 느꼈고 항상 배가 고파서 평소보다 더 많이 먹었지만 4주 동안 체중이 6 kg이나 줄었으며 눈이 침침해짐을 느꼈다. 하복부에 통증을 느끼고 배뇨의 빈도가 늘어 병원을 찾게 되었다. 의사는 임상검사 결과를 확인 후 2형당뇨병으로 진단하고 인슐린과 당뇨약을 처방하였다. 의무기록에 나타난 이 씨의 특성과 임상검사 결과는 다음과 같다.

- □ **신장** : 160 cm
- □ **체중** : 70 kg
- □ **최근 체중 변화** : 지난 1개월간 6 kg 감소
- □ **진단명** : 비만, 2형당뇨병

- □ **약물처방** : Lantus 16 unit, metformin
- □ **식사처방** : 당뇨식 1,600 kcal

- □ **임상검사 결과**

검사항목	결과(참고치)	검사항목	결과(참고치)
FBS	375 mg/dL(70~110)	HbA1C	12.2%(4.5~6.5)
Total cholesterol	270 mg/dL(130~200)	Cr	1.1 mg/dL(0.72~1.18)
TG	335 mg/dL(50~150)	BUN	24 mg/dL(8~20)
HDL cholesterol	28 mg/dL(35~65)		

임상영양사가 이 씨를 면담한 결과, 이 씨는 밥을 위주로 식사하며 젓갈, 김치, 된장찌개 등 염분 함량이 많은 식사를 주로 하고 있었고, 유제품이나 고기는 거의 먹지 않고, 신선한 과일의 섭취도 부족했다. 또한, 식습관이 불규칙하고, 가끔 폭식하는 경향이 있고, 떡이나 고구마 등의 간식을 수시로 섭취하고 있었다.

평소 1일 섭취량

식품군	곡류군	어·육류군		채소군	지방군	우유군	과일군
		저지방	중지방				
교환단위	18	1	2	5	5	0	0.5

1. 당화혈색소(HbA1C)가 무엇이며 이것이 당뇨병의 진단과 치료 시 어떻게 이용되는지 설명하시오.

당화혈색소란 혈액 내에서 산소를 운반해 주는 역할을 하는 적혈구 내의 혈색소에 포도당이 결합하여 붙은 것을 말하며, 적혈구의 평균수명 기간에 따라 최근 2~3개월 정도이 혈당 변화를 반영한다. 당뇨병의 경우 혈액 내 포도당 농도가 높아지므로 당화혈색소의 양이 많아진다.

당화혈색소는 장기적인 혈당 상태를 더 정확히 반영하고, 당뇨병의 합병증 위험도와 높은 상관관계를 보이며, 혈당 측정보다 안정적이어서 당화혈색소 6.5% 이상일 경우 당뇨병으로 진단한다. 또한, 당화혈색소 수치를 기준으로 치료방법을 변경하거나 변경된 치료법에 따른 혈당조절 목표치 달성 여부를 평가한다. 당화혈색소의 목표치를 일반적으로 7% 미만으로 하되, 환자의 치료에 대한 의지와 노력 정도가 높고, 저혈당 위험성이 낮으며, 당뇨병의 유병기간이 짧고, 기대수명이 길며, 동반질환 및 혈관합병증이 없는 경우 6.0~6.5%로 좀 더 엄격하게 조절하도록 하고 있다. 반대의 경우에는 7.5~8%까지 목표를 잡아 환자의 특성에 따라 다르게 치료하도록 권고하고 있다.

2. 이 씨에게 나타난 2형당뇨병의 증상과 이의 병리에 관해 설명하시오.

① **쉽게 피로** : 당뇨병이 있으면 에너지원인 포도당이 세포 안으로 잘 들어가지 못해서 에너지원으로 이용되지 못하기 때문에 세포가 에너지 결핍증세를 나타내게 되어 쉽게 피로를 느끼게 된다.

② **소변을 자주 보게 되는 것** : 당뇨병에 걸리면 고혈당으로 인한 고삼투 현상으로 인해 갈증이 생기고 그에 따라 물의 섭취량이 증가하여 소변의 횟수 및 요량이 증가하게 되어 다뇨 및 빈뇨가 나타나게 된다.

③ **항상 배가 고파서 더 많이 먹지만 체중이 감소한 것** : 당뇨병이면 공복감과 함께 식욕이 왕성해져 한꺼번에 많은 음식을 먹게 되는데 이것은 체내에서 에너지 이용이 잘 안 되기 때문이다. 또한, 포도당이 에너지원으로 이용되지 못해 조직에서 단백질과 지방을 에너지원으로 이용하기 때문에 체단백 및 지방분해가 항진되어 체중이 감소하게 된다.

④ **눈이 침침해짐** : 당뇨병의 경우, 혈중 포도당이 인슐린의 영향을 받지 않고 세포 내로 유입될 수 있는 부위인 망막으로 들어가 효소(aldose reductase)에 의해 솔비톨을 형성하는데, 이 솔비톨이 축적되어 망막의 혈관을 손상시켜 통증과 함께 시력 저하를 초래하는 원인이 되기도 한다. 또한, 기존의 혈관이 손상되면서 출혈이 생기기도 하고, 망막에 혈액 공급이 잘 안 되어 새로운 혈관들이 생성되면서 시력이 저하된다.

3. 이 씨의 표준체중 및 BMI를 구하고 비만도를 평가하시오.

① **표준체중(BMI를 이용한 방법)** : $1.6 \times 1.6 \times 21 = 53.8$ kg

② **비만도** : BMI = 70 kg $\div$ 1.6 m $\div$ 1.6 m = 27.3 kg/m^2(1단계 비만에 해당)

4. 이 씨의 식사력을 보고, 당뇨병 식품교환표를 이용하여 1일 섭취량(에너지, 탄수화물, 단백질, 지방)과
   C : P : F ratio를 구하시오.

① 당뇨병 식품교환표 1교환단위당 영양소 함량표

식품군		에너지(kcal)	탄수화물(g)	단백질(g)	지방(g)
곡류군		100	23	2	–
어·육류	저지방	50	–	8	2
	중지방	75	–	8	5
	고지방	100	–	8	8
채소군		20	3	2	–
지방군		45			5
우유	일반우유	125	10	6	7
	저지방우유	80	10	6	2
과일군		50	12	–	–

② 이 씨의 1일 섭취량

식품군		교환단위수	에너지(kcal)	탄수화물(g)	단백질(g)	지방(g)
곡류군		18	1,800	414	36	–
어·육류	저지방	1	50	–	8	2
	중지방	2	150	–	16	10
	고지방	–	–	–	–	–
채소군		5	100	15	10	–
지방군		5	225	–	–	25
우유	일반우유	–	–	–	–	–
	저지방우유	–	–	–	–	–
과일군		0.5	25	6	–	–
총 합계			2,350	435	70	37

③ **1일 섭취량** : 에너지 2,350 kcal, 탄수화물 435 g, 단백질 70 g, 지방 37 g
  - 탄수화물의 에너지비(%) = $435 \times 4 \div (435 \times 4 + 70 \times 4 + 37 \times 9) = 73.9$
  - 단백질의 에너지비(%) = $70 \times 4 \div (435 \times 4 + 70 \times 4 + 37 \times 9) = 11.9$
  - 지방의 에너지비(%) = $37 \times 9 \div (435 \times 4 + 70 \times 4 + 37 \times 9) = 14.2$
  - C : P : F ratio = 73.9 : 11.9 : 14.2

5. 이 씨의 영양문제를 PES 진단문 형식으로 기술하시오.

Problem(문제)	Etiology(원인)	Sign/symptom(징후/증상)
• 식품 및 영양 관련 지식 부족	• 영양 관련 교육 경험 없음	• 2형당뇨병을 새로 진단받음 • 당화혈색소 12.2%
• 당질 섭취 과다	• 밥 위주의 식사 • 고당질 간식 섭취 과다	• 탄수화물 섭취 435 g (73.9% of total energy)
• 비만	• 에너지 과다 섭취 • 활동량 부족	• BMI 27.3 kg/m^2(1단계 비만) • 에너지 섭취 2,350 kcal

6. 의사가 처방한 1,600 kcal의 열량 처방은 적절한 것인지 설명하시오.

이 씨의 경우 비만에 해당하므로 저열량식과 운동을 시행하여 체중을 정상화하는 것이 당뇨병 치료에 필수적이다. 표준체중당 30 kcal 정도의 열량을 섭취하면서 활동량을 늘리게 되면 효과적으로 체중을 감량할 수 있다. 1,600 kcal 저열량식은 이 씨가 실시하기에 처음에는 어려움이 있을 수 있으나, 적절한 식품선택을 통해 식사량이 부족하다고 느끼지 않도록 하고 균형잡힌 식사를 할 수 있도록 지도한다면 실효를 거둘 수 있을 것이다. 그러나 환자가 체중을 줄이려는 동기를 갖도록 하는 것이 중요하므로 지속적인 영양교육 및 상담이 필요하다.

7. 이 씨에게 식사교육을 실시할 때 식품교환표를 이용한 경우와 탄수화물계산법을 이용한 경우를 각각 설명하시오.

당뇨병 환자는 혈당 변동을 줄이기 위하여 매끼 식사 중 탄수화물 양을 일정하게 유지하여야 하는데, 이를 위해 식품교환표와 탄수화물계산법을 활용할 수 있다.

식품교환표는 우리가 일상생활에서 섭취하고 있는 식품들을 영양소의 구성이 비슷한 것끼리 6가지 식품군으로 나누어 묶은 표이며 같은 식품군 내 같은 교환단위의 식품은 열량 및 영양소의 구성이 비슷하므로 서로 교환해서 먹을 수 있다. 식품교환표를 활용하여 식사를 계획하면 탄수화물 섭취의 일관성뿐만 아니라 균형 잡힌 식사가 가능해진다.

탄수화물계산법은 식사 시 섭취한 탄수화물 총양을 계산하는 방법으로 탄수화물 섭취를 일정하게 유지하는 것에 초점을 두는 기본 탄수화물계산법과 섭취하는 당질의 양에 맞는 식전 (초)속효성 인슐린 용량을 계산하는 고급 탄수화물계산법이 있다. 이 씨의 경우 기본 탄수화물계산법을 이용하여 고탄수화물 식품에 대해 집중해서 교육하고, 식사 때마다 탄수화물을 일정하게 섭취하도록 한다. 탄수화물계산법은 탄수화물에 초점을 두고 있으므로 비교적 간단하지만, 단백질 및 지방의 과잉 섭취를 간과할 위험이 있을 수 있다.

8. 의사는 이 씨의 비정상적인 혈청 지질 수치에 대하여 어떤 조처를 해야 하는지 설명하시오.

이 씨의 경우 혈청 지질 수치가 높으므로 당뇨병의 합병증 중 하나인 관상동맥심장질환의 유발 가능성이 더 커진다. 그러므로 에너지 섭취를 적절히 제한하고 적절한 운동을 정기적으로 실시함으로써 정상체중을 유지하는 것이 필요하다. 필요시에는 혈청 콜레스테롤 저하 약제를 처방하여 혈청 지질 농도를 정상으로 유지하는 것도 고려하여야 한다.

9. 이 씨는 인슐린(Lantus) 주사 처방에 대해 불안감을 느끼고 있다. 인슐린 치료에 대한 순응도를 높이기 위해 이 씨에게 어떻게 설명하면 좋을지 기술하시오.

2형당뇨병 환자에 있어서 경구혈당강하제만으로 혈당조절 목표에 도달하지 못하면 인슐린요법을 시작한다. 하지만, 대사이상을 동반하거나 당화혈색소 9~10% 이상의 중증고혈당일 때 초기 치료로 인슐린을 선택할 수 있다. 이 씨의 경우 당화혈색소 12.2%의 심한 고혈당 상태로 진단 초기 인슐린 치료를 하면 인슐린 초기 분비를 정상화하는 데 도움을 줄 수 있어서 단기간 사용하는 것이며, 혈당이 잘 조절되면 인슐린 중단 후 약물치료로 변경될 수 있음을 설명한다.

10. 메트포민(metformin) 약제의 작용기전 및 사용 시 주의사항을 설명하시오.

메트포민은 간에서 당 생성을 억제해 혈당을 낮추는 약제로, 심한 인슐린 저항성과 이상지질혈증을 보이는 비만한 2형당뇨병 환자의 초기 단독요법으로 적합한 약제이다. 메스꺼움, 구토, 복부팽만, 식욕부진, 소화장애, 복통 등의 위장장애가 발생할 수 있어 식사 직전 또는 식사와 함께 복용하고 적은 용량부터 시작하여 점진적으로 약물 용량을 늘리는 것을 권장한다. 또한, 중증 간장애나 신장애, 중증 감염, 탈수, 급성심근경색증, 패혈증과 같은 신기능에 영향을 줄 수 있는 급성상태, 심폐부전 시에 사용하지 않는 것이 좋다.

11. 비만과 당뇨병의 관계에 대하여 설명하시오.

비만은 2형당뇨병의 강력한 위험인자로서 비만의 정도가 심해질수록, 발병 기간이 길수록 당뇨병을 유발할 확률이 높으며, 단순한 체중감량만으로도 인슐린 민감성이 좋아지기도 한다. 한편, 체지방 부위에 따라 지방분해 효소의 활성도 및 각종 호르몬 자극에 대한 민감도 등이 크게 달라 상체 비만이 하체 비만보다 대사이상을 일으키는 빈도가 높은 것으로 알려져 있다. 비만으로 인해 말초조직에서 인슐린 저항성이 생기면 이를 보상하기 위해 췌장에서는 인슐린 분비가 증가하지만, 말초조직의 인슐린 저항성과 간에서의 인슐린 제거율의 감소로 인하여 고인슐린혈증과 고혈당으로 인한 2형당뇨병으로의 이행이 이루어지는 것으로 추정된다.

12. 이 씨가 당뇨병을 적절히 치료하지 않을 때 나타날 수 있는 합병증에 관해 설명하시오.

당뇨병의 만성합병증으로는 당뇨병성 망막병증, 당뇨병성 신장질환, 당뇨병성 신경병증, 이상지질혈증, 고혈압 등이 있다. 망막에서는 시력 저하를 일으켜 당뇨병의 합병증으로 실명이 나타나기도 한다. 당뇨병성 신장질환의 경우에는 단백뇨가 검출되고, 고혈압과 함께 부종 등의 증상이 나타나며 점차 말기신부전으로 진행된다. 또한, 당뇨병에서는 고콜레스테롤혈증과 고중성지방혈증이 동반되므로 동맥경화증의 위험이 더 커져 심근경색, 뇌혈관질환 및 괴저 등을 초래할 수 있다. 이 씨의 경우 현재 눈이 침침해지는 등 당뇨병성 망막병증의 증상을 보이며 또한 혈청 지질 수치가 높게 나타나므로 심뇌혈관질환의 발생이 유발될 가능성이 있다.

13. 의사의 지시에 따라 간호사는 인슐린 주사법과 발 관리 교육을 하였다. 간호사가 발 관리의 중요성을 가르치는 이유를 설명하시오.

당뇨병에서는 발과 같은 말초혈관으로의 혈액순환이 감소하고, 합병증으로 인해 상처 치료가 지연되거나 면역반응이 감소하는 경우가 발생할 수 있으므로 발을 제대로 관리하는 것이 중요하다. 피부균열, 상처, 부종, 물집, 종기나 상처 등을 잘 관찰하고, 청결을 유지하며, 땀 흡수 및 혈액순환을 위해 발에 잘 맞는 신발을 선택하도록 한다. 또한, 다리로의 혈액순환을 증진하기 위하여 매일 누워서 다리를 오르내리는 등의 운동을 하는 것이 좋다.

memo

CLINICAL NUTRITION WITH CASE STUDIES

CHAPTER

08

신장질환

신장은 소변을 만드는 기관으로서 수분과 체내 물질의 배설에 중요한 역할을 할 뿐만 아니라 비타민 D를 활성화하고, 에리트로포에틴(erythropoietin)을 생성하는 등 내분비 관련 기능과 산-염기 평형 및 수분과 전해질 평형 조절의 항상성 유지 기능을 한다. 또한 혈압조절에 중요한 역할을 한다. 신장질환의 영양관리 목적은 적절한 영양 상태를 유지하여 대사적 불균형과 증상을 최소화하고 질병의 진행을 억제하는 것으로 질병의 종류와 정도에 따라 개별적으로 이루어져야 한다.

- **고칼륨혈증(hyperkalemia)** 혈청 칼륨 농도가 정상치인 3.5~5.5 mmol/L 이상인 경우로, 심한 경우 심장마비를 초래할 수 있음
- **네프론(nephron)** 신장의 기본 단위로 신소체와 세뇨관으로 구성되어 있음
- **레닌(renin)** 신장에서 분비되며 안지오텐신을 활성화시켜 혈관을 수축하고 혈압을 상승시키는 작용을 하여 혈압을 조절
- **복막투석(peritoneal dialysis)** 투석액을 복강 안으로 넣고 복막을 투석막으로 이용하여 체내 노폐물을 제거하는 방법
- **사구체신염(glomerulonephritis)** 사구체 모세혈관에 바이러스 감염이나 기타 이유로 염증이 일어나는 질환
- **사구체여과율(glomerular filtration rate, GFR)** 신장의 물질 제거능력을 나타내는 지표로 1분 동안 사구체의 사구체낭에서 세뇨관으로 여과되는 혈장량을 의미함
- **신장결석(nephrolithiasis, kidney stone)** 신장에서 생긴 작은 고체 입자가 신장 내부나 요도에 존재하는 것으로 수산 및 인산칼슘 결석, 스트루바이트 결석, 요산 결석, 시스틴 결석이 있음
- **신증후군(nephrotic syndrome)** 사구체 모세혈관의 투과성이 증가하게 되어 단백뇨, 저알부민혈증, 부종, 혈중 지질농도 상승 등의 여러 비정상적 증상을 나타내는 증후군
- **에리트로포에틴(erythropoietin)** 신장에서 합성되어 분비되는 적혈구 생성 호르몬
- **요독증(uremia)** 신장의 노폐물제거 기능 장애로 체내에 축적된 독소가 일으키는 전반적인 증상
- **핍뇨(oliguria)** 사구체여과율 감소로 1일 소변량이 400 mL 미만으로 적은 경우
- **혈중 요소질소(blood urea nitrogen, BUN)** 혈액 중에 존재하는 요소로 신기능이 저하되는 경우 수치가 상승하므로 신장기능검사에서 사용함
- **혈액투석(hemodialysis)** 동맥혈액을 인공신장기로 펌프하여 노폐물을 거르고 정화된 혈액이 환자의 정맥으로 되돌아가게 하는 치료방법

1. 구조와 기능

1) 구조

신장은 복강의 뒤쪽인 등쪽 척추의 좌우 양쪽에 하나씩 있다. 강낭콩 모양으로 크기는 길이 11~12 cm, 너비 5~7.5 cm, 두께 2.5~3 cm 정도이며 무게는 115~170 g 정도이다. 탄탄한 섬유성 주머니에 싸여 있고 단면을 보면 겉질cortex(바깥 부분, 피질)

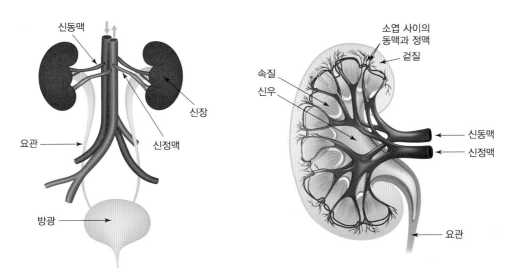

그림 **8-1** 비뇨기계와 신장의 구조

과 속질medulla(안쪽, 수질)의 두 층으로 되어 있으며, 가운데에 신우renal pelvis(콩팥깔때기)가 있다. 좌우 신장은 요관, 방광, 요도로 연결되어 비뇨기계를 구성한다(그림 8-1).

신장의 기본 단위는 네프론nephron으로 한쪽 신장에 100만 개 이상이 신장의 겉질과 속질에 걸쳐 위치하고 있다. 네프론은 신소체renal corpuscle(콩팥소체)와 세뇨관renal tubule으로 되어 있으며, 신소체는 사구체glomerulus(토리)와 사구체낭Bowman's capsule(보먼주머니)으로, 세뇨관은 근위세뇨관proximal tubule, 헨레고리loop of Henle, 원위세뇨관distal tubule, 집합관collecting duct으로 구성되어 있다.

사구체는 모세혈관 뭉치로 사구체낭에 둘러싸여 있으며 혈액의 수분과 용질을 여과하여 혈액 여과액ultrafiltrate을 생성한다. 좌우 두 개의 신장으로 공급되는 혈액의 양은 심박출량의 20~25%로, 매분 약 1,250 mL(하루에 1,800 L 정도)의 혈액이 유입된다. 이것을 신장혈류량renal blood flow, RBF이라 하며, 이 중 약 10%인 125 mL 정도가 매분 사구체에서 사구체낭을 거쳐 여과된다(하루에 180~200 L의 여과액이 생성된다). 이 과정에서 물, 전해질, 포도당과 아미노산, 요소 등은 100% 여과되나 혈구와 단백질 등의 분자량이 큰 물질들은 투과되지 못한다. 1분간 사구체에서 생성된 여과물의 양을 사구체여과율glomerular filtration rate, GFR이라 하며 신장의 물질 제거능력을 나타낸다.

사구체낭을 통해 모인 혈액 여과액은 근위세뇨관, 긴 고리 모양으로 된 헨레고리, 원위세뇨관을 지나면서 인체 내에서 필요한 성분인 수분, 포도당, 아미노산, 나트륨 등의 대부분과 요소와 크레아티닌 등의 일부가 모세혈관으로 재흡수되어 체내로 되돌아간다. 나머지 노폐물은 더 굵은 관인 집합관을 거쳐 신우로 들어가 소변으로 배출된다.

부위별로 보면 근위세뇨관에서 수분, 포도당, 아미노산, 나트륨을 포함한 전해질 등이 주로 재흡수되는데, 포도당의 재흡수 역치는 160~180 mg/dL로 혈액 포도당의 양이 세뇨관의 재흡수 능력 범위인 역치를 넘게 되면 소변으로 당이 빠져나오는 당뇨가 나타난다. 원위세뇨관에서는 나머지 전해질들(예 나트륨, 칼륨, 염소 이온 등)이 재흡수되는데, 재흡수가 일어나는 정도는 알도스테론에 의해 조절된다. 세뇨관 분비는 신장의 사구체에서 여과되지 못한 노폐물과 약물들이 세뇨관 주위 모세혈관에서 세뇨관 안쪽으로 이동하는 것인데 칼륨, 수소이온, 암모니아 등이 가장 많이 분비된다. 원위세뇨관은 칼륨과 같이 약간의 변동으로도 인체에 영향을 미치는 성분들의 재흡수와 분비를 조절하여 체내 전해질 평형, 산·염기 평형, 수분 평형에 관여하고 있다. 집합관은 소변을 농축할 수 있으며 수분, 포도당, 알부민, 전해질 등 유용한 물질을 재흡수하고, 노폐물인 요소, 요산, 크레아티닌 및 기타 물질을 배설한다(그림 8-2).

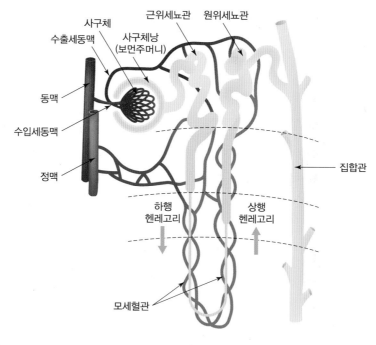

그림 **8-2** 네프론의 구조

2) 기능

신장의 기능 중 가장 중요한 것은 인체 내 불필요한 노폐물을 소변에 포함시켜 체외로 배설시키는 역할이다. 이는 혈중에 노폐물이 축적되지 않도록 하고 체내 혈장 성분이 정상 범위에서 유지될 수 있도록 하는 데 중요하다. 또한 신장은 산·염기, 수분 그리고 전해질의 평형을 조절함으로써 체내 항상성이 유지될 수 있도록 한다. 신장은 내분비 기능을 하는데 혈압조절에 관여하는 레닌renin을 합성하여 분비하고, 비타민 D를 활성화하고, 적혈구 조혈인자인 에리트로포에틴erythropoietin을 합성한다. 따라서, 신장은 칼슘의 흡수와 적혈구 생성에 중요하며, 수분의 평형 조절과 레닌 분비를 통해 혈압을 조절한다.

(1) 노폐물 배설

인체 내에서 불필요한 대사산물 중 대표적인 것은 요소, 요산, 암모니아 등의 질소화합물이다. 섭취한 영양소 중 탄수화물과 지방은 대사 후 주로 이산화탄소와 수분으로 분해되어 이산화탄소는 폐에서 배설되고, 수분은 땀과 소변 등으로 배설된다. 한편, 대사과정에서 단백질로부터 생성된 암모니아는 혈액을 통해 간으로 운반된 후 독성이 적은 요소로 전환되어 신장에서 생성된 소변을 통해 배설된다(그림 8-3). 따라서, 신장기능이 저하되면 질소화합물이 제대로 배설되지 못해 질소혈증azotemia이 나타난다.

(2) 항상성 조절

① **수분과 전해질 평형 조절**　사구체에서의 여과 과정과 세뇨관에서의 재흡수 및 분비 과정을 통해 소변이 생성된다. 세뇨관에서의 재흡수는 주로 알도스테론aldosterone과 항이뇨호르몬antidiuretic hormone, ADH에 의해 조절된다. 알도스테론은 부신피질에서 분비되는 호르몬으로 신장에서 나트륨 재흡수와 칼륨의 배설을 촉진하여 전해질 배설을 조절한다. 뇌하수체 후엽에서 분비되는 항이뇨호르몬은 세뇨관에서 수분 재흡수를 촉진하여 소변량을 감소시킨다. 그러므로 호르몬 분비에 이상이 있으면 수분과 전해질 대사에 이상이 생겨 체액의 평형이 깨진다.

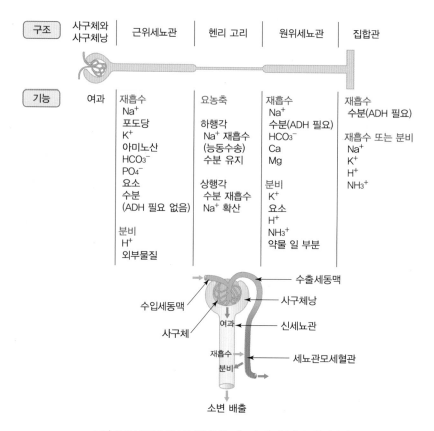

그림 **8-3** 네프론 각 부분의 주요 기능과 네프론의 요 생성과정

② **산·염기 평형 조절** 신장은 호흡기와 함께 혈액의 pH를 7.4로 유지하는 데 중요한 역할을 한다. 혈액의 수소이온 농도가 낮아져서 체액이 알칼리화되면 신장은 중탄산염HCO₃⁻을 배출하여 혈액의 산성도를 높이고, 반대의 경우에는 신장은 소변으로 중탄산염을 배출하지 않고 신장 세뇨관 상피에서 새로운 중탄산염을 생성하여 혈장으로 보내어 산-염기 평형이 이루어지도록 한다.

(3) 내분비 기능

① **레닌 분비-혈압 조절** 혈압이나 혈액량이 저하되어 신동맥의 압력이 떨어지면 신장에서 레닌이 분비되며, 레닌은 혈관 수축작용이 있고 혈압을 상승시킨다. 레닌은 간에서 분비된 안지오텐시노겐을 안지오텐신으로 전환시키고 부신피질에서 알도스테론의 분비를 촉진한다. 안지오텐신은 혈압을 상승시키고 알도스테론은 세뇨관에서 나트

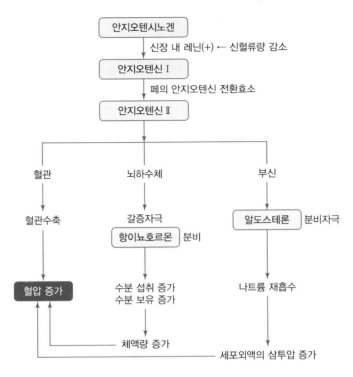

그림 **8-4** 레닌–안지오텐신계에 의한 혈압조절

류과 수분의 재흡수를 촉진하여 혈액량이 증가되도록 하여 혈압이 높아지게 한다. 그림 8-4에는 레닌-안지오텐신계가 혈압조절에 미치는 영향을 나타내었다.

② **에리트로포에틴 분비-조혈작용** 신장은 조혈자극인자인 에리트로포에틴을 합성하여 골수에서의 적혈구 생성을 촉진한다. 신장 기능이 저하되면 에리트로포에틴의 감소로 빈혈이 나타날 수 있다.

③ **비타민 D 활성화-혈액 칼슘 조절** 음식으로 섭취하거나 피부에서 합성된 비타민 D는 간에서 25-하이드록시 콜레칼시페롤(25-(OH)D)로 전환된 후, 신장에서 1,25-다이하이드록시 콜레칼시페롤($1,25$-$(OH)_2D$)로 전환되어 활성형 비타민 D가 된다. 활성형 비타민 D는 소장에서의 칼슘 흡수와 원위세뇨관에서의 칼슘 재흡수를 촉진하여 혈중 칼슘 농도를 높인다. 부갑상선 호르몬은 세뇨관에 작용하여 칼슘의 재흡수를 촉진한다. 그러므로 신장은 칼슘과 비타민 D 대사에 중요한 역할을 한다.

2. 신장의 기능 평가 및 신장병 진단을 위한 지표

신장의 기능을 평가하는 주요 지표는 사구체여과율glomerular filtration rate, GFR이다. 또한 신장병은 소변검사와 혈액성분검사, 조직검사를 통해 진단한다. 이러한 검사를 통해 체내 어느 부분의 기능에 이상이 있는가를 알고, 치료방법과 실행할 중재방법을 결정할 수 있다.

1) 사구체여과율

단위시간(분) 동안 사구체의 사구체낭(보먼주머니)에서 세뇨관으로 여과되는 혈장량으로 신장이 일정 시간 동안 특정 물질을 제거할 수 있는 기능을 반영하는 지표이다. 즉, 신장이 얼마나 효율적으로 혈액의 노폐물을 제거할 수 있는지 평가할 수 있게 한다. 정상 사구체여과율은 90~120 mL/min/1.73 m^{2}이다. 신장기능이 저하되면 사구

알아두기

사구체여과율 계산식

혈중 크레아티닌 농도를 이용하여 사구체여과율을 계산할 수 있으며, 체중, 나이, 그리고 성별과 인종에 따른 지수가 계산식에 이용된다. 사구체여과율을 계산하는 계산식으로는 MDRD (Modification of Diet in Renal Disease) 공식과 CKD-EPI(Chronic Kidney Disease Epidemiology Collaboration) 공식이 많이 사용된다.

- CKD-EPI 공식(2009)

  GFR = 141 × min $(S_{cr}/\kappa, 1)\alpha$ × max$(S_{cr}/\kappa, 1)^{-1.209}$ × 0.993^{Age} × (1.018, 여성일 경우) × (1.159, 흑인일 경우)

  S_{cr} : 혈청 크레아티닌 mg/dL　　　　Age : 나이
  κ : 여성은 0.7, 남성은 0.9　　　　α : 여성은 −0.329, 남성은 −0.411
  min : S_{cr}/κ의 최소 또는 1　　　　max : S_{cr}/κ의 최대 또는 1

- MDRD 공식

  GFR = 175 × S_{cr} − 1.154 × Age − 0.203 × (0.742, 여성일 경우) × (1.212, 흑인일 경우)

  S_{cr} : 혈청 크레아티닌 mg/dL　　　　Age : 나이

체여과율이 감소하므로 신장병의 경중 평가, 경과 및 치료 효과 판정 등에 이용된다. 이눌린이나 동위원소(I125) 등을 주사하여 그 배설률을 측정하는 것이 가장 정확한 방법이지만, 24시간 소변을 모아 계산한 크레아티닌 청소율이나 크레아티닌 농도로부터 사구체여과율을 추정하여 사용한다.

2) 소변검사

소변검사는 단순하고 경제적인 방법으로 색깔, 비중, pH, 혼탁도 등을 보는 검사와 현미경적 관찰, 소변 성분들의 농도를 생화학적으로 분석하는 검사로 이루어지며 정상 수치와 해석은 표 8-1과 같다.

3) 혈액검사

혈액검사에서는 혈청 크레아티닌serum creatinine과 요소질소blood urea nitrogen, BUN가 가장 널리 측정된다. 크레아티닌은 근육의 크레아틴의 분해산물로 신장을 통해 배설되기 때문에 신장의 기능이 저하되면 혈중 크레아티닌 수치가 높아진다. 혈중 크레아티닌 수치는 단백질 섭취량과 근육량의 영향을 받는다. 요소질소는 단백질의 대사 결과 생성되며, 소변을 통해 배설되어야 하는데 신장의 기능이 저하되면 배설되지 못하고 혈중에 잔류하여 요소질소 수치가 높아진다. 또한 신장기능의 변화 시 혈중 전해질 중 나트륨, 칼륨, 칼슘, 인의 수치와 혈청 알부민 수치가 영향을 받게 된다. 표 8-2에 신장병의 진단을 위한 혈액검사의 종류와 정상범위, 그 원인을 제시하였다.

4) 기타 검사

X선이나 컴퓨터 단층촬영(CT), 그리고 초음파 검사를 통해 신장의 크기, 면적, 위치 등의 이상 유무를 검사하고 조직 생검을 통해 직접적인 조직검사를 하기도 한다.

표 **8-1** 신장병 환자의 소변검사 결과의 해석

구분		정상 수치	해석
요 검사			
	요의 색깔	황갈색~노란색	약물과 식품으로 색이 변할 수 있음
	혼탁	투명	고름이 있을 때 혼탁
	pH	5.0~8.0	알칼리성 요에서 세균 증식
	비중		
	성인	1.010~1.025	소변의 농축능력과 밀도
	유아	1.014~1.018	(소변 내 포도당, 단백질 농도에 따라 증가, 소변의 희석으로 감소)
	출혈	없음	요로계의 출혈
요의 현미경적 관찰			
	세균	없음	감염
	적혈구	없음	요로계의 출혈
	백혈구	없음	요로계의 출혈
	결정체	없음	결석의 잠재적 위험
	지방	없음	신증후군과 관련
	원주[1]	종종 볼 수 있음	정상일 수 있으나 신장질환을 나타냄
요의 농도			
	빌리루빈	없음	농도 증가 시 검은 오렌지색
	유로빌리노겐	없음	–
	케톤	없음	지방의 불완전 대사
	포도당	없음	일반적으로 고혈당증을 의심
	나트륨	100~260 mEq/일	신장질환 시 증가 또는 감소
	칼륨	25~100 mEq/일	–
	단백질[2]	없음~약간	사구체의 기능이상

1) 원주(casts) : 관상구조 내 분비 또는 배출된 액체가 농축된 결정체
2) 단백질의 검사결과

   – : 없음(negative)

   +1 : 혼탁(turbid)

   +2 : 혼탁하면서 과립이 있음(turbid with granulation)

   +3 : 과립과 옹결(granulation and flocculation)

   +4 : 응집(clumps)

표 **8-2** 신장병 환자의 혈액검사 결과의 해석

혈액검사	정상범위	비정상 수치의 원인	식사관리
나트륨	135~145 mmol/L (mEq/L)	⇧ : 탈수, 요붕증, 스테로이드 투여 ⇩ : 과수화, 항이뇨제의 부적절한 사용, 화상, 기아, 신장염, 고혈당증, 당뇨성 산증	⇧ : 소금과 짠 음식 절제 ⇩ : 수분섭취를 조절
칼륨	3.5~5.5 mmol/L (mEq/L)	⇧ : 신부전, 조직이나 세포 분해, 산증, 과다 섭취, 부적절한 투석, 탈수, 고혈당 ⇩ : 이뇨제, 알코올 남용, 구토, 설사, 흡수불량, 관장제 과다 사용	⇧ : 고칼륨식품 제한 (2,000 mg/일 정도) ⇩ : 고칼륨식품 섭취
염소	98~110 mmol/L (mEq/L)	⇧ : 과다한 소금 섭취, 탈수, 대사성 산증, 부갑상선기능저하증 ⇩ : 당뇨병성 케톤산증, 저칼륨혈증, 대사성 알칼리증, 기아, 체액과다	
이산화탄소	21~31 mmol/L (mEq/L)	⇧ : 대사적 알칼리증 ⇩ : 대사적 산혈증	
크레아티닌	0.6~1.2 mg/dL(남) 0.5~1.1 mg/dL(여)	⇧ : 급성신장손상, 만성신장병, 근육손상, 심근경색, 부적절한 투석 ⇩ : 제지방근육의 감소 상태	• 정상적인 투석으로 조절 가능 • 환자의 체중이 감소될 경우에는 근육분해로 인해 크레아티닌 수치가 높아질 수 있음. 이럴 경우에는 단백질과 에너지 섭취 증가 필요
포도당	70~100 mg/dL	⇧ : 당뇨병, 췌장기능 부진, 부갑상선기능항진증, 화상, 스테로이드제제 사용 ⇩ : 고인슐린혈증, 알코올 남용, 간질환 영양불량	• 적절한 탄수화물 섭취 필요 • 당뇨병이 있을 경우에는 단순당의 섭취는 피하고, 탄수화물 섭취량 조절 • 저혈당의 치료를 위해서는 단순당 섭취 필요
칼슘	8.8~10.6 mg/dL	⇧ : 비타민 D 과잉, 골연화성 질환, 탈수, 비타민 A 과다섭취 ⇩ : 비타민 D 결핍, 흡수불량, 부갑상선기능저하증	⇧ : 칼슘이나 비타민 D 보충제 섭취 중단 ⇩ : 유제품의 섭취 증가, 칼슘보충제는 식사 사이에 복용
인	2.5~4.5 mg/dL	⇧ : 만성신장병, 골질환, 과다섭취, 인결합제 효과 부적절 ⇩ : 비타민 D 결핍, 과도한 인결합제 사용, 심한 식사제한, 골연화증, 알칼리증, 이뇨제 사용, 당뇨병성 케톤산증, 구토, 설사	⇧ : 우유와 유제품을 하루에 1잔으로 제한. 인결합제는 식사와 함께 복용 ⇩ : 인 함량이 높은 식품 섭취, 인결합제의 복용량 감소
혈중요소질소	8~20 mg/dL	⇧ : 단백질의 과도한 섭취, 위장관 출혈, 탈수, 심부전, 이화, 부적절한 투석 ⇩ : 간질환, 과수화, 단백질 섭취 부족, 흡수불량	⇧ : 투석의 적절성 확인, 고기, 생선, 달걀, 유제품 등 단백질 식품 섭취 조절 ⇩ : 충분한 식사 섭취

(계속)

혈액검사	정상범위	비정상 수치의 원인	식사관리
요산	3.5~7.2 mg/dL	⇧ : 통풍, 신부전, 고단백질 식사, 조직분해, 기아 ⇩ : 간질환	⇧ : 통풍이 있을 경우 퓨린 섭취를 제한
알칼리성 포스파테이스 (ALP)	30~120 IU/L	⇧ : 골질환, 간질환, 종양 ⇩ : 선천적 저인산증	• 칼슘과 인을 정상범위로 유지
총콜레스테롤	< 200 mg/dL	⇧ : 지질대사 질환, 신증후군 ⇩ : 급성 감염, 기아, 영양불량	⇧ : 포화지방산 섭취 주의
총단백	6.6~8.3 g/dL	⇧ : 탈수, 감염성 질환, 백혈병, 다발성 골수종 ⇩ : 영양불량, 흡수불량, 간경변, 지방병증, 부종, 신증후군	⇩ : 단백질이 풍부한 식품 충분히 섭취
알부민	3.5~5.2 g/dL	⇧ : 탈수 ⇩ : 간질환, 영양불량, 신증후군, 스트레스, 과수화	⇩ : 양질의 단백질 식품 충분히 섭취
헤마토크리트	42~52%(남) 37~47%(여)	⇧ : 탈수 ⇩ : 빈혈, 혈액손실, 만성신장병	⇩ : 철함유 식품 섭취 증가
헤모글로빈	14~18 g/dL(남) 12~16 g/dL(여)	⇧ : 탈수 ⇩ : 빈혈, 혈액손실, 만성신장병	⇩ : 철함유 식품 섭취 증가
페리틴	12~300 ng/mL(남) 10−150 ng/mL(여)	⇧ : 철 과부하, 탈수, 염증, 간질환 ⇩ : 철결핍	⇩ : 철 보충, 인결합제와는 함께 복용하지 않음

3. 신장병의 종류와 영양관리

신장의 기능이 저하되면 혈액 중의 노폐물인 요소, 크레아티닌, 요산, 황산염, 유기산 등의 양이 증가하고, 수분과 전해질의 균형이 깨어지면서 소변량의 감소, 부종, 고혈압 등의 증상이 나타날 수 있다. 또한 체내 노폐물의 축적으로 식욕부진, 피로감, 두통 및 여러 가지 신경 증상들이 생기고 정도가 심해지면 신장의 노폐물 제거 기능 장애로 체내에 축적된 독소가 일으키는 전반적인 증상인 요독증으로 생명을 잃게 된다.

일반적으로 신장병은 병변의 위치에 따라 사구체, 세뇨관, 신장 내 혈관을 침범하는 경우로 나눌 수 있다. 신장병은 기본적으로 사구체의 장애로 인해 생기지만 진행되

표 **8-3** 신장병의 종류와 임상적 특징

신장병	사구체여과율(GFR)	단백뇨	요침사	기타 특징
사구체여과율 저하	15~89			• GFR 감소로 인한 증상
신부전	< 15 (투석으로 치료)			• 고혈압 • 요독증
신염증후군		> 1.5 g/일	• 적혈구 또는 적혈구 원주	• 부종 • 저알부민혈증 • 고지혈증
신증후군		> 3.5 g/일	• 지방원주 • 적혈구 또는 적혈구 원주는 있을수도 있고 없을 수도 있음	
요로증상이 있는 신장병		< 1.5 g/일		• 요로감염, 결석, 요로폐색으로 인한 경우가 대부분

면서 다른 구조에도 영향을 주게 되어, 결과적으로 신장의 기본구조가 모두 파괴되고 말기신부전에 이르게 된다.

신장병의 종류에 따른 특징을 표 8-3에 요약하였다.

1) 신증후군

신증후군nephrotic syndrome은 사구체 모세혈관의 투과성이 증가하여 단백질이 사구체에서 세뇨관으로 누출되고, 여과액에 있는 단백질의 대부분이 배설되는 질환이다. 단백뇨, 저알부민혈증, 부종, 혈중 지질농도 상승 등과 같은 여러 비정상적인 증상을 나타내므로 이를 합하여 증후군이라고 한다. 보통 24시간 동안 소변을 통한 단백질 손실량이 3.5 g 이상이면 신증후군으로 진단한다.

(1) 원인

신증후군은 간염이나 결핵, 말라리아 등의 감염으로 인한 신장염nephritis, 당뇨병, 약물이나 독소로 인한 사구체 손상으로 사구체 모세혈관의 투과성이 증가되어 생긴다. 신부전의 초기 증상으로 나타나기도 하며 당뇨병 환자에게서 잘 나타난다.

(2) 증상

신증후군은 사구체의 투과성이 증가하므로 단백뇨가 가장 특징적으로 나타나는데, 심한 경우 하루 4~30 g의 단백질이 소변으로 배설되며, 일반적으로 부종과 복수를 보이고 질병의 진행에 따라 빈혈, 골격이상, 고지혈증의 발생이 나타난다.

① **혈장 단백질의 감소와 건강상태의 악화** 혈액 내 면역글로불린, 트랜스페린transferrin, 비타민 D 결합단백질vitamin D binding protein 등이 소변 내로 손실된다. 철 운반 단백질인 트랜스페린의 손실은 빈혈을 유발한다. 비타민 D 결합단백질의 손실은 체내 비타민 D 결핍을 초래하여 칼슘 흡수를 저해하고 구루병이 악화될 수 있다. 단백질의 손실이 보충되지 않으면 근육조직의 손실, 단백질-에너지 영양불량, 영양실조 등이 나타나게 된다.

② **부종의 악화** 혈장의 알부민이 소변으로 다량 배설되어 혈중 단백질의 농도가 급격히 감소하여 저단백질혈증(5 g/dL 이하)이 되면, 혈중 삼투압이 저하되어 모세혈관에서 조직 사이로 수분이 이동하고 혈류량이 감소된다. 혈류량이 감소하면 신장에서 나트륨과 수분의 재흡수가 증가하여 부종이 더욱 악화된다.

③ **혈액 지질조성의 변화** 신증후군 환자에서는 간에서 지단백질의 합성이 증가하여 고지혈증이 나타나는데, 혈액 콜레스테롤, 중성지방, LDL, VLDL 콜레스테롤 농도는 상승하나 HDL 콜레스테롤 농도는 감소한다. 이러한 지질조성의 변화는 심장질환, 뇌졸중을 유발하고 신장에 더욱 심한 손상을 입힌다.

(3) 치료 및 영양관리

신증후군의 영양관리 목표는 적절한 영양을 공급하며 부종과 저알부민혈증 및 고지혈증을 조절하고 신부전으로 진행되는 것을 막는 것이다. 신증후군 환자에게는 주로 저염식을 실시하며 단백뇨가 오래 진행된 경우에는 충분한 에너지와 단백질 공급을 통해 양의 질소평형을 유지하고 혈액 알부민 수치를 증가시켜 부종을 조절하도록 한다. 약물은 원인 질환을 치료하는 약제와 함께 이뇨제 등을 처방한다.

① **에너지** 적정체중을 유지하는 데 적절한 에너지를 공급하고 단백질 이용을 효율적으로 하기 위해 에너지를 충분히 공급한다.

② **단백질** 0.8~1.0 g/kg 체중을 공급한다. 단백뇨가 심한 경우, 영양불량, 근육소모가 심한 경우, 혈중 알부민이 지나치게 낮은 경우이면서 사구체 기능이 정상일 때는 고단백 식이(1.5 g/kg 체중)를 공급한다. 사구체여과율이 감소된 경우에는 0.8 g/kg 체중 이하로 단백질을 공급한다.

③ **나트륨** 혈압과 부종을 조절하기 위해 2,000 mg/일 수준으로 제한한다.

④ **지방과 콜레스테롤** 고콜레스테롤혈증이 지속될 경우에는 지방 섭취에 주의한다.

⑤ **무기질과 비타민** 무기질이나 비타민의 영양상태를 고려하여 보충한다.

2) 신염증후군

신염증후군nephritic syndrome은 사구체 모세혈관에 염증이 일어나는 질환들을 말한다. 세균이나 바이러스 감염에 의하여 유발되는 급성사구체신염glomerulonephritis과 서서히 진행되어 사구체가 섬유질화되는 만성사구체신염이 있다.

(1) 증상
사구체 모세혈관의 염증으로 인해 혈뇨hematuria가 나타나고, 얼굴과 눈 주위의 부종, 단백뇨proteinuria 등이 나타난다. 증상의 대부분은 수주일이나 수개월 이내에 치료되나 만성으로 진행되기도 한다. 말기에는 만성적인 신장기능 장애로 인해 요독증이 나타난다.

(2) 영양관리
신염증후군의 영양관리 목표는 증상에 따라 적절한 영양공급을 함으로써 질병의 진행을 억제하는 것이다. 고혈압이 지속될 경우 나트륨을 제한한다. 요독증이 있는 경우가 아니면 단백질을 제한할 필요는 없다. 고칼륨혈증이 나타나면 칼륨을 제한한다.

3) 급성신장손상

급성신장손상acute renal injury(또는 급성신부전acute renal failure이라고도 함)은 갑작스럽게 사구체여과율이 저하되어 신장이 노폐물을 배설하는 기능이 나빠지는 것이다.

(1) 원인

급성신장손상의 원인은 다양한데 신장으로 가는 혈액의 양이 감소하거나, 신장에 직접적인 손상이 생기거나, 요관이 막혀 신장에서 나오는 소변이 배설되지 못하였을 때 일어날 수 있다.

수술이나 외상으로 인한 혈액 손실이나 심한 탈수로 인해 신장으로 들어오는 혈액량이 급격히 줄어들어 발생할 수 있다. 요관의 폐색과 전립선종, 신결석 등 요로계의 문제로 인해 소변의 배출이 원활하지 않아 사구체낭의 압력이 증가하고 사구체여과율이 감소하여 일어나기도 한다. 또한 당뇨병의 합병증, 패혈증이나 중금속 중독, 약물(예 항생제 등)의 오남용으로 인해 신장이 손상되거나 방사선 조영제가 신장에 자극을 줌으로써 일어나는 경우도 있다. 이와 같이 급성신장손상은 발생 원인에 따라 구분할 수 있는데, 신장으로 들어오는 혈류가 감소하여 나타나는 신전성prerenal, 요관 등과 같은 세뇨관 이하 부위의 폐쇄로 인한 신후성postrenal 그리고 신장 자체의 손상에 의한 신성renal 신장손상으로 구분한다(표 8-4).

표 8-4 급성신장손상의 원인

신전성 요인(70%)	신성 요인(25%)	신후성 요인(5%)
• 혈류량과 혈압 저하 : 수술로 인한 혈액 손실, 심한 탈수, 심부전, 부정맥, 신증후군 • 신동맥 장애 : 혈전증, 동맥류	• 혈관장애 : 당뇨병 • 신장 폐색 : 신결석, 염증, 종양, 신조직 상해 • 신장 손상 : 감염, 약물, 중금속 등 독성물질, 식중독	• 종양 : 전립선종, 방광암 • 요관 폐색 : 신장결석, 협착, 종양 • 신정맥 혈전증 • 방광 파열

당뇨병 환자, 심혈관계 도자술을 시행받거나 심장질환을 치료하기 위해 쓰여지는 여러 약제들을 복용하는 경우, 개흉수술을 시행받는 경우, 심부전 환자, 간질환 환자나 고령인 경우에는 정상인 사람에 비해 급성신장손상의 위험이 높다.

(2) 증상

사구체여과율이 감소하면서 소변량이 500 mL/일 이하로 감소하게 되고, 전해질과 수분 평형의 이상이나 노폐물의 배설 이상이 발생한다.

신장의 손상으로 노폐물 배설기능이 감소하기 때문에 요소, 크레아티닌, 요산 등 질소를 함유한 대사성 노폐물이 혈액 내에 축적되어 질소혈증azotemia이나 요독증uremia이 발생한다. 대부분의 경우에는 신장의 배설기능 감소로 혈중 칼륨, 마그네슘, 인의 농도가 증가하나 세포 내로의 이동으로 인해 감소할 수도 있다. 혈중 전해질의 농도를 관찰하고 적절하게 대응하는 것이 중요하다. 수분이 축적되어 부종이 나타날 수 있다. 또한 대사성 산증이 나타나기도 한다.

(3) 치료 및 영양관리

급성신장손상의 치료와 영양관리는 그 원인과 중증도 정도, 대사의 변화, 합병증에 따라 달라진다. 체내의 노폐물과 수분을 제거하기 위해 또는 심한 고칼륨혈증이나 대사성 산증이 발생하는 경우 일시적으로 투석 치료가 필요할 수도 있다.

급성신장손상 환자의 영양관리 목표는 체내수분과 전해질, 산·염기의 평형유지, 그리고 체액 성분을 가능한 한 정상에 가깝게 유지하는 것이다. 요독증을 최소화하고 영양불량과 체단백의 분해로 인한 근육의 손실을 막는 것도 필요하다. 영양관리는 환자의 영양상태, 사구체여과율에 따른 급성신장손상의 진행 단계, 투석의 실시 여부, 요독증의 여부, 생화학적 검사 수치 및 신장기능 정도에 따라 개별적으로 계획한다.

① 에너지　양의 질소평형을 유지할 수 있도록 충분한 에너지를 제공한다. 체단백질이 에너지 생성에 사용되지 않도록 탄수화물과 지방 섭취를 충분히 하여 에너지가 공급되도록 하는 것이 중요하지만 과다 섭취로 인한 과도한 이산화탄소 생성이 일어나지 않도록 한다. 30~40 kcal/kg 표준체중 또는 조정체중 정도를 섭취하도록 한다.

② **단백질**   단백질 권장량은 투석의 시행 여부에 따라 달라지는데, 보통 투석을 시행하지 않고 심한 이화상태가 아닌 경우에는 현재 체중 kg당 0.6~0.8 g의 단백질이 필요하며, 신장기능이 회복됨에 따라 단백질 섭취량을 서서히 증가시킨다. 투석을 시행할 경우에는 체중 kg당 1.0~2.0 g의 단백질이 필요하다.

③ **나트륨**   나트륨의 제한은 소변 배출 정도에 따라 조절한다. 보통은 1,000~2,000 mg/일 정도를 섭취하며, 핍뇨기oliguric phase(< 400 mL/일)에는 460~920 mg/일(20~40 mEq/일) 정도까지 제한한다. 이뇨기에는 나트륨 배설량, 부종, 투석빈도수에 따라 보충이 필요하다.

④ **수분**   수분은 1일 소변량에 500 mL를 더한 정도를 섭취하도록 한다. 수분 섭취량은 신장의 기능, 나트륨과 수분 상태를 고려하여 정한다.

⑤ **칼륨**   고칼륨혈증이 있는 경우 2,000 mg/일 이하를 섭취하도록 하며, 핍뇨시기

알아두기	**전해질 농도 단위 변환**
	• 칼륨 1 mEq = 39 mg = 1 mmol
	• 나트륨 1 mEq = 23 mg = 1 mmol
	• 칼슘 1 mEq = 20 mg = 0.5 mmol
	• 염소 1 mEq = 35.5 mg = 1 mmol

 핵심 포인트

급성신장손상 환자의 영양관리
- 단백질은 0.8~1.0 g/kg/일 수준으로 섭취하고 사구체여과율이 정상화되면 섭취를 증가시킴
- 에너지 섭취량은 영양상태와 스트레스를 고려하여 정함
- 나트륨은 소변 배설량, 부종, 투석 여부와 횟수를 고려하여 정함
- 수분은 소변 배설량에 500 mL를 더한 양을 섭취함
- 칼륨은 핍뇨기에는 소변 배설량, 투석 여부와 횟수, 혈중 칼륨 수치를 고려하여 정함. 이뇨기에는 배설량 및 혈액수치와 이뇨제의 종류에 따라 정함

에는 소변량, 혈중 칼륨 수치, 투석빈도수에 따라 정하고 이뇨시기에는 칼륨 배설량과 사용하는 약제의 종류에 따라 필요한 정도를 고려하여 보충한다.

⑥ 인   필요에 따라 제한한다.

4) 만성신장병

만성신장병Chronic kidney disease은 신장 조직이 퇴행성 변화를 일으켜 신장의 배설, 내분비, 대사 기능이 손상된 것으로 KDIGO(Kidney Disease : Improving Global Outcomes) 2012 Clinical Practice Guideline에서는 만성신장병을 신장의 구조나 기능의 이상이 3개월 이상 지속되어 건강에 영향을 주는 상태로 정의하고 있으며, 사구체여과율이 60 mL/min/1.73 m^2 미만이거나 알부민뇨증(알부민 배설률이 30 mg/24시간 이상 ; 알부민 크레아티닌비가 30 mg/g 이상), 요침사 검사의 이상, 전해질 이상, 신장구조의 이상 등의 신장손상이 3개월 이상 지속되었을 경우를 말한다.

만성신장병의 단계stage는 사구체여과율에 따라 구분하며 G1, G2, G3a, G3b, G4, G5의 여섯 단계로 나눈다.

표 8-5 사구체여과율에 따른 만성신장병의 단계

단계	사구체여과율 (mL/min/1.73m^2)	상태	관리
G1	≥ 90	• 신장손상 • 사구체여과율은 정상이거나 상승	• 진단 및 치료 • 동반질환 치료 • 진행의 지연 • 심혈관 위험 감소
G2	60~89	• 경도의 사구체여과율 저하	• 진행 정도 추정
G3a	45~59	• 중등도의 사구체여과율 저하	• 합병증의 평가 및 치료
G3b	30~44	• 중등도의 사구체여과율 저하	• 합병증의 평가 및 치료
G4	15~29	• 중증의 사구체여과율 저하	• 신대체요법 준비
G5	< 15	• 신부전	• 신대체요법

(1) 원인

고혈압, 당뇨병, 만성사구체신염이 신부전을 일으키는 3대 원인이며 동맥경화, 류마티스 질환, 감염성 질환, 약물이나 방사선 조영제 등의 독성물질에 의해 유발되기도 한다. 전체 만성신장병 환자의 70% 이상이 고혈압과 당뇨병에 의한 것이다. 만성신장병은 당뇨병의 합병증 중 하나로 혈당이 조절되지 않을 경우 신장에 손상을 일으킨다. 또한 고혈압 환자에서 혈압을 조절하지 않거나 적절히 조절되지 않는 경우에도 만성신장병이 일어나며 만성신장병으로 인해 고혈압이 유발되기도 한다. 이외에도 사구체신염(신장의 거름 장치에 염증과 손상을 주는 질환), 다낭성 신장질환(신장에 큰 물혹이 여러 개 생겨 주위조직에 손상을 주는 유전성 질환), 선천성 기형으로 인한 요로의 협착으로 정상적인 소변의 흐름이 방해되어 소변이 신장으로 역류하는 경우, 루푸스 등의 자가면역질환, 진통제 등의 약물남용, 그 외에 결석이나 전립선 비대로 인한 요로 폐색도 만성신장병의 원인이 될 수 있다.

(2) 증상 및 합병증

신장병이 상당히 진행될 때까지 심한 증상이 없는 경우가 대부분이어서 적절한 검사를 하지 않으면 말기신부전 직전에 도달할 때까지 모르고 지내는 경우가 많다. 신장병의 증상으로는 피로감, 기운 없음, 집중력 감소, 식욕 감소, 구토, 수면장애, 눈 주위나 발목 부종, 다뇨, 야뇨 등이 있다. 점진적으로 다른 여러 기관에도 영향을 미쳐 고혈압, 동맥경화, 심장질환, 빈혈, 가려움증, 골격 관련 질병 등의 증상이 나타난다. 그림 8-5에는 만성신장병의 증상과 발생기전을 나타내었으며, 그림 8-6에는 정상 신장과 만성신부전 신장이 제시되어 있다.

① **부종** 수분 및 염분 배설의 장애로 부종이 발생한다.

② **질소혈증** 질소화합물의 배설이 감소하고 혈중요소질소가 증가한다.

③ **요독증** 혈중 노폐물의 축적으로 인해 발생되는 요독증은 오심, 구토, 두통, 현기증, 시력저하, 의식소실, 경련 등을 초래한다. 피부는 건조해지고 비늘처럼 벗겨져 떨어지며 가려움증과 피부 출혈이 나타날 수도 있다. 후기에는 땀으로 분비되는 요산이 피

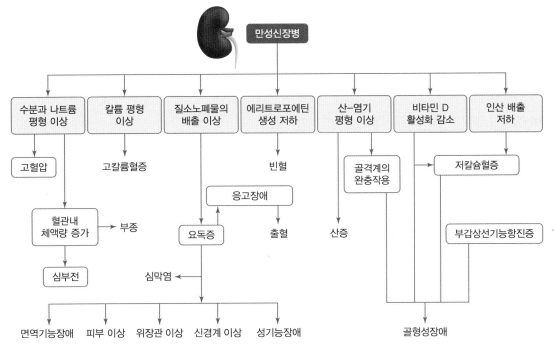

그림 **8-5** 만성신장병의 증상과 발생기전

부에서 결정화되어 요소상urea frost(요독성 결정체)이라는 증상이 나타난다.

④ **고인산혈증** 신장기능이 저하되면서 인의 배설이 감소하여 고인산혈증이 나타난다.

⑤ **고칼륨혈증** 신장은 하루 칼륨 섭취량의 80~90%를 배설한다. 따라서, 신장기능이 저하되면 고칼륨혈증이 발생한다. 저칼륨식이 및 적절한 이뇨제의 사용 등을 통한 칼륨 조절이 중요하다. 이때 장을 통한 칼륨 배설도 중요하므로 변비가 생기지 않도록 주의해야 한다. 혈액 내 칼륨의 농도가 증가하면 심장에 무리를 주어 부정맥(심장의 비정상적인 리듬. 예 빈맥, 서맥)이나 심부전을 일으킨다.

⑥ **대사성 산증** 신장기능이 저하되면 산·염기 평형 유지에 장애가 생겨(신장의 수소이온 분비 능력 감소로 인해) 대사성 산증이 발생하며 이는 뼈와 근육세포를 약하게 하고 신장기능 저하를 더욱 촉진시키는 것으로 알려져 있어 적극적인 약물치료가

필요하다. 또한 체내에서 생성한 산성 물질의 배출 기능이 저하되어 쉽게 혈액이 산성화된다.

⑦ **고혈압** 수분 및 나트륨 배설의 장애로 혈압이 상승하게 된다.

⑧ **빈혈** 신장의 손상으로 인해 적혈구조혈인자(에리트로포에틴EPO)의 생성이 감소하여 빈혈이 발생한다. 발생한 빈혈을 치료하기 위해서는 조혈 호르몬 제제의 투여가 필요하다. 또한 만성신부전의 경우 식사를 통한 철의 섭취 부족, 위장관에서의 철 흡수장애, 혈액투석, 위장관의 출혈 등으로 인해 철결핍빈혈이 자주 나타난다.

⑨ **미네랄 골질환** 신장에서 비타민 D의 활성화 및 인의 배설이 적절하게 이루어지지 않아 발생하는 합병증으로 치료를 하지 않을 경우에 골대사 이상은 물론 심혈관계 합병증을 초래하게 된다. 신장에서의 인 배설 감소로 혈액 내 인의 농도가 상승하고 칼슘과 함께 칼슘·인산염이 생성되어 눈, 피부, 폐, 심장, 혈관과 같은 연조직에 침착되고, 그 결과로 혈액 칼슘 농도가 더욱 감소되어 뼈에서 칼슘이 용출된다. 또한, 만성신부전으로 인해 비타민 D를 활성화시킬 수 없어 혈액 칼슘 농도가 저하되어 골질환이 흔히 나타나며, 뼈의 통증, 골질량의 감소, 골연화, 골절 등이 나타난다. 만성신장병-미네랄 골질환의 예방 및 치료를 위해서는 고인산혈증을 잘 조절하여 부갑상선 호르몬 수치가 적절한 범위 안에서 유지되게 하여야 하며, 식사로부터의 인 섭취를 제한하는 것이 중요하다.

⑩ **영양불량** 만성신부전이 진행될수록 영양상태의 유지가 힘들어지고 나빠져 단백질·에너지 영양불량이 나타난다. 또한, 오심, 구토, 구강건조증, 설사, 변비 등의 증세 외에도 말기에는 위장관의 출혈도 나타나 영양소 흡수가 감소되므로 영양불량이 악화된다.

표 **8-6** 만성신부전 및 요독증의 임상증상

조직 또는 기관	임상증상
소화기계	• 구강건조증, 구내염, 오심, 구토, 위염, 흡수불량, 소화기계 출혈
피부	• 가려움증, 건조한 피부와 모발
심장 순환기계	• 부정맥, 심근염, 고혈압, 호흡곤란, 울혈성 심부전
호흡계	• 객혈, 호흡곤란, 늑막염, 폐렴, 폐부종
조혈계	• 빈혈, 출혈, 혈액응고 결함
신경계	• 말초신경염, 이상감각, 근육약화, 혼수, 비정상적 행동, 시각이상, 청각장애, 불면증
골격계	• 골격 성장부진, 골격통, 관절통, 골연화증, 골다공증, 테타니
기타	• 감염에 대한 저항력 감소, 상처회복 지연, 탄수화물 대사이상, 산혈증 • 배란 감소, 정자 수 감소, 발기부전

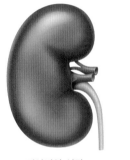

정상적인 신장   만성신부전의 신장

그림 **8-6** 정상 신장과 만성신부전의 신장

(3) 만성신장병의 치료

만성신장병은 다양한 원인에 의하여 발생하며, 원인이 되는 질환을 적절하게 치료하여 신장기능을 보존하는 것이 중요하다.

① **고혈압 치료** 고혈압은 만성신장병의 원인임과 동시에 만성신장병의 합병증이기도 하다. 따라서, 혈압을 적정 수준으로 유지하는 것이 신장기능의 저하를 막기 위해 중요하다. 만성신장병이 있는 경우에는 사구체 고혈압 및 단백뇨를 동반하는 경우가 대부분이므로 사구체 고혈압과 단백뇨 감소에 효과적인 혈압약을 우선적으로 권장하게 된다. 고혈압의 치료 관련 내용은 제5장을 참조한다.

　고혈압 치료 등을 위한 나트륨 제한 시 소금 대신 짠맛을 내기 위해 소금(NaCl) 대용품인 염화칼륨(KCl)을 사용하는 경우가 있다. 신부전 환자의 경우에는 소변으로 칼륨 배출이 제대로 일어나지 않아 혈액 칼륨 농도가 증가하는 고칼륨혈증이 생겨 부정맥 및 심부전이 발생할 수 있다. 그러므로 신장질환에서는 염화칼륨이 저칼륨혈증을 교정하기 위한 약제로 처방되는 경우를 제외하고는 사용하지 않도록 한다.

　　KDIGO 2021 Clinical Practice Guideline for the Management of Blood Pressure in Chronic Kidney Disease에서는 투석을 하지 않는 만성신장병 환자의 혈압조절약으로 안지오텐신 전환효소 억제제angiotensin converting enzyme inhibitor, ACEI 또는 안지오텐신 수용체 차단제angiotensin II receptor blocker, ARB의 사용을 권장하였다. 환자에게 맞는 적절한 혈압약의 복용은 신장내과 전문의가 환자의 상태를 판단하여 결정한다.

　　② **생활습관**　신장기능을 악화시킬 수 있는 생활습관을 피해야 하며, 영양관리는 매우 중요한 부분이다. 생활습관 중 영양관리는 별도로 설명한다. 무엇보다 추가적인 신장기능 악화를 막기 위하여 금연을 하고 진통제, 소염제, 생약제제 복용에 주의하는 것이 중요하다. 다른 질환의 진단 및 치료과정에 필요한 CT, MRI 및 혈관 조영검사가 필요할 때에는 반드시 신장내과 전문의와의 상담이 필요하다. 또한 혈압조절을 위해 운동을 하는 것이 중요한데 심혈관 및 신체적으로 허용 가능한 강도의 운동을 하도록 한다.

　　③ **합병증의 치료**　만성신장병에 동반되는 빈혈, 대사성 산증, 신성 골이영양증 등의 합병증을 적절하게 치료하는 것이 추가적인 신장기능의 저하를 지연시키고 삶의 질을 향상시키는 데 중요하다.

(4) 영양관리

　　만성신장병 환자의 영양관리 목표는 부종, 저알부민혈증, 요독증 등 관련 증상을 조절하고, 신장기능의 저하를 억제하여 만성신부전으로의 진행을 늦추고, 충분한 에너지를 공급하여 체단백의 이화작용을 막고 표준체중을 유지하는 동시에 영양상태를 잘 유지하는 것이다.

① **에너지**　에너지 섭취가 부족하면 체단백의 분해가 일어나며, 식사를 통해 섭취한 단백질이 체단백질 유지에 사용되지 못하고 에너지원으로 사용된다. 에너지는 25~35 kcal/kg 표준체중 정도로 충분히 공급한다. 충분한 양의 탄수화물을 매일 공급함으로써 비단백질 에너지원을 보충한다.

② **단백질**　요소 상승으로 인한 요독증의 증상을 예방하고 잔여 신장기능의 유지를 위해 단백질 제한이 필요하다. 일반적으로 단백질은 생물가가 높은 양질의 단백질로 선택하며 0.6~0.8 g/kg 체중 수준으로 제한한다. 그러나 사구체 여과율이 60 mL/분/1.73 m^2 이상으로 유지되면 단백질을 제한하지 않으며, 단백뇨가 있으면 24시간 동안 소변으로 배설되는 단백질량을 1일 단백질 허용량에 추가시킨다.

③ **수분**　총수분섭취량은 환자의 수분 제거능력에 따라 조절되어야 하며, 부종 또는 탈수를 방지할 수 있는 수준으로 정한다. 보통 1일 소변 배설량에 500 mL 정도를 더한 양을 공급한다.

④ **나트륨**　부종이나 고혈압을 유발시키지 않는 범위에서 환자의 수분 조절능력에 맞게 섭취량을 조절한다. 이뇨기에는 2,000~3,000 mg(소금 5~8 g) 정도를 첨가할 수 있지만, 부종이나 고혈압이 나타나면 증세에 따라 500~2,000 mg에서 조절한다. 부종이 심한 경우에는 이뇨제와 함께 하루 1,000 mg(소금 2.5 g) 이하로 엄격하게 제한한다. KDIGO에서는 2,400 mg 미만으로 제한할 것을 권장하고 있다.

⑤ **칼륨**　소변량이 정상적으로 유지되면 혈액 칼륨은 거의 정상범위에 있으므로 소변량이 정상 이하로 줄어들 때부터 칼륨 조절이 필요하다. 혈액 칼륨이 정상수준을 유지하도록 식사 섭취량을 조절하며 하루 섭취량은 1,500 mg 정도로 제한한다.

⑥ **인과 칼슘**　만성신장병 초기 환자에게 단백질과 인을 약간 제한함으로써 신장 퇴화 속도를 지연시킬 수 있다. 인은 800~1,000 mg/일 정도 수준에서 섭취하도록 한다. 저단백식을 하면 인의 섭취는 비교적 제한되는데, 인 수준 조절을 위해 수산화알루미늄 젤을 사용하면 이것이 소장에서 인과 결합하여 인의 흡수를 방해하는 역할을

한다. 만성신부전에서는 활성 비타민 D의 합성 저하로 인해 칼슘 흡수가 감소하므로 칼슘보충제를 사용하여 칼슘 섭취를 증가시키기도 한다. 칼슘은 권장섭취량을 충족시키고 혈중 칼슘 농도가 정상수치를 유지할 수 있도록 한다.

⑦ **비타민** 신부전 환자는 저단백식사로 인해 모든 비타민들의 완전한 공급이 어려우므로 심한 단백질 제한식의 경우 비타민을 보충해 주어야 한다. B군 비타민과 비타민 C의 섭취가 권장섭취량을 충족시킬 수 있도록 한다. 골질환이 있는 경우 비타민 D의 활성화된 형태(1, 25-(OH)$_2$D)를 치료 목적으로 사용할 수 있다.

4. 투석

투석은 말기신부전 환자에서 신장기능을 대신하기 위한 신대체요법renal replacement therapy의 하나이다. 반투막을 사이에 두고 분리된 용액 사이에서 일어나는 확산과 여과과정을 통해 체액의 조성을 정상화하는 것이다. 소변으로 배출되지 못한 노폐물과 독소가 많은 혈액을 투석액과 접촉시키면 노폐물이 투석액 쪽으로 이동하게 된다. 투석은 주로 확산에 의해 이루어지기 때문에 수분 및 전해질과 같은 분자량이 작은 물질이 제거된다.

투석은 고칼륨혈증, 수분 축적, 폐부종, 요독증 등이 심해져서 달리 치료할 방법이 없을 때 선택하는 방법이다. 투석에는 혈액투석과 복막투석이 있는데, 신장질환의 종류, 혈관 접근, 나이, 가족의 지지 정도, 투석센터 접근성 등 여러 가지 요인을 고려하여 정하며, 우리나라에서는 대부분의 투석 환자가 혈액투석을 하고 있어 복막투석은 그 비율이 10% 미만이다.

1) 혈액투석과 복막투석의 원리

혈액투석은 혈액을 신체 외부로 뽑아 인공신장의 반투막을 통해 투석액과 접촉하도록 하며, 복막투석은 인체의 복강에 투석액을 투여하여 복막을 반투막으로 이용한다. (그림 8-9).

(1) 혈액투석

혈액투석hemodialysis은 혈관접근로를 통해 신체 외부로 동맥혈액을 끌어내어 투석 용액이 있는 인공신장기에 순환시키면서 혈액 속의 노폐물과 과잉 축적된 수분을 제거한 다음 다시 환자의 정맥으로 되돌아가게 하는 방법이다. 동맥과 정맥에 수술로 누공fistula을 만들어 투석을 할 때마다 누공 안쪽으로 큰 바늘을 삽입하고 투석을 실시하는데 이 혈관장치를 동정맥루arteriovenous fistula라고 한다. 인공신장기 내의 투석액 용기에서 반투막을 통하여 환자의 혈액과 투석액 간의 물질을 이동시켜 혈액 중의 노폐물을 걸러낸다. 투석은 환자의 상태에 따라 주 2~3회 정도로 시행되며, 한 번 시행 시 약 4시간 정도 소요된다. 복막투석에 비하여 환자의 수고가 적고 정기적으로 의료진의 상담을 받을 수 있다는 장점이 있으나 투석 간의 지나친 체중 증가를 막기 위해 엄격한 식사 조절이 필요하다.

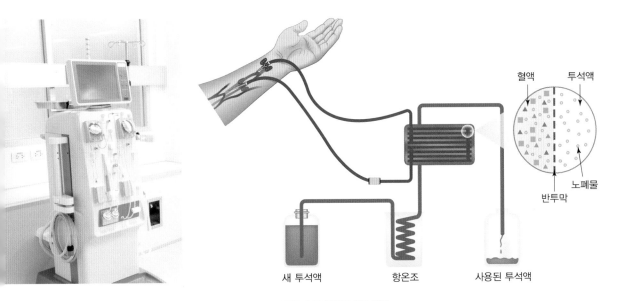

그림 **8-7** 혈액투석의 원리

(2) 복막투석

복막투석peritoneal dialysis은 복강 내로 관을 삽입한 후 관을 통하여 투석액을 주입하여 일정시간 저류시킨 후 다시 배액하게 되는 과정을 반복하고 이를 통해 체내에 축적되어 있는 수분과 노폐물을 제거하는 방법이다. 대부분의 상용 복막투석액에는 1.5%, 2.5% 또는 4.25%의 덱스트로오스dextrose가 들어 있다. 복강 벽에 튜브(또는 카테터)를 삽입하여 복강 내로 덱스트로오스가 함유된 투석액을 흘려보내면, 투석액은 복막을 통해 복강 안쪽으로 들어가고 노폐물은 투석액으로 확산된다. 이 과정을 거쳐 만들어진 노폐물을 함유한 투석액은 복강 내 삽입된 튜브(또는 카테터)를 통해 폐기물통으로 흘러나오게 된다. 투석액을 하루 3~4회 정도 교환하면서 지속적으로 투석을 하므로 집에서도 할 수 있다는 장점이 있다. 또한 복막투석은 지속적인 투석의 효과로

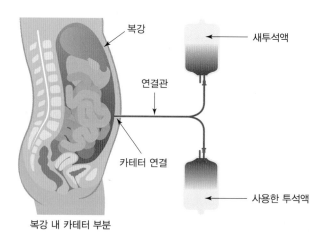

복강

새투석액

연결관

카테터 연결

사용한 투석액

복강 내 카테터 부분

그림 **8-8** 복막투석의 원리

알아두기

투석의 적절도 평가

• 요소감소율(urea reduction ratio, URR)
  – 투석을 통해 대표적인 노폐물인 요소가 제거된 정도를 분석하여 투석의 적절도를 평가함
  – 투석의 시작과 끝에 혈액에서 요소의 농도를 비교하여 계산함
  – 투석 전 요소 농도(mg/dL) – 투석 후 요소 농도(mg/dL)/투석 전 요소 농도(mg/dL) × 100
    = 요소감소율(%)
  – 요소감소율이 65% 이상일 때 적절한 투석이 되었다고 판단함

• Kt/V
  K : 투석막의 제거율, t : 시간, V : 환자의 몸에 있는 수분의 전체 양
  적절한 투석이 되려면 Kt/V가 1.2 이상으로 유지되어야 함

노폐물 제거가 용이하고 전해질, 수분, 혈압을 조절할 수 있으며 일상생활에 지장이 없고 식사 제한이 비교적 적다. 그러나 단백질, 수용성 비타민 등이 배출되어 손실되고, 투석액으로부터 당이 흡수되기 때문에 비만과 고중성지방혈증 등을 초래할 수 있으며 자가 치료이므로 복막염이 발생할 수 있는 단점이 있다.

2) 영양관리

투석환자의 영양관리 목표는 질소평형 유지를 위해 적절한 양의 에너지와 단백질을 공급하고, 혈중 칼륨과 나트륨의 농도 및 수분 섭취를 조절하여 체액의 항상성과 혈압을 정상적으로 유지하고, 부종과 고칼륨혈증에 의한 심장 부정맥을 막는 것이다. 또한 신성 골이영양증renal osteodystrophy과 석회 침착을 방지하기 위해 혈중 칼슘과 인의 농도 및 비타민 D를 조절하는 것이다. 환자가 가능한 한 본인의 생활습관이나 취향에 맞는 즐거운 식생활을 할 수 있도록 하는 것도 중요하다. 투석환자의 영양권장량은 투석방법, 투석 빈도수, 잔여 신장기능, 환자의 체격에 따라 달라진다. 혈액투석과 복막투석일 경우 영양관리가 다른 점도 있고 비슷한 점도 있다. 아래에 혈액투석과 복막투석 시의 영양관리를 구분하여 설명하였으며, 표 8-8에 투석 전 환자, 혈액투석 환자, 복막투석 환자의 영양관리 지침을 요약정리하였다.

(1) 혈액투석
일반적으로 투석을 하기 시작하면 식사에 대한 제한이 완화된다.

① **에너지** 에너지는 체조직의 분해를 막기 위해 충분히 섭취하도록 하며, 투석 전과 같이 표준체중 kg당 30~35 kcal를 섭취하도록 공급한다.

② **단백질** 단백질 섭취량은 개인의 투석 특성에 맞추어서 공급하지만, 질소평형을 유지하고 투석 중에 손실되는 아미노산 등을 보충하기 위해 표준체중 kg당 1.2 g/일 이상으로 충분히 주며, 섭취량의 50% 이상은 양질의 단백질로 공급한다. 혈액투석을 통해 손실되는 단백질은 1 g/1시간 정도이다.

③ **수분**   수분은 1일 소변 배설량에 750~1,000 mL 추가하여 제공하며, 투석 사이에 체중 증가가 2~3 kg 또는 0.5 kg/일 이내가 되도록 조절한다. 고혈압과 부종을 방지하기 위해 수분과 전해질 평형을 유지해야 한다. 수분의 섭취는 제한되지 않으면서 과도하게 나트륨을 제한할 경우에는 저나트륨혈증과 물종독water intoxication이 일어날 수 있다. 세포 내 수분과다로 인해 세포 특히 뇌세포의 팽창이 일어나게 되고 두통, 오심, 구토, 근육경련, 의식장애 등도 일어날 수 있다. 과도하게 수분을 제한할 경우에는 저혈압 및 혈관접근로에서의 혈액응고가 일어날 수도 있다.

④ **나트륨**   혈압을 조절하고 갈증과 부종을 막기 위하여 나트륨은 하루 섭취량을 2,000 mg(소금 5 g) 정도로 제한한다.

⑤ **칼륨**   칼륨의 제한이 필요하며, 개인의 신체 크기, 소변을 통한 칼륨의 배설량, 혈중 칼륨 수치, 투석 빈도 등을 고려한다. 고칼륨혈증은 심장 부정맥과 심장마비를 일으킬 수 있다. 하루 2,000~3,000 mg 또는 표준체중 1 kg당 40 mg 정도를 공급한다.

⑥ **칼슘과 인**   신장질환에서는 저칼슘혈증과 고인산혈증이 흔하므로 보통 칼슘을 보충하고 인을 제한한다. 인 섭취량은 800~1,000 mg으로 한다. 인 흡수를 억제하는 인산결합제로서 탄산칼슘 등의 칼슘제를 이용하기도 한다. 그러나 인 수치가 계속 높아지면 알루미늄 인산결합제의 사용이 필요하다.

⑦ **철**   에리트로포에틴의 부족으로 인한 빈혈은 말기신부전 환자의 증상 중 하나이다. 에리트로포에틴이 처방되더라도 철이 부족하면 적혈구의 생성이 제대로 이루어지지 못한다. 따라서, 적혈구의 생성이 잘 이루어질 수 있도록 철의 영양상태를 유지하는 것이 중요하다.

⑧ **비타민**   일반적으로 투석 환자의 식사는 엽산, 니아신, 리보플라빈, 비타민 B_6가 적으며, 투석을 통해 비타민이 손실되므로 수용성 비타민인 비타민 B군과 비타민 C 보충이 필요하다. 과도한 비타민 A의 섭취는 피한다.

⑨ **지방과 콜레스테롤** 혈액투석 환자에서는 고콜레스테롤혈증이나 고중성지방혈증이 흔히 나타나므로 가급적 불포화지방을 사용하고 콜레스테롤은 제한하도록 한다.

(2) 복막투석

복막투석은 혈액투석에 비해 식사제한이 적다. 투석 시에 나트륨, 칼륨, 수분은 일반적으로 심하게 제한하지 않는다. 복막투석의 경우에는 노폐물뿐만 아니라 우리 몸에 필요한 영양소도 제거되는데, 특히 투석액을 통한 단백질 손실이 많다.

① **에너지** 복막투석의 경우에는 투석액의 덱스트로오스에서 얻는 에너지를 감안하여 에너지 섭취를 조절해야 한다. 총에너지 섭취량은 식사를 통한 에너지 섭취량과 투석액으로부터 얻는 에너지량으로 계산한다. 따라서, 총에너지 섭취량은 혈액투석을 하는 환자와 동일하지만 식사로부터 섭취하는 에너지량은 혈액투석 환자보다 적어진다. 투석액으로부터 얻는 에너지량은 덱스트로오스 농도(g/L) × 3.4(kcal/g) × 0.8 × 투석액 용량(L)이다.

② **단백질** 복막투석을 하면 24시간 동안 20~30 g 정도의 단백질이 손실된다. 시간당 손실되는 단백질량은 1 g 정도로 혈액투석과 복막투석이 비슷하지만, 복막투석은 장시간 동안 이루어지기 때문에 총단백질 손실량은 더 많다. 단백질 섭취량을 표준체중 kg당 1.2~1.3 g 이상으로 높여 섭취하여야 한다.

③ **수분** 특별히 수분의 제한은 필요하지 않으며, 수분 항상성을 유지할 수 있도록 한다.

④ **나트륨** 나트륨은 2,000~3,000 mg 정도로 체중과 혈압을 고려하여 개별적으로 적용한다. 나트륨이 부족한 경우 저혈압과 현기증이 생길 수 있다. 부종이 있거나 고혈압이 나타나는 경우에는 수분과 나트륨의 제한이 바람직하다.

⑤ **칼륨** 칼륨이 결핍된 경우 오심, 구토, 근육 약화, 불규칙적인 심박, 이명이 생길 수 있다. 또한 급속한 투석액 제거에 의해 탈수도 일어날 수 있다. 칼륨은 2,000~

4,000 mg/일 수준에서 섭취하도록 하고, 혈중 칼륨 수치를 고려하여 식사를 통한 섭취량을 조정한다.

⑥ **칼슘과 인**   복막투석에서도 혈액투석과 마찬가지로 인의 제한과 칼슘의 보충은 필요하다. 이때 우유는 칼슘과 함께 인의 함량이 높으므로 우유 섭취는 1일 1/2~1컵 이하로 제한한다. 육류 이외에 인이 많이 함유된 식품을 제한한다.

⑦ **철**   적혈구의 생성이 잘 이루어질 수 있도록 철의 영양상태를 유지하는 것이 중요하다.

⑧ **비타민**   수용성 비타민인 비타민 B군과 비타민 C의 보충이 필요하다.

⑨ **지방과 콜레스테롤**   혈액투석 환자에서는 고콜레스테롤혈증이나 고중성지방혈증이 흔히 나타나므로 가급적 불포화지방을 사용하고 콜레스테롤은 제한하도록 한다.

⑩ **기타**   투석 환자는 식욕을 잃기 쉬우므로 향신료 사용 등을 통해 식욕을 촉진시킬 수 있도록 한다.

표 **8-7** 신부전 환자의 영양관리 비교

영양소	투석 전(CKD 3~5단계)	혈액투석	복막투석
에너지	• 25~35 kcal/kg	• 30~35 kcal/kg	• 30~35 kcal/kg (복막투석액으로부터의 에너지 포함)
단백질	• 0.6~0.8 g/kg/일	• ≥ 1.2 g/kg/일	• ≥ 1.2~1.3 g/kg/일
나트륨	• 2,000~3,000 mg/일 • 부종이나 고혈압이 있을 경우 500~2,000 mg/일	• 2,000 mg/일	• 2,000~3,000 mg/일
수분	• 환자의 수분 제거능력에 따라 조절 • 소변 배설량 + 500 mL	• 소변 배설량 + 750~1,000 mL	• 특별히 수분 제한은 필요하지 않음 • 수분항상성 유지
칼륨	• 혈액 칼륨이 정상수준을 유지하도록 식사 섭취량을 조절	• 2,000~3,000 mg/일	• 2,000~4,000 mg/일
인	• 800~1,000 mg/일	• 800~1,000 mg/일	• 800~1,000 mg/일

5. 신장이식

신장이식renal transplantation은 말기신부전 환자에서 투석 외에 신장기능을 대신하기 위한 신대체요법이다. 건강한 신장 기증자로부터 기증을 받을 수 있어야 가능하므로 말기신부전 환자의 20% 미만이 신장이식을 받고 있다. 신장이식 후에는 면역억제제를 다량 투여하여 조직거부반응을 예방하는데, 이 경우에는 식품을 매개로 한 감염의 위험이 증가하므로 충분히 살균된 식품만을 섭취하는 등 식품안전에 주의하여야 한다. 또한 면역억제제의 부작용으로 구토, 설사, 부종, 고혈압, 혈액지질농도 변화, 당뇨병 등이 나타날 수 있다. 수술 후에는 이화작용이 증가하게 되므로 에너지와 단백질의 충분한 공급이 필요하고, 약물의 부작용으로 당뇨병 등이 나타날 때는 저탄수화물식을 실시한다. 일부 면역억제제는 체내 전해질 균형에 영향을 주어 고칼륨혈증, 저인산혈증, 소변으로의 칼슘배설 증가 등이 나타나므로 주의 깊은 관찰과 처방이 필요하다.

 핵심 포인트

신장이식 환자의 영양관리
- 신장이식 수술 후 6주까지는 에너지와 단백질을 충분히 섭취함. 에너지는 30~35 kcal/kg, 단백질은 1.3~2 g/kg
- 이식 후 6주 후에는 체중 유지를 위한 에너지와 1 g/kg의 단백질을 섭취함
- 이식 후에는 단순당과 포화지방산의 섭취가 높지 않도록 함
- 면역억제제 사용으로 감염의 위험이 높아지므로 식품안전에 유의해야 함

---

6. 신장결석

신장결석nephrolithiasis은 미네랄 등의 물질들이 결정을 이루어 신장에 단단하게 침착된 것을 말한다. 신장결석은 좁은 의미로는 신장 내에 있는 결석을 뜻하지만 종종 요

관에 있는 결석까지 포함하기도 한다. 결석의 크기는 매우 다양하며 한 개 또는 여러 개일 수 있다. 여자보다 남자에서 많이 발생하고 청장년기인 20~50세 사이에 주로 발생한다. 결석의 생성 및 성장 원인은 다양하지만 가장 중요한 인자는 소변 내 결석 구성 성분의 농도 증가, 즉 소변성분의 과포화이다. 환자의 75% 이상은 칼슘을 함유하는 수산칼슘 또는 인산칼슘 결석이고, 5~10%는 스트루바이트struvite(암모니아, 마그네슘, 인산 3개가 모여 염을 생성하는 것) 결석이며, 5~10%는 요산 결석, 1~2%는 시스틴 결석이다.

1) 종류

(1) 칼슘 결석

대부분의 결석은 수산칼슘calcium oxalate 또는 인산칼슘calcium phosphate으로서 칼슘염으로 이루어져 있다. 수산칼슘 결석은 소변에 과량의 칼슘 및 수산염이 존재하거나 구연산과 같은, 자연적인 결석 예방물질이 감소되어 있는 경우에 발생한다. 인산칼슘 결석은 소변 내에 칼슘이 과량으로 존재하고 산acid이 적을 때 발생한다. 일반적으로 칼슘과 비타민 D의 과잉 섭취로 인해 혈장 칼슘 농도가 증가하고 그로 인해 소변에 포함된 칼슘 함량이 증가할 경우가 생긴다. 이와 같은 식사 의존성 고칼슘뇨증인 경우에는 칼슘 섭취를 조정해 주어야 한다. 한편, 질병으로 인해 장기간 움직이지 못하는 환자에서는 뼈로부터 칼슘 용출이 증가하고, 부갑상선기능항진증의 경우에도 혈중 칼슘 농도가 높아져 소변으로 배출되는 칼슘이 증가되어 결석이 생길 수도 있다. 신장결석 환자 중 50%는 소변 칼슘 수준이 증가하는데 대부분은 식사와 상관없이 흡수가 항진되어 생긴 흡수성 고칼슘뇨증이다. 고칼슘뇨증이란 1일 소변으로 배설되는 칼슘이 남자의 경우 300 mg 이상, 여자의 경우 250 mg 이상일 때를 말한다.

(2) 요산 결석

요산은 퓨린 대사의 최종산물이며 퓨린 대사에 문제가 있는 사람에서 요산 결석uric acid stone이 생길 수 있다. 통풍이 있는 경우나 백혈병과 같이 세포 교체가 빠르게 일어나는 질환에서 주로 발생하며, 아스피린 등의 약물이 요산 배설을 증가시켜 결석을 형성하기도 한다. 요산 결석은 pH 5.5 이하의 소변에서 잘 형성되는 경향이 있으므로 소변의 pH를 높이기 위해 알칼리성 식품을 섭취하고 소변이 농축되지 않도록 수분을 섭취하는 것이 필요하다.

(3) 스트루바이트 결석

스트루바이트 결석struvite stone은 여성에게 흔히 발병하는데 암모니아, 마그네슘, 인산이 마그네슘인산암모늄$MgNH_4PO_4$ 형태의 결석을 만드는 것이다. 주로 요로계의 감염 시발생하는데 감염균이 요소를 암모니아로 가수분해하는 효소를 함유하기 때문이다. 암모니아 농도가 높은 환경에서 스트루바이트가 침전되고 커져서 결석을 형성한다.

(4) 시스틴 결석

아미노산 운반의 유전적인 이상으로 생기며 신장 세뇨관에서 시스틴의 재흡수가 안되는 경우 시스틴이 소변으로 배설되는데, 시스틴은 소변에 잘 용해되지 않으므로 시스틴 결석cystine stone을 형성할 수 있다. 소변 구성 성분의 농도 증가, 소변 pH 변화, 소변의 양 감소 및 세균이 결석 형성에 영향을 준다. 사춘기 이전에 발병하는 경우가 많으며, 가족 병력이 있는 경우 발생 빈도가 높다. 알칼리성에서 시스틴 용해도가 증가하므로 지나친 산성식품 섭취를 피하고 알칼리성 식품을 충분히 섭취한다.

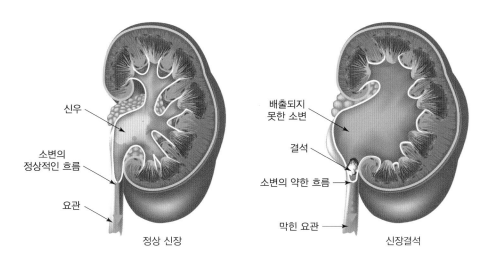

신우

배출되지
못한 소변

소변의
정상적인 흐름

결석

요관

소변의 약한 흐름

막힌 요관

정상 신장

신장결석

그림 **8-9** 정상 신장과 신장결석

2) 증상과 원인

신장결석의 대표적인 증상은 소변의 흐름을 막아서 유발되는 통증과 주위 조직에 자극을 주어 생기는 혈뇨가 있으나, 구체적 증상은 결석의 크기나 존재하는 부위에 따라 다를 수 있다. 결석이 신우와 같은 신장 내부에 있으면 소변 횟수가 늘어나고 배뇨 시 통증이 생기며, 요관에 있으면 심한 통증과 함께 혈뇨도 나타난다. 신장에 박혀 있는 결석은 통증이 없어 다른 질병을 진단할 때 우연히 발견되기도 하는 반면 신장의 결석이 요관으로 이동하면서 구경이 좁은 부위에 걸리게 되면 극심한 산통을 유발한다. 결석의 크기가 소변의 흐름을 막을 정도로 클 경우는 신장에서 소변이 배출되지 못하여 신장의 기능을 저하시키기도 한다. 급성신장손상의 원인 중 하나가 신장결석으로 인한 요관폐쇄이다. 또한 결석이 지나가는 과정에서 감염을 초래하여 발열과 탁한 소변 등의 요로감염 증상을 보이기도 한다.

신장결석은 소변의 양이 적거나 결정을 유발하는 물질들이 너무 많을 때 발생한다. 소변 중에 있는 결석이 분해되는 것을 돕는 물질의 양이 적을 경우에도 결석이 발생하게 된다.

3) 영양관리

신장결석 환자를 위한 영양관리 목표는 결석의 크기가 커지는 것을 방지하고 새로운 결석이 형성되지 않도록 결석 생성을 촉진시키는 성분을 많이 함유하고 있는 식품을 제한하는 것이다. 신장결석의 치료 및 예방을 위해서 다음과 같은 영양관리가 일반적으로 필요하다.

① **수분공급**　소변이 희석되어 결석 형성 물질의 농도를 상대적으로 낮추도록 하기

> **알아두기**
>
> **칼슘 결석 생성 요인**
> - 칼슘 결석의 위험을 높이는 식사요인 : 동물성 단백질, 수산, 나트륨, 비타민 C
> - 칼슘 결석의 위험을 낮추는 식사요인 : 칼슘, 칼륨, 마그네슘, 수분, 식이섬유, 비타민 B_6

위해 다량의 수분 섭취가 필요하다. 매일 2 L 이상의 소변을 볼 만큼 물을 충분히 마시는 것을 권장한다.

② **결석 원인물질 조절**　결석의 원인이 되는 식사 요인을 조절하여 소변 내에 침전 가능한 물질을 감소시키도록 한다.

③ **신장결석의 치료를 위한 약물 사용**　결석 생성요인과 결합하여 대변으로 배설되게 하는 결합제를 사용한다. 소변 내 요산 농도가 높다면 혈중 요산 농도를 감소시키는 약물복용을 고려할 수 있으며, 소변 중에 자연적으로 신장결석 형성을 방해하는 구연산이 감소되어 있는 경우에는 구연산칼륨의 복용이 도움이 되기도 한다.

(1) 수산칼슘과 인산칼슘 결석

① **단백질**　소변 내 칼슘 농도가 높을 경우 단백질 제한이 필요하다. 동물성 단백질의 섭취 증가는 요산과 칼슘의 배설을 증가시키고 소변 중 시트르산의 배설을 감소시켜 결석 생성의 위험을 높인다.

② **나트륨**　소변 내 칼슘 농도가 높을 경우 나트륨 제한이 필요하다.

③ **칼슘**　칼슘결석이 있다고 해서 칼슘을 제한하는 것은 권장되지 않는다. 오히려 칼슘 섭취를 지나치게 줄이면 뼈에 있던 칼슘까지 소변으로 빠져나갈 수 있으며, 식사를 통한 칼슘섭취 제한은 장에서의 수산 흡수가 증가되는 결과를 초래하여 소변 중 칼슘 배설도 증가하게 된다.

④ **수산**　수산 함량이 많은 식품의 섭취를 제한한다. 수산 함량이 많은 식품으로는 시금치, 초콜릿, 콩, 견과류, 녹차, 맥주, 밀배아, 비트, 딸기 등이 있다. 수산 섭취량이 하루에 40~50 mg 이하가 되도록 한다.

⑤ **비타민 C**　수산은 비타민 C 대사의 최종 산물이다. 따라서 과다한 비타민 C의 섭취는 수산 생성을 증가시키므로 피해야 한다. 하루에 100 mg 이하로 섭취한다.

⑥ **인**　인산칼슘 결석인 경우에는 인이 함유된 식품을 제한하고 인결합 약제를 사용하여 결석의 형성을 방지한다.

(2) 요산 결석

① 요산은 퓨린의 대사산물이므로 퓨린 함량이 높은 식품의 섭취를 제한한다. 퓨린 함량이 높은 식품으로는 육류(특히 내장육)와 등푸른 생선이 있다. 동물의 심장, 간, 신장 등과 같은 내장육과 혀, 그리고 정어리, 청어, 고등어, 멸치와 같은 등푸른 생선은 퓨린 함량이 높다. 이 외에도 가리비, 생선알, 홍합, 이스트 등도 퓨린 함량이 높다.

② 소변의 pH를 높이면 약물의 효과를 향상시킬 수 있다.

③ 통풍gout으로 인해 요산 생성이 많을 경우에는 지방의 섭취량 감소, 알코올 섭취 제한, 체중 감소 등이 필요하다.

④ 수분을 충분히 섭취한다.

(3) 시스틴 결석

① 시스틴은 필수 아미노산인 메티오닌으로부터 형성되는 비필수아미노산이기 때문에 메티오닌이 적게 함유된 식사를 한다. 따라서, 단백질 섭취를 감소시킬 필요가 있다.

② 알칼리성 식품을 섭취하여 소변의 pH를 7.5 정도로 유지하도록 한다. 소변의 pH가 높을 때 소변 중 시스틴의 용해도가 증가하므로 시스틴이 침전될 가능성이 감소한다.

③ 다량의 수분을 섭취한다(하루에 4 L 이상).

 핵심 포인트

신장결석 환자의 치료와 예방을 위한 영양관리

- 수분을 충분히 섭취하여 하루 소변 배설량이 2.5 L 이상이 되도록 함
- 단백질 섭취량이 과도하지 않도록 함
- 결석의 종류에 따라 제한해야 할 식품이 다름
- 칼슘 결석이 있다고 해서 식품을 통한 칼슘 섭취를 제한하지 않음

신장질환에서 처방되는 약물이나 보충제

신장질환에서는 고혈압 치료제, 인결합제, 조혈제, 이뇨제 등을 사용하는데, 일반적으로 이뇨제들은 칼륨, 마그네슘, 아연이 소변으로 배설되는 것을 증가시키므로 장기간 사용할 때 고갈증세가 나타나므로 주의해야 한다. 또한, 식사의 특성상 부족하기 쉬운 영양소나 신장질환으로 인한 대사이상이 있는 영양소를 보충제의 형태로 섭취하기도 한다.

약리작용		약제	특징
고혈압약	칼슘차단제	Verapamil, Amlodipine	
	알파차단제	Doxazosin	
	베타차단제	Atenolol	
	ACEI	Captopril	• 칼륨보존제와 병용 금지
이뇨제	칼륨 보존	Spironolactone	• 칼륨 보존 • 고칼륨혈증에 주의
	티아지드	Chlorthalidone	• 칼륨 배설 • 저나트륨혈증, 저칼륨혈증에 주의
	루프이뇨제	Furosemide, Torsemide	• 칼륨 배설 • 저나트륨혈증, 고요산혈증에 주의
인결합제	탄산칼슘	CaCO$_3$	• 인 배설 촉진
	제산제	Amphogel	• 식사와 함께 복용
	칼슘아세트산	PhosLo	• 인 흡수 억제
골다공증 치료제	Bisphosphonate	Alendronate (Fosamax)	• 골 흡수 억제
조혈제	에리트로포에틴	Epogen	• IV 또는 IM 주사 • 철, 비타민 B$_{12}$, 엽산이 충분하도록 함
철보충제			• 제산제와 병용 금지
칼슘보충제		Os-Cal	
비타민제	비타민 B 복합제		
	비타민 C		

CHAPTER 08 사례 연구   # 만성신장병(Chronic kidney disease)

신 씨는 45세의 회사원이다. 3년 전 건강검진 시 고혈압과 국소분절증식성사구체신염(focal mesangial proliferative glomerulonephritis)을 진단받았다. 고혈압약을 처방받았지만, 특별히 불편한 증상이 없어 약 복용을 하지 않는 경우가 종종 있었다. 최근 회사 일이 많아지면서 피로감이 심해지고 소변에 거품이 많이 나고 몸이 붓는 경우가 잦아졌으며, 다리에 경련이 일어나기도 하였다. 어느 날 왼쪽 아래 옆구리에 통증을 심하게 느껴 병원 진료를 보았다. 의사는 신 씨의 신장기능이 많이 저하되었으니 엄격한 식사 조절과 약물 처방을 따라야 한다고 말했다.

의무기록에 나타난 신 씨의 특성과 임상결과는 다음과 같다.

□ **신장** : 171 cm
□ **체중** : 73 kg
□ **최근 체중 변화** : 지난 3개월간 5 kg 증가
□ **진단명** : 고혈압, 국소분절증식성사구체신염, 신부전

□ **약물처방**

- Amlodipine
- Kalimate
- Losartan
- Multivitamin with minerals

□ **식사처방**

- 나트륨 제한(< 2,300 mg/일)
- 칼륨 제한
- 단백질 제한(표준체중 1 kg당 0.8 g)
- 수분 섭취량은 제한 없음

□ **임상검사 결과**

− 소변검사 결과

비중(SG) : 1.030, Protein : +2, Glucose : negative, Ketones : negative, pH : 8.0

− 혈액검사 결과

검사항목	결과(참고치)	검사항목	결과(참고치)	검사항목	결과(참고치)
Hb	12.5 g/dL (13~17)	AST	22 U/L (< 40)	BUN	37 mg/dL (8~20)
Hct	38% (42~52)	ALT	38 U/L (< 40)	Cr	2.0 mg/dL (0.72~1.18)
MCV	86 fL (80~94)	Na	138 mEq/L (135~145)	Uric acid	8.8 mg/dL (3.5~7.2)
FBS	110 mg/dL (70~100)	K	6.0 mEq/L (3.5~5.5)	P	4.3 mg/dL (2.5~4.5)
Albumin	3.3 g/dL (3.5~5.2)	Cl	103 mEq/L (98~110)	Ca	8.7 mg/dL (8.8~10.6)
eGRF (MDRD)	38.6 mL/ min/1.73m^2				

임상영양사가 신 씨의 식사를 조사하였더니 신 씨는 어제 다음과 같이 먹었다고 대답하였다.

- 아침 : 잡곡밥 1/2공기, 된장찌개 1대접, 배추김치 1접시, 무장아찌 2쪽
- 간식 : 양파즙 1봉지
- 점심 : 쌀밥 1공기, 육개장 1대접, 깍두기 1접시
- 저녁 : 잡곡밥 1공기, 북엇국 1대접, 멸치볶음 1큰술, 고등어구이 1토막, 배추김치 1접시, 시금치나물 1접시, 깻잎장아찌
- 후식 : 참외 1/2개, 토마토 1개

1. 사구체여과율은 무엇인지 설명하고, 사구체여과율을 기준으로 신 씨의 신장병 진행단계를 설명하시오.

사구체여과율(GFR)은 신장이 1분 동안에 깨끗하게 걸러주는 혈액의 양을 의미하며, 정상 사구체여과율은 분당 90~120 mL 정도이다. 신장의 기능이 감소하면 사구체여과율도 감소하기 때문에 신장기능을 나타내는 가장 중요한 수치로 여겨진다. 신 씨의 경우 MDRD 공식으로 계산된 추정 사구체여과율이 38.6 mL/min/1.73m^{2}로 만성신장병 3단계(30~60 mL/min)에 해당되며, 신장기능이 상당히 저하되었음을 알 수 있다. 또한, 혈중요소질소와 크레아티닌의 증가도 신장기능이 저하되었음을 의미한다.

2. 신 씨의 임상 검사 수치 중 칼륨 수치에 대해 설명을 하시오.

신 씨의 혈중 칼륨 농도가 6.0 mEq/L로, 정상보다 과도하게 상승한 상태이다. 칼륨은 우리 몸의 근육과 심장, 신경이 정상적으로 기능하기 위해 필수적인 영양소인데, 신 씨의 신장기능이 감소하여 신장을 통해 잘 배설되지 않아 고칼륨혈증이 발생한 것이다. 혈중 칼륨 농도가 높아지면 근육 무력감, 피로감, 반사 저하, 저린 감각, 오심, 구토, 설사 등의 증상이 나타나며, 심한 경우 근육 마비, 호흡 부전, 저혈압, 부정맥 등의 증상을 보이다가 심정지가 올 수도 있다.

3. 신 씨에게 처방된 약물들의 효과를 간단히 설명하시오.

① Amlodipine
혈관 확장성 칼슘채널차단제로서 말초혈관을 확장한다. 고혈압 치료에 사용되며 심장에 있는 동맥의 과도한 수축을 막아 협심증 치료에도 사용된다.

② Losartan
안지오텐신 II 수용체 차단제(angiotensin receptor blocker, ARB)이다. 안지오텐신 II는 혈관을 수축시키며, 알도스테론의 분비를 자극하여 신장에서 나트륨과 수분을 재흡수시켜 혈압을 상승시키는 물질이다. Losartan은 안지오텐신 II의 수용체를 차단하여 혈관을 확장시키고, 체내 수분량을 감소시켜 혈압을 낮춘다. 고칼륨혈증이 유발될 수 있으므로 주의해야 한다.

③ Kalimate

장에서 칼륨의 배설을 촉진해 혈중 칼륨 농도를 정상화시키는 약이다. 경구투여 시 물에 현탁하여 섭취하도록 하고, 변비가 생기지 않도록 물을 충분히 섭취하는 것이 좋다.

4. 신 씨의 영양문제를 PES 진단문 형식으로 기술하시오.

Problem(문제)	Etiology(원인)	Sign/symptom(징후/증상)
• 나트륨 섭취 과다	• 짜게 먹는 식습관	• 부종 • 국, 찌개, 김치, 장아찌류 섭취 많음
• 영양 관련 검사 결과 변화 (hyperkalemia)	• 신장기능 감소에 따른 칼륨 섭취 주의에 대한 식품 및 영양관련 지식 부족	• K : 6.0 mEq/L • 고칼륨 식품 섭취(잡곡밥, 양파즙, 시금치, 참외, 토마토)

5. 신 씨의 식사처방에 대한 이론적 근거를 설명하고 의견을 제시하시오.

① 단백질 섭취량 : 표준체중 1 kg당 0.8 g

초기 신장질환에서 단백질의 엄격한 제한은 단백뇨와 같은 문제가 있을 때 소변으로의 단백질 손실을 줄일 수 있다.

② 나트륨 섭취량 : 1일 2,300 mg

신장질환이 진행될수록 나트륨 배설이 저하되어 혈중 나트륨의 농도는 식사 섭취량에 의해 결정된다. 체내 나트륨의 과다 축적과 부종, 고혈압, 심부전 등을 방지하기 위해 나트륨 섭취를 제한해야 한다. 체내 나트륨의 균형은 나트륨 섭취를 하루 2~3 g 정도로 제한함으로써 유지될 수 있으나 때로는 하루 1 g 정도로 제한이 필요할 때도 있다.

③ 칼륨의 섭취량 : 혈중 수치를 관찰하면서 적절하게 조절

일반적으로 신장은 칼륨을 효과적으로 조절하므로 식사 중의 칼륨 제한은 만성신장병 말기까지는 필요하지 않을 수도 있다. 그러나 신 씨의 경우 현재 혈중 칼륨 수치가 증가되어 있으며 신장기능이 저하된 것을 고려하였을 때, 칼륨을 제한해야 한다.

④ 수분의 섭취량 : 제한 없음

수분 섭취는 반드시 환자의 수분 제거능력에 따라 조절되어야 한다. 신 씨는 신장질환이 아직 소변을 배출하지 못할 정도로 진행되지 않았으므로 제한할 필요가 없다. 소변 배출량이 수분 섭취량과 같으면 수분의 균형이 유지되나 외견상 부종이 있는 경우 이뇨제를 사용하여 나트륨과 수분의 배설을 증가시켜 수분균형을 맞추어야 한다.

혈액투석(Hemodialysis)

56세 가정주부인 석 씨는 5년 전 만성사구체신염을 진단받고 정기적으로 병원 진료를 받고 있다. 2달 전 감기 증상으로 동네 의원에서 감기약을 처방받아 1주일 정도 감기약을 복용하였는데, 이후 쉽게 피곤해지고 입맛이 없고 메스꺼움을 자주 느꼈다. 하루는 기운이 없고 집에서 식사 준비하기가 힘들어 외식하였는데, 밤새 옆구리 통증으로 잠을 자지 못하였고, 다리에 경련이 일어났으며, 몸이 심하게 부었다.

석 씨는 예약된 일정을 앞당겨 신장전문의에게 찾아갔다. 신장전문의는 석 씨에게 만성신장병 5단계에 해당하며 응급 투석이 필요하다고 말했다. 입원 후 의사는 석 씨의 쇄골하정맥에 임시도관을 삽입하여 응급 투석을 진행하였다. 석 씨는 동정맥루(arteriovenous fistula) 수술도 받았다. 의무기록에 나타난 환자의 특성과 임상검사 결과, 약물 및 식사처방은 다음과 같다.

□ **임상검사 결과**

  – 소변검사 결과

  　비중(SG) : 1.030, Protein : +1, Glucose : negative, Ketones : negative, pH : 8.2

  – 혈액검사 결과

검사항목	결과(참고치)	검사항목	결과(참고치)	검사항목	결과(참고치)
Hb	10.4 g/dL (13~17)	AST	23 U/L (< 40)	BUN	92 mg/dL (8~20)
Hct	36% (42~52)	ALT	37 U/L (< 40)	Cr	7.2 mg/dL (0.72~1.18)
MCV	70 fL (80~94)	Na	152 mEq/L (135~145)	Uric acid	9.5 mg/dL (3.5~7.2)
FBS	103 mg/dL (70~100)	K	6.2 mEq/L (3.5~5.5)	P	6.9 mg/dL (2.5~4.5)
Albumin	3.1 g/dL (3.5~5.2)	Cl	110 mEq/L (98~110)	Ca	7.6 mg/dL (8.8~10.6)
eGRF (MDRD)	5.4 mL/ min/1.73m^2				

  – 약물처방 : Tenormin, Phos-Lo, Epogen, Multivitamin with minerals

  – 식사처방

  • 체중 1 kg당 1.2 g 단백질 섭취

  • 나트륨 제한(< 2,000 mg)

  • 칼륨 섭취량은 60 mEq

  • 수분 섭취량은 소변 배설량 + 500 mL

　석 씨의 키는 162 cm이고, 평소 체중은 56 kg이다. 최근 몇 달간 식사량이 많이 줄고 근육 양도 줄어든 것 같은데 입원 시 체중은 56 kg 그대로였고, 투석 후 체중은 52 kg이었다. 이 투석 후 체중은 건체중(dry weight)으로 기록하였다.

　신장담당 임상영양사는 석 씨와 그의 남편을 만나서 새로 바뀐 석 씨의 식사에 관해 설명하였다. 그녀는 단백질 증가, 소금과 수분 제한의 중요성과 더불어 충분한 에너지 섭취의 중요성도 덧붙여 강조했다.

1. 동정맥루(arteriovenous fistula)는 무엇이고 왜 필요한가?

　혈액투석을 하기 위해서는 분당 200 mL 이상의 혈액을 몸에서 빼내어 필터로 걸러낸 후 다시 몸속으로 넣어주어야 하는데, 일반 말초혈관으로는 충분한 혈액을 빼내기 힘들고 혈관이 쉽게 손상되어 막히는 등 혈액투석 치료에 적합하지 않다. 혈액투석을 위한 적절한 혈관 통로를 확보하기 위해 체내의 동맥과 정맥을 연결해 주는 수술이 요구된다. 동맥과 정맥이 연결되면, 압력이 센 동맥혈이 정맥 내로 흘러들어가 정맥혈관을 울혈시키고 굵어지게 하여 투석 시 사용할 수 있게 되는데, 이것을 동정맥루라고 한다. 수술 1~2달 후 사용할 수 있다.

2. 석 씨는 현재 신장질환에 의한 이차적인 빈혈로 분류되었다. 검사결과에서 빈혈을 알 수 있는 지표는 무엇인지 쓰고, 신장질환과 빈혈의 병태에 관해 설명하시오.

　Hb, Hct, MCV는 체내 철 영양상태를 반영하는데 석 씨는 세 가지 수치가 모두 낮다.

　신장의 손상에 따른 에리트로포에틴의 합성 감소로 인해 적혈구 생성이 저하되어 빈혈이 일어나게 된다. 만성신장병에서는 식사로부터의 철 섭취 부족, 장에서의 철 흡수장애, 혈액투석, 빈번한 혈액검사, 위장관의 출혈 등으로 인한 혈액과 철의 소실 등으로 인한 철결핍빈혈도 발생한다.

3. 석 씨의 BMI를 구하고, 비만도를 평가하시오.

　투석 시 체중 평가는 건체중 기준으로 계산한다.

　BMI = 52 kg ÷ 1.62 m ÷ 1.62 m = 19.8 kg/m²(정상체중임)

4. 석 씨의 에너지 필요량을 계산하시오.

　혈액투석 시 정상체중일 때는 30~35 kcal/kg, 비만일 경우에는 20~30 kcal/kg의 에너지 공급이 권장된다. 현재 건체중 기준으로 정상체중 범위에 속하므로, 현재 체중(건체중) × 30~35 kcal인 1,560~1,820 kcal를 권장한다.

5. 혈액투석 후에 단백질 처방량이 증가한 이유는 무엇인가?

투석을 하게 되면 체내 단백질 손실이 증가하게 된다. 그러나 과량의 단백질 섭취는 투석 간의 노폐물을 증가시킬 수 있으므로 주의하여야 한다. 따라서, 단백질 섭취량은 양의 질소평형 유지, 투석 중 손실되는 아미노산과 질소의 보충을 고려하여 결정되어야 한다.

6. 임상영양사는 석 씨에게 지방과 설탕을 먹음으로써 에너지 섭취를 증가시키라고 권장했다. 이러한 권장이 신장질환자에게 유익한가?

충분한 에너지의 섭취는 체조직의 분해를 막고 식사 내 단백질이 에너지원으로 사용되는 것을 막기 위해 중요하다. 지방과 설탕의 섭취를 증가시켜 에너지를 충분히 섭취하는 것은 식사의 에너지를 높이는 데 도움을 주기도 하지만 동맥경화증과 고혈당증이 생길 위험이 있으므로 주의해야 한다. 임상영양사는 빵이나 토스트를 먹을 때마다 꿀이나 올리브기름에 찍어 먹도록 권유하고, 조리 시 볶음이나 튀김 등 식물성 기름 사용을 늘리도록 권장했다.

7. 석 씨의 임상검사 결과에 대해 언급하고 이와 관련하여 식사에서 주의하여야 할 것을 설명하시오.

① 인의 수치가 상당히 증가하였고 칼슘의 혈중 농도는 감소하였다.
혈중 인의 농도가 높아진 것은 신장기능의 저하로 인해 인이 배출되지 못해서이다. 만성신부전의 합병증 중 하나는 뼈형성장애(osteodystrophy), 골연화증(osteomalacia), 낭성섬유뼈염(osteitis fibrosa cystic)과 같은 골격계 질환과 연조직 및 관절의 석회화이다. 이를 예방하기 위해서는 인과 칼슘의 섭취를 조절하여 저칼슘혈증과 고인산혈증을 조절해야 한다. Phos-Lo가 처방된 것은 이 때문이다.

② Hgb, Hct, MCV 수치가 감소하였다.
신장기능의 저하와 함께 빈혈이 심해진 것으로 판단된다.

③ 칼륨 수치가 높다.
신장기능의 저하로 인해 칼륨 배설이 제대로 이루어지지 않아 혈중 농도가 증가한 것으로 보이며, 고칼륨혈증은 심장 부정맥과 심장마비의 원인이 될 수 있으므로 식사에서의 칼륨 섭취를 제한할 필요가 있다.

8. 칼륨 60 mEq를 mg으로 바꾸시오.

1 mEq K = 39 mg K
60 × 39 = 2,340 mg

CLINICAL NUTRITION WITH CASE STUDIES

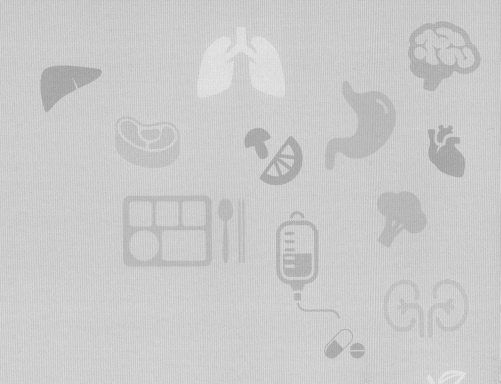

호흡기 질환

호흡기 질환은 활동 감소와 관련된 중요한 만성질환의 하나로, 영양상태와 호흡기 기능은 상호의존적이다. 건강한 사람은 영양소 대사에 필요한 산소를 호흡계로부터 공급받고 이산화탄소를 배출한다. 따라서 호흡기 장애로 인하여 영양불량이 초래될 수 있다. 영양불량은 호흡기 상태의 저하요인으로 작용할 수 있으므로 질환에 따른 적절한 영양관리가 중요하다.

- **급성호흡곤란 증후군(acute respiratory distress syndrome, ARDS)** 급성 폐 손상으로 인해 호흡계가 정상적인 역할을 수행할 수 없게 된 호흡부전 상태
- **낭성 섬유증(cystic fibrosis)** 호흡계, 소화관, 간, 땀샘 등 여러 장기의 상피 표면에서 분비되는 점액이 비정상적으로 농후한 질병
- **류코트리엔(leukotriene)** 강력한 염증 매개물질로 혈관 수축과 다양한 면역세포를 유인함으로써 감염과 알레르기 반응에 중요하게 작용
- **만성폐쇄 폐질환(chronic obstructive pulmonary disease, COPD)** 기관지 내층의 염증 또는 폐포 손상으로 공기 흐름이 제한되는 질환
- **비만세포(mast cell)** 동물의 결합조직과 점막조직 내에서 주로 발견되는 알레르기의 주요인인 면역세포
- **천식(asthma)** 기도에 공기 흐름을 차단하여 기침, 호흡곤란과 가슴이 조이는 느낌을 주는 만성염증성 반응
- **폐기종(emphysemia)** 폐포가 얇아지고 파괴되는 증상으로 혈류로의 산소 전달이 감소되고 호흡곤란이 나타남
- **폐렴(pneumonia)** 주로 박테리아, 바이러스, 곰팡이 등에 의한 감염으로 폐에 염증이 생긴 것
- **표면활성제(surfactant)** 폐포에서 분비되는 물질로 폐를 덮은 액체의 표면장력을 감소시켜 호흡기관의 안정성을 유지시키는 물질
- **호흡부전(respiratory failure)** 호흡계가 정상적인 기능을 수행하지 못하여 체조직에 산소를 충분히 공급하지 못하거나 이산화탄소를 충분히 제거하지 못하는 상태

1. 호흡기의 구조와 생리

호흡계는 코, 비강, 후두, 기관으로 구성된 상기도와 폐, 기관지, 폐포로 구성된 하기도로 나누어진다. 연골조직인 기관은 외부의 공기를 허파로 연결해주는데 기관의 벽에는 섬모가 발달되어 있고 상피세포에서는 점액을 분비한다. 폐lung는 세포 대사기능에 필요한 산소를 외부로부터 공급하고 대사과정에서 생긴 이산화탄소를 제거하는 역할을 하며 20~25세경에 완전히 성숙된다. 기관을 통해 폐로 들어온 공기는 가슴 양쪽으로 갈라진 기관지와 더욱 나누어진 세기관지로 들어와 가스 교환이 이루어지는 폐포에 도달한다. 흉강은 체온이 일정하게 유지되는 밀폐된 공간으로, 횡격막과 늑간

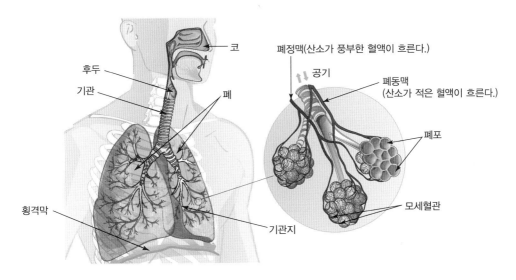

그림 **9-1** 호흡계의 구조

근육의 운동에 의하여 좁아지거나 넓어짐으로써 폐포 내 공기 압력을 변화시켜 기체가 교환되도록 한다(그림 9-1). 폐포는 매우 얇고 작은 공기주머니로 모세혈관으로 둘러싸여 있으며, 폐포-모세혈관 내피 간 확산작용에 의해 가스 교환이 이루어진다. 폐포에서 분비된 표면활성제는 폐가 확장되는 데 필요한 에너지를 줄여 주어 숨을 들이마실 때 폐포가 늘어나는 것을 돕는다(그림 9-2).

폐는 또한 감염과 외부 유해물질로부터 신체를 보호한다. 흡입된 바이러스, 박테리아, 오염물질들은 기관과 기관지 벽을 촉촉하게 유지시키는 점액질 및 섬모의 운동에 의해 바깥쪽으로 이동하거나 재채기 또는 기침으로 제거될 수 있다. 폐포의 상피세포

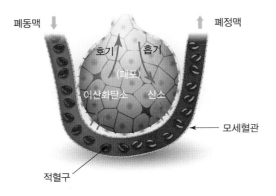

그림 **9-2** 폐포의 가스 교환

> **알아두기**
>
> ### 비만세포
>
> 비만세포(mast cell)는 주로 동물의 결합조직과 점막조직 내에서 발견되며, 알레르기의 주요인이 되는 면역세포이다. 비만세포 표면에는 IgE 형태의 항체가 붙을 수 있는 표면 인자가 있다. 항원(알레르겐)이 인체 내로 들어와 IgE와 결합하면, 그 IgE와 결합하고 있는 비만세포가 활성화된다. 이렇게 활성화된 비만세포는 히스타민, 세로토닌, 헤파린 등의 화학물질을 외부로 분비하여 알레르기 반응을 유발한다.

는 면역작용과 관계된 대식세포macrophage나 식세포scavenger cell를 가지므로 박테리아를 파괴할 수 있다. 그 외에도 폐는 안지오텐신 I을 II로 전환시키며, 세로토닌을 활성화시키고 비만세포mast cell를 저장하는 등의 다양한 기능을 한다.

2. 영양과의 관계

최적의 영양상태는 호흡계의 구조와 기능을 완전하게 유지하고 발달시키는 데 중요한 역할을 한다. 폐포는 콜라겐으로 구성되어 콜라겐 합성을 위해서는 단백질과 비타민 C가 필요하고 공기 통로 부위인 기관과 기관지의 점액질은 물, 당단백질, 전해질로 구성된 복합체이다. 비타민 C, 비타민 E, β-카로틴, 셀레늄 등의 항산화 영양소는 폐의 기능 유지와 밀접한 관련이 있다. 세포외액에 존재하는 다양한 항산화제가 외부물질 감염으로 인한 산화적 손상으로부터 폐를 보호하는 역할을 하기 때문이다. 따라서 최적의 영양상태 유지가 폐조직 발달에 있어 중요하다.

영양불량은 호흡 근육의 강도와 내구력을 감소시켜 폐조직의 기능을 감퇴시키며, 영양불량이 지속되면 면역기능 감소로 인해 호흡기계 감염 발병이 증가한다. 호흡기 질환은 조기 포만감, 식욕부진, 기침, 식사 중 호흡곤란 등을 포함하여 식사 섭취에 영향을 줄 수 있고 영양상태에도 악영향을 미친다. 영양상태가 악화되면 호흡기의 기능이 더욱 저하되는 악순환이 반복된다. 호흡기 질환으로 인하여 영양소 필요량은 증가하지만, 질병과 합병증은 치료에 필요한 영양소의 체내 보유를 어렵게 만든다(그림

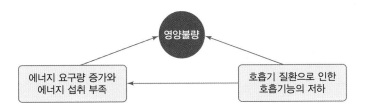

그림 **9-3** 호흡기 질환과 영양불량의 관계

9-3). 영양이 과잉 공급되면 이산화탄소의 생성이 증가되고, 이미 저하된 호흡 기능을 더욱 악화시킬 수 있으므로 주의하여야 한다.

체내 인산의 농도가 낮을 경우에는 저산소 상태에서의 환기능력이 감퇴하고, 저마그네슘증은 호흡 근육의 피로를 초래한다. 나트륨이 고갈되면 식욕 저하와 환기기능 저하가 나타난다.

3. 종류와 치료

1) 천식

천식asthma이란 기도의 공기 흐름을 차단하여 기침, 호흡곤란은 가슴이 조이는 느낌을 주는 만성염증성 질환이다. 천식의 발생은 증가 추세이며 15세 미만의 어린이들의 주요 입원 원인 중 하나이다.

(1) 원인과 증상

주로 IgE가 매개하는 면역성 질환으로 알레르기성과 비알레르기성으로 분류된다. 알레르기성 천식은 먼지, 곰팡이, 꽃가루 등 항원 흡입에 의해 발생하고, 비알레르기성 천식은 스트레스, 운동, 차고 건조한 공기, 흡연, 바이러스 등과 같은 요인에 의해 발생한다. 기관과 기관지의 근육이 수축하고, 점막이 부풀며 점액 생산량이 증가되고, 기도가 좁아져서 공기의 소통이 어려워지는데, 특히 초기 호흡이 더욱 어렵다(그림 9-4).

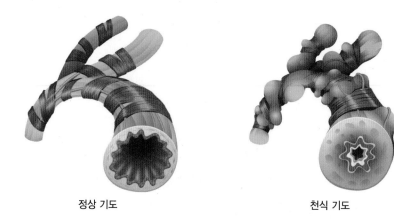

정상 기도   천식 기도

그림 **9-4** 정상 기도와 천식 기도

식품 알레르기가 천식의 원인으로 작용하는 경우는 매우 드물지만, 천식이 지속되면 달걀과 밀 등 특정 식품에 대한 면역반응이 증가한다. 초기 증상은 기침, 호흡곤란, 가슴이 조이는 느낌이며, 호흡률과 심장 박동 수 증가, 저산소혈증 등의 증상이 동반될 수 있다.

(2) 치료 및 영양관리

천식을 일으키는 원인을 환자의 환경에서 제거하고 약물치료를 한다. 기도를 확장하고 산소 공급을 증가시키기 위하여 β-아드레날린제ipratropium, theophyllin를 단기적으로 사용하는 속효성 방법과, 스테로이드 계통의 항염증성 약물을 사용하여 원인에 대한 기도의 민감성을 떨어뜨려 반응을 감소시키는 장기적 약물요법이 있다. 심한 천식 발작으로 인해 호흡곤란이 심해지면 응급치료가 필요하다.

일반적으로 천식은 비만인 경우 증가되므로, 체중을 감소시키면 증상 중 상당 부분이 개선되고 코르티코스테로이드corticosteroid 치료효과가 개선된다. 모유수유는 어린이의 천식과 알레르기 증상을 개선시키므로 권장된다. 오메가-6 지방산인 아라키돈산에서 생성되는 류코트리엔은 염증반응을 매개하여 천식 발달에 관계하는 물질로 알려져 있다. 이를 근거로 오메가-3 지방산을 보충하여 천식의 치료효과를 기대하였으나 일관성 있는 결과를 얻지는 못하였다. 항산화 비타민, 특히 비타민 C는 흡입된 감염성 물질의 산화적 손상에 대한 보호효과로 천식에 효과적이라는 보고가 있으나 이 역시 아직 충분한 결과를 얻지 못하였다.

🔆 핵심 포인트

천식의 영양관리
- 정상 체중 유지
- 모유 수유 권장(어린이 천식과 알레르기 증상 개선)
- 오메가-3 지방산 및 항산화 비타민의 효과 기대

2) 만성폐쇄 폐질환

만성폐쇄 폐질환chronic obstructive pulmonary disease, COPD은 기관지 내층의 만성염증(만성기관지염) 또는 폐포 손상(폐기종)으로 공기 흐름이 점진적으로 제한되는 질환이며, 3개월 이상 기침과 호흡곤란이 연속해서 2년 이상 지속되는 경우를 말한다.

(1) 원인과 증상

흡연이 가장 주요한 위험인자이고 그 외에도 대기오염, 간접흡연, 어린 시절의 감염 병력, 오염물질에 대한 노출, 저체중 등이 위험인자로 작용한다. 주요 증상인 만성기관지염과 폐포 손상이 중년 이후에 자주 발생한다.

만성기관지염은 흡연과 오염물질에 의한 감염반응으로 식균작용은 증가하고 섬모기능은 감소한다. 또한, 만성염증성 반응으로 인하여 점액 분비세포가 이상 증식되어 기도의 벽이 두꺼워지고 손상된 섬모는 점액을 기도에서 제거할 수 없게 되어 박테리아가 성장하기에 유리한 환경이 된다. 폐포 손상은 기도의 감염과 함께 폐 조직의 손상을 동반한다. 폐포의 결합조직이 손실되면 표면적 감소와 표면활성제 감소가 일어나고 폐 내에 공기가 차게 된다. 이로 인해 호흡곤란과 호흡성 산독증이 생기고 피로, 복부 불쾌감, 식욕 저하, 대사량 증가가 함께 나타난다.

(2) 치료 및 영양관리

금연과 함께 적당한 운동과 좋은 영양의 공급이 기본이다. 이때 약물치료로 기관지 확장제, 근육 이완을 위한 β-차단제, 기도 수축과 점액 생산을 감소시키는 항콜린제를 처방한다.

💡 **핵심 포인트**

만성폐쇄 폐질환의 영양관리

- 에너지 : 25~30 kcal/체중 kg, 저체중은 기초대사량의 150%, 비만의 경우 저열량식
- 단백질 : 고단백질식 1.2~1.7 g/체중 kg
- 탄수화물 : 저탄수화물식으로 에너지의 50% 미만
- 가스 생성 채소 섭취 제한
- 오메가-3 지방산 및 항산화 비타민의 충분한 공급
- 인, 칼슘 결핍 주의(모니터링 및 충분한 공급)

중증도 이상으로 진행된 만성폐쇄 폐질환 환자에게서는 대부분 영양불량이 나타나며, 영양불량은 운동과 관련된 근육 약화와 면역기능의 손상을 초래하여 증상을 더욱 악화시킨다. 피로, 호흡곤란, 조기 만복감과 팽만감, 미각 변화 등으로 인한 식욕 저하, 대사량 증가로 만성적인 체중 감소도 일어날 수 있다.

영양관리의 목표는 호흡작용 기능을 유지하여 폐의 기능 회복에 도움을 주고 감염에 대한 저항력을 높이기 위해 영양을 적절하게 공급하는 것이다. 만성폐쇄 폐질환 환자의 경우 호흡작용 증가와 과대사hypermetabolism가 나타나므로 충분한 에너지와 단백질 공급으로 체중을 유지하고 영양상태를 유지하는 것이 필수이다. 환자의 상태나 감염 정도, 활동량에 따라 다르지만 일반적으로 체중당 25~30 kcal의 에너지와 1.2~1.7 g의 단백질을 공급하고 영양밀도가 높은 식품을 선택해야 한다. 과도한 체중은 약해진 호흡계에 부담을 증가시키므로 비만 환자는 체중 감량을 위해 에너지 섭취를 줄여야 한다. 저체중 환자는 기초대사량의 150%를 공급하도록 하는데, 고열량식을 섭취하는 경우 탄수화물 섭취를 50% 미만으로 줄이고, 가스를 형성하는 채소를 제한해야 한다. 식사 전후로는 충분한 휴식을 취하여 피로감을 줄이고, 식사를 소량씩 자주 공급하여 위 확장이나 횡격막 압력 증가로 인한 불편함을 감소시킨다.

항산화제와 오메가-3 지방산은 항염증 효과로 폐를 보호하여 만성폐쇄 폐질환 발생빈도를 낮추므로 과일, 채소, 생선을 충분히 섭취한다. 인의 결핍은 횡격막의 수축 장애를 일으키는데 만성폐쇄 폐질환에 처방되는 약물은 인의 저장량을 감소시키므로 혈청의 인 수준을 주의 깊게 모니터링해야 한다. 체중 감소와 영양불량은 골밀도를 감소시키며 치료에 사용되는 글루코코르티코이드는 칼슘의 흡수 감소와 소변으로의 배

설을 증가시켜 골다공증의 위험을 증가시키므로, 글루코코르티코이드 장기 투여 환자는 골밀도 검사 결과에 따라 칼슘을 적절하게 공급받아야 한다.

3) 낭성 섬유증

낭성 섬유증cystic fibrosis은 호흡계, 소화관, 간, 땀샘 등 여러 장기의 상피 표면에서 분비되는 점액이 비정상적으로 농후하게 생기는 질병으로 폐질환, 소화불량, 성장 부진이 나타나고 흔히 당뇨병, 간경변증으로 진행되기도 한다.

(1) 원인과 증상

상염색체 열성 유전질환으로 세포막 수송체의 하나인 낭성 섬유증 막횡단 전도 조절자cystic fibrosis transmembrane conductance regulator, CFTR의 돌연변이로 염소이온Cl 채널을 통한 수송에 문제가 생긴 것이다. 염소이온 채널은 폐, 간, 소장, 땀샘 등의 상피세포막에서 물과 염소의 흡수에 필수적으로 작용한다. 염소이온 채널 이상은 세포 내에 염소이온을 축적시켜 삼투압을 높여서 물을 세포 내로 과다 흡수한다. 이로 인해 진한 점액 또는 분비물이 형성되어 여러 장기에 폐색을 초래하는데, 그중에서 폐가 가장 심하게 영향을 받는다.

낭성 섬유증 환자의 90%는 만성적 기침과 호흡곤란을 동반하는 폐질환을 나타내며, 이것이 주요 사망원인이다. 췌관 폐색으로 췌액이 소장 내에 도달하지 못하므로 소화효소가 작용하지 못하여 지방변, 복부 팽만, 성장부진 등이 나타나며 골감소증, 골다공증도 동반된다.

(2) 치료 및 영양관리

낭성 섬유증 환자의 주요 사망원인은 폐질환이므로 기관지 확장제나 항염증제, 점액분해제, 항생제 등을 분사하는 흡입요법으로 공기 소통을 증가시키고 점액 축적을 막아 감염을 감소시킨다.

영양상태와 낭성 섬유증 환자의 생존율은 밀접한 관련이 있으므로 조기 진단과 영양관리가 매우 중요하다. 폐 감염과 폐 기능 저하로 인해 에너지 필요량은 증가하나

> 💡 **핵심 포인트**
>
> **낭성 섬유증의 영양관리**
> - 에너지 : 정상 체중 유지를 목표로 함(성장부진 어린이의 경우, 필요추정량의 110% 이상 공급)
> - 단백질 : 고단백질식, 에너지의 15~20%
> - 지질은 충분히, 소화효소 보충, MCT 사용
> - 아연, 칼슘 및 지용성 비타민 충분히 공급

식욕 저하와 섭취불량, 췌액 부족으로 인한 영양불량이 흔하다. 영양불량은 감염률을 높이고 폐 기능을 더욱 악화시키는 악순환을 유발한다.

췌액 부족은 영양소의 흡수불량으로 영양상태에 심각한 영향을 주므로 췌장에서 분비되는 여러 효소를 장에서 용해되는 캡슐 내 분말 형태로 식사 전에 투여하면 효과적이다.

에너지 필요량은 어린이의 경우 안정적인 체중 증가, 성인의 경우 적정 체중을 유지하는 것을 목표로 한다. 호흡기계 감염이 없는 낭성 섬유증 어린이 환자의 에너지 필요량은 건강한 어린이와 같으나 성장부진, 폐질환이 있을 때는 필요추정량의 110% 이상으로 증가시켜 공급한다. 지질은 제한하지 않으며 췌액 소화효소 캡슐을 사용하거나 MCT를 사용한다. 단백질은 에너지의 15~20% 정도로 충분히 공급하여 어린이의 성장과 단백질 저장량을 유지하도록 한다. 또한 감염 예방을 위해 아연 및 비타민 등을 보충한다. 지용성 비타민은 환자의 체내 수준을 모니터링하여 충분히 공급하도록 한다. 골감소증, 골다공증 등의 골격질환 예방을 위해 칼슘, 비타민 D, 비타민 K 등을 충분히 공급한다.

4) 호흡부전

호흡부전respiratory failure은 호흡계가 정상적인 기능을 수행하지 못하여 체조직에 산소를 충분히 공급하지 못하거나 이산화탄소를 충분히 제거하지 못하는 상태를 말한다.

(1) 원인과 증상

외상, 수술로 인한 급성폐상해, 급성호흡곤란 증후군acute respiratory distress syndrome, ARDS, 또는 장기간 계속된 만성폐쇄 폐질환, 낭성 섬유증에 의한다. 호흡곤란, 숨 가쁨, 저산소혈증, 단백질 삼출액의 유출, 빈맥(정상보다 심장 박동 수가 많아지는 증상), 폐부종이 나타나며 기계에 의한 호흡 지원을 받게 된다(그림 9-5).

(2) 치료 및 영양관리

호흡부전 시 대사항진이 나타나고 영양결핍의 위험성이 높아진다. 영양관리의 목표는 영양 요구량 충족, 호흡 근육의 유지와 회복, 수분 평형 유지를 통해 기계 호흡 중단이 가능하도록 하는 것이다.

기계에 의한 호흡을 하는 동안에는 경구적 영양 섭취가 불가능하고, 질병의 정도와 환자의 소화기 능력에 따라 경장 또는 정맥영양 지원을 실시한다. 경장영양은 정맥영양과 비교할 때 소화기 기능을 유지할 수 있고, 패혈증 위험이 낮으며, 경제적이므로 선호받는 영양지원법이다. 탄수화물은 지질보다 이산화탄소를 더 많이 생성하므로, 호흡부전에 사용되는 경장영양액은 지방의 비율이 높고 탄수화물의 비율은 낮은 것으로 제공한다. 탄수화물의 호흡상respiratory quotient, RQ은 1로, 지질의 호흡상인 0.7보다 높다. 또한 폐부종 발생비율이 높으므로 수분이 제한된 농축 제품(1.5~2 kcal/mL)을 주로 사용한다. 에너지 필요량은 기초대사량의 130% 또는 25 kcal/체중(kg)으로 하고 환자의 폐 기능, 체중, 수분 평형을 모니터링하여 영양상태를 주의 깊게 평가하여

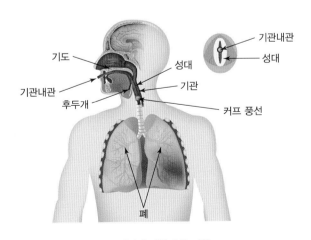

그림 **9-5** 기계에 의한 호흡 지원

호흡상

호흡상(respiratory quotient, RQ)은 소비한 산소에 대한 배출된 이산화탄소의 비율이다.

영양소	반응식	호흡상 $\left(\dfrac{CO_2}{O_2}\right)$
탄수화물(포도당)	$C_6H_{12}O_6 + 6O_2 \rightarrow 6CO_2 + 6H_2O$	$\dfrac{6}{6} = 1$
지질(스테아르산)	$2(C_{57}H_{110}O_6) + 163O_2 \rightarrow 114CO_2 + 110H_2O$	$\dfrac{114}{163} = 0.7$
단백질(류신)	$2C_6H_{13}O_2N + 15O_2 \rightarrow 12CO_2 + 10H_2O + 2NH_3$	$\dfrac{12}{15} = 0.8$

야 한다. 에너지를 초과 공급하거나 포도당 비율이 높은 경우 CO_2 생산이 증가되어 기계적 호흡장치를 제거하기가 어려워진다.

염증성 매개물질은 폐에 염증을 일으키고 부종, 폐포 손상과 관계되므로 EPA, GLA γ-linolenic acid 등의 오메가-3 지방산을 보충한 고지방 경장영양액을 사용하면 기계적 호흡기간을 줄이고 장기 손상의 발생을 줄일 수 있다. 또한 비타민 E, β-카로틴, 비타민 C를 보충하면 산화적 손상 방지에 도움이 된다. 인은 적절한 폐 기능 유지와 정상적 횡격막 수축에 필수이므로 환자의 인 균형상태를 주의 깊게 모니터링하여 저인산혈증이 되지 않도록 주의한다.

핵심 포인트

호흡부전의 영양관리

- 기계 호흡 시 경장영양 실시(농축 영양액)
- 에너지 : 기초대사량의 130%, 25 kcal/체중(kg)
- 저탄수화물식
- 오메가-3 지방산 및 항산화 영양소 보충
- 인 결핍 주의

급성호흡곤란 증후군

급성호흡곤란 증후군(acute respiratory distress syndrome, ARDS)은 가장 심한 급성 폐 손상으로 저산소혈증, 폐의 탄성력 저하, 폐부종(폐에 과량의 체액이 축적되는 현상) 등의 특징이 있으며 폐 조직이 손상되어 10~90%의 사망률을 나타낸다. 원인으로는 폐렴, 급성췌장염, 약물 과다 복용, 폐부종, 폐 타박상 등의 직접적인 조직 손상과 패혈증 증후군, 다발성 외상 등에 의한 간접적인 조직 손상이 있다.

영양관리의 목표는 호흡 근육의 손실을 최소화하고 영양결핍증을 예방 또는 교정하는 것으로, 가능하면 정맥영양보다 경장영양을 공급하는 것이 장내 박테리아 감염이나 궤양, 장점막 퇴화를 감소시키고 면역기능을 유지하는 데 도움이 된다. 경장영양이 부적절하거나 불가능한 경우에는 정맥영양을 공급하는데, 이때 덱스트로오스(dextrose)가 5 mg/kg/min을 초과하지 않도록 탄수화물의 양을 조절한다.

5) 폐렴

폐렴pneumonia은 감염으로 인해 폐에 염증이 생긴 것을 말한다(그림 9-6).

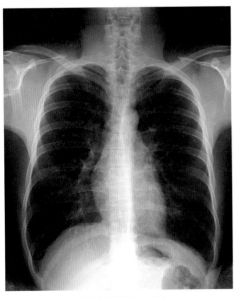 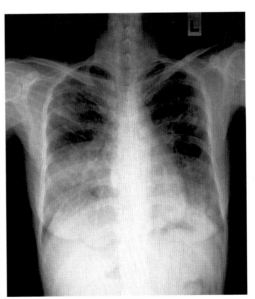

정상인의 흉부 X-레이 　　　　　　　폐렴 환자의 흉부 X-레이

그림 **9-6** 정상인과 폐렴 환자의 폐

(1) 원인과 증상

감염성 병원체에 의하여 발생하는 경우가 대부분이지만, 타액이나 위 내용물이 기도로 잘못 들어와 폐에서 염증성 반응을 일으키는 흡인폐렴도 발생원인이 된다. 병원체는 섬모작용과 폐의 대식세포에 의해 폐포에 도달하지 않고 재채기나 기침에 의해 배출된다. 그러나 면역성이 저하된 노약자나 환자는 폐포에서 병원체가 급속히 성장하여 염증과 상피세포 변성을 일으키기도 한다. 염증에 의해 분비된 삼출액으로 인하여 고열과 객담이 생기고 심한 기침, 오한, 근육통, 전신무력감 등의 전신증상이 나타난다. 폐포의 세포 변성으로 인해 가스 교환에 이상에 생겨 산소 부족을 일으키고 결국에는 호흡곤란을 초래한다. 모든 연령층에서 발병하나 어린이와 노인, 건강상의 문제가 있는 사람에서 더욱 자주 발생한다. 병원성 폐렴의 원인균으로는 폐렴 연쇄구균 *Streptococcus pneumoniae*, 폐렴 쌍구균*Diplococcus pneumoniae* 등이 있다.

(2) 영양관리

매 2~3시간 간격으로 식사를 소량씩 자주 공급하여 심장의 부담을 줄인다. 단백질, 비타민, 에너지를 충분히 공급하기 위하여 아이스크림, 우유가 섞인 미음, 삶은 달걀, 수프, 과즙 등을 환자의 식성에 맞추어 공급한다.

6) 상기도 감염

보통 감기라고 말하는 상기도 감염upper respiratory infection은 상기도(코, 인두, 후두, 기관)의 급성감염으로 인해 겨울철에 주로 발생한다. 저항력이 약해져서 다른 병에 걸리기 쉬우며 체력을 소모하므로 주의가 필요하다.

(1) 원인과 증상

기침, 재채기 등의 분사물 또는 감염 분비물과의 직접적인 손 접촉으로 감염원에 노출된 지 1~3일 후 콧물, 코막힘, 재채기, 기침, 인후통, 두통 등이 주요 증상으로 나타난다. 발열과 함께 후두, 기관, 기관지에 염증이 생겨 호흡이 어려워진다. 유아나 어린이는 호흡기계가 미숙하여 더욱 힘들다. 식욕부진, 구토, 설사 등의 소화기 증상이 합처져 영양 공급에 장애가 생긴다.

(2) 영양관리

고열인 경우에는 따뜻하면서 소화가 쉬운 유동식 또는 반유동식을 공급하여 수분을 충분히 섭취하도록 한다. 환자의 기호와 소화상태에 따라 우유, 달걀, 두부, 흰살생선, 수프, 국, 죽, 과즙, 채소즙 등을 적절히 공급한다. 비타민 C, 아연, 비타민 A 등을 보충하면 항염증성 효과로 감염이 감소되어 감기를 예방하고 치료기간을 줄일 수 있을 것으로 기대되나 충분한 연관성은 발견되지 않았다.

4. 약물치료

폐질환은 다양한 원인에 의해 발생한다. 감염이나 과민반응과 같은 급성상해가 원인이 되는 경우, 유전적인 경우, 자극물질에 만성적으로 노출되는 경우, 화학물질이나 먼지 등에 노출되어 일어나는 경우 등 그 원인이 다양한 만큼 다양한 약물이 사용된다.

기관지 천식에 사용되는 프레드니솔론prednisolon은 항염증 작용을 하는 스테로이드계 약물로, 호흡기 질환의 염증 진행을 억제하는 효과가 있다. 복용 시 식욕이 증가하고 부종에 의한 체중 증가 우려가 있다.

기관지염과 폐렴에 사용하는 트리메토프림은 엽산과 비타민 K 흡수를 감소시킬 수 있다. 호흡기 질환 치료약물과 관련된 영양적 문제는 다음과 같다(표 9-1).

표 9-1 호흡기 질환 치료제와 관련된 영양적 문제

약품 종류	상표명	효능	주요 부작용
기관지 확장제 β₂-작용제 항콜린제 테오필린	Albuterol, Pributerol Ipatropium, Tiotropium	기관지를 열거나 이완시켜 숨을 길게 쉬게 함. 흡입 또는 약물투여	• 심장박동 빨라짐 • 손·다리·발에 경련 • 구강건조 • 오심, 구토
스테로이드 (코르티코 스테로이드)	Prednisone, Prednisolone, Solu-Medrol, Solu-Cortef	기관지의 염증 감소, 흡입 또는 약물 투여	• 부작용은 용량, 복용기간, 투여방법에 따라 다름 　– 흡입 : 구강발진, 쉰 목소리, 기침 　– 구강투여 : 전해질/수분 균형 이상, 고혈압, 식욕 증가, 체중 증가, 고혈당, 골다공증, 고지혈증, 성장 지연
항생제	Doryx, Vibramycin, Augmentin	호흡계 감염 치료	오심, 구토, 설사
류코트리엔 저해제	Accolate, Zyflo, Singulair	COPD 염증반응 치료	두통, 오심, 설사, 감염, Singulair 투약 시 자몽 또는 자몽주스는 주의 필요
점액분해제	Mucomyst	폐 속 점액을 덜 끈끈하게 함	오심, 구토, 콧물, 졸림
면역계변화제	Omalizumab	IgE 결합과 알레르기 반응 저해	감기와 비슷한 증상, 근육/관절통, 가려움, 발열
췌장효소	Creon, Pancrease, Pancrease MT, Pancrecarb, Ultrase, Viokase	낭성섬유증에 부족한 췌장효소 보충	식사 전 섭취하여야 하고 공복 시 섭취 금지

자료 : Melms M, Sucher KP. Nutrition therapy & Pathophysiologn, 4th ed. Cengage. 2020.

memo

CLINICAL NUTRITION WITH CASE STUDIES

빈혈

빈혈은 혈액에 포함된 적혈구의 수와 크기의 감소, 또는 헤모글로빈의 부족으로 혈액의
산소 운반능력이 떨어진 상태를 의미한다. 수술이나 부상 등에 의한 급격한 큰 출혈을 제
외하고는, 빈혈은 보통 자신이 자각하지 못한 채 진행되는 경우가 많다. 빈혈 가운데 가장
흔한 영양성 빈혈은 철 섭취 부족을 비롯한 영양 상태 불량으로 발생하므로 식생활관리가
매우 중요하다. 또한 여러 질환의 이차적인 증상으로 나타나기도 하는데 빈혈로 인한 혈
액의 산소운반 능력 감소는 각 조직에 충분한 산소를 공급할 수 없게 되어 또 다른 질환을
유발하는 악순환이 반복된다.

- **거대적아구성 빈혈(megaloblastic anemia)** 골수의 적혈구 모세포로부터 크고 미성숙한 비정상적인 적혈구가 형성되는 빈혈로, 주로 엽산과 비타민 B_{12} 결핍에 의함
- **거대적혈구성(macrocytic)** 비정상적으로 적혈구의 세포 크기가 큰 상태
- **내인성 인자(intrinsic factor)** 위에서 분비되어 식품 중의 비타민 B_{12}가 회장에서 흡수되도록 돕는 당단백질
- **무형성 빈혈(aplastic anemia)** 골수 이상으로 적혈구 생산 능력이 감소되거나 결여된 특발성 빈혈
- **빈혈(anemia)** 적혈구의 수와 크기의 감소 또는 헤모글로빈의 부족으로 혈액과 조직세포 간에 산소와 이산화탄소의 교환능력이 떨어진 상태
- **소적혈구성(microcytic)** 비정상적으로 적혈구의 크기가 작은 상태
- **용혈성 빈혈(hemolytic anemia)** 적혈구의 파괴 증가로 발생하는 빈혈

- **철결핍빈혈(iron deficiency anemia)** 철 부족으로 적혈구의 크기가 작고 헤모글로빈 농도가 감소되는 상태
- **트랜스코발아민(transcobalamin)** 소장점막에서 비타민 B_{12}와 결합하여 운반하는 단백질
- **트랜스페린(transferrin)** 철의 운반단백질
- **페리틴(ferritin)** 철의 주요 저장단백질
- **프로토포피린(protoporphyrin)** 피롤 고리 중심 부위에 철이 없는 헤모글로빈 유도체
- **헤마토크리트(hematocrit)** 혈액 중 적혈구의 용적 비율
- **헤모글로빈(hemoglobin)** 적혈구 내에 존재하는 산소운반작용을 하는 혈색소로, 4개의 헴과 글로빈으로 구성됨
- **혈장(plasma)** 혈액에서 혈구가 제거된 액체 부분으로 응고인자가 포함됨
- **혈청(serum)** 혈장에서 응고 인자가 제거된 전혈의 액체 부분

1. 혈액의 기능 및 생리

혈액은 세포와 혈소판, 유기물질 및 무기물질을 포함하며, 건강한 성인의 혈액량은 4~6 L 정도이다. 혈액은 동맥, 모세혈관 및 정맥을 순환하는 세포외액으로 여러 물질의 운반, 체온과 체액의 항상성 유지, 박테리아·미생물 등에 대한 방어작용을 한다.

표 **10-1** 혈액의 기능

구분	기능
운반	• 산소, 영양소, 효소 및 호르몬 등을 조직으로 운반 • 이산화탄소와 대사산물을 조직으로부터 운반
평형 유지	• 열분산에 의해 체온 유지 • 전해질 및 산, 염기 평형 유지
면역 및 방어	• 박테리아, 미생물 등에 대한 면역작용 • 혈관이 상해를 입었을 때 응고작용으로 혈액 손실 방지

1) 혈액의 성분과 기능

혈액은 혈구와 혈장으로 구성된다. 혈액을 원심분리하면 아래층에는 적혈구 erythrocyte, 백혈구leukocyte 등의 세포성분이 가라앉고 위층에 투명한 담황색의 액체가 분리되는데 이를 혈장plasma이라고 한다. 혈장에서 혈액응고인자를 제거한 것을 혈청serum 이라고 한다.

(1) 혈장

혈장은 90%의 수분, 7%의 단백질, 0.1%의 탄수화물, 1% 지질 등의 유기물질과 0.9% 정도의 무기물질을 포함한다. 혈장단백질은 알부민, 글로불린, 프로트롬빈, 트랜스페린, 피브리노겐 등으로 구성된다. 알부민은 혈장의 삼투압 유지에 큰 역할을 하고 글로불린은 면역작용, 트랜스페린은 흡수된 철의 운반, 피브리노겐은 혈액응고에 관여한다.

(2) 혈구

적혈구는 혈구의 대부분을 차지하며 산소와 이산화탄소의 운반과 체내 pH 유지에 중요한 역할을 한다. 백혈구는 혈액의 1% 미만으로 세포질의 과립 유무에 따라 과립백혈구와 무과립백혈구로 나뉘며 주로 대식작용, 항체 생산을 비롯한 면역기능에 관여한다(그림 10-1). 혈소판은 골수의 거핵구에서 떨어져나온 세포조각으로 활성화되면 혈관벽 손상부위에 모여 혈전을 형성하여 혈액 유출을 막고 혈관 기능이 유지되도록 한다.

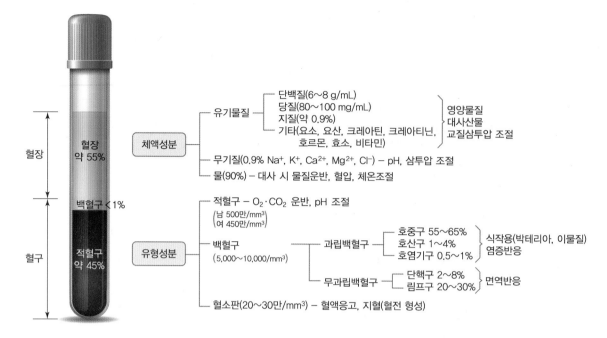

유기물질 ─┬─ 단백질(6~8 g/mL)
          ├─ 당질(80~100 mg/mL)
          ├─ 지질(약 0.9%)
          └─ 기타(요소, 요산, 크레아틴, 크레아티닌,
                   호르몬, 효소, 비타민)

영양물질
대사산물
교질삼투압 조절

체액성분

무기질(0.9% Na⁺, K⁺, Ca²⁺, Mg²⁺, Cl⁻) – pH, 삼투압 조절
물(90%) – 대사 시 물질운반, 혈압, 체온조절

적혈구 – $O_2 \cdot CO_2$ 운반, pH 조절
(남 500만/mm³
 여 450만/mm³)

유형성분

백혈구
(5,000~10,000/mm³)

과립백혈구 ─┬─ 호중구 55~65%
            ├─ 호산구 1~4%
            └─ 호염기구 0.5~1%

식작용(박테리아, 이물질)
염증반응

무과립백혈구 ─┬─ 단핵구 2~8%
              └─ 림프구 20~30%

면역반응

혈소판(20~30만/mm³) – 혈액응고, 지혈(혈전 형성)

그림 **10-1** 혈액의 구성성분과 기능

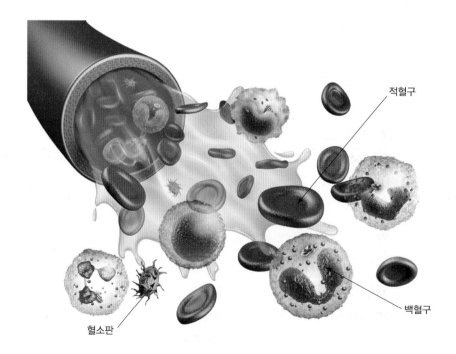

그림 **10-2** 혈액의 세포성분

2) 조혈과 분해과정

혈액세포들이 만들어지는 조혈과정은 골수에서 공통의 줄기세포stem cell로부터 적혈구, 백혈구의 모세포로 분화된 후 생성되어 각각의 세포로 기능한다.

(1) 적혈구

① **적혈구의 생성**   혈액의 산소 농도가 떨어지면 신장에서 에리트로포에틴erythropoietin이 분비되어 골수의 조혈을 자극한다. 따라서 신기능 부전 환자는 에리트로포에틴 합성이 원활하지 않아 빈혈이 생긴다. 자극된 줄기세포가 세포분열과정을 거쳐 분화되어 적혈구 모세포인 적아구가 되고 합성된 헤모글로빈hemoglobin이 포함된다. 적혈구로 성숙되면서 핵이 제거되고 세포 모양이 유연한 납작한 형태로 바뀌어 모세혈관 내 이동이 쉬워지고 산소화를 위한 표면적이 증가된다. 적혈구는 핵이 없으므로 분열능력이 없으며, 평균 120일 정도 기능한다.

적혈구의 중요 기능성 부분인 헤모글로빈은 붉은색을 띠는 혈색소로 한 분자에 글로빈단백질과 헴heme을 각각 4개씩 포함한다. 헴은 엽산, 비타민 B_{12}, 피리독신(비타민 B_6) 등을 필요로 하는 복잡한 과정에 의해 전구체인 프로토포피린protoporphyrin이 합성된 후 최종적으로 철 원자가 유입되면서 완성된다.

② **적혈구의 분해**   수명을 다해 노쇠한 적혈구는 간, 비장의 망상내피세포 내에 있는 대식세포에 의해 분해된다. 구성성분인 글로빈단백질은 분해되어 아미노산으로 체내에서 재이용되며, 헴 성분 중 철은 분리되어 페리틴ferritin으로 저장되었다가 거의 대부분 재활용되고 나머지 부분인 프로토포피린은 간에서 글루쿠론산과 결합된 빌리루빈이 된 후 담즙의 일부로 배설된다.

적혈구는 총량의 1%가 하루에 교체되는데 정상적인 헤모글로빈 농도 유지를 위해 필요한 철은 하루에 약 25 mg이다. 이때 필요한 철은 간, 비장 또는 근육 세포 내의 페리틴, 헤모시데린hemosiderin과 결합하여 저장된 철을 이동시키거나 분해된 헤모글로빈을 재이용하게 된다. 실제 식사로 보충되는 양은 1 mg 정도로 체내에서 변, 땀, 피부로 손실되는 철을 채우는 역할을 한다.

(2) 백혈구

세포분화에 관련된 비타민 A, 아연, 비타민 B군, 단백질, 철이 백혈구 생산에 필수적으로 필요하다. 세균이나 미생물 감염, 외상, 종양, 스트레스에 의해 골수의 백혈구 생산이 영향을 받아 백혈구 수가 변화된다. 외부의 이물질을 식작용에 의해 처리하거나 항체를 형성하여 감염에 대한 방어작용을 하고 주로 비장과 간에서 파괴된다.

2. 원인과 종류

빈혈은 혈액에 포함된 적혈구의 수와 크기 감소, 또는 헤모글로빈의 함량이 낮아져 혈액의 산소 운반능력이 떨어진 상태를 말한다. 혈액학적 평가법을 이용하면 빈혈 여부를 판정하고 관련된 영양소 결핍증을 파악할 수 있다(표 10-2).

빈혈을 분류하는 방법은 다양하다. 빈혈의 발생 원인에 따라 나누기도 하고 적혈구의 크기나 헤모글로빈 농도에 따라 분류하기도 한다. 조혈에 직접적으로 관계된 골수, 신장의 기능이상 또는 만성질환, 간질환 등에 의해 이차적으로 조혈기능이 감소되면 적혈구 생성량이 줄어 빈혈이 나타난다. 또한 적혈구 생성과정에 필요한 영양소의 결핍 양상에 따라 적혈구의 크기가 작아지는 소적혈구성 빈혈microcytic anemia, 적혈구의 크기가 크고 미성숙한 상태인 거대적아구성 빈혈megaloblasticanemia이 발생할 수 있다. 반면, 적혈구 생성은 정상이지만 출혈에 의한 손실이나 감염, 영양적 결핍에 의해 적혈구 파괴가 증가되어 빈혈이 발생할 수 있다.

빈혈의 발생 원인을 영양성 요인과 비영양성 요인으로 나누어 볼 수도 있는데, 영양성 빈혈은 임상영양학적 관리가 중요하고 비영양요인성 빈혈은 의료적 처치가 중요하다(표 10-3).

표 **10-2** 빈혈 판정지표 및 평가기준

지표		정의	성인 정상치	변화요인
헤모글로빈(Hb)		혈액 중에 포함된 헤모글로빈의 농도	• 남자 : 14~17g/dL (13 이하는 빈혈) • 여자 : 12~16g/dL (12 이하는 빈혈)	• 감소 : 빈혈, 임신
헤마토크리트(Hct)		전체 혈액 부피 중 적혈구의 용적 비율	• 남자 : 41~53% (39 이하는 빈혈) • 여자 : 36~46% (36 이하는 빈혈)	• 감소 : 빈혈
적혈구 지수	평균 적혈구용적 (MCV)	$\dfrac{Hct \times 100}{적혈구 수(백만)}$	적혈구의 평균 부피	• 80~94 mm³	• 감소 : 철 결핍 또는 흡수불량 • 증가 : 엽산, 비타민 B_{12} 결핍
	평균 적혈구 헤모글로빈 농도(MCHC)	$\dfrac{Hb(g/L)}{Hct}$	적혈구 일정 부피당 평균 헤모글로빈 농도	• 33~37 g/dL	• 감소 : 철 결핍, 저색소성 빈혈 * 거대적아구성 빈혈에서는 정상
	평균 적혈구 헤모글로빈(MCH)	$\dfrac{Hb(g/L)}{적혈구 수(백만)}$	적혈구 한 개당 평균 헤모글로빈 양	• 27~31 pg	• 감소 : 철 결핍, 저색소성 빈혈

주) 헤모글로빈(hemoglobin, Hb), 헤마토크리트(hematocrit, Hct), 평균 적혈구 용적(mean corpuscular volume, MCV), 평균 적혈구 헤모글로빈 농도(mean cell hemoglobin concentration, MCHC), 평균 적혈구 헤모글로빈(mean cell hemoglobin, MCH)

표 **10-3** 빈혈의 원인, 종류 및 특징

출혈로 인한 빈혈			
혈액 손실	일차성	외상, 수술, 월경 과다	• 적혈구의 손실로 산소 운반 부족
	이차성	소화기계 궤양, 약물(아스피린 장기 복용)에 의한 만성출혈	
적혈구 생성 감소로 인한 빈혈			
정상적혈구성 빈혈	일차성	무형성 빈혈	• 골수의 조혈기능 저하(유전, 약물, 암세포, 자가면역 질환, X선 및 방사능의 반복적 노출)
	이차성	만성질환, 신장질환(내분비 이상)	
거대적혈구성 빈혈	일차성	조혈 관련 영양소 결핍(비타민 B_{12}, 엽산)	• 적혈구의 분화 및 세포분열 이상
	이차성	비타민 B_{12}, 엽산의 길항제 사용	
소적혈구성 빈혈	일차성	조혈 관련 영양소 결핍(철, 구리, 비타민 C, B_6)	• 헤모글로빈 합성 감소
	이차성	만성염증, 출혈, 약물과 중금속 오염(납, 카드뮴)	
적혈구 파괴 증가로 인한 빈혈			
혈색소 병증	유전성	낫적혈구성 빈혈	• 헤모글로빈의 글로빈단백질 이상 • 초승달, 낫모양(겸상) 적혈구 • 적혈구막이 약하고 쉽게 용혈됨
		유전성 구상적혈구증	• 디스크형이 아닌 구형의 적혈구 • 물리적 충격에 의해 쉽게 파괴
용혈성 빈혈	일차성	적혈구 세포막의 손상(비타민 E 결핍)	• 세포막의 물리적·산화적 손상
	이차성	감염(말라리아), 약물, 면역반응, 심한 운동	

1) 영양성 빈혈

영양성 빈혈nutritional anemia은 적혈구의 생성, 분화에 관련된 철, 단백질, 엽산, 비타민 B_{12}, 비타민 B_6, 비타민 C, 구리 등의 영양소 섭취 부족에 의해 주로 일어나며, 그중 가장 흔하게 발생하는 것이 철 결핍으로 인한 소적혈구성 빈혈, 엽산과 비타민 B_{12} 결핍에 의한 거대적아구성 빈혈이다(그림 10-3). 또한 비타민 E의 부족은 적혈구막을 쉽게 손상시켜 적혈구가 수명을 다하지 못한 채 빨리 파괴되는 용혈성 빈혈을 일으킨다(표 10-4).

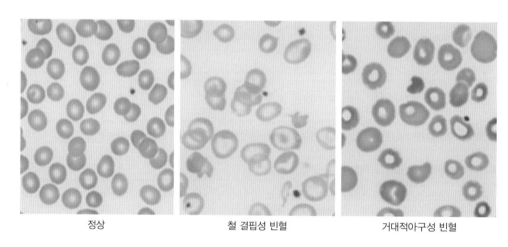

| 정상 | 철 결핍성 빈혈 | 거대적아구성 빈혈 |

그림 **10-3** 빈혈의 종류에 따른 적혈구 형태
자료 : 국가건강정보포털.

표 **10-4** 빈혈에 관련된 영양소와 그 기전

빈혈	원인 영양소		기전
소적혈구성 빈혈	• 결핍 　– 단백질 　– 철 　– 비타민 C 　– 비타민 A 　– 비타민 B_6 　– 구리 　– 아연	• 독성 　– 구리 　– 아연 　– 납 　– 카드뮴 　– 기타 중금속	• 헤모글로빈 합성 감소 • 철의 흡수 및 이용률 감소 • 골수 줄기세포 분화과정의 전사인자 부족 • DNA와 단백질 합성장애
거대적아구성 빈혈	• 결핍 　– 엽산 　– 비타민 B_{12} 　– 티아민		• DNA 합성 감소로 세포분열 지연, 방해 • 아미노산 대사장애로 DNA와 헴 합성 감소 • 오탄당 대사에 영향을 미쳐 핵산 합성 감소
용혈성 빈혈	• 비타민 E 부족 또는 독성		• 적혈구 막 손상으로 산화제에 의한 손상 증가

(1) 철결핍빈혈

철은 헤모글로빈의 주요 구성성분으로 철이 결핍되면 헤모글로빈의 생성량이 줄어든다. 이로 인해 혈액 내 순환하는 정상 적혈구의 수가 감소되고, 적혈구의 크기가 작고 헤모글로빈의 농도가 감소되는 소적혈구성, 저색소성 빈혈이 나타난다. 철결핍빈혈 iron deficient anemia은 가장 흔하게 발생하는 영양성 빈혈로 경제수준이 낮은 지역에서 영양불량으로 많이 발생한다.

① **발생원인** 철결핍빈혈은 철의 섭취 부족 외에도 흡수불량, 만성적 혈액 손실 등 다양한 원인에 의해 발생한다.

- **철 섭취 부족** : 철 급원식품 부족, 헴철이 부족한 영양적으로 부실한 식사
- **철 흡수 및 이용불량** : 위장관계질환이나 약물(제산제, 고콜레스테롤 혈증 치료제)
- **철의 필요량 증가** : 체내 혈액량이 증가되는 시기(성장기, 임신기, 수유기)에 철 공급이 충분치 않을 때
- **만성적 혈액손실** : 생리혈 과다, 출혈성 궤양, 치질, 식도정맥류, 대장암 등

② **위험 집단과 주요 원인**

- **영유아** : 부적절한 이유식 또는 이유식의 이행이 늦은 경우, 생우유로 너무 빠른 이행, 편식
- **청소년** : 빠른 성장으로 인한 철 필요량 증가, 월경으로 인한 혈액 손실
- **가임기 여성** : 다이어트로 인한 철 섭취량 부족, 월경에 의한 혈액 손실, 자궁근종
- **임신부** : 체내 혈액량 증가에 따른 철 필요량 증가, 임신 진행에 따라 유산, 조산, 사산 위험과 신생아 이환율을 높임
- **노인** : 총식품 및 철급원식품의 섭취 부족, 위산 감소로 인한 철 흡수 감소, 제산제의 복용, 소화기 내 출혈

③ **진단** 철결핍빈혈은 저색소성의 소적혈구가 특징으로 헤모글로빈 농도, 헤마토크리트의 감소가 나타나며 적혈구 지수MCV, MCHC, MCH가 모두 감소한다. 하지만 이들 지표는 체내 철 결핍이 상당히 진행된 후에 변화가 나타나는 한계점이 있다. 철 결핍은 단계적으로 저장 철의 고갈, 적혈구의 불완전한 조혈을 거쳐 임상적 빈혈로 진행되므

로 철 영양상태 판정에 사용되는 지표들을 이용하여 저장철의 고갈과 조혈단계의 변화를 확인하여 철 결핍을 조기에 진단하여 치료하는 것이 효과적이다(표 10-5).

(2) 엽산, 비타민 B_{12} 결핍에 의한 거대적아구성 빈혈

엽산과 비타민 B_{12}는 적혈구의 DNA 합성에 필수적인 영양소로 이들 영양소가 결핍되면 적혈구는 산소 운반능력이 낮은 크고 미성숙한 거대적아구megaloblast를 형성한다. 엽산은 아미노산 대사와 핵산합성에서 단일 탄소의 이동을 위한 조효소로 작용하여 세포분열에 관여한다. 비타민 B_{12}는 엽산의 대사에 밀접하게 관련되어 엽산이 활성형인 테트라하이드로엽산tetrahydrofolic acid, THFA으로 전환되어 DNA 합성에 필요한 티미딜

표 **10-5** 체내 철의 감소에 따른 철 영양상태 지표들의 변화

단계	정상	철 저장량 고갈	철기능(조혈) 감소	철결핍성 빈혈
저장철 순환철 적혈구내 철				
총철결합능(μg/dL)	330±30	360	390	410
혈청 페리틴(μg/L)	100±60	20	10	< 10
혈청 철(μg/dL)	115±50	115	< 60	< 40
트랜스페린포화도(%)	35±15	30	< 15	< 15
적혈구 프로토포피린(μg/dL)	30	30	100	200
적혈구 형태	정상	정상	정상	저색소성 소적혈구

자료 : Nelms. Nutrition therapy & Pathophysiology 4th ed.

알아두기

철 영양상태 지표

- 총철결합능(total iron binding capacity, TIBC) : 혈청 트랜스페린과 결합 가능한 철의 양
- 혈청 페리틴(serum ferritin) : 조직 내 페리틴과 평형을 이루어 철 저장 정도를 알 수 있는 지표
- 혈청 철(serum iron) : 혈청 중 총철함량으로 주로 트랜스페린과 결합됨
- 트랜스페린 포화도(transferrin saturation) : 혈청 트랜스페린 중 철과 결합한 비율
- 적혈구 프로토포피린(free erythrocyte protoporphyrin) : 철 결핍으로 헴의 생성이 제한될 때 적혈구에 축적되어 불완전한 조혈상태를 나타냄

산을 합성할 수 있게 한다. 따라서 비타민 B_{12}의 부족은 엽산의 작용을 저하시키며 결핍증상도 매우 유사하게 나타난다.

① **발생 원인** 거대적아구성 빈혈은 엽산과 비타민 B_{12}의 섭취 부족과 흡수장애, 약물 등에 의해 발생할 수 있다.

- **엽산과 비타민 B_{12}가 결핍된 식사 :** 엽산의 하루 권장섭취량이 $400\,\mu g$인 데 비해 체내 저장량은 $5,000\,\mu g$ 정도이므로 엽산이 결핍된 식사를 하면 2~4개월 내에 체내 저장량이 고갈된다. 혈청 엽산의 농도가 저하되고 이어서 적혈구의 엽산 농도도 160 ng/mL로 감소되면 DNA 합성 저하로 세포분열에 영향을 주어 거대적아구가 나타난다. 반면에, 비타민 B_{12}는 주로 동물성 식품에 존재하지만 필요량이 매우 적고 체내에 1일 권장섭취량의 1,000배 이상의 양이 저장되어 심한 채식주의 식사를 오래 한 경우에만 결핍증이 나타난다.

- **흡수장애 :** 대부분의 비타민 B_{12} 결핍은 위에서 분비되는 내인성 인자intrinsic factor, IF 결핍에 따른 흡수 부족에 의한다. 노화, 위절제 또는 위축성 위염에 의한 위액분비 감소 등이 비타민 B_{12} 결핍의 가장 흔한 원인이며, 그 외에 흡수부위인 회장의 병변으로 인한 흡수 감소, 기생충 감염에 의한 비타민 B_{12} 손실 등도 관련될 수 있다.

- **약물 :** DNA 합성을 방해하는 항암제나 기타 약물을 투여한 경우 거대적아구성 빈혈이 유발될 수 있다.

- **만성알코올 중독 :** 엽산의 섭취량 자체가 부족하고 알코올의 엽산 대사 방해로 배설량이 증가하여 엽산결핍을 유발한다.

② **주요 위험 집단** 거대적아구성 빈혈은 불충분한 영양상태의 임산부, 엽산결핍인 모체에서 태어난 유아, 노인, 위축성 위염환자, 만성알코올 중독자에서 흔히 나타난다. 또한 세포분열이 왕성한 성장기 어린이와 청소년, 임신부는 엽산의 필요량이 증가되면서 체내 저장량이 고갈되어 거대적아구성 빈혈이 나타날 수 있다.

③ **임상적 중요성** 거대적아구성 빈혈의 임상적 증상은 다른 빈혈과 유사하나, 주요 원인인 엽산과 비타민 B_{12} 결핍은 혈액 중 호모시스테인 축적에 의해 심혈관계, 뇌혈관

계 질환 및 인지장애를 동반할 수 있다. 또한 비타민 B$_{12}$ 결핍이 지속되면 신경뉴런의 수초화myelination에 문제가 생겨 신경장애를 유발하는데, 이 증상은 거대적아구성 빈혈과는 달리 회복이 안 될 수 있다. 따라서 거대적아구성 빈혈 증상의 정확한 원인을 진단하고 치료하는 것이 중요하다.

(3) 그 외 영양성 빈혈

① **비타민 B$_6$ 부족에 의한 빈혈**   헴의 합성과정에서 조효소로 참여하는 피리독신(비타민 B$_6$)이 결핍되면 헤모글로빈 합성 부족으로 빈혈이 생긴다. 또한 헴 합성과정 중에 피리독살-5-인산을 조효소로 하는 효소(δ-아미노 레블린산 합성효소)의 선천적 결함으로 미성숙된 적혈구가 축적되고 헤모글로빈에 철이 결합되지 않는 빈혈이 발생하는 경우도 있다. 이 경우 혈청과 조직의 철 농도는 정상이나 저색소성의 소적혈구성 빈혈을 일으킨다. 철은 핵 주변 세포질이나 미토콘드리아에 축적되는데, 철이 축적된 미토콘드리아는 그 기능이 저하되며 간과 골수에 손상이 생긴다. 치료는 다량의 피리독신을 지속적으로(1일 50~200 mg) 투여하여 빈혈증상을 호전시키고 조직 내 철의 침착과 조직 손상을 최소화한다.

② **비타민 E 부족에 의한 용혈성 빈혈**   적혈구 세포막은 대부분 산화되기 쉬운 다가불포화지방산으로 구성되어 있어 산화적 손상에 의해 파괴되기 쉽다. 항산화제인 비타민 E의 부족은 세포막의 산화 및 과산화적 손상을 초래하여 용혈성 빈혈을 유발한다. 특히 미숙아의 경우 비타민 E의 저장량이 적어 용혈성 빈혈위험이 크다.

③ **구리결핍성 빈혈**   구리를 포함하는 셀룰로플라즈민ceruloplasmin은 철을 산화시켜 철의 흡수와 이동에 중요한 역할을 하는 단백질로, 구리가 부족하면 철의 이용률 저하로 빈혈이 유발된다. 헤모글로빈 합성에 필요한 구리 양은 매우 적으므로 일상식사로부터 충분히 공급되지만 생우유를 먹거나 구리가 부족한 조제분유를 먹는 영아, 흡수불량이 있는 어린이와 성인, 오랜 기간 구리가 들어 있지 않은 정맥영양액을 투입한 환자들은 구리결핍이 일어날 수 있다.

④ **단백질-에너지 결핍성 빈혈**　단백질은 헤모글로빈과 적혈구 생성에 필수적인 성분으로, 대부분의 경우 단백질이 부족하면 적혈구 형태는 정상이나 적혈구의 수와 헤모글로빈의 농도가 감소한다. 급성단백질-에너지 결핍protein-energy malnutrition, PEM의 경우 조직량의 감소가 적혈구 수 감소보다 크기 때문에 일시적 적혈구증가증polycythemia 상태가 되어, 정상적인 적혈구 분해로 방출된 철이 적혈구생산에 재활용되기보다는 저장되는 경향을 보인다. 그러나 재생기에는 적혈구 양이 급속히 증가되어 철결핍빈혈이 나타날 수 있다. 단백질이 결핍된 식사는 흔히 다른 조혈영양소(철, 엽산, B$_{12}$)의 부족이 동반되므로 치료가 더욱 복잡해진다.

2) 비영양성 빈혈

(1) 출혈성 빈혈

출혈이 생기면 1~3일 내에 손실된 혈장부터 먼저 채우기 때문에 일시적으로 혈액 희석 상태인 저색소성 빈혈이 생길 수 있다. 혈액손실이 크지 않을 때에는 적혈구 생성이 진행되어 3~4주 내에 정상화된다. 그러나 혈액손실이 크고 체내에 저장된 철의 저장량이 많지 않거나 조혈에 필요한 영양소섭취량이 불충분한 경우에는 적혈구 합성이 제대로 이루어지지 않아 빈혈이 생긴다. 또한 위궤양, 위암, 대장염, 치질, 자궁근종으로 인한 만성출혈의 경우 본인이 인지하지 못하여 영양소의 불충분한 섭취로 저색소성 소적혈구성 빈혈이 생기기 쉽다.

(2) 무형성 빈혈

골수의 기능 저하로 인해 적혈구의 수가 부족하거나 적혈구의 성숙부진으로 오는 빈혈로, 헤마토크리트는 낮으나 적혈구 세포의 크기와 헤모글로빈 농도는 정상이므로 정상적혈구성 빈혈이라고도 한다. 일반적으로 X선 및 방사능에 과도하게 반복적으로 노출되거나 약물 및 암세포로 인한 골수의 기능저하로 발생한다. 또한 만성신장질환자와 같이 질병과 관련하여 이차적으로 적혈구세포의 주기가 짧아지고 에리트로포에틴 생산량이 감소되어 빈혈이 발생하는 경우도 있다.

(3) 유전적 적혈구 이상

유전적 이상으로 정상적인 적혈구가 합성되지 못하거나 대사이상으로 산소 운반의 효율성이 떨어지고 쉽게 파괴되어 생기는 빈혈로, 헤모글로빈 생성장애, 적혈구막 이상, 적혈구 내 포도당분해 효소이상으로 인한 적혈구 수명 감소 등에 의해 발생한다.

① **낮적혈구** 헤모글로빈을 이루는 글로빈 단백질의 아미노산 이상으로 생긴 초승달 또는 낫모양(겸상)의 비정상 적혈구로, 작은 혈관을 통과하지 못하고 혈관을 막아 혈류장애를 일으켜 산소가 조직으로 충분히 공급되지 못하게 되며 쉽게 파괴되는 특징이 있다.

② **유전성 구상적혈구**hereditary spherocytosis 적혈구 외부막 구성성분의 유전적 결함으로 생긴 중간이 불룩한 구형의 비정상적 적혈구로, 외막이 약하고 정상적혈구와 달리 좁은 모세혈관을 어렵게 통과하면서 조기에 파괴되기 쉽다.

③ **지중해빈혈**thalassemia 유전적 이상으로 비정상적인 글로빈 단백질이 합성되어 헤모글로빈 합성이 감소되고 적혈구가 조기 파괴되어 산소 운반에 문제가 생긴다. 적혈구는 저색소성의 불규칙한 타원형의 형태로, 심한 경우 조혈을 위한 에리트로포에틴 증가과 골수 증식, 철 축적에 의한 간 손상을 유발할 수 있다.

헤모글로빈

낫적혈구헤모글로빈

정상

낫적혈구장애

그림 10-4 낫적혈구 빈혈
자료 : 국가건강정보포털.

(4) 스포츠 빈혈

과도한 운동과 훈련과정에서 혈관 내 적혈구가 기계적인 충격을 받아 파괴된다. 이러한 현상은 일시적일 수도 있고 만성적일 수도 있다. 또한 운동 중 땀으로 철이 많이 손실되고 강한 훈련 시 조직량 증가에 따른 혈액부피 증가로 일시적인 희석현상이 일어나 더욱 빈혈이 되기 쉽다. 이 경우 철, 단백질, 엽산 등의 조혈영양소가 풍부한 식사가 도움이 되며 차, 커피, 제산제 및 철 흡수를 방해하는 약물은 피하는 것이 좋다. 특히 지구력 운동을 하는 여성 운동선수와 급속한 성장기에 있는 선수들은 철 결핍성 빈혈의 위험이 더욱 커지므로 정기적인 모니터링이 필요하다.

3. 증상

빈혈은 대부분 서서히 진행되므로 초기에는 증상이 거의 없다가 심해지면 증상이 나타난다. 일반적인 증상으로 피부색이 창백해지고 허약, 식욕부진, 피로, 무기력, 체중 감소, 두통 등이 나타난다. 가장 많이 발생하는 철결핍빈혈은 체내의 필수적인 철 화합물 고갈에 따라 다른 기능상 장애도 동반된다. 철결핍빈혈의 특이적 증상은 다음과 같다.

- 임신 초기의 철결핍빈혈은 조산, 신생아 저체중, 사산과 관련이 있고, 심한 빈혈 상태가 되면 태아와 임산부의 사망률이 증가한다.
- 성장기의 경우 신장과 체중의 발달에 지장이 생기고 집중력, 특정 과제에 대한 문제해결능력이 떨어져 학습능력에 영향을 준다.
- 빈혈증상이 나타나기 전부터 면역과 감염에 대한 저항력 감소, 중금속의 흡수율 증가로 환경오염에 민감해진다.
- 철 결핍이 상피세포이상을 유발하여 위염, 위산도 저하, 위점막 위축 등이 생기기 쉬워 식욕부진, 철 흡수 감소로 빈혈이 더욱 악화된다.

- 손톱이 잘 부서지고 납작하며 심해지면 숟가락처럼 오목한 형태spoon nail가 된다.
- 이외에도 음식이 아닌 흙, 지푸라기 등을 먹는 이식증pica 현상과 생리가 불규칙해지는 증상이 생기기도 한다.

4. 치료 및 영양관리

빈혈은 발생 원인에 따라 다양한 치료방법을 적용한다. 비영양성 빈혈은 수혈, 골수이식 등의 의료적 처치가 필요하지만 일반적으로 빈혈 치료에서 영양의 관리는 매우 중요하다. 빈혈예방 및 치료를 위해서는 먼저 좋은 영양 상태를 유지하거나 회복시키는 것이 중요하고 조혈작용에 관여하는 단백질과 철, 구리, 아연 등의 무기질, 적혈구 성숙에 필요한 비타민 B_{12}, 엽산 등의 비타민이 풍부한 식품을 충분히 먹는 것을 기본으로 한다.

1) 철결핍빈혈

가장 흔한 빈혈인 철결핍빈혈은 철이 풍부하고 영양소 밀도가 높은 식사 섭취, 보충제, 철 부족을 유발한 상태의 교정으로 치료할 수 있다. 철 결핍증상이 있을 경우 철의 보충이 필요하며 단지 빈혈의 증상 완화가 아닌 저장철의 회복을 목표로 한다.

(1) 보충제 공급

철보충제를 경구투여하는 방법이 흔히 이용되나 메스꺼움, 더부룩함, 설사, 변비 등의 위장장애를 잘 일으킨다. 철보충제는 3가철ferric, Fe^{3+}보다 흡수율이 높은 2가철ferrous, Fe^{2+} 형태이고 부작용이 덜한 황산철ferrous sulfate, 글루콘산철ferrous gluconate을 주로 처방한다. 보충하는 철의 양은 연령, 성별, 생리적 상태, 동반질환 여부에 따라 달라지나 흔히 하루에 15~60 mg을 처방한다. 철보충제 투여 후 보통 2~3일이면 적혈구 생성이 증가되기 시작해서 2~3주 후에는 적혈구 수와 헤모글로빈 수치가 정상화되면서 식욕과 기분이 호전되는 주관적 변화도 나타난다. 그러나 체내 고갈된 철저장량을 채우기 위해서는 4~5개월간 보충제 섭취를 계속하는 것이 좋다. 만약 철보충제를 처방했는데도 빈혈의 개선효과가 나타나지 않는다면 환자가 실제로 철보충제를 먹고 있는지, 흡수불량이 있는지, 출혈로 인한 손실이 있는지를 다시 확인해야 한다. 이러한 경우는 정맥주사에 의한 철보충을 시도할 수 있다. 경구보충제는 소장관에서 흡수 정도가 조절되어 대부분 문제가 발생되지 않지만, 정맥주사는 철이 과잉 투여되지 않도록 세심하게 투여량을 결정해야 하고 알레르기 여부 등도 주의해야 한다.

(2) 영양관리

철보충제와 함께 식사성 철의 섭취도 매우 중요하다. 철의 좋은 급원은 간, 내장, 고기류, 말린 과일(예 건포도, 건자두), 말린 콩류, 견과류, 강화된 전곡류 등이다. 또한 식품 중의 철 함량 외에도 여러 요인들이 식사성 철의 체내 이용률bioavailability에 영향을 주므로 이에 대한 고려도 필요하다.

식사 내 철의 형태 중 육류, 가금류, 생선류에 많이 함유된 헴철heme iron은 곡류, 채소에 포함된 비헴철non-heme iron보다 흡수율이 2~3배 높으므로 가능한 한 매끼 식사에 육류, 가금류, 생선류 등이 포함되도록 한다. 또한 비타민 C는 흡수율이 좋은 2가 철로 환원시키므로 오렌지주스, 비타민 C 함량이 높은 과일 등을 같이 섭취하면 좋다. 그러나 차나 커피의 탄닌과 카페인, 수산, 인산, 곡류의 피틴산은 철의 흡수를 저하시키므로 지나친 섭취는 피하는 것이 좋다.

철결핍빈혈이라 하더라도 헤모글로빈의 정상적인 형성을 위해서는 철뿐 아니라 단백

 핵심 포인트

철결핍빈혈을 위한 식사원칙
- 식사 내 철 섭취량을 증가시키는 식품 선택
- 매끼 식사에 비타민 C의 급원 포함
- 가능하면 매끼 식사에 육류, 가금류, 생선의 헴철이 포함되도록 함
- 식사와 함께 차, 커피를 많이 마시지 않도록 함

질과 철, 구리, 아연 등의 무기질, 적혈구 성숙에 필요한 비타민 B_{12}, 엽산 등의 다른 영양소도 충분히 공급되어야 하므로 영양소 밀도가 높은 고영양식이 되도록 해야 한다.

2) 거대적아구성 빈혈

거대적아구성 빈혈의 원인을 정확하게 진단하고 치료하는 것이 중요하다. 흔히 쓰이는 혈액학적 진단지표와 함께 호모시스테인, 메틸말론산methylmalonic acid, MMA, 트랜스코발아민 II와 결합한 비타민 B_{12}의 혈중농도로 비타민 B_{12}의 영양상태 평가와 흡수 정도를 측정한다. 거대적아구성 빈혈은 대부분 엽산과 비타민 B_{12}의 결핍으로 인해 발생하므로 일반적으로 엽산과 비타민 B_{12}의 보충을 권장한다. 그러나 비타민 B_{12}의 흡수불량증이 있거나 동물성 식품을 거부하는 채식주의자의 경우는 비타민 B_{12}를 근육주사로 공급하거나 비강 내 점적한다.

거대적아구성 빈혈의 식사요법은 엽산과 비타민 B_{12}를 충분히 섭취한다. 엽산은 체내에 저장량이 많지 않으므로 매일 적당량 섭취하는 것이 필요한데, 신선한 과일과 진한 녹엽채소류(예 아스파라거스·브로콜리·쑥갓·미나리·시금치), 콩류, 간, 굴, 전곡식품 등에 풍부하다. 비타민 B_{12}는 육류, 간, 굴, 우유 및 유제품에 많이 함유되어 있지만 식물성 식품에는 거의 없다. 또한 사이아노코발아민 경구보충제와 엽산 보충제도 사용될 수 있는데 보충제에 대한 반응지표인 미성숙적혈구의 수를 측정하여 그 효과를 모니터링하며 실시해야 한다.

3) 기타 빈혈과 영양관리

비영양성 빈혈인 낫적혈구빈혈과 지중해빈혈의 경우도 영양적인 고려가 필요하다. 이 경우 철이 과도하게 축적되므로 철 보충으로 치료해서는 안 되며, 에너지 소모량과 적혈구 파괴율이 높으므로 조혈 관련 영양소와 항산화 영양소가 많은 식품으로 식사를 구성해야 한다.

비타민 B_6 결핍은 헴 합성을 저해하여 빈혈을 유발하고 비타민 C, 니아신, 티아민의 심각한 결핍 역시 적혈구 합성을 방해하는 요인이 된다. 비타민 A와 비타민 E의 섭취는 적혈구의 생성과 완전성에 영향을 주는데, 비타민 A의 독성은 적혈구 세포막을 변화시켜 적혈구 세포의 파괴로 인한 빈혈을 유발한다. 반면, 비타민 A가 결핍되면 철이 저장조직에 축적되고 혈액 생성 시 철을 분비할 수 없게 되어 빈혈을 유발하게 된다. 비타민 E는 지질이 풍부한 세포막의 손상를 방지하는 역할을 하는데 비타민 E가 결핍될 경우 산화적 손상으로 적혈구 세포막이 쉽게 파괴되어 빈혈이 발생할 수 있다. 단백질과 필수지방산 결핍 역시 적혈구 세포의 생성과 세포막 구조에 손상을 유발할 수 있다. 따라서 빈혈의 영양적 치료는 빈혈 종류에 따른 개별적인 고려와 함께 에너지, 단백질, 비타민이 풍부한 고영양식이 요구된다.

CLINICAL NUTRITION WITH CASE STUDIES

11

내분비 및
선천성 대사장애 질환

인체의 내분비선은 호르몬을 분비하여 체내의 항상성을 유지하도록 돕는데, 내분비선에
이상이 생겨 호르몬 분비 조절에 장애가 생기면 다양한 내분비 질환이 발생한다. 본 장에
서는 내분비 질환 중에서 최근 가장 흔하게 나타나는 갑상선 기능장애의 원인과 영양관리
법을 다루었다. 선천성 대사장애는 유전자적인 원인으로 영양소의 대사과정에서 필요한
특정 효소나 보조인자가 생성되지 않거나 생성되더라도 활성이 감소한 선천성 질환으로,
대부분 출생 직후 심각한 임상 증상을 나타낸다. 치료 목표는 효소나 보조인자의 결함으
로 손상된 대사경로의 생화학적 평형을 유지하고, 적절한 영양소를 제공하여 정상적인 성
장과 발달을 돕는 것이다. 장애가 일어나는 대사 경로에 작용하는 원인물질의 섭취를 제
한하고 생성물질의 부족한 양을 보충한다. 또한 보조인자를 공급하여 대사장애에 의한 손
상을 최소화하도록 영양관리를 한다.

CHAPTER 11
용어 정리

- **갈락토오스혈증(galactosemia)** 유전성 대사장애인 갈락토 카이네이스 결핍과 갈락토오스-1-인산 유리딜 전이효소 결핍으로 갈락토오스가 포도당으로 전환되지 못해 저혈당증, 성장 지연, 간비대, 백내장 등이 나타남
- **갑상선(thyroid grand)** 목의 후두와 기관지 사이에 위치하는 내분비선으로 티록신과 칼시토닌을 분비
- **갑상선기능저하증(hypothyroidism)** 갑상선호르몬의 생성과 분비가 감소하여 일어나는 질환으로 크레틴병, 체중 증가, 감각 및 정신기능 저하, 점액수종 등이 나타남
- **갑상선기능항진증(hyperthyroidism)** 갑상선호르몬인 티록신의 농도가 높아진 상태로 갑상선종, 빈맥, 안구돌출이 병의 3대 증상
- **그레이브스병(Graves disease)** 자신의 면역계가 갑상선을 공격하는 자가면역 질환의 하나로 갑상선기능항진증의 가장 흔한 원인임. 바세도우병(Basedow disease)과 같은 질환
- **글리코겐 축적병(glycogen storage disease, GSD)** 간 글리코겐이 포도당으로 분해되지 못해 발생하는 질환으로 포도당-1,6-인산분해효소의 결함이 가장 흔한 원인이며 성장 불량, 저혈당증, 간 비대 등이 나타남
- **내분비계(endocrine system)** 호르몬을 생성하고 분비하는 기관계로 뇌하수체, 갑상선, 부갑상선, 부신, 췌장, 난소와 정소, 송과체, 흉선 등의 내분비선이 있음
- **단풍당뇨증(maple syrup urine disease, MSUD)** 곁가지 아미노산의 α-케톤산 탈탄산효소의 결핍 또는 활성 저하로 인해 곁가지 아미노산의 케톤산이 소변으로 배설되고 유아에서 혼수, 신경계 손상 등이 나타나는 선천성 대사장애
- **아스파탐(aspartam)** 아미노산인 아스파르트산과 페닐알라닌으로 구성된 아미노산계 합성감미료. 설탕과 가장 비슷한 맛을 내며 설탕의 약 200배의 단맛을 냄

- **유당불내증(lactose intolerance)** 유당분해효소가 결핍되거나 활성이 저하된 것으로 많은 양의 유당 섭취는 복부 팽만감, 가스 생성, 경련, 설사 등의 증상을 일으킴
- **자가면역질환(autoimmune disease)** 몸 안에 병원균이나 독소 등의 항원이 침입해 공격할 때 이에 저항하는 자가면역 능력에 문제가 생겨 면역계가 자기 신체를 공격하는 항체를 만들어 발생한 질환
- **칼시토닌(calcitonin)** 32개의 아미노산으로 만들어진 폴리펩타이드 호르몬. 혈액 칼슘 수치가 정상치보다 높을 때 갑상선에서 분비되어 그 농도를 낮추는 기능을 함
- **티록신(thyroxine)** 갑상선호르몬으로 티로신에 요오드가 결합한 구조임. 체내에서 물질대사를 촉진하는 작용을 함
- **통풍(gout)** 퓨린이 요산으로 대사되는 과정에 장애가 발생하여 요산이 혈액 중에 비정상적으로 축적되고 관절에 통풍 결절이 생겨 통증이 심하고 요산 결석이 발생하는 대사질환
- **통풍결절(tophus)** 고요산혈증에서 요산이 응집되어 결정체를 형성하여 피부 밑에 덩어리를 만드는 것으로 주로 관절 주변, 팔꿈치 주위, 손가락, 발가락, 귓바퀴에 잘 생김
- **페닐케톤뇨증(phenylketonuria, PKU)** 페닐알라닌 수산화효소가 결핍되거나 활성이 저하되어 페닐알라닌이 티로신으로 대사되지 못하고 페닐 케톤체들이 소변으로 배설되는 선천성 대사 이상. 정신발달 지체, 성장 지연, 백색 피부 등이 나타남
- **호모시스틴뇨증(homocystinuria)** 시스타티오닌 합성효소의 결핍이 원인인 선천성 대사 이상. 메티오닌과 호모시스테인이 소변으로 배설되고 지능장애, 시력장애, 골다공증, 동맥경화 등이 나타남

1. 내분비 질환

　내분비계endocrine system는 호르몬을 생성하고 분비하여 내적·외적 환경 변화에 대해 인체가 항상성을 유지하게 함으로써 대사, 성장, 생식이 제대로 이루어지도록 하는 역할을 한다. 인체에는 뇌하수체, 갑상선, 부갑상선, 부신, 췌장, 난소와 정소, 송과체, 흉선 등의 내분비선이 있어 호르몬을 분비한다(그림 11-1). 호르몬은 혈액이나 림프액에 의하여 특정한 조직이나 장기로 운반되어 이들의 대사를 조절하는 작용을 하여 체내 항상성을 유지하도록 돕는다(표 11-1). 내분비선에 이상이 생겨 호르몬의 분비가 과다하거나 너무 적으면 항상성 유지 및 행동 조절에 이상이 생기는 과다증과 과소증이 나타나는데, 이를 내분비 질환이라고 한다. 갑상선질환은 체내 에너지 대사의 조절과 관련된 내분비 질환으로 최근 가장 흔히 볼 수 있는 질환이다.

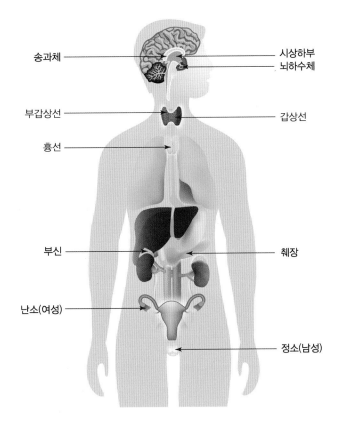

그림 **11-1** 내분비선의 위치

표 11-1 호르몬의 요약

내분비선	호르몬	주요 기능
시상하부	성장호르몬 방출호르몬	• 성장호르몬 분비 촉진
	갑상선자극호르몬 방출호르몬	• 갑상선자극호르몬 분비 촉진
	부신피질자극호르몬 방출호르몬	• 부신피질자극호르몬 분비 촉진
	성선자극호르몬 방출호르몬	• 황체형성호르몬과 난포자극호르몬 분비 촉진
	도파민	• 프로락틴 분비 촉진
	소마토스타틴	• 성장호르몬 분비 억제
뇌하수체 전엽	성장호르몬	• 성장 촉진, 단백질 합성, 혈당 상승
	갑상선자극호르몬	• 갑상선호르몬 분비
	부신피질자극호르몬	• 부신피질 호르몬 분비
	프로락틴	• 분만 후 유즙 분비 촉진
	난포자극호르몬	• 남성 : 정자 생산 • 여성 : 난소에서 난포 성장
	황체형성호르몬	• 남성 : 고환의 테스토스테론 생산 • 여성 : 난소의 에스트라디올 생산, 배란
뇌하수체 후엽	옥시토신	• 모유 분비 촉진, 출산 시 자궁의 운동성 촉진
	항이뇨호르몬	• 신장에서 수분의 재흡수 촉진
갑상선	티록신	• 기초대사 조절, 생식과 성장 촉진
	트리요오드티로닌	• 뇌와 지능의 발달
	칼시토닌	• 혈장 칼슘 저하
부갑상선	부갑상선호르몬(파라토르몬)	• 혈장 칼슘과 인 조절 • 칼시트리올(1,25-다이하이드록시 비타민 D)의 생성 촉진
부신피질	알도스테론	• 신장에서 나트륨 재흡수와 칼륨 배출
	글루코코르티코이드	• 물질대사 : 스트레스에 대한 반응
	안드로겐	• 남성호르몬과 동일
부신수질	에피네프린	• 물질대사 촉진, 심장 혈관 운동 항진
	노르에피네프린	• 스트레스에 대한 반응
췌장	인슐린	• 혈당 저하, 동화작용에 관여
	글루카곤	• 혈당 상승, 이화작용에 관여
성선 : 난소	에스트로겐(에스트라디올)	• 여성 생식계 발달, 난포 발달
	프로게스테론	• 임신상태 유지, 체온 증가
정소	안드로겐(테스토스테론)	• 생식계 발달, 2차 성징 발현, 근육 발달
송과선	멜라토닌	• 신체 리듬 조절
흉선	티모포에틴	• T-림프구 기능
신장	에리트로포에틴	• 골수에서 적혈구 생산 촉진
	칼시트리올	• 위장관에서 칼슘 흡수 촉진
위장관	가스트린	• 위장관의 유동성과 분비 촉진
	세크레틴	• 중탄산염 분비 촉진
	콜레시스토키닌	• 담즙 분비 촉진, 췌장효소 분비 촉진

자료 : 이연숙 외. 이해하기 쉬운 인체생리학. 파워북. 2019.

갑상선은 목의 후두와 기관지 사이에 위치한 나비 모양의 내분비선으로, 신진대사를 조절하는 호르몬인 티록신과 혈장 칼슘 농도를 조절하는 칼시토닌을 분비한다. 티록신thyroxine은 아미노산인 티로신에 요오드가 네 개 붙어 있어 T4thyrosine4라고도 하며, 요오드가 세 개 붙어 있는 트리요오드티로닌 T3triiodothyronine도 소량 분비된다.

요오드 섭취는 갑상선호르몬 합성에 필수적이므로 요오드가 부족한 지역에 사는 주민에서는 풍토병이 발생하여 갑상선종이 발생하기도 하였으며, 요오드를 섭취하면 갑상선종이 치료되었다. 갑상선호르몬은 인체 기관의 산소소모율을 증가시켜 신진대사를 촉진하는 작용을 하여 기초대사를 항진한다. 뼈의 발육을 촉진하여 신체의 성장에 관여하고 정신기능을 자극하는 작용을 하여 지능에 영향을 주는 것으로 알려져 있다. 갑상선호르몬의 생성과 분비는 뇌하수체의 갑상선자극호르몬에 의하여 조절된다.

1) 갑상선기능항진증

갑상선호르몬의 농도가 높아진 상태로, 주요 발생 원인으로는 그레이브스병Graves disease이 있다. 그 외에도 갑상선자극호르몬의 과다 분비, 갑상선암, 요오드 과다 섭취 등이 원인이 된다(표 11-2). 주로 20~50대 여성에게 많이 생기는 자가면역 질환으로 갑상선 비대와 갑상선호르몬의 과다 분비가 특징으로 나타나며 갑상선종, 빈맥(맥박이 비정상적으로 빨라지는 것), 안구돌출(눈 뒤에 탄수화물 및 수분 보유로 인해 안구가 앞으로 튀어나옴)이 3대 증상이다.

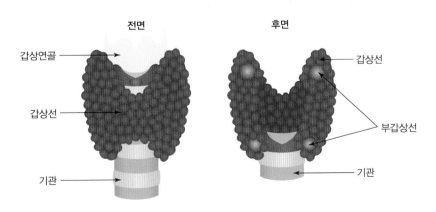

그림 **11-2** 갑상선의 전면과 후면

갑상선호르몬이 과다하게 분비되면 기초대사가 증가하여 체중이 감소한다. 발한, 빈맥, 손의 떨림, 안구돌출, 정신적 흥분으로 인한 신경질적 상태도 나타난다. 또한, 갑상선의 비대로 인한 갑상선종이 나타나고 골격이 약화된다. 치료는 질병의 원인에 따라 달라지는데, 수술을 통한 갑상선 조직 제거, 갑상선호르몬 생성 억제약물 사용, 방사선 요오드를 이용한 갑상선 조직 파괴, 면역억제제 사용 등으로 갑상선호르몬의 과다 생성 및 분비를 억제한다. 환자의 영양관리는 요오드 섭취의 제한을 기본으로 증상을 고려하여 이루어져야 한다. 체중 감소가 나타나면 에너지 섭취를 충분히 하고, 과도한 땀 분비로 인해 탈수가 생기면 수분을 충분히 섭취해야 한다. 또한 대사항진과 설사 등으로 영양결핍이 일어날 수 있으므로 비타민과 무기질을 충분히 보충하도록 한다. 만약 갑상선기능항진증 치료과정에서 과도한 체중 증가가 일어난다면 갑상선기능저하증으로 전환될 수 있으니 주의하여야 한다. 갑상선호르몬 생성 억제 약물을 사용하는 경우에는 여러 가지 합병증이 나타날 수 있으므로 적절한 영양관리가 필요하다 (표 11-3).

표 11-2 갑상선기능항진증의 원인

분류	증상
자가면역적 원인	그레이브스병, 림프구성 갑상선염
갑상선자극호르몬의 과다 분비	갑상선자극호르몬에 의한 선종
갑상선호르몬 자가 생성 증가	갑상선암, 다발성 갑상선종, 난소 종양
요오드 섭취 과다	요오드 유발 갑상선 중독증

표 11-3 갑상선기능항진증의 증상에 따른 영양관리

증상	영양적 관련성	영양관리
체중 감소	공복감 증가와 섭취량 증가	에너지 섭취 증가
피로	일상 활동 어려움	에너지 섭취 증가
과도한 땀 분비	탈수	수분 처방
설사 및 영양소 흡수장애	영양소 흡수불량	영양 보충, 비타민 및 무기질 보충
골격 약화	뼈의 칼슘 용출 증가	칼슘 및 비타민 D 증가
심혈관계 질환	나트륨 대사장애	저나트륨 식사

자료 : 손숙미 외. 임상영양학. 교문사. 2006.

핵심 포인트

갑상선기능항진증의 영양관리

- 요오드 섭취 제한
- 체중 감소 시 에너지 섭취 증가
- 수분, 비타민, 무기질 보충
- 치료과정에서 과도한 체중 증가 주의

2) 갑상선기능저하증

갑상선 기능의 이상 저하로 인해 갑상선호르몬의 생성과 분비가 감소하여 일어나는 질환으로 식사 중에 요오드가 부족하거나 갑상선에 염증이 생긴 경우, 또는 갑상선 위축 등에 의해 발생한다(표 11-4).

갑상선호르몬이 부족하면 체내 대사 저하로 인한 증상이 나타난다. 호르몬의 분비가 소아기에 부족한 경우에는 성장발육에 장애가 생기는 갑상선성 소인으로 되는데 이를 크레틴병이라 한다. 이 경우 중추신경계의 발육 저하를 동반하여 지능 저하도 함께 나타난다. 성인이 된 다음 갑상선기능저하가 생기면 기초대사 저하로 인한 체중 증가, 감각 및 정신기능 저하와 함께 피하에 점액 물질이 괴어 부종처럼 보이는 점액수종이 나타난다. 심장의 비대, 고콜레스테롤 혈증, 인슐린 저항성 증가 등도 동반되어 나타난다(표 11-5). 치료는 질병의 원인에 따라 달라지는데, 요오드가 부족한 경우에는 섭취를 통해 요오드를 보충해주고 호르몬의 생성 부족이 원인인 경우에는 갑상선호르몬제제를 섭취하여 보충함으로써 증상을 완화시킨다. 호르몬제제는 평생에 걸쳐 매일 섭취해야 하며 철, 칼슘, 마그네슘 보충제와 두유, 고식이섬유식 등은 호르몬제제의 흡수를 방해하므로 시간 차를 두고 섭취하도록 한다. 호르몬제제 섭취 시에는 에너지 섭취를 조절하여 정상체중을 유지하도록 유의한다. 갑상선기능저하증은 고콜레

표 11-4 갑상선기능저하증의 원인

일차적 원인	갑상선 위축에 의한 원인
요오드 섭취 부족	갑상선기능항진증 치료과정 중 발생
갑상선염(자가면역반응)	수축성 갑상선염(자가면역반응)
호르몬 생성 부족(유전)	갑상선호르몬 자극 호르몬 항체 과다 생성
갑상선종 유발 물질 섭취	방사선 요법, 연령 증가

스테롤혈증을 초래할 수 있으므로 혈중 콜레스테롤을 관찰하여 상태에 따라 식사의 지질 및 콜레스테롤의 섭취를 제한하도록 한다. 치료가 끝난 후에는 요오드를 충분히 섭취하여 갑상선호르몬의 생성을 촉진하는 것이 필요하지만, 요오드 섭취량이 지나치게 많아지면 호르몬 생성이 오히려 방해를 받으므로 적절한 수준을 유지하여 섭취하도록 주의한다.

표 11-5 갑상선기능저하증의 증상에 따른 영양관리

증상	영양적 관련성	영양관리
체중 증가	섭취량 증가	에너지 섭취 감소
피로	일상 활동의 어려움	활동 증가 노력
변비	감각 기능 둔화	고식이섬유식, 충분한 수분 섭취
위산분비 저하	철과 비타민 B$_{12}$ 결핍	비타민 무기질 보충제 처방
고콜레스테롤혈증	심혈관계 질환 위험성 증가	고식이섬유식, 저지방식

자료: 손숙미 외. 임상영양학. 교문사. 2006.

알아두기

다낭성 난소증후군

다낭성 난소증후군은 난소에 작은 낭종이 여러 개 생겨서 난소가 커지고 특징적인 증상들이 나타나는 증후군이다. 난소 호르몬 분비 불균형으로 인해 생기는데, 호르몬 분비 이상을 뇌하수체에서 감지하여 난소자극호르몬 분비를 늘리게 된다. 자극받은 난소는 더 많은 난자와 낭종을 생성하고, 생성된 난자는 배란을 유도할 만큼 성숙해지지 않아 배란장애로 인한 무월경, 희발 월경 등의 증상을 보인다. 무월경이 지속되면 자궁내막증식증이나 자궁내막암의 위험이 커진다. 남성호르몬 분비가 증가하여 월경 불순, 다모증, 비만, 불임이 발생할 수 있고, 인슐린 저항성 또는 고인슐린혈증이 동반되어 대사증후군의 위험성이 높아진다. 다낭성 난소증후군에는 비만이 동반되는 경우가 많은데, 주로 중심형 비만이며 고혈압, 고지혈증, 허혈성 심장질환의 발생 위험이 커진다.

원인은 정확하지 않지만, 인슐린 저항성, 남성호르몬 과다혈증, 비정상적 호르몬의 분비 등으로 다양하다. 진단기준은 희발 또는 무배란, 고안드로겐혈증 관련 증상, 초음파상 다낭성 난소의 소견 중에서 두 가지 이상을 보이는 경우이다. 치료의 기본은 규칙적인 운동과 균형 있는 식사를 통해 생활습관을 개선하고 체중을 감량하는 것이다. 식사는 당뇨식의 기본을 따라 저열량식, 저탄수화물식, 고식이섬유식을 실시하도록 권장한다. 배란을 유도하는 호르몬 치료를 함께 실시하기도 한다. 치료의 목표는 다음과 같다.

- 안드로겐의 생성과 순환 감소
- 여성호르몬에 과다 노출된 자궁내막 보호
- 정상체중 유지
- 고인슐린 혈증 조절을 통한 심혈관질환과 당뇨병 발생 예방

자료 : 가톨릭대학교 서울성모병원. 서울 아산병원 건강정보.

핵심 포인트

갑상선기능저하증의 영양관리

- 요오드 보충, 단 적절한 수준 유지
- 갑상선호르몬제제 섭취
- 에너지 섭취 조절로 정상체중 유지
- 지질 및 콜레스테롤의 섭취 제한

2. 선천성 대사장애 질환

선천성 대사장애 질환은 아미노산, 탄수화물 및 요산, 구리 대사에 관련된 효소나 보조인자에 선천적으로 장애가 있어 발생하는데, 이들의 원인이 되는 결핍 효소와 인자는 표 11-6과 같다.

1) 아미노산 대사장애

특정 아미노산의 대사과정에 관여하는 효소가 선천적으로 결핍되거나 활성이 저하되면 체내에 그 아미노산이나 그의 유도체가 증가한다. 이들 물질이 신장에서의 흡수

표 **11-6** 선천성 대사장애 질환의 원인

영양소	대사장애 질환	결핍효소
아미노산	페닐케톤뇨증 단풍당밀뇨증 호모시스틴뇨증	페닐알라닌 수산화효소(phenylalanine 4-hydroxylase) 곁가지 α-케톤산 탈수소효소 복합체(branched chain-α-keto acid dehydrogenase) 시스타티오닌 합성효소(cystathionine synthetase)
탄수화물	유당불내증 갈락토오스혈증 글리코겐 축적병	유당분해효소(lactase) 갈락토오스-1-인산유리딜전이효소 (galactose-1-phosphate uridyl transferase) 포도당-1,6-인산분해효소(glucose-1,6-phosphatase)
기타	통풍 윌슨씨병	요산 대사효소 구리 대사효소

역치를 넘어 증가하면 소변으로 배설된다. 특정 아미노산의 체내 농도가 높아지기 때문에 뇌 조직에서의 정상적인 단백질 합성이 저해되고, 아미노산 대사물질의 부족에 의해 뇌가 손상되어 경련, 정신발달지체 등의 신경 증상이 나타난다.

(1) 페닐케톤뇨증

① **원인과 증상** 페닐케톤뇨증phenylketonuria, PKU은 가장 흔하게 발생하는 아미노산 대사장애이다. 선천적으로 페닐알라닌 수산화효소phenylalanine 4-hydroxylase가 결핍되거나 활성이 저하되어 페닐알라닌이 티로신으로 대사되지 못하고, 대신 페닐케톤체인 페닐피루브산으로 전환되는 질환이다(그림 11-3).

정상인에서는 페닐알라닌이 페닐알라닌 수산화효소의 작용으로 티로신으로 전환되어 대사물질들을 생성하면서 생체 내 주요 대사과정에 관여하게 된다. 티로신은 갑상선호르몬인 티록신을 합성하고, 부신수질이나 신경조직에서는 노르에피네프린과 에피네프린으로 전환되며, 멜라닌 색소를 생성하는 데도 관여한다. 페닐케톤뇨증의 경우 정신발달 지체와 더불어 티록신 합성 저하로 인한 성장 지연, 부신수질호르몬 합성 저하로 인한 혈당 및 혈압 저하, 멜라닌 색소 부족에 의한 백색 피부, 금발 등의 증상이 나타난다(그림 11-4). 또한 페닐아세트산 배설에 의해 소변이나 땀에서 특유의 자극적인 냄새가 난다.

식사 섭취 후 페닐알라닌의 혈액 농도가 16~20 mg/dL를 초과하고, 티로신의 혈중

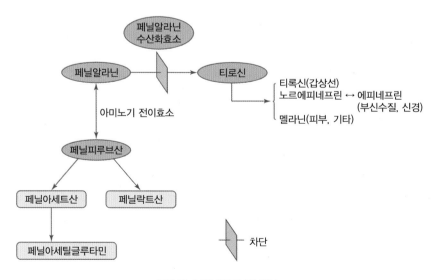

그림 **11-3** 페닐알라닌의 대사

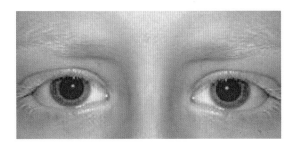

그림 **11-4** 페닐케톤뇨증 환자의 피부와 안구

농도가 3 mg/dL 이하이며, 소변으로 페닐피루브산과 수산화페닐아세트산이 배설되면 페닐케톤뇨증으로 진단한다. 이 질환은 신생아 만 명당 1명의 비율로 발생하며, 치료하지 않으면 30세 미만에서 75%가 사망한다.

② **치료 및 영양관리**　페닐케톤뇨증은 영양치료를 받지 않으면 뇌가 심하게 손상되어 지능지수가 평균 40 정도에 머무르지만, 출생 후 바로 영양치료를 받으면 정상적인 지능을 가질 수 있게 된다.

영양관리의 기본 원칙은 혈중 페닐알라닌의 농도를 2~10 mg/dL의 정상 범위 내로 낮추기 위하여 페닐알라닌 함량이 많은 음식의 섭취를 제한하는 것이다. 페닐알라닌 섭취량의 제한 정도는 연령에 따라 차이를 두는데, 1세 이하의 영아는 혈청 페닐알라닌 농도를 4~8 mg/dL로 유지하도록 페닐알라닌의 섭취량을 엄격히 제한하며, 10세 이상의 아동에서는 4~12 mg/dL 내로 유지하도록 제한한다. 한편, 티로신 섭취량은 혈청 티로신 농도가 정상 범위 내에서 유지되도록 증가시킨다(표 11-7).

대부분의 단백질 식품은 약 5% 정도의 페닐알라닌을 함유하고 있기 때문에 식품을 통해 단백질의 필요량을 충족시키면서 페닐알라닌을 제한하는 것은 어렵다. 그러므로 페닐알라닌 제한 식사를 계획할 때는 단백질로부터 페닐알라닌이 제거된 조제분유나 특수제품을 주로 사용한다. 페닐케톤증 환자를 위한 특수제품에는 페닐알라닌이 함유되어 있지 않거나 그 함량이 매우 낮고, 페닐케톤뇨증 환자에게 필수적인 티로신과 비타민, 무기질이 함유되어 있다. 영유아기 동안 저/무페닐알라닌 특수제품을 제공할 경우에는 고생물가의 단백질, 비필수아미노산, 성장에 필요한 페닐알라닌을 제공하기 위해 일반 조제분유 또는 모유를 일부 보충한다. 인공감미료인 아스파탐은 페닐알라닌의 함량이 높으므로 사용하지 않도록 식품표시를 살펴보아 확인하여야 한다. 페닐알라닌의

표 11-7 페닐케톤뇨증 영아, 소아, 성인의 영양권장량

연령	영양소			
	페닐알라닌	티로신	단백질	에너지
영아	(mg/kg)	(mg/kg)	(g/kg)	(kcal/kg)
0~3개월 미만	25~70	300~350	3.0~3.5	120(95~145)
3~6개월 미만	20~45	300~350	3.30~3.5	120(95~145)
6~9개월 미만	15~35	250~300	2.5~3.0	110(80~135)
9~12개월 미만	10~35	250~300	2.5~3.0	105(80~135)
소아	(mg/일)	(g/일)	(g/일)	(kcal/일)
1~4세 미만	200~400	1.72~3.00	≧ 30	1,300(900~1800)
4~7세 미만	210~450	2.25~3.50	≧ 35	1,700(1,300~2,300)
7~11세 미만	220~500	2.55~4.00	≧ 40	2,400(1,650~3,300)
여아	(mg/일)	(g/일)	(g/일)	(kcal/일)
11~15세 미만	250~750	3.45~5.00	≧ 50	2,200(1,500~3,000)
15~19세 미만	230~700	3.45~5.00	≧ 55	2,100(1,200~3,000)
19세 이상	220~700	3.75~5.00	≧ 60	2,100(1,400~3,000)
남아	(mg/일)	(g/일)	(g/일)	(kcal/일)
11~15세 미만	225~900	3.38~5.50	≧ 55	2,700(2,000~3,700)
15~19세 미만	295~1,100	4.42~6.50	≧ 65	2,800(2,100~3,900)
19세 이상	290~1,200	4.35~6.50	≧ 70	2,900(2,000~3,300)
임신기/수유기	(mg/일)	(mg/일)	(g/일)	(kcal/일)
임신 1분기	265~770	6,000~7,600	≧ 70	2,400
임신 2분기	400~1,650	6,000~7,600	≧ 70	+340
임신 3분기	700~2,275	6,000~7,600	≧ 70	+452
수유기	700~2,275	6,000~7,600	≧ 70	+330

자료 : 대한영양사협회. 임상영양관리 지침서 제4판. 2022.
Singh RH, Rohr F, Frazier D, et al. Recommendations for the nutrition management of phenylalanine hydroxylase deficiency. Genet Med, 2014; 16(2): 121-131.

식품군별 함량은 페닐케톤뇨증을 위한 식품교환표에 제시되어 있다(표 11-8, 부록 3).
한편 페닐알라닌과 티로신을 제외한 다른 아미노산의 섭취량과 다른 영양소의 권장량은 정상 아동의 경우와 동일하므로, 어린이의 성장과 발육을 위해 일반 식품으로부터 충분히 공급한다. 청소년기 이후의 페닐케톤뇨증 환자가 페닐알라닌 제한 식사를

표 **11-8** 페닐케톤증 식품교환표의 식품군별 영양 함량

식품 목록	1교환단위당 영양 함량			
	페닐알라닌(mg)	티로신(mg)	단백질(g)	에너지(kcal)
곡류/빵류	30	20	0.6	30
유지	5	4	0.1	60
과일	15	10	0.5	60
채소	15	10	0.5	10
자유식품 A	5	4	0.1	65
자유식품 B	0	0	0	55
매일분유(100 mL)	4.8	4.9	0.8	67
전유(100 mL)	164	164	3.4	62

자료 : 대한영양사회. 임상영양관리 지침서. 2008.

핵심 포인트

페닐케톤뇨증의 영양관리
- 페닐알라닌 섭취 제한, 특히 1세 이하의 영아는 엄격히 제한(특수 조제 분유 제공)
- 아스파탐 사용 금지, 티로신 섭취 증가
- 페닐알라닌과 티로신을 제외한 다른 아미노산의 섭취는 정상 성장과 유지를 위해 충분히 공급

계속해야 하는지에 대해서는 논란의 여지가 있으나 혈중 페닐알라닌 농도가 허용 범위 내에서 유지되고 내성이 있다면 페닐알라닌 함유식품을 제공할 수 있다.

(2) 단풍당뇨증

① **원인과 증상** 단풍당뇨증maple syrup urine disease, MSUD은 류신, 이소류신, 발린 등의 곁가지 아미노산branch-chain amino acid, BCAA(그림 11-5)이 탈아미노화되어 생성된 α-케톤산의 탈탄산작용에 관여하는 효소가 결핍되거나 활성이 저하되어 발생하는 질환으로 곁가지 케톤산뇨증branched~chain ketoaciduria이라고도 한다.

혈액과 소변으로 배설되는 류신, 이소류신, 발린 및 각각의 α-케톤산 농도가 증가하고 이로 인해 소변에서 단풍시럽 또는 캐러멜과 같은 냄새가 나는 것이 특징이다. 출생 시에는 정상인 것처럼 보이지만 4~5일이 지나면 젖을 잘 먹지 못하고, 구토와 혼수 등의 증상이 나타난다. 이러한 증상을 치료하지 못하면 산독증, 신경계 손상, 발작

증상을 보이고 혼수상태가 되며 결국에는 사망한다. 신생아 20만 명당 1명 비율로 발생하는 것으로 추정된다.

② **치료 및 영양관리** 단풍당뇨증을 치료하기 위해서는 곁가지 아미노산의 혈액 농도, 어린이의 성장상태, 일반적인 영양 적정도를 주의 깊게 관찰해야 한다. 특히 혈액 류신 농도를 세심하게 관리하는 것이 중요한데, 다른 곁가지 아미노산보다 류신 대사가 더 많이 손상되기 때문이다. 만일 혈장 류신 농도가 20 mg/dL를 초과하면 식사로부터 곁가지 아미노산을 제거하고 정맥영양 치료를 시작해야 하며, 혈장 류신 농도가 약 2 mg/dL로 감소하면 점차적으로 곁가지 아미노산을 식사에 추가할 수 있다. 일반적으로 류신의 혈장 농도가 정상 범인 2~5 mg/dL 내에서 유지되면 바람직한 성장과 지적 발달이 이루어질 수 있다.

단풍당뇨증 아동의 영양권장량은 정상 아동과 동일하며, 식사계획 시 곁가지 아미노산 및 다른 아미노산 그리고 에너지 섭취량은 연령에 따라 조정하도록 한다(표 11-9). 단풍당뇨증 치료를 위해 특별히 고안된 특수제품을 이용할 수도 있다. 각 식품군의 곁가지 아미노산 함량은 표 11-10과 부록 4에 제시하였다.

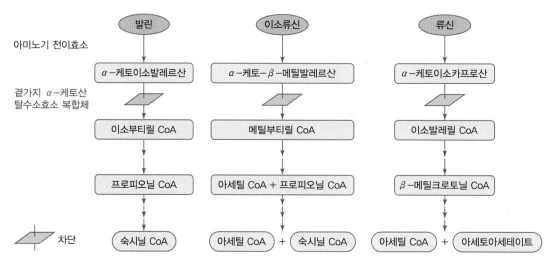

그림 **11-5** 곁가지 아미노산의 대사

표 11-9 단풍당뇨증 영아, 소아, 성인의 영양권장량

연령	영양소				
	이소류신	류신	발린	단백질	에너지
영아	(mg/kg)	(mg/kg)	(mg/kg)	(g/kg)	(kcal/kg)
0～3개월 미만	36～60	60～100	42～70	3.0～3.5	120(95～145)
3～6개월 미만	30～50	50～85	35～60	3.0～3.5	115(95～145)
6～9개월 미만	25～40	40～70	28～50	2.5～3.0	110(80～135)
9～12개월 미만	18～33	30～55	21～38	2.5～3.0	105(80～135)
소아	(mg/일)	(g/일)	(g/일)	(g/일)	(kcal/일)
1～4세 미만	165～325	275～535	190～400	≥ 30	1,300(900～1800)
4～7세 미만	215～420	360～695	250～490	≥ 35	1,700(1,300～2,300)
7～11세 미만	245～470	410～785	285～550	≥ 40	2,400(1,650～3,300)
여아	(mg/일)	(g/일)	(g/일)	(g/일)	(kcal/일)
11～15세 미만	330～445	550～740	385～520	≥ 50	2,200(1,500～3,000)
15～19세 미만	330～445	550～740	385～520	≥ 55	2,100(1,200～3,000)
19세 이상	330～445	400～620	420～650	≥ 60	2,100(1,400～3,000)
남아	(mg/일)	(g/일)	(g/일)	(g/일)	(kcal/일)
11～15세 미만	325～435	540～720	375～505	≥ 55	2,700(2,000～3,700)
15～19세 미만	425～570	705～945	495～665	≥ 65	2,800(2,100～3,900)
19세 이상	575～700	560～800	560～800	≥ 70	2,900(2,000～3,300)

자료 : 대한영양사협회. 임상영양관리 지침서 제4판. 2022.

표 11-10 단풍당뇨증 식품교환표의 평균 영양 조성

식품군	이소류신(mg)	류신(mg)	발린(mg)	단백질(g)	에너지(kcal)
곡류	18	35	25	0.4	25
지방	7	10	7	0.4	70
과일	17	25	22	0.6	75
채소	22	30	24	0.6	15
자유식품A	3	5	4	0.1	50
자유식품B	0	0	0	0	55
우유(100 mL)	203	329	224	3.4	62

자료 : 대한영양사회. 임상영양관리 지침서. 2008.

💡 **핵심 포인트**

단풍당뇨증의 영양관리
- 곁가지 아미노산, 특히 류신 섭취 조절
- 다른 아미노산과 에너지 섭취량은 정상아 기준으로 조정

(3) 호모시스틴뇨증

① **원인과 증상**　호모시스틴뇨증homocystinuria은 메티오닌으로부터 시스테인을 합성하는 데 필요한 시스타티오닌 합성효소cystathionine synthetase의 유전적 결핍으로 이 효소의 기질인 메티오닌과 호모시스테인이 체내에 축적되면서 발생하는 선천성 대사이상 질환이다. 혈액 내에 호모시스테인이 축적되고 소변을 통한 배설이 증가하게 된다.

호모시스틴뇨증 환자에게서는 지능장애, 경련, 보행장애 등의 정신신경 증상과 시력장애, 근시, 백내장 등의 안과적 증상이 많이 나타난다. 골다공증, 안면홍조가 나타나기도 하며 심한 동맥경화로 인해 혈관이 막혀 사망하기도 한다.

② **치료 및 영양관리**　호모시스틴뇨증 환자는 메티오닌의 섭취를 줄여야 하며 동시에 비타민 B_6가 다량 투여되면(200~600 mg/1일) 시스타티오닌 합성효소의 활성을 증가시킬 수도 있다. 비타민 B_6의 투여효과가 없으면 저메티오닌-시스테인 보충식사가 필요하다. 시스테인은 1일 500 mg까지 보충할 수 있으며, 베타인betaine과 엽산을 섭취하면 효소의 대사과정이 향상되기도 한다.

💡 **핵심 포인트**

호모시스틴뇨증의 영양관리
- 메티오닌 섭취 제한
- 시스테인 보충
- 비타민 B_6, 엽산 투여

2) 탄수화물 대사장애

탄수화물 대사장애는 발현시기, 발병과정, 임상적 증상 등이 다양하게 나타나는데 모두 빠르고 적극적인 영양관리가 필요하다.

(1) 유당불내증

유당불내증lactose intolerance은 우리나라 성인의 약 70%에서 발병하며 흑인, 아시아인, 남아메리카인에서 발병률이 높다. 유당을 소화하는 효소인 유당분해효소lactase가 결핍되거나 활성이 저하된 것이 원인으로 선천적인 경우도 있고 후천적으로 발생하기도 한다. 신생아에 비하여 이유기 이후에는 유당분해효소의 활성이 약 10% 정도 감소하는 것으로 알려져 있다. 또한, 유당불내증은 소장의 감염 또는 다른 원인으로 인한 장점막 세포의 파괴에 의해 후천적으로 발생할 수도 있다. 가수분해되지 않은 유당이 장에 남아서 삼투압을 증가시켜 수분을 장내로 끌어들이고, 대장 박테리아는 소화되지 않은 유당을 발효시켜 짧은 사슬 지방산, 이산화탄소 그리고 수소가스를 발생시킨다. 그러므로 유당의 섭취는 복부 팽만감, 가스 생성, 경련, 설사 등의 증상을 일으킨다.

유당불내증의 정의는 유당 50 g을 섭취하였을 때 혈당이 20 mg/dL 이상 상승되지 않거나 복통과 설사 등의 증상이 나타나는 것인데, 이 증상들은 유당 함유식품의 섭취를 감소시킴으로써 완화될 수 있다. 대부분의 유당불내증 환자들은 우유 1잔에 포함된 6~12 g 정도의 유당은 심각한 증상 없이 섭취할 수 있고, 점차 식사 중의 유당 함량을 증가시키면 그 이상의 양에도 내성이 생긴다. 그러므로 유당불내증 환자가 규칙적으로 우유를 조금씩 마시면 설사 증세가 나타나는 역치를 높일 수 있다. 숙성된 치즈와 같은 고체 또는 반고체상태 유제품들은 액체상태의 유제품보다 위를 비우는 시간이 길고, 유당 함량이 적어 큰 문제 없이 섭취할 수 있다. 요구르트는 가공과정 동안 사용되는 β-갈락토시데이스β-galactosidase가 장에서의 유당 소화를 쉽게 한다. 그러나 이 효소는 냉동에 민감하므로 얼린 요구르트 제품은 효과가 없을 수도 있다. 이 밖에도 외국에서 판매되는 유당분해효소를 이용하거나 유당분해효소로 처리된 우유와 유제품을 이용할 수 있다.

핵심 포인트

유당불내증의 영양관리
- 대부분 우유 1잔의 유당은 섭취 가능
- 치즈, 요구르트의 유당은 소화 쉬움
- 유당분해 처리된 우유와 유제품 이용

(2) 갈락토오스혈증

갈락토오스혈증galactosemia은 유전성 대사장애인 갈락토카이네이스galactokinase 결핍과 갈락토오스-1-인산 유리딜 전이효소galactose-1-phosphate uridyl transferase 결핍(전형적인 갈락토오스혈증)으로 갈락토오스가 포도당으로 전환되지 못해 발생하는 질환이다. 이 두 효소의 결핍으로 갈락토오스가 축적되거나 갈락토오스와 갈락토오스-1-인산이 축적된다. 증상으로는 구토, 설사, 성장 지연, 황달, 간 비대, 백내장 등이 나타난다. 또한 저혈당증을 보이고 바이러스에 감염되기도 쉬워진다. 이러한 상태를 치료하지 않으면 패혈증으로 사망하게 되므로 평생 갈락토오스를 제한해야 한다.

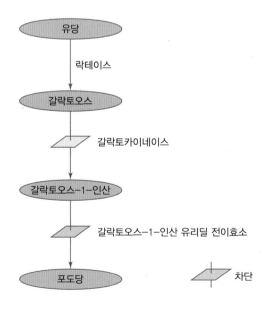

그림 11-6 갈락토오스의 대사

💡 **핵심 포인트**

갈락토오스혈증의 영양관리
- 우유 및 유제품 엄격히 제한
- 유아는 두유 조제분유 이용
- 갈락토오스 함유 과일과 채소(예 파파야·피망·감·토마토·멜론 등) 제한

유당은 갈락토오스와 포도당으로 가수분해되기 때문에 모유를 포함하여 모든 우유 및 유제품과 유당 함유식품들을 엄격히 제한하고, 유아는 콩으로 만든 조제분유를 먹도록 한다. 많은 양의 갈락토오스를 함유하고 있는 과일과 채소도 제한해야 하는데 파파야, 피망, 감, 토마토, 멜론 등은 모두 100 g당 10 mg 이상의 갈락토오스를 함유하고 있으므로 섭취 시 주의한다. 우유는 많은 제품에 첨가되어 있고, 유당은 약을 코팅하는 데도 사용되므로 갈락토오스를 효과적으로 제한하기 위해서는 제품의 영양표시를 주의 깊게 읽을 필요가 있다.

(3) 글리코겐 축적병

간에서 글리코겐이 포도당으로 분해되지 못해 발생하는 질환을 통칭하여 글리코겐 축적병glycogen storage disease, GSD이라고 한다. 글리코겐이 포도당으로 대사되는 경로에 관여하는 많은 효소 중에서 어떤 효소에 결함이 발생했느냐에 따라 다양하다. 가장 흔한 형태는 포도당-1, 6-인산분해효소glucose-1,6-phosphatase의 결함으로 나타나는데 약 6만 명당 한 명의 비율로 발생한다. 포도당 신생작용과 글리코겐 분해과정이 손상되기 때문에 성장불량, 저혈당증, 간 비대, 혈액 콜레스테롤과 중성지방의 비정상적인 수치 등이 증상으로 나타난다.

치료의 목표는 저혈당증을 예방하는 것으로 포도당을 계속 공급해줌으로써 혈장 포도당 농도를 안전한 범위 내에서 유지하는 것이다. 이를 위해 4~6시간 정도의 규칙적인 간격으로 전분을 섭취하고 고탄수화물, 저지방 식사를 권하고 있다. 영아의 경우, 밤 동안 저혈당이 되는 것을 막기 위해 위장관 급식으로 포도당 중합체를 계속 투여해야 할 때도 있다.

3) 통풍

통풍gout은 혈액 요산 수치 상승으로 인해 발생하는 염증성 관절염의 한 형태로 관절 부위가 붉게 부어오르며 심한 통증을 발작적으로 느끼는 질환이다. 주로 엄지발가락 관절에 증상이 나타나며 통풍결절, 신장 결석 그리고 신장 손상을 초래할 수 있다. 통풍은 유전적 요인과 식사, 비만 등 기타 건강 문제로 인해 발생한다.

(1) 원인과 증상

핵산을 구성하는 주요 물질의 하나인 퓨린purine은 요산uric acid으로 대사되어 2/3 정도는 신장을 통해 소변으로 배설되고 나머지 1/3은 담즙산의 형태로 장으로 배설된다(그림 11-7). 퓨린 대사과정에 장애가 발생하여 요산의 생성과 배설이 양의 균형 상태가 되면 요산이 혈액 중에 비정상적으로 축적하는 고요산혈증hyperuricemia이 나타난다. 신장에서의 요산 제거 능력이 감소하는 중년 남성에게서 많이 발생하는데, 여성이 폐경이 되면 남성과 발생률이 비슷해진다.

요산이 칼슘과 결합하여 관절과 주변 조직에 통풍결절tophus로 침착되어(그림 11-8), 여러 임상 증상을 일으키는 통풍이 된다. 증상은 주로 엄지발가락 관절, 팔꿈치, 무릎 등에 심한 통증이 나타나고, 요산 신장결석이 발생할 수 있다. 또한 축적된 요산염 침전물이 관절조직을 파괴하여 만성적인 관절염으로 진전되기도 한다.

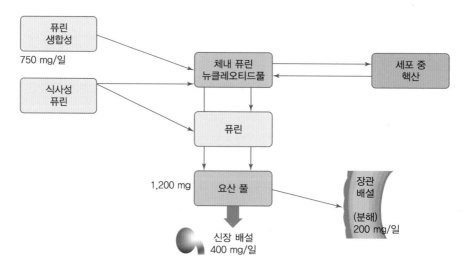

그림 **11-7** 정상인에서 요산 대사

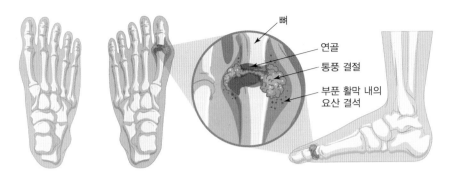

그림 **11-8** 정상인의 발과 통풍 환자의 발

(2) 치료 및 영양관리

요산은 핵산의 구성 요소인 퓨린 대사과정에서 만들어지기 때문에 통풍에는 저퓨린 식사 처방과 함께 요산 합성을 억제하는 약물(잔틴 산화효소 억제제xanthine oxidase inhibitor, XOI)이나 배설을 촉진하는 약물(벤즈브로마론benzbromarone)을 사용한다. 인체 내에서 만들어지는 요산이 요산염의 약 85%를 차지하기 때문에 단순히 식사로부터 퓨린을 제한하는 것만으로는 체내 요산 함량을 효과적으로 감소시키지는 못하기 때문이다. 통풍 환자는 퓨린 함량이 높은 식품을 제한하여야 한다. 퓨린이 많이 함유된 식품은 주로 동물성 식품으로 내장과 육즙, 고등어, 연어, 청어 등에 많다. 우유와 치즈 등의 유제품과 달걀은 퓨린 함량이 적으므로 단백질 급원으로 공급한다(표 11-11). 요산을 배설시키고 신장 결석이 형성되는 것을 막기 위해 하루 3 L 정도의 충분한 수분 섭취를 권장한다. 요산염 배설은 지방에 의해 감소하고 탄수화물에 의해 증가하는 경향이 있으므로 고탄수화물, 중등 단백질, 저지방 식사가 도움이 된다. 알코올은 요산 생성을 증가시키므로 과량 섭취를 피하고, 체중이 증가하면 증상이 심해지므로 정상체중을 유지하도록 한다.

표 11-11 퓨린체 함량에 따른 식품 구분(mg/100 g)

식품군	고함유식품 (150~800 mg)	중등함유식품 (50~150 mg)	미량함유식품 (미량)
곡류군	–	–	• 밥, 국수, 감자, 고구마, 빵 등 대부분의 곡류(오트밀, 전곡 제외)
어·육류군	• 내장육(간, 콩팥, 뇌 등) • 생선류(청어, 고등어, 정어리, 연어) • 기타(육즙, 멸치, 효모, 베이컨, 가리비조개)	• 육류, 가금류, 생선류, 조개류 • 콩류(강낭콩, 잠두류, 완두콩, 편두류)	• 달걀
우유군	–	–	• 우유, 치즈, 유제품
지방군	–	–	• 버터, 식용유
과일군	–	–	• 모든 과일류
채소군	–	• 시금치, 버섯, 아스파라거스	• 나머지 채소류
기호품	–	–	• 탄산음료, 잼, 코코아, 설탕, 커피, 차류
적용	• 급성기에 섭취 제한	• 회복기에 소량 섭취 가능	• 제한 없이 섭취 가능

자료 : 대한영양사협회. 임상영양관리 지침서. 2008.

 핵심 포인트

통풍의 영양관리

• 퓨린 섭취 제한(예 동물성 식품 내장, 육즙, 고등어, 연어, 청어 제한)
• 유제품과 달걀은 퓨린 함량이 적으므로 단백질 급원으로 공급
• 하루 3 L 정도의 충분한 수분 섭취 권장
• 고탄수화물, 중등 단백질, 저지방 식사
• 알코올 제한
• 정상체중 유지

CHAPTER 11 사례 연구　　　**페닐케톤뇨증(Phenylketonuria, PKU)**

생후 1일 된 여아인 장미는 스크리닝 테스트 결과 페닐케톤뇨증이 의심되어 생후 5일에 추가적인 혈액검사를 시행하였는데 페닐케톤뇨증으로 진단되었다. 장미는 생후 모유만 계속 먹은 상태였다. 생후 9일에 페닐알라닌이 없는 조제분유로 바꾸어 먹인 후 48시간이 지나 페닐알라닌 수치는 어느 정도 떨어진 상태이다. 임신 39 + 0 wks에 태어난 장미는 현재 생후 12일로 페닐케톤뇨증에 적절한 영양공급 방법에 대한 계획이 요구되는 상황이다.

의무기록에 나타난 환자의 특성과 임상결과는 다음과 같다.

- **출생 시 신장** : 49 cm
- **출생 시 체중** : 3.3 kg
- **출생 시 머리둘레** : 33.5 cm
- **건강상태** : 비교적 활동적
- **활동상태** : 비교적 활동적
- **진단명** : 페닐케톤뇨증

- **임상검사 결과**
  - 생후 1일 : 페닐알라닌 3 mg/dL(180 μmol/L)
  - 생후 5일 : 페닐알라닌 24 mg/dL(1,440 μmol/L)
  - 생후 9일 : 페닐알라닌 25.5 mg/dL(1,530 μmol/L), 티로신 1.1 mg/dL(60.5 μmol/L), 페닐알라닌과 티로신의 비는 23 : 2
  - 생후 10일(페닐알라닌이 없는 조제분유 섭취 후 24시간 경과, 지난 24시간 동안 480 mL의 분유를 섭취하였음) : 페닐알라닌 16.5 mg/dL(990 μmol/L)
  - 생후 11일(페닐알라닌이 없는 조제분유 섭취 후 48시간 경과, 지난 24시간 동안 540 mL의 분유를 섭취하였음) : 페닐알라닌 8.8 mg/dL(528 μmol/L)

---

1. 아래 성장도표를 보고, 이 여아의 성장상태를 평가하시오.

0개월 여아	백분위수										
	3th	5th	10th	15th	25th	50th	75th	85th	90th	95th	97th
신장(cm)	45.6	46.1	46.8	47.2	47.9	49.1	50.4	51.1	51.5	52.2	52.7
체중(kg)	2.4	2.5	2.7	2.8	2.9	3.2	3.6	3.7	3.9	4.0	4.2
머리둘레(cm)	31.7	31.9	32.4	32.7	33.1	33.9	34.7	35.1	35.4	35.8	36.1

① **출생 시 신장** : 49 cm(50백분위수)

② **출생 시 체중** : 3.3 kg(50~75백분위수)

③ **출생 시 머리둘레** : 33.5 cm(25~50백분위수)

장미는 39 + 0 wks 때 출산한 만삭아로 출생 시 키, 체중, 머리둘레는 정상범위에 속한다.

2. 이 여아의 영양관리 원칙은 무엇인지 설명하시오.

페닐알라닌뇨증이 있는 아기의 경우 페닐알라닌 대사가 이루어지지 않으므로 페닐알라닌 섭취를 제한하여 혈중 페닐알라닌 수치가 적절한 수준에서 유지되도록 함으로써 페닐알라닌 수치 증가로 인해 일어나는 증상을 예방하는 것이 중요하다. 동시에 최소한의 페닐알라닌은 공급함으로써 정상적인 성장과 발육은 이루어질 수 있도록 해야 한다. 혈중 페닐알라닌 수치는 2~6 mg/dL 범위에서 유지될 수 있도록 한다.

3. 이 여아를 위한 페닐알라닌, 단백질, 그리고 에너지 권장량을 산출해 보시오.

3개월 미만의 페닐케톤뇨증 영아의 영양권장량은 페닐알라닌 1일 130~430 mg, 단백질 3.0~3.5 g/kg, 에너지 120(145~95) kcal/kg이다. 혈중 페닐알라닌 수치가 많이 감소하였으나 더 떨어져야 하는 상황이고, 현재 생후 12일, 정상 체중임을 고려하여 아래와 같이 영양목표량을 설정하였다.

① **페닐알라닌** : 140 mg

② **단백질** : 3.3 kg × 3.0 g/kg = 9.9 g

③ **에너지** : 3.3 kg × 145 kcal/kg = 479 kcal

4. 아래의 정보를 참고하여, 이 여아를 위한 분유 수유 계획을 세워 보시오.

종류	분유		module	
	분유1단계(0~3개월용)	PKU-1분유(0~3세용)	MCT oil	하이칼
조유농도(%)	14	13	–	–
	100 mL 기준		100 g 기준	
에너지(kcal)	70	60	830	400
탄수화물(g)	8.7	8	–	100
단백질(g)	1.3	2.0	–	–
지방(g)	3.3	2.3	100	–
페닐알라닌(mg)	50.96	0	–	–
비고(제품 계량스푼 단위)	1스푼=20 mL(2.8 g)	1스푼=30 mL(3.9 g)	–	–

페닐알라닌을 제한하기 위해서 단백질로부터 페닐알라닌이 제거된 조제분유를 이용해야 하지만, 성장에 필요한 페닐알라닌을 제공하기 위해 일반 조제분유 또는 모유를 일부 보충해야 한다. 우선 성장에 필요한 페닐알라닌 공급을 위해 섭취해야 할 일반조제분유의 양을 정한 후 단백질요구량을 충족시킬 수 있도록 PKU-1 분유 양을 정한다. 만약 에너지가 부족하다면 MCT 오일이나 탄수화물 보충제(하이칼)를 추가하도록 한다. 이와 같은 원칙으로 장미의 분유 수유 계획을 세워보았다.

① 페닐알라닌 필요량 공급을 위해 섭취해야 할 일반조제분유의 양

140 ÷ 50.96 × 100 = 275 mL ⇒ 280 mL(14스푼)

② 단백질 필요량 공급을 위해 섭취해야 할 PKU-1 분유의 양

일반조제분유 280 mL에 포함된 단백질 양은 3.6 g으로 단백질필요량 9.9 g을 맞추기 위해 PKU-1 분유로부터 6.3 g의 단백질을 섭취해야 하는데, 이에 해당하는 양은 315 mL이다(10.5스푼).

③ 일반분유 280 mL와 PKU-1 분유 315 mL를 섭취할 경우 에너지는 385 kcal로 1일 필요량 479 kcal를 충족하기 위해 필요한 에너지(94 kcal)는 MCT 오일과 탄수화물 보충제(하이칼)을 통해 공급한다.

④ 1일 7회 수유 시 제공해야 할 분유와 모듈(module)의 양은 아래와 같다.

구분 분유 종류	하루 양	1회 양 (하루 7회 제공 시)	1일 섭취량
일반분유	280 mL	40 mL(2스푼)	• 에너지 479.7 kcal
PKU-1 분유	315 mL	45 mL(1.5스푼)	• 단백질 9.9 g
MCT 오일	7.7 g	1.1 g	• 페닐알라닌 143 mg
하이칼	7.7 g	1.1 g	

⑤ 혈중 페닐알라닌 수치와 성장 정도를 주기적으로 평가하면서 수유 계획을 조정해 나가도록 한다.

5. 아기가 이유식을 시작하게 될 때 어떻게 계획을 세워야 하는지 설명하시오.

아기가 이유식을 시작할 나이가 되면, 1일 페닐알라닌, 단백질, 에너지 권장량에서 무페닐알라닌 조제식으로부터 공급되는 양을 제외한 나머지 양을 고형식의 종류와 양을 달리하여 계획한다. 이때, 페닐케톤뇨증 식품교환표를 이용하여 계획한다.

CLINICAL NUTRITION WITH CASE STUDIES

골격 및 신경계 질환

골격계 질환인 골다공증과 골관절염은 노인 연령층에서 많이 나타나며 예방과 진행 속도
를 지연시키는 데 영양관리가 필요한 질환이다. 신경계에 이상이 생기면 연하곤란, 환각
증세, 발작 등의 다양한 증상이 나타나 정상적인 생활에 어려움을 가져온다. 신경계 퇴행
성 질환의 일종인 치매는 증상이 심한 경우 더 이상 통상적인 사회생활을 유지할 수 없게
되어 노년기 삶의 질에 결정적 영향을 주게 된다.

- **골다공증(osteoporosis)** 골조직의 생화학적 조성은 정상이지만 단위부피당 골량이 감소하는 대사성 골질환. 중년 이후 여성에 특히 많으며 요통이나 골절이 나타나기 쉬움
- **골연화증(osteomalacia)** 뼈의 무기질화 과정의 이상으로 칼슘과 인이 점차 소실되어 뼈가 약해지고 쉽게 부러지며 골밀도가 감소하는 질환
- **뇌전증(간질, epilepsy)** 뇌장애의 일종으로 반복적인 발작 증상이 나타남. 흥분성 및 억제성 신경세포의 활성 이상으로 인해 발생함
- **도파민수용체(dopamine-receptors)** 도파민과의 결합신호를 세포 내에 전달하는 수용체
- **튜마티스성 관절염(rheumatoid arthritis)** 정확한 원인은 아직 알려지지 않았으나 자가면역질환의 하나로 관절 활액막과 연골조직의 염증으로 인해 관절이 손상되는 만성질환
- **실인증(agnosia)** 대뇌의 일부에 병변이 생겨서 일어나는 인지불능증
- **알츠하이머병(alzheimer's disease)** 노인에게 주로 나타나는 기억력을 포함한 인지기능의 악화가 점진적으로 진행되는 퇴행성 신경계 질환으로 기억력 감퇴, 언어능력 및 판단력 저하 증상으로 일상 생활 수행능력에 어려움을 겪는 질환
- **울혈(congestion)** 정맥의 혈류가 방해되어 장기조직 내의 정맥이나 모세혈관 내의 혈액이 증가하는 상태
- **정신분열증(schizophrenia)** 망상, 환각, 혼란스러운 언어, 부적절한 감정, 기이하고 퇴행된 행동 등의 증상을 특징으로 하는 정신질환
- **치매(dementia)** 퇴행성 뇌기능장애로 주로 대뇌피질과 해마의 손상으로 지능, 행동, 성격 등에 영향을 주어 기억력, 사고력, 이해력 등이 점차 상실되는 질환
- **퇴행성 관절염(degenerative arthritis)** 관절 연골의 손실로 점진적으로 관절이 약해되어 나타나는 퇴행성 관절 질환으로 관절을 이루는 뼈와 인대 등이 손상되어 관절이 붓고 통증이 유발됨
- **활막(synovial membrane)** 관절낭 안쪽을 둘러싸고 있는 막으로 관절 연골 쪽으로 활액을 분비하여 관절, 인대의 운동을 원활하게 함
- **해마(hippocampus)** 인간의 뇌에서 기억의 저장과 상기에 중요한 역할을 하는 변연계 안에 있는 기관

1. 골다공증

골다공증osteoporosis이란 골질량의 감소와 뼈의 미세구조의 이상으로 전신적으로 뼈가 약해져서 일상생활 중에 경험하는 조그만 충격에도 쉽게 골절이 발생하는 질환이다. 골다공증의 경우에는 뼈의 화학적 조성에는 변화가 없으나 단위용적당 뼈 질량이

1/3 이상 감소하여 주로 척추뼈, 허리뼈, 그리고 엉덩이뼈에 쉽게 골절이 나타난다. 골다공증은 연령에 따라 점차 증가하고 남성의 경우보다는 폐경 이후의 여성에게서 주로 나타나 중년기 이후 여성의 건강 문제로 대두되고 있으며, 골절이 함께 증가하므로 노년기의 삶의 질에 영향을 미치게 된다.

1) 골격의 대사와 조절

(1) 골격의 대사

뼈는 하이드록시프롤린hydorxyproline을 다량 함유한 단백질인 콜라겐이 모양을 이루고 그 사이에 칼슘과 인이 주성분인 하이드록시아파타이트hydroxyapatite[$Ca_{10}-(PO_4)_6-(OH)_2$]라는 입자가 축적된 단단한 조직이다.

뼈는 형태학적으로 두 종류, 즉 피질골cortical bone과 소주골trabecular bone, spongy bone로 나뉘어진다. 피질골은 모든 뼈의 바깥층을 구성하며 단단하고 대사율이 낮은 것이 특징이다. 소주골은 뼈의 말단부위인 관절 부위와 골반의 안쪽에 있는 스펀지 같은 망상구조의 조직으로, 판 또는 막대 모양의 소주trabeculae 사이사이에 골수가 채워져 있는 형태로 존재하며 대사율이 매우 높다. 인체의 뼈는 이 두 가지로 구성되며 골격의 종류에 따라 구성비율이 다양하다. 소주골은 주로 척추, 견갑골scapulae, 골반 등에 존재하고, 피질골은 전체 뼈의 80%를 차지하며 대부분의 기계적 기능을 담당하고 있다.

뼈는 일생 동안 계속적으로 재생되며 활발한 대사가 일어나는 조직인데, 골 흡수를 하는 파골세포osteoclasts와 골 형성에 관여하는 조골세포osteoblast가 균형을 이루며 골질량이 유지된다. 파골세포가 뼈의 표면에서 산을 분비하여 골격을 구성하고 있는 무기질을 용해시키면 그 다음으로 조골세포가 작용하여 골격의 용해된 빈 공간에 콜라겐 조직을 형성한 후 무기질을 받아들이는 석회화를 촉진하여 뼈를 재생시킨다. 그러나 연령이 증가하면서, 특히 여성의 경우 폐경으로 인하여 파골세포의 활성이 커져서 골 손실이 급속도로 증가된다.

(2) 골격 대사의 조절

뼈의 질량은 유전적 소인, 신체 활동량, 호르몬의 균형과 영양상태, 그리고 여러 가지 환경요인에 의해 결정된다. 그중 유전적 요인은 가장 큰 영향을 미치며 신체적 활동은 골질량을 증가시키고 활동량 감소는 골질량 감소를 초래한다.

골격 대사에 영향을 주는 호르몬 중 성장 호르몬, 에스트로겐, 칼시토닌calcitonin은 골질량을 증가시키는 작용을 하고 부갑상선 호르몬PTH은 과잉 분비 시 골질량을 감소시키는 작용을 한다.

칼슘의 섭취량은 골밀도에 영향을 미쳐 섭취량이 낮으면 골질량의 감소가 오고 결핍 정도가 심하면 골다공증까지도 유발된다. 칼슘 섭취가 부족하게 되면 혈액 속 칼슘 농도가 낮아지고, 그 결과 부갑상선 호르몬의 분비가 자극되며 뼈로부터 칼슘이 나오게 되어 저칼슘혈증을 교정해주게 되는데, 이 과정에서 골밀도의 감소가 초래된다.

비타민 D도 골격대사에서 중요한 역할을 하는 것으로 알려져 있다. 혈액 칼슘 농도가 저하되면 자외선에 의해 피부에서 7-디하이드로콜레스테롤7-dehydrocholesterol로부터 생성된 콜레칼시페롤cholecalciferol이 간에서 25-하이드록시 비타민 D(25-(OH)D_3)로 전환되고 그 후 신장에서 1,25-다이하이드록시비타민 D(1,25-(OH)$_2D_3$, 칼시트리올)로 활성화되어 장에서 칼슘결합 단백질을 합성하여 장관에서의 칼슘 흡수를 촉진시키고, 신장의 세뇨관에서 칼슘의 재흡수를 증가시키며 뼈에서는 칼슘의 용해를 촉진시

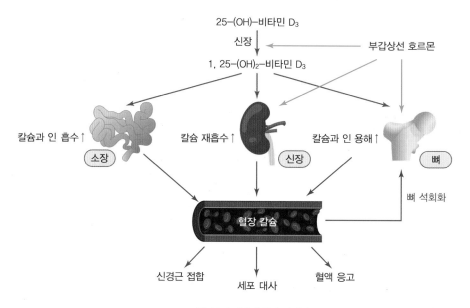

그림 **12-1** 칼슘대사와 비타민 D

표 **12-1** 골격 대사에 영향을 미치는 호르몬들

호르몬	기능
부갑상선 호르몬(PTH)	• 신장에서 1-수산화효소 활성 증가로 1.25-다이하이드록시비타민 D의 증가 → 칼슘 흡수 증가, 뼈의 재흡수 증가, 뼈의 과도한 재흡수의 원인 • 신장에서 인의 재흡수 감소
비타민 D	• 소장에서 칼슘과 인 흡수 증가 • 뼈의 골흡수 증가 • 신장에서 인의 재흡수 증가
칼시토닌	• 파골세포에 의한 뼈의 골흡수 감소 • 신장에서 인의 재흡수 감소
에스트로겐	• 부족 시 뼈의 골흡수 촉진과 골다공증 유발
성장호르몬	• 연골과 콜라겐 합성 자극 • 1.25-다이하이드록시비타민 D의 생성과 칼슘 흡수 증가 • 과잉 시 거대증과 말단비대증 발생 • 부족 시 어린이에서 발육부진 유발
갑상선 호르몬	• 뼈의 재흡수 촉진 • 부족 시 어린이에서 성장 지연과 어른에서 뼈의 전환율 감소
인슐린	• 조골세포에 의한 콜라겐 합성 촉진 • 부족 시 성장과 골질량 저해

켜서 혈중 칼슘 농도를 올린다. 혈액 내 칼슘 농도가 정상치보다 떨어졌을 때의 부갑상선 호르몬의 역할은 신장에서 1-수산화효소1-hydroxylase의 활성을 높여 1.25-다이하이드록시비타민 D의 생성을 촉진하고 파골세포를 활성화하여 혈중 칼슘 농도를 올리는 것이다. 한편, 혈액 칼슘 농도가 상승되면 갑상선에서 칼시토닌이 분비되어 부갑상선 호르몬의 역할과는 반대로 1-수산화효소의 활성을 억제하여 1.25-다이하이드록시비타민 D의 생성을 낮추고, 파골세포의 활성을 억제하여 혈중 칼슘 농도를 떨어뜨린다. 이와 같은 조절로 혈액 칼슘은 항상 일정한 농도로 유지되고 칼슘 및 비타민 D 부족은 골다공증, 골연화증 및 구루병 등을 유발하게 된다.

2) 골다공증의 분류

골다공증은 크게 일차성primary(원발성)과 이차성secondary(속발성) 골다공증으로 분류된다(표 12-2).

일차성 골다공증이란 골다공증을 유발하는 다른 원인 질환 없이 발생한 골다공증

표 **12-2** 골다공증의 분류

일차성 골다공증	이차성 골다공증

[퇴화성(involutional)]
• 제1형
  – 갱년기 후 골다공증(postmenopausal osteoporosis)
  – 원인 : 폐경에 따른 에스트로겐 분비 저하
• 제2형
  – 노인성 골다공증(senile osteoporosis)
  – 원인 : 노화로 인한 칼슘 부족
[특발성(idiopathic)]
• 원인 : 불명
• 치료 없이도 4~5년 내에 회복
	[원인]
	• 내분비질환
	• 위장관질환
	• 악성질환
	• 알코올과 흡연
	• 약물
	  – 부신피질 호르몬
	  – 갑상선 호르몬
	  – 항경련제
	  – 항응고제

을 말하며, 이차성은 골다공증을 유발시키는 원인 질환에 의해 발생한 골다공증을 말한다.

(1) 일차성 골다공증

일차성 골다공증에는 퇴화성involutional 골다공증과 특발성idiopathic 골다공증이 있으며, 퇴화성 골다공증은 다시 제1형 골다공증과 제2형 골다공증으로 분류된다. 제1형은 갱년기 후 10~15년 이내에 발생하므로 갱년기 후 골다공증postmenopausal osteoporosis이라고도 부른다. 제2형은 70세 이상의 남녀 노인에게 나타나는 것으로 노인성 골다공증senile osteoporosis이라고도 한다.

골다공증은 갱년기 후 여성의 약 10% 정도에서 발생한다. 주로 척추뼈에 골절이 나타나는데, 이때 나타나는 골절의 양상은 뼈가 부서지는 경우가 흔하다. 원인으로는 폐경에 따른 에스트로겐의 분비 저하로 인해 뼈에 대한 부갑상선 호르몬의 작용이 더욱 활발해져 골흡수가 증가되고 결과적으로 혈청 칼슘 농도가 증가함으로써 부갑상

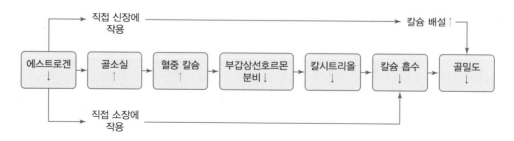

그림 **12-2** 골다공증과 에스트로겐

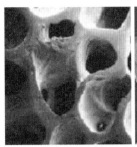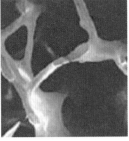

그림 **12-3** 정상인의 뼈(좌)와 골다공증의 뼈(우)
자료 : 경희의료원 임상영양센터.

선 호르몬의 분비는 저하된다(그림 12-2). 그로 인해 신장에 존재하는 비타민 D 활성 효소의 활성이 감소되므로 1,25-다이하이드록시비타민 D의 생산량이 감소하고 그 결과 칼슘의 흡수량이 감소함으로써 골손실이 심화되는 것을 들 수 있다(그림 12-3).

노인성 골다공증은 노화가 주원인으로 골다공증과 골연화증이 함께 나타나는 골결핍증osteopenia이라 할 수 있는데, 척추뼈 골절과 엉덩이뼈 골절이 주 증상이다. 또한 지속적인 신장의 감소가 나타난다(그림 12-5). 연령 증가로 인한 골손실에 영향을 주는 가장 중요한 요인은 칼슘 부족으로 인하여 부갑상선 호르몬이 증가하고, 증가된 부갑상선 호르몬이 파골세포를 자극하여 골다공증을 일으키는 것으로 여겨진다. 이 밖에도 조골세포의 기능 저하와 부갑상선 항진증, 그리고 1,25-다이하이드록시비타민 D의 생합성 감소도 요인 중 일부로 여겨진다.

특발성 골다공증은 젊은 남녀에게 일어나는 골다공증으로 간혹 임신 중이나 임신

신장

젊은 여성의 척추   노인 여성의 척추

그림 **12-4** 골다공증에서 나타나는 신장 감소

직후의 젊은 여성에게도 발생한다. 특발성 골다공증의 발생 원인은 아직 밝혀지지 않았으나 대부분 치료 없이도 4~5년 내에 저절로 회복된다.

(2) 이차성 골다공증

이차성 골다공증은 약제의 사용이나 질병으로 인해 발생하는 골다공증이다. 노년기에는 질환의 치료를 위해 여러 가지 약물을 사용하게 되는데 알루미늄을 함유한 제산제는 칼슘의 흡수를 방해하고, 관절염 치료에 주로 사용하는 부신피질 호르몬은 비타민 D의 작용을 저해하여 골기질의 생성과 소장에서의 칼슘 흡수를 방해함으로써 뼈 생성작용을 억제한다. 또한, 갑상선기능 항진증, 부갑상선기능 항진증, 신장질환, 림프종, 백혈병, 다발성 골수증 등의 일부 암도 이차성 골다공증을 초래할 수 있다. 소장, 간, 신장이나 췌장의 질환도 칼슘 흡수를 저해하므로 만성적인 경우 골다공증을 일으킬 수 있고 장기간 누워 있거나 움직이지 않는 사람도 칼슘 배설이 증가되므로 골격의 항상성 유지에 이상이 생겨 골다공증을 초래할 수 있다.

3) 골다공증의 위험인자

골다공증의 위험인자는 표 12-3과 같다.

표 12-3 골다공증 유발 위험요인

• 골다공증의 가족력
• 여성
• 백인과 아시아인
• 빈약한 체격
• 에스트로겐 결핍 　- 폐경기　　　- 조기 난소 절제 여성
• 성선기능 저하증의 남성
• 과다한 운동으로 무월경(amenorrhea)이 초래된 여성
• 연령, 특히 60세 이상
• 운동 부족
• 일부 약물의 지속적인 복용 　- 알루미늄 함유 제산제 　- 스테로이드 　- 테트리사이클린 　- 항경련제 　- 외인성 갑상선호르몬
• 음의 칼슘균형을 유발하는 질환 및 상태 　- 갑상선 기능항진증 　- 당뇨병 　- 만성신부전 　- 만성설사와 흡수 부진 　- 부갑상선기능 항진증 　- 만성퇴행성 폐질환 　- 부분 위절제 　- 반신불수 　- 저체중 　- 흡연 　- 알코올 과다 섭취 　- 식이섬유 과다 섭취 　- 카페인 과다 섭취 　- 칼슘과 비타민 D 섭취 부족

자료 : 대한영양사협회. 임상영양관리 지침서. 2008.

(1) 유전 및 인종

개인에 따른 골밀도의 차이는 유전적 요인이 많아 가족 중에 골다공증이 있는 경우에는 골다공증에 걸릴 확률이 높으며, 체격이 작은 사람이 큰 사람보다 노화에 따른 뼈 손실이 커서 골다공증이 생기기 쉽다. 또한 살고 있는 지역에 따라 차이가 나는 것을 볼 때, 환경여건이 유전적 요인에 의한 골밀도 형성에 영향을 줄 수 있다는 것을 알 수 있다.

(2) 연령과 성

골질량은 청소년기에 직선적으로 증가하여 20~30세에 최대가 되고, 40세까지 변함없이 유지되다가 그 이후 일정 비율로 감소된다. 여성도 40세 정도에 골질량이 감소되기 시작하여 60세 이후의 골밀도를 보면 특히 허리뼈와 엉덩이뼈의 골밀도가 50% 이하로 감소되어 그 부위에 골절이 흔하게 발생된다.

골다공증은 남성보다 여성에서 발병률이 높은데 그 이유로는 여성이 남성보다 최대 골질량이 낮고, 칼슘 섭취량이 적으며, 폐경기에 에스트로겐 생성의 감소로 골손실이 가속화되기 때문이다.

(3) 신체활동

신체활동은 뼈 재생을 촉진하며 활동제한은 골질량의 감소를 초래한다. 신체활동은 성장기에 최고 골질량 결정에 중요한 역할을 하며, 성인기에는 골량을 증가시키거나 골손실을 감소시키는데, 운동의 횟수와 함께 운동 시 뼈에 미치는 부하의 정도가 중요하다. 운동은 뼈를 튼튼하게 하는 효과 이외에도 근육을 강화시키고 신체의 균형감각을 호전시킴으로써 골절 예방에 도움이 된다. 따라서 노인기의 질병 등에 의한 신체활동 부족은 골다공증 유발과 진행을 촉진시킨다.

(4) 내분비 호르몬

① **혈액 칼슘 농도 조절 호르몬**　부갑상선 호르몬은 뼈에서 칼슘 배출을 증가시키고 신장에서 칼슘 재흡수를 증가시키며, 비타민 D_3의 활성화를 통해 혈중 칼슘 농도를 증가시키는 작용을 한다. 한편, 갑상선에서 분비되는 호르몬인 칼시토닌은 뼈로의 혈청 칼슘 침착을 촉진하고 배출을 억제하며 신장에서의 재흡수 감소를 통해 혈중 칼

슘 농도를 저하시키는 역할을 한다.

② **에스트로겐** 에스트로겐은 파골세포의 활동을 억제할 뿐 아니라 골격에 대한 부갑상선 호르몬의 작용을 억제하고 칼시토닌의 작용을 촉진함으로써 뼈로부터의 칼슘 용해를 감소시키고 뼈의 질량을 유지하도록 한다. 따라서 무월경, 생리불순, 조기폐경, 난소절제, 출산 무경험 등으로 여성 호르몬의 분비가 충분하지 않은 여성들에게서 골다공증 발생빈도가 높다.

비만한 여성은 마른 여성보다 폐경 후 골다공증에 걸릴 위험이 적은데, 이는 지방세포에 의한 에스트론 합성이 높고, 마른 여성에 비해 최대 골질량이 더 높기 때문으로 여겨진다.

(5) 식사성 요인
골다공증을 유발하는 식사성 요인을 요약하면 다음과 같다.

① 칼슘 섭취량 부족
② 장관절제수술로 인한 칼슘 흡수량 저하
③ 단백질 및 인의 과잉 섭취로 인한 요 중 칼슘 배설 증가
④ 비타민 D 결핍으로 인한 칼슘 흡수 저하
⑤ 식이섬유의 과잉 섭취로 인한 칼슘 흡수 저하
⑥ 과음으로 인한 조골세포기능 저하와 마그네슘, 칼슘, 비타민 D와 단백질의 섭취 부족
⑦ 흡연으로 인한 에스트로겐 분비 저하에 따른 골손실의 증가
⑧ 카페인의 섭취 과잉에 따른 요 중 칼슘 배설의 증가 등이 있다.

4) 골다공증의 증상

골다공증은 골절이 발생하기 전까지는 거의 증상이 없으나 골절 이후에는 정신적·사회적 장애가 동반된다.

(1) 육체적 증상

골다공증으로 인한 골절은 주로 척추, 팔목, 엉덩이에서 발생하는데 척추 골절은 자신도 모르게 생기는 경우가 대부분이며 흉추 아래 부위나 요추 윗부분에 주로 생긴다. 엉덩이 부위의 골절은 노인에서 흔히 발생하므로 노인성 골절이라고도 하는데 다른 골절에 비해 합병증으로 인한 사망률이 높은 골절이며 회복된다 하더라도 골절 이전의 건강상태로 회복되기가 매우 힘들다(그림 12-5).

(2) 정신적 · 사회적 영향

골다공증 환자는 활동이 어려워진 것에 대해 매우 힘들어하며, 특히 자신감의 상실은 장기적인 문제로 나타난다. 골다공증 자체가 정신질환을 일으키지는 않으나, 만성질환에서 일어나는 주요 현상인 우울증, 수면장애, 식욕감퇴 및 이로 인한 영양실조가 나타날 수 있다.

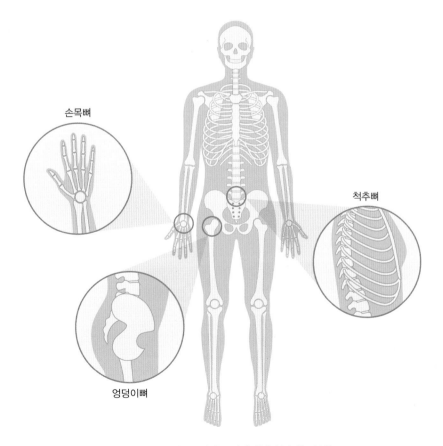

그림 **12-5** 골다공증에서 골절이 쉽게 일어나는 부위

5) 골다공증의 진단

골다공증의 진단은 병력 및 이학적 소견, 골밀도의 측정, 골대사의 생화학 지표 등으로 이루어진다.

(1) 병력 및 이학적 소견

병력 조사에서는 환자의 나이, 성, 폐경 여부와 함께 병력과 약물 사용 유무, 영양상태, 가족력, 신체활동량이나 운동량을 함께 알아본다. 이학적 소견으로는 키와 체중, 척추후만증 여부를 살펴본다.

(2) 골밀도의 측정

X선 촬영은 30~40% 이상의 골질량이 감소되어야 진단되므로, 골밀도 측정기를 이용하여야만 골밀도 감소를 조기에 발견할 수 있다. 하지만 골밀도 측정기는 단순히 골밀도만을 측정할 뿐이지, 뼈의 강도를 반영하는 데는 한계가 있다. X선이나 방사선 동위원소를 이용하는 골밀도 측정법은 방사선이 뼈를 통과할 때 빛이 뼈에 의해 흡수되어 약화되는 원리를 이용하는 것이고 초음파를 이용하는 방법은 초음파가 뼈를 통과하는 속도가 뼈의 밀도와 탄성률에 따라 달라지는 점을 이용한 것으로 대상 환자의 위험인자들과 각 방법의 장단점을 살펴 진단에 적용한다. 골밀도 측정기를 이용한 골다공증 진단은 환자의 골밀도가 정상 성인의 평균치에서 10% 이내로 감소된 경우를 정상으로 간주하며, 10~12% 정도 감소된 경우를 골감소증, 그 이상 감소된 경우를 골다공증으로 진단한다.

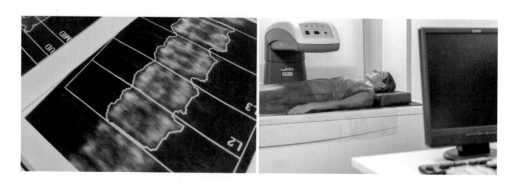

그림 **12-6** 골밀도 측정기를 이용한 골다공증의 진단

(3) 골대사의 생화학지표

골의 재형성bone modeling 과정이 증가하면 골 손실률도 함께 증가하여 골다공증의 위험을 증가시키므로 골 재형성 속도를 측정하는 검사가 이용되어 왔다. 최근에는 혈액 및 소변검사를 이용하여 쉽게 알 수 있는 방법이 개발되었는데 크게 골형성 지표와 골흡수 지표로 나뉜다.

골형성 지표로는 뼈의 알칼라인포스파타제bone alkaline phosphatase, 오스테오칼신osteocalcin 등이 있으며, 골흡수 지표로는 피리디늄 교차결합pyridinium crosslink, N-텔로펩타이드N-telopeptide가 많이 사용된다.

6) 골다공증의 치료

(1) 증상 치료

골다공증으로 진통이 있을 때에는 신체적 활동을 제한하고 뼈를 유지하기 위해 지지대를 사용하기도 하는데, 활동 제한을 길게 하면 오히려 골질량이 소모되므로 활동 제한은 단기간으로 한정하는 것이 좋다.

(2) 약물 치료

골다공증의 약물 치료 목적은 골질량을 증가시켜 골절을 예방하는 데 있다. 치료 약물은 파골세포의 활동을 억제함으로써 골손실을 억제하는 골손실 억제제와 조골세포의 증식성을 증가시킴으로써 골형성을 증가시키는 골형성 촉진제로 나뉜다.

① 골손실 억제제

- **칼슘** : 칼슘의 식사 섭취가 체외 배설량보다 부족할 경우 체내 칼슘 균형이 깨져 부갑상선 호르몬의 분비를 자극하게 되므로 부갑상선 호르몬의 분비를 억제하기 위해 폐경기 전후의 여성들에게 골다공증 예방 및 치료를 위해 칼슘제제의 섭취를 권장한다. 칼슘제제로는 주로 탄산칼슘calcium carbonate이 공급되는데 위산분비 이상이 있는 경우에는 칼슘의 장내 흡수에 문제가 생기므로 유의하여야 한다.

- 비타민 D : 노인들은 피부가 얇아서 피하조직 내에서의 비타민 D 합성능력이 적고 일일 활동량이 부족하여 햇볕을 쬘 기회가 적어 비타민 D의 합성량이 적으므로 골다공증 예방과 치료를 위해 비타민 D의 복용을 권장한다. 그러나 비타민 D의 과잉 섭취는 부갑상선 호르몬의 작용 과잉으로 인한 골흡수를 증가시키므로 주의가 필요하다.
- 에스트로겐 : 폐경 후 여성 호르몬의 투여는 척추 및 엉덩이뼈의 골절을 예방하고 골질량의 감소를 억제하는 효과가 있다고 알려져 있다. 그러나 에스트로겐의 장기 투여는 자궁내막암, 혈전증 및 유방암 등을 유발시킬 가능성이 있기 때문에 이에 따른 정기검사가 필요하다. 자궁내막암의 경우 에스트로겐과 프로게스테론을 동시에 투여함으로써 유병률을 감소시킬 수 있다고 알려져 있다.
- 칼시토닌 : 칼슘 섭취량을 충분히 하면서 칼시토닌을 피하에 주사한 경우 골다공증 환자의 골 손실이 억제됨이 밝혀졌고 진통효과도 있어 최근 합성 칼시토닌이 이용되고 있다. 또한 부작용도 메스꺼움, 안면홍조 등으로 비교적 경미하여 여성 호르몬제의 대체제로서 사용되고 있다. 칼시토닌은 파골세포 활성을 억제하는데 장기간 복용 시 약물에 대한 내성이 생기기도 한다.

② **골형성 촉진제**　골형성을 촉진하는 제제들의 투여가 시도되고 있으나 여러 가지 부작용들이 있으므로 주의하여야 한다.

- 불소 : 불소는 조골세포의 수를 증가시켜 뼈의 형성을 자극하는 것으로 알려져 있는데 부작용으로는 골연화증, 소화성 궤양, 근막염, 관절염 증상의 악화 등이 있다.
- 동화 스테로이드 : 동화 스테로이드 중 스타나조롤stanazolol은 뼈의 형성을 증가시키는 것으로 알려져 있는데, 부작용으로는 간 효소 수치의 상승, 체액 저류, 남성 호르몬 효과, HDL의 감소 등이 있다.

(3) 운동요법

규칙적인 운동은 뼈에 물리적인 자극을 주어 골아세포를 자극함으로써 뼈 대사를 활성화시킬 뿐 아니라, 근육의 힘을 증가시키고 유연성과 평형감각을 증진시킴으로써 넘어짐에 의한 골절을 예방할 수 있다. 골다공증의 예방과 치료에 효과적인 운동은 체

표 **12-4** 경증 골다공증 여성을 위한 운동처방의 예

1단계	내용	2단계	내용
유산소운동	• 매일 운동 시행 • 경사도 걷기, 조깅 • 최대심박수의 60~70%	유산소운동	• 줄넘기 • 빨리 걷기+아령 들고 걷기 • 샌드백 착용 후 걷기 시행 • 주당 3~4회
유연성 운동	• 일반적 스트레칭	유연성 운동	• 스트레칭 • 운동횟수 늘림
근력운동	• 대근육 위주 • 반복 시행	근력운동	• 대·소근육 모두 • 반복 시행의 빈도 및 강도 높임
안정성 운동	• 하지 안정성 운동 • 요추부 안정성	안정성 운동	• 요추부 안정성 운동의 증가 • 동작운동 위주 • 공운동

중에 의해 뼈에 자극을 줄 수 있는 걷기나 계단 오르기, 등산, 조깅 및 가벼운 중량을 이용한 근력운동 등인데 특히 걷기가 안전하고 효과적이다. 조깅, 점프, 에어로빅 댄스, 테니스 등 충격량이 큰 운동은 골절 위험이 있으므로 삼가는 것이 좋다. 또한, 손목 부위의 골 밀도가 떨어져 있는 경우에는 테니스공 움켜쥐기 등의 운동이 도움이 된다. 한편, 운동 시에 몸을 부력으로 지탱하는 운동형태인 수영은 골형성 촉진에 효과가 적은 것으로 알려져 있다. 여성에서 월경불순을 일으킬 정도의 심한 운동은 오히려 골손실을 유발하므로 운동은 낮은 강도로 1시간 정도 지속하도록 한다(표 12-4).

(4) 영양관리

골다공증 환자는 칼슘을 적절히 섭취하고 영양적으로 균형잡힌 식사를 하여야 한다. 평소 칼슘 섭취를 증가시킴으로써 칼슘 평형을 개선시키고 골 손실을 감소시킬 수 있는데 이러한 효과는 폐경 후 6~10년 정도까지 나타나는 것으로 보인다.

① **칼슘** 노년기의 골다공증 및 골격질환을 예방하기 위한 1일 칼슘 섭취 권장량은 일반 성인 남자(19세~49세)의 경우 800 mg으로 책정되어 있다(한국인 영양소섭취기준, 2020). 우유 및 유제품은 칼슘뿐 아니라 칼슘 흡수 촉진 인자들을 함유하고 있어 체내 이용성이 높은 이상적인 칼슘 급원이다. 그 외에도 뼈째 먹는 생선류, 해조류, 채소류, 두류 등이 주요 칼슘 급원이 될 수 있다.

표 12-5 칼슘 섭취를 늘리는 방법

식품1교환단위 중량(g)	칼슘 함유량	식품	칼슘
우유 200 mL(1컵)	200 mg	우유 400 mL(2컵)	400 mg
잔멸치 15 g(말린 것 1/4컵)	200 mg	잔멸치 15 g(말린 것 1/4컵)	200 mg
치즈 30 g(1.5장)	150 mg	치즈 20 g(1장)	100 mg
두부 80 g(1/5모)	100 mg	두부 200 g(1/2모)	250 mg
고춧잎 70 g(익혀서 1/3컵)	150 mg	고춧잎 70 g(익혀서 1/3컵)	150 mg
		꽁치통조림 50 g	100 mg
명태 50 g(1토막)	50 mg	호상요구르트 100 g(1개)	100 mg
합계	750 mg	합계	1,300 mg

　　칼슘은 가능하면 식품으로 섭취하는 것이 다른 무기질과의 자연스러운 균형 유지에 도움이 되지만 식품으로 칼슘 섭취가 불충분한 경우에는 칼슘제제를 복용해야 한다. 칼슘제제는 한 번 복용하는 용량이 600 mg을 초과하면 흡수율이 떨어지므로 500 mg 정도를 복용하는 것이 좋은데 장기간 칼슘 보충제를 사용하면 고칼슘혈증, 고칼슘뇨증, 요석증 및 칼슘 섭취로 인한 위산 분비 증가 등이 부작용으로 나타날 수도 있다. 칼슘제제 중 칼슘 함량이 높은 탄산칼슘calcium carbonate이 가장 자주 사용되고, 유산칼슘calcium lactate과 칼슘글루코네이트calcium gluconate도 종종 처방된다(표 12-5).

　　② **기타 영양소**　　칼슘 이외에도 인, 단백질, 비타민 D 등도 뼈의 건강과 관련이 있다. 인의 섭취량은 칼슘 섭취량과의 비가 1:1일 때 흡수 및 이용 상태가 가장 바람직하다. 단백질은 적절히 섭취할 경우 골격 형성을 돕지만 지나친 섭취는 신장에서의 칼슘 배설을 증가시켜 오히려 골격의 손실을 초래하므로 단백질 과잉 섭취는 피하도록

 핵심 포인트

골다공증의 영양관리

- 칼슘 : 유제품, 뼈째 먹는 생선류, 해조류, 채소류, 두류 등 충분한 칼슘 급원 식품 섭취
- 단백질 : 적절한 단백질 섭취 권장, 지나친 단백질 섭취는 칼슘 배설 증가
- 비타민 D : 장관에서 칼슘 흡수를 촉진
- 인 : 과잉의 인산은 칼슘 흡수를 저하시킴. 칼슘과 인의 섭취 비율은 1 : 1을 권장
- 기타 : 과량의 식이섬유, 수산, 피틴산은 칼슘 흡수 저해

한다. 또한, 칼슘 흡수 및 무기질 침착에 필수적인 비타민 D는 자외선에 의해 피부에서 합성되므로 충분히 햇빛을 쪼이고 비타민 D 강화 우유를 마심으로써 결핍을 방지하도록 한다.

2. 관절염

관절염은 외상이나 감염으로 관절이 붓고 통증을 유발하는 질환으로 염증이 심하지 않으며 관절에 통증을 일으키는 퇴행성 관절염과 염증이 심하게 나타나는 류마티스관절염이 있다.

1) 골관절염

골관절염osteoarthritis은 흔하게 나타나는 관절염으로 퇴행성 관절염degenerative arthritis이라고도 하며, 관절의 과도한 사용과 노화로 연골이 손상되어 움직일 때 통증이 오는

표 **12-6** 골관절염과 류마티스관절염

구분	골관절염	류마티스관절염
원인	• 관절 부위의 손상 • 관절의 과다사용, 노화 • 과체중, 비만 • 유전적 요인	• 감염 • 자가면역 • 유전적 요인
주 발병부위	• 체중을 지탱하는 척추, 고관절, 무릎, 발목 등 국소적 염증	• 손과 발 작은 관절의 전신적 염증
주 발병연령	• 50세 이상	• 20~50세(여성의 발병률이 높음)
증상	• 관절 경직 및 활동 제약 • 관절 부위 발열, 통증	• 관절 변형 및 활동 제약 • 관절 부위 발열, 통증
특징	• 특정 관절 부위에서 발생 • 만성적 진행 • 경도의 염증	• 여러 부위에서 다발성으로 발생 • 급격한 진행 • 골관절염에 비해 심한 염증

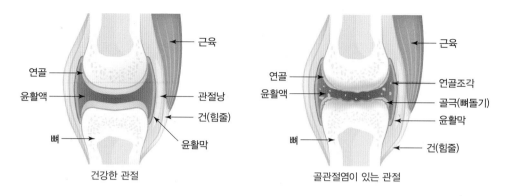

그림 12-7 건강한 관절과 골관절염이 있는 관절

질환이다. 대개 전신적인 증상이 없는 것이 특징이며 무릎, 척추, 고관절 등 체중을 지탱하는 관절에서 자주 발생하는 만성적 관절질환이다.

(1) 원인과 증상

골관절염의 원인은 복합적이나 유전적 요인, 비만, 무리한 관절 사용, 외상 시 발병되는 것으로 알려져 있다. 증상은 관절이 경직되고 활동의 제약을 받으며, 심하지 않은 염증과 관절이 부어오르며 통증을 느끼게 된다. 질환의 진행이 빠르지는 않으나 증세가 심해지거나 호전되는 증상이 반복적으로 나타나며 심해지면 관절의 변형까지 진행된다.

(2) 치료 및 영양관리

골관절염의 치료는 소염진통제, 항염증제를 통한 치료가 있으며 관절을 지탱하는 주변 근육을 강화하는 물리치료와 체중부하의 부담이 적은 운동이 도움이 된다.

과체중은 관절에 부담을 줄 수 있으므로 과체중인 골관절염 환자에게는 체중조절을 위한 식사요법으로 적절한 저열량식과 충분한 비타민, 철, 칼슘 공급이 권장된다. 골관절염 환자의 영양관리를 요약하면 다음과 같다.

- **에너지** : 과체중인 경우 저열량식을 처방, 균형잡힌 식사 권장
- **충분한 칼슘과 비타민 D 섭취**
- **항염증, 항산화영양소 섭취** : 항염증 작용을 하는 오메가-3 지방산이 풍부한 식사, 비타민 C, E, 베타카로틴, 셀레늄 등의 항산화영양소가 풍부한 채소와 과일 섭취

2) 류마티스관절염

류마티스관절염rheumatoid arthritis은 관절 이외의 인체 기관에도 영향을 미치는 자가 면역성 질환으로 관절의 표면 활막에 감염이 발생되어 연골조직, 혈관, 뼈, 인대 등으로 감염이 확대되고 심한 관절 손상, 변형까지 초래되는 질환이다. 남성보다 여성에게 발생 비율이 높으며 관절의 변형으로 비틀리거나 붓는 증상이 전신에 나타난다.

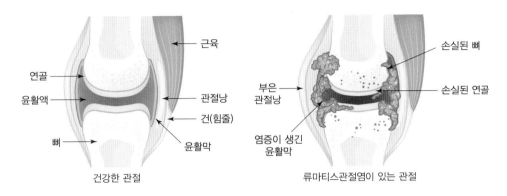

근육

연골

윤활액

관절낭

건(힘줄)

뼈

윤활막

건강한 관절

손실된 뼈

손실된 연골

부은 관절낭

염증이 생긴 윤활막

류마티스관절염이 있는 관절

그림 12-8 건강한 관절과 류마티스관절염이 있는 관절

(1) 원인과 증상

자가면역 이상, 감염, 호르몬 이상 등의 원인으로 관절을 둘러싼 활막에 염증이 발생하며, 활막세포가 연골에 침입해 뼈와 관절을 손상시켜 부종과 통증으로 행동에 제약을 받게 된다.

(2) 치료및 영양관리

류마티스관절염 환자는 관절을 무리하게 사용하지 않도록 휴식을 취하여 관절의 변형을 최소화한다. 약물치료로는 통증과 염증을 조절하기 위한 소염진통제가 사용되는데 살리실레이트salicylate, 비스테로이드소염진통제NSAIDs가 주로 먼저 사용되는 약물이며 메토트랙세이트methotraxate, MTX도 흔히 사용된다. 약물은 영양소의 소화·흡수에도 영향을 줄 수 있으므로 약물 치료 시 영양소에 미치는 영향도 고려해야 한다. 약물치료 외에도 물리치료, 관절 강화 훈련을 시행한다. 증상이 심한 경우 수술 치료가 필요하다.

류마티스관절염 환자는 감염으로 인한 소화관 점막의 변화로 영양소 흡수가 저하되고 대사율 항진으로 영양요구량이 증가한다. 또한 식욕 저하 등으로 인한 영양불량이 나타날 수 있으므로 적절한 영양관리가 필요하다. 류마티스관절염 환자의 영양관리를 요약하면 다음과 같다.

- **에너지** : 과제중은 관절에 무리가 되므로 정상체중을 유지해야 하며 과체중인 경우 에너지 섭취 제한
- **단백질** : 류마티스관절염 환자는 체단백의 분해가 증가되므로 체단백의 분해를 막기 위해 1.5~2 g/kg 정도 적절한 양질의 단백질 섭취 필요
- **충분한 칼슘과 비타민 D 섭취** : 류마티스관절염 환자는 칼슘과 비타민 D의 흡수 불량과 뼈의 무기질 손실이 나타나므로 칼슘과 비타민 D의 보충 필요
- **항산화영양소 섭취** : 비타민 E, 비타민 C, 셀레늄과 같은 항산화영양소의 섭취 증가 필요
- **지질** : 저지방식은 혈액 속 비타민 A, 비타민 E 수준을 낮추고 지질과산화와 에이코사노이드ecosanoid 생성을 자극해서 류마티스관절염을 악화시킬 수 있으므로 항염증 작용이 있는 오메가-3 지방산이 풍부한 생선 섭취를 권장
- 약물을 복용하는 류마티스관절염 환자들에서는 고호모시스테인혈증, 고혈압, 고혈당 등 심혈관계 질환의 위험이 높은 것으로 나타나 포화지방과 트랜스지방, 콜레스테롤이 많은 식품은 가능한 한 제한

💡 **핵심 포인트**

류마티스관절염 환자의 영양관리
- 적정 체중 유지를 위해 에너지를 조절하고 다양한 식품 섭취
- 식품 알레르기를 유발할 수 있는 식품을 피함
- 저지방 고칼슘 식품 섭취
- 적당량의 지방을 섭취하되 콜레스테롤, 포화지방, 트랜스지방이 많은 식품을 제한하고 오메가-3 지방산이 풍부한 식품 섭취
- 가공식품이나 단 음식을 통한 단순당의 섭취 주의

자료 : 대한영양사협회. 임상영양관리 지침서. 2008.

3. 치매

1) 증상 및 원인

치매dementia는 라틴어에서 유래한 말로서 "제정신이 아닌out of mind" 상태를 의미한다. 치매는 특정 질환이 아니라 뇌기능의 감퇴로 발생되는 일종의 퇴행성 증후군으로 대개 만성적이고 점진적으로 진행되며 기억력, 사고력, 언어 및 판단력, 공간지각능력 등이 점차로 상실되고 행동 및 인격의 변화를 초래하여 더 이상 통상적인 사회생활, 업무수행 또는 대인관계를 유지할 수 없게 되는 상태를 말한다.

치매의 50%는 알츠하이머병Alzheimer's disease으로 인해, 20~30%는 혈관성 치매인 중풍 후유증으로 뇌신경세포가 파괴되어 발병하며, 나머지는 일산화탄소 중독의 후유증, 두부외상, 알코올과 파킨슨병 등으로 인한 것으로 알려져 있다.

치매로 인한 신경섬유의 변화는 신경섬유에 플라크가 생겨서 엉키게 되는데 이는 주로 대뇌피질cerebral cortex과 해마hippocampus에서 빈번히 나타난다. 중추신경계의 변화는 신경세포나 신경섬유가 서서히 쇠퇴하여 뇌조직이 소실되고, 뇌척수액이 차지하고 있는 뇌실의 부피가 커지는 것을 볼 수 있다.

(1) 알츠하이머병

알츠하이머병은 퇴행성 뇌질환으로서 환자 중 여성의 비율이 높다. 기억력과 인지능력에 필수적인 역할을 하는 대뇌피질과 기저전뇌basal forebrain에서 불용성 섬유 형태의 β-아밀로이드β-amyloid가 과다하게 축적되어 뇌신경세포의 손실을 초래함으로써 발생한다고 추측하고 있다. 알츠하이머 환자의 사후 부검결과 전반적으로 현저한 뇌위축이 관찰되고 뇌신경세포가 많이 파괴되어 소실되었다고 보고되었다.

질병 초기에는 기억력 상실 증상이 나타나고, 악화되면 치매 증세가 심해지면서 복합 지적 능력의 결여, 정서적 불안과 동요, 혹은 정신병적인 특징 등이 나타나게 된다. 병세가 심해지면서 환자는 자립적으로 일상적인 생활에도 어려움이 겪게 된다.

알츠하이머병의 위험요인은 확실하게 정립되지는 않았으나 출생 시의 산모 연령, 머리 손상, 다운증후군 등이 거론되고 있다. 유병률은 60세 이후에 급증하는데 매 5년

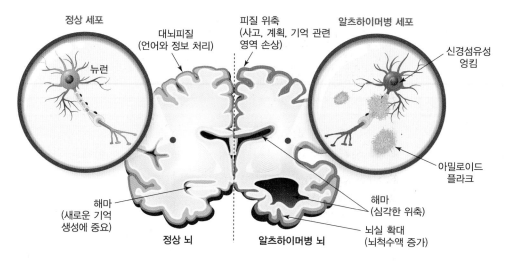

정상 세포
대뇌피질
(언어와 정보 처리)
피질 위축
(사고, 계획, 기억 관련
영역 손상)
알츠하이머병 세포
뉴런
신경섬유성
엉킴
아밀로이드
플라크
해마
(새로운 기억
생성에 중요)
정상 뇌
알츠하이머병 뇌
해마
(심각한 위축)
뇌실 확대
(뇌척수액 증가)

그림 **12-9** 알츠하이머 환자의 뇌신경 세포

증가 때마다 두 배로 증가한다고 하여 고령이 알츠하이머병의 위험요인이라 할 수 있다. 또한 알츠하이머병은 유전적인 경향성을 보이는데, 환자와 가까운 친척 중에서 다운증후군으로 고통을 겪는 경우 알츠하이머병에 걸릴 가능성이 높다는 것이 일반적인 사실이다. 뇌의 부상으로 인한 외상을 가진 사람과 특별한 금속에 장기간 노출된 사람들도 이 병에 걸릴 경향이 높다.

알츠하이머병에 대한 근본적 치료법은 아직까지는 없으며 돌발적인 행위나 불면증 등의 증상을 완화시키기 위한 치료방법들이 이용되고 있다.

(2) 뇌혈관성 치매

뇌혈관성 치매는 뇌졸중이 수차례 반복되어 뇌의 여러 부위가 손상을 받음으로써 치매 증상이 나타나며 알츠하이머병과 달리 치매현상이 매우 급격하게 나타난다. 뇌졸중을 예방하면 치매의 진행을 막을 수 있는데 뇌졸중의 위험요인으로는 고혈압, 심장질환, 당뇨병, 흡연 및 고지혈증 등이 있다. 이 질병들의 과거병력은 뇌혈관질환뿐 아니라 혈관성 치매의 위험요인으로 알려져 있다.

① **고혈압** 고혈압은 뇌출혈의 가장 큰 위험인자로, 특히 수축기 혈압이 높을수록 발병 가능성이 높다. 정상적인 혈관벽은 매우 부드럽고 투명하여 혈관 내부의 혈액이 보이나 고혈압이 오래 지속되면서 혈관 벽이 늘어나 부풀어진다. 인체에서는 혈관이

터지는 것을 막기 위한 보상작용으로 혈관 벽의 근육층이 두꺼워지는데, 이런 근육층은 혈관 안쪽으로 발달하기 때문에 결국 혈관이 좁아지거나 막히게 된다. 큰 혈관이 막히거나 터지면 반신불수, 언어장애 등 짧은 시간에 눈에 보이는 장애가 나타나지만 매우 작은 혈관이 막히면 손상되는 뇌세포가 소량이기 때문에 눈에 잘 띄지 않게 된다. 그러나 이런 변화가 누적되면 결국 치매에 이르게 된다.

② **심장병** 심장판막증, 부정맥, 심근경색증, 울혈성 심부전 등 심장 기능에 이상이 있는 환자는 정상인에 비해서 뇌졸중에 대한 위험률이 두 배 정도 높다. 뇌졸중 자체가 허혈성 심근경색증 등과 같은 심장병의 중요한 위험인자로 알려져 있고, 상당수의 뇌졸중 환자가 뇌졸중 자체보다는 심장병으로 사망한다.

③ **연령** 연간 발생하는 뇌졸중의 약 30%가 65세 이하에서 일어난다. 나이가 들수록 뇌졸중 발생률이 높아지며, 70대는 50대에 비하여 발병 빈도가 4배 정도 높다.

④ **뇌졸중 병력** 뇌졸중에 걸린 사람의 경우 재발 위험률이 10~20배 정도 높아진다. 그러나 위험인자를 잘 치료하면 뇌졸중 재발을 줄일 수 있다.

⑤ **일과성 뇌허혈 발작** 일과성 뇌허혈 발작이 있다는 것은 이미 허혈성 뇌졸중이 발생했다는 것을 시사한다. 일과성 뇌허혈 발작이 있었던 환자는 앞으로 일과성 뇌허혈 발작, 뇌졸중 및 심근경색증을 앓을 위험이 높다. 일과성 뇌허혈 발작을 일으켰던 경우는 발작 경험이 없는 경우에 비해 뇌졸중 발병 확률이 5배 정도 높은데, 뇌졸중이 생길 확률은 일과성 뇌허혈 발병 후 1년 이내에 가장 높다.

⑥ **흡연** 나이, 고혈압 및 심혈관 질환의 유무와는 상관없이 흡연 자체가 뇌졸중의 위험인자가 된다. 흡연은 특히 65세 이하의 성인에서 뇌졸중의 위험인자로 작용하며, 15~45세의 젊은 사람에서 흡연자가 비흡연자에 비해 뇌경색 발병률이 1.6배나 더 높다고 한다. 흡연기간이 길면 길수록 그 위험 정도가 더 높다. 흡연자가 담배를 끊으면 2년 내에 뇌졸중에 대한 위험도가 상당히 감소하고, 5년째는 담배를 피우지 않는 사람과 같아지는 것으로 밝혀져 있다.

⑦ **당뇨병** 당뇨병은 뇌졸중의 중요 위험인자 중 하나인 고혈압을 직접 또는 간접적으로 발생시키며 그 자체로도 뇌졸중 위험인자로 작용한다. 당뇨병 환자는 정상인에 비하여 뇌졸중의 빈도가 2배 정도 높다.

⑧ **음주** 과다한 음주는 출혈성 뇌졸중, 특히 뇌의 지주막하 출혈과 연관성이 있다.

⑨ **혈청 지질** 혈청 지질의 비정상적인 양상은 주로 55세 이하의 환자에서 뇌졸중의 위험률을 높이며, 콜레스테롤치가 높은 경우에 뇌졸중이 일어날 확률이 높다.

⑩ **비만** 비만한 사람은 고혈압, 당뇨병, 고지혈증 발생 가능성이 높기 때문에 뇌졸중을 나타낼 확률도 높다. 따라서 비만은 간접적인 뇌졸중의 위험인자라 볼 수 있다.

⑪ **짜게 먹는 식습관** 음식을 짜게 먹는 나라일수록 뇌졸중에 의한 사망률이 높은 것으로 밝혀져 짜게 먹는 습관은 고혈압뿐 아니라 뇌졸중의 주요 위험인자가 된다.

(3) 특정 질환 또는 전신성 질환에 의한 치매

퇴행성 뇌질환, 파킨슨씨병, 수두증, 뇌종양 등의 특정 질환은 치매를 일으킬 수 있고, 이 밖에도 악성 빈혈, 만성간질환, 매독, 혈관염 등의 전신성 질환에 의해 발생될 수 있다.

2) 영양관리

치매의 초기단계에는 흔히 비누, 세제 등의 이물질을 먹으려 하여 위생 안전에 문제가 생긴다. 또한 먹는 것을 잊어버리거나 음식을 먹지 않고 그 대신 가지고 놀기 때문에 섭취량 부족으로 체중 감소가 흔히 발생된다.

갈증을 스스로 인식하고 물을 마시려는 노력이 부족하기 때문에 특히 더운 여름철에는 탈수 상태에 빠지기 쉽고, 치매의 말기단계에서는 음식을 안전하게 삼킬 수 없게 되어 흡인성 폐렴에 걸릴 위험이 있다. 수저를 사용할 수 없게 되거나 사용하는 방법을 잊어버려서 밥상을 앞에 놓고 그냥 앉아 있는 경우가 많으며, 이때 숟가락을 손에 쥐어주고 밥을 떠서 입에 넣어주면 그때부터 식사를 시작할 수 있게 된다.

사물을 분별하는 능력이 상실되어 음식과 식기를 분간할 수 없거나 음식을 알아볼 수 없게 되는 실인증agnosia이 생겨 음식 섭취에 문제가 발생할 수 있다.

4. 정신분열증

1) 정의

정신분열증schizophrenia은 흔히 20~30대의 연령층에서 발병되며, '뇌의 이상으로 인해 발생되는 지각, 사고, 정서, 행동의 변화 등 여러 가지 증상을 나타내는 질환'으로 정의된다.

2) 원인

아직까지 원인이 명확히 밝혀지지는 않았지만 발병의 위험요인은 정신분열증의 가족력 또는 임신 중이나 분만에 의한 합병증 등이다. 주로 생물학적 소인과 환경의 상호작용에 의해 발병될 것으로 생각하고 있는데 생물학적 면에서는 유전적 부분을 생각해 볼 수 있다.

또한 도파민이 정신분열증의 발생기전에 중요한 역할을 한다고 알려져 있는데 이 도파민 수용체dopamine-receptors를 차단함으로써 도파민 활성을 감소시키는 약물인 항정신병 약물이 정신분열증 치료에 효과가 있다는 사실과 뇌의 도파민 활성을 증가시키는 암페타민amphetamine(일명 필로폰)과 같은 약물이 정신분열증과 유사한 증상을 유발시킨다는 사실로 인해 알 수 있다. 그러나 이러한 도파민 가설만으로는 정신분열증의 복잡한 여러 가지 증상을 모두 설명하는 데에는 어려움이 있다.

정신분열증 이외에도 다른 여러 질병이 비슷한 증상을 나타내어 알코올 중독이나 마약 남용, 간질, 뇌혈관장애, 뇌종양, 뇌막염, 비타민 B 결핍, 에이즈, 매독, 그리고 저혈당이나 갑상선 기능항진증에서도 정신분열증과 비슷한 증상을 보인다.

3) 장애 증상

주요 증상은 비논리적 사고, 괴상한 행위, 환각, 망상 등을 들 수 있는데 양성 증상과 음성 증상으로 나뉜다.

(1) 양성 증상

양성 증상이란 누가 봐도 이상하다고 여기는 생각, 말, 행동, 감정 등을 말한다. 양성 증상 중 가장 대표적인 것이 바로 환각, 특히 환청, 망상, 그리고 이해하기 힘든 엉뚱한 말이나 행동 등이다.

① 환각　환각이란 외부로부터의 자극이 없는데도 청각, 시각, 후각, 미각, 촉각과 같은 5가지 감각을 통하여 어떤 자극을 느끼는 것을 말한다.

환시란 주위에 불빛, 사람, 동물, 물건 등이 없는데도 그것이 눈에 보이는 것을 말하며, 환청이란 주위에 아무도 없는데도 사람 목소리나 어떤 소리가 들리는 것, 환후와 환미란 어떤 냄새나 맛이 나지 않는데도 불쾌한 냄새나 맛을 느끼는 것으로 보통 함께 나타난다. 환촉은 몸에 접촉되거나 자극이 가해지지 않았는데도 몸에 접촉하는 듯한 느낌을 가지거나, 전기자극을 느끼거나, 벌레가 피부 밑으로 기어다니는 촉감을 느끼거나, 성적 쾌감을 느끼거나, 절단하여 없어진 다리 부위에서 통증을 계속 느끼는 것을 말한다.

이러한 5가지 환각은 모두 정신분열증에서 나타날 수 있지만 환각은 옛날부터 정신분열증의 특징적인 증상으로 알려져 왔는데 5가지 환각 중 환청이 가장 흔하며 그 다음이 환시, 환촉의 순이다. 실제로 환청을 제외한 나머지 4종류의 환각은 정신분열증보다는 오히려 눈에 보이는 뇌 손상을 입은 환자나 약물 중독 환자에서 더 잘 나타난다.

환청은 뇌의 생화학적 물질의 변화 때문에 생기는 것으로 여겨지며 그중 가장 대표적인 물질이 도파민이라는 신경전달물질이다. 예를 들면 정상인도 암페타민(필로폰)을 맞으면 뇌 안에서 도파민을 증가시키기 때문에 환청을 들을 수 있다. 환청의 종류는 벌레 울음소리, 소음 같은 단순한 잡음에서 또렷한 사람 말소리까지 다양하다.

② **망상** 망상이란 사실과 전혀 다른 잘못된 생각을 실제 사실이라고 굳게 믿는 것을 말한다. 이러한 망상 역시 환청과 마찬가지로 정신분열증의 특징적인 증상으로, 뇌의 생화학적 변화 때문에 발생하는 것으로 여겨진다. 그러나 망상은 환각과는 달리 사회·문화적 요소에 의해서도 많은 영향을 받기 때문에 망상이라고 진단하기 위해서는 그 환자의 교육 정도나 생활환경을 충분히 고려해야 한다.

망상과 독특한 생각과의 차이점은 망상은 근거 없이 비현실적인 생각을 사실이라고 확신하는 것이며, 이러한 잘못된 확신은 어떠한 대화나 설득 혹은 증거를 제시하여도 교정되지 않고, 장기간 지속되며 또 행동으로 나타나기도 한다. 환자 본인 역시 왜 그런 생각을 하게 되었는지에 대하여 누구나 공감할 수 있게 논리적으로 설명해 내지 못한다.

정신분열증에서 나타나는 망상은 환자마다 아주 다양하다. 그러나 자주 볼 수 있는 망상으로는 피해망상, 관계망상, 과대망상, 종교망상, 신체망상, 우울망상, 색정망상 등이 있다. 보통 한 가지 망상만을 가지기보다는 여러 망상을 함께 가지는 경우가 더 많다. 게다가 망상이 환청과 직접적인 연관성을 가질 수도 있다.

③ **이해하기 힘든 이상한 행동이나 말** 정신분열증 환자에게 자주 보이는 이상한 행동이나 말은 주로 망상 및 환청의 내용과 연관이 있기 때문에 아주 다양하게 나타난다. 자주 볼 수 있는 행동으로는 사회적 상황이나 규범에 맞지 않는 부적절한 행동이나 성적인 행동을 하는 것, 이상한 행동을 눈에 띄게 반복하는 것, 지나치게 짜증이나 화를 내는 것, 난폭한 행동을 하는 것, 옷차림이나 외양이 계절이나 사회규범에 전혀 맞지 않는 것 등이다.

언어적 이상으로는 말은 열심히 하는데 뒤죽박죽 섞여 있어 도무지 무슨 말을 하려는지 이해하기 어려운 것, 간단한 내용을 가지고 빙빙 둘러말하거나 갑자기 전혀 다른 이야기를 하는 것, 화제가 너무 빨리 바뀌기 때문에 무슨 말을 하려는지 종잡을 수 없는 것, 그리고 논리적으로 이해가 되지 않는 말을 하는 것 등이다.

(2) 음성 증상

음성 증상이란 사회생활을 하는 데 기본적으로 필요한 다양한 기능이 부족한 것을 말한다. 사람들은 보통 이러한 음성 증상을 병의 증상이라기보다 환자가 게을러졌다고 잘못 생각하기 쉽다.

가장 흔한 음성 증상으로는 얼굴 표정에 변화가 없는 것, 주위에서 일어나는 일에 관심이나 흥미가 없는 것, 대인관계에 관심이 없는 것, 사람들을 만나려고 하지 않는 것, 직장이나 학교·사회생활에 적극적으로 참여하지 않는 것, 말을 잘 하지 않는 것, 말을 해도 내용이 빈곤하거나 억양 없이 말하는 것, 자신의 감정을 잘 표현하지 않는 것, 일을 하려는 의욕을 보이지 않는 것, 어떤 일을 끈기 있게 해내지 못하는 것 등이다.

4) 정신분열증과 영양의 관계

정신분열증 환자는 병원식사에 독이 들어 있다는 망상 때문에 먹거나 마시기를 거부하는 경우가 있어 영양 섭취 부족이 될 수 있다. 반면에 특정 음식이 신기한 마력을 갖고 있다는 망상으로 편식을 하는 수도 있다. 환자가 먹기를 거부하는 경우에는 관급식이 고려될 수도 있으나 환자 스스로 관를 뽑아 버리는 경우가 많아 실제로 관급식을 공급하는 일이 용이하지는 않다.

정신분열증은 도파인 수용체를 차단하는 약물로 치료하나 이 약물들은 구강건조, 변비, 체중 증가 등의 부작용이 있다. 또한 비타민 B가 결핍된 경우에 정신과적 증상이 나타날 수도 있다.

CHAPTER 12 사례 연구 **류마티스관절염(Rheumatic arthritis)**

류 씨는 52세의 세 자녀를 둔 가정주부이다. 5년 전부터 관절염 증상이 있어 하루에 소염제인 모트린 400 mg을 한 알씩 두 번, 스테로이드제제인 프레드니손(prednisone) 10 mg을 한 알씩 복용했다. 2년 전 폐경이 이루어졌으며, 최근에는 관절염이 심해져서 음식 준비나 집안일을 할 때 힘이 많이 들고, 바깥에 나가지 못해 우울해하고 있었다.

최근 관절염 증상이 더 심해져 병원을 방문하였는데, 검사결과 골밀도가 상당히 감소한 것을 발견하였다. 의사는 류 씨의 관절염 증상을 완화하기 위해 methotrexate 50 mg을 추가로 복용하도록 처방하였으며, 칼슘 보충제의 섭취를 권하였다.

의무기록에 나타난 류 씨의 특성과 임상검사 결과는 다음과 같다.

- **신장** : 158 cm
- **체중** : 68 kg
- **체중 변화** : 지난 5년 동안 10 kg 증가

- **약물처방**
  - motrin 400 mg × 2
  - prednisone 10 mg
  - methotrexate 50 mg

- **임상검사 결과**

검사항목	결과(참고치)	검사항목	결과(참고치)
Hb	13 g/dL(13~17)	TG	175 mg/dL(50~150)
Hct	37%(42~52)	Total cholesterol	190 mg/dL(130~200)
FBS	119 mg/dL(70~100)	Ca	8.3 mg/dL(8.8~10.6)
Albumin	3.6 g/dL(3.5~5.2)	P	4.5 mg/dL(2.5~4.5)

류 씨의 식사를 조사하여 보았더니 다음과 같았다.

- **아침** : 쌀밥, 햄구이, 김치, 우거지국, 믹스커피
- **점심** : 칼국수, 김치
- **오후 간식** : 믹스커피
- **저녁** : 쌀밥, 삼겹살, 상추쌈, 쌈장, 된장찌개
- ※ 평소 식사량 : 1,900~2,200 kcal

---

1. 류 씨에게서 골밀도 감소가 나타난 이유는 무엇인가?

류 씨의 골밀도 감소는 장기간의 스테로이드제 복용, 폐경, 식사에서의 칼슘 섭취 부족, 운동 부족 등에 기인한다고 볼 수 있다. 류 씨는 관절염 때문에 장기간 스테로이드제를 복용하고 있었다. 스테로이드제의 부작용으로는 칼슘 배설 증가, 체중 및 혈당 증가 등이 있다. 또한, 류 씨의 경우, 2년 전에 폐경이 이루어져 여성호르몬의 분비 저하로 인해 골밀도가 급격히 감소할 수 있다. 류 씨의 식사 섭취를 보면 칼슘의 주요 공급원인 유제품이나 뼈째 먹는 생선, 두부 등의 섭취가 거의 없으며, 칼슘의 흡수를 방해할 수 있는 카페인의 섭취가 높다.

2. 류 씨의 표준체중과 BMI를 구하고, 비만도를 평가하시오.

- 표준체중 = 1.58 × 1.58 × 21 = 52.4 kg
- BMI = 68 ÷ 1.58 ÷ 1.58 = 27.2 kg/m^2(1단계 비만)

3. 에너지 필요량을 구하시오.

류 씨는 1단계 비만이며, 활동량과 비교하면 에너지 섭취가 많다. 과다한 체중은 관절에 무리를 주어 관절염 증상을 악화시킬 수 있으므로 체중감량을 위해 에너지 섭취는 표준체중 kg당 30 kcal 정도로 제한한다.

- 에너지 = 표준체중 × 30 kcal = 1,572 kcal(약 1,600 kcal)

4. 류 씨의 영양문제를 진단하고 PES 진단문 형식으로 기술하시오.

Problem(문제)	Etiology(원인)	Sign/symptom(징후/증상)
• 비만	• 관절염 증상으로 인한 신체 활동 부족 • 에너지 과다 섭취	• BMI 27.2 kg/m^2(1단계 비만) • 관절염 증상 심해 외출 못함 • 평소 섭취량 2,000~2,300 kcal(권장에너지 1,600 kcal)
• 무기질(칼슘) 섭취 부족	• 식품 및 영양 관련 지식 부족	• 칼슘 급원 식품 섭취 거의 없음 • 골밀도 낮음 • 혈청 칼슘 수치 저하(8.3 mg/dL)
• 바람직하지 못한 식품 선택	• 식품 및 영양 관련 지식 부족	• 항염증에 도움이 되는 식품(예 채소, 과일, 전곡류, 오메가-3가 풍부한 생선 등) 섭취 부족

5. 류 씨의 영양문제를 해결하기 위한 영양중재 방안을 제시하시오.

- 체중감량을 위해 에너지 섭취를 줄인다.
  - 쌀밥 대신 잡곡밥을 섭취하고, 밥량을 줄이고 나물, 생야채 섭취를 늘린다.
  - 고지방식품(예 삼겹살, 햄 등)의 섭취를 줄이고 살코기, 생선, 두부 등을 섭취한다.
  - 믹스커피 대신 차 종류로 대체한다.
- 유제품, 두부, 뼈째 먹는 생선 등 칼슘이 풍부한 음식을 섭취하여 골다공증 발생을 예방할 수 있도록 한다. 칼슘은 일차적으로 음식을 통해 섭취하는 것을 권장하지만, 식사를 통해 충분한 양의 칼슘을 섭취하기 어렵고, 골다공증이 있으므로 칼슘 보충제를 복용한다.
- 칼슘과 인의 섭취비율이 적절한 수준을 유지하도록 한다. 과도한 인 함유 식품의 섭취는 골다공증 위험을 증가시킨다.
- 삼겹살, 햄, 믹스커피 등 포화지방산 함량이 높은 식품의 섭취를 줄이고, 두부나 생선 등의 단백질 급원 식품을 챙겨 먹도록 한다. 오메가-3 지방산 함량이 높은 생선의 섭취를 증가시키면 염증 반응을 완화하고 중성지질의 수치를 낮추는 데 도움을 줄 수 있다.
- 짜게 먹지 않는다. 칼슘 섭취가 높지 않은 상태에서 과도한 나트륨 섭취는 칼슘 배설을 증가시켜 골다공증 위험을 높인다.
  - 국, 찌개는 건더기 위주로 섭취한다.
  - 김치 섭취를 1/2로 줄이고, 생채소나 나물의 섭취를 늘인다.

6. 새로운 약 처방으로 인해 류 씨에게 생길 수 있는 영양적 문제는 무엇인가?

류 씨의 관절염 증상을 완화하기 위해 추가로 처방된 methotrexate는 엽산의 길항작용을 하는 약이다. 따라서 엽산이 부족할 위험이 있으므로 식사를 통해 엽산을 충분히 섭취할 수 있도록 한다. 식사로 충분히 섭취가 어려운 경우 엽산 보충제를 복용해야 한다.

7. 칼슘 보충제 섭취 시 주의해야 할 사항에 관해 기술하시오.

칼슘 보충제에는 탄산칼슘과 구연산칼슘 등이 있으며 탄산칼슘은 위산이 있어야 흡수되기 쉬우므로 식후에 복용한다. 또한, 칼슘의 흡수율을 높이기 위해 1회 500 mg 이하로 나누어 복용하는 것이 좋다.

칼슘 보충제는 식이섬유와 피틴산이 많이 들어 있는 식품이나 커피와 같이 카페인이 많이 들어 있는 식품과 동시에 복용하지 않도록 한다.

CLINICAL NUTRITION WITH CASE STUDIES

13

면역질환

우리 몸은 병원성 미생물이나 이물의 침입에 대한 방어 기전, 즉 면역 능력을 가지고 있다. 면역(immunity)이라는 말은 고대 로마의 원로들이 재직 중에는 시민으로서 갖는 여러 가지 의무와 법적 기소로부터 면제되는 것을 뜻하는 라틴어 'immunitas'로부터 유래하였으며, 감염병으로부터 면제되었다는 의미로 사용된다. 면역계(Immune system)는 다양한 세포와 분자들로 구성되어 있으며, 이물질이라고 인식되는 미생물, 단백질, 다당류, 작은 크기의 화학물질에 대해 신체가 일으키는 반응을 면역반응(immune response)이라 한다.

- **과민반응(hypersensitivity)** 항원, 약 또는 미생물에 대한 면역반응 중 과다하거나 신체에 유해한 영향을 주는 반응
- **기회성감염(opportunistic infection)** 병원체가 정상개체에서는 질병을 일으키지 않으나 면역결핍 환자에서 중증질환을 일으키는 것
- **선천면역 또는 내재면역(innate immunity)** 항원에 노출되기 전부터 가지고 있는 선천적 능력으로 주로 미생물에 대한 초기 방어를 담당
- **세포매개성 면역(cell-mediated immunity)** 면역세포가 관여하는 면역반응. T 림프구가 주요 역할을 하는 적응면역반응이 이에 해당됨
- **포식세포(phagocyte)** 세균이나 바이러스를 포식하는 세포로서 대식세포와 호중구가 여기에 속함
- **아나필락틱 쇼크(anaphylactic shock) 또는 전신성 아나필락시스(systemic anaphylaxis)** IgE 매개형 알레르기 반응으로 순환부전을 일으키고 기도 점막 등의 팽창으로 질식이 일어남
- **옵소닌화(opsonization)** 병원체의 표면이 항체나 보체계의 단백질로 뒤덮여 포식세포에 의해 섭취될 수 있도록 되는 것

- **자가면역질환(autoimmune disease)** 자신의 항원에 대한 적응면역반응이 일어나는 질환
- **자연살해세포(natural killer cell)** T 림프구도 아니고 B 림프구도 아닌 세포로 큰 과립을 가지며 종양세포나 바이러스에 감염된 세포를 살해하는 세포
- **적응면역(adaptive immunity)** 림프구와 항체가 관여하며, 특정 항원에 대한 장기적인 방어를 하는 반응
- **체액성 면역(humoral immunity)** 항체에 의해 매개되며, 세포 외 미생물 및 이로부터 분비된 독소에 대한 주된 방어기전
- **항원(antigen)** 항체에 특이적으로 결합할 수 있는 물질
- **항체(antibody)** 항원이라고 하는 특이적인 물질에 결합하는 단백질로서 감염이나 면역에 대한 반응으로 형질세포에서 만들어짐
- **형질세포(plasma cell)** 활성화된 B 림프구로부터 분화된 세포로서 항체를 생성하는 세포
- **후천성 면역결핍증후군(acquired immune deficiency syndrome, AIDS)** 사람면역결핍바이러스(HIV)의 감염에 의한 질환

1. 면역반응의 개념

면역반응은 면역세포가 이물질을 인지하는 과정과 이물질과 반응하여 이를 파괴하거나 제거하는 과정에서 여러 장기, 세포, 단백질들이 상호작용함으로써 이루어진다. 그림 13-1에는 면역에 관여하는 세포를 나타내었다. 면역반응은 초기에 항원에 노출되기 전부터 가지고 있는 선천면역 또는 내재면역innate immunity과 특정 병원체에 반응

하는 적응면역adaptive immunity으로 구분된다. 선천면역과 적응면역의 비교는 표 13-1에 요약되어 있다.

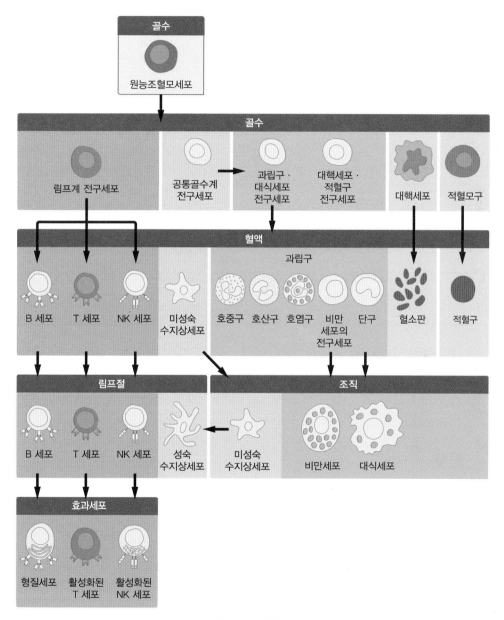

그림 **13-1** 면역계 세포

표 13-1 선천면역과 적응면역의 비교

구분		선천면역	적응면역
구성	물리적·화학적 장벽	피부, 점막의 상피세포	상피조직의 면역세포
	혈액단백질	보체	항체
	세포	포식세포(대식세포, 호중구), 자연살해세포	림프구
특성	특이성	비교적 낮음	높음
	다양성	제한적임	매우 다양함
	기억성	없음	있음
	자기관용	있음	있음

자료 : Abbas, Cellular and Molecular Immunology, 9th ed, Elsevier, 2018.

1) 면역계 세포

면역세포로는 대식세포macrophage, 호중구neutrophil, 호산구eosinophil, 호염구basophil, 비만세포mast cell, 자연살해세포natural killer cell, 수지상세포dendritic cell, T림프구T lymphocyte, B림프구B lymphocyte가 있다.

- 대식세포는 미생물을 포식하여 식균작용을 한다. 항원을 섭취하여 T림프구에 제시함으로써 적응면역 반응에서도 역할을 하며, 다양한 사이토카인 분비를 통해 면역 염증 반응을 조절하는 역할을 한다.
- 호중구는 선천면역에서 포식세포로서 주요 역할을 하며, 세포 내에 과립구granule를 가지고 있다.
- 호산구는 기생충에 대한 방어기전을 제공하며, 세포 내에 과립구를 가지고 있다.
- 호염구는 혈중 백혈구의 1% 미만이고 조직에는 거의 존재하지 않으며, 세포 내에 과립구를 가지고 있다.
- 비만세포는 주로 피부나 점막상피세포에 존재하며 미생물을 인식하였을 때 염증성 물질을 분비한다. 세포 내에 과립구를 가지고 있으며, 히스타민을 분비한다. 비만세포는 선천면역과 과민반응(알레르기 반응)에 관여한다.
- 자연살해세포는 바이러스에 감염된 세포나 종양세포를 직접 살해하여 제거하는 역할을 한다.

- 수지상세포는 선천면역과 적응면역을 연결하는 역할을 한다. 미생물이나 항원을 포식하여 T림프구에 제시하는 항원제시세포antigen presenting cell로 기능하여 적응면역 반응이 일어나도록 한다.
- T림프구에는 세포독성 T림프구, 보조 T림프구, 조절 T림프구가 있으며, 적응면역 반응에서 다양한 역할을 한다.
- B림프구는 항원에 의해 자극되면 분화되어 항체를 생성하는 형질세포plasma cell가 된다.

2) 선천면역

선천면역 또는 내재면역innate immunity은 태어나면서 갖게 되는 선천적 능력이다. 이 면역반응은 생체가 외부 물질의 공격을 받을 때 그 외부 물질을 개체별로 인지하지는 못하며, 여러 번 같은 개체로부터 공격을 받을 경우에도 방어능력이 강화되지 못하는 특징을 가지고 있는데 주로 미생물에 대한 초기 방어를 담당한다.

(1) 체표면 및 점막

체표면 및 상피세포는 물리적 및 화학적 장벽의 역할을 한다. 체표면은 세균을 기계적으로 들어오지 못하게 하고, 땀샘이나 피지선의 분비물은 pH를 낮춰 세균이 증식하기 어려운 환경을 만든다. 타액이나 콧물 등의 점액은 세균이 점막에 흡착하는 것을 막아준다. 눈물, 타액, 요 중에는 리소좀lysosome 효소가 많이 들어 있어 세균의 세포막을 분해하여 세균을 용해한다.

(2) 보체계

보체계complement system는 다수의 독특한 혈장단백질로 구성되어 있으며, 체내에 병원체가 들어오면 병원체에 의해 직접 활성화되거나 병원체에 결합된 항체에 의해 간접적으로 활성화된다. 보체의 활성화는 면역세포의 유입, 염증반응의 유도, 병원체의 옵소닌화, 그리고 병원체의 직접적인 사멸을 초래한다.

(3) 포식세포

포식세포phagocyte에는 호중구neutrophil와 대식세포macrophage 등이 있다. 호중구는 혈중 백혈구 중 가장 많이 있는 세포로 급성염증반응에서 주요 역할을 한다. 골수의 조혈 세포로부터 분화하며, 병원체microbe 및 사멸된 세포로부터 나온 물질이나 다양한 외부 물질을 포식한다. 대식세포는 모든 조직에 널리 분포하고 있으며, 골수에서 분화하여 단핵구의 형태로 혈중에서 이동하고 조직에서 대식세포로 분화한다. 대식세포는 병원체와 사멸된 세포를 포식하여 제거함으로써 선천면역에 기여하며, 항원제시세포의 역할도 하고, 사이토카인과 프로스타글란딘을 분비하여 염증반응을 유도하고 다른 면역세포의 기능도 조절한다.

(4) 자연살해세포

자연살해세포natural killer cell는 바이러스, 박테리아에 감염된 세포, 또는 종양세포를 직접 살해한다. 또한 인터페론 감마interferon-γ, IFN-γ를 분비하여 대식세포를 자극한다.

알아두기

사이토카인

사이토카인(cytokine)이란 면역과 염증반응에 관여하는 세포들이 분비하는 단백질로서 선천면역과 적응면역에서 중요한 역할을 한다. 사이토카인은 구조적으로 다양하며 많은 종류의 사이토카인들이 현재까지 발견되었고, 새로운 사이토카인들이 발견되고 있다. 구조적으로 다양하나 몇 가지 특성을 가지고 있음

- 분비는 주로 일시적 반응임
- 한 가지 사이토카인이 여러 작용을 하기도 하며, 여러 다른 사이토카인이 비슷한 작용을 하기도 함
- 다른 사이토카인의 합성과 작용에 영향을 미침
- 작용은 국소적일 수도 있고, 전신적일 수도 있음
- 작용은 분비하는 세포, 주위에 있는 세포 또는 멀리 떨어져 있는 세포에 할 수 있음
- 표적세포의 표면에 있는 수용체에 결합하여 작용을 시작함
- 외부신호에 의해 사이토카인 수용체의 발현이 조절되기도 하고 사이토카인에 대한 세포의 반응도 조절됨

3) 적응면역

적응면역adaptive Immunity에는 림프구와 항체가 관여하며, 특정 항원에 대한 장기적인 보호체계를 제공한다. 특정 병원체에 의한 감염에 적응하는 과정으로서 일생 동안 일어나는 일이므로 적응면역 반응이라고 부르며, 밀접하게 연관된 조금 다른 미생물이나 거대분자들을 구별해낼 수 있는 특이성을 가지고 있어 특이면역specific immunity이라고 부르기도 한다.

(1) 특성
적응면역은 다음과 같은 몇 가지 특성을 가지고 있다.

① **특이성**specificity 적응면역은 특정 항원에 대해 특이적으로 일어난다. 다른 구조들을 구분하는 데 있어 특이적으로 인식되는 항원의 부위를 에피토프epitope라고 한다.

② **다양성**diversity 항원에 대한 특이성을 보여주는 림프구들의 수는 매우 방대하다. 이러한 다양성은 항원에 대한 림프구 수용체의 항원-결합 부위의 구조적 변이성 때문에 가능하며 $10^7 \sim 10^9$개의 다른 항원이 구분 가능한 것으로 알려져 있다.

③ **기억성**memory 항원에 노출되고 나면 다음에 동일한 항원에 노출되었을 때 더 즉각적이고 강한 반응을 일으키게 되는데 이것은 기억세포가 있어 항원에 특이적 림프구의 클론을 빨리 확장시키기 때문이다.

④ **자기제한**self-limitation 항원에 의한 자극 후 시간 경과에 따라 반응이 감소된다.

⑤ **자기에 대한 무반응**self-tolerance 외부의 항원과 자기 자신의 항원을 구분하는 능력이 있다.

적응면역은 구성 요소의 종류에 따라 체액성 면역humoral immunity과 세포매개성 면역cell-mediated immunity이 있다. 체액성 면역은 항체에 의해 매개되며 세포 외 미생물 및 이로부터 분비된 독소에 대한 주된 방어기전이다. 세포매개성 면역은 T림프구에 의해 매개된다.

(2) 세포매개성 면역

적응면역에서 세포매개성 면역cell-mediated immunity은 T림프구에 의해 매개된다. T림프구는 대식세포를 활성화시켜 대식세포에 먹혀 세포 내에 존재하는 미생물을 파괴하거나, B림프구의 활성화에 도움을 주어 항체 생성을 촉진시키거나, 바이러스나 일부 박테리아에 감염된 세포를 사멸시킨다. 세포매개성 면역반응은 장기이식 시에 거부반응을 일으키게 하는 주원인으로 다른 사람(공여자)의 장기를 이식하는 경우 이식을 받은 사람(수혜자)의 면역계는 이식된 장기조직을 항원으로 인식하고 그에 대한 면역반응을 일으킨다.

T림프구는 골수의 원능조혈모세포pluripotent hematopoietic stem cell에서 유래된 공통림프계 전구세포common lymphoid progenitors로부터 생성되어 흉선thymus으로 이동하여 성숙된다. T림프구에는 보조helper T림프구, 세포독성cytotoxic T림프구, 조절regulatory T림프구가 있으며, T림프구의 분류와 특성은 표 13-2에 제시되어 있다.

표 13-2 T림프구의 분류와 특성

세포 종류		기능	표현마커 및 특징
보조 T림프구			
	Th1 림프구	• 대식세포를 활성화시켜 포식된 병원체가 더 효율적으로 살해될 수 있도록 도움 • 항원에 자극된 B림프구가 활성화되고 분화되어 항체를 생성하는 데 도움을 주는 신호를 보냄	• CD4 • IFN-γ 분비
	Th2 림프구	• B림프구 활성화 • IgE, 호산구, 비만세포에 의한 반응을 증진	• CD4 • IL-4, IL-5, IL-13 분비
	Th17 림프구	• 호중구의 유입과 활성 • 염증 및 자가면역반응에서 역할을 함	• CD4 • IL-17, IL-22 분비
세포독성 T림프구		• 바이러스나 기타 세포 내 병원체에 감염된 세포를 살해 • 종양세포 살해	• CD8 • IFN-γ 분비
조절 T림프구		• 다른 림프구들의 활동을 억제하며 면역반응을 통제하는 역할을 함	• CD4, CD25, FoxP3, • IL-10, TGF-β 분비

(3) 체액성 면역

체액성 면역humoral immunity이란 이물질(항원antigen)의 침입에 항체antibody가 작용하여 제거하는 것을 말한다.

골수에서 원능조혈모세포로부터 유래된 전구세포가 여러 발달단계를 거쳐 미성숙 B림프구가 된 후 골수에서 나온다. 미성숙 B림프구는 골수에서 말초 림프조직으로 이동하여 성숙하고 성숙 B림프구가 된다. B림프구의 세포막에서 항원수용체의 역할을 하는 IgM이나 IgD에 항원이 결합하면 B림프구가 활성화되어 증식하고 분화하여 항체를 생성하는 효과세포effector cell인 형질세포plasma cell가 된다. 항체는 일반적으로 면역글로불린immunoglobulin, Ig이라고 불리며 A, D, E, G, M의 다섯 가지로 분류된다(표 13-3).

항체 생성은 항원에 재노출되었을 때 일어나는 2차 항체반응에서 더 빠르고 강하게 이루어지는데 이는 활성화된 B림프구의 일부가 기억 B림프구의 형태로 존재하기 때문이다(그림 13-2).

표 13-3 항체의 종류 및 특징

항체의 개별형	혈중농도(mg/mL)	반감기(일)	특징 및 기능
IgA	3.5	6	• 눈물, 콧물, 기관지점막, 장점막, 장액에서 분비됨 • 점막면역에 관여함
IgD	미량	3	• B림프구의 항원수용체 역할을 함
IgE	0.05	2	• 기생충에 대한 방어에 관여 • 즉시형 과민반응에 관여함
IgG	13.5	23	• 옵소닌화 • 보체계 활성화 • 항체 의존적 세포매개성 독성 • 태아면역 • B림프구의 되먹임 억제
IgM	1.5	5	• B림프구의 항원수용체 역할을 함 • 보체계 활성화

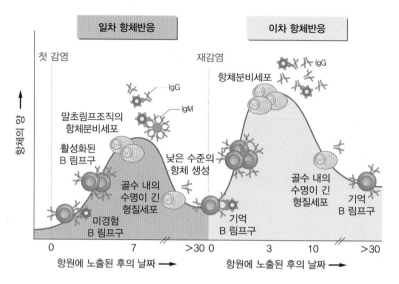

특징	일차 반응	이차 반응
접종 후 소요되는 시간	5~10일	1~3일
최대 반응	작음	큼
항체 개별형	IgM > IgG	IgG의 증가 (경우에 따라서는 IgA 또는 IgE)
항체의 친화력	평균친화력 낮음 (다양함)	평균친화력 높음 (친화력 성숙)

그림 **13-2** 일차와 이차 항체반응의 비교

2. 면역과 영양

1) 영양소의 부족

영양소의 부족은 면역기능을 저하시키는 주요 원인이 된다. 단백질 에너지 영양불량 protein energy malnutrition은 흉선의 위축, 세포매개성 면역기능의 저하, 자연살해세포의 활성 저하 등을 초래한다. 비타민 A의 부족은 림프조직과 말초혈액에서의 보조 T림프구의 수를 감소시킨다. 비타민 E의 부족은 T림프구의 세포매개성 면역기능의 저하를 초래한다. 철이 결핍되면 림프계 세포의 분화가 저하되며 박테리아 살균능력이 저하되는 것으로 나타났으나 철을 너무 많이 섭취할 경우에는 감염성 질환의 악화가 일어나게 된다. 구리가 부족하면 호중성백혈구감소증neutropenia이 일어나고 림프구의 증식 능력이 감소하며 림프구의 활성과 증식에 중요한 사이토카인인 IL-2의 생성이 감소한다. 셀레늄이 부족하면 항체 생성이 저하되고 호중구의 화학주성chemotaxis 능력이 저하된다. 영양부족의 정도와 지속기간에 따라 면역능력의 저하 정도가 달라진다.

2) 일부 영양소의 면역조절 작용

(1) 비타민 A

비타민 A는 선천면역에 관여하는 대식세포, 호중구, 자연살해세포의 성숙 및 기능을 조절한다. 또한 T림프구의 증식 및 살해능력을 증진시키며 보조 T림프구의 Th2로의 분화를 촉진한다. 비타민 A는 특히 점막면역에 중요하며 IgA의 분비를 촉진하기 때문에 비타민 A가 부족할 경우 설사의 위험이 높아진다.

(2) 비타민 D

비타민 D는 선천면역을 증진시키는 효과가 있고 적응면역은 억제하는 효과를 나타낸다. 대식세포의 증식을 촉진하고 항미생물 단백질의 생성을 조절한다. 한편, 수지상세포의 분화와 성숙은 억제하고, T림프구와 B림프구의 증식을 억제하고 IgG와 IgM의 생성도 저하시킨다. 조절 T림프구의 생성은 증진시킨다. 비타민 D가 부족한 지역에서 자가면역질환의 유병률이 높은 것은 이러한 비타민 D의 적응면역 억제효과와 조절 T림프구 증진효과의 영향이기도 하다.

(3) 비타민 E

비타민 E는 특히 노화로 인한 면역기능 저하 시 면역기능을 증진시키는 효과가 보고되었다. 비타민 E의 보충 시 T림프구의 증식과 IL-2의 생성 증가가 보고되었으며, 면역기능을 억제하는 효과가 있는 프로스타글란딘 E_2prostaglandin E_2의 생성이 감소되었다.

(4) 비타민 C

바이러스 감염 초기에 항바이러스 역할을 하는 인터페론 알파intereferon-α, IFN-α의 생성에 있어 비타민 C가 중요한 역할을 한다. 또한 비타민 C는 감염이 된 부분으로 호중구가 유입되도록 한다.

(5) 아연

아연 결핍으로 항체반응과 세포매개성 면역반응이 저하되는 것은 림프구 수의 감소와 관련이 있다. 예를 들면, 체중의 25%가 감소될 정도로 아연이 결핍되었을 경우 흉선의 무게도 감소되며, 동시에 비장과 말초혈액의 림프구 수도 감소된다. 또한 항체 반응과 세포매개성 면역반응 역시 정상 수준에 미치지 못한다. 중 정도의 아연 결핍은 골수에서 유핵세포(골수에서 B림프구 계열의 모든 세포들)를 감소시킨다.

또한 아연결핍은 자연살세포의 활성 저하, 대식세포에 의한 활성산소oxygen radical와 활성질소nitric oxide의 생성 억제 등을 일으킨다. 대식세포의 기능에 영향을 미치는 활성산소와 활성질소의 생성 억제는 포식능력을 저하시킨다.

3. 면역 관련 질환

면역계는 외부물질로부터 신체를 보호하기 위하여 기능을 하지만, 때로는 면역작용의 이상으로 질환을 유발할 수도 있다. 외부의 항원과 자기 자신의 항원을 구분하는 능력에 이상이 생겨 일어나는 자가면역질환autoimmune disease, 면역반응이 적절하게 조절되지 못해 일어나는 과민반응hypersensitivity, 이식된 조직에 대한 면역반응으로 인한 이식거부반응, 면역계의 결함으로 인한 면역기능 저하immunodeficiency 등이 있다.

1) 과민반응

과민반응-hypersensitivity이란 항원, 약 또는 미생물에 대한 면역반응 중 과다하거나 신체에 유해한 영향을 주는 반응을 말한다. 과민반응은 면역반응의 특성 및 조직에 손상을 주는 효과 기전에 따라 분류한다. 과민반응에는 바로 나타나는 즉시형 과민반응-immediate hypersensitivity과 늦게 나타나는 지연형 과민반응-delayed hypersensitivity이 있다. 표 13-4에는 과민반응의 종류와 특성이 요약되어 있다.

(1) 제I형 과민반응

환경적 항원에 대한 IgE 항체에 의해 일어나며 대부분의 알레르기 반응이 제I형 과민반응에 속한다. 항원에 노출되면, 수지상세포에 의해 항원이 제시되고 Th2 림프구는 B림프구가 IgE를 생성하도록 한다. IgE가 비만세포의 표면에 있는 수용체에 결합하면 감작sensitization 된다. 알레르기를 유발하는 항원(알레르겐allergen)에 재노출될 경우 알레르겐이 비만세포에 결합된 IgE에 결합하고 비만세포가 활성화 되면서 히스타민 등 다양한 매개물질이 분비된다. 알레르겐에 노출되자마자 수분 내에 과민반응이 일어나게 되는데, 혈관투과성이 증가하며, 혈관 확장, 기관지 수축, 장관의 과다 운동, 그리고 국부 염증과 같은 반응이 일어난다.

표 **13-4** 과민반응의 종류와 특성

구분	항원	면역반응체	효과기전	예
I형	용해성 항원	IgE, Th2	• 비만세포의 활성화	• 알레르기 비염, 천식, 아토피, 전신성 아나필락시스
II형	세포 또는 세포외 기질 관련 항원	IgM 또는 IgG	• 세포의 옵소닌화와 포식 • 보체계의 활성화	• 일부 약제에 대한 알레르기 (예 페니실린) • 만성두드러기
III형	용해성 항원	면역복합체(항원과 IgM 또는 IgG의 면역복합체)	• 보체계와 포식세포의 작용 • 염증반응과 혈전증	• 혈청병 • 아르투스 반응
IV형	용해성 항원	CD4+ T림프구(Th1)	• 대식세포의 활성화	• 접촉성 피부염 • TB 반응
		CD4+ T림프구(Th2)	• IgE 생성, 호산구 활성화, 비만세포 증식	• 만성천식 • 만성알레르기 비염
	세포 관련 항원	CD8+ T림프구	• 직접적인 세포 살해 • 염증반응	• 이식 거부반응 • 옻나무에 의한 피부염

알레르기 반응은 다양한 형태로 나타나며, 항원의 종류나 영향을 받는 조직에 따라 반응이 다르게 나타난다(2) 알레르기 반응 참조).

아나필락시스 반응은 전신성 과민반응으로 기도가 막힘으로써 질식asphyxiation이 일어날 수도 있으며, 순환허탈collapse로 인하여 죽음에 이르게 될 수도 있다.

(2) 제Ⅱ형 과민반응

페니실린에 대한 과민반응이 대표적인 제Ⅱ형 과민반응이다. 세포의 표면에 결합한 약제에 대한 항체가 보체계의 활성화와 염증세포의 유입을 촉진하고 세포의 정상적인 기능을 방해하여 세포가 파괴되도록 한다.

(3) 제Ⅲ형 과민반응

용해성 항원에 대한 항체가 항원과 결합하여 면역복합체immune complex를 형성하고 조직의 혈관에 축적된다. 이로 인해 염증, 혈전 생성, 조직 손상이 일어난다. 아르투스 반응arthus reaction은 감작된 항원에 대한 IgG 항체를 가진 사람에서 일어나며 국소적인 반응으로 혈관염과 조직괴사가 일어나게 된다. 혈청병은 전신성 제Ⅲ형 과민반응의 예이다.

(4) 제Ⅳ형 과민반응

제Ⅳ형 과민반응은 항원에 특이적인 효과 T림프구에 의해 매개되며, 지연형 과민반응delayed type hypersensitivity이다. 염증성 반응을 일으키는 Th1 림프구에 의한 대식세포의 활성화로 인해 조직손상이 일어나거나(접촉성 피부염 또는 TB 반응) Th2 림프구의 활성화로 인해 호산구가 주도하는 염증성 반응이 일어난다(만성천식, 만성알레르기 비염). 세포독성 T림프구에 의해 직접적인 세포 독성이 일어나기도 한다(이식 거부 반응).

2) 알레르기 반응

알레르기는 과민반응에 속하나 특히 식품과 관련성이 많아서 별도로 자세히 다루었다. 알레르기 반응을 일으키는 알레르겐은 흡입 알레르겐(예 먼지, 곰팡이, 화분 등), 접촉성 알레르겐(예 화장품, 염료, 도료, 의류, 식물), 약물 알레르겐(예 항생제, 설파제, 진통제, 호르몬제) 등 많이 있으나 식품 중의 성분 또는 음식물의 소화 산물이 알레르겐이 되는 것을 식품 알레르기food allergy라고 한다.

(1) 증상

알레르기로 인한 증상은 피부, 호흡기, 소화기, 순환기, 신경계, 비뇨기, 눈 등 다양한 기관을 비롯하여 전신 증상으로도 나타날 수 있다. 소화기계 증상으로는 복통, 오심, 구토, 설사, 위장관 출혈, 피부 증상으로는 두드러기, 혈관 부종, 습진, 홍반, 가려움증, 홍조, 호흡기계 증상으로는 비염, 천식, 기침, 후두 부종, 기관지 수축, 그리고 전신성으로는 아나필락시스, 혈압저하, 심박장애가 나타날 수 있다. 알레르기 반응의 예는 표 13-5와 같다.

표 **13-5** 알레르기 반응의 예

반응 또는 질환	알레르겐의 예	침입경로	증상
전신성 아나필락시스	• 약 • 독(venom) • 식품(예 땅콩 등) • 혈청	• 혈액(직접 혈액으로 또는 경구 섭취로 인해)	• 부종 • 혈관투과성 증가 • 순환 허탈 • 사망
급성두드러기	• 동물의 털 • 벌레 물림 • 알레르기 테스트	• 피부 • 전신성	• 국소적 혈액유입 증가와 혈관투과성 증가 • 부종
계절성 알레르기 비염과 결막염	• 꽃가루(pollen) • 진드기(dust mite)	• 접촉(코 또는 눈으로)	• 결막과 코 점막의 부종 • 재채기
천식	• 고양이 비듬 • 꽃가루 • 진드기	• 흡입	• 기관지 수축 • 점액 생성 증가 • 기도의 염증
식품 알레르기	• 땅콩 • 트리너츠 • 갑각류 • 생선 • 우유 • 달걀 • 대두 • 밀	• 경구	• 구토 • 설사 • 가려움증 • 두드러기 • 아나필락시스

(2) 식품에 의한 알레르기 질환

식품 알레르기는 신체가 식품에 대한 이상반응을 나타내는 원인이 면역기전일 경우를 말한다. 식품 알레르기는 IgE 매개성인 경우가 있고, 그렇지 않은 경우가 있다. 식품 알레르기 발생 위험 요인으로는 미성숙한 점막면역계, 영유아에게 너무 빨리 고형식을 먹이는 경우, 유전적으로 점막투과성이 높은 경우, IgA가 부족하거나 생성이 늦게 되는 경우, 유전적으로 Th2 반응으로 편향된 경우, 위장관의 감염 등이 있다.

모든 식품이 알레르겐이 될 수 있으나, 식품 성분 중 단백질의 항원성이 가장 강하며, 단백질의 알레르기 유발 가능성은 면역원성immunogenecity, 안정성stability 및 IgE 항체에 대한 교차반응성cross-reactivity의 영향을 받는다.

(3) 알레르기 식품 제거와 재섭취

알레르겐이라고 생각되는 식품을 식사력 조사, 식사일기, 피부검사 등을 통하여 약 2~3주간 식사로부터 제거한다. 의심되는 식품 또는 이들 식품의 유도체를 함유한 모든 식품을 피하는 것이 좋다. 예를 들면 우유를 제거한다면 탈지분유, 케이크, 치즈 등 모든 유제품을 제한한다. 기초식사에 특별한 식품을 첨가한 경우 알레르기 증상이 나타나면 그 식품을 알레르기의 원인으로 볼 수 있다. 기초식사는 영양적인 면에서 균형을 이루어야 하지만 식품내용이 단조로워 불균형이 있을 수 있으므로 필요한 기간 동안만 실시하며, 장기간 실시해야 할 경우에는 비타민 또는 무기질의 보충이 필요하다. 식품 제거를 통하여 증세가 완화되면 의심되는 식품을 섭취시킨 후 반응을 주의 깊게 관찰하고 기록한다. 증세가 다시 나타나면 그 식품을 알레르겐으로 고려한다. 의심되는 식품을 재섭취시킬 때에는 식사력을 통하여 조사된 양만큼만 제공한다. 만일 그 양을 알 수 없을 경우에는 매우 소량을 주면서 반응을 관찰한다. 만약 환자가 48시간이 지나도 증세를 보이지 않으면 그 식품을 매일 공급하면서 양도 점차적으로 증가시킨다. 이 과정은 반드시 의료진의 감독하에 이루어져야 한다. 혹시나 발생할 수 있는 반응이나 응급상황에 대비할 수 있는 경우에만 해야 한다.

(4) 식품 알레르기의 관리

식품 알레르기를 관리하는 데 있어서 가장 중요한 것은 알레르기를 일으키는 식품을 피하고, 혹시나 섭취하게 되어 알레르기 반응이 일어날 경우를 대비하여 응급처치법에 대해 준비하는 것이다. 심한 과민성 반응이 있는 식품은 식사에서 제거하는 것이 좋으며, 알레르기 항원식품을 정확히 파악하여 그 식품과 대체할 수 있는 식품을 섭취하는 것이 좋다. 식품을 식사에서 제거하거나 대체함으로 인해 영양소 섭취에 불균형이 생기지 않도록 영양성분이 비슷한 다른 식품으로 대체하여 영양소의 균형을 이루어야 한다. 가장 예민하게 반응이 일어나기 쉬운 식품은 밀, 달걀, 우유 등이나 이들 식품과 유사한 종류의 식품, 또는 이러한 식품이 들어 있는 가공 및 조리된 식품도 제한한다. 표 13-6에는 알레르기 항원식품과 그 대체식품을 나타내었다.

알레르기를 치료할 수 있는 약물은 아직까지 없으며, 항히스타민제나 스테로이드제는 증상을 완화시키는 역할을 한다. 알레르기로 인해 아나필락시스를 경험했던 사람은 에피펜(자가 주사가 가능한 에피네프린)을 휴대하고 다녀야 한다.

식품 알레르기가 있는 경우에는 다음과 같은 점을 강조하거나 교육시켜야 한다.

- 알레르기를 유발하는 식품이 사용된 제품이나 성분을 구분할 수 있도록 한다. 알레르기 식품의 이름이 명확하게 드러나지 않지만 만드는 과정에서 알레르기 유발 식품이 함유되는 제품에 대해서 인지하고 있도록 한다.
- 제품을 구입할 때는 원재료명 등 식품표시를 읽는 습관을 기르도록 하고, 어떤 성분에 대해 유의하여야 하는지 알도록 한다.
- 음식을 만들 때는 교차오염cross-contamination이 일어나지 않도록 주의하고 제조된 식품의 구입 시에는 제조과정에서 일어날 수 있는 교차오염에 대한 정보를 확인하도록 한다.

표 13-6 알레르기 항원식품과 대체식품

제한식품	피해야 할 식품	대체식품
우유	치즈, 아이스크림, 요구르트, 크림수프, 버터	두유, 우유가 없는 식품
달걀	커스터드, 푸딩, 마요네즈, 기타 달걀이 함유된 식품	달걀 없이 구운 빵, 마요네즈가 들어가지 않은 샐러드 드레싱
밀	크래커, 마카로니, 스파게티, 국수 등 밀가루로 만든 식품	밀이 없는 빵과 크래커, 옥수수, 쌀, 팝콘, 고구마, 감자
두류	콩가루, 두유, 채실유, 콩소스	너트 우유
옥수수	팝콘, 콘시럽	밀가루, 고구마, 쌀가루
쇠고기	쇠고기 수프, 쇠고기 소스	쇠고기 외의 육류
돼지고기	베이컨, 소시지, 돼지고기로 만든 소스	돼지고기 외의 육류

- 주위 사람들에게 어떤 식품에 대해 알레르기 반응을 일으키는지 알린다.
- 외식을 할 때는 알레르기 유발 식품이 함유되어 있는지 반드시 음식점에 확인한다.
- 응급처치에 필요한 약을 소지하고 다닌다.

3) 자가면역질환

자가면역질환autoimmunity은 자기 자신에 대해 면역반응을 일으켜 조직손상을 일으키는 질환이다. 면역계의 중요한 특성 중 하나는 자기에 대한 무반응self-tolerance, 즉 자기관용으로 외부의 항원과 자기 자신의 항원을 구분하는 능력이다. 이러한 자기관용 특성이 손상되었을 때, 신체의 조직이나 구성성분을 항원으로 인식하고 면역반응을 일으켜 과도한 염증반응을 일으키거나 조직을 손상시킨다. 자가면역질환은 다양하며 약 100개의 자가면역질환이 알려져 있다. 자가면역질환은 신체의 특정 기관에 한정되어 있을 수도 있고 체내 전체 또는 대부분의 조직에 영향을 미칠 수도 있다. 자가면역질환의 종류에 따라 영향을 미치는 신체 기관이나 사용하는 약물이 다르며, 어떤 신체 기관에 손상이 있느냐에 따라 영양소의 소화·흡수 또는 대사가 달라지게 된다. 하시모토 갑상선염Hashimoto's thyroiditis, 그레이브스병Graves' disease, 1형당뇨병Type 1 diabetes mellitus, 쇼그렌 증후군Sjogren's syndrome, 전신성 홍반성 낭창systemic lupus erythematosus이 자가면역질환의 예이다.

4) 이식거부반응

이식transplantation은 손상된 조직이나 장기를 건강한 조직이나 장기로 대체하는 치료 방법이다. 이식거부반응은 이식된 조직이나 장기에 대해 면역반응을 일으키는 거부반응으로 성공적인 이식을 방해한다. 이식의 종류에는 자가이식autograft, 동계이식isograft, 동종이식allograft, 이종이식xenograft이 있다. 이식거부반응에는 이식을 받은 수혜자host의 면역계가 이식graft을 거부하는 숙주편대이식병host-versus-graft disease, HVGD과 골수이식의

표 **13-7** 자가면역질환이나 이식 환자에서 흔히 사용되는 면역억제제의 영양 관련 부작용

면역억제제	영양 관련 부작용
글루코코르티코이드(glucocorticoid)	• 식욕증진, 체중 증가, 단백질 이화 증가, 혈당 증가 • Ca, K, 비타민 A·C·D, 단백질의 보충이 필요할 수 있음
사이클로스포린(cyclosporin)	• 식욕저하, 오심, 구토, 설사, Mg 손실, 고칼륨혈증
시로리무스(sirolimus)	• 고지혈증, 변비, 설사, 복통
타코리무스(tacolimus)	• 구내염, 연하곤란, 소화불량, 오심, 구토, 복통, 변비, 설사
시클로포스파미드(cyclophosphamide)	• 식욕저하, 체중 감소, 구강건조, 구내염, 오심, 구토, 복통, 설사
메토트렉세이트(methotrexate)	• 구내염, 미각변화, 오심, 구토, 설사 • 엽산 대사의 길항제
미코페놀레이트 모페틸(mycophenolate mofetil) (셀셉트, Cellcept)	• 구내염, 소화불량, 오심, 구토, 복통, 변비, 설사

경우와 같이 이식된 조직의 면역계가 수혜자를 공격하는 이식편대숙주병graft-versus-host disease, GVHD이 있다. 이식 후 면역억제제를 사용하는데 이러한 면역억제제들은 다양한 부작용을 초래하고 영양상태에 영향을 주기도 한다. 자가면역질환 또는 조직이나 장기 이식 시에 면역억제제로 사용되는 약물들의 영양 관련 부작용은 표 13-7과 같다.

5) 후천성 면역결핍증

후천성 면역결핍증Acquired immune deficiency syndrome, AIDS은 인간의 백혈구 중 보조 T림프구CD4+를 공격하는 사람 면역결핍 바이러스Human immune deficiency virus, HIV의 감염으로 인체의 면역기능이 점차 저하되는 질환이며, 성적 접촉이나 수혈, 모체 감염에 의해 발생한다.

감염된 후 첫 몇 주 동안의 급성감염기에는 급성독감유사 바이러스 병처럼 앓게 되며, 이 시기를 혈청전환질환이라 하고 혈중에서 바이러스가 높은 역가를 보인다. 보통 열이 나면서 목이 아프기도 하고 근육통이나 관절통을 호소하기도 한다. 적응면역반응이 나타나면서 급성질환상태는 조절되고 CD4+ T림프구가 많이 회복되지만 바이러스는 완전히 제거되지 않는다. 서서히 면역기능이 감소하지만 무증상 시기가 계속된다. CD4+ T림프구가 500/μL 이하로 떨어지면 기회성감염과 같은 증상이 더 자주 나타나게 된다. 이때를 증상기 또는 AIDS 관련 증후군기라고 한다. CD4+ T림프구가 더

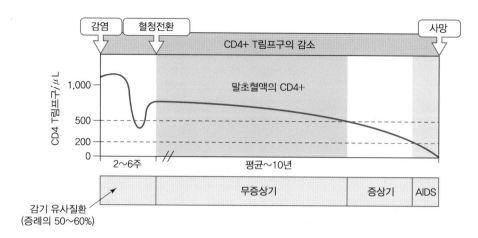

그림 **13-3** HIV 감염의 경과
자료 : Murphy K. Janeway's Immunobiology. 8th edition.

감소되어 200/μL로 감소되면 AIDS에 걸렸다고 한다.

AIDS 환자들의 영양 상태는 식욕부진, 오심, 구토, 호흡곤란, 피로, 신경증, 구강이나 식도의 이상 등으로 인한 식품 섭취량 감소 정도에 따라 다양하며, 영양소 흡수가 저하되기도 하고 열이나 감염으로 인해 에너지와 단백질의 요구량이 증가하기도 한다. 단백질-에너지 불량증은 빈번하게 나타나는 증세이다. 체중 감소로 인한 체성분의 변화에서 가장 두드러진 현상은 체세포량body cell mass의 감소이며, AIDS 환자의 74%에서 무위산증이 보고되었고 이로 인해 엽산, 철, 비타민 B_{12}의 흡수가 저하될 수 있다.

🔆 **핵심 포인트**

후천성 면역결핍 환자의 영양상태 변화 및 증상

- 영양상태 : 식욕부진, 구토, 메스꺼움, 호흡곤란, 피로, 구강이나 식도의 이상, 신경증 등으로 인한 식품 섭취량 감소 정도에 따라 다양
- 단백질-에너지 불량 : 영양소 흡수 저하, 에너지와 단백질의 요구량이 증가(열, 감염)
- 체중 감소 : 체세포량(body cell mass)의 감소
- 면역기능 저하 : 단백질, 에너지, 구리, 아연, 셀레늄, 철, 필수지방산, 비타민 B_6, 엽산, 비타민 A, C, E 등의 결핍
- 고중성지방혈증 : 혈중 중성지방 농도는 500 mg/dL 미만에서는 식사제한이나 약물치료를 하지 않음

CLINICAL NUTRITION WITH CASE STUDIES

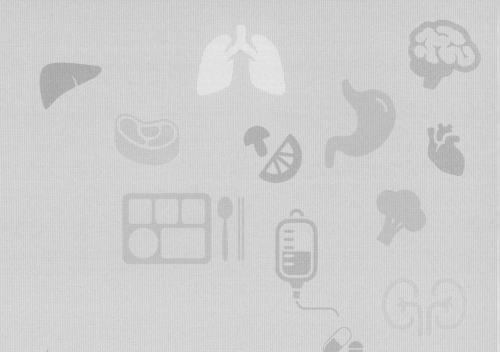

수술 및 화상

인체는 외상, 화상, 패혈증, 수술 등의 생리적 스트레스에 대한 대사 반응으로 골격근이나 제지방을 분해하여 음의 질소 균형과 근육 소모를 초래한다. 상처가 완전히 회복될 때까지는 적절한 영양치료가 중요하다. 수술 전후의 적절한 영양관리는 수술 성공률을 높이고 상처 회복을 빠르게 하여 수술로 인한 후유증을 줄일 수 있다. 화상 환자의 적절한 영양관리는 신체 손상의 회복을 돕고 화상으로 인한 영양소 손실을 보충하는 것이다.

- **9의 법칙(rule of nines)** 체표면적에 대한 화상 면적의 비율을 추정할 때 체표면적을 아홉 부분으로 나누어 계산하는 것으로 체액 손실에 의한 수액 공급의 여부와 용량을 결정하기 위하여 사용함

- **다발성 장기 기능장애 증후군(multiple organ dysfunction syndrome, MODS)** 패혈증이나 암 치료의 부작용 등으로 인한 면역력 약화가 원인이 되어, 인체의 장기들이 제 기능을 하지 못하고 멈추거나 심하게 둔해지는 상태

- **대사항진상태(hypercatabolism)** 여러 가지 요인에 의해 근육, 내장 기관 및 신장에 상해가 생겨서 기초대사량이 증가하여 대사가 항진되고 체중이 감소함

- **불감 수분 손실량(insensible water loss)** 개인이 느끼지 못하고 피부와 호흡 기도를 통해 지속적으로 이루어지는 수분 배설량으로 성인의 경우 하루 700~750 mL 정도임

- **사이토카인(cytokines)** 면역계를 구성하는 세포에서 분비되어 다른 세포를 조절하는 단백질 물질로, 림프구에서 생성되는 림포카인과 T세포가 만들어내는 인터루킨을 포함하여 100종류 이상이 있음

- **생리적 스트레스(metabolic stress)** 화상이나 암과 같은 심한 질병이나 수술로 인한 외상에 의해서 인체에 나타나는 대사항진상태. 근육 소모 및 음의 질소평형을 보이고 면역시스템이 활성화됨

- **장운동 소리(bowel sound)** 장에서 나는 소리로 수술 후 위장관의 상태에 따라 음식물 섭취 여부를 결정함. 마취에서 깬 후에 장음이 다시 들리거나 가스가 나오기까지 24~48시간 정도가 소요됨

- **장폐색증(intestinal obstruction)** 소장이나 대장의 일부가 부분적으로 또는 완전히 막혀서 장 내용물이 빠져나가지 못하여 배변과 가스가 장내에 축적되어 장애를 나타냄. 수술 후 협착이 가장 흔한 원인임

- **저알부민혈증(hypoalbuminemia)** 혈장 알부민이 정상치보다 저하된 상태. 영양불량, 간질환, 신증후군 등이 원인이며 부종, 복수, 빈혈 등의 증상이 동반됨

- **저잔사식(low residual diet)** 소화·흡수되지 않고 대장에 남는 물질을 최소화하기 위해 식이섬유와 대변의 용적을 늘리는 식품을 제한한 식사. 장 수술 전후나 염증성 장질환, 장폐쇄 시에 장을 쉬게 하는 것이 목적임

- **컬링 궤양(curling ulcer)** 넓은 범위의 피부가 화상을 입었을 때 생기는 위 또는 십이지장 궤양으로 제산제를 처방하거나 경장영양식으로 음식을 공급하여 관리함

- **쿠레리 공식(Curreri formula)** 화상 환자의 영양필요량을 구하기 위해 사용하는 공식

- **패혈증(sepsis)** 혈액이 체내에 침입한 세균에 감염됨으로써 나타나는 전신성 염증 증후군으로 빠른 시간 내에 사망할 수 있음

- **화상(burn)** 열, 방사선, 전기, 화학물질에 의해 피부 및 기관들이 손상을 입는 것. 호르몬, 면역반응 및 대사 변화, 박테리아 감염 등으로 대사 항진상태를 유발하고 상처를 통해 수분 손실이 증가하여 에너지요구량이 증가함

- **SGA(subjective global assessment)** 주관적 글로벌 평가. 개인의 영양 섭취와 흡수가 개인의 영양요구량을 충족하는지를 평가. 영양 섭취, 흡수, 필요량 사이에 불균형이 발생하면 영양실조가 발생함

1. 대사 스트레스

1) 생리적 스트레스에 대한 대사 반응

인체는 외상, 화상, 수술 감염 등의 생리적 스트레스에 대해 대사를 적절히 조절함으로써 항상성을 유지한다. 생리적 스트레스에 대한 대사 반응은 스트레스 초기에 급격히 발생하는 초기 반응기ebb phase와 점차 조절이 이루어지는 적응기flow phase로 나누어진다. 상해가 생긴 즉시 발생하는 초기 반응기에는 혈액량의 감소로 인한 쇼크로 심박출량 저하, 산소 소비량 감소, 체온 저하와 함께 체내 대사율 저하가 나타난다. 그 후 인체가 적응하면서 체내에 수분과 산소를 정상적으로 공급하기 위하여 심박출량 및 산소 소비량이 증가하고 체단백질의 이화작용과 질소 분비가 증가하기 때문에 음의 질소평형이 나타나는 대사항진기를 거친다. 환자가 회복되는 단계에서는 체단백질이 보유되며 동화작용이 나타나고 상처가 치유된다(표 14-1). 환자의 상해가 심하거나 영양불량으로 인해 체내 질소 보유량이 부족한 경우에는 완전한 회복이 불가능할 뿐만 아니라 면역기능의 저하로 다발성 장기 기능장애 증후군multiple organ dysfunction syndrome과 사망을 초래할 수 있다. 생리적 스트레스에 대처하기 위해서 적극적으로 영양공급을 함으로써 체단백질의 손실을 지연시킬 수 있다.

표 14-1 생리적 스트레스 시의 대사 반응

초기 반응기	적응기	
저혈량증으로 인한 쇼크	대사 항진기	회복기
	이화작용	동화작용
• 대사율 저하 • 산소 소비량 감소 • 혈압 저하 • 체온 저하	• 글루코코르티코이드 증가 • 글루카곤 증가 • 카테콜아민 증가 • 사이토카인 증가 • 질소 분비 증가 • 대사율 증가 • 산소 소비량 증가	• 대사항진 감소 • 체단백질 보유 증가 • 상처 치유(영양소 섭취에 의함)

자료 : Mahan LK et al. Krause's Food, Nutrition & Diet therapy, 11th ed, Saunders, 2004.

표 14-2 생리적 스트레스 시 체내 호르몬의 변화

호르몬	변화	대사 방향
카테콜아민	증가	• 글리코겐의 분해 증가 • 아미노산으로부터 포도당 합성 증가 • 유리지방산의 이동 증가
글루코코르티코이드	증가	• 아미노산으로부터 포도당 합성 증가 • 유리지방산의 이동 증가
글루카곤	증가	• 글리코겐의 분해 증가 • 아미노산으로부터 포도당 합성 증가 • 포도당, 아미노산, 지방산의 저장량 감소
항이뇨호르몬	증가	• 수분 보유량 증가
알도스테론	증가	• 나트륨 보유량 증가

자료 : Whitney EN et al. Understanding Normal and Clinical Nutrition. Wadsworth. 2008.

생리적 스트레스metabolic stress 시 체내 호르몬의 변화는 표 14-2와 같다. 생리적 스트레스 시에는 카테콜아민과 글루코코르티코이드, 글루카곤이 증가한다. 이러한 호르몬 변화는 대사 항진기에 필요한 에너지를 공급하고 수술이나 외상 부위에 새로운 체조직을 합성하기 위한 아미노산을 유입하기 위해서이다. 그 결과 근육에서 체단백질의 분해가 일어나 근육량이 손실된다. 또한 항이뇨호르몬과 알도스테론의 분비가 증가하여 수분과 나트륨을 체내에 보유하게 되어 혈액량과 심박출량이 증가한다.

2) 절식과 생리적 스트레스 시의 대사 비교

인체는 절식 상태에서 일정 기간 생명을 연장할 수 있을 정도의 체지방을 보유하고 있다. 절식 초기에는 간과 근육에 저장된 글리코겐이 에너지원으로 이용되고, 그 후에는 근육 단백질이 아미노산으로 분해되어 에너지원으로 이용된다. 그러나 근육을 보존하기 위한 기전으로 점차 체단백질의 분해가 감소되며 체지방의 분해로 생긴 지방산, 케톤체, 글리세롤 등을 주요 에너지원으로 이용하게 된다. 이와 같은 체지방의 분해에 의한 단백질 절약 효과는 근육, 조직, 효소 및 호르몬 합성을 보존하기 위한 적응 현상이다.

그러나 생리적 스트레스가 있을 때는 이러한 적응 현상이 적절히 이루어지지 않고,

표 **14-3** 절식과 생리적 스트레스의 대사 반응

대사 반응	절식	생리적 스트레스	대사 반응	절식	생리적 스트레스
기초대사량	↓	↑	케톤체 합성	↑	↓
글루카곤	↑	↑	혈중 지질 농도	↑	↑↑
인슐린	↓	↑	체단백질	보존	분해
당신생작용	↑	↑↑	내장단백질	보존	분해
혈당	↓	↑	주요 에너지원	지방	복합

자료 : Matarese LE & Gottschlich MM. Contemporary Nutrition Support Practice. Saunders. 1998.

절식 때와는 다른 대사 반응이 나타난다(표 14-3). 생리적 스트레스가 발생하면 글루카곤과 인슐린이 동반 상승하며, 단백질 이화작용 등의 증가로 고혈당이 되고 질소 손실이 증가한다. 생리적 스트레스로 인한 대사항진 상태에서는 소변으로의 요소질소 배설량이 증가하고 알부민이나 트랜스페린transferrin 등의 혈청단백질 농도는 감소한다. 생리적 스트레스가 있을 때는 체내에서 사이토카인cytokines이 활성화되면서 간에서 면역, 혈액응고 및 상처 회복을 위해 필요한 단백질(C-반응성 단백질, 피브리노겐, 보체, 항체)들의 합성은 증가하지만, 상대적으로 혈청단백질의 생성은 감소하기 때문이다. 또한, 모세혈관의 투과성이 증가하여 알부민이 혈관 밖으로 누출되어 저알부민혈증을 초래한다. 그러므로 중환자의 경우 저알부민혈증은 영양결핍 정도보다 질병의 중증도를 반영하는 경우가 많다.

2. 수술

1) 수술 전 영양관리

수술surgery 전 환자의 영양관리는 환자의 영양상태와 수술의 종류에 따라 다르다. 영양상태가 양호한 환자는 영양불량 환자보다 큰 수술을 더 잘 견뎌낼 수 있다. 영양이 불량한 경우는 수술 후 상처 치유가 지연되고 수술 부위의 봉합 부전, 상처 감염 등으로 인한 합병증이 일어날 수 있어 수술 후의 이환율과 사망률이 증가한다.

표 **14-4** 수술 전 영양지원이 필요한 영양불량 환자 선별 조건

지표	조건
체중 변화	최근 6개월간 평소 체중의 10% 이상 감소
BMI	< 18.5 kg/m^2
영양 평가	주관적 글로벌 평가(subjective global assessment, SGA)에 의한 심한 영양불량 판정
알부민	3.0 mg/dL 미만(신장이나 간 기능에 이상이 없는 경우)

자료 : 구재옥 외. 식사요법. 교문사. 2017.

(1) 영양관리

수술 전에 정맥영양을 실시하는 것은 심한 영양결핍증 환자들로 제한하여야 하며, 큰 수술을 할 예정인 영양결핍증 환자에게는 영양지원을 통해 7~10일간 적절한 영양 공급을 하는 것이 필요하다. 수술 직전에 위 속에 음식물이 남아 있는 경우에는 수술 도중이나 수술 후 마취에서 깨어날 때 구토를 일으켜서 흡인될 수 있으므로 주의하여야 한다. 한편, 수술 전 2시간까지는 2.5% 탄수화물 음료를 섭취하도록 하는 것이 수술 후 인슐린 저항성을 높이고 체단백질 분해를 완화시켜준다는 보고도 있으므로 적절한 수액관리를 하며 금식시간을 최대한 줄이는 것이 바람직하다.

(2) 영양요구량

① 에너지 충분한 에너지 공급이 필수적이다. 탄수화물은 체조직 합성에 필요한 단백질이 에너지원으로 사용되는 것을 방지하고 대사항진으로 인해 증가한 에너지요구량을 충족하기 위해 적절하게 공급한다. 특히 포도당은 수술 후 케톤증 예방과 구토 방지에 도움을 주고, 간 글리코겐 저장량을 증가시켜 간 기능을 보호해준다. 영양 부족인 환자는 수술하기 전 에너지 공급을 평상시보다 30~50% 더 증가시키는 것이 좋다.

② 단백질 수술 환자에게 가장 부족되기 쉬운 영양소는 단백질이며 수술 도중의 혈액 손실이나 수술 후 대사항진으로 인한 체조직 이화에 대비하여 체내에 단백질을 충분히 보유해야 한다. 또한 감염 예방과 조속한 상처 회복을 위해 충분한 단백질이 공급되어야 한다. 수술 전 1~2주 동안 단백질을 1일 100 g 정도 공급하여 혈청단백질 수준이 6.0~6.5 g/dL 이상이 되도록 한다.

💡 **핵심 포인트**

수술 전 영양관리
- 심한 영양결핍증 환자는 수술 전 영양지원 실시
- 충분한 에너지 및 탄수화물 공급
- 충분한 단백질 공급(1일 100 g 정도)
- 비타민 C, 비타민 K, 비타민 B 복합체 섭취 증가
- 수분 및 전해질 균형 유지

③ **비타민과 무기질** 비타민은 상처 회복에 중요한 역할을 한다. 특히 비타민 C는 콜라겐 합성에서 프롤린과 리신의 수산화 반응에 필수적이다. 비타민 K는 프로트롬빈의 합성에 필수적이므로 비타민 K 결핍은 수술 시 과다한 출혈을 초래하고 감염을 유발할 수 있다. 에너지 및 단백질 섭취 증가에 따라 비타민 B 복합체의 섭취를 증가시켜야 하며, 이 밖에도 수분 및 전해질의 균형을 유지하여야 한다.

④ **수분** 환자가 적절한 수분균형 상태에 있도록 수술 전 수액관리에 중점을 두어야 하고, 환자가 탈수상태일 때는 수술하지 않는 것이 환자의 안전을 위해 중요하다. 응급환자가 구강으로 수분을 공급받을 시간이 없거나 환자가 구강 섭취가 불가능할 때는 정맥주사를 통하여 충분한 양의 전해질과 수분을 공급하여야 한다.

2) 수술 후 영양관리

수술 직후에는 수술로 손실된 수분 및 전해질로 인한 탈수와 쇼크를 방지하기 위해 수분과 전해질을 보충하고, 회복하는 동안에는 수술 후 항진되는 체내 대사에 대처하고 빠른 치유를 위하여 에너지 및 영양소를 충분히 공급해주도록 한다.

(1) 영양관리
수술 후에는 가능하면 일찍 경구로 수액을 섭취하는 것이 바람직하지만, 수술 직후 수분 및 전해질 공급을 목적으로 정맥 수액을 공급할 수도 있다. 심한 영양결핍 상태

에서는 수술 후 1~2일 이내에 영양지원을 하여, 수술 합병증을 감소시키고 수술 후 기계적 압박이나 장관의 경련 및 마비에 의해 일어나는 장폐색증을 예방하도록 한다. 수술 후 일주일 이상 경구 섭취가 불가능한 경우에도 영양지원을 하는 것이 바람직하다. 수술 후 위장관의 상태에 따라 음식물 섭취 여부가 결정되는데 장운동 소리 bowel sound가 다시 들리거나 가스가 나오기까지 기다려야 한다. 일반적으로 맑은 유동식, 유동식, 연식, 일반식으로 진전시키며, 수술의 종류에 따라 일반식부터 섭취할 수도 있다.

(2) 영양요구량

① 에너지 수술 후 에너지 대사가 항진되므로 합병증이 없는 수술 환자의 경우 에너지 필요량은 정상 필요량의 10% 정도가 증가한다. 복합 골절이나 외상 수술의 경우에는 10~25%가 증가하며, 발열이 동반될 때는 체온이 1℃ 증가할 때마다 기초대사에너지는 12%가 증가한다. 수술의 종류에 따른 기초대사량의 상승비율을 고려하여 에너지를 산출하며, 표 14-5는 임상 상태에 따른 에너지 필요량을 제시하였다.

증가한 에너지 필요량을 탄수화물과 지질로 충분히 공급하지 않으면 단백질이 대신 이용되어 상처 회복이 지연되므로 충분한 에너지를 공급하여야 한다.

표 14-5 임상 상태에 따른 에너지 필요량

임상상태	이화작용의 정도	기초대사율 상승도(%)	전체 에너지 필요량(kcal)
침대에 누워 있음	1(정상)	없음	1,800
간단한 수술	2(가벼움)	0~20	1,800~2,200
복잡한 부상	3(중정도)	20~50	2,200~2,700
급성감염	4(심함)	50~125	2,700~4,000 또는 그 이상

② 단백질 상해나 수술로 인한 조직 손상은 질소 배설량을 증가시켜 체단백질 손실을 초래한다. 수술 후 이화작용이 항진되면 혈청단백질 농도가 저하되고, 소변으로 질소 배설이 증가하므로 음의 질소평형이 수술 후 일주일 동안 나타난다. 회복시기인 수술 후 2~5주 동안은 동화기로 양의 질소평형을 나타낸다. 이 기간에는 체조직이 보수되어 상처가 치유되며, 점차 피하지방이 증가하며 수술 전의 체중으로 회복된다. 그러나 수술 후 저단백혈증이 있으면 상처 회복이 지연되고, 감염에 의한 합병증 위험이

커지며, 수술 봉합이 완전하게 이루어지기 어렵다. 따라서 상처의 빠른 회복과 출혈로 인해 손실된 적혈구의 회복, 빈혈 예방, 항체와 효소의 생성을 위해서 단백질 공급을 충분히 한다. 일반적으로 수술 후 공급되는 단백질량은 체중 1 kg당 1.5~2 g이다.

③ **비타민과 무기질**　영양상태가 양호한 간단한 수술 환자에게는 비타민 보충이 필요하지 않으나, 큰 수술을 한 경우나 수술 전후 장기간 단식을 한 경우에는 비타민을 권장섭취량의 2~3배 정도 공급한다. 비타민 C는 상처 치유에 필요하므로 수술 후 1일 100~300 mg의 섭취를 권한다. 비타민 A는 상피 조직의 구성에 필요한 것으로 결핍 시 상처 회복이 지연되며, 비타민 K가 결핍될 경우 프로트롬빈 농도를 감소시켜 혈액 응고를 지연시키므로 이들 비타민을 충분히 공급한다. 비타민 B 복합체는 탄수화물과 단백질 대사에 필요한 조효소로 수술 후 부족해지기 쉬우므로 주의한다. 아연은 아미노산 대사와 콜라겐 전구체의 합성에 필요하므로 충분히 공급하여 상처 치유를 돕도록 한다.

④ **수분**　수술하는 동안에는 혈액, 수분, 전해질이 손실된다. 수술 직후 탈수와 쇼크 상태를 방지하기 위하여 수분과 전해질의 모니터링이 필요하다. 수술 후 합병증이 없는 경우에는 2,000~3,000 mL를 공급하고, 체온 상승이나 패혈증의 합병증이 있는 경우에는 3,000~4,000 mL의 수분 공급이 필요하다. 환자의 상태에 따라 수분 공급 방법이 달라지는데, 수술 후 구강으로 물을 섭취하지 못한 경우에는 정맥주사로 수분을 공급하기도 한다.

 핵심 포인트

수술 후 영양관리
- 가스 배출 후 식품 섭취 가능
- 충분한 에너지 공급
- 충분한 단백질 공급(체중 1 kg당 1.5~2 g)
- 비타민 C, 비타민 A, 비타민 K, 비타민 B 복합체 섭취 권장
- 아연 섭취 권장
- 수분과 전해질 모니터링 및 2,000~3,000 mL 이상의 수분 공급

수술 후 회복 향상 프로그램

수술 후 회복 향상 프로그램(enhanced recovery after surgery, ERAS)이란 수술에 의한 체기능 감소를 최소화하고 회복을 빠르게 하여 환자의 수술 관련 합병증과 사망률을 감소시기기 위한 환자 관리 프로그램을 말한다. 이 프로그램은 환자의 수술 전, 중, 후의 치료 및 관리를 각 파트의 다양한 의료진에 의한 근거 중심의 의료행위를 통해 실시하는 수술 환자 치료 및 관리 개념으로, 의사 및 간호사뿐만 아니라 영양사, 물리치료사 등 다양한 직종의 의료진에 의해 제공된다. 세포기능 저하를 막고 근육 손실을 완화시켜 수술 후 회복 속도와 질을 높이는 것이 목표이다. 수술 후 회복 향상 프로그램은 다음과 같은 내용으로 구성되어 있다.

- 수술 전 금식을 최소화하고 탄수화물 음료(2.5%) 제공
- 수술 전 장세척의 제한적 실시, 즉 무조건적 장세척 시행 지양
- 수술 전, 중, 후의 과정에서 적절한 수액 관리
- 수술 후 오심, 구토 예방 및 치료
- 수술 후 장기능 장애의 조절을 위해 환자에게 과도한 수액 투여를 주의하고 껌 씹기 등을 통해 장운동을 촉진
- 수술 후 고혈당 유발 위험을 낮추기 위해 수술 전 금식의 최소화와 탄수화물 음료 섭취, 이른 경구 섭취를 권장

3. 화상

1) 화상 시의 대사 반응

화상burn이란 열, 방사선, 전기, 화학물질에 의해 피부 및 다른 기관들이 손상을 입는 질환으로, 손상된 체표면적(%)이나 피부조직의 깊이에 따라서 치료계획이 결정된다. 화상 부위의 상처를 통해 수분 손실이 증가하고 체온 유지를 위한 열 생산이 증가한다. 화상은 호르몬, 면역반응 및 대사 변화, 박테리아 감염 등으로 대사항진상태hypercatabolism를 유발하여 체내에 저장된 에너지와 단백질을 고갈시켜 에너지 요구량을 증가시킨다.

2) 화상의 분류

화상을 분류하는 것은 화상을 치료하고 예후에 대한 대책을 세우는 데 있어 매우 중요하며, 치료 기간, 입원 여부, 후유증의 유무 및 정도를 예견할 수 있다.

(1) 화상의 깊이

화상의 정도는 그림 14-1과 같이 화상의 깊이에 따라 4단계로 분류한다.

① **1도 화상**　해변에서 강한 태양광선을 쪼이거나 뜨거운 액체에 순간적으로 접촉하였을 때 발생한다. 동통, 발적 현상, 부종이 동반되나 피부의 감염방어 능력은 손상되지 않으므로 상처에 감염이 생기는 경우는 없다.

② **2도 화상**　피부의 진피층 일부가 상해를 받은 것이다. 홍반과 물집이 생기나 2주일 정도면 피부 상피가 재생된다.

③ **3도 화상**　피부의 피하조직까지 손상된 경우로 피부가 건조해지며 흰색 또는 검은색으로 변한다. 피부감각을 상실하여 핀으로 찔러도 통증을 느끼지 못한다.

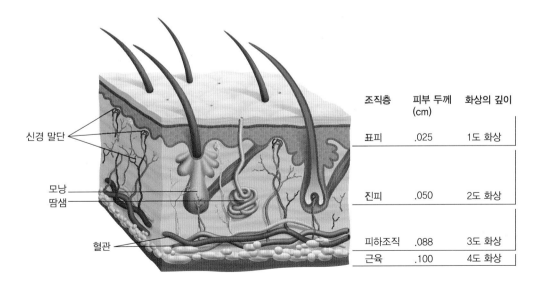

조직층	피부 두께 (cm)	화상의 깊이
표피	.025	1도 화상
진피	.050	2도 화상
피하조직	.088	3도 화상
근육	.100	4도 화상

그림 **14-1** 화상 깊이에 따른 화상의 분류

표 **14-6** 9의 법칙

신체 부위	체표면적에 대한 화상 범위(%)		신체 부위	체표면적에 대한 화상 범위(%)	
	1세 이하	성인		1세 이하	성인
머리와 목	19	9	한쪽 다리	13	18
앞가슴과 배	18	18	한쪽 팔	9	9
등과 허리부분	18	18	서혜부	1	1
총				100	

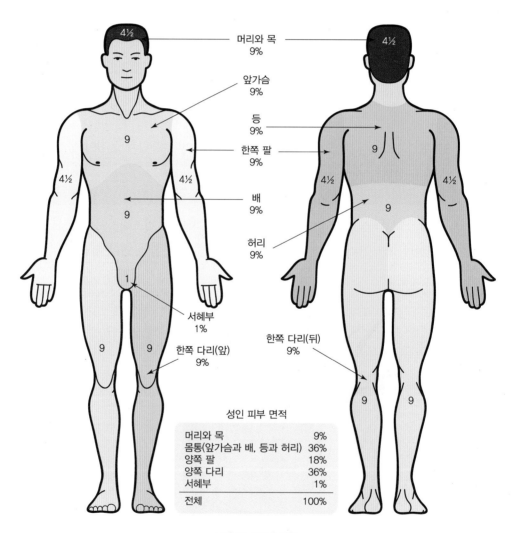

그림 **14-2** 9의 법칙
자료 : Nelms W, Sucher KP. Nutrition therapy & Pathophysiology, 4th ed. Cengage, 2020.

④ **4도 화상**　피부의 피하조직은 물론이고 피하의 근육, 힘줄, 신경 또는 골조직까지 손상된 경우이다.

(2) 화상의 넓이

체표면적에 대한 화상 면적의 비율을 추정함으로써 체액 손실에 의한 수액 공급 여부와 용량을 결정할 수 있다. 화상의 넓이를 측정하는 방법으로는 체표면적에 대한 화상 면적을 백분율로 표시하며, 9의 법칙rule of nines이 계산하기 쉽고 간단하여 임상에서 많이 이용된다(표 14-6). 9의 법칙이란 인체를 아홉 부분으로 나누어 계산하는 것으로, 연령이 증가할수록 다리의 비율을 높여 유아와 성인의 기준에 차이가 있다.

3) 영양관리

화상은 대사항진으로 인해 환자에서 체단백질의 이화작용과 소변으로의 질소 배설이 증가한다. 피부 보호막의 손상으로 병균의 침입이 쉬워 감염의 위험이 커지며 단백질의 손실이 증가하여 제지방 감소, 근육 약화, 면역력 저하가 유발된다. 또한 체액의 손실로 인해 수분 및 전해질의 불균형을 초래할 수 있다. 손실된 수분 및 전해질을 신속하게 공급하지 않으면 체액 손실로 인해 저혈량증과 대사성 산증이 초래되고 사망에 이를 수도 있으므로 적절한 영양관리가 필요하다.

(1) 영양관리 목표

화상에 의한 상처의 재생과 합병증 감소를 목표로 하고 수분과 전해질 균형 유지, 통증 감소, 감염 방지에 중점을 둔다. 환자의 상태에 따라 차이가 있지만, 화상 시 대사량이 정상의 120~150% 정도로 증가하는 것으로 보고된다. 따라서 화상으로 인한 영양소 손실을 보충하고 회복이 촉진되도록 에너지 및 단백질, 비타민과 무기질을 보충하여 충분한 영양을 공급한다. 또한 제산제 복용과 경장영양을 실시하여 컬링 궤양 curling ulcer(넓은 범위의 피부에 화상을 입었을 때 생기는 위 또는 십이지장 궤양)이 일어나지 않도록 한다.

(2) 영양요구량

① **수분과 전해질**   화상 직후에는 모세혈관의 투과성이 변화되어 혈액의 수분, 전해질, 단백질 등이 혈관에서 상처 부위의 세포간질로 빠져나가게 된다. 이때 상처 부위가 수분 증발을 방지하는 보호막작용을 할 수 없게 되는데, 소아의 경우 체중당 체표면적이 커서 불감 수분 손실량insensible water loss이 많으므로 성인보다 체표면적(m²)당 더 많은 양의 수분 보충이 필요하다. 따라서 24~48시간 동안 우선적으로 고려해야 하는 것은 수분과 전해질의 보충이다. 심한 화상의 경우, 처음 몇 시간 동안은 수분과 전해질의 손실이 적혈구 손실보다 많아져서 헤모글로빈과 헤마토크리트의 수준이 화상 후 24~48시간 이내에 증가되므로 수분을 공급하게 된다. 일반적으로 1일 7~10 L의 충분한 수분과 전해질을 공급하여 혈액의 정상적인 순환을 유지하고 급성신부전을 막아준다.

② **에너지**   화상으로 인한 호르몬의 변화는 대사항진을 유발하여 에너지 요구량을 증가시킨다. 높아진 에너지 요구량을 충족하기 위해 3,000~4,500 kcal를 공급한다. 그러나 활동량이 줄어들게 되므로 실제 에너지 요구량은 이를 고려하여 조정하도록 한다. 화상 환자의 에너지 요구량은 화상 면적에 따라 다르다. 가장 보편적으로 이용되는 에너지 요구량 계산법은 쿠레리Curreri 공식이다(표 14-7).

③ **단백질**   화상이 발생한 뒤 초기에는 이화작용의 증가로 인하여 소변으로 배설되는 질소의 양이 증가하지만, 점차 이화 정도가 줄어들고 동화기로 전환된다. 화상 면적이 클수록 요 배설이나 상처를 통한 질소 손실이 크고 상처 회복을 위한 단백질

표 14-7 쿠레리 공식을 통한 연령별 에너지 요구량 결정 공식(남녀 공통)

연령(세)	에너지 요구량
< 1	기초에너지량+(15 kcal×화상 부위의 체표면적 백분율)
1~3	기초에너지량+(25 kcal×화상 부위의 체표면적 백분율)
4~15	기초에너지량+(40 kcal×화상 부위의 체표면적 백분율)
16~59	25 kcal×화상 전 평소 체중(kg)+(40 kcal×화상 부위의 체표면적 백분율)
> 60	기초에너지량+(15 kcal×화상 부위의 체표면적 백분율)

※ 기초 에너지량 = 연령별 체중 kg당 에너지 권장량×화상 전의 체중

요구량이 증가한다. 단백질은 환자의 상처 치유, 효소 합성, 면역기능 유지를 위하여 필수적이다. 화상 부위가 체표면적의 20% 미만인 경우는 체중 1 kg당 1.5 g, 화상 부위가 체표면적의 20% 이상인 경우는 2 g을 공급하며, 30% 이상인 경우는 더 많은 양의 단백질을 공급한다. 가장 보편적인 단백질 요구량 계산법은 다음과 같다.

> 단백질요구량 = 단백질 1 g × 화상 전 평소 체중 kg + 3 g 단백질 × 화상 부위의 체표면적 백분율

④ **탄수화물과 지질** 탄수화물은 단백질 절약 효과가 있으므로 화상 환자의 에너지 급원으로서 매우 중요하다. 그러나 과다한 탄수화물 공급은 이산화탄소 생성을 증가시킬 뿐만 아니라 대사 스트레스로 인한 고혈당을 악화시킬 수 있으므로 총에너지의 50~60%를 공급한다. 합병증으로 당내성 감소로 인한 고혈당이 생길 수 있으므로 혈당 조절에 유의한다. 지질은 비단백질 에너지의 30%가 넘지 않도록 제한하는데, 지질의 양보다는 조성이 중요하다. 생선 지방에 풍부한 오메가-3 지방산은 항염작용이 있고 면역작용 향상에 도움을 주며 고혈당을 예방하는 효과가 있다.

⑤ **비타민과 무기질** 비타민과 무기질은 에너지와 단백질의 효과적 이용을 위한 조효소 역할을 하고, 상처 회복과 면역력 증진에 필요하다. 상처를 통한 손실과 대사상의 변화로 인해 비타민과 무기질의 요구량이 증가하므로 비타민 A, B군, C, D와 아연이 보충된 복합 비타민제를 매일 충분히 공급하는 것이 좋다. 항산화제인 비타민 A와 비타민 C는 상처 치유에 중요하므로 충분한 섭취를 권장한다. 비타민 A는 상피 조직 성장에 중요하고, 비타민 C는 콜라겐 합성에 필수적이다. 비타민 B군은 탄수화물과 단백질, 그리고 에너지대사에서 조효소로 작용하므로 충분히 섭취하도록 한다. 화상 환자에서 골 흡수와 골감소증이 나타나므로 비타민 D의 보충을 권장한다. 철과 아연은 여러 효소의 합성에 필요하고 보조인자로 작용한다. 화상 후에는 아연 결핍이 주로 나타나고, 아연은 면역기능을 증진하고 핵산과 단백질 합성에 필요하므로 화상에 의한 상처의 회복을 돕기 위해 아연을 보충하는 것이 필요하다.

💡 핵심 포인트

화상의 영양관리

- 수분과 전해질 보충 : 7~10 L/일 수분과 전해질 공급
- 에너지 : 고열량식 3,000~4,500 kcal/일 공급
- 쿠레리 공식(화상 면적 고려) 이용
- 단백질 : 고단백질식 1.5 g~2 g/체중 1 kg-화상 면적 고려
- 탄수화물 : 총에너지의 50~60% 공급
- 지질 : 비단백질 에너지의 30% 이내로 제한, 오메가-3 지방산 공급
- 비타민 A, 비타민 C, 비타민 D, 아연 보충

---

(3) 영양지원

화상 환자의 영양지원에서는 정맥영양보다는 경장영양을 실시하는 것을 권장한다. 정상적인 장기능을 가진 화상 환자의 영양지원은 경장영양을 실시하여 에너지 결핍과 질소 균형 및 전반적인 영양상태 개선을 도모한다. 경장영양 실시는 감염과 관련된 합병증을 감소시킬 수 있는데, 경장영양을 통해 장점막에 영양을 공급하여 장세포의 기능을 자극하고 장점막의 기능을 정상으로 유지할 수 있도록 한다. 그리하여 화상 부위로의 세균 전이 및 패혈증을 감소시키고 장 관련 면역기능을 유지하는 데 도움을 줄 수 있다. 투여량은 시간당 20~40 mL 정도로 시작하여 환자의 상태에 따라 증량하도록 한다.

4) 모니터링

화상 환자를 치료하는 동안에는 수시로 영양관리를 재평가하고 조정하는 것이 중요하다. 감염이 동반되지 않으면서 화상 부위가 아물거나 수술로 봉합한 후에는 대사 요구량이 감소한다. 그러나 패혈증이 동반된 경우에는 대사가 증가되고, 자가이식의 경우 피부를 떼어낸 부위로 인해 에너지 요구량과 단백질 손실이 증가하기 때문에 더욱 적극적인 영양치료가 필요하다. 체중은 영양상태를 반영하는 가장 간편하고 지속적인 지표이므로, 체중의 증가 혹은 최소한 화상 전의 체중을 유지하는 것을 목표로 한다.

CHAPTER 14 사례 연구

화상(Burn)

35세의 황 씨는 이삿짐센터 직원으로 일하고 있다. 평소 운동을 좋아하여 건강한 근육질 체격을 가졌다. 난로 폭발로 인해 체표면적의 약 35%에 2도와 3도 화상을 입었다. 중환자실에 입원하여 기관절개(tracheotomy), 폴리도뇨관(foley catheter) 삽입, 비위장관(NGT) 삽입이 이루어졌으며, 즉시 중심정맥 경로를 통해 lactated Ringer's solution을 이용한 수분 대체치료를 시작하였다. 사고 전, 신장 180 cm, 체중 82 kg이었으나 사고 후 넓은 화상부위 때문에 신체계측이 불가능하였다.

Lactated Ringer's solution 외에도 65 mL/hr로 5% 포도당 용액 및 20% albumin을 공급받고 있었다. 화상을 입은 지 3일째에 영양지원을 위해 영양집중지원팀에 의뢰하였다. 소변 배출량은 75 mL/hr이고 다행히 감염 증상은 없었으며, 영양지원을 시작하기 전의 임상검사 결과는 다음과 같았다.

□ **임상검사 결과**

검사항목	결과(참고치)	검사항목	결과(참고치)	검사항목	결과(참고치)
Albumin	2.4 g/dL (3.5~5.2)	WBC	$5.0 \times 10^3/mm^3$ (4.0~10.0)	K	3.1 mEq/L (3.5~5.5)
FBS	182 mg/dL (70~100)	Ca	7.5 mg/dL (8.8~10.6)	Mg	1.1 mEq/L (1.8~2.6)
Transferrin	170 mg/dL (남성 : 215~365, 여성 : 250~380)	P	2.0 mg/dL (2.5~4.5)	UUN	18 g N

□ **약물처방**
- silver sulfadiazine(Silvadene)
- morphine sulfate(Morphine)
- nafcillin sodium(Nafcil)

1. 화상 환자에서 화상부위의 체표면적을 추정하는 이유와 추정방법은?

체표면적에 대한 화상 면적의 비율을 추정함으로써 체액 손실에 의한 수액 공급 여부와 용량을 결정할 수 있다. 화상의 넓이를 측정하는 방법으로 9의 법칙(rule of nines)을 많이 사용하며, 신체 각 부위의 백분율이 9의 배수라서 9의 법칙이라고 부른다. 연령이 증가할수록 다리의 비율이 높아서 유아와 성인의 기준에 차이가 있다.

신체 각 부분의 비율

구분	성인	소아
머리와 목	9%	18%
앞가슴과 배	18%	18%
등과 허리부분 및 엉덩이	18%	18%
한쪽 다리	18%(앞쪽 9%, 뒤쪽 9%)	13%
한쪽 팔	9%(앞쪽 4.5%, 뒤쪽 4.5%)	9%
서혜부	1%	1%

참고 : 어린 아이들은 룬드와 브라우더 신체 표면적 차트(Lund-Browder chart)를 이용하여 화상부위의 체표면적을 추정한다.

2. 황 씨의 임상결과 수치에 대해 설명하시오.

생리적 스트레스로 인해 고혈당이 나타나고, 단백질 이화로 인해 알부민과 트랜스페린이 감소하고 소변으로의 질소 손실이 매우 증가된 상황임을 알 수 있다. 칼슘, 인, 칼륨, 마그네슘 등의 수치가 정상 범위보다 낮은데, 이는 화상 직후에는 모세혈관의 투과성이 변화되어 혈액의 수분, 전해질 등이 혈관에서 상처 부위의 세포간질로 빠져나가기 때문이다.

3. 의사가 수분대체 치료를 위해 중심정맥 경로를 이용한 이유는 무엇인가?

화상 직후에는 수분과 전해질 손실이 매우 크기 때문에 1일 7~10 L의 충분한 수분과 절해질을 공급하여 혈액의 정상적인 순환을 유지하고 급성신부전을 막아야 한다. 또한, 충분한 영양공급을 위해 고농축의 정맥 영양제제 투여가 필요하다. 빠른 속도의 수액 공급과 고삼투압의 정맥영양 공급을 위해 중심정맥 경로를 선택한 것이다.

4. 5% 포도당 수액을 통해 1일 공급되는 당질과 에너지는 얼마인가?

① **당질** : 65 mL/hr × 24시간 × 0.05 = 78 g (5% 포도당 용액)
② **에너지** : 78 × 3.4 kcal = 262 kcal (dextrose monohydrate = 3.4 kcal/g)

5. 황 씨에게 처방된 약들의 효과는 무엇인가?

① **silver sulfadiazine(Silvadene)** : 국소 항세균제. 이스트와 광범위한 세균의 성장을 억제하는 데 쓰인다.
② **morphine sulfate(Morphine)** : 진통제. 구토, 메스꺼움, 장운동 저하, 변비 또는 설사 등이 생길 수 있다.
③ **nafcillin sodium(Nafcil)** : 항생제. 구토, 메스꺼움, 설사 등을 일으킬 수 있다.

6. 입원 후 황 씨에게 4일까지 포도당 용액 이외에는 영양공급이 이루어지지 않았다. 이것은 최근 화상 환자의 영양공급 방법이 아니다. 화상 환자에 대한 가장 이상적인 영양공급 방법은 무엇인가?

화상 환자의 경우 수분과 전해질 공급이 가장 시급한 처치이며 화상으로 인한 대사적 변화에 대해 적절한 영양관리를 조속히 실행하는 것이 필요하다. 화상 환자의 영양지원에서는 정맥영양보다는 경장영양을 실시하는 것을 권장한다. 경장영양은 직접 장 점막에 영양을 공급하며 장 세포의 기능을 자극하고 장내 미생물과 정상 점막 기능을 유지하며 장의 정상적인 혈액 공급을 유지할 수 있다. 이를 통해 박테리아 전이 및 패혈증을 감소시키며, 장 관련 면역기능을 유지하는 데 도움을 줄 수 있다. 정상적인 장기능이 유지되는 환자라면 화상 수상 후 48시간 이내에 경장영양을 시작해야 하며, 처음에 시작할 때는 20~40 mL/hr로 시작하여 환자의 상태에 따라 증량하도록 한다.

7. 황 씨에게 적절한 에너지와 단백질 필요량을 결정하시오.

화상 환자는 충분한 에너지와 단백질 공급을 통해 체중 감소를 방지하고 양의 질소평형을 유지하는 것이 중요하다. 또한, 전해질과 수분의 평형을 유지시켜 주어야 한다.

① **에너지** : 적절한 에너지 공급을 위해 간접열량계를 이용한 휴식대사량 측정을 권고하지만, 간접열량계를 이용할 수 없다면 화상 환자를 위한 에너지 필요량을 계산하는 방법 중에서 Curreri 공식을 이용할 수 있다.

25 kcal×평소체중(kg) + 40 kcal×총화상부위의 체표면적 백분율(%)
= 25×82+40×35 = 3,450 kcal

② **단백질**

1 g×화상 전 평소 체중 + 3 g×화상 부위의 체표면적 백분율
= 1×82 + 3×35 = 187 g

영양집중지원팀에서는 아래와 같이 영양지원 계획을 추천하였다.

> □ **고단백 경관미음** 500 → 1,000 → 1,500 → 2,000 → 2,500 → 3,000 kcal
> (참고 : 고단백 경관미음 C : P : F ratio = 53 : 26 : 21)
>
> □ **Winuf®(중심정맥)** 20 → 40 → 60 mL/hr(+ Tamipool™ 1 vial + Furtman inj. 1 mL)
> (경장영양 1,500 kcal 이상 공급 시 점진적 감량 후 D/C)
> **Freamine®** 10%(500 mL/bag)
> **Omegaven®** 100 mL(10 mL/hr)

수액치료를 하면서 전해질 수치는 정상화되었으며, 의사는 영양집중지원팀의 권고대로 영양지원을 시작하였고, 5% 포도당 용액은 중단하였다.

8. 위의 영양지원과 관련하여 아래 물음에 답하시오.

8.1 경장영양지원을 시작하고 3일째 특별한 불편감 없이 경장영양이 잘 진행되어 1일 1,500 kcal가 공급되고 있다. 경관미음을 통해 공급된 탄수화물, 단백질, 지방 양은 1일 얼마인가?

① **탄수화물** : 1,500 kcal×0.53÷4 kcal = 198.8 g

② **단백질** : 1,500 kcal×0.26÷4 kcal = 97.5 g

③ **지방** : 1,500 kcal×0.21÷9 kcal = 35 g

8.2 중심정맥 공급에 사용한 Winuf®, Freamine®, Omegaven®, Tamipool™, Furman 제제에 대해 특징을 설명하시오.

① **Winuf®(중심정맥)** : 중심정맥용 3-in-1 제제로 단백질 함량이 높고, 어유(fish oil)가 함유되어 있어 오메가-3 지방산 비율이 높다. 오메가-3 지방산은 항염증작용이 있고 면역작용 향상에도 도움을 주며, 에너지 공급을 통해 당질 비율을 줄여줌으로써 고혈당을 예방하는 효과가 있다. 1 pack(1,435 mL)의 에너지 및 영양소는 다음과 같다.
Winuf® 1,435 mL(1,569 kcal, amino acid 72.9 g, dextrose 182 g, lipid 54.6 g)

② **Freamine®** : 아미노산제제로 Freamine® 10%(500mL/bag)의 단백질 함량은 50 g, 에너지는 200 kcal이다.

③ **Omegaven®** : 어유를 함유한 지방유제로 Omegaven® 10%(100 mL/bag)의 에너지는 112 kcal(1.12 kcal/mL), 지방함유량은 10 g이다.

④ **Tamipool™** : 종합비타민제제로 1 vial 사용 시 정맥영양환자의 1일 비타민 요구량을 충족시킬 수 있다.

⑤ **Furtman** : 무기질 보충제제로 아연, 구리, 망간, 크롬이 함유되어 있다.

8.3 영양지원 3일째 Winuf® 1,435 mL(+Tamipool™ 1 vial, Furtman inj. 1 mL), Freamine® 10%(500mL/bag), Omegaven® 10%(100 mL/bag)가 공급되고 있다.

① **중심정맥으로 공급되는 에너지 및 에너지 영양소는 총 얼마인가?**

구분	부피(mL)	에너지(kcal)	포도당(g)	아미노산(g)	지질(g)
Winuf®	1,435	1,569	182	73	55
Freamine®	500	200	–	50	–
Omegaven®	100	112	–	–	10
합계	2,035	1,881	182	123	65

② **GIR(glucose infusion rate)을 계산하시오.**

GIR = 182 g×1,000 mg/g÷82 kg÷24 hr÷60 min = 1.54 mg/kg/min

③ **GIR은 적절한가?**

• 탄수화물의 공급은 포도당의 최대 산화 속도인 5 mg/kg/min을 넘지 않는 것이 좋은데 포도당 주입속도가 1.54 mg/kg/min 이하이므로 주입속도는 적절하다고 할 수 있다.

8.4 영양지원 3일째 영양공급의 적절성을 평가하고 향후 영양지원을 계획하시오.

경장영양과 정맥영양을 통해 공급되는 1일 공급량은 3,381 kcal, 단백질은 220 g 정도이다. 위장관 불편감이나 흡인 등의 경관영양의 부적응 증상이 없다면 경장영양 제공량을 목표량만큼 늘리고, Winuf®와 Omegaven® 투여량을 점진적으로 줄인 후 중단하도록 한다. 단백질 공급량은 질소평형검사(nitrogen balance study)를 시행하여 단백질 공급의 적절성을 평가하고 필요하면 아미노산제제 공급량을 조정한다. 무기질은 환자의 혈액검사 결과를 모니터링하면서 보충을 조절하도록 한다.

CLINICAL NUTRITION WITH CASE STUDIES

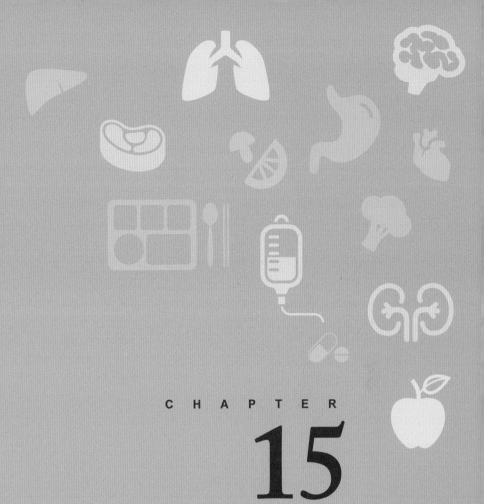

CHAPTER

15

암과 영양

인체를 구성하고 있는 세포들은 분열 및 증식을 스스로 조절하며 새로운 세포를 합성하는
능력을 가지고 있는데, 어떤 원인에 의해 이러한 조절능력에 이상이 생겨서 세포가 비정상적
으로 자가 증식하여 종양을 생성하게 되는 것을 암 또는 악성종양이라 한다. 암세포는 세포
의 정상적인 통제기능이 상실되어 비정상적으로 분화 및 복제하기 때문에 정상 세포들의
성장 및 유지를 방해하고 혈관이나 림프선을 통해 다른 장기로 전이되어 새로이 증식하며
온 몸에 퍼지게 된다.

- **구강건조증(xerostomia)** 타액분비량 감소로 인한 구강건조
- **면역요법(immunotherapy)** 면역기능을 강화하거나 면역세포가 암세포를 제거하는 것을 촉진하도록 하여 암을 치료하는 방법
- **미각상실(ageusia)** 무미각증, 미각장애, 미맹이라고도 함. 맛을 느끼지 못하는 것
- **방사선요법(radiation therapy)** X선과 같은 전자파 방사선을 이용하여 세포나 핵물질, 특히 DNA를 변형시킴으로써 암세포를 파괴하는 치료방법
- **악성종양(malignant neoplasm)** 종양세포의 발육속도가 빠르고, 침습성과 전이성을 나타내는 것

- **암악액질(cancer cachexia)** 암 환자에게 흔히 나타나는 극심한 식욕부진으로 생명에 치명적일 수 있음
- **전이(metastasis)** 어떤 종양이 그 원발 부위에서 여러 경로를 따라 신체의 다른 부위에 이식되어 그곳에 정착·증식하는 상태. 주로 악성종양에서 나타나는 특징
- **종양표지자(tumor markers)** 종양이나 암에 특이적으로 발현되거나 정상 또는 양성질환에 비하여 양적으로 증가 또는 감소하여 암세포 검출에 이용되는 물질의 총칭
- **화학요법(chemotherapy)** 항암제를 복용하거나 주사를 맞아 전신에 퍼져 있는 암세포에 작용하게 함으로써 암을 치료하는 방법

1. 발생요인 및 유병률과 사망률

암은 세포가 비정상적으로 자가 증식하여 생성되는 것으로 양성과 악성종양으로 구분되며 100개 이상의 다양한 암이 있다.

1) 발생요인

암을 유발할 수 있는 물질을 발암물질이라 하는데, 발암물질은 우리 몸 속에 침투하여 정상세포의 염색체에 돌연변이를 일으켜 정상세포를 암세포로 변화시킨다. 그 과

정에서 정상세포가 개시initiation, 촉진promotion 단계를 거쳐 암세포로 진행progression하게 된다. 대부분의 암은 이러한 발암물질들의 만성적 자극에 의해 유발된다고 알려져 있다.

유전적인 요인, 발암물질로 알려진 화학물질, 방사선, 호르몬, 흡연, 체중과다, 음주, 적색육과 가공육 섭취, 과일과 채소 그리고 식이섬유 및 칼슘이 부족한 식사, 신체활동량 부족, 자외선, 그리고 감염(헬리코박터 파일로리Helicobacter pylori, B형 간염hepatitis B virus, HBV, C형 간염hepatitis C virus, HPC, 헤르페스 바이러스human herpes virus type 8, HHV8, HIVhuman immunodeficiency virus, 그리고 사람유두종바이러스human papillomavirus, HPV) 등이 암의 발생에 기여하는 요인으로 알려져 있다. 이렇듯 다양한 원인으로 인해 암이 발생할 수 있으며, 암의 발생에 기여하는 요인들 중 상당수는 우리가 변경할 수 있는 것으로, 식생활을 포함한 생활습관의 변화를 통해 암 발생 위험을 낮출 수 있다.

(1) 자외선·방사선

지속적으로 자외선 및 방사선에 노출되면 염색체가 파괴되고 DNA가 손상되어 돌연변이를 일으키는 것으로 알려져 있다.

(2) 음식

지나치게 짠 음식, 태운 고기와 생선류, 동물성 지방의 과다 섭취는 암을 일으키는 요인이 된다. 짠 음식은 위암·식도암·구강암의 발생과 밀접한 관련이 있고, 고기나 생선을 태울 때 생기는 발암물질인 벤조피렌은 대장암과 유방암의 유발을 높이는 것으로 알려져 있다. 소시지·베이컨 등 훈연 식품에 많이 포함되어 있는 아질산염은 가열하면 암을 일으키는 물질인 니트로소아민으로 바뀌기 때문에 위암과 식도암 발생의 위험인자가 된다. 가공식품이나 인스턴트 식품, 식품첨가물 등에 들어 있는 둘신과 사이클라메이트라는 인공감미료는 방광암 등을 일으킬 수 있고, 타르 색소에서는 간암을 유발하는 발암물질이 발견되었다. 자연식품 중 후추에 들어 있는 사프롤, 식용버섯에 함유되어 있는 하이드라진, 고사리에 있는 퀘세틴이라는 물질은 발암물질로 알려져 있으나 이들을 조리하여 가끔 먹는 정도라면 특별히 걱정할 필요는 없다.

에너지 섭취 과다로 인한 비만 또한 암 발생의 위험 요인이다. 특히 유방암, 대장암, 신장암, 담낭암과 췌장암의 발생에 비만이 영향을 미치는 것으로 알려져 있다.

(3) 화학물질

벤조피렌은 타르, 담배연기, 탄 생선구이 등에서 발견되는 발암물질로 세포에 돌연변이를 일으키고 유전자 기능을 손상시키거나 잠복해 있는 바이러스를 활성화시켜 암을 발생시킨다.

(4) 바이러스

바이러스를 통해 감염되는 간염은 간경변이나 간암으로 진행되는 경우가 많다. 자궁경부암 발생의 90% 정도가 사람유두종바이러스와 관련이 있으며 위궤양을 일으키는 헬리코박터 파일로리는 위암의 발생과도 밀접한 관계가 있다.

(5) 성 호르몬

에스트로겐은 발암성 탄화수소와 비슷한 화학구조를 가지고 있는데 에스트로겐의 분비가 왕성한 사람은 자궁암 및 유방암에 걸릴 확률이 높다고 알려져 있다.

(6) 흡연

담배 연기에는 발암물질 및 유해물질이 들어 있어 폐 조직에 타격을 줄 뿐 아니라 유독물질이 체내에 흡수되어 여러 조직 세포에 손상을 입힌다. 그러므로 흡연은 폐암 뿐만 아니라 구강암·방광암·식도암·후두암·인후암·췌장암의 주된 위험 요인이기도 하다.

(7) 지나친 음주

술은 발암요인의 촉발인자 역할을 함으로써 암을 일으키는 요인이 되고 과도한 음주는 단백질, 비타민 A와 비타민 C, 철, 티아민 등의 결핍과 면역기능 손상을 일으켜 구강암·식도암 등의 발생 위험을 높인다.

(8) 정신적 스트레스

스트레스는 시상하부에서 코르티졸과 아드레날린의 분비를 촉진시키는데 이들의 과잉 분비는 면역체계를 억제하여 암 유발 가능성을 높이게 된다.

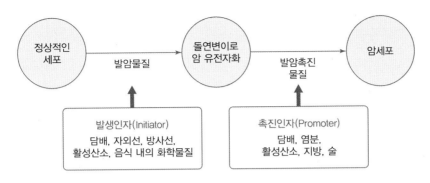

그림 15-1 암세포의 발생과정

(9) 유전적 요인

인체의 세포에는 암을 일으킬 가능성을 지닌 암 유전자가 있는데 암 유전자의 역할은 암세포를 무한히 증식하도록 지시해 새로운 암세포를 계속 만드는 것이다. 암 유전자는 평상시에는 약화 또는 정지된 상태로 있다가 여러 발암요인에 의해 활성화되어 암을 유발하게 된다(그림 15-1). 또한 암에 대한 가족력을 살펴보며 유전적 요인의 가능성을 고려하여야 한다.

2) 유병률과 사망률

우리나라 남자와 여자 모두에서 사망원인 1위는 암(악성신생물)이다. 암사망률은 폐암, 간암, 대장암, 위암, 췌장암 순으로 높다. 폐암, 대장암, 췌장암의 사망률은 지속적으로 증가 추세를 보이고 있는 반면 위암과 간암은 감소 추세이다. 남자에서는 폐암, 간암, 대장암의 순으로, 여자에서는 폐암, 대장암, 췌장암의 순으로 사망률이 높다. 미국의 경우 암으로 인한 사망률을 보면 남자와 여자 모두에서 폐암으로 인한 사망률이 가장 높으며, 이어서 남자에서는 전립선암, 대장암, 췌장암의 순으로, 여자에서는 유방암, 대장암, 췌장암의 순으로 사망률이 높다.

2. 영양소와 식품이 미치는 영향

암을 유발하는 환경인자 중 식생활은 중요한 요인인데 특정 영양소를 지나치게 많이 섭취하거나 적게 섭취하는 것도 암의 발생 요인이 될 수 있는 것으로 알려져 있다. 여러 역학조사에 따르면 지방 섭취가 높은 지역에서 유방암, 대장암의 발생빈도가 높은 것으로 보고되고 있으며 과일과 채소의 섭취는 암 발생의 예방효과가 있다고 알려져 있다. 이러한 식사성 요인은 암의 발생과정의 촉진단계에서 영향을 미칠 수 있을 것으로 추측된다.

1) 에너지

에너지의 과잉 섭취는 비만을 유발하고 비만한 여성에서 유방암 및 자궁내막암의 유병률이 높은 것으로 나타났는데 이는 체지방 증가로 인한 에스트로겐의 과다 생성이 원인이 되는 것으로 보인다. 동물실험에서도 에너지의 제한은 종양의 생성과 성장을 억제하는 것으로 나타났다.

2) 지방

지방의 과잉 섭취는 유방암과 대장암을 비롯한 암의 발생 증가와 관련이 있다. 총지방과 콜레스테롤의 과잉 섭취는 체지방의 에스트로겐 생성을 높여 유방암과 자궁내막암 발생을 유도하는 것으로 알려져 있고 포화지방산의 다량 섭취는 담즙의 분비를 증가시키고 대장 박테리아를 증식시켜 담즙산을 발암물질로 전환시키는 작용을 함으로써 대장암 및 직장암과 관련되어 있다. 또한 불포화지방산은 포화지방산에 비해 쉽게 산화되어 과산화지질을 생성함으로써 발암성이 큰 것으로 알려져 있다. 그러나 어유에 많이 함유되어 있는 오메가-3 불포화지방산은 암 발생을 억제하는 경향이 있으며, 올리브유에 함유되어 있는 단일불포화지방산은 인체 내 해로운 과산화물을 적게 생성하므로 발암성이 적은 것으로 알려져 있다.

3) 단백질

극심한 저단백식사는 신체의 면역기능을 약하게 하여 쉽게 암에 노출될 수 있게 하고, 육류의 과잉섭취에 의한 고단백식사는 대장에서 장내 세균에 의한 암모니아 생성을 증가시켜 대장 상피세포에 손상을 줄 수 있고 유선 조직에서 발암물질의 형성을 증가시키는 것으로 알려져 있다. 이와 같이 극심한 저단백식사 및 고단백식사는 모두 암의 발생 가능성을 증가시키는 것으로 나타났다.

4) 탄수화물 및 식이섬유

식이섬유는 잠재적 발암물질인 담즙산의 생성을 감소시키고 대장 내용물의 부피를 증가시킴으로써 담즙산을 희석시키며, 내용물의 장내 통과시간을 단축시켜 장의 상피세포가 발암물질에 노출되는 시간을 감소시킴으로써 암 생성을 방해하고 그로 인해 결장암 및 직장암을 예방하는 효과가 있다. 설탕과 같은 단순당의 섭취는 비만과 관련된 종류의 암 발생률을 다소 높이는 것으로 알려져 있다.

5) 비타민

(1) 비타민 A
비타민 A는 세포분열 및 분화에 영향을 미쳐 상피세포에서 암세포의 형성을 억제하고 암의 전이를 감소시키는 작용을 하는 것으로 알려져 있으나 레티놀은 과잉 섭취 시 축적되어 독성을 나타내므로 주의해야 한다. 반면에 베타카로틴은 독성이 없고 효과적인 항산화제로서 비타민 C와 비타민 E의 작용을 상승시키는 역할을 통해 DNA의 산화를 막아주며 암을 예방하는 것으로 알려져 있다.

(2) 비타민 C

비타민 C는 항산화제로 세포막에서 과산화물의 형성을 억제하는 비타민 E의 항산화작용을 촉진하고, 발암물질인 니트로소아민nitrosoamine과 그 밖의 니트로 화합물의 형성을 억제함으로써 암의 예방에 기여할 수 있다.

(3) 비타민 E

항산화제인 비타민 E는 세포막과 지단백질 막에서 과산화지질의 생성을 억제함으로써 세포막과 염색체의 손상을 막아 암의 예방에 기여할 수 있다. 또한 발암물질인 니트로소아민 등의 형성을 억제하는 작용도 한다.

6) 무기질

셀레늄Selenium은 산화에 의한 조직의 손상을 보호하는 작용이 있는 글루타티온 과산화효소glutathione peroxidase의 구성성분으로, 비타민 E와 함께 산화적 손상에 의해 발생되는 암의 유발을 방어하는 항암작용이 있다. 셀레늄은 암을 유발하는 곰팡이 독인 아플라톡신의 독성을 감소시키고 염색체 손상을 보수하며, 인터페론의 생성과 작용을 증진시키는 기능을 가진다.

아연Zinc은 세포분열, 단백질과 DNA 합성 및 성장발달에 필수적인 영양소로서 아연의 결핍은 니트로소아민에 의하여 유도되는 종양의 생성을 증가시키지만 다량의 아연 섭취는 특정 암의 발생 빈도를 증가시켰다.

7) 질산염 및 기타 첨가물

식품의 가공 및 저장 시 보존제 및 발색제로 사용되는 질산염nitrate은 아질산염nitrite으로 환원되고, 식사로 섭취한 아민이나 아마이드와 결합하여 N-니트로소화합물이나 니트로소아민 등을 생성한다. 이들 화합물은 강한 발암성을 가져 위암 등을 유발한다.

인공감미료인 사카린과 사이클라메이트는 동물 실험에서 과량 투여 시 방광암을 유

발하였거나 염색체이상을 일으키는 것으로 나타났으나 인체에서는 아직 암을 유발한
다는 확실한 증거는 없다.

3. 진단과 치료법

1) 진단

위암·자궁암·대장암·유방암은 조기 발견 시 90% 이상이 치유될 수 있고 최근 새
로운 암 진단방법들이 개발되어 암의 조기 발견 가능성이 점차 높아지고 있다. 암의
진단은 혈액검사나 신체검사, 세포검사cytological test, 영상검사, 소변이나 혈액에서의 생
화학적 검사 등을 통해 이루어진다. 이러한 검사를 통해 종양의 크기, 조직검사나 절
제술을 할 위치, 전이 여부, 치료에 대한 반응 등을 알 수 있다.

(1) 종양표지자 측정

종양표지자tumor marker란 특정한 암세포에서 분비되거나 특정 암세포의 표면에만 존
재하는 항원, 효소 등의 물질을 말한다. 혈액에 존재하는 종양 지표를 이용하여 특정
암의 조기진단, 예후, 재발 여부, 항암치료에 대한 효과 등을 알아낼 수 있다. 대표적인
종양지표의 일부 예는 표 15-1에 제시되어 있다.

(2) 방사성 동위원소를 이용한 진단

일정한 장기에 선택적으로 모이는 동위원소의 양과 종류를 분석하여 암을 진단하
는 방법으로 갈륨Gallium, Ga은 림프종의 진단에 이용되고 있고, 테크니슘Technetium, Tc은
골수암을 진단하는 데 이용되고 있다.

(3) 방사선학적 진단

X선 촬영, 초음파ultrasound, 컴퓨터 단층촬영CT, 자기공명영상촬영MRI, 혈관 조영술 등
이 암 진단에 이용되고 있다.

표 15-1 종양표지자의 예

종양표지자	암 종류	측정 조직 또는 시료
AFP(alpha-fetoprotein)	간암	혈액
BTA(bladder tumor antigen)	방광암, 신장암, 요도암	소변
BRCA-1·BRCA-2 돌연변이	난소암, 유방암	혈액 또는 종양
CA15-3/CA27.29	유방암	혈액
CA19-9	췌장암, 담낭암, 담관암, 위암	혈액
CA-125	난소암	혈액
CEA(carcinoembryonic antigen)	대장암	혈액
EGFR 돌연변이	비소세포폐암(nonsmall cell)	종양
ER(estrogen receptor)/PR(progesterone receptor)	유방암	종양
Fibrin/Fibrinogen	방광암	소변
HE4	난소암	혈액
HER2/neu 유전자	유방암, 난소암, 방광암, 췌장암, 위암	종양
KRAS 돌연변이	대장암, 폐암(nonsmall cell)	종양
PSA(prostate-specific antigen)	전립선암	혈액
uPA(urokinase plasminogen activator)와 PAI-1(plasminogen activator inhibitor)	유방암	종양

자료 : 미국암학회 홈페이지.

(4) 내시경검사

내시경검사endoscopy는 작은 카메라가 달린 가는 관을 입이나 항문을 통해 위나 장으로 삽입한 후 어떤 병변이 있는지 살펴보는 방법으로, 최근에는 내시경에 초음파진동자를 붙인 내시경초음파 단층촬영기법을 이용하여 암을 진단하고 있다.

(5) 조직검사

조직검사biopsy는 주삿바늘이나 수술 등으로 조직이나 체액을 채취하여 현미경적 관찰을 하거나 종양지표를 분석하는 것이다.

2) 치료법

암 치료의 목적은 암세포를 완전히 소멸시키거나 암세포를 감소시킴으로써 증상을 개선시키고 환자의 생명을 연장시키도록 하는 것이다.

(1) 수술요법

수술요법surgery은 주로 소화기 암과 폐암, 신장암, 난소암 등에 적용되는데 완치를 목적으로 하는 절제수술과 출혈, 구토증 등과 같은 증상을 개선시켜 고통을 덜어주는 수술 및 화학요법과 같은 다른 치료법의 효과를 높여주는 암세포 감소수술이 있다.

(2) 화학요법

화학요법chemotherapy은 암세포의 분열을 억제함으로써 암세포를 소멸시키는 방법으로서 종양의 절제가 불가능하거나, 다른 장기로 전이되었을 경우, 또는 수술 후 재발한 암에 대한 치료를 목적으로 한다.

항암치료 약물은 분열이 빠른 세포를 더 잘 파괴하는 성질이 있기 때문에 정상세포에 비해 성장속도가 빠른 암세포의 치료에 효과적인 방법이다. 그러나 화학요법에 사용되는 약은 일반적으로 독성이 크므로 오심, 구토, 피로, 탈모증, 조혈기능장애 등과 함께 무력감, 현기증, 탈수증, 체중 감소 등의 부작용이 생길 수 있다. 최근에는 서로 다른 약물을 복합적으로 쓰는 복합 항암요법도 처방되어 암치료에 효과적으로 사용되고 있다.

① **알킬화 약**Alkylating agents   알킬화 약은 특정 세포 구성성분들과 결합하여 DNA 합성을 억제함으로써 암의 진행을 막는 역할을 한다. 예로는 cisplatin, cyclophos-phamide(Cytoxan), oxaliplatin(Elaxatin), temozolomide(Temodar)이 있다.

② **대사길항제**Antimetabolites   대사길항제들은 화학적으로 정상 대사물과 구조가 유사하기 때문에 정상 대사과정에 들어가 경쟁적으로 작용하여 대사경로를 변화시킨다. RNA나 DNA 합성에 필요한 대사물의 합성을 방해함으로써 DNA 합성을 간접적으로 방해한다. 퓨린, 피리미딘 등의 합성에 관여하는 효소들과 경쟁하여 이들의 정상적인 합성을 방해하기 위한 엽산길항제, 퓨린길항제, 피리미딘길항제 등이 있다. 예로는 capecitabine(Xeloda), 5-fluorouracil(5-FU), methotrexate 등이 있다.

③ **식물알칼로이드**plant alkaloid 세포분열 과정에서 방해를 한다. 예로는 paclitaxel (Taxol), vinorebline(Navelbine) 등이 있다.

(3) 호르몬요법

암 치료에서 호르몬제제는 주로 성선과 관련된 암에 적용되는데 유방암에는 암을 유발하는 것으로 알려져 있는 에스트로겐을 억제하는 항에스트로겐 제제를 투여하고 전립선암의 경우에는 남성 호르몬의 분비를 억제시켜 암세포의 성장을 둔화시키는 방법이 적용되고 있다. 예로는 유방암에 사용하는 tamoxifen(Nolvadex), anastrozole (Arimidex)과 전립선암에 사용하는 leuprolide(Lupron)과 bicalutamide(Casodex)가 있다.

(4) 방사선요법

방사선radiation은 암세포가 분열하고 증식하는 기능을 파괴함으로써 새로운 암세포가 생기지 못하도록 하는 특성이 있다. 방사선요법의 장점은 건강상태, 연령에 구애받지 않고 사용할 수 있으며 장기의 기능에 심한 장애를 일으키지 않고 몸 어느 부위에 발생한 암이라도 치료할 수 있다는 것이나 식욕감퇴, 무력증, 오심 및 구토, 탈모현상 등의 부작용과 폐섬유화, 심낭염, 척추신경장애, 장폐색 등의 부작용이 있다.

(5) 면역요법

면역요법immunotherapy은 우리 몸이 가지고 있는 원래의 면역기능을 강화하여 암세포를 제거할 수 있는 능력을 증가시키거나 암세포에 항체가 결합하도록 하여 면역세포가 암세포를 제거하는 것을 촉진하도록 하는 방법이다. 인터페론-알파나 인터루킨-2와 같은 사이토카인도 면역요법에 사용된다.

(6) 골수이식 또는 줄기세포이식

골수이식bone marrow transplantation 또는 줄기세포이식stem cell transplantation은 주로 혈액암의 치료에 사용된다. 화학요법이나 방사선요법으로 암세포를 제거한 후 골수이식이나 줄기세포이식을 통해 혈액을 구성하는 세포들은 복원하는 방법이다.

> **알아두기**
>
> ## 조기회복프로그램(Enhanced Recovery After Surgery, ERAS)
>
> ERAS는 다학제 협업을 통해 수술 전후 처치 및 치료 계획을 세우고 실행함으로써 수술 후 환자의 회복을 빠르게 하고 합병증을 줄여 임상결과를 향상시킴으로써 입원기간을 단축하고 의료비의 절감이 가능하도록 하는 임상진료지침이다. 수술부위에 따라 지침이 개발되어 있으며 http://www.erassociety.org에 지침이 탑재되어 있다. 대장절제, 직장절제, 췌장십이지장절제, 방광절제, 식도절제, 위절제, 베리아트릭 수술, 간절제, 두경부암 수술, 유방재건술 등 다양한 수술에 대한 근거기반 지침이 개발되어 있다. 수술 환자의 회복에 있어서 영양치료는 매우 중요하며, 수술 전 영양상태의 평가 및 정상화, 수술 후의 적절한 영양공급 시기 및 방법은 조기회복 프로그램의 중요한 요인이다.

4. 일반적 증상 및 영양상태의 변화

1) 일반적 증상

암이 발생했을 때는 전신쇠약, 빈혈, 식욕부진 등 일반적 증상 이외에도 암에 의해 주위 기관과 장기의 기능이 방해를 받게 된다. 다양한 물질의 생성 변화, 종양의 영향, 대사의 변화 등으로 인해 악액질이 발생하다.

(1) 악액질

암악액질cancer cachexia은 일반적인 영양공급으로는 회복시킬 수 없는 지속적인 골격근의 손실이 특징이며 점진적인 기능장애를 초래하는 복합적인 증후군이다. 주요 임상 증상으로는 현저한 체중 감소, 식욕부진, 전신염증, 인슐린저항증이 있으며 기초대사량의 증가가 나타난다. 암악액질의 생체지표biomarker로는 염증반응과 관련된 사이토카인, 호르몬, 지방조직에서 유래된 요인, 종양에서 유래된 요인들이 있으며, 표 15-2에 나타내었다. 기아와 암악액질의 대사적 영향은 표 15-3에 나타내었다.

표 15-2 암 악액질의 생체지표

분류	생체지표	암악액질 시의 변화
전신 염증	CRP[1]	증가
	IL[2]-1	증가
	IL-6	증가
	IL-8	증가
	TNF[3]-α	증가
	IL-10	증가
	Albumin	감소
호르몬의 이상조절	Ghrelin	증가, 변화 없음, 감소
	Obestatin	감소
	Testosterone	감소
	IGF-1[4]	감소
지방조직 유래 요인	Adiponectin	증가, 변화 없음, 감소
	Resistin	증가
	Leptin	증가, 변화 없음, 감소
종양 유래 요인	ZAG[5]	증가
	PIF[6]	증가
	VEGF[7]-A, VEGF-C	증가

1) CRP, C-reactive protein 2) IL, interleukin 3) TNF, tumor necrosis factor
4) IGF-1, insulin like growth factor-1 5) ZAG, zinc-α2-glycoprotein 6) PIF, proteolysis inducing factor
7) VEGF, vascular endothelial growth factor

자료 : Sadeghi M 외. Crit Rev Oncol/Hematol 127; 91-104. 2018.

표 15-3 기아와 암 악액질의 대사적 영향

영양소 대사	대사 변화	기아	암악액질
에너지 소비		감소	다양
단백질 대사	단백질 전환	감소	증가
	체단백질 합성	감소	증가
	체단백질 이화	감소	증가
	골격근 합성	감소	감소
	골격은 이화	감소	증가
	간단백질 합성	감소	증가
	혈장 아미노산 조성	변화 없음	다양
	질소 평형	(−)	(−)
탄수화물 대사	포도당 전환	감소	증가
	간의 포도당 신생성	증가	증가
	코리회로(cori cycle) 활성	변화 없음	증가
	인슐린 민감성	감소	감소
지질 대사	지질 분해	증가	증가
	지질 합성	변화 없음	다양
	지단백질분해효소 활성	변화 없음	감소
	혈청 유리지방산 수준	변화 없음	증가

(2) 식욕부진

많은 암 환자에서 식욕부진으로 인한 식사 섭취의 어려움이 나타난다. 식욕부진의 원인은 완전히 밝혀지지 않았으나, 암세포에서 생성된 사이토카인(TNF-α, IL-1)이나, 아노렉신anorexin, 아세닌asthenin, 카테킨cachectin과 같은 식욕억제 물질들이 직접적으로 식욕부진 및 조기 포만감을 일으키거나, 시상하부 기능에 영향을 미쳐 2차적으로 식욕부진을 일으킨다. 또한 종양의 대사산물로 인해 암환자에서 맛과 냄새에 대한 감각 이상이 나타난다. 암과 관련된 심리적 스트레스 때문에 식욕부진을 일으킬 수 있는데, 병적인 우울증이 없더라도 질환에 대한 걱정으로 먹는 즐거움을 저하시킬 수 있다. 또한 환자 스스로 암을 유발시킨다고 생각되는 음식을 피하고 암의 치료에 유익하다고 생각되는 음식을 과잉섭취하여 특정 영양소의 결핍이나 과잉의 결과를 초래할 수도 있다. 식욕부진으로 인한 음식섭취 감소 외에도 직접적인 요인으로 음식섭취가 감소할 수도 있다(그림 15-2).

(3) 흡수 불량

암이 발생한 경우 영양결핍으로 인한 소장 융모의 발달부진이나 췌장 소화효소 및 담즙의 결핍으로 인해 흡수불량이 나타날 수 있다.

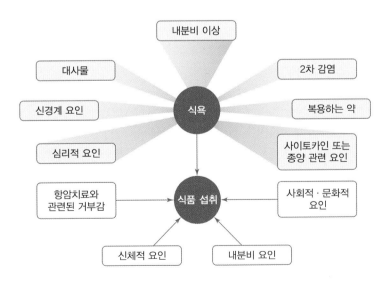

그림 **15-2** 암 환자의 식욕에 영향을 주는 요인

2) 암 환자의 영양소 대사 변화

(1) 에너지 대사의 변화
암 환자는 기초대사량이 증가하며 식후의 산소 소비량도 유지되는 경향이다.

(2) 탄수화물 대사
암 환자는 인슐린 저항성이 커지면서 말초의 클루코오스 유입과 글리코겐 합성이 저하되어 당불내증이 생기고, 알라닌과 젖산으로부터 당신생 작용이 증가한다.

(3) 단백질 대사
단백질 대사 회전율이 증가하는 반면, 혈중 알부민과 여러 효소 등 단백질 합성이 감소된다. 골격근에서 아미노산이 유출되어 당신생에 이용되므로 체단백이 감소되며, 단백질 절약 기전의 장애로 충분한 글루코오스 공급에도 불구하고 당신생 작용이 증가한다.

(4) 지방 대사
지방분해가 증가되는 반면 지방합성이 감소되어 혈중 유리지방산 농도가 증가된다.

(5) 수분과 전해질
심각한 체액과 전해질의 불균형이 생길 수 있으며, 종양세포가 분비하는 세로토닌, 칼시토닌, 가스트린으로 인해 심한 설사가 초래될 수도 있다. 구토나 설사로 인해 수분의 손실뿐 아니라 수용성 비타민들의 손실을 초래하게 된다.

3) 항암치료로 인한 영양문제

(1) 수술요법
수술 후에는 회복과 치유를 위한 영양소 필요량이 증가하며 흡수불량, 조기포만감, 탈수, 복통, 설사, 수분 및 전해질 불균형, 유당불내증, 고혈당 등이 나타날 수 있다. 두경부수술은 정상적인 영양섭취에 변화를 초래하여 영양불량을 유발시킬 수 있으며, 저작 및 연하곤란을 지속적으로 느낄 수도 있다. 식도 또는 위절제술은 위 운동, 위산 생성 감소, 지방과 단백질 흡수불량, 덤핑증후군의 증상으로 적절한 에너지 섭취가 어려워질 수 있고, 소장절제술은 영양소 흡수불량, 담즙손실 등이 나타날 수 있으나 절제의 위치와 정도에 따라 다르다. 췌장절제는 췌장액의 분비를 감소시켜 당뇨병이나 흡수불량을 유발할 수 있다.

(2) 화학요법

화학요법chemotherapy에 사용되는 약물들은 식욕부진, 오심, 구토, 점막염, 설사와 변비, 기관 손상, 식품에 대한 거부감 등을 일으켜 영양불량을 초래할 수 있다. 점막염은 소화관의 모든 부분에 영향을 주며 궤양, 출혈, 흡수불량 등을 유발할 수 있다. 오심과 구토는 보통 항암제를 다량 투여할 때 동반된다. 화학요법 중 세포독성cytotoxic 치료는 오심, 구토, 식욕부진, 설사, 면역저하, 피로, 점막염, 말초신경병, 미각장애, 금속맛에 대한 민감도 증가 등을 초래한다. 호르몬을 이용한 치료는 고혈당증, 부종, 골다공증, 오심, 구토, 골통증, 열감, 고칼륨혈증 등을 유발하고, 면역치료는 오심, 구토, 식욕부진, 설사, 피로, 면역저하 등을 일으킨다.

(3) 방사선요법

방사선요법Radiation therapy의 합병증은 방사선 조사 부위와 용량, 기간, 주기, 환자의 영양상태, 수술 및 화학요법의 병행 여부 등에 따라 다양하게 나타난다. 타액선에 방사선을 조사하면 점도 증가와 함께 타액분비가 감소한다. 구강건조증, 연하곤란과 더불어 타액분비 감소로 인한 구강 내 세균 조성의 변화가 일어나 결국 충치를 만들며, 오심을 유발할 수 있다. 소화관 점막은 방사선 조사에 민감하여 점막염, 홍반, 부종 등을 일으키며, 미각세포의 융모 손상은 미각의 변화 또는 손실을 일으켜 미각상실을 초래한다. 쓴맛, 신맛에 대한 미각은 보통 손상되고, 짠맛, 단맛은 거의 영향을 받지 않는다. 흉곽부분의 방사선 치료는 목에 통증을 일으키고 연하곤란을 동반한 식도염을 유발한다. 상복부의 방사선 조사는 보통 메스꺼움과 구토를 일으키고, 하복부의 방사선 조사는 설사를 일으킨다. 장 점막의 손상으로 인해 전해질과 수분이 손실되고 지방, 단백질, 탄수화물 및 기타 영양소의 흡수불량이 초래된다.

> ### 💡 핵심 포인트
>
> 항암치료는 암세포뿐만 아니라 신체의 정상조직이나 세포의 손상도 일으키며, 다양한 기전을 통해 영양불량을 유발함
>
> #### 1. 화학요법
> - 점막염 : 방사선요법과 병행 시 더 악화, 소화관의 모든 부분에 영향, 점막의 재생률이 빠르기 때문에 단기간 지속됨
> - 오심, 구토, 식욕부진, 식품에 대한 거부감, 미각의 변화
>
> #### 2. 면역요법
> - 오심, 구토, 설사, 음식에 대한 맛의 변화
> - 구강통증, 구강건조증, 식욕부진으로 인한 체중 감소
>
> #### 3. 방사선요법
> 방사선 조사 범위, 용량, 기간, 주기, 환자의 영양상태, 수술 및 화학요법과의 병행 여부에 따라 합병증이 다양함. 소화관 점막은 방사선 조사에 민감
> - 미각의 손상, 미각상실 : 쓴맛, 신맛 손상
> - 상복부의 방사선 조사 : 메스꺼움, 구토
> - 하복부의 방사선 조사 : 설사
> - 구강, 목, 인후 : 구내염, 구강건조증, 구강인두궤양, 충치
> - 혀, 턱, 갑상선 부위 : 미각장애, 점성타액, 누공 형성
> - 식도, 흉관, 척추 부위 : 연하곤란, 식도염, 식도협착
> - 위, 간, 췌장, 담관, 소장 : 오심, 구토, 위장궤양, 장염, 흡수불량, 장내 누공, 천공, 출혈 등
> - 비뇨생식기, 대장 : 만성대장염, 협착, 누공, 장 괴사, 천공

5. 영양관리

암 환자의 영양관리 목표는 제지방lean body mass의 손실을 최소화하고 영양결핍을 예방하며 영양과 관련된 부작용을 최소화하여 삶의 질을 유지할 수 있도록 하는 것이다. 암 환자에게 제공하는 음식은 경구를 통하는 것이 가장 바람직하나 경구영양이 불가능할 때에는 위장관의 기능에 따라 경장영양이나 정맥영양으로 영양지원을 실시한다. 암은 소모성 질환이고 화학요법 역시 에너지 및 단백질 소모를 초래하므로 단백질, 비타민, 무기질이 충분히 공급되는 균형잡힌 영양섭취는 체내에서 일어나는 대

사를 정상화하는 데 중요하다. 영양공급은 암 환자의 영양상태를 개선시킴으로써 영양결핍으로 인한 합병증의 위험을 감소시키는 효과가 있으나 지원된 영양이 정상세포 뿐만 아니라 암세포에도 양분을 제공하는 결과도 되므로 영양지원의 수준은 암으로 부터 회복할 수 있는 기초체력을 갖도록 적절히 공급하는 것이 중요하다.

1) 식욕부진 및 조기포만감

암 발생과 치료과정에서 가장 일반적으로 나타나는 문제는 식욕부진이다. 이런 환자는 식사시간에 서두르지 않도록 하며, 가능한 한 정상적인 활동에 많이 참여하도록 한다. 그러나 불편하고 원하지 않는 경우는 강요하지 않는다. 가능한 한 가족 및 친구와 함께 식사를 하도록 하며, 메뉴를 다양하게 한다. 먹을 것을 항상 가까이 두어 식사시간에 얽매이지 말고 시장할 때마다 음식을 먹을 수 있도록 한다. 과도한 지방의 섭취는 피하고 식사 시 수분 섭취는 제한하는 것이 도움이 될 수 있다.

2) 설사

설사로 인해 비타민 및 무기질의 손실이 일어날 수 있고, 탈수증의 원인이 되며, 감염의 위험이 증가할 수 있다. 식사를 소량씩 자주 하고 수분을 충분히 섭취한다. 염분과 칼륨이 다량 포함된 음식(예 바나나, 복숭아, 삶거나 으깬 감자)을 섭취하여 손실을 보충한다. 유제품을 사용할 때에는 유당불내증에 주의한다. 카페인이나 알코올 음료는 제한한다.

3) 오심과 구토

오심이 있는 경우에는 적은 양을 천천히 자주 먹도록 한다. 통풍이 잘 안 되고 너무 더운 방안이나 싫어하는 냄새가 나는 곳에서 식사하는 것은 피한다. 방을 자주 환기시키고, 옷과 침구를 자주 갈아준다. 음료 섭취는 포만감을 유발시키므로 식사시간을 제외한 나머지 시간에 조금씩 나누어 마시고, 빨대를 사용하면 좋다. 상온 이하의 음식을 먹도록 한다. 구토증세가 가라앉으면 소량의 맑은 유동식을 먹도록 한다. 치료 중에 증세가 나타날 수 있으므로 치료 1~2시간 전에는 먹지 않도록 한다.

4) 입과 목의 통증

씹고 삼키기 쉬운 부드러운 음식을 시도한다. 부드러워질 때까지 음식을 조리하고, 믹서를 이용하여 음식을 갈거나, 맑은 고깃국물, 소스 등과 섞어서 삼키기 쉽게 한다. 시판되는 스포츠 음료나 고칼로리 음료 등을 이용하여도 좋다. 음식을 차게 하거나 상온으로 섭취한다. 입안을 자극하는 음식은 피한다. 구강 내의 음식찌꺼기와 박테리아를 제거하기 위하여 물로 입안을 자주 헹구도록 한다.

5) 변비

아침 기상 후 또는 자기 전에 차가운 물을 마시면 장운동에 도움이 되며, 누워만 있는 경우에는 배를 부드럽게 문질러주면 장운동에 도움이 된다. 유동식을 많이 섭취하여 대변을 무르게 하고, 고섬유소 식품을 섭취하도록 한다. 음식 섭취량이 너무 적지 않도록 한다.

6) 구강건조증

머리와 목 주위에 화학치료 및 방사선치료를 하면, 타액 분비가 감소하여 입안이 마르게 된다. 레몬주스처럼 아주 달거나 신 음식을 먹으면 타액 분비가 많아져 도움이 되며, 무설탕 껌 또는 무설탕의 딱딱한 사탕, 얼음을 먹도록 한다. 국물이 있도록 조리하여 삼키기 쉽게 하고, 물을 조금씩 자주 마신다.

7) 미각의 변화

미각이상으로 단맛에 둔하고, 고기 맛에 민감해져 일부 환자들은 육류 또는 단백질 식품을 먹을 경우 쓰거나 금속성 맛이 난다고 하기도 하며, 즐겨 먹던 많은 음식이 맛이 없다고 느낀다. 따라서 조리법을 다양하게 하여 입맛에 맞도록 한다. 이를 위하여 아래 사항을 실천한다.

① 육류 대신 닭고기, 생선, 달걀, 두부, 유제품 등으로 대체한다.
② 육류, 닭고기, 생선류 조리 시 소스에 재워서 향을 좋게 한다.
③ 자극적인 탄산음료 및 신 음식을 사용하여 맛을 증가시킨다(입이나 목이 붓는 경우는 사용하면 안 됨).
④ 플라스틱 식기나 수저를 사용하는 것이 쓴맛을 적게 느끼도록 하는 데 도움이 될 수 있다.
⑤ 상온으로 음식을 제공한다.
⑥ 짠맛이 느껴질 경우 설탕을 첨가하고, 단맛이 느껴질 경우 소금을 첨가한다.

8) 저작 및 연하곤란, 구강식도염

암 자체와 항암치료는 충치를 유발할 수 있으며 치주에도 문제가 생길 수 있다. 매 식사 또는 간식 후에는 바로 양치질을 하는 것이 좋다. 부드러운 칫솔을 사용하며, 치주와 입이 부은 경우 더운 물로 입을 헹군다. 캐러멜, 씹어 먹는 사탕 등 치아에 달라붙는 음식의 섭취는 피한다. 감귤류와 주스, 토마토, 산성 식품이 후두염, 구강염을 악화시킬 수 있으며 생과일, 생야채보다 조리된 것이나 통조림으로 된 채소와 과일이 섭취하기 편할 수 있다.

항암치료 시 발생하는 증상 중 영양상태에 영향을 줄 수 있는 문제를 완화시킬 수 있는 방법은 표 15-4와 같고 암 환자의 영양관리 시 요구되는 영양요구량은 표 15-5와 같다.

표 15-4 암 환자에게 나타나는 증상의 완화를 위한 방법

문제점	권장 음식이나 사항	피해야 할 음식이나 사항
맛, 냄새 변화	• 향신료 사용 • 적색육류기 싫을 경우 다른 종류의 육류 사용 • 금속성 수저보다 플라스틱 식기류 사용(금속성 맛 완화) • 음식은 상온이나 찬 것을 섭취 • 통조림 식품을 사용하지 말고 신선식품이나 냉동식품 사용	기름진 음식
구강건조증	• 수분 섭취 증가 • 부드럽고 촉촉한 음식 • 소스 사용 • 침샘 자극을 위한 새콤한 음식 • 빨대 이용	• 카페인 • 알코올
연하곤란	• 점도 증진 • 부드럽고 촉촉한 음식	–
구내염, 점막염	• 소량씩 자주 섭취 • 시원한 음식이나 상온의 음식 • 수분 섭취 증가 • 부드럽고 촉촉한 음식 • 고열량·고단백 식품 및 영양공급액 • 음료 섭취 시 빨대 사용	• 신 음식 • 딱딱한 음식 • 알코올 • 자극성이 강한 음식 • 뜨거운 음식
식욕부진, 조기 포만감	• 소량씩 자주 섭취 • 고열량·고단백 식품 및 영양공급액 • 규칙적인 운동 • 즐거운 식사 분위기	• 식사 중의 수분 섭취 • 식사 전의 음식 냄새나 조리 냄새
오심, 구토	• 소량씩 자주 섭취 • 시원한 음식이나 상온의 음식 • 마른 식품이나 짭짤한 식품 • 수분 섭취	• 고지방이나 자극성이 강한 음식 • 강한 냄새 • 단 음식 • 식후 눕기
설사	• 소량씩 자주 섭취 • 수분 섭취 증가 • 천천히 식사 • 유당 제한	• 과다한 지방 • 가스유발 식품 • 자극성 있는 음식 • 카페인 • 알코올
변비	• 수분 섭취 증가 • 섬유소 많은 식품 • 규칙적인 운동	–
복부팽만감	• 천천히 식사 • 규칙적인 운동	• 과다한 지방 • 가스유발 식품 • 유당이 많은 식품 • 섬유소가 많은 식품

표 **15-5** 암 환자의 영양 요구량

영양소	요구량
에너지	개인의 영양상태에 맞추어 에너지 요구량을 결정한다. • 활동이 많지 않은 앉아 있는 환자 : 25~30 kcal/kg/일 • 약간의 대사 항진이 있거나 체중 증가를 요하는 환자 : 30~35 kcal/kg/일 • 대사항진, 심한 스트레스가 있거나 흡수불량인 환자 : 35 kcal/kg/일
단백질	일반적으로 단백질 요구량은 증가되며, 종양의 종류나 치료 방법에 따라 결정한다. • 스트레스가 없는 환자 : 1.0~1.2 g/kg/일 • 대사항진이 있는 환자 : 1.2~1.6 g/kg/일 • 심한 스트레스가 있는 환자 : 1.5~2.5 g/kg/일 • 줄기세포이식 환자 : 1.5~2.0 g/kg/일

6. 암 종류에 따른 특징 및 관리법

1) 위암

위암은 위의 점막 층에 생기는 악성종양으로 남녀를 막론하고 우리나라 사람에게 가장 흔하게 발생하는 암이다.

(1) 발생원인

과다한 소금 섭취는 위점막에 손상을 주며, 식품을 통해 들어온 발암물질의 촉진제 역할을 한다. 위암은 우리나라 암 사망률 중 폐암, 간암, 대장암에 이어 4번째를 차지한다. 우리나라의 평균 소금섭취량은 10 g 정도이며, 위암 발생률이 높은 일본·핀란드·아이슬랜드인들도 소금·질산염·전분 및 곡물, 염장식품, 훈제식품, 불에 태운 음식을 많이 먹는 반면, 지방 및 단백질, 녹황색 야채나 과일을 적게 먹는다는 공통점이 나타났다. 반면, 위암 발생률이 낮은 나라에서는 녹황색 채소와 과일, 우유 및 단백질 소비량이 많은 것으로 알려져 있다.

만성위염은 위점막과 상피세포에 손상을 주어 위암 발생을 증가시키고 스트레스는 위산분비 과다로 인한 위궤양 발생을 유발하여 위암 발생 위험도를 높이는 것으로 알려져 있다.

헬리코박터 파일로리는 위벽을 덮고 있는 두꺼운 점액층에 서식함으로써 위산 속에서도 죽지 않고 위궤양, 십이지장궤양 및 만성위염을 일으키는 세균으로 위암 환자의 절반에서 헬리코박터 파일로리가 검출되는 것으로 볼 때, 헬리코박터 파일로리의 박멸은 위암 예방의 한 방법이 될 수 있다.

(2) 증상

위암의 초기에는 특이 증세가 없다가 어느 정도 진행되면 명치 끝이 아프거나 더부룩하고 오심, 구토, 식욕부진, 체중 감소 및 빈혈이 나타난다(표 15-6).

(3) 진단 및 치료

위암의 초기 진단에는 X선 이중조영법과 위 내시경검사를 사용하고 있으며 그 외 컴퓨터 단층촬영, 자기공명영상촬영, 혈액검사, 대변 잠혈검사, 종양지표검사 등으로 진단을 실시한다.

위암의 1차적 치료법으로는 수술이 사용되고 차선책으로 화학요법이 처방되는데 복합화학요법이 더욱 효과적이다.

(4) 영양관리

위 절제수술로 인해 위의 용량이 적어짐에 따라 체중 감소, 덤핑증후군, 저혈당, 흡수불량, 역류성식도염, 철결핍빈혈, 악성빈혈, 거대적아구성 빈혈, 유당불내증, 설사 등 다양한 증상이 나타난다. 위 절제 후 영양치료 목표는 개인의 영양요구량에 맞추어 수술 후 회복을 돕고 위 절제 후 나타날 수 있는 덤핑증후군 등의 영양적인 문제들을 예방하는 것이다(제3장 소화관 질환 참조).

표 **15-6** 위암의 증상

• 명치 끝이 아프거나 더부룩함	• 식욕이 없음
• 속이 메스껍고 구역질이 남	• 얼굴빛이 창백함
• 출혈이 있음	• 몸이 나른함
• 검은색 대변을 봄	• 배에 혹이 만져짐
• 체중이 감소함	• 빈혈이 생김
• 음식을 삼키기가 어려움	

(5) 예방

위암의 예방을 위해서는 지나치게 짠 음식, 뜨거운 음식, 태운 고기와 생선류, 훈제 식품, 고에너지 음료와 음식물 등을 피하고 비타민이 풍부한 녹황색 채소와 과일, 두부나 된장 같은 콩 가공식품, 우유나 요구르트 같은 유제품, 김이나 미역 같은 해조류 등을 많이 먹는 것이 좋다.

2) 폐암

폐암은 기관지로부터 폐포에 이르는 조직의 표면을 덮는 상피세포에서 발생하는 악성종양으로 흡연, 공해 등이 가장 큰 원인이며 우리나라에서도 최근 발생률이 급격히 높아지고 있는 암이다.

(1) 발생원인

폐암의 원인으로는 각종 공해, 대기오염, 방사능오염 등 여러 가지가 있지만 가장 직접적인 원인은 흡연이며 직업면에서는 광산 노동자나 석면 취급자들에게서 폐암이 발생하기 쉬운 것으로 알려져 있다. 또한 어릴 때부터 대기오염이 심한 지역에서 자란 사람들에게서는 폐암 발생률이 높다고 하는데 벤젠과 벤조피렌 같은 물질들은 산업화된 도시의 공장 굴뚝을 통해, 또는 자동차 배기가스에 포함되어 대기로 퍼지는 발암물질이다. 폐암은 유전적 요인이 크게 작용하는 암 중의 하나이기도 하다.

식생활 관련 요인으로는 비타민이 많이 함유된 녹황색 채소 및 과일을 적게 섭취하고 지방이 많은 음식을 즐겨 먹는 사람의 경우 폐암의 발병 위험이 더 높은 것으로 알려져 있다.

(2) 증상

폐암의 초기에는 마른 기침, 가래, 미열, 가슴의 둔한 통증 등의 자각증세가 나타나다가 암세포가 성장하며 근처 조직을 침투함으로써 신경을 압박하거나 심혈관계나 흉곽에 침투하여 혈액이 섞인 가래, 호흡곤란 및 체중 감소가 나타난다.

(3) 진단 및 치료

흉부 X선 촬영, 컴퓨터단층촬영 및 자기공명영상촬영과 함께 조직검사, 기관지경검사, 흉부 진찰, 객담 세포진 검사 등이 진단에 필요하다. 폐암은 폐절제술 등의 수술과 항암 화학요법 및 방사선요법으로 치료하는데, 수술요법이 효과적이라 한다.

(4) 영양관리

폐암 환자는 숨가쁨, 식욕부진으로 인해 음식 섭취량이 감소하여 영양불량의 위험이 높다. 폐암의 각 치료방법의 부작용으로 인한 영양문제의 대처방법은 수술 전후의 영양관리, 항암요법의 영양관리, 방사선요법의 영양관리 부분을 참조한다. 폐암 환자의 영양관리 원칙은 균형 있는 영양 섭취와 치료과정의 부작용을 최소화하는 것이다.

(5) 예방

폐암의 가장 확실한 예방법은 금연이고, 항산화 비타민은 흡연이나 다른 발암물질에 의해 폐가 손상되었을 때 항산화 작용을 통해 암의 진행을 억제하는 효과를 나타내는 것으로 알려져 있다.

3) 간암

우리나라에서 간암의 발생빈도는 위암에 이어 높은 편인데 중년 이후에 주로 나타나지만 최근에 와서는 암 발생 연령층이 점점 낮아지는 추세에 있다.

(1) 발생원인

간암의 주원인은 만성간질환이며 간경변증 환자의 약 20~40%가 간암으로 진행되는 것으로 알려져 있고, 특히 B형이나 C형 간염 바이러스의 감염에 의해 간경변증이 생긴 경우에는 진행 정도가 더욱 심하다.

알코올 중독자들은 정상인보다 간암의 발생빈도가 매우 높은 것으로 알려져 있고, 아플라톡신균의 독소 및 스테로이드계 호르몬이나 피임약 등도 간암의 발생을 일으키는 요인으로 알려져 있다.

(2) 증상

간암은 초기에는 별 증상 없이 무기력, 피로감, 오른쪽 상복부의 통증, 구토, 설사 및 변비, 황달, 빈혈, 복수 등을 나타내나, 다른 조직으로 전이된 후에는 전이된 장기에 따라 각각 다른 증상이 나타나 위나 식도로 전이되었을 경우 피를 토할 수 있고, 폐 전이가 있는 경우 기침, 객혈 등이 나타날 수 있으며, 뇌 전이의 경우 심한 두통이나 마비증상을 일으킬 수 있다.

(3) 진단 및 치료

간암의 진단으로는 간암의 원인인자를 검사하는 B형 간염 항원검사, 혈액검사, 복부 X선 촬영 등의 방법과 함께 간의 상태를 직접 영상으로 나타내는 초음파검사나 컴퓨터단층촬영, 자기공명영상촬영 등을 이용한 진단이 사용된다. 확진을 위해서는 복강경을 이용한 조직검사를 통해 간의 모양을 직접 육안으로 관찰하면서 간 조직 생검을 실시한다. 간암의 치료에는 수술요법을 주로 사용하고 최근에는 간동맥 색전술과 동위원소 주입법 등이 이용되고 있다.

(4) 영양관리

간은 흡수된 영양소와 약물대사의 중심기관으로 간기능의 손상으로 인해 영양소의 대사에 문제가 발생하게 된다. 간암 환자의 영양관리는 간기능의 손상 정도와 합병증의 유무에 따라 달라질 수 있으나 영양관리의 목표는 영양결핍과 체중 감소를 막고 병의 증상과 치료로 인한 부작용을 완화시키는 데 있다.

(5) 예방

진행된 간암인 경우에는 예후가 좋지 않으므로 예방이 가장 중요하다. 간암을 예방하기 위해서는 간에 부담을 주는 술이나 음식, 약제의 복용을 피하며 위생적인 생활환경을 유지하고, 무분별한 혈액제품의 사용을 자제하는 것이 좋다. 특히 B형 간염을 예방하는 것은 가장 중요한 간암 예방법이다.

4) 유방암

우리나라의 유방암 환자는 점차 증가하고 있는데 식생활의 서구화로 인해 고지방·고당질의 섭취가 늘어난 것이 그 요인으로 여겨지고 있다.

(1) 발생원인

유방암의 발생원인으로는 동물성 지방이 많은 음식의 과잉섭취 및 비만을 들 수 있는데 특히 상체 비만의 경우가 하체 비만에 비해 유방암 유병률이 높다. 그 외 미혼, 초경이 빠른 사람, 폐경이 늦은 사람, 늦은 출산, 출산을 하지 않은 사람, 출산을 했더라도 모유를 먹이지 않은 여성 등이 유방암에 걸리기 쉬운 타입으로 분류되며, 유방암의 가족력이 있거나 양성유방질환의 경험이 있는 경우 발생 위험이 높아진다.

(2) 진단 및 증상

유방암은 유방 윗부분의 바깥쪽에 많이 발생한다. 자가 검진이나 방사선 촬영 등을 이용한 정기검진에서 초기에는 통증이 없는 단단한 멍울이 촉진되고 증세가 진행됨에 따라 둔한 통증과 함께 유두의 위치가 달라지게 된다.

(3) 치료

초기 유방암의 경우에는 예후가 좋으며 유방보존수술 및 방사선치료를 이용하나 유방암이 후기에 발견된 경우에는 유방절제술, 화학요법 및 방사선요법이 실시된다.

(4) 영양관리

유방암 환자의 영양관리 원칙은 에너지, 무기질, 비타민 등의 균형 있는 영양 섭취를 통해 회복을 돕고, 치료과정에서 수반되는 부작용을 최소화하는 것이다.

5) 대장암

(1) 발생원인

대장암과 직장암의 발생원인은 아직까지 확실하게 밝혀지지 않았지만 동물성 지방의 섭취수준이 높은 서구인들에게서 많이 발생한다. 근래에는 한국이나 일본을 비롯한 아시아 각국에서도 식생활이 서구화 되어 감에 따라 예전에 비하여 대장, 직장암의 발생률이 증가되는 추세이다. 우리나라의 대장암 사망률은 1983년 10만 명당 1.6명에서 2019년에는 17.5명으로 증가하였다.

(2) 진단 및 증상

체중 감소 등의 일반적인 암 증상과 함께 암의 발생부위나 진행 정도에 따른 증상들이 나타날 수 있다. 예를 들어 항문에 가까운 하행결장이나 직장에 암이 발생하는 경우 혈변이나 설사와 변비를 반복하는 배변장애, 잔변감, 복통이 나타나기도 하는데 특히 혈변이 있는 경우 치질로 오해하여 진단이 늦어지는 경우도 있다. 진단은 잠혈검사, 종양표지자(예 CEA) 검사, 대장 조영술, 대장내시경 등을 통해 진단한다.

(3) 치료

대장암의 치료는 대장점막의 침윤 정도와 주위 림프절 전이 정도, 타 장기의 전이 유무로 분류한 병기에 따라 내시경적 치료, 수술, 방사선요법, 항암 화학요법이 실시된다.

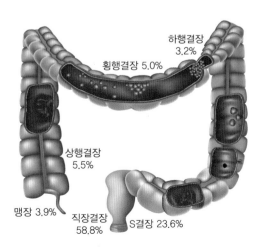

그림 **15-3** 대장암의 부위별 발생률

대장암을 예방하기 위해서는 동물성 지방의 과다한 섭취를 피하고 신선한 채소류와 섬유질이 많은 식품을 골고루 섭취할 것을 권장한다.

(4) 영양관리

대장암 수술 후에는 특별히 음식을 제한할 필요는 없으며, 개별 영양필요량에 맞추어 환자가 식사에 잘 적응하여 양양결핍과 체중 감소를 막는 것이 중요하다. 장루stoma의 위치와 개인의 식품기호를 고려하여야 하며 대장의 절제 길이에 따라 칼륨 손실이 있을 수 있다.

6) 갑상선암

갑상선암은 내분비기관 암 중 흔하게 나타나며 남자에 비해 여자에서 3~5배 많이 나타난다. 갑상선 종양은 양성종양과 악성종양으로 나뉘며, 양성종양은 다른 곳으로 전이되지 않으나 악성종양은 치료하지 않을 경우 다른 곳으로 암세포가 전이되므로 위험할 수 있다.

(1) 증상

갑상선암은 통증 없이 목에 덩어리가 발견되며, 덩어리가 커지면 통증이 나타날 수 있다. 주변 조직을 침범하면 쉰 목소리, 호흡곤란, 객혈 등이 나타날 수 있다.

(2) 치료

갑상선암의 치료방법에는 수술, 방사성 동위원소[3] 치료, 갑상선호르몬 치료, 방사선 치료, 항암 화학요법 등이 있다. 갑상선암은 치료가 잘되고 완치율이 높으나 다른 장기로 퍼질 경우에는 예후가 좋지 않다. 검사방법으로는 문진 및 신체검사, 흉부 X선 검사, 혈액검사(티로글로불린), 방사성 동위원소 옥소 전신촬영, 초음파, 컴퓨터단층촬영CT이나 양전자방출단층촬영PET 등을 실시한다.

(3) 영양관리

갑상선암 환자는 특별히 주의해야 할 음식은 없으나 수술 후 부갑상선 기능 저하로 칼슘 수치가 떨어진 경우에는 칼슘이 많이 포함된 음식을 섭취하는 것이 좋다. 또한 갑상선암 수술 후 방사성 동위원소 치료를 할 경우 요오드 섭취를 제한할 필요가 있다. 요오드 제한식은 방사성 동위원소[13]를 이용하여 치료하는 경우 식품으로 섭취하는 요오드의 양을 제한함으로써 치료 시 방사선 동위원소의 흡수를 최대한 증가시키

알아두기

방사성요오드 치료의 효과를 높이기 위한 방법

1. **갑상선자극호르몬을 증가시키기 위한 조치** : 혈중 갑상선자극호르몬 농도를 30 IU/mL 이상으로 높임
- 복용하던 갑상선호르몬제를 일정기간 중단하는 방법
  - 반감기가 긴 갑상선호르몬제(levothyroxine, LT4)인 신지로이드, 신지록신을 반감기가 짧은 갑상선호르몬제인 테트로닌(liothyronine, LT3)으로 변경하여 2~4주간 투여한 후 2주간은 테트로닌도 중단
  - 신지로이드, 신지록신을 방사성요오드 치료 3~4주 전부터 중단
- 갑상선자극호르몬제인 타이로젠을 주사하는 방법
  - 타이로젠을 방사성요오드 치료 48시간 전과 24시간 전에 한번씩 근육 주사
  - 복용하던 갑상선호르몬제(신지로이드/신지록신)는 계속 복용(갑상선호르몬제에도 요오드가 포함되어 있어서 요오드 섭취 제한 목적으로 방사성요오드 투여 전후로 4~5일 동안 중단하기도 함)

2. **몸속의 요오드를 최대한 적은 상태로 유지하기 위한 조치** : 저요오드식사를 통해 입원 1~2주 전부터 저요오드식사를 함
- 저요오드식사의 원칙과 식품 선택 시 주의사항
  - 해조류, 어패류, 달걀노른자, 모든 유제품 등 요오드가 다량 함유된 식품은 엄격히 제한(예 미역, 다시마, 다시마국물, 김, 파래, 톳, 생선, 조개, 멸치, 멸치국물, 오징어, 우유, 요구르트, 치즈, 생크림 등)
  - 요오드가 함유된 소금(예 천일염, 구운 소금, 죽염, 꽃소금, 각종 수입소금 등)과 천일염으로 만든 장류는 사용하지 않음
  - 천일염이 다량 함유된 염장식품(예 김치, 젓갈류, 장아찌, 장류, 액젓 함유식품 등)을 제한. 김치를 담글 때는 반드시 정제염을 사용하며 파, 마늘, 생강, 고춧가루 등으로 양념하고, 젓갈이나 액젓은 사용하지 않음
  - 가공식품 및 수입식품은 가급적 피함
  - 외식을 삼가고, 라면(수프 포함)을 비롯한 인스턴트 식품, 패스트푸드(예 햄버거, 피자) 등을 피함
  - 적색 식용색소가 첨가된 사탕, 껌, 과일주스, 시리얼, 과자 등은 제한
  - 요오드가 함유된 비타민과 무기질 영양제도 섭취하지 않음

자료 : 대한갑상선학회. 방사성요오드 치료 안내서 2019 개정판.

기 위한 식사이다. 체내에 축적된 요오드는 방사성요오드 치료 시 복용한 동위원소가 갑상선에 흡착되어 남아 있는 갑상선 조직이나 갑상선분화암 조직을 파괴하는 것을 방해한다. 따라서, 치료 효과를 높이기 위해 치료 1~2주 전부터 요오드 제한식을 시작하여 치료 후 1주 정도까지 계속하나 개인에 따라 달라질 수 있다. 요오드 제한식의 허용식품과 제한식품은 표 15-7에 나타내었다.

표 15-7 요오드 제한식의 식품군별 허용식품과 제한식품

구분	허용식품	제한식품
곡류군	• 쌀, 국수, 잡곡류, 밀가루 • 감자, 고구마, 옥수수 • 떡(정제염 사용한 것) • 식빵, 모닝빵, 호밀빵 등 달걀, 우유 사용이 적은 것에 한함	• 인스턴트 우동, 인스턴트 라면 • 우유, 달걀을 사용한 과자류 • 시리얼 • 허용식품 외에 상업용 빵류
	※ 쌀은 국내산을 이용. 외국산 쌀의 경우 요오드가 다량 함유될 수 있음 ※ 모든 식품의 영양소 분석은 가식부위를 의미하므로 껍질 섭취는 제외함 ※ 떡, 식빵은 하루 한 번 2~3조각 이내로 섭취를 권장	
어·육류군	• 소, 돼지, 닭고기(하루 150 g 이하) • 두부(국산콩, 화학응고제를 사용한 것) • 콩류(국산콩 우선 사용) • 달걀흰자	• 모든 해산물류(예 생선, 조개 등) • 모든 건어물류(예 오징어포, 쥐포 등) • 모든 가공육류(훈제 및 통조림) • 천일염 함유 생선젓갈류 • 달걀노른자
	※ 육류는 1회 섭취 시 약 50 g 기준으로 섭취량을 제시함 ※ 콩은 국내산을 이용하도록 함. 외국산의 경우 요오드가 다량 함유될 수도 있음 ※ 민물생선은 국내 분석 자료가 없어 언급하지 않음	
채소군·과일군	• 제한식품 외에 채소류 • 제산식품 외에 과일류	• 해조류(예 김, 미역, 파래, 다시마 등) • 천일염 함유 김치, 장아찌류 • 과일통조림 • 농축진액, 즙류
	※ 김치는 정제염을 사용하여 만든 것을 섭취하도록 함	
우유군	• 없음	• 우유 및 유제품류(예 치즈, 아이스크림, 요구르트, 생크림 등) • 두유 및 가공품류(수입콩)
	※ 살균처리과정에 함유되는 요오드 성분으로 인해 모든 유제품의 사용은 제한함	
양념류	• 정제염(정제율 99% 이상) • 무요오드 소금, 맛소금 • 모든 식물성 기름류 (예 식용유, 참기름, 올리브유 등) • 설탕, 식초, 파, 마늘, 생강, 깨, 고춧가루, 겨자가루, 후춧가루, 향신료, 고추냉이, 토마토케첩	• 허용된 소금 외 모든 종류의 소금(예 천일염, 구운 소금, 죽염 등) • 수입소금(요오드 첨가) • 천일염으로 만든 장류(예 고추장, 된장, 간장 등) • 화학조미료(예 미원, 다시다 등) • 마요네즈
	※ 무요오드 소금으로 만든 가공품은 정확한 분석자료가 없어 언급하지 않음 ※ 꽃소금은 천일염의 함유비에 따라 주의가 필요하므로 기관의 연구 결과와 방침에 따라 사용할 수 있음	

(계속)

구분	허용식품	제한식품
기타	• 제한식품 외의 식품	• 소금(천일염)이 첨가된 견과류 및 스낵류 • 적색 식용색소가 함유된 사탕 및 음료류 • 요오드 함유 종합비타민류 • 건강기능식품(예 다시마환, 상황버섯, 차가버섯, 홍삼 등)
	※ 저요오드식사를 진행하는 1~2주 동안은 금주를 권장함	

자료 : 대한갑상선학회. 방사선요오드 치료 안내서 2019 개정판.

7. 예방법

암의 예방을 위해서는 감염 및 환경오염 등의 유해한 환경 요인과 흡연·음주·음식 및 운동과 관련된 생활습관을 개선하는 것이 중요하다(그림 15-4).

담배를 피우지 말고, 남이 피우는 담배 연기도 피하기

채소와 과일을 충분하게 먹고, 다채로운 식단으로 균형 잡힌 식사하기

음식을 짜지 않게 먹고, 탄 음식을 먹지 않기

암예방을 위하여 하루 한두 잔의 소량 음주도 피하기

주 5회 이상, 하루 30분 이상, 땀이 날 정도로 걷거나 운동하기

자신의 체격에 맞는 건강 체중 유지하기

예방접종 지침에 따라 B형 간염과 자궁경부암 예방접종 받기

성 매개 감염병에 걸리지 않도록 안전한 성생활하기

발암성 물질에 노출되지 않도록 작업장에서 안전·보건 수칙 지키기

암 조기 검진 지침에 따라 검진을 빠짐없이 받기

그림 **15-4** 암을 예방하는 10가지 생활수칙
자료 : 보건복지부·국립암센터.

1) 금연

흡연은 폐암을 비롯하여 구강암, 식도암, 위암, 후두암, 방광암, 자궁암 등을 유발하는 원인이 된다.

미국암협회(American Cancer Society)에서 암위험을 낮추기 위해 권장하는 사항

- 건강한 체중을 유지(Get to and stay at a healthy weight throughout life) : 고에너지 식품이나 음료의 섭취를 제한하고 규칙적인 운동을 통해 건강한 체중 유지하기
- 적절한 신체활동(Be physically active) : 성인은 일주일에 150~300분의 중등도 운동 또는 75~150분의 격렬한 운동하기
- 건강한 식생활 패턴(Follow a healthy eating pattern at all ages) : 가공육 제한, 다양한 채소 섭취, 통곡류 선택, 다양한 과일 섭취, 가당음료와 가공식품 제한하기
- 금주(It is best not to drink alcohol) : 금주가 바람직하나 음주를 할 경우 하루 1잔만 마시기
- 발암요인은 피하기(Avoid things that cause cancer) : 금연, 발암물질로 알려진 화학약품에 대해 알고 노출 피하기, 자외선과 햇빛으로부터 보호하기
- 자궁경부암 예방접종(Get the HPV vaccine if it will benefit you) : HPV 예방접종을 하여 HPV로 인해 발생하는 암으로부터 예방하기
- 검진(Get tested for common cancers and pre-cancers) : 검진을 통해 조기발견 및 치료하기 (예 대장내시경, 유방 X선 사진 등)

자료 : 미국암협회 홈페이지.

미국암연구소(American Institute for Cancer Research)에서 암예방을 위해 권장하는 사항

- 건강한 체중을 유지(Be a healthy weight)
- 적절한 신체활동(Be physically active)
- 통곡류, 채소, 과일, 콩류가 충분한 식사하기(Eat a diet rich in whole grains, vegetables, fruits, and beans)
- 지방이나 설탕 및 당질이 많은 패스트푸드나 가공식품의 섭취 제한(Limit consumption of "fast foods" and other processed foods that are high in fat, starches, or sugars)
- 적색육과 가공육의 섭취 제한(Limit consumption of red and processed meat)
- 가당음료의 섭취 제한(Limit consumption of sugar-sweetened drinks)
- 알코올 섭취 제한(Limit alcohol consumption)
- 암 예방을 위한 보충제 복용은 하지 않기(Do not use supplements for cancer prevention)
- 가능하면 모유 수유하기(For mothers: breastfeed your baby, if you can)
- 암 생존자 또한 예방을 위한 권장사항을 지키고, 의료진의 지시에 따르기(After a cancer diagnosis: follow our recommendations, if you can)

자료 : 미국암연구소 홈페이지.

표 **15-8** 암 발생과 식생활 관련 요인

암의 부위	위험요인	억제요인
위암	고염식, 염장식품, 탄수화물의 과잉섭취, 뜨거운 음식물, 훈제생선, 신선한 과일 및 채소와 비타민 C의 불충분한 섭취	우유 및 유제품, 신선한 녹황색 채소, 과일
대장암	고지방식, 저섬유식, 생선과 육류를 요리할 때 생성되는 아민류	고섬유식, 양질의 단백질 식품
간암	곰팡이가 자란 음식	양질의 단백질 식품, 비타민, 필수무기질이 많은 식품
폐암	흡연	신선한 녹황색 채소
식도암, 구강암	뜨거운 음식, 알코올 음료, 단백질, 흡연, 비타민과 무기질(특히 아연)이 적은 음식	녹색 채소, 과일, 무기질이 많은 식품, 양질의 단백질
유방암	고지방질, 고열량식	저지방식, 저열량식, 채소 및 과일 위주의 식사

2) 식생활 개선

잘못된 식생활은 구강암·식도암·위암·대장암 등 음식물이 통과하는 부위의 암은 물론 유방암, 비뇨기 계통의 암, 생식기의 암도 유발할 수 있는 것으로 밝혀졌다. 식사의 내용과 방식을 개선하는 것만으로도 여러 암의 발생 위험을 감소시킬 수 있는데, 신선한 채소와 과일 및 우유는 위암 예방에 효과가 있다고 하며, 채소·과일·곡류·섬유소 성분은 대장암 예방에 효과가 있는 것으로 알려져 있다(표 15-8). 또한 음주를 제한하며, 영양소가 결핍되지 않도록 여러 가지 영양소를 골고루 섭취하는 것이 중요하다.

3) 운동

직업적으로 신체활동을 많이 하거나 운동을 많이 할 경우 장운동이 촉진되어 대장과 직장에서 대변이 머무는 시간이 짧기 때문에 발암물질이 직장세포에 노출될 수 있는 시간을 줄여주기 때문에 대장암이나 결장암이 생길 위험도가 낮다고 알려져 있으며 유방암의 발생도 억제된다는 보고도 있다.

CHAPTER 15 사례 연구

식도암과 화학요법
(Chemotherapy for esophageal cancer)

서 씨는 과일도매상을 하는 55세의 중년 남성으로 그동안 큰 병에 걸린 적 없이 건강하게 살아왔고, 부인과 두 명의 결혼한 자녀가 있다. 서 씨는 암의 가족력을 가지고 있는데, 그의 아버지는 65세에 위암으로 돌아가셨고 그의 누나는 2년 전 56세에 난소암으로 난소 절제술을 했다.

서 씨는 6주 전 음식을 삼키는 것이 힘들어지기 시작했고 점점 악화되었지만, 추석 대목이라 일이 바빠 병원에 가는 것을 계속 미루어 왔다. 급하게 음식을 먹을 때마다 "목에 무엇이 걸린 것"처럼 느껴져 천천히 먹으려고 노력했지만, 증세가 계속 나빠졌다. 이제는 음식을 삼키기가 어려워 주로 액체형 음식을 마셨으며 체중이 급격히 줄고 있다는 걸 알았다.

추석 대목이 지나고 음식을 삼키기 힘들어지기 시작한 지 6주 후가 되어서 서 씨는 병원을 갔는데 체중이 평소 체중과 비교하면 9 kg이 줄어든 것을 발견했다. 그의 키는 167 cm인데 현재 체중은 60 kg이다. 혈액검사와 상부위장관검사를 하였으며, 상부위장관검사 결과 식도 손상이 있는 것으로 나타나 X선 촬영과 내시경검사를 하였다. 식도에 손상이 있었고 하부식도괄약근 바로 위의 식도부가 좁아져 있었으며, 조직 생검 결과 암으로 판명되었다. 서 씨는 입원하여 암조직의 크기를 줄이기 위한 항암화학요법을 시작하였다.

의무기록에 나타난 서 씨의 특성과 임상검사 결과는 다음과 같다.

- **신장** : 1667 cm
- **체중** : 60 kg
- **체중 변화** : 평소 체중에서 9 kg 감소
- **진단명** : 식도암, 식도암으로 인한 연하곤란과 연하통증, 소적혈구 저색소성 빈혈

- **약물처방** : floxuridine 0.5 mg/kg 동맥 주사

- **입원 시의 식사처방**
  - 고단백 부드러운 음식
  - 식사 사이에 고단백 영양보충음료 섭취

- **임상검사 결과**

검사항목	결과(참고치)	검사항목	결과(참고치)	검사항목	결과(참고치)
RBC	4.1×10^3/μL (4.2~6.3)	WBC	2.6×10^3/μL (4.0~10.0)	BUN	18 mg/dL (8~20)
Hb	10 g/dL (13~17)	Lymphocyte	40.0% (19~48)	Cr	1.0 mg/dL (0.72~1.18)
Hct	31% (42~52)	seg. neutrophil	26.1% (40~74)	AST	21 U/L (< 40)
MCV	76 fL (80~94)	FBS	80 mg/dL (70~100)	ALT	12 U/L (< 40)
Platlet	140×10^3/μL (150~300)	Albumin	2.9 g/dL (3.5~5.2)	Alkaline Phosphatase	52 U/L (13~120)

1주일 후에 서 씨는 항암화학요법으로 인한 메스꺼움과 설사 때문에 거의 먹지를 못하고 영양보충음료만을 섭취하였다.

1. 서 씨의 GLIM criteria를 이용하여 영양상태를 평가하시오.

- 6주 전부터 연하곤란으로 음식 섭취가 어려워 액상형 식품을 주로 섭취함
- 항암치료 후 메스꺼움과 설사로 거의 먹지 못함
- 식도암을 진단받음
- 체중 감소 : 9 kg/6주 (13% 감소)
- 키 : 167cm, 현재 체중 : 60 kg, BMI = 60 ÷ 1.67 ÷ 1.67 = 21.5 kg/m^2
- 근육량 감소가 의심되나 현재 정보만으로는 확인이 어려움

A. 병인론적 기준	식사량 감소	☐ 에너지 요구량의 50% 미만/1주 ■ 2주 이상 섭취량 감소		
	소화흡수 장애	■ 만성 소화·흡수장애 상태		
	염증	☐ 급성질환/상해 ■ 만성질환 관련(식도암 진단)		
B. 표현형 기준			중등도의 영양상태 불량	중증의 영양상태 불량
	체중 감소		☐ 5~10%/6개월 미만 ☐ 10~20%/6개월 이상	■ > 10%/6개월 미만 ☐ > 20%/6개월 이상
	체질량지수 (kg/m^2)		☐ 17~18.5(70세 미만) ☐ 18.5~20(70세 이상)	☐ < 17(70세 미만) ☐ < 18.5(70세 이상)
	근육량 감소		☐ 약간~중등도 감소	☐ 심한 감소

*영양불량 진단 : 적어도 병인론적 기준 1개 이상 + 표현형 기준 1개 이상일 때
**영양불량 중증도 : 표현형 기준으로 판정

병인론적 기준 3개와 중증의 영양상태불량을 나타내는 표현형 기준이 1개이므로 중증의 영양상태 불량으로 진단할 수 있다.

2. 임상검사 결과를 보고 답하시오.

2.1 혈액세포(백혈구, 적혈구, 혈소판) 수치가 감소한 이유는 무엇인가?

항암제는 세포의 성장과 분열을 억제하기 때문에 암세포뿐만 아니라 빠른 성장 속도를 보이는 혈액세포, 모근세포, 점막세포, 생식세포 등도 손상되면서 골수 기능 저하(백혈구/적혈구/혈소판 감소), 탈모, 구내염, 설사, 불임 등의 부작용이 나타날 수 있다. 항암제로 사용된 floxuridine의 부작용으로 골수 기능이 일시적으로 저하된 것으로 보인다.

2.2 빈혈을 나타내는 비정상적 검사 수치를 적으시오.

Hb, HCT, MCV(mean corpuscular volume)

MCV는 적혈구의 평균 크기를 의미하며 80 fL 미만일 경우 소적혈구성 빈혈로 판단한다.

- MCV = (Hct(%)×0.01) / 적혈구수(RBC per L)

2.3 서 씨의 총임파구수와 절대호중구수를 구하고, 이것이 의미하는 바를 설명하시오.

임파구(lymphocyte)는 백혈구의 일종으로 항체 형성에 관여한다. 총임파구수(Total Lymphocyte Count, TLC)는 총백혈구수($2.6×10^3$/μL)와 임파구의 백분율(40.0%)로부터 구할 수 있다. 절대호중구수(absolute neutrophil count, ANC)는 총백혈구수에 호중구의 백분율을 곱하여 계산한 것으로 이를 통해 호중구감소증을 진단할 수 있다.

TLC = 2,600/μL×0.4 = 1,040/μL

ANC = 2,600/μL×0.261 = 679/μL

호중구는 백혈구의 한 종류로 인체를 세균이나 진균 감염으로부터 보호하며, 모든 염증반응에 있어 초기 반응을 수행하기 때문에 절대호중구수가 감소하면 감염의 위험이 증가한다. 호중구가 1,500 이하로 감소한 경우를 호중구감소증이라고 하며, 절대호중구수가 500 이하로 감소하면 세균감염에 극도로 취약해지므로 보호적 격리가 필요하다. 식품-매개 감염을 예방하기 위해 위생관리를 철저히 해야 한다.

3. 서 씨의 에너지 및 단백질 필요량을 구하시오.

① 에너지

- 헤리스베니딕트 공식(남자) 이용

BEE = 66.5＋(13.7×체중)＋5×신장)－(6.8×나이)

= 66.5＋(13.7×60)＋(5×167)－(6.8×55)

= 66.5＋822＋835－374 = 1,350 kcal

암으로 인한 스트레스 계수를 1.5로 하면 서 씨의 에너지 필요량은 2,025 kcal로 추정된다.

BEE×1.5 = 1,350×1.5 = 2,025 kcal

- 현재 체중 기준 30~35 kcal/kg

에너지 필요량 = 60×30~35 = 1,800~2,100 kcal

② 단백질

- 단백질은 kg당 1.2~1.5 g 정도의 충분한 양을 섭취하도록 한다.
- 단백질 필요량 = 60×1.2~1.5 = 72~90 g/day

4. 항암화학요법의 부작용으로는 미각의 변화로 인해 금속성 맛을 느끼고 구토와 메스꺼움 등이 대표적이다. 이로 인해 식욕을 잃기가 쉬운데, 이를 도울 수 있는 몇 가지 방법을 제시하시오.

　음료가 차게 제공되면 맛이 덜 역겹게 느껴질 수 있다. 컵 위에 뚜껑을 덮어서 빨대를 사용해서 먹을 수 있게 하면 냄새를 덜 맡게 되므로 냄새로 인한 역겨움이 줄어들 수 있다. 또한, 플라스틱이나 나무 수저, 사기그릇 등을 사용하면 음식에서 금속성 맛이 나는 것을 심리적으로 감소시킬 수 있다. 그 외, 짠 냄새가 날 때 설탕을 약간 첨가하고 단 냄새가 날 때는 소금을 약간 첨가하도록 하여 환자의 식욕감소를 줄이도록 한다. 약간의 향신료 및 과일향을 음식에 적절히 첨가하는 것도 하나의 방법이다. 수시로 입안을 베이킹소다가 들어 있는 용액으로 헹군다.

5. 서 씨의 경우 식사 섭취량 증가를 위해 어떤 것들이 도움이 되겠는가?

　서 씨의 경우, 연하통증이 있으면서 영양불량 상태이므로 적은 양의 섭취로도 에너지 필요량을 충족시킬 수 있도록 고단백 또는 농축(1.5~2.0 kcal/mL) 영양보충음료를 이용한다. 에너지밀도를 높이기 위해 우유나 두유에 단백질 파우더, 과일, 견과류 등을 넣고 갈아서 섭취하는 것도 도움이 될 수 있다. 만약 경구섭취로 섭취량을 만족시키기 어렵다면 경관급식도 고려해 보아야 한다.

CLINICAL NUTRITION WITH CASE STUDIES

약물과 영양

약물이란 질병의 예방, 진단, 또는 치료 및 증상 완화를 위하여 사용되는 물질을 말한다. 질병의 치료과정에서 여러 가지 약물이 사용되며, 질병의 효과적인 치료를 위해서는 약물의 특성이나 효과에 대한 이해가 필수적이다. 식사로 섭취하는 식품이나 영양소를 비롯한 식품의 특정 성분은 약물과의 상호작용을 통해 약물 치료의 효과나 부작용에 영향을 줄 수 있으며, 질병의 치료과정에서 사용되는 약물은 환자의 영양상태에 영향을 미칠 수도 있다. 한편 환자의 영양상태에 따라 약물치료의 효과가 다르게 나타날 수도 있다. 식사, 보충제, 유전인자에 따라 약물의 흡수가 지연 또는 저해되기도 하고 약물의 대사가 촉진 또는 억제되기도 한다. 따라서 안전하고 효과적인 약효를 기대하기 위해서는 식품이나 영양소와 약물 간의 상호작용에 대한 이해가 매우 중요하다.

- **시토크롬 P450 효소계(cytochrome P450 enzyme system)** 간의 소포체에 다중 효소복합체로 존재하며, 약물의 생체변환을 주로 촉매하여 해독화에 관여하는 작용을 함
- **모노아민 산화효소 억제제(monoamine oxidase inhibitor, MAOI)** 신경전달물질인 도파민, 세로토닌, 노르에피네프린을 불활성화시키는 효소의 작용을 억제하는 약물. 항우울제로 사용되는 약물
- **부작용(side effect)** 약물에 의해 일어나는 바람직하지 않은 효과 또는 반응
- **H₂ 수용체 길항제(histamine type-2 receptor antagonist)** 위의 주세포(parietal cell)에 있는 histamine type 2 receptor에 결합하여 히스타민의 작용을 방해함으로써 위산의 생성과 분비를 억제하는 약물. 위식도역류질환의 치료제로 사용되는 약물
- **수소이온 펌프 저해제(proton pump inhibitor)** 위장 내의 H,K-ATPase를 차단하여 위산 분비를 감소시키는 약물. 위식도역류질환의 치료제로 사용되는 약물
- **칼슘채널차단제(calcium channel blocker)** 칼슘채널을 차단하여 혈관을 확장시켜 혈압을 낮추는 약물
- **안지오텐신 II 수용체 차단제(angiotensin receptor blocker, ARB)** 안지오텐신 전환효소 수용체를 차단하여 알도스테론 분비를 억제하는 고혈압 치료제

1. 약물의 효과

약물은 다양한 기전을 통해 그 효과를 나타낸다. 약물이 표적기관이나 조직에 작용하여 약리효과를 나타내기 위해서는 투여경로로부터 혈류를 거쳐 약물의 작용 대상 위치까지 이동하여야 한다. 이러한 과정에서 약물이 대사과정을 통해 활성화 되거나 불활성화 되기도 하며, 체외로 배설되기도 한다. 따라서 약물의 흡수absorption, 대사metabolism, 체내 이동transport 및 분포distribution, 배설excretion 과정에 영향을 줄 수 있는 식품 성분이나 영양소는 약물의 효과에도 영향을 미치게 된다.

약물과 영양의 상호작용을 이해하고 최소화함으로써 얻을 수 있는 장점은 다음과 같다.

- 약물의 효과가 제대로 나타난다.
- 추가적인 약물 복용을 줄인다.
- 부작용이 덜 일어난다.
- 환자가 약물 복용을 더 잘 하게 된다.
- 영양상태를 유지할 수 있다.
- 질환의 합병증을 줄일 수 있다.
- 의료비용의 감소 효과를 기대할 수 있다.

약물의 효과에 영향을 미치는 요인으로 복용량, 복용 빈도, 복용방법(예 알약, 주사, 연고 등), 약물흡수에 영향을 주는 요인(예 용해 정도, 농도, 위 배출속도 등), 대사 및 배설 정도 등이 있다. 약물효과는 개인별로 다르게 나타날 수 있으며, 표 16-1에 약물의 효과에 영향을 주는 개인적 요인을 나타내었다.

1) 약물의 투여

약물은 다양한 경로로 투여될 수 있다. 경구투여, 연고, 흡입, 정맥주사, 근육주사, 피하주사, 항문투여 등의 방법이 있으며, 투여 경로에 따라 흡수과정이 필요한 경우와 그렇지 않은 경우가 있다. 약물의 투여 방법은 약물의 효과에 영향을 미치며, 이 외에도 약물의 복용량과 복용 빈도 등도 약효에 영향을 미치게 된다.

표 **16-1** 약물의 효과에 영향을 주는 개인적 요인

요인	특성
연령	• 유아의 경우 효소계가 잘 발달되지 못해 약물의 효과에 영향을 줄 수 있음
성별	• 여성의 경우 지방이나 수분 등 신체구성이 달라 약물의 효과에 영향을 줄 수 있음
체중	• 체중이 많이 나가면 약효 발현에 필요한 약물의 양이 달라짐
신체구성	• 체지방이나 수분의 비율에 따라 약효가 달라짐
건강상태	• 신장이나 간질환이 있는 경우 약물의 대사나 배설이 영향을 받음 • 부종이 있을 경우 체내 수분 분포가 달라져 약물의 분포나 농도가 영향을 받아 약물의 효과가 달라짐

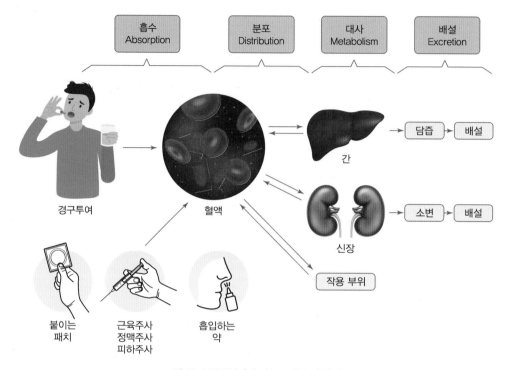

그림 **16-1** 약물의 흡수, 분포, 대사 및 배설

2) 약물의 흡수, 분포, 대사 및 배설

(1) 흡수

다양한 경로를 통해 체내로 들어온 약물은 흡수되어 순환계나 림프계로 이동한다. 약물은 수동확산, 촉진확산 또는 능동수송의 방법으로 흡수된다. 약물의 흡수속도와 효율성은 다양한 요인에 의해 영향을 받는다. 경구투여로 체내에 들어온 약물은 용해도, 위장관 내에 머무는 시간, 위장관의 pH, 약물의 화학적 특성, 약물의 이온화 특성, 위장관 내 음식물의 잔여 여부 등에 따라 흡수율이 달라진다.

(2) 분포

약물이 흡수된 후에 체내에서 표적기관이나 조직으로 이동하는 것을 약물의 분포라고 한다. 약물의 분포는 체내 순환circulation, 혈액 중 약물과 단백질의 결합, 모세혈관의 투과성, 약물의 용해도, 약물이 표적기관이 아닌 다른 조직에 결합 또는 저장되는 정도 등에 따라 영향을 받게 된다. 약물의 화학적 또는 물리적 특성에 따라 체내 분포가 달라질 수 있는데, 극성 또는 이온화된 약물은 혈액뇌관문blood-brain barrier을 통과하지 못하며 지용성 약물은 지방조직에 저장될 수 있기 때문에 체지방량이 약물의 분포에 영향을 줄 수 있다.

(3) 대사

약물은 체내에서 변환되지 않기도 하나, 많은 경우에 산화, 환원, 중합 등의 대사과정을 거쳐 대사물로 변환된다. 약물이 대사물로 변환되면 활성화 또는 불활성화 될 수 있으며 약효나 독성이 변하기도 한다. 간은 약물의 대사가 일어나는 주요 조직이다. 시토크롬 P450 효소계cytochrome P450 enzyme system가 여러 약물의 대사에 관여하며, 이 외에도 다양한 효소들이 간과 소화기계에서 약물의 대사에 관여한다. 식품 내의 성분이 효소의 발현, 활성 또는 작용 기전에 영향을 미칠 수 있으며, 이러한 성분들은 효소의 억제제inhibitor로 작용하거나 유도인자inducer로 작용함으로써 약물의 대사에 영향을 준다.

(4) 배설

약물은 일반적으로 대사가 된 후에 배설되나 어떤 약물은 대사가 되지 않고 배설되기도 한다. 약물의 배설은 대부분 소변이나 담즙을 통해 이루어지나 폐나 대변을 통해 배설되기도 하고 모유로 전달될 수도 있다. 영양소나 식품의 성분은 신장에서 약물의 재흡수에 영향을 줄 수 있다. 나트륨의 섭취량이나 혈중 농도가 약물의 재흡수에 영향을 줄 수도 있으며, 소변의 pH가 약물의 이온화 정도에 영향을 줌으로써 재흡수되는 정도가 달라지기도 한다.

2. 식품에 의한 약물작용의 변화

식품이나 보충제 중에는 약물의 흡수나 대사를 방해하거나 변하도록 함으로써 약물동태학pharmacokinetics(약동학 또는 약리역학이라고도 함)에 영향을 주는 것들이 있다.

식품은 위의 배출속도, 위산 분비, 위의 운동성, 담즙 분비 등 위장관의 생리적인 측면에 영향을 미치거나, 위장관 내에서 약물과 물리·화학적 상호작용을 일으켜 약물의 흡수 또는 생물학적 이용도bioavailability에 변화를 줄 수도 있다.

1) 약물 흡수에 영향을 주는 식품

약물의 흡수absorption는 약물이 투입된 경로에서 혈중으로 이동하는 과정에 해당되며, 경구투여로 약물을 복용할 경우 위장관을 통해 흡수되기 때문에 식품의 섭취에 의해 영향을 받는다. 식품은 위의 배출속도, 위장관 내의 산도pH, 킬레이트화chelation, 또는 흡착adsorption 등에 영향을 줌으로써 약물의 흡수에 변화를 일으킬 수 있다. 식품의 성분이나 영양소에 의한 약물의 흡착이나 복합체 형성과 같은 물리·화학적 상호작용은 식품과 약물이 동시에 위장관 내에 존재할 때 일어나게 된다. 따라서 식품의 섭취시간과 약물의 복용시간은 약물의 흡수에 영향을 미치게 된다.

① 고섬유소 또는 고지방 식사는 위 배출속도를 지연시킬 수 있다. 위 배출속도가 지연되면 약물의 흡수가 지연될 수 있으며, 항생제나 진통제의 흡수 지연은 약효가 필요한 시점에 나타나지 않아 문제가 될 수 있다.

② 철, 칼슘, 마그네슘, 아연 등과 같은 금속이온은 약물과 킬레이트를 형성하여 약물의 흡수를 감소시킬 수 있다.

③ 식이섬유나 피트산 등과 같은 식품성분은 약물과 흡착하여 약물의 흡수를 지연시키거나 흡수 정도를 감소시킬 수 있다.

④ 위장관 내의 산도는 약물의 이온화ionization 정도에 영향을 주어 약물의 흡수속도나 효과가 변하도록 할 수 있다.

⑤ 고지방식품은 기관지확장제인 테오필린theophyline의 흡수를 증가시켜 약효가 증가되도록 하고, 고탄수화물 식사는 테오필린의 흡수량을 감소시킨다.

표 **16-2** 약물 흡수에 영향을 주는 상호작용의 예와 복용 시 유의점

약물	약품명	상호작용	복용시 유의점
골다공증 치료제	Alendronate(Fosamax) Risedronate(Actonel) Ibandronate(Boniva)	식품과 함께 복용 시 흡수율이 크게 감소	• 공복 또는 식사 전 30~60분 전에 물과 복용
철 보충제	–	–	• 공복에 복용 • 위장관장애로 인해 식사와 함께 복용한다면 철 흡수를 방해하는 밀기울, 달걀, 피틴산 함량이 높은 식품, 식이섬유 보충제, 차, 커피, 유제품 등은 피함
파킨슨 치료제	Entacapone(Comtan)	철분에 킬레이트됨	• 철 보충제는 약물 복용 1시간 전 또는 2시간 후에 섭취
항생제	Ciprofloxacin(Cipro) Tetracyclin(Achromycn-V)	칼슘, 마그네슘, 아연, 철, 알루미늄과 불용성 복합체 형성	• 항생제 복용기간에는 가능하면 무기질 보충제는 섭취하지 않음 • 무기질 보충제를 섭취해야 할 경우에는 항생제 복용 2시간 전 또는 6시간 후에 섭취
항히스타민제	Fexofanadine(Allegra) Terfenadine(Seldane) Astemizole(Histamanal)	자몽주스, 오렌지주스, 사과 주스와 같은 과일주스는 위산도에 영향을 주어 흡수를 방해	• 주스와 함께 복용하지 말고 물과 함께 복용

자료 : Pronsky ZM. Food Medication Interactions. 18th ed. Food-Medication Interactions. Birchrunville, PA, USA. 2015.

2) 약물 분포에 영향을 주는 식품

약물의 분포distribution는 혈액순환, 신체 크기와 구성, 혈중 알부민의 농도 등의 영향을 받는다.

① 복용하고 있는 약물이 혈액순환을 증진시킬 경우 다른 약물의 분포에도 영향을 주게 된다. 또한, 신체활동은 혈액순환을 증진시켜 약물의 분포를 증가시키는 효과를 초래할 수 있다.
② 근육량이나 체지방량은 약물의 분포에 영향을 준다. 근육량이 낮은 경우 약물의 복용 또는 투여량을 감소시킬 필요가 있게 되며, 지방량이 많은 경우에는 약물의 분포 속도가 늦어질 수 있다.

③ 혈중 알부민 농도가 낮으면 일부 약물은 약리효과가 증가될 수 있다. 알부민은 혈중에서 약물과 결합할 수 있으며, 알부민의 농도가 낮으면 유리 약물의 농도가 높아지게 되어 약리효과를 나타낼 수 있는 약물의 농도가 높아지는 결과를 초래한다. 영양불량 등으로 인해 혈중 알부민의 농도가 낮을 경우(< 3 g/dL), 약물의 부작용이 나타날 가능성이 높아진다.

3) 약물 대사나 작용에 영향을 주는 식품

약물은 주로 장관과 간에 존재하는 효소계에 의해 대사되므로 효소계에 영향을 줄 수 있는 식품은 약효에 영향을 준다. 대표적인 예가 자몽과 약물의 상호작용이다. 한편, 식품이 직접적으로 약물의 대사에 관여하는 효소에 영향을 주지는 않으나 약물의 작용기전이 효소의 활성을 조절하는 것일 경우에는 이 효소에 의해 대사되는 식품 성분의 대사변화로 인한 영향이 있을 수 있다. 모노아민 산화효소 억제제로 작용하는 약물을 복용하는 경우 티라민tyramine이 함유된 식품의 섭취에 유의해야 하는 것이 그 예이다. 또는, 식품 성분이 약물의 작용기전에 관여하는 요인을 함유하고 있어 약효에 영향을 줄 수도 있다. 대표적인 예가 와파린과 비타민 K의 상호작용이다.

① 자몽에 함유되어 있는 퓨라노쿠마린furanocoumarin은 장에 있는 시토크롬 P450 3A4 효소를 억제한다. 이 효소는 다양한 약물의 대사에 관여한다. 따라서, 자몽을 섭취할 경우 효소의 작용 저하로 인해 약물의 대사가 억제되어 약물이 혈중에 더 오래 존재하기 때문에 약효가 증가하거나 독성이 나타나게 된다. 자몽 섭취에 의해 영향을 받는 약물로는 콜레스테롤저하제, 칼슘채널차단제calcium channel blocker, 항불안제anti-anxiety, 항히스타민제, 면역억제제 등이 있으며 표 16-3에 복용 시 자몽 섭취를 피해야 하는 약물들의 예가 있다. 일부 예만 예시한 것이므로 약물이 자몽 섭취의 영향을 받는지 확인하는 것이 필요하다. 자몽 외에도 포멜로pomelo, 탄젤로tangelo, 세빌리아 오렌지seville orange도 자몽과 비슷한 효과가 있다.

② 항우울제로 사용되는 모노아민 산화효소 억제제monoamine oxidase inhibitor, MAOI는 모노아민 신경전달물질(예 세로토닌, 도파민, 노르에피네프린)의 분해에 관여하는

표 **16-3** 복용 시 자몽 섭취를 피해야 하는 약물의 예

질환	약물	약품명
정신질환	항불안제 (벤조디아제핀계)	알프라졸람 alprazolam(Xanax) 디아제팜 diazepam(Valium) 클로바잠 clobazam(Librium) 미다졸람 midazolam(Versed)
	조울증 치료제	카르바마제핀 carbamazepine
	항우울제	클로미프라민 clomipramine(Anafranil)
심혈관계 질환	칼슘채널차단제 (혈압강하제)	니페디핀 nifedipne(Procardia) 암로디핀 amlodipine(Norvasc) 딜티아젬 diltiazem(Cardizem) 베라파밀 verapamil(Calan)
	콜레스테롤 저하제	로바스타틴 lovastatin(Mevacor) 프라바스타틴 pravastatin(Pravachol) 심바스타틴 simvastatin(Zocor) 아트로바스타틴 atrovastatin(Lipitor) 세리바스타틴 cerivastatin(Baycol)
감염증	항진균제	이미다졸계 케토코나졸 ketoconazole
장기이식	면역억제제	에버로리머스 everolimus(Afinitor, Zortress) 시로리머스 sirolimus(Rapamune) 타크로리머스 tacrolimus(Prograf) 사이클로스포린 cyclosporine(Neoral)

자료 : Pronsky ZM. Food Medication Interactions, 18th ed. Food-Medication Interactions. Birchrunville, PA, USA. 2015.
식품의약품안전평가원, 식품의약품안전처. 약과음식 상호작용을 피하는 복약 안내서, 2016.

MAO의 활성을 억제함으로써 신경전달물질의 농도가 증가되도록 한다. MAO는 다른 아민 종류인 티라민을 분해시키는 작용이 있다. 따라서, MAOI를 복용하게 되면 혈중 티라민의 농도도 증가하게 되는데 티라민은 교감신경을 흥분시켜 심박수와 혈압을 높일 수 있다. 따라서, MAOI를 복용하는 사람들은 티라민을 많이 함유한 식품의 섭취에 주의해야 한다. 티라민은 식품 속의 단백질이 박테리아에 의해 분해되면서 생성되기 때문에 발효나 숙성된 단백질 식품에 많이 함유되어 있다. 티라민을 많이 함유한 식품으로는 치즈, 페퍼로니/살라미 등의 숙성된 육류, 냉장고에 오래 보관한 육류, 김치, 간장, 된장, 맥주 등이 있다.

③ 혈액응고방지제인 와파린은 혈액응고에 관여하는 비타민 K의 회로를 억제함으로써 작용한다. 따라서, 비타민 K의 양에 따라 와파린의 작용도 영향을 받게 된다. 비타민 K는 녹색 채소와 일부 과일에 많이 함유되어 있는데, 와파린을 복용할 경

우에는 이러한 식품의 섭취량을 일정하게 유지하는 것이 중요하다. 비타민 K를 함유한 식품의 섭취를 피하는 것이 아니라 섭취량에 변화가 없도록 일정하게 섭취량을 유지하는 데 유의해야 한다.

4) 약물 배설에 영향을 주는 식품

약물은 주로 소변을 통해 배설되며 비이온화 상태에서 세뇨관으로 재흡수되므로 신장에서의 재흡수에 영향을 주는 요인은 약물의 배설량에 변화를 준다.

① 나트륨 재흡수량이 약물의 재흡수에 영향을 주는 경우가 있다. 조울증bipolar disorder 약으로 쓰이는 리티움lithium, Lithobid 또는 Eskalith은 신장에서 나트륨과 함께 재흡수된다. 따라서, 나트륨 섭취가 낮거나 탈수로 인해 나트륨의 재흡수가 증가하면 약물의 재흡수도 증가하여 독성이 나타날 수 있다. 반대로 나트륨 섭취량이 많을 경우에는 나트륨과 약물의 재흡수가 감소하여 체내 약물의 농도가 낮아져서 약효가 감소할 수 있다.

② 식품에 의한 소변의 pH 변화는 비온화 상태의 약물 농도가 변하도록 하여 약물의 재흡수에 영향을 미친다. 예를 들어 우유, 과일, 채소 등은 소변의 pH를 알칼리화시켜 부정맥 치료제인 퀴니딘 글루코네이트quinidine gluconate 등의 염기성 약물을 비이온화시킴으로써 재흡수율을 높이는데 이로 인해 혈중 약물 농도가 높아져서 과용량에 의한 독성 위험이 발생한다. 이러한 우려는 환자의 식사가 단일식품군으로 구성될 때 임상적으로 문제가 되므로 환자가 임의적으로 편중식fad diet을 할 경우 주의하여야 한다.

- 영양소, 식품의 특정 성분, 환자의 영양상태는 약물의 흡수, 분포, 대사, 배설에 영향을 미침
- 약물의 흡수 : 약물이 투입된 경로에서 혈중으로 이동하는 과정
  - 식품은 위 배출속도, 위장관 내 산도, 킬레이트화, 흡착에 영향을 줌
  - 식품의 섭취시간과 약물의 복용시간이 흡수에 영향을 미침
- 약물의 분포 : 약물이 흡수된 후에 체내에서 표적기관이나 조직으로 이동하는 것
  - 혈액순환, 신체 크기와 구성, 혈중 알부민 농도에 의해 약물의 분포가 달라짐
- 약물의 대사 : 약물이 산화, 환원, 중합 등의 대사과정을 거쳐 대사물로 변화되는 것. 대사로 인해 약물이 활성화 되거나 불활성화 됨
  - 정신질환약, 칼슘채널차단제, 콜레스테롤 저하제, 항진균지, 면역억제제 복용 시 : 자몽 섭취 주의, 자몽에 함유된 퓨라노쿠마린은 시토크롬 P450 3A4 효소 억제
  - 모노아민 산화효소 억제제(MAOI) 복용 시 : 티라민이 함유된 식품(예 치즈, 페퍼로니, 살라미, 김치, 간장, 된장, 맥주 등)의 섭취에 주의. 모노아민 산화효소는 티라민을 분해시키는 작용을 하므로 MAOI 복용 시 혈중 티라민 농도 증가
  - 와파린 복용 시 : 비타민 K 함유식품의 섭취를 일정하게 유지. 와파린은 비타민 K 회로를 억제하여 혈액 응고 방지 효과를 냄
- 약물의 배설 : 대부분 소변이나 담즙을 통해 약물이 배설됨. 신장의 재흡수에 영향을 주는 요인은 약물의 배설에 영향을 미침

3. 약물에 의한 영양 상태의 변화

약물은 오심이나 구토를 유발하거나 미각을 변화시켜 식품 섭취에 영향을 주거나 영양소와 상호작용하여 장관 내의 영양소 흡수 및 대사에 영향을 줌으로써 영양 상태의 변화를 초래할 수 있다. 또한 약물이 장관 내에 직접적으로 염증이나 궤양을 유발하는 경우도 있으므로 복용 약물에 따른 음식 섭취 및 복용방법에 대한 이해가 필요하다.

1) 영양소 섭취에 영향을 주는 약물

약물은 오심, 구토, 설사, 변비, 식욕 변화 등의 부작용으로 식품 및 영양소 섭취에 중대한 영향을 미칠 수 있다. 식욕부진은 식품 섭취를 감소시켜 영양불량을 초래하고 성장기 아동에서는 복용량에 따라 성장지연을 보이기도 한다. 반면 식욕항진은 원치 않는 체중 증가를 일으킨다.

표 **16-4** 음식 섭취에 영향을 주는 약물의 예

약물	약품명(상품명)	작용
미각 변화를 일으키는 약물		
항고혈압제	captopril(Capoten)	금속성, 짠맛을 유발하고 맛의 지각 손실
수면제	eszopiclone(Lunesta)	불쾌한 금속성 맛으로 미각에 영향
항생제	clarithromycin(Biaxin)	약 자체의 쓴맛이 구강에 잔류하여 미각에 영향
항발작제	phenytoin(Dilantin)	미각 변화
항우울제	amitriptyline(Elavil)	타액 분비를 감소시켜 맛의 감지를 어렵게 함
항히스타민제	diphenhydramine (Benadryl)	
항콜린제	oxybutynin(Ditropan)	
점막 염증을 일으키는 약물		
항암제	cisplastin(Platinol-AQ) paclitaxel(Taxol) carboplatin(Paraplatin)	점막염증을 유발하여 음식의 섭취를 어렵게 함
식욕증진을 일으키는 약물		
항우울제	clomipramine(Anafranil) phenelzine(Nardil)	식욕을 증진시켜 체중 증가가 일어날 수 있음
항간질제	divalproex(Depakote) gabapentin(Neurontin)	
호르몬제	prednisone(Daltasone) testosterone(Androderm)	
항정신병약	olanzapine(Zyprexa) quetiapine(Seroquel) haloperidol(Haldol)	
식욕저하를 일으키는 약물		
항암제	fluorouracil(5-FU) imatinib(Gleevec) bleomycin(Blenoxane)	식욕저하로 인해 체중 감소가 일어날 수 있음
기관지확장제	albuterol(Proventil) theophylline(Theo-24)	

자료 : Pronsky ZM. Food Medication Interactions, 18th ed. Food-Medication Interactions. Birchrunville, PA, USA. 2015.

식욕과 그에 따른 음식물 섭취는 맛, 냄새, 타액 분비에 의한 영향을 받는다. 많은 약물들이 타액 분비량과 점도를 변화시킨다. 맛을 느끼는 데는 충분한 양의 타액이 필요하므로 타액의 감소는 맛의 감지와 음식의 섭취에 영향을 줄 수 있다. 예를 들면 항우울제로 사용되는 아미트립틸린amitriptyline은 타액 생성을 감소시켜 식욕감소, 거식증, 구강건조증을 유발한다. 장기간 구강건조증이 계속되면 충치, 잇몸질환, 위염, 구각염 등이 유발되고 영양 불균형과 체중 감소가 초래된다. 한편, 조울증치료제로 사용되는 약물[olanzapine(Zyprexa), clozapine(Clozaril)]이나 일부 코르티코이드는 포만감과 관련된 세로토닌 수용체를 봉쇄하여 식품 섭취를 증가시키고 체중 증가를 초래한다.

일부 약물들은 미각에 영향을 주어 쓴맛, 짠맛, 금속 맛 등의 불쾌한 맛을 느끼게 하여 식품 섭취를 감소시킨다. 항암제, 진통제, 심장병약, 항생제, 항균제을 복용하는 환자에서 이러한 불만이 많이 보고되었다. 또한, 약물이 점막에 염증을 일으켜 환자가 먹고 마시는 데 어려움을 느끼게 하는 경우가 있다. 아스피린은 위장이나 소장 조직에 궤양을 일으켜 만성적으로 혈액을 손실시킬 수 있고 철의 결핍을 초래할 수 있다.

2) 영양소 흡수에 영향을 주는 약물

영양소의 흡수불량은 약물이 소장세포에 작용하여 흡수능력을 손상시킴으로써 일어난다. 약물은 다양한 방식으로 상호작용하여 영양소의 흡수를 감소시킬 수 있다.

① **약물과 무기질이온 간의 킬레이트 형성**　항생제로 사용되는 일부 약물tetracyclin, ciprofloxacin은 우유, 요구르트 등의 유제품 내 칼슘과 킬레이트를 형성하여 흡수를 방해한다. 그 외의 철, 마그네슘, 아연 등의 다른 양이온에도 작용하므로 복용기간에는 무기질 보충제를 중단하는 것이 바람직하다.

② **흡착**　약물이 영양소를 흡착하여 흡수를 감소시킬 수 있다. 고지혈증 치료제인 콜레스티라민cholestyramine은 지용성 비타민을 흡착하므로 장기간 복용할 때는 비타민 보충제를 함께 복용할 필요가 있다.

③ **식품의 장관 통과시간 변화** 하제laxative는 장관 통과시간을 감소시켜 설사를 유발함으로써 칼슘과 칼륨의 손실을 초래한다. 또한 솔비톨이나 연동운동을 증가시키는 약물(장관점막보호제 misoprostol)에 의해서도 설사가 유발된다. 한편 코데인이나 모르핀 등의 마약성분은 연동운동을 감소시켜 변비를 유발할 수 있다.

④ **위장관 내 환경 변화** 위식도역류병의 치료에 사용되는 H_2 수용체 길항제histamine type 2-receptor antagonist인 famotidine(Pepcid), cimetidine(Tagamet), randtidine(Zantac) 또는 수소이온펌프 저해제proton pump inhibitor인 omeprazole(Prilosec), lansoprazole (Prevacid), esomeprazole(Nexium)은 위산 분비를 감소시켜 무기질과 비타민 B_{12}의 흡수를 저해한다. 또한 시메티딘cimetidine, Tagamet은 비타민 B_{12} 흡수에 필요한 내적인자 분비도 감소시키므로 장기복용하면 비타민 B_{12}의 부족을 초래한다.

⑤ **장관 내 점막의 손상** 영양소의 흡수부위인 소장점막이 손상되면 흡수불량으로 인한 영양불량이 오기 쉽다. 흔히 비스테로이드 항염증제nonsteroidal anti-inflammatory drugs, NSAIDS이나 항생제의 장기사용에 의해 위점막이나 소장점막이 손상될 수 있다.

⑥ 체중 감소를 위해 사용되는 Orlistat(제니칼Xenical)은 소장에서 지방분해효소를 저해하여 지방의 흡수가 감소되고 지방변으로 배설되도록 하기 때문에 지용성 비타민의 흡수불량이 발생할 수 있다.

3) 영양소 대사에 영향을 주는 약물

약물은 다량영양소, 비타민 및 무기질의 대사에 영향을 줄 수 있다. 약물들은 비타민과 무기질대사에 작용하여 체내 필요량을 증가시키거나 활성화를 방해하는 길항제로 작용할 수 있다.

(1) 약물이 영양소 대사를 증가시켜 영양소 필요량이 증가하는 경우

항발작제인 페노바비탈phenobarbital과 페니토인phenytoin은 간 내 효소를 유도하고 비타민 D, K, 엽산의 대사를 증가시키므로 이러한 약물의 복용 시에는 흔히 비타민 보충제를 함께 처방한다.

(2) 약물이 영양소 길항제로 작용하는 경우

① 결핵치료제인 이소니아지드isoniazid는 비타민 B_6의 활성화를 방해하므로 피리독신의 보충이 필요하다.

② 암 치료에 사용되는 메토트랙세이트methotrexate는 엽산의 활성화를 막는 길항제로 거대적아구성빈혈을 유발할 수 있으므로 엽산의 환원형인 루코보린Leucovorin을 함께 처방하여 엽산의 부족증을 예방한다. 표 16-5에 영양소의 흡수와 대사에 영향을 주는 약물의 작용을 정리하였다.

표 16-5 영양소의 흡수 대사에 영향을 주는 약물

영양소	약물 또는 약품명	영양소에 미치는 영향
무기질	치아지드계(thiazide) 이뇨제, 코르티코스테로이드, 하제, 진균제 (amphotericin B), 강심이뇨제	칼륨 손실
	코티졸, 디옥시코르티코스테론, 알도스테론, 에스트로겐-프로게스테론 경구피임제, 소염제(phenylbutazone)	나트륨과 물의 축적
	혈당저하제(sulfonylurea), 소염제(phenylbutazone), 코발트, 리튬	요오드의 흡수와 방출 손상
	경구피임제, 결핵약(ethambutol), 진균제(amphotericin B)	혈장 아연 감소, 구리 증가
	코르티코스테로이드, 골다공증치료제(bisphosphonate)	칼슘 손실
	H_2 수용체 길항제, 수소이온펌프 저해제	철 흡수 감소
	완하제	전해질과 칼슘의 흡수불량
비타민	간질치료제(phenobarbital, phenytoin), carbamazepine	엽산, 비타민 D와 K의 대사 증가
	이소니아지드(Isoniazid), 하이드랄라진(hydralazine)	피리독신과 니아신 길항제
	Pyrimethamine, sulfadoxine, methotrexate, metformin, 경구피임제	비타민 B_{12}, 엽산 길항제
아미노산	경구피임제, 세로토닌 재흡수 저해제, trazodone	트립토판 대사 변화
혈당	Metprolol, chlorpromazine	혈당 증가
	니아신	혈당 감소

자료 : Pronsky ZM. Food Medication Interactions. 18th ed. Food-Medication Interactions. Birchrunville, PA, USA. 2015.
식품의약품안전평가원·식품의약품안전처. 약과음식 상호작용을 피하는 복약 안내서. 2016.

4) 영양소 배설에 영향을 주는 약물

약물은 신장에서의 영양소 재흡수에 영향을 주어 영양소의 배설을 증가 또는 감소시킬 수 있다.

① **이뇨제** 일반적인 이뇨제는 칼륨 배설을 증가시키며, 푸로세미드furosemide, Lasix, 부메타니드bumetanide, Bumex는 칼륨 이외에도 마그네슘, 나트륨, 염소, 칼슘 등의 배설을 증가시켜 장기간 이 약물을 사용할 때는 마그네슘과 칼슘 보충을 고려해야 한다. 그러나 스피로노락톤spironolactone, Aldactone 등의 일부 이뇨제는 칼륨 배설에 영향을 주지 않기 때문에 환자의 신장기능이 불완전하거나 칼륨보충제를 복용하는 경우에는 혈중 칼륨 농도가 위험 수준까지 높아질 수 있다. 따라서, 이뇨제의 종류를 파악하여 칼륨 배설에 미치는 영향을 확인하는 것이 중요하다.

② **항고혈압약인 안지오텐신 전환효소 억제제** angiotensin converting enzyme inhibitor, ACE 칼륨 배설을 감소시키므로 칼륨 배설을 증가시키지 않는 이뇨제를 병행해서 사용할 때는 고칼륨혈증의 위험이 증가된다.

③ **코르티코스테로이드** 나트륨 배설은 감소시키나 칼륨과 칼슘 배설은 증가되므로 저나트륨, 고칼륨 식사를 권장하며, 장기간 코르티코스테로이드를 복용할 때는 칼슘과 비타민 D 보충제를 권장한다.

④ **사이클로스포린** cyclosporins 면역억제제로 사용되며, 마그네슘 배설을 증가시켜 저마그네슘혈증이 유발되므로 마그네슘을 보충하도록 권장한다.

표 16-6에 영양소의 배설에 영향을 주는 약물의 작용을 정리하였다.

표 **16-6** 영양소 배설에 영향을 미치는 약물

영양소	약물 또는 약품명	영양소에 미치는 영향
무기질	이뇨제(loop diuretics)	• 나트륨, 칼륨, 염소, 마그네슘, 칼슘 배설 증가
	치아지드계 이뇨제	• 대부분의 전해질 배설 증가
	진균제	• 칼륨 배설 증가
	칼륨보존성 이뇨제	• 칼륨 배설 감소
	비스테로이드 항염증제(NSAIDs)	• 칼륨 배설 증가
	카페인	• 나트륨 배설 증가
	칼시토닌	• 인, 마그네슘, 칼륨, 염소, 나트륨 배설 증가 • 칼슘 배설은 증가 또는 감소
	고지혈증 치료제	• 칼슘과 마그네슘 배설 증가
	항암제	• 마그네슘, 칼슘, 칼륨, 아연, 구리의 배설 증가
	혈압강하제(clonidine)	• 나트륨과 염소의 배설 감소
	코르티코스테로이드	• 나트륨 배설 감소 • 칼륨, 칼슘, 질소, 아연 배설 증가
	조직이식거부반응억제제(cyclosporine)	• 마그네슘 배설 증가 • 칼륨 배설 감소
	강심제(digitalis)	• 마그네슘 배설 증가
비타민	비스테로이드 항염증제(NSAIDs)	• 비타민 C 배설 증가
	코르티코스테로이드	• 비타민 C 배설 증가
	항생제(tetracyclin)	• 리보플라빈, 엽산의 소변 배설 증가
다량영양소	비스테로이드 항염증제(NSAIDs)	• 단백질 배설 증가
	칼시트리올	• 알부민 배설 증가
	항암제	• 아미노산 배설 증가

자료 : Pronsky ZM. Food Medication Interactions, 18th ed. Food-Medication Interactions, Birchrunville, PA, USA. 2015.
식품의약품안전평가원·식품의약품안전처. 약과음식 상호작용을 피하는 복약 안내서. 2016.

4. 약물과 상호작용을 하는 비영양소

1) 알코올

알코올은 다른 약물의 대사속도를 감소시켜 독성을 일으킬 수 있다. 즉, 약물이 알코올 때문에 대사되지 못하여 혈액 내에 잔류하여 독성이 높아지게 된다. 또한 해열·

진통제, 수면제, 신경안정제, 혈당강하제, 간질치료제, 마취제 등을 복용할 때 알코올을 함께 섭취하면 약효가 증가한다. 위장관 내에서 알코올은 점막자극제로 작용하므로 같은 효과를 내는 아스피린이나 비스테로이드 항염증제NSAIDs와 함께 섭취하면 위장관 궤양이나 출혈 위험성이 커진다. 또한 알코올은 간에 유독하기 때문에 간독성이 있는 타이레놀, 메토트렉세이트 등과 함께 사용해서는 안 된다.

한편, 알코올의 중간대사산물인 알데히드의 산화를 억제하는 다이설피람disulfiram을 알코올 섭취 후 복용하면 혈중 알데히드가 고농도로 축적되어 여러 불쾌현상을 일으키므로 알코올 중독자의 치료에 사용한다.

2) 카페인

카페인은 위점막을 자극하여 위산 분비를 촉진시키고, 1일 1,000 mg을 초과하여 섭취하게 되면 설사, 두통, 불규칙한 심박동, 불면 등을 초래한다. 또한 카페인을 경구피임약과 함께 복용하면 카페인의 반감기half life가 증가하여 작용시간이 길어지며, 카페인이 포함되어 있는 복합진통제(예 게보린, 펜잘, 암씨롱) 등을 복용하면 갑자기 가슴이 뛰고, 다리에 힘이 없어지는 증상이 나타난다. 드링크류(예 박카스, 원비디, 구론산)에도 카페인이 함유되어 있으므로 과잉으로 섭취하지 않도록 주의해야 한다.

3) 기타

식이섬유(예 밀기울, 펙틴 등)는 체내로 흡수되지는 않지만 약물의 흡수 및 대사에 영향을 미친다. 즉, 음식이 위에 머무는 시간에 영향을 주어 약물 흡수에 영향을 줄 수 있으며, 어떤 약물과는 복합체 또는 침전물을 형성하여 흡수에 관여하기도 한다. 한편, 홍차에 함유되어 있는 탄닌은 약물의 흡수를 방해하고 침전물을 형성하여 약물효과를 저하시킬 수 있다.

노인의 식품-약물 상호작용

- 노화에 따라 근육량의 감소, 지방조직의 비율 증가, 혈류의 감소, 신장 기능의 저하 등 신체적 변화로 약물의 흡수, 분포 및 대사와 배설이 영향을 받을 수 있음
- 질병과 인지적·내분비적 기능 저하, 제한된 식사 섭취로 노인들의 영양 상태가 매우 불량할 수 있으므로 영양소–약물 간 상호작용의 위험성이 높음
- 노인들은 만성질환을 조절하기 위하여 오랜 기간 동안 많은 약물을 복용하는 경우가 많음
- 약물에 대한 반응이 다양하고 잘못된 정보로 인하여 자기관리에 실수가 많음

어느 연령층이나 약물과 영양소 간에 상호작용의 위험이 있으나 노인은 다음과 같은 이유로 더욱 위험함. 그러므로 의사, 영양사, 간호사, 약사는 환자에게 약물 복용에 관한 방법 및 제반사항을 교육하는 일이 중요함

보완대체의학(complementary and alternative medicine, CAM)

대한의사회에서는 보완대체의학을 "현재 우리나라 사회에서 인정되는 정통의학(conventional medicine), 주류의학(mainstream medicine)에 속하지 않는 모든 보건의료체제 및 이와 동반된 이론이나 신념, 그리고 진료나 치료에 이용되는 행위와 제품 등의 치유자원 전체"라고 정의함.

허브, 식물 등의 천연물, 권장량 10배 이상의 다량 비타민 등이 정통 의약품을 보완하거나 대신하는 목적으로 자연식품 형태, 차, 음료, 캡슐, 분말, 주사 등 다양한 형태로 이용됨. 미국의 국민 건강 면접조사(NHANES) 결과에 따르면 어유, 오메가–3 지방산, DHA, 글루코사민이 흔히 이용되며 아마씨유, 인삼, 은행, 포도씨추출물, St. John's wort 등을 비롯한 다양한 물질들이 사용되고 있음.

질병예방 및 치료, 건강증진, 통증 감소 등에 대해 효과가 있는 것으로 인정되는 경우도 있으나 효과성에 대한 논란이 여전히 있으며, 품질과 내용물의 변동이 크고 살충제, 중금속에 오염되거나 처방약물과 상호작용하여 약효를 변화시키는 경우가 있음. 특히 소비자의 자가진단 또는 보충제 판매원의 권유에 의해 임의적으로 섭취하는 경우가 많아 주의가 필요함

CLINICAL NUTRITION WITH CASE STUDIES